Web 前端开发从学到用完美实践——

HTML5+CSS3+JavaScript+jQuery+AJAX+AngularJS

（第 2 版）

主　编　阮晓龙

副主编　李朋楠　于冠军　杜宇飞　刘海滨　孟　烨

中国水利水电出版社

www.waterpub.com.cn

·北京·

内 容 提 要

本书是经过数万读者检验的畅销图书《Web前端开发从学到用完美实践》的最新升级版本，同时也是作者十几年的教学与企业级开发经验的结晶。

本书系统讲述了 Web 前端开发的全栈知识，由浅入深，通俗易懂，知识点与案例结合紧密，所选案例新颖丰富，紧贴企业实战，所有案例运行结果都可通过二维码实时呈现。本书的讲解从 Web 基础知识开始，循序渐进地融入了 HTML5、CSS3、JavaScript、jQuery、AJAX、AngularJS、绘图、地理定位、本地存储及 Web 测试与发布等实用技术，是一本真正的 Web 前端开发的从学到用全栈教程。

本书适合于想从事网站前端开发工作和正在从事网站前端开发工作的开发工程师参考使用。本书配套光盘提供多媒体教学资源、所有案例及源代码，以及案例开发用到的软件。

图书在版编目（ＣＩＰ）数据

Web前端开发从学到用完美实践 ：HTML5+CSS3+
JavaScript+jQuery+AJAX+AngularJS / 阮晓龙主编. --
2版. -- 北京：中国水利水电出版社，2018.8（2020.4 重印）
　　ISBN 978-7-5170-6699-6

　　Ⅰ．①W… Ⅱ．①阮… Ⅲ．①超文本标记语言－程序
设计②网页制作工具③JAVA语言－程序设计 Ⅳ．
①TP312②TP393.092

中国版本图书馆CIP数据核字(2018)第175368号

责任编辑：周春元	加工编辑：孙 丹 　　封面设计：李 佳

书　　名	Web 前端开发从学到用完美实践—— HTML5+CSS3+JavaScript+jQuery+AJAX+AngularJS（第 2 版） Web QIANDUAN KAIFA CONG XUE DAO YONG WANMEI SHIJIAN ——HTML5+CSS3+JavaScript+jQuery+AJAX+AngularJS
作　　者	主　编　阮晓龙 副主编　李朋楠　于冠军　杜宇飞　刘海滨　孟　烨
出版发行	中国水利水电出版社 （北京市海淀区玉渊潭南路 1 号 D 座　100038） 网址：www.waterpub.com.cn E-mail: mchannel@263.net（万水） 　　　　sales@waterpub.com.cn 电话：（010）68367658（营销中心）、82562819（万水）
经　　售	全国各地新华书店和相关出版物销售网点
排　　版	北京万水电子信息有限公司
印　　刷	三河市鑫金马印装有限公司
规　　格	184mm×240mm　16 开本　44.25 印张　1109 千字
版　　次	2016 年 5 月第 1 版　2016 年 5 月第 1 次印刷 2018 年 8 月第 2 版　2020 年 4 月第 3 次印刷
印　　数	7001—10000 册
定　　价	88.00 元（赠 1DVD）

凡购买我社图书，如有缺页、倒页、脱页的，本社营销中心负责调换

作者的话

1. 为什么要学习 Web 前端开发？

在日益互联网化的今天，Web 技术已经成为一门广泛应用的技术。除了日常的网站访问和信息浏览，Web 已成为各种设备的有机组成部分。例如交换机、路由器、服务器等硬件设备都可以通过 Web 方式进行管理，并且这种方式得到了越来越多的应用，各种信息技术都在不断"Web 化"。

不仅如此，学习 Web 前端开发技术具有以下优势：

- Web 前端开发入门门槛低，但市场需求量大，尤其是有经验的前端开发人员。
- Web 前端开发人员可在短期内积累足够的经验，而后端开发人员想要积累同等的经验则需要更长的时间。
- Web 前端开发技术发展越来越成熟，且适用范围更广。比如 HTML5 可以替代原生 APP，JavaScript 能够用于数据库操作（MongoDB 等 NoSQL 技术也支持 JS 语法），Node.js 能够让 JavaScript 在服务器端运行等。

2. 为什么要选择本书？

（1）涵盖 Web 前端开发的全体系内容。

本书的内容安排遵循 Web 开发流程及由浅入深的认知规律，首先介绍 Web 的基本概念及 Web 开发工具，然后讲解 Web 前端开发的三大核心内容——HTML5、CSS3、JavaScript，随后介绍 jQuery 和 AngularJS，接着进一步介绍 HTML5 新增的文件接口、绘图元素、本地存储和地理定位功能，最后讲解 Web 测试与发布技术。通过这本书，读者可以掌握 Web 前端开发的全体系知识。

（2）引入"浏览器支持"的工程理念。

Web 前端开发的结果要通过浏览器进行展示。本书在讲解 HTML5 和 CSS3 的各种元素、属性时，明确说明了各种浏览器对这些元素的支持；本书中所有的案例都进行了主流浏览器兼容性测试，并对测试结果进行了说明，从而使读者尤其是初学者，在学习之初就能树立起"浏览器支持"这一 Web 前端开发中的重要工程理念。

（3）书中案例具有较高的工程度和成熟度。

本书包含 300 多个案例，既有针对一个元素的小案例，也有综合性的大案例。所有案例都经过了精心设计，案例代码的成熟度和工程应用程度较高，许多案例达到了企业级应用水平。读者在学习本书时可以通过案例更好地理解知识和掌握应用技术，同时这些案例也能成为读者积累的代码库中的一部分，在进行实际项目开发时直接引用，真正起到"拿来就用"的作用，有效降低读者从学习到项目开发的成本。

（4）明确体现商业化开发的特点。

本书作者及案例设计团队具有多年的商业化 Web 前端开发经验。全书在内容组织、案例设计、编写形式上明确体现了商业化开发的特点，有助于读者更好地实现从学习到应用的转变。

（5）全屏幕适配，支持移动 Web 开发。

本书的内容不仅考虑了面向 PC 的 Web 开发，也考虑了面向移动终端的 Web 开发，全书的讲解重新考虑"全终端适配"的概念，让读者能够更加全面地理解 Web 前端开发的应用范围，充分适应移动互联网的时代特征。

3．读者对象

本书适用于以下三类读者。

一是从事 Web 前端开发工作的专业技术人员，本书可帮助他们进行深入、系统的深造学习，从而更好地理解 Web 知识体系、提高工作效率。

二是准备从事 Web 前端开发工作的入门者，本书可帮助他们全面理解并掌握 Web 前端开发的技术框架，为系统学习 Web 前端开发指引方向，为后续工作学习打下扎实基础。

三是高等院校中计算机相关专业特别是计算机科学与技术、软件技术类专业的在校学生，本书可帮助他们从零开始学习 Web 技术，不断加深对 Web 前端开发技术的理解，并且通过大量案例提升实践操作的综合能力，做到"学以致用"。

4．主要内容

本书共 23 章，从内容组织上看，包括 Web 基础、HTML5、CSS3、JavaScript 及开发库、Web 前端开发高级应用、Web 测试与发布六个部分。

本书在保留第一版主要内容的基础上，更新并补充了行业应用的新技术热点，进一步优化章节结构，调整了全书内容组织体系。调整的具体内容为新增第 17 章、第 21 章、第 23 章，并调换了第一版第 10 章和第 11 章的顺序。本书反映了 Web 前端开发技术的最新发展状况，主要内容如下：

第 1～2 章属于 Web 基础部分。主要介绍 Web 的基本概念、工作原理、Web 前端开发的含义，重点讲解 Web 前端开发的每个阶段中所使用的开发工具，帮助读者为后续学习打下基础。

第 3～6 章属于 HTML5 部分。主要介绍 HTML5 的发展、优势、功能、新特征以及各种元素、属性的用法、重点讲解 HTML5 表单和多媒体的应用技术。

第 7～13 章属于 CSS3 部分。主要介绍 CSS3 的发展、功能、新特征，重点讲解 CSS3 中选择器、文字样式、背景与边框、盒模型、布局、动画的应用技术。

第 14～17 章属于 JavaScript 及开发库部分。主要介绍 JavaScript 的发展、功能、基本语法，重点讲解 jQuery、AJAX、AngularJS 的应用技术。

第 18～21 章属于 Web 前端开发的高级应用部分。主要讲解 HTML5 新增的文件接口、绘图元素、本地存储和地理定位功能。

第 22～23 章属于 Web 测试与发布部分。主要介绍 Web 测试的基本内容、Web 测试的常用方法和常见测试软件，并详细介绍网站发布的流程。

本书第 1 版发布后，作者开始积极探索科研、教研和教学工作的融合以及团队建设模式，初步形成了松散模式的技术团队和本书创作小组。刘明哲、冯顺磊、路景鑫、贺路路、孙高强、董凯伦、张浩林全程参与了改版方案及本书内容与案例的讨论、审核和校对。在此对他们表示诚挚的谢意。

由于作者水平有限，疏漏及不足之处在所难免，敬请广大读者朋友批评指正。

阮晓龙
2018 年 5 月于郑州

配套光盘使用说明

一、为什么为本书配备光盘？

为本书添加配套光盘，是从以下几方面考虑的：

（1）本书的体系结构完整，为本书配备光盘主要是总结、提炼书籍内容，并以多媒体课件的形式形象地展示出来，方便读者了解本书的知识架构与体系，对书籍内容有一个更为宏观的认识。

（2）提供本书使用的软件资源，方便读者随时进行实验验证与学习，更为直观地了解、学习和掌握书中的知识点。部分软件资源较大，在网络环境有限或者没有网络环境的情况下，通过光盘可以方便地获得相关软件资源，以快速开展学习。

（3）提供本书的案例集成网站，方便读者在阅读本书代码时，可以更直观准确地查看案例中代码的显示情况、了解书中代码的含义，帮助读者更容易地理解和接受书中代码。特别需要说明的是，在印刷时将书中一些大型案例部分重复度较高的代码省略了，以提高图书的容量，通过案例集成网站统一提供全部代码，帮助读者阅读学习。

二、配套光盘有什么？

本书配套光盘的内容以下由三部分组成：

（1）本书配套使用的多媒体教学课件，包含 Microsoft PowerPoint（.pptx）和 PDF 两种格式，方便读者在不同环境下浏览使用。

（2）本书涉及的部分软件资源，所提供的软件主要为试用版、开源版、免费版的开发软件、浏览器工具软件、Web 测试和调试工具软件等，方便读者方便快捷地学习本书内容，特别是本书案例。

（3）本书所有案例集成后的案例网站。将本书中各章节的案例集中整理、归档后，将案例内容开发为独立的案例网站，方便读者在阅读时随时调试、查看案例的效果，学以致用。

目　　录

第1章

概述

　　Web 使得全世界的人们以史无前例的规模相互交流。相距遥远的人们，甚至是不同年龄的人们可以通过网络发展亲密的关系或者使彼此思想境界得到升华，甚至改变他们对待小事的态度。情感经历、政治观点、文化生活、表达方式、商业建议、艺术摄影、文学以人类历史上从来没有过的低投入实现数据共享。本章带你走近 Web 世界，系统讲解从 Web 基础、Web 工作方式到 Web 前端开发以及项目管理的相关内容。

1.1　Web 基础

1.1.1　Web 的基本概念

（1）Web 定义。

Web（World Wide Web，万维网）是一种基于超文本和 HTTP 的、全球性的、动态交互的、跨平台的分布式图形信息系统；建立在 Internet 上，通过图形化的、易于访问的直观界面为浏览者提供信息的网络服务。

（2）Web 表现形式。

1）超文本（HyperText）。

超文本是一种全局性的信息结构。它将文档中的不同部分通过关键字建立链接，使信息可以用交互的方式进行跳转。

2）超媒体（HyperMedia）。

超媒体是一种采用非线性网状结构对块状多媒体信息（包括文本、图像、视频等）进行组织和管理的技术，在信息浏览环境下将超文本和多媒体结合在一起，不仅能使用户从一个文本跳到另一个文本，而且能够激活一段声音，显示一个图形，甚至播放一段动画或视频。

1.1.2　Internet

（1）Internet 定义。

Internet 是由全球采用 TCP/IP 协议簇的众多计算机网络相互连接而成的最大的开放式计算机网络，是世界范围内网络和网关的集合体。

（2）Internet 的起源。

Internet 是全球最大的计算机网络，起源于美国国防部高级研究计划局（Defense Advanced Research Projects Agency，DARPA）建立的用于支持军事研究的计算机试验网 ARPAnet，该网于 1969 年投入使用。

从 60 年代开始，ARPA 开始向美国国内大学的计算机系和一些私人有限公司提供经费，以促进基于分组交换技术的计算机网络的研究。

1968 年，ARPA 为 ARPAnet 网络项目立项，这个项目的主导思想是：网络必须能够经受住故障的考验而维持正常工作，一旦发生战争，当网络的某一部分因遭受攻击而失去工作能力时，网络的其他部分应当能够维持正常通信。最初，ARPAnet 主要用于军事研究。

1972 年，ARPAnet 在首届计算机后台通信国际会议上首次与公众见面，并验证了分组交换技术的可行性，由此，ARPAnet 成为现代计算机网络诞生的标志。ARPAnet 在技术上的另一个重大贡献是 TCP/IP 协议簇的开发和使用。

1980 年，ARPA 投资把 TCP/IP 加进 UNIX（BSD4.1 版本）的内核中，在 BSD4.2 版本以后，TCP/IP 协议即成为 UNIX 操作系统的标准通信模块。

1982 年，Internet 由 ARPAnet、MILNET 等几个计算机网络合并而成。作为 Internet 的早期骨干网，ARPAnet 试验并奠定了 Internet 存在和发展的基础，较好地解决了异种机网络互联的一系列理论和技术问题。

1983 年，ARPAnet 分裂为两部分：ARPAnet 和纯军事用的 MILNET。该年 1 月，ARPA 把 TCP/IP 协议作为 ARPAnet 的标准协议，其后，人们称这个以 ARPAnet 为主干网的网际互联网为 Internet，TCP/IP 协议簇便在 Internet 中进行研究、试验，并改进成为使用方便、效率极好的协议簇。与此同时，局域网和其他广域网的产生和蓬勃发展对 Internet 的进一步发展起了重要的作用。其中，最为引人注目的就是美国国家科学基金会（National Science Foundation，NSF）建立的美国国家科学基金网 NSFnet。

1986 年，NSF 建立起了六大超级计算机中心，为了使全国的科学家、工程师能够共享这些超级计算机设施，NSF 建立了基于 TCP/IP 协议簇的计算机网络 NSFnet。NSF 在全国建立了按地区划分的计算机广域网，并将这些地区网络和超级计算中心相联，最后将各超级计算中心互联起来。地区网一般是由一批在地理上局限于某一地域、在管理上隶属于某一机构或在经济上有共同利益的用户的计算机互联而成，连接各地区网上主通信结点计算机的高速数据专线构成了 NSFnet 的主干网，当一个用户的计算机与某一地区相联以后，它除了可以使用任一超级计算中心的设施，可以同网上任一用户通信，还可以获得网络提供的大量信息和数据。这一成功使得 NSFnet 于 1990 年 6 月彻底取代了 ARPAnet 而成为 Internet 的主干网。

1991 年，欧洲粒子物理研究所（European Organization for Nuclear Research，CERN）的科学家蒂姆·伯纳斯李（Tim Berners-Lee）开发出了万维网（World Wide Web）并且开发出简单的浏览器，此后互联网开始向社会大众普及。

1993 年，伊利诺伊大学美国国家超级计算机应用中心的学生马克·安德里森（Mark Andreesen）等人开发出了真正的浏览器 Mosaic。该软件后来被作为 Netscape Navigator 推向市场，此后互联网开始爆炸性普及。

（3）Internet 在中国。

中国互联网络信息中心（China Internet Network Information Center，CNNIC）于 2018 年 1 月 31 日发布了第 41 次《中国互联网络发展状况统计报告》，指出中国互联网络发展趋势特点如下：

1）基础资源保有量稳步增长，资源应用水平显著提升。

截至 2017 年 12 月，中国域名总数同比减少 9.0%，但 ".cn" 域名总数实现了 1.2% 的增长，达到 2085 万个，域名总数占比从 2016 年底的 48.7% 提升至 54.2%；国际出口带宽实现 10.2% 的增长，达 7320180Mb/s；此外，光缆、互联网接入端口、移动电话基站和互联网数据中心等基础设施建设稳步推进。在此基础上，网站、网页、移动互联网接入流量与 APP 数量等应用发展迅速，均在 2017 年实现显著增长，尤其是移动互联网接入流量自 2014 以来连续三年实现翻番增长。如表 1-1 所列。

2）中国网民规模达 7.72 亿，互联网惠及全民。

截至 2017 年 12 月，我国网民规模达 7.72 亿，普及率达到 55.8%，超过全球平均水平（51.7%）4.1 个百分点，超过亚洲平均水平（46.7%）9.1 个百分点。全年共计新增网民 4074 万人，增长率为 5.6%，我国网民规模继续保持平稳增长。互联网商业模式不断创新、线上线下服务融合加速以及公共服务线上化的步伐加快，成为网民规模增长的推动力。信息化服务快速普及、网络扶贫大力开展、公共服务水平显著提升，让广大人民群众在共享互联网发展成果方面拥有了更多获得感。如图 1-1 所示。

表 1-1　2016 年 12 月—2017 年 12 月中国互联网基础资源对比

对象	2016 年 12 月	2017 年 12 月	年增长量	年增长率
IPv/个	338102784	338704640	601856	0.2%
IPv6/块 32	21188	23430	2242	10.6%
域名/个	42275702	38480355	-3795347	-9.0%
其中.cn 域名/个	20608428	20845513	237085	1.2%
国际出口带宽/（Mb/s）	6640-291	7320180	679889	10.2%

图 1-1　中国网民规模与互联网普及率

（引自《CNNIC 中国互联网络发展状况统计调查》，2017 年 12 月）

3）手机网民占比达 97.5%，移动网络促进"万物互联"。

截至 2017 年 12 月，我国手机网民规模达 7.53 亿，网民中使用手机上网人群的占比由 2016 年的 95.1%提升至 97.5%；与此同时，使用电视上网的网民比例也提高了 3.2 个百分点，达 28.2%；台式电脑、笔记本电脑、平板电脑的使用率均出现下降，手机不断挤占其他个人上网设备的使用。以手机为中心的智能设备成为"万物互联"的基础，车联网、智能家电促进"住行"体验升级，构筑个性化、智能化应用场景。移动互联网服务场景不断丰富、移动终端规模加速提升、移动数据量持续扩大，为移动互联网产业创造更多价值挖掘空间。如图 1-2 所示。

4）网络娱乐用户规模持续高速增长，文化娱乐产业进入全面繁荣期。

2017 年网络娱乐类应用用户规模保持了高速增长，强烈的市场需求、政策的鼓励引导、企业的资源支持共同推动网络文化娱乐产业进入全面繁荣期。网络娱乐应用中，网络直播用户规模年增长率最高，达到 22.6%，其中游戏直播用户规模增速达 53.1%，真人秀直播用户规模增速达 51.9%。与此同时，网络文化娱乐内容进一步规范，以网络游戏和网络视频为代表的网络娱乐行业的营收进一步提升。良好的行业营收推动网络娱乐厂商加大对于内容创作者的扶持力度，为网络娱乐内容的繁荣发展打下基础。如图 1-3 所示。

图 1-2　中国手机网民规模及其占比

（引自《CNNIC 中国互联网络发展状况统计调查》，2017 年 12 月）

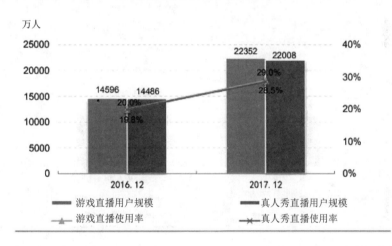

图 1-3　2016 年 12 月—2017 年 12 月游戏直播/真人秀直播用户规模及使用率

（引自《CNNIC 中国互联网络发展状况统计调查》，2017 年 12 月）

5）共享单车用户规模突破 2 亿，网约车监管政策逐步落地。

以第三方信息平台为基础，整合社会资源为用户提供服务的共享经济业务在 2017 年得到蓬勃发展。数据显示，在提升出行效率方面，"共享单车+地铁"较全程私家车提升效率约 17.9%；在节能减排方面，共享单车用户骑行超过 299.47 亿公里，减少碳排放量超过 699 万吨；在拉动就业方面，共享单车行业创造超过 3 万个线下运维岗位。同时，共享单车为 2017 年下半年用户规模增长最为显著的应用类型，国内用户规模已达 2.21 亿，并渗透到 21 个海外国家。网约车方面，《网络预约出租汽车经营服务管理暂行办法》施行以来，各地网约车细则陆续出台，调整准入门槛，企业谋求转型与跨界融合以提升盈利能力，与旅行、招聘等企业合作，分享客户资源进行跨界营销推广。如图 1-4、图 1-5 所示。

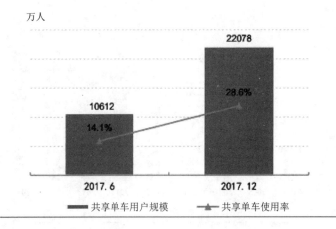

图 1-4　2016 年 12 月—2017 年 12 月共享单车用户规模及使用率
（引自《CNNIC 中国互联网络发展状况统计调查》，2017 年 12 月）

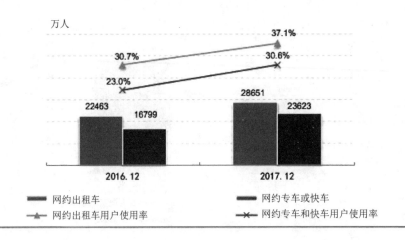

图 1-5　2016 年 12 月—2017 年 12 月网约出租车/网约专车或快车用户规模及使用率
（引自《CNNIC 中国互联网络发展状况统计调查》，2017 年 12 月）

6）六成网民使用线上政务服务，政务新媒体助力政务服务智能化。

2017 年，我国在线政务服务用户规模达到 4.85 亿，占总体网民数的 62.9%，通过支付宝或微信城市服务平台获得政务服务的使用率为 44.0%。我国政务服务线上化速度明显加快，网民线上办事使用率显著提升，大数据、人工智能技术与政务服务不断融合，服务走向智能化、精准化和科学化。微信城市服务、政务微信公众号、政务微博及政务头条号等政务新媒体及服务平台不断扩张服务范围，上线并完善包括交通违法、气象、人社、生活缴费等在内的多类生活服务，并向县域下沉。见图 1-6、表 1-2、表 1-3。

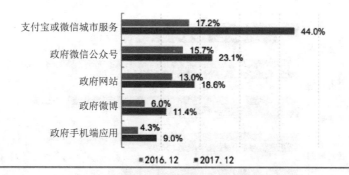

图 1-6　各类政务服务用户使用率

（引自《CNNIC 中国互联网络发展状况统计调查》，2017 年 12 月）

表 1-2　2016—2017 年微信城市服务用户数及覆盖城市（一）

服务类型	2016 年			2017 年		
	累计用户数	覆盖城市数量	覆盖省份数理	累计用户数	覆盖城市数量	覆盖省份数量
交通违法	24,112,768	245	29	52,364,753	247	27
气象	22,168,845	318	31	33,975,905	362	31
人社	10,154,379	126	21	31,306,288	160	26
生活缴费	8,757,960	93	22	30,096,991	221	27
医疗	11,507,127	364	32	28,666,509	186	30

表 1-3　2016—2017 年微信城市服务用户数及覆盖城市（二）

服务类型	2016 年			2017 年		
	累计用户数	覆盖城市数量	覆盖省份数理	累计用户数	覆盖城市数量	覆盖省份数量
交通违法	24,112,768	245	29	52,364,753	247	27
气象	22,168,845	318	31	33,975,905	362	31
人社	10,154,379	126	21	31,306,288	160	26
生活缴费	8,757,960	93	22	30,096,991	221	27
医疗	11,507,127	364	32	28,666,509	186	30

　　7）网络安全相关法规逐步完善，用户安全体验明显提升。

　　2017 年《中华人民共和国网络安全法》的正式实施，以及相关配套法规的陆续出台，为此后开展的网络安全工作提供了切实的法律保障。政府与企业共同打击各类网络安全问题，网民遭遇网络安全问题的比例明显下降。数据显示，高达 47.4%的网民表示在过去半年中并未遇到过任何网络安全问题，较 2016 年提升 17.9 个百分点。如图 1-7 所示。

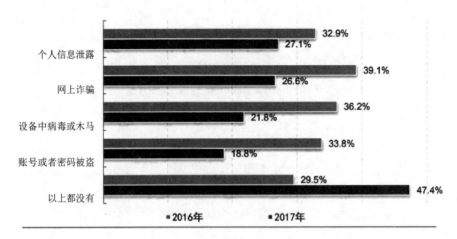

图 1-7　网民遭遇安全事件类别

（引自《CNNIC 中国互联网络发展状况统计调查》，2017 年 12 月）

1.1.3　协议

（1）HTTP。

HTTP（HyperText Transfer Protocol，超文本传输协议）是通过 Internet 传送文档的数据传送协议，详细规定了浏览器和万维网服务器之间互相通信的规则。HTTP 是互联网上应用最为广泛的一种网络协议。设计 HTTP 的最初目的是提供一种发布和接收 HTML 页面的方法。

HTTP 的发展是万维网协会（World Wide Web Consortium）和 Internet 工作小组（Internet Engineering Task Force）合作的结果，万维网协会和 Internet 工作小组最终发布了一系列的 RFC，其中最著名的是 RFC 2616。RFC 2616 定义了 HTTP 协议普遍使用的一个版本——HTTP 1.1。

（2）HTTPS。

HTTPS（HyperText Transfer Protocol over Secure Socket Layer）是以安全为目标的 HTTP 通道，是安全的 HTTP。它在 HTTP 传输中加入了 SSL 层，这构成了 HTTPS 的安全基础，因此加密详细内容就需要 SSL。

HTTPS 使用了 HTTP，但存在不同于 HTTP 的默认端口及一个加密/身份验证层（位于 HTTP 与 TCP 之间），用于安全的 HTTP 数据传输。

（3）FTP。

FTP（File Transfer Protocol，文件传输协议）是 TCP/IP 协议簇中的协议之一，是 Internet 上两台计算机之间传送文件的协议，也是在 TCP/IP 网络和 Internet 上最早使用的协议之一。FTP 协议属于网络协议簇的应用层。FTP 客户机可以给服务器发出命令来下载文件、上传文件、创建或改变服务器上的目录等。

FTP 协议有两个组成部分：FTP 服务器和 FTP 客户端。FTP 服务器用来存储文件，用户可以使用 FTP 客户端通过 FTP 协议访问位于 FTP 服务器上的资源。在开发网站的时候，经常利用 FTP 协议把网页或程序传到 Web 服务器上，以实现网站发布和网站更新。

1.1.4 URL 和域名

（1）URL。

URL（Uniform Resource Locator，统一资源定位符）是资源标识符最常见的形式。URL 描述了一台特定服务器上某资源的特定位置，可以明确说明如何从一个精确、固定的位置获取资源。

每个 Web 文件都有一个唯一的地址，它包含的信息指出文件的位置以及浏览器应该怎么处理它。完整的 URL 通常由四部分组成：协议（方案，scheme）、服务器名称（或 IP 地址）、路径和文件名。URL 的组成如图 1-8 所示。

图 1-8 URL 的组成

（2）域名。

域名（Domain Name）是由一串用点分隔的名字组成的 Internet 上某一台计算机或计算机组的名称，用于在数据传输时标识计算机的方位（有时也指地理位置、地理上的域名，指带有行政自主权的一个地方区域）。使用域名的目的是便于记忆服务器的地址（如网站地址、电子邮件地址、文件服务资源地址等）。

1.1.5 服务器

服务器的构成包括处理器、硬盘、内存、系统总线等，与通用的计算机架构类似，但需要提供高可靠的服务，因此在处理能力、稳定性、可靠性、安全性、可扩展性、可管理性等方面要求较高。

在网络环境下，根据服务器提供的服务类型不同，服务器分为文件服务器、数据库服务器、应用程序服务器、Web 服务器等。

根据服务器在网络中应用的层次（或服务器的档次），依据整个服务器的综合性能，特别是所采用的一些服务器专用技术来衡量，可将服务器分为入门级服务器、工作组级服务器、部门级服务器、企业级服务器。

1.1.6 Web 标准

Web 标准是一系列标准的集合。它定义网页主要由三部分组成：结构（Structure）、表现（Presentation）和行为（Behavior）。网页对应的标准也分三个方面：结构化标准语言，主要包括 XML、XHTML 和 HTML5；表现标准语言，主要包括 CSS；行为标准，主要包括对象模型（如 W3C DOM）、ECMAScript 等。这些标准大部分由万维网联盟（W3C，负责制定 Web 标准的组织）起草和发布，也有一些是其他标准组织制定的标准，比如欧洲计算机制造联合会（European Computer Manufacturers Association，ECMA）制定的 ECMAScript 标准。

（1）结构标准。

1）可扩展标记语言（Extensible Markup Language，XML）。

和 HTML 一样，XML 同样来源于标准通用标记语言。可扩展标记语言和标准通用标记语言都是能定义其他语言的语言。XML 最初设计的目的是弥补 HTML 的不足，以强大的扩展性满足网络信息发布的需要，后来逐渐用于网络数据的转换和描述。

2）可扩展超文本标记语言（Extensible HyperText Markup Language，XHTML）。

目前推荐遵循的是 W3C 于 2000 年 1 月 26 日发布的 XHTML 1.0。XML 虽然数据转换能力强大，完全可以替代 HTML，但面对成千上万已有的站点，直接采用 XML 还没有足够的环境。因此在 HTML 4.0 的基础上，用 XML 的规则对其进行扩展，得到了 XHTML。简单地说，建立 XHTML 的目的就是实现 HTML 向 XML 的过渡。

3）HTML5。

HTML5 是超文本标记语言（HTML）的第五次重大修改，是万维网的核心语言，属于标准通用标记语言（在本书第 3 章详细讲解）。

（2）表现标准。

CSS（层叠样式表）目前推荐遵循的是万维网联盟（W3C）于 2001 年 5 月 23 日推荐的 CSS3。W3C 创建 CSS 标准的目的是以 CSS 取代 HTML 表格式布局、帧和其他表现的语言。纯 CSS 布局与结构式 XHTML 相结合能帮助设计师分离外观与结构，使站点的访问及维护更加容易。

（3）行为标准。

1）文档对象模型（Document Object Model，DOM）。

根据 W3C DOM 规范（http://www.w3.org/DOM/）的定义，DOM 是一种与浏览器及平台无关的语言接口，使得可以访问页面中其他的标准组件。简单的说，DOM 解决了 Netscape 的 JavaScript 和 Microsoft 的 JScript 之间的冲突，给予 Web 设计师和开发者一个标准的方法，来访问站点中的数据、脚本和表现层对象。

2）ECMAScript。

ECMAScript 是 ECMA 制定的标准脚本语言（JavaScript）。目前推荐遵循的是 ECMA-262。

1.2　Web 是如何工作的？

1.2.1　什么是网页？

网页是构成网站的基本元素，是各种网站应用的载体。网页是一个文件，可以存放在世界某个角落的某一台计算机中，是万维网中的一"页"，采用超文本标记语言格式（标准通用标记语言的一个应用，文件扩展名为.html 或.htm）。网页经网址（URL）来识别与存取，再通过浏览器解析，最后呈现在用户眼前。

文字和图片是构成一个网页的最基本元素。文字是网页的内容，图片使网页表现更加美观，也可以直观形象地表现信息，除此之外，网页的元素还包括动画、音视频、程序等。

使用浏览器打开网页，单击鼠标右键并选择菜单中的"查看源文件"命令，可以通过记事本看到网页的实际内容。网页实际上只是一个纯文本文件，通过各式各样的标记描述页面上的文字、图片、表格、音视频等元素。图片、音视频、动画等文件和网页文件互相独立，甚至可以存储在不同计算机上，网页文件中存放图片的链接位置。浏览器加载相关文件并解释网页中的标记，从而生成页面，然后把网页通过一定的格式展现出来。

网页分为静态网页和动态网页。

（1）静态网页。

静态网页是指没有后台数据库、不含开发程序的不可交互的页面。静态网页是标准的 HTML 文件，它的文件扩展名是.htm、.html，可以包含文本、图像、声音、动画、客户端脚本和 ActiveX 控件及程序等。静态网页制作完成后，页面的内容和显示效果就确定了，除非修改页面代码，因此静态网页更新起来相对比较麻烦，适用于更新较少的展示型网站，早期网站的页面多为静态网页。

（2）动态网页。

动态网页一般以数据库技术为基础，可以与后台数据库进行交互与数据传递，能够大大降低网站维护的工作量。采用动态网页技术的网站可以实现更多的功能，如用户注册、用户登录、在线调查、用户管理、订单管理等。动态网页实际上并不是独立存在于服务器上的网页文件，只有当用户请求时服务器才返回一个完整的网页。

动态网页以.aspx、.asp、.jsp、.php、.perl、.cgi 等为后缀，并且在动态网页网址中有一个标志性的符号"?"。

1.2.2　什么是网站?

关于网站的定义较多，常见的定义有如下三种。

定义一：网站（Website）是指在 Internet 上根据一定的规则，使用 HTML 等工具制作的用于展示特定内容相关网页的集合。

定义二：Internet 上一块固定的面向全世界发布消息的地方，由域名（网站地址）和网站空间构成，通常包括主页和其他具有超链接文件的页面。

定义三：网站是一个逻辑上的概念，是由一系列的内容组合而成的。网站包含的内容有网站的域名、提供网站服务的服务器或者网站空间、网页、网页内容所涉及的图片视频等文件、网页之间的关系。

通过上述三种定义不难看出，观测角度不同，网站的定义也不同。

1.2.3　网页与网站的关系

网站是一个整体，网页是一个个体，一个网站是由多个网页构建而成的。

简单来说，网站是由网页聚合而成的，通过浏览器所看到的页面就是网页。网站是域名、网站存放空间的内容集合，所包含的内容有网页、程序、图片、视频、音频等内容和内容之间的链接关系，一个网站可能有很多网页，也可能只有一个网页。网页是网站内容的重要组成部分。

1.2.4　浏览器是如何工作的?

（1）浏览器的主要功能。

浏览器的主要功能是将用户选择的 Web 资源呈现出来，它需要从服务器请求资源，并将其显示在浏览器窗口中。资源的格式通常是 HTML，也包括 PDF、Image 及其他格式。用户用 URI（Uniform Resource Identifier，统一资源标识符）来指定所请求资源的位置。

HTML 和 CSS 规范中规定了浏览器解释 html 文档的方式，由 W3C 对这些规范进行维护。HTML 规范的最新版本是 HTML5（https://www.w3.org/TR/html/），CSS 规范的最新版本是 CSS3（http://www.w3.org/TR/CSS）。

近年来，浏览器厂商纷纷开发自己的扩展，对规范的遵循并不完善，这为 Web 开发者带来了严重的兼容性问题，但浏览器的用户界面则区别不大，常见的用户界面元素包括：用来输入 URL 的地址栏，前进、后退按钮，书签选项，用于刷新及暂停当前加载文档的刷新、暂停按钮，用于到达主页的主页按钮。

HTML5 并没有规定浏览器必须具有的 UI 元素，但列出了一些常用元素，包括地址栏、状态栏及工具栏。部分浏览器通常都具有独有的功能，比如 Firefox 浏览器的下载管理功能等。

（2）浏览器的主要构成。

浏览器的主要组件包括七个方面，如图 1-9 所示。

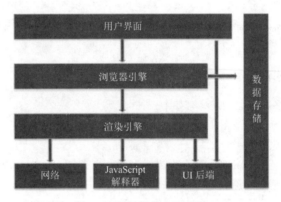

图 1-9　浏览器的主要组件

1）用户界面（User Interface）：包括地址栏、后退/前进按钮、书签目录等，也就是你所看到的除了用来显示所请求页面的主窗口之外的其他部分。

2）浏览器引擎（Browser engine）：用来查询及操作渲染引擎的接口。

3）渲染引擎（Rendering engine）：用来显示请求的内容，如请求内容为 HTML，它负责解析 HTML 及 CSS，并将解析的结果显示出来。

4）网络（Networking）：用来完成网络调用，如 HTTP 请求具有平台无关的接口，可以在不同平台上工作。

5）UI 后端（UI Backend）：用来绘制类似组合选择框及对话框等基本组件，具有不特定于某个平台的通用接口，底层使用操作系统的用户接口。

6）JS 解释器（JavaScript Interpreter）：用来解释执行 JS 代码。

7）数据存储（Data persistence）：属于持久层，浏览器需要在硬盘中保存类似 cookie 的各种数据，HTML5 定义了 Web Database 技术，这是一种轻量级完整的客户端存储技术。

（3）主流浏览器及其市场份额。

当前，主流浏览器有 Chrome、Microsoft Internet Explorer、Firefox、Microsoft Edge、Safari、Opera 等。

1）NetMarketShare 统计数据。

全球知名科技数据调查公司 NetMarketShare 针对各主流桌面浏览器 2018 年 3 月的市场份额的调查数据显示，Google 的 Chrome 浏览器依然是全球最受欢迎的桌面浏览器。Google Chrome 浏览器占比为 61%（如表 1-4 所列），这就意味着全球 10 台 PC 中就有超过 6 台设备运行这款浏览器。

表 1-4　全球桌面浏览器市场份额

浏览器品牌	市场份额
Chrome	61%
Firefox	10.52%
Internet Explorer 11	10.00%
Edge	4.46%
Safari	3.94%
Sogou Explorer	1.49%
Opera	1.45%
QQ	1.38%
Internet Explorer 8	1.33%
UC Browser	0.66%

2）百度统计数据。

根据百度统计 2018 年 1 月到 2018 年 4 月的基于 150 万站点的统计数据，Chrome 浏览器市场份额稳定，为最受欢迎的浏览器；IE 浏览器居第二，QQ、2345、搜狗高速等国内浏览器也有着广泛的应用。如图 1-10 所示。

1.2.5　访问网站的过程

从输入一个网站域名到访问网站的过程一般包括五个步骤：

（1）输入网址。

（2）通过域名服务器查找用户输入网址的域名指向的 IP 地址。

（3）通过获取的 IP 地址请求 Web 服务器。

（4）Web 服务器接收请求，并返回请求数据信息。

（5）客户端浏览器接收到请求数据后，将信息组织成可以查看的网页内容。

访问网站的过程具体如图 1-11 所示。

1.2.6　网站是怎么开发出来的？

（1）网站开发技术分类。

1）Web 前端技术。在 Web 前端开发中有 HTML、CSS、JavaScript 等技术。

2）Web 后端技术。在 Web 后端开发中有 CGI、PHP、JSP、Python、ASP.NET、Ruby 等技术。

图 1-10　浏览器市场份额

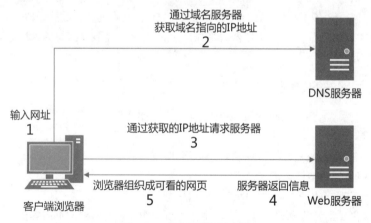

图 1-11　访问网站的过程

（2）网站主要开发技术介绍。

1）HTML。用于静态页面开发，是网站开发的基础。

2）CSS。层叠样式表，对网页中的对象位置和样式进行精确控制。

3）JavaScript。前端编程语言，用于给 HTML 网页增加动态和交互功能。

4）PHP。HTML 内嵌式语言，一种在服务器端执行的嵌入 HTML 文档的脚本语言。

5）JSP。JSP（Java Server Pages）是一种动态页面技术，它的主要目的是将表示逻辑从 Servlet

中分离出来。JSP 技术使用 Java 编程语言编写类 XML 的 tags 和 scriptlets 来封装产生动态网页的处理逻辑。网页还能通过 tags 和 scriptlets 访问存在于服务端的资源的应用逻辑。JSP 将网页逻辑与网页设计的显示分离，支持可重用的基于组件的设计，使基于 Web 的应用程序的开发变得迅速和容易。

6）Python。是一种面向对象、解释型计算机程序设计语言，是纯粹的自由软件，源代码和解释器 CPython 遵循 GPL（GNU General Public License）协议。Python 语法简洁清晰，强制用空白符作为语句缩进。

7）ASP.NET。是.NET Framework 的一部分，是一种使嵌入网页中的脚本在 Internet 服务器上执行的服务器端脚本技术。

（3）开发网站需要哪些人。

网站开发是一个系统的工程，需要多种人员协调配合，共同完成。通常网站开发过程中的人员角色包括如下几种：

1）项目经理（Project Manager）。

负责项目的管理和协调，合理分配和使用资源，保证项目按计划顺利进行。

2）内容编辑（Content Editor）。

Web 的重要特征是媒体特征，通过网站将信息更为有效地传达给最终的用户，就是网站编辑角色的主要职责。网站内容编辑要具备熟练的写作能力，并且对网站要传达的内容以及客户的心理都要有充分的理解与把握。

3）网站结构规划（Architectural Designer）。

如何将信息内容通过合理的编排，使用户可以方便地找到需要的信息，并且设计用户访问的工作流程，与软件工程中的系统分析员类似。

4）美术设计（Visual Designe）。

美术设计主要负责标志、按钮设计，图片的创意与设计，色彩的搭配以及菜单、表格等的合理应用。同时还要负责网络站点有关多媒体动画或者音视频的应用功能的实现，与前端开发人员共同完成网页的创建与维护更新工作。

5）主页制作（Implementation）。

内容与结构都已经确定，需要由专业的 Web 前端工程师使用专业的制作工具进行主页、表格等内容的制作。

6）软件程序开发（Software Development）。

软件开发工程师主要负责与 Web 相关的基于网络数据库系统与应用软件开发的工程，通常使用 CGI、PHP、Perl、Java、ASP.NET、Ruby 等动态网站开发技术进行程序开发。

7）系统管理（System Administrator）。

系统管理负责对服务器进行管理和维护。

8）文档管理（Document Management）。

文档管理负责对项目过程中的所有文档进行编辑和管理。

9）质量测试（Quality Test）。

质量测试负责对所开发的产品进行测试，发现其中的技术问题和错误，及时地向项目团队报告情况，并督使相关的人员及时解决所发现的问题。

（4）开发网站的一般过程。

网站项目开发流程一般包含五个步骤：

1）需求分析。

当拿到一个网站项目时，必须进行需求分析。分析内容包括网站的风格、网站的类型、网站的版块、网站的域名及空间等。

2）规划静态内容。

重新确定其需求分析，并根据用户需求分析、规划出网站的内容版块草图。

3）设计阶段。

美工根据网站草图制作效果图。

4）开发阶段。

根据页面结构和设计，前端和后台可以同时进行。前端开发工程师根据设计效果负责制作静态页面。程序开发工程师根据其页面结构和设计，设计数据库，并负责网站支撑系统和软件的开发。

5）测试和发布。

对网站进行系统测试，并根据测试结果修订错误。在完成测试修订后，通过服务器将网站发布。

（5）除了开发，建设网站还要进行以下工作：

1）网站测试。对制作好的网站进行兼容性测试、功能测试、性能测试、安全测试等。

2）网站发布。对制作完成的网站通过互联网进行发布，包括申请域名、部署实施等。

3）网站维护。网站发布并正式运行后，需要对网站的内容持续更新，对网站中出现的错误持续修订和完善，提升网站的安全及性能等。

1.3　为什么学习 Web 前端开发？

Web 技术已经成为一门广泛应用的技术。除了日常的网站访问和信息浏览，Web 已经成为各种设备的有机组成部分。例如交换机、路由器、服务器的管理，都可以通过 Web 方式进行管理。Web 技术正得到越来越多的应用，各种信息技术都在逐步 Web 化。

学习 Web 前端开发技术具有如下优势：

（1）前端开发入门门槛低，但需求量大，尤其是有经验的前端开发人员。

（2）前端开发可在短期内积累足够的经验，而后端开发想要积累同等程度的经验需要时间更长。

（3）前端开发技术变化慢，而后端开发技术更新很快，各种框架、架构模式变更迅速，相比较而言，前端开发的学习成本低。

（4）前端开发技术发展越来越成熟，且适用范围更广。比如 HTML5 可以替代原生 APP，JavaScript 能够用于数据库操作（MongoDB 等非 SQL 支持 JS 语法），NodeJS 能够让 JavaScript 在服务器端运行等。

1.3.1　什么是 Web 前端开发？

Web 前端开发是指利用 HTML、CSS、JavaScript、DOM 等各种 Web 技术进行产品的界面开发。其工作目标是制作标准优化的代码，并增加交互动态功能，同时结合后端开发技术实现整体应用目标，通过技术改善用户体验。

1.3.2　Web 前端工程师的工作内容

Web 前端工程师的工作内容主要有以下几点：

（1）为网站上提供的产品和服务实现一流的 Web 界面，优化代码并保持良好兼容性。

（2）负责产品整体前端框架的搭建。

（3）参与产品的前端开发，与后端工程师协作，高质高效完成产品的数据交互、动态信息展现。

（4）使用 JS 或 AS 编写封装良好的前端交互组件，维护及优化网站前端页面性能。

（5）研究和探索创新的开发思路和最新的前端技术。

1.3.3　Web 前端工程师的职业前景

Web 前端工程师目前已经成为业界普遍的工作岗位，有较大的市场需求，在职业发展中也逐步形成职业发展体系。Web 前端工程师的职业方向大致有两种：资深 Web 前端工程师和 Web 架构师。

（1）资深 Web 前端工程师。

Web 前端工程师通过不断地学习、提高和经验积累，逐步走向资深 Web 前端工程师，这是最基本的职业发展。在国外，很多工程师都能够把自己的专业做到极致，在一个专业领域不断学习和积累。

（2）Web 架构师。

Web 前端工程师通过积累和对产品、项目的深入理解，以及对技术的进一步研究和理解，将能够更好地规划和设计 Web 架构的应用服务和大型网站，并逐步成长为 Web 架构师。

1.3.4　需要学习哪些内容

（1）HTML。

HTML 是一个网页的骨架，无论是静态网页还是动态网页，最终返回到浏览器端的都是 HTML，浏览器将 HTML 代码解释渲染后呈现给用户。HTML 并不是一种编程语言，它只是一种标记语言，也就是说，它是用来识别和描述一个文件中各个组件的系统，比如标题、段落和列表，标记表示文档的底层结构。

成为 Web 前端工程师，HTML 是最为基础的学习内容，不仅要编写 HTML，更需要对 HTML 的工作原理和各种属性、性能有较深的理解和感受。学习 HTML 最好的方法就是动手编写，单纯记忆 HTML 标签和属性不仅乏味且不容易掌握。

（2）CSS。

CSS 用来描述网页内容如何显示，是能够真正做到网页表现与内容分离的一种样式设计语言。页面的外观称为"展示"，字体、色彩、背景图片、行间距、页面布局等展示都是由 CSS 来控制的。而 CSS3 还具有页面绘图、动画等功能。

Web 前端工程师的重要工作之一就是设计开发美观、清晰、易于阅读的网页，因此对 CSS 的学习和掌握是尤为重要的。学习 CSS 的方法不外乎案例学习，通过反复研究、学习、练习各种 CSS 案例，熟练掌握 CSS 的方法、属性，并能灵活应用。

（3）JavaScript。

JavaScript 是应用最为广泛的脚本语言，在网页中，可以用来添加互动和行为，例如验证表单输入，以确保输入正确有效；更换一个元素或整个站点的风格；使浏览器记住有关用户的资料，方便下一次访问；构建界面窗口等。

JavaScript 也是最常用的操作网页元素或者某些浏览器窗口功能的语言。使用 JavaScript 可以访问并控制网页元素的标准列表，例如通过 JavaScript 可以增加 HTML 标记、隐藏 HTML 区块等。

Web 前端工程师必须掌握交互开发的技术，能够使用 JavaScript 进行熟练的动画设计、交互设计开发。学习 JavaScript 的方法是案例学习，通过对案例的学习，掌握 JavaScript 的语法、方法，进而达到熟练应用的目的。

（4）编程语言。

目前大多数网站都是动态网站，虽然 Web 前端工程师不需要进行大量的动态网站程序开发，但却经常需要与程序开发人员进行配合和业务衔接，因此掌握一定的动态网站开发语言也非常必要。

Web 前端工程师应该掌握一门动态网站开发语言，例如 PHP、ASP.NET，具备一定的开发能力，能够理解动态网站开发语言的工作原理。

1.3.5　需要购买哪些设备？

工欲善其事，必先利其器。Web 前端开发工作需要一定的设备来开展工作，初学者也需要一定的条件方能开展学习。但是，Web 前端开发并不需要大量昂贵的设备，通常使用的设备如下所述。

（1）性能稳定的计算机。

Web 前端开发使用的操作系统可以是 Mac OS、Windows 或者 Linux。在专业的 Web 开发公司，创意部门往往优先使用 Mac OS。虽然使用高性能的计算机具有一定的优势，但由于 Web 前端开发的计算、存储要求并不是很高，因此普通计算机也完全能够满足需要。

（2）额外的内存。

在开发过程中，通常需要使用多个应用程序，对计算机的内存要求相对更多，所以计算机最好尽量配置足够的内存，这样可以更加流畅地运行几个对内存要求很高的程序。

（3）大一些的显示器。

Web 前端开发需要同时看到开发工具和浏览器展示效果，因此配置一台更大尺寸的显示器能够更便于学习和工作，条件允许的情况下，可以考虑配置两台或更多显示器。由于需要更好地查看网页的展示效果，建议配置更高色域的显示器，条件允许的情况下，可考虑配置图像专用显示器。

（4）移动设备。

移动互联网时代已经来临，更多的 Web 开发已经需要具备较好的移动设备支持。因此智能手机和平板设备在 Web 开发中也有一定的需求。

1.3.6　除了技术，还需要学什么

Web 前端开发除了学习最基础和最核心的技术外，还需要掌握和具备其他技术和能力。主要体现在以下几个方面：

（1）计算机专业知识，包括编译原理、计算机网络、操作系统、算法原理、软件工程、软件测试原理等专业计算机知识，这些知识能够帮助开发者更好地理解和掌握 Web 前端开发技术，并帮助开发人员更快速地学习。

（2）知识管理、总结分享的能力。

（3）沟通技巧、团队协作开发、需求管理、项目管理的能力。

（4）代码模块化开发的基本方法和技术。

（5）代码版本管理的技术。

（6）交互设计、可用性、可访问性的原理和技术。

1.4　项目管理系统

1.4.1　什么是项目管理?

项目管理，就是通过合理地组织，在规定的时间、预算和质量目标范围内完成项目的各项工作。即对项目从投资决策开始到项目结束的全过程进行计划、组织、指挥、协调、控制和评价，以实现项目的目标。在项目管理方法论上主要有阶段化管理、量化管理和优化管理三个方面。

（1）阶段化管理指的是从立项之初直到系统运行维护的全过程。

（2）量化管理是将每个阶段数量化，分清责任。

（3）优化管理是分析项目每部分所蕴涵的知识、经验和教训，更好地发扬项目进程中的经验，吸取教训。

1.4.2　项目管理的目的

项目管理是为了让软件项目的生命周期（从分析、设计、编码到测试、维护全过程）都能在管理控制之下，最终达到以下目的：

（1）合理安排，降低成本。

通过项目管理可以尽早制订出项目的任务计划，并合理安排各项任务的先后顺序，有效使用资源，特别是项目中的关键资源和重点资源，从而保证项目的顺利实施，并有效降低项目成本。

（2）加强项目的团队合作，提高项目团队的战斗力。

项目管理提供了一系列的人力资源管理、沟通管理的理论和方法，如人力资源的管理理论、激励理论、团队合作方法等。通过这些方法和理论的使用，可以增强团队合作精神，提高项目组成员的工作士气和效率。

（3）降低项目风险，提高项目实施的成功率。

项目管理很重要的一部分是风险管理，通过风险管理可以有效降低项目实施过程中最容易被忽略的不确定因素对项目的影响。

（4）有效控制项目范围，增强项目的可控性。

在项目实施过程中，需求的变更是经常发生的。如果没有一种好的方法来进行控制，会对项目产生很多不良的影响，而项目管理中强调进行范围控制，能有效降低项目范围变更对项目的影响，保证项目顺利实施。

1.4.3　项目管理系统——Microsoft Project

（1）简介。

Microsoft Project 是 Microsoft 公司开发的项目管理软件。其设计目的在于协助项目经理管理计划、为任务分配资源、跟踪进度、管理预算和分析工作量。

Microsoft Project 将可用性、功能性和灵活性有机融合，是一个可靠的项目管理工具。同时 Microsoft Project 通过与 Microsoft Office 的系统程序、报表、引导性计划以及其他工具进行集成，使项目负责人可以对所有信息进行整体把握，控制项目的工时、日程和财务，与项目工作组保持密切合作，帮助提高工作效率。

（2）主要特点。

1）有效地管理和了解项目日程。

使用 Microsoft Project 制定日程、分配资源和管理预算。通过各种功能了解日程，这些功能包括用于追溯问题根源的"任务驱动因素"、用于测试方案的"多级撤销"，以及用于自动为受更改影响的任务添加底纹的"可视化单元格突出显示"。

2）构建专业的图表和图示。

"可视报表"引擎可以基于 Project 数据生成 Visio 图表和 Excel 图表，再通过专业的报表和图表来分析和报告 Project 数据。

3）根据需要跟踪项目。

通过使用一组丰富的预定义或自定义标准来帮助跟踪所需的相关数据（完成百分比、预算与实际成本、盈余分析等），通过在基准中保存项目快照来跟踪项目进行期间的项目指标情况。

1.4.4　项目管理系统——Collabtive

Collabtive 是一款完全基于网络的、部署于服务器端的协作开发与项目管理工具。提供的功能主要包括项目管理、即时通信、任务管理、文件管理、时间跟踪、多语言支持等，也可将活动记录以 XLS 文件和 PDF 文件的格式导出。

Collabtive 的核心理念是每个项目由若干个任务列表组成，而每个任务列表又由若干具体任务组成。这样一级一级的细分，可以使项目趋于合理明晰化，充分明确项目组每个成员的职责和任务。

第 2 章
开发工具

  随着 Web 的应用发展，人们对 Web 应用系统和 Web 应用程序的开发技术提出了更高的要求，同时 Web 前端开发也面临着越来越复杂的开发环境。在这种背景下，如何高效地创建稳定、可靠和安全的 Web 应用程序是 Web 前端开发工程师面临的挑战。

  Web 前端开发涉及的内容多且宽泛，在开发的每个阶段都有相应的开发工具，选择合适的开发工具能够帮助 Web 前端开发者更高效地实施 Web 前端开发。

2.1 开发工具综述

根据开发阶段和用途不同，Web 前端开发工具可以分为 Web 设计工具、Web 开发工具、Web 管理与维护工具。同时为保证代码质量、提高开发效率，Web 开发过程中还需要用到 Web 调试工具，对代码进行调试。

本章将对常用的 Web 前端开发工具进行介绍，具体内容如表 2-1 所列。

表 2-1 Web 前端开发常用工具表

开发阶段	使用工具
原型设计	Axure RP
	Microsoft Office Visio
技术开发	Adobe Dreamweaver
	Oracle Netbeans
	Microsoft Visual Studio Code
Web 调试	FireFox
	Google Chrome
	Internet Explorer
	Microsoft Edge
代码托管	GitHub
	SVN

2.2 原型设计工具

2.2.1 什么是原型设计？

在进行需求分析时，用户的口头描述和想法会出现偏差，而在实际工作中用户对于图形化的沟通交流更容易理解。随着互联网产品迭代加快和用户需求复杂性提高，通过原型设计进行沟通能够提高设计效率，提高交流的准确性。

原型设计是将页面的模块、元素、人机交互的形式，利用线框描述的方法，将功能具体、生动地进行表达。原型设计是交互设计师与客户、产品经理、网站开发工程师之间进行沟通最好的工具。原型设计定位于概念设计或整个设计流程初期的阶段，如图 2-1 所示。随着项目大小、时间周期等因素，开发人员往往会根据相关需求确定纸原型、低保真原型、高保真原型等不同质量的原型进行输出。原型可划分为三类，具体内容如下：

（1）纸原型：画在文档纸、白板上的设计原型、示意图。特点为：便于修改和绘制，不便于保存和展示。

（2）低保真原型：基于现有的界面或系统，通过计算机进行一些加工后的设计稿。特点为：示意更加明确，能够包含设计的交互和反馈，但在美观、效果等方面欠佳。

（3）高保真原型：产品演示 Demo 或概念设计展示。特点为：视觉上与实际产品等效，体验上与真实产品接近，但需要较多的投入，成本高。

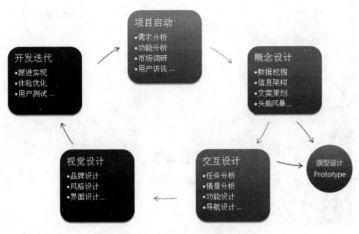

图 2-1　原型设计的传统流程

2.2.2　原型设计工具——Axure RP

（1）简介。

Axure 是一款专业的快速原型设计工具，可以通过组件的方式帮助网站或软件设计师快速建立带有注释的原型（流程图、线框图），并凭借自定义的可重用元件、动态面板以及丰富的脚本建立能够展示基本功能或页面逻辑的动态演示文件。

Axure 为用户提供了丰富的组件样式，通过该工具能够创建低保真、高保真甚至接近于实际效果的界面。Axure 脚本模式中可以通过单击和选择快速完成界面元素的交互，如链接、动态变化等效果，使得 Axure 能够生成接近于真实产品的原型。此外，Axure 还能够导入其他人创建的元件库，使得 Axure 能满足绝大多数类型产品的设计。

（2）主要特点。

1）快速构建原型。

拥有全套 web 控件库，直接拖拽即可快捷而简便的制作产品原型。

2）交互效果逼真，便于需求验证。

丰富的动态面板可以用来模拟各种复杂的交互效果，导出 HTML 后可以更加准确地传达信息架构和页面跳转。

2.2.3　实训：使用 Axure RP 实现百度登录页原型设计

本案例以 Axure RP 8 为例，在 Window 7 系统上进行安装和讲解。Axure RP 软件可以通过软件官方网站（http://www.axure.com）下载获得试用版本。

1．安装 Axure RP 8

（1）运行下载的 Axure RP 8 安装程序，如图 2-2 所示，单击 Next 按钮进行安装。

（2）单击 I Agree 按钮后，单击 Next 按钮继续安装。

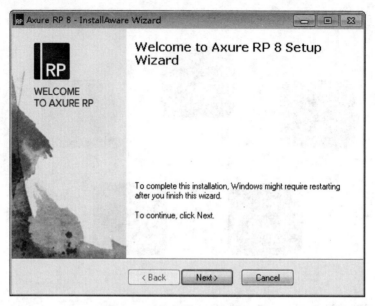

图 2-2　开始安装 Axure RP Pro 8

（3）单击 Browse...按钮，选择软件安装目录，如图 2-3 所示。单击 Next 按钮，选择软件在开始菜单中显示的名称及使用的用户，单击 Next 按钮，确认安装信息，软件开始安装。

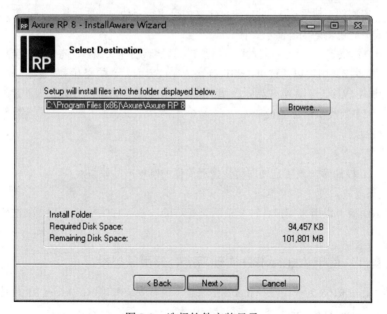

图 2-3　选择软件安装目录

（4）安装完成后，选择 Run Axure RP，单击 Finish 按钮，安装结束，出现软件界面，如图 2-4 所示。

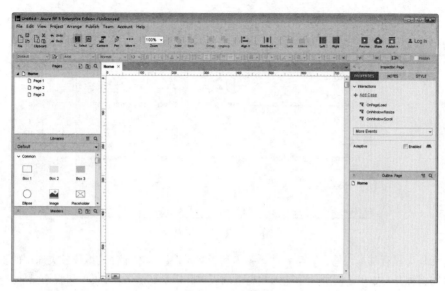

图 2-4　软件界面

2. 使用 Axure RP 实现百度登录页原型设计

（1）软件快捷功能区。

Axure 软件的风格和 Office 系列软件的风格十分相像，把一些常用功能快捷按钮全部集成在软件顶部，如图 2-5 所示。

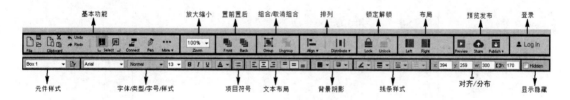

图 2-5　软件快捷功能区

（2）站点地图。

每一个网站、每一个功能模块都有自己的结构，为了帮助开发者树立全局观念，需要在站点地图里搭建整个项目的结构，梳理页面间的层级关系，完成框架之后，再做具体的内容填充，这样才能做出结构合理、思路清晰的原型。

站点地图位于软件的左上位置，管理原型中所有的页面，可以进行页面的添加、删除、命名等操作。当双击一个页面时，页面会在主编辑区打开。页面打开后，主编辑区上方出现相应的标签，单击标签可进行页面的切换。

（3）元件的使用。

元件位于软件左侧界面第二个功能区块，主要是对所有元件进行管理。软件自带了两个元件库：默认元件库和流程图元件库，如图 2-6 所示。

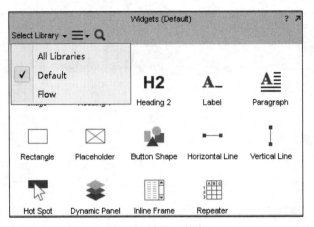

图 2-6　默认元件库

默认元件库里有基本元件、表单元件、菜单和表格元件。基本元件是组成各类原型的基本元素；表单元件在编程开发中用于向页面中输入数据形成表单并提交到服务器；菜单和表格元件是构成页面导航和页面内容的主要元素。

元件选项列表用来管理元件库，可以方便地载入和卸载元件库，也能够创建编辑自定义元件库，如图 2-7 所示。

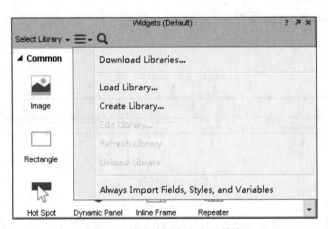

图 2-7　创建编辑自定义元件库

在进行原型页面制作时，只需用鼠标要把元件库里面的元件拖动到主编辑区，元件就会被摆放在指定的位置上，如图 2-8 所示。

页面的内容是由元件组成的，网页显示的内容都能通过元件的组合搭配模拟出来，如图 2-9 所示。

（4）元件的样式与属性。

软件界面的右侧中部是元件的属性与样式功能面板，单击编辑区的元件时，这里就会显示该元件的样式，如图 2-10 所示。

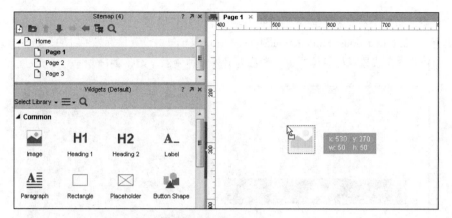

图 2-8　添加元件

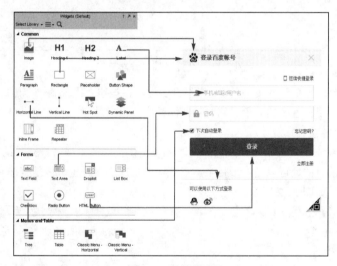

图 2-9　元件搭配

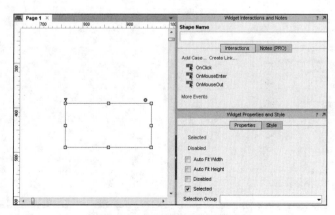

图 2-10　元件的属性与样式

在百度登录按钮上有鼠标悬停变色的效果，这个功能可以通过设置属性来实现。首先拖入一个按钮形状，然后在 Interactions→Interaction Styles→MouseOver 中设置鼠标悬停时的另一种样式或者另一种图片即可。这里设置鼠标悬停的填充颜色为另外一种颜色，如图 2-11 所示。

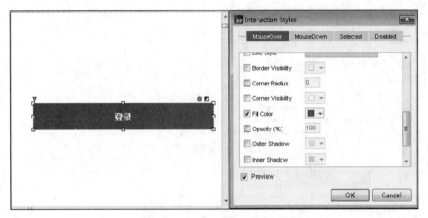

图 2-11　设置鼠标悬停填充色

单击 OK 按钮后，按钮颜色又变成默认的颜色。这时在按钮上出现了一个黑白相间的小方块，鼠标移入小方块就会显示设置好的效果。同时，在属性中"鼠标悬停"的后面也出现了一些信息。

（5）添加文字链接。

在文本编辑的状态下，选中全部或部分文本，单击快捷功能区或者样式中的链接图标，进入链接编辑页面。链接的目的地可以是本项目中站点地图的任意页面，也可以是链接到外部网址（URL）或者本地磁盘文件，如图 2-12 所示。

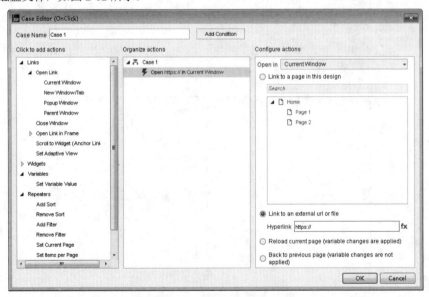

图 2-12　添加文字链接

（6）图片的变换。

在表单输入框内，制作初始状态与鼠标单击按下是两个不同的图片效果，可以拖入一个默认的图片元件到编辑区，调整尺寸。双击图片，打开本地资源管理器，找到初始状态的图片导入进来。属性选项选择 Selected→Image 导入，单击效果图片，如图 2-13 所示。

（7）文本框类型。

添加 Text Field 元件，设置文本框类别为 Text，并对字体进行设置，如图 2-14 所示。

图 2-13　变换图片

图 2-14　设置文本框样式

（8）预览与生成。

单击菜单中的 Publish 菜单，可以对设计进行预览或将设计生成 html 页面，如图 2-15 所示。

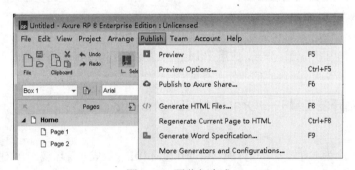

图 2-15　预览与生成

2.3　开发工具

2.3.1　开发工具的作用

Web 开发工具主要用于 HTML、CSS 和 JavaScript 程序的编写，好的开发工具可以提高开发效率。

2.3.2 网站开发工具——Adobe Dreamweaver

（1）简介。

Adobe Dreamweaver 是第一个针对专业网页设计师特别开发的视觉化网页开发工具，可用于设计并部署极具吸引力的网站和 Web 应用程序，利用 Dreamweaver 可以轻而易举地制作出跨越平台限制和跨越浏览器限制的网页，并提供强大的编码环境及基于标准的 WYSIWYG（所见即所得）设计界面。

（2）主要特点。

1）最佳的制作效率。

Dreamweaver 可以用最快速的方式将 Fireworks、FreeHand 或 Photoshop 等文件移至网页上。对菜单、快捷键与格式控制，只要一个简单步骤即可完成。

2）网站管理。

使用网站地图可以快速制作网站雏形，设计、更新和重组网页。改变网页位置或文件名称，Dreamweaver 会自动更新所有链接。使用 HTML 属性标签和一般语法的搜索及置换功能使得复杂的网站更新变得迅速又简单。

3）无可比拟的控制能力。

Dreamweaver 是唯一提供 Roundtrip HTML、视觉化编辑与源代码编辑同步的设计工具。它包含 HomeSite 和 BBEdit 等主流文字编辑器。用户可简单地选择单元格、行、列或作非连续选取，甚至可以排序或格式化表格群组。Dreamweaver 支持精准定位，利用可轻易转换成表格的图层以拖拉置放的方式进行版面配置。

4）所见即所得。

Dreamweaver 成功整合动态式出版视觉编辑及电子商务功能，包含 ASP、Apache、BroadVision、ColdFusion、iCAT、Tango 与自行发展的应用软件体系。用户不需要通过浏览器就能预览网页，大大提高了网页开发效率。

5）样板和 XML。

Dreamweaver 将内容与设计分开，应用于快速网页更新和团队合作网页编辑。通过建立网页外观的样板，可指定可编辑或不可编辑的部分，避免因误操作而改变其样式。

2.3.3 网站开发工具——Oracle NetBeans

（1）简介。

NetBeans 是一个为软件开发者设计的自由、开放的 IDE（集成开发环境），可建立桌面应用、企业级应用、Web 开发、Java 移动应用程序开发、C/C++等。

NetBeans 帮助开发人员编写、编译、调试和部署应用，并将版本控制融入其中。NetBeans 可以实现跨平台应用，包括 Windows、Linux、Mac OS 和 Solaris 等操作系统。

（2）主要特点。

1）功能全面的 Web 应用开发环境。

NetBeans 拥有功能全面的 Web 应用开发环境，开发者可通过页面检查、CSS 样式编辑器和 JavaScript 编辑器、调试器等工具来提升开发效率。

2）NetBeansHTTP 监视器。

在调试或者执行 Web 应用程序期间，开发者可以通过 HTTP 监视器来监视请求、HTTP Header、cookies、会话、Servlet 上下文及客户端/服务器端参数，并将其输出到一个日志中进行查看。在 NetBeans 中可以单步调试代码，然后观察需要的属性。

3）代码自动完成。

NetBeans 只需键入几个字符，即可进行代码补全提示。

2.3.4　网站开发工具——Microsoft Visual Studio Code

（1）简介。

Microsoft Visual Studio Code 是微软公司发布的可运行于 Mac OS X、Windows 和 Linux 环境，适合编写 Web 和云应用的跨平台源代码编辑器。

（2）主要特点。

1）跨平台。

Visual Studio Code 支持 Mac OS X、Windows 和 Linux。

2）海量语言支持。

支持 30 多种语言的代码编辑器，可以编辑 C#、VB、JavaScript、HTML、CSS、TypeScript、Ruby、Objective-C、PHP、JSON、Less、Sass、Markdown 等。

3）并排编辑。

可以支持三个同步的文件编辑，每个人都可以发射命令提示符。

4）智能感应。

确保根据不同的语言特性都能够获得友好的提示，同时在编写代码时结合上下文智能感应。

5）调试。

在调试视图中添加配置，添加完成后通过视图栏切换到调试模式就能从 Virtual Studio Code 启动 App 或者附加到一个运行的程序中。设置断点，查看调用堆栈或运行时的变量，暂停或单步执行代码。

6）版本集成控制。

通过安装扩展的方式，在代码编辑器内部可以实现版本控制功能。

2.3.5　实训：Adobe Dreamweaver CS6 的安装与基本使用

本案例以 Adobe Dreamweaver CS6 版本在 Window 7 系统上安装与使用为例，进行讲解和说明。Adobe Dreamweaver 软件可以通过软件官方网站（http://www.adobe.com/dreamweaver）下载获得试用版本。

1.　下载安装

（1）双击应用下载后的安装程序，将压缩包解压到指定文件夹，如图 2-16 所示。

（2）解压完毕后会自动启动安装程序，选择试用版，在安装前接受 Adobe 的软件许可协议，安装过程中需提供 Adobe 账号来注册试用版，登录操作完成后进入安装内容界面，选择文件安装位置，如图 2-17 所示。单击"安装"按钮，开始安装软件，安装过程大约需要 5～10 分钟，程序安装完毕后，可以单击"关闭"或者"立即启动"按钮。

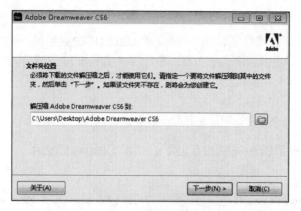

图 2-16　解压压缩包

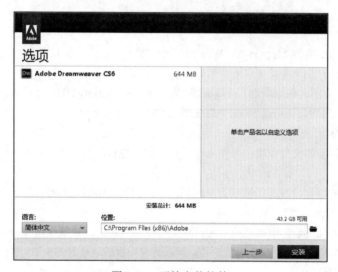

图 2-17　开始安装软件

（3）首次启动时软件会提示是否将 Adobe Dreamweaver 作为某些文件的默认编辑器，用户可根据自身需求设置，单击"确定"按钮后，软件启动。

2．熟悉软件工作界面

首次启动 Dreamweaver 时，会显示 Dreamweaver 的欢迎界面，在该页面的新建栏中单击 HTML 图标，将创建一个新的 HTML 文件，如图 2-18 所示。

当创建一个 HTML 页面后，Dreamweaver 进入编辑模式，如图 2-19 所示。Dreamweaver CS6 的工作界面主要由"菜单栏""文件工具栏""文件窗口""状态区""属性"面板和面板组等组成。

（1）菜单栏。

在菜单栏中主要包括"文件""编辑""查看""插入""修改""格式""命令""站点""窗口"和"帮助"10 个菜单，如图 2-20 所示。单击任一菜单，弹出下拉菜单，使用下拉菜单中的命令基本上能够实现 Dreamweaver CS6 的所有功能。菜单栏中还包括一个工作界面切换器和一些控制按钮。

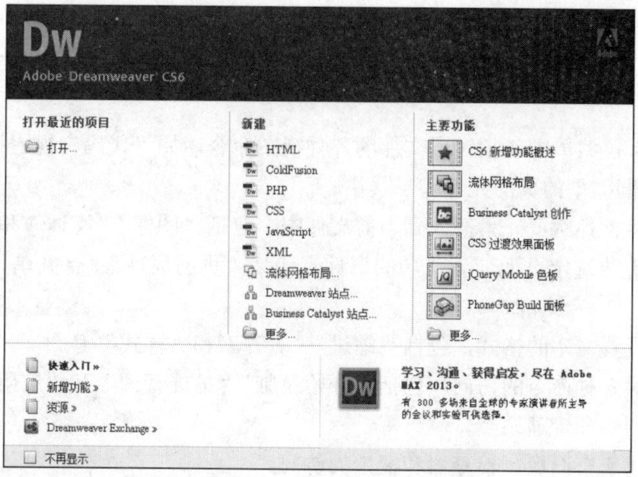

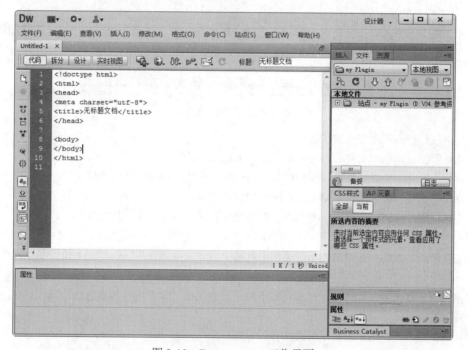

图 2-18　Dreamweaver 欢迎界面

图 2-19　Dreamweaver 工作界面

| 文件(F) | 编辑(E) | 查看(V) | 插入(I) | 修改(M) | 格式(O) | 命令(C) | 站点(S) | 窗口(W) | 帮助(H) |

图 2-20　Dreamweaver 菜单栏

菜单栏中各个功能的具体内容如下。

"文件"：在该下拉菜单中包括"新建""打开""关闭""保存"和"导入"等常用命令，用于查看当前文件或对当前文件进行操作。

"编辑"：在该下拉菜单中包括"拷贝""粘贴""全选"和"查找和替换"等用于基本编辑操作的标准菜单命令。

"查看"：在该下拉菜单中包括设置文件的各种视图命令，如"代码"视图和"设计"视图等，还可以显示或隐藏不同类型的页面元素和工具栏。

"插入"：用于将各种网页元素插入到当前文件中，包括"图像""媒体"和"表格"等。

"修改"：用于更改选定页面元素或项的属性，包括"页面属性""合并单元格"和"将表格转换为 APDiv"等。

"格式"：用于设置文本的格式，包括"缩进""对齐"和"样式"等。

"命令"：提供对各种命令的访问，包括"开始录制""扩展管理"和"应用源格式"等。

"站点"：用于创建和管理站点。

"窗口"：提供对所有面板、检查器和窗口的访问。

"帮助"：提供对帮助文件的访问。

（2）文件工具栏。

使用文件工具栏可以在文件的不同视图之间进行切换，如"代码"视图和"设计"视图等，在工具栏中还包含各种查看选项和一些常用的操作，如图 2-21 所示。

图 2-21　文件工具栏

文件工具栏中的常用按钮的功能如下：

"代码"按钮：仅在文件窗口中显示和修改 HTML 源代码。

"拆分"按钮：可在文件窗口中同时显示 HTML 源代码和页面的设计效果。

"设计"按钮：仅在文件窗口中显示网页的设计效果。

"实时视图"按钮：将窗口一分为二，左边显示程序，右边显示程序执行结果。

"在浏览器中预览/调试"按钮：在弹出的下拉菜单中选择一种浏览器，用于预览和调试网页。

"文件管理"按钮：在弹出的下拉菜单中包括"消除只读属性""获取""上传"和"设计备注"等命令。

"检查浏览器兼容性"按钮：在弹出的下拉菜单中包括"检查浏览器兼容性""显示所有问题"和"设置"等命令。

"标题"文本框：用于设置或修改文件的标题。

（3）文件窗口。

文件窗口用于显示当前创建和编辑的文件，在该窗口中可以输入文字、插入图片和表格等，也可以对整个页面进行设置。通过单击文件工具栏中的"代码""拆分""设计"或"实时视图"等按钮，可以分别在窗口中查看代码视图、拆分视图、设计视图或实时显示视图，如图 2-22 所示。

（4）状态区。

状态区位于文件窗口的底部，提供与用户正在创建的文件相关的其他信息。在状态区中包括卷标选择器、窗口大小弹出菜单和下载指示器等功能，如图2-23所示。

图 2-22　文件窗口

图 2-23　状态区

（5）属性面板。

属性面板是网页中非常重要的面板，用于显示在文件窗口中所选元素的属性，并且可以对选择的元素的属性进行修改，该面板中的内容因选定的元素不同会有所不同，如图2-24所示。

图 2-24　属性面板

（6）面板组。

面板组位于工作窗口的右侧，用于帮助用户监控和修改工作，其中包括"插入"面板、"CSS样式"面板和"组件"面板等，如图2-25所示。

如果需要使用的面板没有在面板组中显示出来，则可以在菜单栏中单击"窗口"菜单，在弹出的下拉菜单中选择需要打开的面板，即可对选择的面板进行显示。

（7）插入面板。

网页元素虽然多种多样，但是它们都可以被称为对象，如图2-26所示。大部分的对象都可以通过"插入"面板插入到文件中。"插入"面板包括"常用"插入面板、"布局"插入面板、"表单"插入面板、"数据"插入面板、"Spry"插入面板、"jQuery Mobile"插入面板、"InContext Editing"插入面板、"文本"插入面板和"收藏夹"插入面板。在面板中包含用于创建和插入对象的按钮。

"常用"插入面板：用于创建和插入常用对象，例如表格、图像和日期等。

图 2-25　面板组　　　　　　　　　　　　　　　图 2-26　插入面板

"布局"插入面板：用于插入 Div 标签、绘制 APDiv 和插入 Spry 菜单栏等。

"数据"插入面板：用于插入 Spry 数据对象和其他动态元素。

"Spry"插入面板：在该面板中包含一些用于构建 Spry 页面的按钮，如 Spry 区域、Spry 重复项和 Spry 折叠式等。

"jQuery Mobile"插入面板：用于插入 jQuery Mobile 页面和 jQuery Mobile 列表视图等。

"InContext Editing"插入面板：在该面板中包含生成 InContext 编辑页面的按钮。

"文本"插入面板：该面板中包含用于插入各种文本格式和列表格式的按钮。

"收藏夹"插入面板：该面板用于将最常用的按钮分组和组织到某一公共位置。

3．创建站点

Dreamweaver 可以创建单个网页和站点。Dreamweaver CS6 不仅提供了网页编辑特性，而且带有强大的站点管理功能，可以有效地规划和组织站点，加快对站点的设计，提高工作效率。

（1）认识站点。

站点是一种文件的组织形式，由文件和文件所在的文件夹组成，使用不同的文件夹保存不同的网页内容便于后期管理与更新，如 images 文件夹用于存放图片。

Dreamweaver 站点是一种管理网站中所有关联文件的工具，通过站点可以实现将文件上传到网络服务器、自动跟踪和维护、管理文件以及共享文件等功能。Dreamweaver 中的站点包括本地站点、远程站点和测试站点三类。

本地站点是用于存放整个网站框架的本地文件夹，是用户的工作目录。

远程站点是存储于 Internet 服务器上的站点和相关文件。通常情况下，为了不连接 Internet 而对创建的站点进行测试，可以在本地计算机上创建远程站点，来模拟真实的 Web 服务器进行测试。

测试站点是 Dreamweaver 处理动态页面的文件夹，使用此文件夹生成动态内容并在工作时连接到数据库，用于对动态页面进行测试。

（2）站点及目录。

站点是用来存储一个网站所有文件的，这些文件包括网页文件、图片文件、服务器端处理程序和 Flash 动画等。

目录结构是指本地站点的目录结构，远程站点的结构应该与本地站点相同，便于网页的上传与维护；

链接结构是指站点内各文件之间的链接关系。

（3）合理建立目录。

创建目录结构的基本原则是方便站点的管理和维护，目录结构创建是否合理，对于网站的上传、更新、维护、扩充和移植等工作有很大的影响。因此，在设计网站目录结构时，应该注意以下几点：

- 无论站点大小，都应该创建一定规模的目录结构，不要把所有的文件都存放在站点的根目录中。如果把文件都放在根目录中，容易造成文件管理的混乱，影响工作效率，容易发生错误。
- 按模块及其内容创建子目录。
- 目录层次不要太深，一般控制在 5 级以内。
- 避免使用中文目录名，防止因此引起的链接和浏览错误。
- 为首页建立文件夹，用于存放网站首页中的各种文件，首页使用率最高，为它单独建一个文件夹很有必要。
- 目录名应能反映目录中的内容，方便管理维护。而目录名与栏目名一致时，容易猜测出网站的目录结构，进而对网站实施攻击，所以在设计目录结构的时候，尽量避免目录名和栏目名称完全一致。

（4）创建本地站点。

在开始制作网页之前，为了更好地对文件进行管理，需要先定义一个新站点。使用 Dreamweaver 的向导创建本地站点的具体操作步骤如下：

步骤一：打开 Dreamweaver CS6，在菜单栏中选择"站点"→"新建站点"命令，弹出"站点设置对象"对话框，在对话框中输入站点的名称，单击 按钮，选择需要设为站点的目录，如图 2-27 和图 2-28 所示。

图 2-27　新建站点

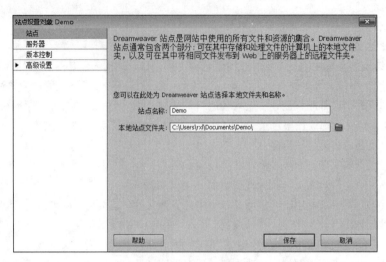

图 2-28　站点基本信息

　　步骤二：单击"服务器"选项，在弹出的对话框中单击"添加新服务器"按钮，即可弹出配置服务器的对话框，如图 2-29 所示。在对话框中可以设置服务器的名称、连接方式等，设置完成后单击"保存"按钮，如图 2-30 所示。

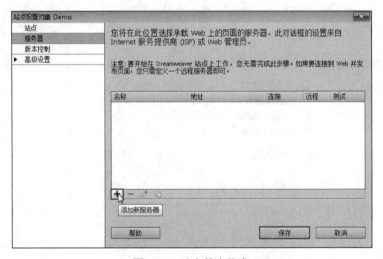

图 2-29　站点基本信息

　　步骤三：单击"保存"按钮，完成本地站点的创建。此时在"文件"面板中的"本地文件"窗口中会显示该站点的根目录，如图 2-31 所示。

　　4. 管理站点内容

　　创建站点的主要目的就是有效地管理站点文件。无论是创建空白站点还是利用已有文件创建站点，都需要对站点中的文件夹或文件进行操作。利用"文件"面板，可以对本地站点中的文件夹和文件进行创建、删除、移动和复制等操作。

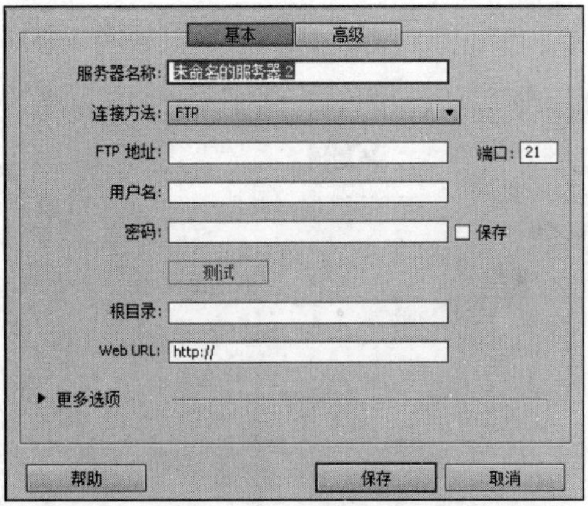

图 2-30 站点基本信息

（1）添加文件夹或文件。

站点中的所有文件统一存放在单独的文件夹内，根据包含文件的多少，又可以细分到子文件夹里。在本地站点中打开"文件"面板，可以看到所创建的站点。在面板的"本地文件"窗口中右击站点名称，弹出右键快捷菜单，选择"新建文件夹"命令，新建文件夹的名称处于可编辑状态，可以为新建的文件夹重新命名，如图 2-32 所示。在不同的文件夹名称上右击，并选择"新建文件夹"命令，就会在所选择的文件夹下创建子文件夹。

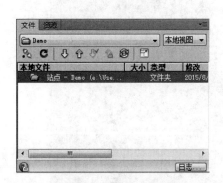

图 2-31 查看本地站点

图 2-32 新建文件夹

（2）文件上传。

在面板的"本地文件"窗口中右击站点名称，弹出右键快捷菜单，选择"上传"命令，将文件上传到服务器，此时在管理服务器的相应目录则存在上传的文件夹或文件。

2.3.6 实训：Microsoft Visual Studio Code 的安装与基本使用

1. 下载安装

Visual Studio Code 软件可以通过微软官方网站（https://code.visualstudio.com/docs/?dv=win）下载

获得。双击下载后的应用程序，单击"下一步"按钮，开始安装，如图 2-33 和图 2-34 所示。

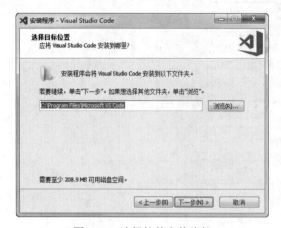
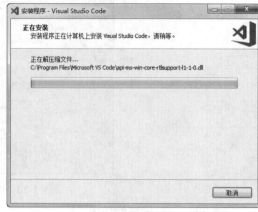

图 2-33　选择软件安装路径　　　　　　　图 2-34　选择软件安装过程

2. 创建网页

（1）打开 Visual Studio Code，单击"文件"菜单，选择"新建文件"命令，如图 2-35 所示。

图 2-35　新建文件

（2）创建一个名为 untitled-1 的文件，如图 2-36 所示。

（3）编写 HTML 文件，编写完成后，按 Ctrl+S 组合键保存，选择格式为 html，对文件命名并保存。

图 2-36　创建 HTML 文件

2.4　调试工具

任何软件开发时都需要相应的工具来调试代码，Web 前端开发的调试很简单，使用调试工具或插件能够很好地提高开发效率。

目前，浏览器的 Web 调试工具比较丰富，并且每种浏览器都默认内置了开发调试工具，掌握调试工具的使用方法是 Web 前端开发工程师必须要掌握的技能。

2.4.1　什么是 Web 调试?

在 Web 应用开发过程中，开发人员需要借助工具了解程序的执行情况，从而修正语法错误和逻辑错误，以确定程序的正确性、安全性和稳定性等。Web 调试的基本步骤是错误定位、修改设计和代码、排除错误、防止新错误产生。

2.4.2　网站调试工具——Firefox

Mozilla Firefox，中文名为“火狐”，是一个开源网页浏览器，使用 Gecko 引擎。Firefox 由 Mozilla 基金会与数百个志愿者所开发，原名“Phoenix”（凤凰），之后改名“Mozilla Firebird”（火鸟），最后改为现在的名字。

使用 Firefox 可以在浏览器实时运行 HTML、CSS 等代码。Firefox 内置有强大的 JavaScript 调试工具，可以随时暂停 JS 动画，观察静态细节，还可以使用 JS 分析器来分析校准，找到问题原因。

2.4.3　网站调试工具——Google Chrome

Google Chrome，又称 Google 浏览器，是由 Google 公司开发的开放源代码的网页浏览器。该浏览器是基于其他开源软件所撰写，包括 WebKit 和 Mozilla，目标是提升稳定性、速度和安全性，并创造出简单且有效率的使用者界面。

Chrome 对 HTML5 和 CSS3 的支持比较完善。此外，Chrome 还能够模拟手机调试。

2.4.4　网站调试工具——Internet Explorer

Internet Explorer 是微软推出的一款随所有新版本的 Windows 操作系统内置的默认网页浏览器，同时也是微软 Windows 操作系统的组成部分。

Internet Explorer 可以在浏览器中交互式地突出显示被选择的网页元素，查看 style 元素，定位 div 等，用户能够直接在浏览器窗口中浏览、传输和更新 HTML DOM。

2.4.5　网站调试工具——Microsoft Edge

Microsoft Edge 是微软在 2015 年发布的，用来取代 Internet Exploer，其设计注重实用和极简主义，渲染引擎为 EdgeHTML。

Microsoft Edge 加强了源代码的导航能力，支持 JavaScript 和 TypeScript 跳转至定义；对控制台进行了改进，标出某个日志消息来自于源代码的哪一部分，使用 Esc 键打开控制台，消息中的链接能够进行单击；DOM 浏览器的集成支持元素高亮，从时间线中检阅某个元素。

2.4.6　实训：使用 Firefox 进行网页开发调试

1．Firefox 审查元素

打开 Firefox 浏览器，将鼠标移动到网页上的任何一个位置，右键菜单中会有"审查元素"入口，单击"审查元素"，审查元素功能主要包括"元素选择器""查看器""控制台""调试器""样式编辑器""性能"以及"网络"等。将鼠标移动到每个功能上，会有相应的功能提示。单击每个功能，在下方的操作窗口中会显示对应的具体操作，如图 2-37 所示。

图 2-37　审查元素面板

（1）元素选择器：将鼠标放到最左侧带有箭头的小图标上，会提示"从页面中选择一个元素"，单击该图标，将鼠标移动到页面内，下方的操作窗口会出现相对应的 HTML 代码。

（2）查看器：即 DOM 和样式探查器，这是审查元素面板中最基本和实用的功能。查看器面板左侧是网页整体的层次图，被选中的部分是调用审查功能时，鼠标停靠处的网页元素，也就是要审查的元素；查看器面板右侧是元素的几个基本属性面板，包括标签的样式、样式计算结果、标签字体、标签模型图、动画等。

（3）控制台：主要用于展示与当前加载网页相关的信息，包括 HTML、CSS、JavaScript、安全警告（Security Warnings）和错误信息。网络请求（Network requests）会被列出，并输出请求是否成功。当 Web 控制台探测出网页中的错误和警告时，会给出指向引起错误的代码链接。

Web 控制台允许开发者在网页中执行 JavaScript 代码，开发者可以在网页范围内定义类然后执行实例化后的类方法，并且可以通过 CSS 选择器来访问特定元素，如图 2-38 所示。

图 2-38　Web 控制台

（4）调试器：即 JavaScript 调试器，用于调试和精炼 Web 应用程序中网页部分的 JavaScript 代码。这个调试工具可以在 Firefox OS、Firefox for Android 和 Firefox Desktop 三种环境下来对代码进行调试。它包含观察表达式、局部变量变化、设置断点、条件表达式、跳过、返回和执行到结尾等功能。另外开发者可以在网页加载过程中暂停应用程序，改变变量数据来观察执行效果，如图 2-39 所示。

图 2-39　调试器

（5）样式编辑器（CSS）：用于调试标签 CSS 样式，左侧的样式表面板列出了目前页面用到的所有样式。可以单击样式名称左侧的眼球图标来快速切换样式是否生效，也可以单击样式名称右下角的"保存（Save）"按钮来保存用户在本地计算机上作出的任何改动。右边是编辑面板，开发者可以阅读和编辑选中的样式表，且作出的任何改动都会在页面中立即生效。这使得试验、修改、验证改动都变得非常容易。当改动确定后，可以单击样式面板样式表名称上的"保存"按钮，在本地保存一份副本，如图 2-40 所示。

图 2-40　样式编辑器

（6）性能：即 JavaScript 分析器，能够定期采样 JavaScript 引擎的状态，并记录堆栈的代码在时间抽取样本的执行情况，开发者可以通过分析结果发现代码中的瓶颈，如哪些 JavaScript 函数执行效率低、速度慢、占用资源高等，如图 2-41 所示。

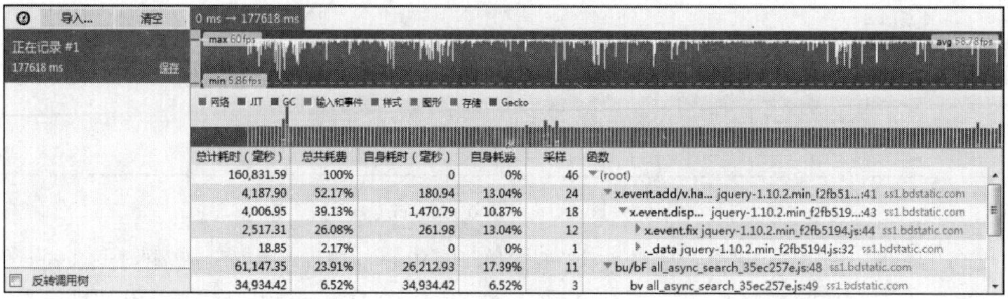

图 2-41　性能

（7）网络：即网络监视器，展示浏览器加载网页的各个文件的状态。可以帮助开发者分析网站在首次加载时和保存在缓存时的网络性能差异并进行优化，如图 2-42 所示。

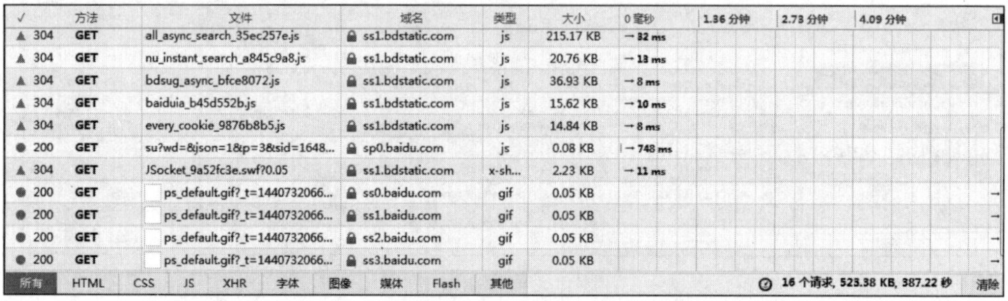

图 2-42　网络

2．使用 Firefox 进行网页调试

（1）使用 Firefox 调试 HTML 样式。

使用 Firefox 打开百度首页，右击选择审查元素，单击元素选择器，单击"百度"Logo 图标，在

HTML 操作窗口中会选中 Logo 对应的代码，如图 2-43 所示。

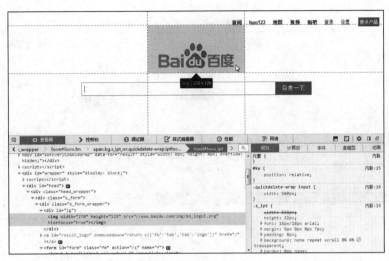

图 2-43　选中百度 Logo

右击代码，选择"作为 HTML 编辑"命令，如图 2-44 所示。

图 2-44　选择功能

在 HTML 操作窗口中出现一个编辑框，如图 2-45 所示。

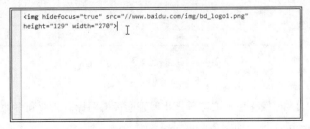

图 2-45　选择编辑 HTML 代码

修改图片"height"和"width"分别为 100，修改后单击 HTML 的其他地方，修改生效，这时在页面中会看到修改后的 Logo，如图 2-46 所示。

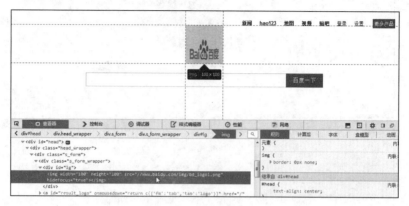

图 2-46　修改后的 Logo

（2）使用 Firefox 调试 CSS。

使用元素选择器选中百度搜索框，这时会在 HTML 操作窗口右侧看到关于搜索框的 CSS 信息，如图 2-47 所示。

单击名称为.s_ipt_wr 的 width 值，修改值为 200px，这时在页面中会看到修改后的搜索框，同时在这一行的 CSS 左边会有一个修改的标记，如图 2-48 所示。

图 2-47　查看修改后的搜索框

（3）使用 Firefox 调试 JavaScript。

单击调试器，在 HTML 操作窗口右侧单击"展开面板"图标，切换到事件面板，窗口下展示所有与页面有关的 JavaScript 事件，如图 2-49 所示。

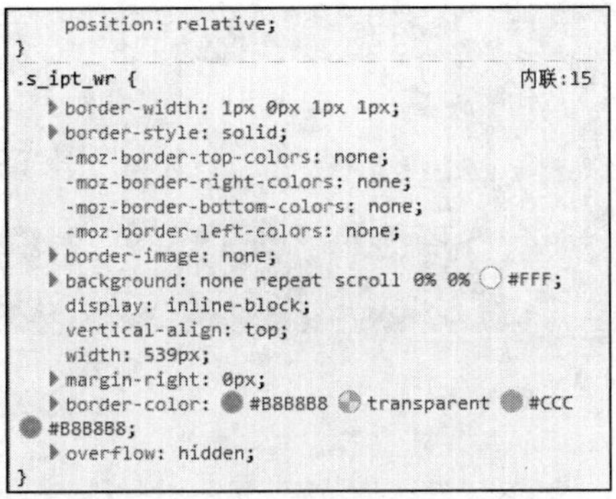

```
        position: relative;
}
.s_ipt_wr {                                    内联:15
  ▶ border-width: 1px 0px 1px 1px;
  ▶ border-style: solid;
    -moz-border-top-colors: none;
    -moz-border-right-colors: none;
    -moz-border-bottom-colors: none;
    -moz-border-left-colors: none;
  ▶ border-image: none;
  ▶ background: none repeat scroll 0% 0% ○#FFF;
    display: inline-block;
    vertical-align: top;
    width: 539px;
  ▶ margin-right: 0px;
  ▶ border-color: ●#B8B8B8 ◎ transparent ●#CCC
● #B8B8B8;
  ▶ overflow: hidden;
}
```

图 2-48　查看搜索框 CSS 样式

图 2-49　查看 JavaScript 事件

勾选 mouseover 事件前面的复选框，将鼠标移至页面的"百度一下"按钮，在调试器面板左侧显示执行这个事件的 JavaScript 文件，中间面板显示执行这个事件的代码，右侧面板显示这个事件的属性和值，如图 2-50 所示。

图 2-50　调试器显示 JavaScript 事件信息

在显示执行这个事件的代码左侧单击鼠标，加入断点，在右侧单击"添加监视表达式"，在输入框内输入表达式：

alert("This is an onmouseover result !");

输入表达式后按 Enter 键执行，这时页面会弹出结果，如图 2-51 所示。

图 2-51　执行监视表达式

2.5　代码托管工具

2.5.1　为什么要进行代码托管？

场景一：某公司进行方案设计，最初提供方案 A，讨论后更改为方案 B，进一步讨论仍然选择 A，此时发现 A 没有备份。

场景二：一个项目需要多个工程师合作完成，工程师每天对修订的文件进行合并，无法统一进度，团队协作困难。

场景三：项目开发中，开发服务器硬盘故障，而程序无备份。

解决上述场景遇到的问题，需要进行有效的文件管理。实行代码托管，可以将项目集中或在云端存储，并记录每一次变动，通过版本控制实现协作开发。

2.5.2　代码托管的基本功能

版本控制：每一次改动是一个版本，在必要时可以迅速、准确地取出相应的版本。

灵活：对于大型项目，可以根据需要从云端复制部分代码到本地，开发不受时间、地域的限制。

备份：将代码进行托管，也是对代码进行备份，是项目数据容灾的保障。

并行开发：允许多个团队同时开发，从而提高整体的效率。

2.5.3　代码托管工具——GitHub

（1）简介。

GitHub 是面向开源及私有软件项目的托管平台。GitHub 简化了版本控制的管理和操作流程，为开发者提供了更好的交流平台。

GitHub 使创建项目变得非常轻松,创建者只需在 GitHub 上单击一下鼠标即可创建一个新版本库,通过简单的 Web 操作即可完成项目授权,进而组建项目核心团队。在 GitHub 中,非核心团队成员参与项目也很容易:先找到自己希望参与的项目,然后只需在 Web 上操作即可在自己的托管空间下创建一个派生的项目,并使派生项目的版本库具有读写的完全权限。当贡献者完成开发并向自己派生的版本库推送后,可以通过 GitHub 的 Web 界面向项目的核心开发团队发送一个拉拽请求(Pull Request),请求审核。项目的核心团队收到 Pull Request 后审核代码,审核通过后可以直接通过 Web 界面执行合并操作,接受贡献者的提交。

（2）主要特点。

1）对 Git 的完整支持。相比其他开源项目托管平台,GitHub 对 Git 版本库提供了完整的协议支持,支持 HTTP 协议、Git-daemon、SSH 协议。

2）在线编辑文件。GitHub 提供了在线编辑文件的功能,不熟悉 Git 的用户也可以直接通过浏览器修改版本库里的文件。

3）社交编程。将社交网络引入项目托管平台是 GitHub 的创举。用户可以关注项目、关注其他用户,进而了解项目和开发者动态。项目的 Fork（派生）和 Pull Request 构成 GitHub 最独具一格的工作模式。对提交代码的逐行评注及 Pull Request 构成了 GitHub 特色的代码审核。

2.5.4 代码托管工具——SVN

（1）简介。

SVN（Subversion），是一个开放源代码的版本控制系统,用于团队开发中的多人文档操作的更新、处理和合并。SVN 能够跨平台使用,支持大多数常见的操作系统。

简单的说,可以把 SVN 当成一个备份服务器,SVN 可以帮用户记住每次上传到这个服务器的档案内容,并且自动赋予每次变更为一个新版本。

（2）主要特点。

1）统一的版本号。CVS 是对每个文件顺序编排版本号,在某一时间各文件的版本号各不相同。而 Subversion 下,任何一次提交都会将所有文件增加到同一个新版本号,即使是提交并不涉及的文件。所以,各文件在某任意时间的版本号是相同的。版本号相同的文件构成软件的一个版本。

2）原子提交。进行一系列相关的更改后,可以选择要提交的内容。

3）一致的数据操作。Subversion 用一个二进制差算法描述文件的变化,对于文本（可读）和二进制（不可读）文件其操作方式是一致的。这两种类型的文件压缩存储在版本库中,而差异信息在网络上双向传递。

4）高效的分支和标签操作。在 Subversion 中,分支与标签操作的开销与工程的大小无关。Subversion 的分支和标签操作的作用只是一种类似于硬链接的机制拷贝整个工程。

2.5.5 案例：使用 GitHub 开源平台实现网站代码托管

1. 创建 GitHub 账号

（1）单击导航条中的 Sign up 按钮,进入 GitHub 注册页面,如图 2-52 所示。

图 2-52　GitHub 注册页面

（2）填写用户名、邮箱、密码。单击 Create an account 按钮，如图 2-53 所示。

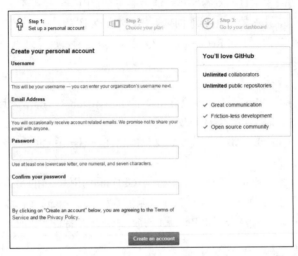

图 2-53　填写注册信息

（3）对于开源项目的版本库（即非私有版本库）的托管，GitHub 是免费的，若要托管私有版本库，则需要选择收费的方案。注册时，GitHub 默认选择的是免费版的方案，用户可根据需求自行选择方案，本案例以免费版本为例进行讲解。创建好账户后，GitHub 以新注册的账号自动登录，登录后即进入用户的仪表板（Dashboard）页面。首次进入仪表板页面还会在其中显示 GitHub Bootcamp（GitHub 新手训练营）的链接，以帮助新用户快速入门。如图 2-54 所示。

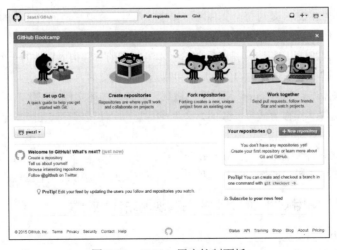

图 2-54　GitHub 用户控制面板

2. 创建项目

（1）在 GitHub 中，一个项目对应唯一的 Git 版本库，创建一个新的版本库就是创建一个新的项目。进入 GitHub 个人中心，单击上方导航栏的"+"按钮，在下方选择 New repository 命令开始创建新版本库，如图 2-55 所示。

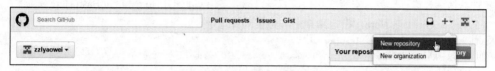

图 2-55　创建新版本库

（2）分别填写项目名称、项目描述，选择项目是公开的还是私人的，单击 Create repository 按钮，如图 2-56 所示。

图 2-56　填写项目信息

（3）创建成功后，GitHub 生成所创建项目的唯一地址，且访问协议增加了一个支持读写的 SSH 协议，访问地址为 git@github.com:RuanHactcm/Demo.git，如图 2-57 所示。

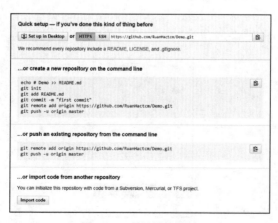

图 2-57　项目链接地址

第 2 章

开发工具

任何 GitHub 用户均可使用该 URL 访问此公开版本库，但只有版本库建立者具有读写权限，其他人只有读权限。

（4）GitHub 是服务端，如果需要在本地计算机上使用 Git，还需要一个 Git 客户端。本案例以在 Windows 7 下安装 Git 客户端为例进行讲解，客户端下载地址为 http://msysgit.github.io，下载完成后按照软件默认选择进行安装，安装成功后，右击鼠标会多出 Git GUI Here 和 Git Bash Here 选项。

（5）选择 Git Bash Here，指定用户名和电子邮件地址。

```
$ git config --global user.name "RuanHactcm"          //指定用户名
$ git config --global user.email "rxl@hactcm.edu.cn"    //指定电子邮件
```

（6）GitHub 选择的默认通信方式是 SSH，所以要先在 Git 中生成公钥文件。

```
$ ssh-keygen -t rsa -C "rxl@hactcm.edu.cn"
Generating public/private rsa key pair.
    //指定密钥文件存放位置
Enter file in which to save the key (/c/Users/rxl/.ssh/id_rsa):
    //为添加远程文件时创建密码
Enter passphrase (empty for no passphrase):
Enter same passphrase again:
Your identification has been saved in /c/Users/rxl/.ssh/id_rsa.
Your public key has been saved in /c/Users/rxl/.ssh/id_rsa.pub.
The key fingerprint is:
SHA256:hh3TlRcYveC6gVf25ToZRyPpZ/7oVqJLbgphG/tnMZs rxl@hactcm.edu.cn
The key's randomart image is:
+---[RSA 2048]----+
|            o=.. |
|         . .+ o  |
|        o ..o.. |
|       oo   +o..o|
|      . S. +...+.|
|       o.=+ o.+o+|
|       +. o.*+B |
|        o.oE =o |
|         o=+o.o|
+----[SHA256]-----+
```

会在用户主目录.ssh 文件夹下找到后缀为.pub 的公钥文件，复制文件内容。进入 GitHub 个人中心，单击上方导航栏的个人图标按钮，选择 Settings 命令，如图 2-58 所示。进入设置中心，选择 SSH keys，单击 Add SSH key 按钮添加一个公共密钥。此时 Key 为.pub 公钥文件内容，将内容粘贴到输入框内，单击 Add key 按钮，如图 2-59 所示。

图 2-58   选择用户设置

Personal settings
Profile
Account settings
Emails
Notification center
Billing
SSH keys
Security
Applications
Personal access tokens
Repositories
Organizations
Organization settings
RuanHactcm
Need help? Check out our guide to generating SSH keys or troubleshoot common SSH Problems
SSH keys
Add SSH key
There are no SSH keys with access to your account.
Add an SSH key
Title
RuanHactcm From Windows
Key
Add key

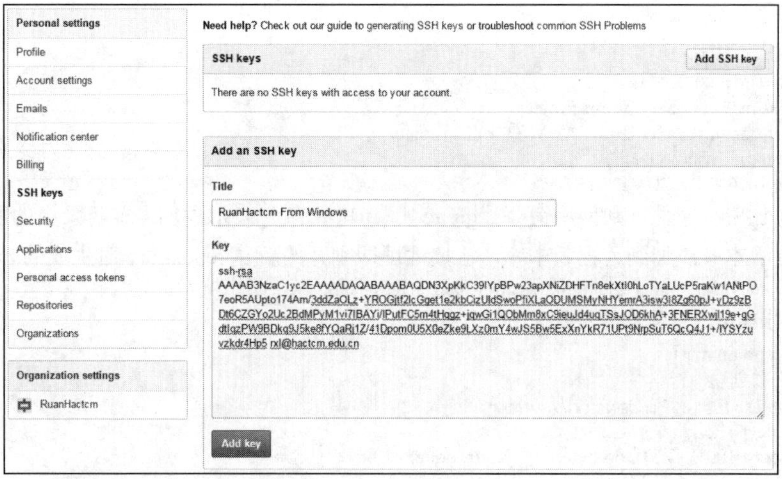

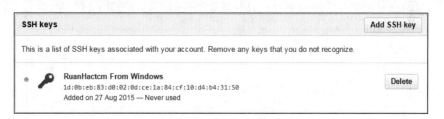

图 2-59　添加公共密钥

添加成功后，会看到添加的 Key 信息，如图 2-60 所示。

SSH keys
Add SSH key
This is a list of SSH keys associated with your account. Remove any keys that you do not recognize.
RuanHactcm From Windows
1d:0b:eb:83:d0:02:0d:ce:1a:84:cf:10:d4:b4:31:50
Added on 27 Aug 2015 — Never used
Delete

图 2-60　查看 Key 信息

使用 git bash 检测是否能够通过 SSH 连接 GitHub。

```
$ ssh -T git@github.com
    //输入之前创建的密码
Enter passphrase for key '/c/Users/rxl/.ssh/id_rsa':
Hi RuanHactcm! You've successfully authenticated, but GitHub does not provide shell access.
```

提示成功，说明通过 SSH 协议成功连接到 GitHub。

（7）在本地建立一个目录，本地仓库名不一定要和远程仓库名称一致。

```
$ mkdir Demo
    //创建 Demo 目录
$ cd Demo
    //进入 Demo 目录
$ pwd
    //显示当前目录的路径
/e/Demo
```

（8）通过 gitinit 命令把创建的目录变成 Git 可以管理的仓库。

```
$ gitinit
    //把 Demo 变成 Git 可以管理的仓库
Initialized empty Git repository in E:/Demo/.git/
```

执行后，在当前目录下会创建一个.git 的目录，这个目录是 Git 用来跟踪管理版本库的。

（9）在 Demo 下创建文件 README.txt，写入内容“这是我的第一个 GitHub 项目”。将文件添加到 Git 仓库。

```
$ git add README.txt
    //将 README.txt 文件添加到 Git 仓库
$ git commit -m 'README for this project.'
[master (root-commit) 2a6e019] README for this project.
 1 file changed, 1 insertion(+)
create mode 100644 README.txt
```

如果要添加所有文件，则使用命令"git add ."，其中"."表示添加当前目录中的所有文件。

（10）将版本库添加到远程版本库，链接地址即刚开始新建 repository 时生成的一个唯一地址。

```
$ git remote add origin https://git@github.com:RuanHactcm/Demo.git
```

上传到 GitHub，具体命令如下所示：

```
$ git push -u origin master
    //输入之前创建的密码
Enter passphrase for key '/c/Users/rxl/.ssh/id_rsa':
Counting objects: 3, done.
Writing objects: 100% (3/3), 255 bytes | 0 bytes/s, done.
Total 3 (delta 0), reused 0 (delta 0)
To git@github.com:RuanHactcm/Demo.git
 * [new branch]      master -> master
Branch master set up to track remote branch master from origin.
```

此时，在浏览器中输入 GitHub 地址，会看到上传成功的文件，如图 2-61 所示。

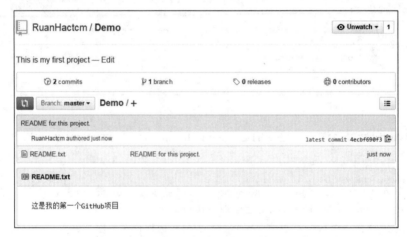

图 2-61　查看上传的文件

第 3 章
初识 HTML5

　　HTML5 的时代已经到来，W3C 组织开始积极地制定 HTML5 规范，FireFox、Opera、Chrome、Safari 等主流浏览器都已经开始支持 HTML5。

　　对于 Web 前端开发者来说，HTML5 代表着一个新纪元的到来，跨浏览器、跨平台的支持性，可部分取代复杂的 JavaScript，强大的本地存储，Web 前端离线应用等，都使 HTML 不再是简单的视图呈现工具。借助 HTML5，Web 前端开发者可以花费更少的时间，开发出功能更强大的应用。

3.1 HTML 概述

> HTML 是目前在网络上应用最为广泛的语言，也是构成网页文档的主要语言。HTML 文档是由 HTML 元素组成的描述性文本，HTML 标签可以识别文字、图形、动画、声音、表格和链接等网页中常用的组成部分。

3.1.1 什么是 HTML？

HTML 是 HyperText Markup Language（超文本标记语言）的缩写。使用 HTML 元素编写的文档称为 HTML 文档，目前最新版本是 HTML 5.0。

3.1.2 HTML 的发展历程

从 1993 年互联网工程任务小组（IETF）工作草案发布，到 1999 年 W3C 发布 HTML 4.01 标准，HTML 共经历过 5 个版本。如今的 HTML 不仅成为 Web 上最主要的文档格式，而且在个人及商业应用中都发挥着重要作用。

在 HTML 语言的发展历史中，大致经历了如下发展历史。

HTML（第一版）：1993 年 6 月由互联网工程任务小组发布的 HTML 工作草案。

HTML 2.0：1995 年 11 月作为 RFC 1866 发布。

HTML 3.2：1996 年 1 月 14 日由 W3C 组织发布，是 HTML 文档第一个被广泛使用的标准。

HTML 4.0：1997 年 12 月 18 日由 W3C 组织发布，也是 W3C 推荐标准。

HTML 4.01：1999 年 12 月 24 日由 W3C 组织发布，是 HTML 文档另一个重要的、广泛使用的标准。

XHTML 1.0：发布于 2000 年 1 月 26 日，是 W3C 组织推荐标准，后来经过修订于 2002 年 8 月 1 重新发布。

HTML5：2014 年 10 月 29 日，W3C 的 HTML 工作组正式发布了 HTML5 的正式推荐标准（W3C Recommendation）。

3.1.3 HTML5 发展史

为了推动 Web 标准化，一些公司联合起来，成立了 Web Hypertext Application Technology Working Group（WHATWG，Web 超文本应用技术工作组）组织。WHATWG 致力于 Web 表单和应用程序，而 W3C（World Wide Web Consortium，万维网联盟）专注于 XHTML2.0。在 2006 年，双方决定进行合作，来创建一个新版本的 HTML，即 HTML5。

HTML5 的第一份正式草案已于 2008 年 1 月 22 日公布。目前，HTML5 仍处于不断的完善之中。然而，大部分浏览器已经具备 HTML5 的支持。

2012 年 12 月 17 日，万维网联盟（W3C）正式宣布 HTML5 规范已经正式定稿。根据 W3C 的发言稿称："HTML5 是开放的 Web 网络平台的奠基石。"

2013 年 5 月 6 日，HTML5.1 正式草案公布。该规范定义了第五次重大版本，第一次要修订万维网的核心语言：超文本标记语言（HTML）。在这个版本中，新功能不断推出，以帮助 Web 应用程序的作者，努力提高新元素的操作性。

2014 年 10 月 29 日，W3C 联盟宣布，HTML5 标准规范终于最终制定完成了，并已公开发布。

3.1.4　HTML5 开发团队

在 2004 年 W3C 成员内部的一次研讨会上，Opera 公司的代表伊恩·希克森（Ian Hickson）提出了一个扩展和改进 HTML 的建议。他建议新任务组可以与 XHTML2 并行，并在已有 HTML 的基础上开展工作，目标是对 HTML 进行扩展。但是 W3C 并未通过该建议。之后 Opera、Apple 等浏览器厂商以及其他成员脱离了 W3C，并成立了 WHATWG（Web 超文本应用技术工作组），致力于 Web 表单和应用程序的研究。

WHATWG 在 HTML 的基础上开展工作，向其中添加新功能。该工作组成员大部分为浏览器厂商，因此可以保证提出的创新可以在浏览器中实现。

W3C 在 2007 年组建了 HTML5 工作组。在两个工作组共同的努力下，确定了设计 HTML5 所要坚持的原则，统一了 HTML5 语言规范。

HTML5 的开发是由三个重要组织负责的，具体如下。

WHATWG：由 Apple、Mozilla、Google、Opera 等浏览器厂商组成，成立于 2004 年。WHATWG 开发 HTML 和 Web 应用 API，同时为各浏览器厂商以及其他有意向的组织提供开放式合作。

W3C：W3C 管辖的 HTML 工作组，目前负责发布 HTML5 规范。

IETF（Internet Engineering Task Force，Internet 工程任务组）：该任务组下辖 HTTP 等负责 Internet 协议的团队。HTML5 定义了一种新的 API（WebSocket API），依赖于新的 WebSocket 协议，IETF 工作组负责开发该协议。

3.1.5　HTML5 官方资源

W3School 是 W3C 中国社区成员，致力于推广 W3C 标准技术，是 Internet 上最大的 Web 开发者资源，同时是完全免费的、非盈利性的，并且在不断升级和更新中。

W3School 包括全面的教程、完善的参考手册以及庞大的代码库，供 HTML5 学习者快速了解和学习 HTML5 的具体内容。

3.2　HTML5 的优势

从 HTML 4.01、XHTML 到 HTML5，并不是一种革命性的升级，而是一种规范向习惯的妥协，因此 HTML5 并不会带给开发者过多的冲击，开发者会发现从 HTML 4.01 过渡到 HTML5 非常轻松，但 HTML5 也增加了很多实用的功能。

3.2.1　优势

（1）跨浏览器的兼容性。

对于有过实际开发经验的前端程序员来说，跨浏览器问题绝对是一个"噩梦"：在一个浏览器中可以正常运行的 HTML+CSS+JavaScript 页面，换一个浏览器之后，可能会出现很多问题，比如页面布局混乱、JavaScript 运行出错等。因此很多 Web 前端开发者在开发 HTML+CSS+JavaScript 页面时，往往会先判断对方的浏览器，然后根据对方的浏览器编写对应的页面代码。

HTML5 的出现正在逐步改变这种局面。目前各种主流浏览器（如 Internet Explorer、Chrome、Firefox、Opera、Safari 等）都对 HTML5 有着良好的兼容性。

Internet Explorer：IE 9 浏览器以后的版本，都更好地支持 CSS3、SVG 和 HTML5 规范。

Chrome：Google 一直以来都积极地推动 HTML5 的发展，其所有版本浏览器均支持 HTML5。

Firefox：从 Firefox 4 开始，Firefox 就一直积极支持 HTML5 规范，包括全新的 HTML5 语法分析、HTML5 视频播放、音频播放等。

Opera：从 Opera 10 开始，Opera 对 HTML5 全面支持。

Safari：2010 年 6 月，苹果公司发布 Safari 5，支持 10 项以上的 HTML5 新技术，包括 HTML5 视频播放、HTML5 地理位置、HTML5 的拖放 API 等。之后版本对 HTML5 的支持更加全面。

在 HTML5 以前，各种浏览器对 HTML、JavaScript 的支持很不统一，这样就造成了同一个页面在不同浏览器中的表现不一致。HTML5 的目标是详细分析各浏览器所具有的功能，并以此为基础制定一个通用规范，并要求各浏览器能支持此通用标准。

（2）增强交互功能。

在传统的 Web 应用中，很多功能只能通过插件或者复杂程序来实现，但在 HTML5 中提供了对这些功能的原生支持。

在 Web 中使用插件的方式虽然很常见，但是存在很多问题：

1）插件安装可能失败。

2）插件可以被禁用或者屏蔽（如 Flash 插件）。

3）插件自身会成为被攻击的对象。

4）插件不容易与 HTML 文档的其他部分集成。

插件使用的是自带的渲染模型，与普通 Web 页面所使用的不一样，所以当弹出来的或者其他的可视化元素与插件重叠时，会发生错误。HTML5 很好地解决了这个问题，它提供了一些不依托于插件的解决方案，如不使用 Flash 插件的视频播放和音频播放。

以 HTML5 中的 canvas 元素为例，有很多底层的事情以前是没办法做到的（比如在 HTML 4 的页面中就很难画出对角线），而有了 canvas 就可以很容易地做到。更重要的是，新的 API 释放出来的潜能，以及通过寥寥几行 CSS 代码就能完成布局的能力。基于 HTML5 的各类 API，我们可以轻松地对它们进行组合应用。比如，从 video 元素中抓取的帧可以显示在 canvas 里面，用户单击 canvas 即可播放该帧对应的视频文件。HTML5 的不同功能组合应用为 Web 开发注入了一股强大的新生力量。

（3）更好的存储技术。

HTML5 中提供了本地存储功能，将 cookie 技术和客户端数据库融合。因为支持多存储，HTML5 存储技术拥有更好的安全和性能，即使浏览器关闭后也可以保存，并且所有主流浏览器都支持。

本地存储对于 Web 前端开发的改变可以说是革命性的，它能够把数据保存到用户的浏览器中，这就意味着可以通过此功能开发创新性的应用，如保存用户信息、缓存数据、加载用户上一次的应用状态等。

（4）用户优先。

HTML5 规范是基于用户优先准则编写的，其宗旨是"用户即上帝"，这意味着在遇到无法解决的冲突时，规范会把用户放到第一位，其次是页面作者，再次是实现者（浏览器），接着是规范制定者，最后才考虑理论的纯粹性。

例如，下面的几种代码写法在 HTML5 中都能被识别。

```
id="demohtml5"
id=demohtml5
ID="demohtml5"
```

当然，这种语法并不严谨，但是作为一个网页来说，用户并不关心其底层代码是怎样的，一旦由于开发人员的原因造成页面错误导致不能正常显示，那么最终用户肯定是受害者。

HTML5 也衍生出了 XHTML5（可通过 XML 工具生成有效的 HTML5 代码）。HTML 和 XHTML 两种版本的代码经过序列化可以生成近乎一样的 DOM 树。

（5）更简单的代码。

HTML5 要的就是简单且避免不必要的复杂性。HTML5 的口号是"简单至上，尽可能简化"，因此，HTML 作了如下改进：

1）以浏览器原生能力替代复杂的 JavaScript 代码。

2）新的简化的 DOCTYPE。

3）新的简化的字符集声明。

4）简单而强大的 HTML5 API。

（6）通用访问。

这个原则可以分为以下三个概念进行描述：

1）可访问性：出于对残障用户的考虑，HTML5 与 WAI（Web Accessibility Initiative，Web 可访问性倡议）和 ARIA（Accessible Rich Internet Application，可访问的富 Internet 应用）做到了紧密结合，WAI-ARIA 中以屏幕阅读器为基础的元素已经被添加到 HTML 中。

2）媒体中立：如果可能的话，HTML5 的功能在所有不同设备和平台上都能正常运行。

3）支持所有语种：例如新的<ruby>元素支持，东南亚地区页面排版中会用到的 Ruby 注释为页面中的内容添加注释，如拼音。

3.2.2　新功能

HTML5 是基于各种全新理念进行设计的，这些设计理念体现了对 Web 应用的可能性和可行性的新认识，下面介绍 HTML5 的新功能。

（1）新的 DOCTYPE 和字符集。

首先，根据 HTML5 设计准则，Web 页面的 DOCTYPE 被极大地简化了。

HTML 4 中 DOCTYPE 代码如下所示：

```
<!DOCTYPE HTML PUBLIC "-//W3C//DTD HTML 4.01 Transitional//EN" "http://www.w3.org/TR/html4/loose.dtd">
```

显然上述代码是难以记忆的，在新建页面的时候，往往只能通过复制粘贴方式添加该 DOCTYPE。而 HTML5 很好地解决了这个问题。

HTML5 中 DOCTYPE 代码如下所示：

```
<!DOCTYPE html>
```

同样，在 HTML5 中字符集的声明也被简化了许多。

HTML5 之前的字符集声明如下所示：

```
<meta http-equiv="Content-Type" content="text/html; charset=utf-8">
```

HTML5 中的字符集声明如下所示：

```
<meta charset="utf-8">
```

（2）语义化标记。

在 HTML5 出现之前，Web 前端开发者使用 div 来表示页面章节，但 div 没有实际意义，即使通过添加 class 和 id 的方式形容这块内容的意义，标签本身却没有含义，仅仅提供给浏览器的指令，只定义一个网页的某些部分。HTML5 为页面章节定义了含义，也就是语义化元素。虽然对 Web 前端开发者来说，这些语义化元素与普通的 div 元素没有任何区别，但却为浏览器提供了语义的支持，使得浏览器对 HTML 的解析更智能快捷。

在语义化元素的设计中，Google 分析了上百万的页面，从中发现了 div 元素的通用 ID 名称的重复量很大。例如，很多开发人员喜欢使用 DIV id="footer"来标记页脚内容，所以 HTML5 引入了一组新的片段类元素，在目前主流的浏览器中已经支持。

表 3-1 中列出了新增的语义化标记元素。

表 3-1　HTML5 中新的片段类元素

元素名	描述
header	标记头部区域的内容（用于整个页面或者页面中的一块区域）
footer	标记脚部区域的内容（用于整个页面或者页面中的一块区域）
section	Web 页面中的一块区域
article	独立的文章内容
aside	相关内容或者引文
nav	导航类辅助内容

（3）更灵活的选择符

除了语义化元素外，HTML5 还引入了一种用于查找页面 DOM 元素的快捷方式。

表 3-2 列出了在 HTML5 出现之前，用来在页面中查找特定元素的函数。

表 3-2　以前用来查找元素的 JavaScript 方法

函数	描述	示例
getElementById()	根据指定的 id 特性值查找并返回元素	`<div id="demo" getElementById("demo")>`
getElementsByName()	返回所有 name 特性为指定值的元素	`<input type="text" id="demo" getElementsByName("demo")>`
getElementsByTagName()	返回所有标签名称与指定值相匹配的元素	`<input type="text" getElementsByTagName ("input")>`

新的 Selector API 发布之后，可以用更精确的方式来指定希望获取的元素，而不必再用标准 DOM 的方式循环遍历。Selector API 与 CSS 中使用的选择规则一样，通过它可以查找页面中的一个或多个元素。例如，CSS 可以基于嵌套、兄弟节点和子模式进行元素选择，CSS 最新版本添加了更多对伪类

的支持，还支持对属性和层次的随意组合叠加。

表 3-3 中的函数就能按照 CSS 规则来选取 DOM 的元素。

表 3-3 新 QuerySelector 方法

函数	描述	示例	结果
querySelector()	根据指定的选择规则，返回在页面中找到的第一个匹配元素	querySelector ("input.error")	返回第一个 CSS 类名为"error"的文本输入框
querySelectorAll()	根据指定规则返回页面中所有相匹配的元素	querySelectorAll ("#results td")	返回 id 值为 results 的元素下所有的单元格

可以为 Selector API 函数同时指定多个选择规则，例如：

```
var x = document.querySelector(".highClass",".lowClass")
//选择文档中类名为 highClass 或 lowClass 的第一个元素
```

对于 querySelector()来说，选择的是满足规则中任意条件的第一个元素；对于 querySelectorAll() 来说，页面中的元素只要满足规则中的任何一个条件，都会被返回。多条规则用逗号进行分割。

（4）JavaScript 的日志和调试。

JavaScript 日志和浏览器内调试从技术上讲不属于 HTML5 的功能。第一个可以用来分析 Web 页面及其所运行脚本的强大工具是 Firefox 的插件 Firebug。目前，大部分主流浏览器已经具有相同的调试功能，如 Safari 的 Web Inspector、Google 的 Chrome 开发者工具（Developer Tools）、IE 的开发者工具（Developer Tools）、Opera 的 Dragonfly 等。

很多调试工具支持设置断点来暂停代码执行、分析程序状态以及查看变量的当前值。console.log API 已成为 JavaScript 开发人员记录日志的事实标准。为了便于开发人员查看记录到控制台的信息，很多浏览器提供了分栏窗格的视图。

（5）DOM Level 3。

事件处理是目前 Web 应用开发中最为复杂的内容之一。绝大多数浏览器都支持处理事件和元素的标准 API。早期 IE 实现的是与最终标准不同的事件模型，IE9 之后的版本也逐步支持 DOM Level 2 和 DOM Level 3 的特性。在所有支持 HTML5 的浏览器中，可以使用相同的代码来实现 DOM 操作和事件处理，包括非常重要的 addEventListener()和 dispatchEvent()方法。

3.3 HTML5 的新特征

HTML5 并不是一种革命式的发展，因为 HTML5 并未完全放弃之前的 HTML 规范。实际上，HTML5 规范保持了对现有 HTML 规范的最大兼容，这样既可以保证互联网上现有网页的正常运行，也可以让广大前端开发者能平稳过渡到 HTML5 时代。

3.3.1 语法的改变

与 HTML4 相比，HTML5 在语法上发生了很大的变化。但是，HTML5 中的语法变化与其他开发语言中的语法变化在根本意义上有所不同。因为在 HTML5 之前几乎没有符合标准规范的 Web 浏览器。

HTML 的语法是在 SGML（Standard Generalized Markup Language）语言的基础上建立起来的。SGML 语法非常复杂，要开发能够解析 SGML 语法的程序也很不容易，很多浏览器都不包含 SGML 的分析器。因此，虽然 HTML 基本上遵循 SGML 的语法，但是对于 HTML 在各浏览器之间的执行并没有一个统一的标准。

在这种情况下，各浏览器之间的兼容性和操作性在很大程度上取决于网站或网络应用程序的开发者们在开发上所做的共同努力，而浏览器本身始终是存在缺陷的。

如上所述，在 HTML5 的制定中提高 Web 浏览器之间的兼容性是一个很大的目标，为了确保兼容性，就要有一个统一的标准。因此，在 HTML5 中，围绕这个 Web 标准，重新定义了一套在现有 HTML 基础上修改而来的语法，使运行在各浏览器时都能够符合这个通用标准。

因为 HTML5 语法解析的算法也都是提供了详细的记载，所以各 Web 浏览器的供应商们可以把 HTML5 分析器集中封装在浏览器中。

3.3.2 元素

1. 新增元素

（1）新增的结构元素。

在 HTML5 中，新增了以下与结构相关的元素。

①section 元素。section 元素表示页面中的一个内容区块，比如章节、页眉、页脚或者页面中的其他部分。它可以与 h1、h2、h3、h4、h5、h6 等元素结合起来使用，标示文档结构。

HTML5 中代码示例：

```
<section>...</section>
```

HTML4 中代码示例：

```
<div>...</div>
```

②article 元素。article 元素表示页面中的一块与上下文不相关的独立内容，如博客中的一篇文章。

HTML5 中代码示例：

```
<article>...</article>
```

HTML4 中代码示例：

```
<div>...</div>
```

③aside 元素。aside 元素表示 article 元素的内容之外的，与 article 元素的内容相关的辅助信息。

HTML5 中代码示例：

```
<aside>...</aside>
```

HTML4 中代码示例：

```
<div>...</div>
```

④header 元素。header 元素表示页面中一个内容区域或整个页面的标题。

HTML5 中代码示例：

```
<header>...</header>
```

HTML4 中代码示例：

```
<div>...</div>
```

⑤hgroup 元素。hgroup 元素用于对整个页面或者页面中一个内容区块的标题进行组合。

HTML5 中代码示例：

```
<hgroup>...</hgroup>
```

HTML4 中代码示例：

```
<div>...</div>
```

⑥footer 元素。footer 元素表示整个页面或页面中一个内容区块的脚注。一般来说，它会包含创作者的姓名、创作日期以及创作者的联系信息。

HTML5 中代码示例：

```
<footer>...</footer>
```

HTML4 中代码示例：

```
<div>...</div>
```

⑦nav 元素。nav 元素表示页面中导航链接的部分。

HTML5 中代码示例：

```
<nav>...</nav>
```

HTML4 中代码示例：

```
<div>...</div>
```

⑧figure 元素。figure 元素表示一段独立的流内容，一般表示文档主题流内容中的一个独立单元。使用 figcaption 元素可以为 figure 元素组添加标题。

HTML5 中代码示例：

```
<figure>
        <figcaption>HTML5</figcaption>
        <p>HTML5 新增的元素</p>
</figure>
```

HTML4 中代码示例：

```
<dl>
        <h1>HTML5</h1>
        <p>HTML5 新增的元素</p>
</dl>
```

（2）新增的其他元素。

除了结构元素外，在 HTML5 中，还增加了以下元素。

①video 元素。video 元素定义视频，比如电影片段或者其他视频流。

HTML5 中代码示例：

```
<video src="movie.ogg" controls="controls">Video 元素</video>
```

HTML4 中代码示例：

```
<object type="video/ogg" data="movie.ogv">
        <param name="src" value="movie.ogv">
</object>
```

③audio 元素。audio 元素定义音频，比如音乐或者其他音频流。

HTML5 中代码示例：

```
<audio src="audio.wav">Audio 元素</audio>
```

HTML4 中代码示例：

```
<object type="application/ogg" data="audio.wav">
        <param name="src" value="audio.wav">
</object>
```

④embed 元素。embed 元素用来插入各种多媒体，格式可以是 Midi、Wav、AIFF、AU、MP3 等。

HTML5 中代码示例：

```
<embed src="horse.wav" />
```

HTML4 中代码示例：

```
<object data="flash.swf" type="application/x-shockwave-flash"></object>
```

⑤mark 元素。mark 元素主要用来在视觉上向用户呈现需要突出显示或高亮显示的文字。mark 元素的一个比较典型的应用就是在搜索结果中向用户高亮显示搜索关键词。

HTML5 中代码示例：

```
<mark>…</mark>
```

HTML4 中代码示例：

```
<span>…</span>
```

⑥progress 元素。progress 元素表示进度条。

HTML5 中代码示例：

```
<progress>…</progress>
```

这是 HTML5 中新增的功能，故无法用 HTML4 代码实现。

⑦time 元素。time 元素表示日期或时间，也可以同时表示两者。

HTML5 中代码示例：

```
<time>…</time>
```

HTML4 中代码示例：

```
<span>…</span>
```

⑧ruby 元素。ruby 元素表示 ruby 注释（中文注音或字符）。

HTML5 中代码示例：

```
<ruby>中国<rt><rp>zhongguo</rp></rt></ruby>
```

这是 HTML5 中新增的功能，故无法用 HTML4 代码实现。

⑨rt 元素。rt 元素表示字符（中文注音或字符）的解释或发音。

HTML5 中代码示例：

```
<ruby>中国<rt><rp>zhongguo</rp></rt></ruby>
```

这是 HTML5 中新增的功能，故无法用 HTML4 代码实现。

⑩rp 元素。rp 元素在 ruby 注释中使用，以定义不支持 ruby 元素的浏览器所显示的内容。

HTML5 中代码示例：

```
<ruby>中国<rt><rp>zhongguo</rp></rt></ruby>
```

这是 HTML5 中新增的功能，故无法用 HTML4 代码实现。

⑪wbr 元素。

wbr 元素表示软换行。

wbr 元素与 br 元素的区别是：br 元素表示此处必须换行；而 wbr 元素表示浏览器窗口或父级元素的宽度足够宽时（没必要换行时），不进行换行，而当宽度不够时，主动在此处进行换行。wbr 元素对字符型语言作用很大，但是对中文的作用却不是很大。

HTML5 中代码示例：

```
<p>It is very interesting<wbr>to Learn HTML5!</p>
```

这是 HTML5 中新增的功能，故无法用 HTML4 代码实现。

⑫canvas 元素。canvas 元素表示图形，比如图表和其他图像。这个元素本身没有行为，仅提供一块画布，但它把一个绘图 API 展现给客户端 JavaScript，以使脚本能够把想绘制的东西绘制到这块画布上。

HTML5 中代码示例：

```
<canvas id="myCanvas" width="200" height="200"></canvas>
```

HTML4 中代码示例：

```
<object data="inc/hdr.svg" type="image/svg+xml" width="200" height="200"></object>
```

⑬command 元素。command 元素表示命令按钮，比如单选按钮、复选框或按钮。

HTML5 中代码示例：

```
<command onclick=cut() label="cut"></command>
```

这是 HTML5 中新增的功能，故无法用 HTML4 代码实现。

⑭details 元素。details 元素表示用户要求得到并且可以得到的细节信息，它可以与 summary 元素配合使用。summary 元素提供标题或图例。标题是可见的，用户单击标题时，会显示出细节信息。summary 元素应该是 details 元素的第一个子元素。

HTML5 中代码示例：

```
<details>
    <summary>HTML5</summary>
    It is very interesting to Learn HTML5 !
</details>
```

这是 HTML5 中新增的功能，故无法用 HTML4 代码实现。

⑮datagrid 元素。datagrid 元素表示可选数据的列表，与 input 元素配合使用，可以制作出输入值的下拉列表。

HTML5 中代码示例：

```
<datagrid>…</datagrid>
```

这是 HTML5 中新增的功能，故无法用 HTML4 代码实现。

⑯keygen 元素。keygen 元素表示生成秘钥。

HTML5 中代码示例：

```
<keygen>
```

这是 HTML5 中新增的功能，故无法用 HTML4 代码实现。

⑰output 元素。output 元素表示不同类型的输出，比如脚本的输出。

HTML5 中代码示例：

```
<output>…</output>
```

HTML4 中代码示例：

```
<span>…</span>
```

⑱source 元素。source 元素为媒体元素（比如<video>和<audio>）定义媒体资源。

HTML5 中代码示例：

```
<source>
```

HTML4 中代码示例：

```
<param>
```

⑲menu 元素。menu 元素表示菜单列表，当希望列出表单控件时使用该标签。

HTML5 中代码示例：

```
<menu>
<li><input type="checkbox"/>Black</li>
<li><input type="checkbox"/>Blue</li>
</menu>
```

HTML4 中，menu 元素不被推荐使用。

（3）新增的 input 类型。

HTML5 中新增了很多 input 类型，具体如下所述。

①email 类型。email 类型表示必须输入 E-mail 地址的文本输入框。

②url 类型。url 类型表示必须输入 URL 地址的文本输入框。

③number 类型。number 类型表示必须输入数值的文本输入框。

④range 类型。range 类型表示必须输入一定范围内数字值的文本输入框。

⑤Date Pickers 类型。HTML5 拥有多个可供选取日期和时间的新型文本输入框：

- date——选取日、月、年；
- month——选取月、年；
- week——选取周和年；
- time——选取时间（小时和分钟）；
- datetime——选取时间、日、月、年（UTC 时间）；
- datetime-local——选取时间、日、月、年（本地时间）。

⑥search 类型。search 类型用于搜索域，search 域显示为常规的文本域。

⑦color 类型。color 类型用于规定颜色，该类型允许从拾色器中选取颜色。

2．移除的旧元素

由于各种原因，在 HTML5 中废除了很多元素，简单介绍如下：

（1）能使用 CSS 替代而废除的元素。

对于 basefont、big、center、font、s、strike、tt、u 这些元素，由于其是纯粹为画面展示服务的，而 HTML5 中提倡把画面展示性功能放在 CSS 样式表中统一编辑，所以将这些元素废除，并使用添加 CSS 样式表的方式进行替代。其中 font 元素允许由"所见即所得"的编辑器来插入，s 元素、strike 元素可以由 del 元素替代，tt 元素可以由 CSS 的 font-family 属性替代。

（2）放弃使用 frame 框架而废除的元素。

对于 frameset 元素、frame 元素与 noframe 元素，由于 frame 框架对网页可用性存在负面影响，在 HTML5 中已不支持 frame 框架，只支持 iframe 框架，或者用服务器创建的由多个页面组成的复合页面的形式，同时将以上三个元素废除。

（3）只有部分浏览器支持的元素。

对于 applet、bgsound、marquee 等元素，由于只有部分浏览器支持这些元素，特别是 bgsound 元素以及 marquee 元素，只被 Internet Explorer 所支持，所以在 HTML5 中被废除。其中 applet 元素可由 embed 元素或 object 元素替代，bgsound 元素可由 audio 元素替代，marquee 元素可以由 JavaScript 编程的方式所替代。

（4）其他被废除的元素。

其他被废除的元素还有以下几种：

①废除 rb 元素，使用 ruby 元素替代。

②废除 acronym 元素，使用 abbr 元素替代。

③废除 dir 元素，使用 ul 元素替代。

④废除 isindex 元素，使用 form 元素与 input 元素相结合的方式替代。

⑤废除 listing 元素，使用 pre 元素替代。

⑥废除 xmp 元素，使用 code 元素替代。

⑦废除 nextid 元素，使用 guids 元素替代。

⑧废除 plaintext 元素，使用"text/plain"MIME 类型替代。

3.3.3 属性

在 HTML5 中，在增加和废除了很多元素的同时，也增加和废除了很多属性。

1. 新增属性

（1）新增的表单相关属性。

新增的与表单相关的属性如下所示：

①可以对 input(type=text)、select、textarea 元素指定 autofocus 属性。它以指定属性的方式让元素在画面打开时自动获得焦点。

②可以对 input 元素(type=text)与 textarea 元素指定 placeholder 属性。它会对用户的输入进行提示，提示用户可以输入的内容。

③可以对 input、output、select、textarea、button 与 fieldset 指定 form 属性，声明它属于哪个表单，然后将其放置在页面上任何位置，而不是表单之内。

④可以对 input 元素(type=text)与 textarea 元素指定 required 属性。该属性表示在用户提交的时候进行检查，检查该元素内一定要有输入内容。

⑤为 input 元素增加了新属性 autocomplete、min、max、multiple、pattern 与 step。同时还有新的 list 元素与 datalist 元素配合使用，datalist 元素与 autocomplete 属性配合使用。multiple 属性允许在上传文件时一次上传多个文件。

⑥为 input 元素和 button 元素增加了新属性 formaction、formenctype、formmethod、formnovalidate 与 formtarget，可以重载 form 元素的 action、enctype、method、novalidate 与 target 属性。

⑦为 fieldset 元素增加了 disabled 属性，可以把它的子元素设为 disabled 状态。

⑧为 input 元素、button 元素、form 元素增加了 novalidate 属性，该属性可以取消提交时进行的有关检查，表单可以被无条件地提交。

（2）新增链接相关属性。

新增的与链接相关的属性如下所示。

①为 a 与 area 元素增加了 media 属性，该属性规定目标 URL 是以什么类型的媒介/设备进行优化的，只能在 href 属性存在时使用。

②为 area 元素增加了 hreflang 属性与 rel 属性，以保持与 a 元素、link 元素的一致性。

③为 link 元素增加了新属性 size，该属性可以与 icon 元素结合使用，指定关联图标的大小。

④为 base 元素增加了 target 属性，主要目的是保持与 a 元素的一致性。

（3）其他属性。

除了上面介绍的与表单和链接相关的属性外，HTML5 还增加了下面的属性。

①为 ol 元素增加属性 reversed，它指定列表倒序显示。

②为 meta 元素增加 charset 属性，因为这个属性已经被广泛支持了，并且可以使文档的字符编码

的指定变得更加友好。

③为 menu 元素增加了两个新的属性 type 与 label。label 属性为菜单定义一个可见的标签；type 属性让菜单可以上下文菜单、工具栏与列表菜单三种形式展示。

④为 style 元素增加 scoped 属性，用来规定样式的作用范围，比如只对页面上某个树起作用。

⑤为 script 元素增加 async 属性，定义脚本是否异步执行。

⑥为 html 元素增加 manifest 属性，开发离线 Web 应用程序时与 API 结合使用，定义一个 URL，在 URL 上描述文档的缓存信息。

⑦为 iframe 元素增加三个属性 sandbox、seamless 与 srcdoc，用来提高页面安全性，防止不信任的 Web 页面执行某些操作。

2．移除的旧属性

HTML4 中的一些属性在 HTML5 中不再被使用，而是采用其他属性或其他方案进行替代，具体如表 3-4 所列。

表 3-4　HTML5 中废除的属性

HTML4 中使用的属性	使用该属性的元素	HTML5 中的代替方案
rev	link、a	rel
charset	link、a	在被链接的资源中使用 HTTP Contenttype 元素
sharp、coords	a	使用 area 元素代替 a 元素
longdesc	img、iframe	使用 a 元素链接到较长描述
target	link	多余属性，被省略
nohref	area	多余属性，被省略
profile	head	多余属性，被省略
version	html	多余属性，被省略
name	img	id
scheme	meta	只为某个表单域使用 scheme
archive、classid、codebase、codetype、declare、standby	object	使用 data 与 type 属性类调用。需要使用这些属性来设置参数时，使用 param 属性
valetype、type	param	使用 name 与 value 属性，不声明值的 MIME 类型
axis、abbr	td、th	使用明确简洁的文字开头，后跟详述文字的形式。可以对更详细内容使用 title 属性，来使单元格的内容变得简短
align	caption、input、legend、div、h1、h2、h3、h4、h5、h6、p	使用 CSS 样式表替代
alink、link、text、vlink、background、bgcolor	body	使用 CSS 样式表替代
align、bgcolor、border、cellpadding、cellspacing、frame、rules、width	table	使用 CSS 样式表替代
align、char、charoff、height、nowrap、valign	tbody、thead、tfoot	使用 CSS 样式表替代
align、bgcolor、char、charoff、height、nowrap、valign、width	td、th	使用 CSS 样式表替代
align、bgcolor、char、charoff、valign	tr	使用 CSS 样式表替代

HTML 4 中使用的属性	使用该属性的元素	HTML5 中的代替方案
align、char、charoff、valign、width	col、colgroup	使用 CSS 样式表替代
align、border、hspace、vspace	object	使用 CSS 样式表替代
clear	br	使用 CSS 样式表替代
compact	ol、ul、li	使用 CSS 样式表替代
compact	dl	使用 CSS 样式表替代
compact	menu	使用 CSS 样式表替代
width	pre	使用 CSS 样式表替代
align、hspace、vspace	img	使用 CSS 样式表替代
align、noshade、size、width	hr	使用 CSS 样式表替代
align、frameborder、scrolling、marginheight、marginwidth	iframe	使用 CSS 样式表替代
autosubmit	menu	使用 CSS 样式表替代

3.3.4 全局属性

HTML5 新增"全局属性"概念。所谓全局属性，是指对任何元素都可以使用的属性。

（1）contentEditable 属性。

contentEditable 是由微软开发、被其他浏览器反编译并投入应用的一个全局属性。该属性的主要功能是允许用户编辑元素中的内容，所以使用该属性的元素必须是可以获得鼠标焦点的元素，而且在单击鼠标后要向用户提供一个插入符号，提示用户该元素中的内容允许编辑。contentEditable 属性是一个布尔值属性，可以被指定为 true 或 false。

除此之外，该属性还有个隐藏的 inherit（继承）状态。属性为 true 时，元素被指定为允许编辑；属性为 false 时，元素被指定为不允许编辑；未指定 true 或 false 时，则由 inherit 状态来决定，如果元素的父元素是可编辑的，则该元素就是可编辑的。

除了 contentEditable 属性外，元素还具有一个 isContentEditable 属性，当元素可编辑时，该属性为 true；当元素不可编辑时，该属性为 false。

（2）designMode 属性。

designMode 属性用来指定整个页面是否可编辑，当页面可编辑时，页面中任何支持上文所述的 contentEditable 属性的元素都变成可编辑状态。designMode 属性只能在 JavaScript 脚本里被编辑修改。该属性有两个值"on"与"off"。属性被指定为"on"时，页面可编辑；被指定为"off"时，页面不可编辑。使用 JavaScript 脚本来指定 designMode 属性的方法，如下所示。

document.designMode="on"

针对 designMode 属性，各浏览器的支持情况也各不相同。

①IE8：出于安全考虑，不允许使用 designMode 属性让页面进入编辑状态。

②IE9+：允许使用 designMode 属性让页面进入编辑状态。

③Firefox 和 Opera：允许使用 designMode 属性让页面进入编辑状态。

（3）hidden 属性。

在 HTML5 中，所有的元素都允许使用 hidden 属性。该属性类似于 input 元素中的 hidden 元素，功能是通知浏览器不渲染该元素，使该元素处于不可见状态。但是元素中的内容还是浏览器创建的，也就是说页面装载后允许使用 JavaScript 脚本将该属性取消，取消后该元素变为可见状态，同时元素中的内容也及时显示出来。hidden 属性是一个布尔值的属性，当设为"true"时，元素处于不可见状态；当设为"false"时，元素处于可见状态。

（4）spellcheck 属性。

spellcheck 属性是 HTML5 针对 input 元素（type=text）与 textarea 这两个文本输入框提供的新属性，它的功能为对用户输入的文本内容进行拼写和语法检查。spellcheck 属性是一个布尔值属性，具有 true 或 false 两种值。但是它在书写时有一个特殊的地方，就是必须明确声明属性值为 true 或 false，书写方法如下所示。

```
<!--以下两种书写方式正确-->
<textarea spellcheck="true" >
<input type=text spellcheck=false>
<!--以下书写方式为错误-->
<textarea spellcheck>
```

需要注意的是，如果元素的 readonly 属性或 disabled 属性设为 true，则不执行拼写检查。

目前 IE9+、Firefox、Chrome、Safari、Opera 等浏览器都对该属性提供了支持。

（5）tabindex 属性。

tabindex 是开发中的一个基本概念，当不断敲击 Tab 键让窗口或页面中的控件获得焦点，对窗口或页面中的所有控件进行遍历的时候，控件的 tabindex 表示该控件是第几个被访问到的。过去这个属性在编辑网页时是非常有用的，但如今控件的遍历顺序是由元素在页面上所处的位置决定的，所以就不再需要了。

tabindex 另外一个作用是在默认情况下，只有链接元素与表单元素可以通过按键获得焦点。如果对其他元素使用 tabindex 属性后，也能让该元素获得焦点，那么当脚本中执行 focus()语句的时候，就可以让该元素获得焦点。

Web 前端开发者通常使用的方法就是把元素的 tabindex 值设为负数（通常为-1）。tabindex 的值为负数后，仍然可以通过编程的方式让元素获得焦点，但按下 Tab 键时该元素就不能获得焦点了。这在复杂的页面中或复杂的 Web 应用程序中是十分有用的。在 HTML4 中，-1 是一个无用的属性值，但到了 HTML5 中，通过巧妙运用让该属性得到了极大的应用。

3.4　HTML5 文档结构

HTML5 在音频、视频、动画、应用、页面效果和开发效率等方面给网页带来了巨大的变化，对传统网页设计风格及相关理念带来了冲击。为了增强 Web 应用的实用性，HTML5 扩展了很多新技术，同时对传统 HTML 文档进行了修改，使文档结构更加清晰明确、容易阅读，增加了很多新的结构元素，减少了复杂性，既方便了浏览者访问，也提高了 Web 前端的开发效率。

3.4.1　认识文档结构

在没有接触到 HTML5 文档之前，很多读者对 XHTML 文档结构比较熟悉，由于 XHTML 文档是

HTML 向 XML 规范的过渡版本，其文档格式也基本按 XML 规范进行要求。常见的 XHTML 文件结构的要求如下：

- 必须为文档定义命名空间，其值为 http://www.w3.org/1999/xhtml。
- MIME type 不能是 text/html，而是 text/xml、application/xml 或者 application/xml+html。
- 必须有根元素，根元素为<html>，即<html>的开始和结束标签不能省略。
- 所有元素只要有了开始标签，就不能没有结束标签，或者自闭和。
- 所有元素都要严格遵守大小写，元素名称必须小写。

因此 XHTML 文档格式变得严格，也因为是 XML，其可读性和规范性提高了不少。但 HTML5 最终要在 HTML 的宽容性和 XML 的规范性之间找到最佳的平衡点。当问到 HTML5 文档必须有哪些内容时，恐怕很少有人能清晰准确地回答出来。

为了能够更好地理解和认识 HTML5 网页，下面给出一个简单的、符合标准的 HTML5 文档结构代码，并进行详细注释。

```
<!DOCTYPE html>
<!--声明文档结构类型-->
<html>
<!--声明文档文字区域-->
<head>
<!--文档的头部区域-->
<meta charset="utf-8">
<!--文档的头部区域中元数据的字符集定义，utf-8 表示国际通用的字符集编码格式-->
<title>文档结构</title>
<!--文档的头部区域的标题，title 内容对于 SEO 来说极其重要-->
</head>
<body>
<!--文档的主要内容区域-->
</body>
</html>
```

HTML5 文档以<! DOCTYPE html>开头，这是文档类型声明，并且必须位于 HTML5 文档的第一行，用来告诉浏览器或者任何其他分析程序它们所查看的文件类型。

html 标签是 HTML5 文档的根标签，紧跟在<! DOCTYPE html>下面。html 标签支持 HTML5 全局属性和 manifest 属性。manifest 属性主要在创建 HTML5 离线应用的时候使用。

head 标签是所有头部元素的容器，<head>中的元素可以包含脚本、样式表、元信息等。head 标签支持 HTML5 全局属性。

meta 标签位于文档的头部，不包括任何内容。标签的属性定义了与文档相关联的名称和值。该标签提供页面的元信息，如针对搜索引擎和更新频度的描述和关键词。

<meta charset="utf-8">定义了文档的字符编码是 utf-8。charset 是 meta 标签的属性，而 utf-8 是该属性的值。HTML5 中的很多标签都有属性，从而扩展了标签的功能。

title 标签位于 head 标签内，定义了文档的标题。该标题定义了浏览器工具栏中的标题，提供页面被添加到收藏夹时的标题和显示在搜索引擎结果中的页面标题。

body 标签定义了文档的主体和所有内容，如文本、超链接、图像、表格和列表等都包含在该标签中。

3.4.2　案例：创建 HTML5 网页

案例 3-01：创建 HTML5 网页

新建一个文本文档，命名为 index.txt，在里面输入如下所示的代码。

```
<!doctype html>
<html>
<head>
<!--页面编码方式-->
<meta charset="utf-8">
<!--页面标题-->
<title>创建 HTML5 网页</title>
</head>
<body>
<!--页面一级标题-->
<h1>这是我的第一个网页</h1>
<!--页面二级标题-->
<h2>假如生活欺骗了你</h2>
<!--文章内容 begin-->
<p>假如生活欺骗了你</p>
<p>假如生活欺骗了你，</p>
<p>忧郁的日子里须要镇静：</p>
<p>相信吧，快乐的日子将会来临！</p>
<p>心儿永远向往着未来；</p>
<p>现在却常是忧郁。</p>
<p>一切都是瞬息，一切都将会过去；</p>
<p>而那过去了的，就会成为亲切的怀恋。</p>
<!--文章内容 end-->
</body>
</html>
```

然后将文本文档的后缀名改为 html，使用浏览器打开，如图 3-1 所示。

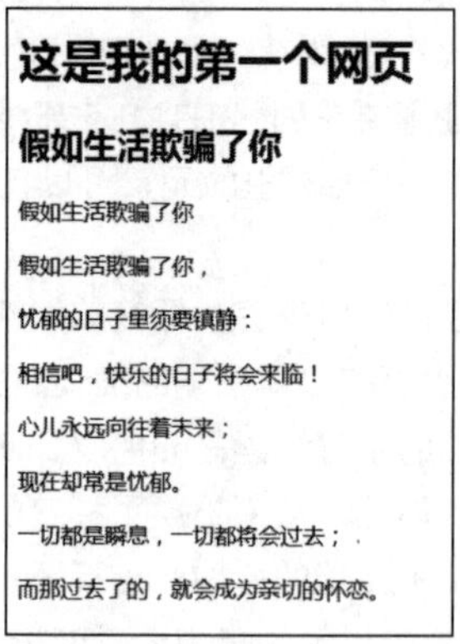

图 3-1　第一个网页

第 4 章

HTML5 结构与属性

　　HTML5 提供了新的文档结构元素来定义网页，使得网页结构更简洁、更严谨、更富有语义化，这样使得代码有助于浏览器解析、搜索引擎查找以及阅读修改。

　　HTML5 的结构元素及其属性是 HTML5 的基础内容，本章主要讲解 HTML 网页结构的发展历程、HTML5 的标签结构、新增和删去的标签及相关属性，并深入拓展了网页中极其重要的概念——超链接的相关知识。

4.1 从 HTML4 到 HTML5

4.1.1 使用表格布局

传统表格布局方式实际上是利用 HTML 中的表格元素<table>具有无边框的特性，当表格元素显示时，使单元格的边框和间距设置为 0，然后将网页中的各个元素按版式划分放入表格的各单元格中，从而实现复杂的排版组合。

使用表格进行布局的典型结构如图 4-1 所示。

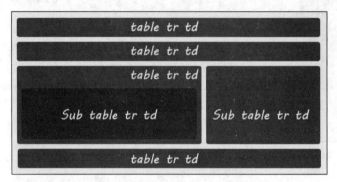

图 4-1 使用表格进行页面布局

4.1.2 使用区块布局

在 XHTML 1.0 之后，W3C 开始大力推行 Web 标准，开发工程师基本上都使用了 DIV+CSS 的布局方式，叫作区块布局。但是，搜索引擎去抓取页面的内容时，只能猜测某个 DIV 内的内容是文章内容、导航、作者介绍等，整个 HTML 文档结构定义不清晰，仅仅是在展示和页面解析性能上得到了提升。

使用区块进行布局的典型结构如图 4-2 所示。

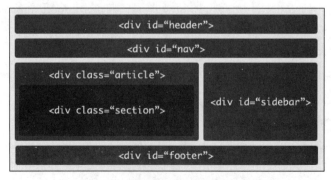

图 4-2 使用区块进行页面布局

4.1.3 使用 HTML5 结构元素布局

HTML5 新增了许多结构元素，通过 HTML5 的结构元素，可以直接定义元素容器的内容，页面结构可以调整得非常清晰。

使用 HTML5 进行布局的典型结构如图 4-3 所示。

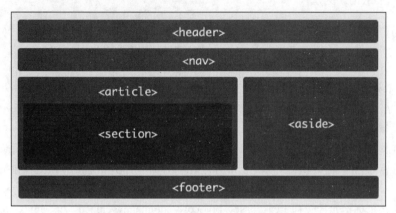

图 4-3 使 HTML5 结构元素进行页面布局

4.1.4 语义 Web

<div>元素是 Web 前端开发中最常用的元素，利用<div>元素，可以把整个 HTML 文档分隔为页眉、侧边面板、导航条等。再辅以少量可靠的 CSS，就可以把这些区块转换成带边框的盒子或带阴影的分栏，而且各就各位。

这种<div>加样式的技术既简明又强大，还非常灵活，但是却不够透明。也就是说，在查看他人的源代码时，必须费点功夫才能知道每个<div>表示什么、整个页面又是怎么搭建起来的。HTML5 为此引入了一组构造页面的新元素，实现对页面区块内容的定义。这些元素可以为它们标注的内容赋予额外的含义。

使用语义元素有如下原因：

● 容易修改和维护：解读传统的网页比较困难。要想理解整体布局和不同区块的重要程度，需要一遍一遍地看网页的样式表。但通过 HTML5 的语义元素，使用标记就可以传达出额外的结构化信息。

● 无障碍性：Web 设计的一个重要主题，就是让任何人都能无障碍访问页面。

● 搜索引擎优化：像谷歌这样的搜索引擎，会自动在 Web 中爬行并获取每一个网页，然后扫描网页内容并将它们索引到搜索数据库中。如果谷歌能够更好地理解站点，那么搜索者的查询就会越容易与内容匹配，因而你网站列在搜索结果中的可能性也就越大。通过 HTLM5 的语义化元素可以使谷歌的搜索引擎更容易理解网页内容，提高网站的综合排名。

4.2 HTML5 基础

4.2.1 HTML5 语法

（1）内容类型。

HTML5 的文件扩展名与内容类型保持不变。扩展名仍然是.html 或.htm，内容类型仍然为 text/html。

（2）版本兼容性。

HTML5 语法是在保证与之前 HTML 语法达到最大程度兼容的基础上设计的。简单说明如下。

● 可以省略标记元素。

在 HTML5 中，元素的标记可以省略。具体来说，元素的标记分为三种类型：不允许写结束标记、可以省略结束标记、开始标记和结束标记全部可以省略。下面简单介绍这三种类型各包括哪些 HTML5 新元素。

不允许写结束标记元素的有 area、base、br、col、command、embed、hr、img、input、keygen、link、meta、param、source、track 和 wbr。

可以省略结束标记的元素有 li、dt、dd、p、rt、rp、optgroup、option、colgroup、thead、tbody、tfoot、tr、td 和 th。

可以省略全部标记的元素有 html、head、body、colgroup 和 tbody。

可以省略全部标记的元素是指该元素可以完全被省略。注意，即使标记被忽略了，该元素还是能以隐式的方式存在。例如，将 body 元素省略不写时，它在文档结构中还是存在的，可以使用 document.body 进行访问。

● 具有布尔值的属性。

对于具有 boolean 值的属性，如 disabled 与 readonly 等，当只写属性而不指定属性值时，表示属性值为 true；如果想要将属性值设为 false，可以不使用该属性。另外，要想将属性值设定为 true，也可以将属性名设为属性值，或将空字符串设定为属性值，例如：

```
<!--只写属性，不写属性值，代表属性为 true-->
<input type="checkbox" checked>
<!--不写属性，代表属性为 false-->
<input type="checkbox">
<!--属性值=属性名，代表属性为 true-->
<input type="checkbox" checked="checked">
<!--属性值=空字符串，代表属性为 true-->
<input type="checkbox" checked="">
```

● 省略引号。

属性值两边既可以用双引号，也可以用单引号。HTML5 在此基础上做了一些改进，当属性值不包括空字符串、<、>、=、单引号、双引号等字符时，属性值两边的引号可以省略。例如，下面的写法都是合法的。

```
<input type="text">
```

```
<input type='text'>
<input type=text>
```

4.2.2　HTML5 元素

HTML5 引入了很多新的标记元素，根据内容类型的不同，这些元素分成了六大类，如表 4-1 所列。

表 4-1　HTML5 的内容类型

内容类型	描述
内嵌	在文档中添加其他类型的内容，如 audio、video、canvas 和 iframe 等
流	在文档和应用的 body 中使用的元素，如 form、h1 和 small 等
标题	段落标题，如 h1、h2 和 group 等
交互	与用户交互的内容，如音频和视频的控件、button 和 textarea 等
元数据	通常出现在页面的 head 中，设置页面其他部分的表现和行为，如 script、style 和 title 等
短语	文本和文本标记元素，如 mark、kbd、sub 和 sup 等

上表中所有类型的元素都可通过 CSS 来设定样式。虽然 canvas、audio 和 video 元素在使用时往往需要与其他 API 配合，以实现细颗粒度控制，但是它们同样可以直接使用。

HTML5 中不仅新增加了很多元素，还兼容了以前的各种元素，按功能划分可分为：基础、格式、表单、框架、图像、音频/视频、连接、列表、表格、样式/节、元信息、编程，具体描述如下所示。

（1）基础元素。

HTML5 基础元素如表 4-2 所列。

表 4-2　HTML5 的基础元素

元素名称	描述
<!DOCTYPE>	定义文档类型
<html>	定义 HTML 文档
<title>	定义文档的标题
<body>	定义文档的主体
<h1> to <h6>	定义 HTML 标题
<p>	定义段落
 	定义简单的换行
<hr>	定义水平线
<!--...-->	定义注释

（2）格式元素。

HTML5 格式元素，如表 4-3 所列。

表 4-3　HTML5 的格式元素

元素名称	描述
<acronym>	定义只取首字母的缩写
<abbr>	定义缩写

续表

元素名称	描述
\<address\>	定义文档作者或拥有者的联系信息
\<b\>	定义粗体文本
\<bdi\>	定义文本的文本方向，使其脱离周围文本的方向设置
\<bdo\>	定义文字方向
\<big\>	定义大号文本
\<blockquote\>	定义长的引用
\<center\>	不赞成使用。定义居中文本
\<cite\>	定义引用（citation）
\<code\>	定义计算机代码文本
\<del\>	定义被删除文本
\<dfn\>	定义项目
\<em\>	定义强调文本
\<font\>	定义文本的字体、尺寸和颜色
\<i\>	定义斜体字
\<ins\>	定义被插入文本
\<kbd\>	定义键盘文本
\<mark\>	定义有记号的文本
\<meter\>	定义预定义范围内的度量
\<pre\>	定义预格式文本
\<progress\>	定义任何类型的任务的进度
\<q\>	定义短的引用
\<rp\>	定义若浏览器不支持 ruby 元素显示的内容
\<rt\>	定义 ruby 注释的解释
\<ruby\>	定义 ruby 注释
\<s\>	不赞成使用。定义加删除线的文本
\<samp\>	定义计算机代码样本
\<small\>	定义小号文本
\<strike\>	不赞成使用。定义加删除线的文本
\<strong\>	定义强调文本
\<sup\>	定义上标文本
\<sub\>	定义下标文本
\<time\>	定义日期/时间
\<tt\>	定义打字机文本
\<u\>	不赞成使用。定义下划线文本
\<var\>	定义文本的变量部分
\<wbr\>	定义换行

（3）表单元素。

HTML5 表单元素如表 4-4 所列。

表 4-4　HTML5 的表单元素

元素名称	描述
<form>	定义供用户输入的 HTML 表单
<input>	定义输入控件
<textarea>	定义多行的文本输入控件
<button>	定义按钮
<select>	定义选择列表（下拉列表）
<optgroup>	定义选择列表中相关选项的组合
<option>	定义选择列表中的选项
<label>	定义 input 元素的标注
<fieldset>	定义围绕表单中元素的边框
<legend>	定义 fieldset 元素的标题
<isindex>	不赞成使用。定义与文档相关的可搜索索引
<datalist>	定义下拉列表
<keygen>	定义生成密钥
<output>	定义输出的一些类型

（4）框架元素。

HTML5 框架元素如表 4-5 所列。

表 4-5　HTML5 的框架元素

元素名称	描述
<frame>	定义框架集的窗口或框架
<frameset>	定义框架集
<noframes>	定义针对不支持框架的用户的替代内容
<iframe>	定义内联框架

（5）图像元素。

HTML5 图像元素如表 4-6 所列。

表 4-6　HTML5 的图像元素

元素名称	描述
<img>	定义图像
<map>	定义图像映射
<area>	定义图像地图内部的区域
<canvas>	定义图形
<figcaption>	定义 figure 元素的标题
<figure>	定义媒体内容的分组及其标题

（6）音频/视频元素。

HTML5 音频/视频元素如表 4-7 所列。

表 4-7　HTML5 的音频/视频元素

元素名称	描述
<audio>	定义声音内容
<source>	定义媒体源
<track>	定义用在媒体播放器中的文本轨道
<video>	定义视频

（7）链接元素。

HTML5 链接元素如表 4-8 所列。

表 4-8　HTML5 的链接元素

元素名称	描述
<a>	定义锚
<link>	定义文档与外部资源的关系
<nav>	定义导航链接

（8）列表元素。

HTML5 列表元素如表 4-9 所列。

表 4-9　HTML5 的列表元素

元素名称	描述
<ul>	定义无序列表
<ol>	定义有序列表
<li>	定义列表的项目
<dir>	不赞成使用。定义目录列表
<dl>	定义定义列表
<dt>	定义定义列表中的项目
<dd>	定义定义列表中项目的描述
<menu>	定义命令的菜单/列表
<menuitem>	定义用户可以从弹出菜单调用的命令/菜单项目
<command>	定义命令按钮

（9）表格元素。

HTML5 表格元素如表 4-10 所列。

表 4-10　HTML5 的表格元素

元素名称	描述
<table>	定义表格
<caption>	定义表格标题
<th>	定义表格中的表头单元格
<tr>	定义表格中的行
<td>	定义表格中的单元格
<thead>	定义表格中的表头内容

元素名称	描述
<tbody>	定义表格中的主体内容
<tfoot>	定义表格中的表注内容（脚注）
<col>	定义表格中一个或多个列的属性值
<colgroup>	定义表格中供格式化的列组

（10）样式/节元素。

样式/节元素如表 4-11 所列。

表 4-11　HTML5 的样式/节元素

元素名称	描述
<style>	定义文档的样式信息
<div>	定义文档中的节
<span>	定义文档中的节
<header>	定义 section 或 page 的页眉
<footer>	定义 section 或 page 的页脚
<section>	定义 section
<article>	定义文章
<aside>	定义页面内容之外的内容
<details>	定义元素的细节
<dialog>	定义对话框或窗口
<summary>	为<details>元素定义可见的标题

（11）元信息元素。

HTML5 元信息元素如表 4-12 所列。

表 4-12　HTML5 的元信息元素

元素名称	描述
<head>	定义关于文档的信息
<meta>	定义关于 HTML 文档的元信息
<base>	定义页面中所有链接的默认地址或默认目标
<basefont>	不赞成使用。定义页面中文本的默认字体、颜色或尺寸

（12）编程元素。

编程元素如表 4-13 所列。

表 4-13　HTML5 的编程元素

元素名称	描述
<script>	定义客户端脚本
<noscript>	定义针对不支持客户端脚本的用户的替代内容
<applet>	不赞成使用。定义嵌入的 Applet
<embed>	为外部应用程序（非 HTML）定义容器

第 4 章　HTML5 结构与属性

元素名称	描述
\<object\>	定义嵌入的对象
\<param\>	定义对象的参数

4.2.3 HTML5 属性

HTML5 元素包含的属性众多，既有新增加的属性，又有继承的原来的属性，这里无法列出所有元素的全部属性，仅就公共属性进行阐述。公共属性大致可分为基本属性、语言属性、键盘属性、内容属性和延伸属性等类型。

（1）基本属性。

基本属性主要包括以下三个，如表 4-14 所列，这三个基本属性大部分元素都拥有。

表 4-14 基本属性

属性名称	描述
class	定义类规则或样式规则
id	定义元素的唯一标识
style	定义元素的样式声明

下面这些元素不拥有基本属性，如表 4-15 所列。

表 4-15 不拥有基本属性的元素

元素名称	描述
html、head	文档和头部基本结构
title	网页标题
base	网页基准信息
meta	网页元信息
partam	元素参数信息
script、style	网页的脚本和样式

这些元素一般位于文档头部，用来标识网页元信息。

（2）语言属性。

语言属性主要用来定义元素的语言类型，包括两个属性，如表 4-16 所列。

表 4-16 语言属性

属性名称	描述
lang	定义元素的语言代码或编码
dir	定义文本的方向，包括 ltr 和 rtl，分别标识从左向右和从右向左

下面这些元素不拥有语言属性，如表 4-17 所列。

（3）键盘属性。

键盘属性定义元素的键盘访问方法，包括两个属性，如表 4-18 所列。

表 4-17 不拥有语言属性的元素

元素名称	描述
frameset、frame、iframe	网页框架结构
br	换行标识
hr	结构装饰线
base	网页基准信息
param	元素参数信息
scrip	网页的脚本

表 4-18 键盘属性

属性名称	描述
accesskey	定义访问某元素的键盘快捷键
tabindex	定义元素的 Tab 键索引编号

accesskey 属性可以使用快捷键（Alt+字母）访问指定的 URL，但是浏览器不能很好地支持，在 IE 中仅激活超链接，需要配合 Enter 键确定。

```
<a href="http://www.baidu.com" accesskey="a">按住 Alt 键，再按 A 键可以链接到百度首页</a>
```

tabindex 属性用来定义元素的 Tab 键访问顺序，可以使用 Tab 键遍历网页中的所有链接和表单元素。遍历时会按照 tabindex 的大小决定顺序，当遍历到某个链接时，按 Enter 键即打开链接页面。

```
<a href="#" tabindex="1">Tab 1</a>
<a href="#" tabindex="3">Tab 3</a>
<a href="#" tabindex="2">Tab 2</a>
```

（4）内容属性。

内容属性定义元素包含内容的附加信息，这些信息对于元素来说具有重要补充作用，避免元素本身包含信息不全而被误解，包括的五个属性如表 4-19 所列。

表 4-19 内容属性

属性名称	描述
alt	定义元素的替换文本
title	定义元素的提示文本
longdesc	定义元素包含内容的大段描述信息
cite	定义元素包含内容的引用信息
datetime	定义元素包含内容的日期和时间

alt 和 title 是两个常用的属性，分别定义元素的替换文本和提示文本，但是很多工程师习惯混用这两个属性，没有刻意去区分它们的语义。

```
<a href="URL" title="提示文本">超链接</a>
<img src="URL" alt="替换文本" title="提示文本"/>
```

替换文本并不是用来做提示的，或者更加明确地说，它并不是图像提供额外说明信息的。相反，title 属性才是为元素提供额外说明信息的。

当图像无法显示时，必须准备替换的文本来替换无法显示的图像，这对于图像和图像热点是必需的，因此 alt 属性只能用在 img、area 和 input 元素中。对于 input 元素，alt 属性用来替换提交按钮的图片。

title 属性为元素在鼠标指向时出现的提示性信息，这些信息是一些额外的说明，该属性也不是一个必须设置的属性。当鼠标指针移到元素上面时，即可看到这些提示信息，但是 title 属性不能用在下面这些元素上，如表 4-20 所列。

表 4-20　不能用 title 属性的元素

元素名称	描述
html、head	文档和头部基本结构
title	网页标题
base、basefont	网页基准信息
meta	网页元信息
partam	元素参数信息
script、style	网页的脚本和样式

4.2.4　HTML5 全局属性

所谓全局属性是指可以对任何元素都使用的属性。HTML5 新增加的全局属性在上一章已经介绍，下面列举 HTML5 中所有的全局属性，如表 4-21 所列。

表 4-21　HTML5 全局属性

属性名称	描述
accesskey	规定激活元素的快捷键
class	规定元素的一个或多个类名（引用样式表中的类）
contenteditable	规定元素内容是否可编辑
contextmenu	规定元素的上下文菜单。上下文菜单在用户单击元素时显示
data-*	用于存储页面或应用程序的私有定制数据
dir	规定元素中内容的文本方向
draggable	规定元素是否可拖动
dropzone	规定在拖动被拖动数据时是否进行复制、移动或链接
hidden	规定元素仍未相关或不再相关
id	规定元素的唯一 ID
lang	规定元素内容的语言
spellcheck	规定是否对元素进行拼写和语法检查
style	规定元素的行内 CSS 样式
tabindex	规定元素的 tab 键次序
title	规定有关元素的额外信息
translate	规定是否应该翻译元素内容

4.2.5　案例：个人简历网页的实现

（1）简介。

本案例通过五个栏目对页面进行编写，分别为姓名、个人技能、工作经验、教育背景、获得荣誉。整体效果如图 4-4 所示。

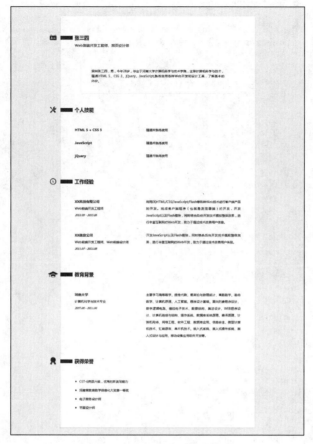

图 4-4　个人简历网页的实现

（2）代码。

案例 4-01：个人简历网页的实现

扫描看效果

```
<!DOCTYPE HTML>
<html>
<head>
<meta http-equiv="Content-Type" content="text/html; charset=UTF-8" />
<title>个人简历网页的实现</title>
<link rel="stylesheet" href="css/style.css" type="text/css" media="screen" />
<style>
<!--图标位置-->
h2#titleName {margin: 20px -60px 10px;}
h2#ribbon:before {background-position: left -45px;}
h2#tools:before {background-position: left top;}
h2#learn:before {background-position: right top;}
h2#clock:before {background-position: -45px top;}
h2#titleName:before {background-position: -90px bottom;}
<!--个人简介 CSS 规则-->
```

```
#bio {position: relative;}
#bio #avatar {float: left; margin: 0 20px 0 0;}
#bio h2 {font-size: 15px;}
#bio p {clear: left; margin:40px auto; padding:40px 45px; max-width: 560px; background: #fbfbfb; border: 1px solid
#f3f3f3; border-radius: 8px; position: relative; border-width: 0 1px 1px; border-color: #fff #f3f3f3 #e8e8e8;line-height:
1.6em;}
        <!--获得荣誉 CSS 规则-->
#honorsAwards li {padding-left: 5px; margin-bottom: 8px;}
        <!--清除无序列表默认样式-->
ul#skills,
ul#jobs,
ul#schools{margin: 0; list-style: none;}
        <!--控制各项上下的间隔，清除浮动-->
ul#skills,
ul#jobs li,
ul#schools li{margin: 0 0 20px 0; clear: both;}
        <!--各项左右布局-->
ul#skills .details,
ul#jobs li .details,
ul#schools li .details{float: left; width: 40%; margin-bottom:25px;}
ul#jobs li p,
ul#skills li > p,
ul#schools li > p{float: right; width: 57%; margin-bottom: 25px;}

.details h5 {font-style: italic;}
</style>
</head>
<body>

<div id="wrapper">
    <!--个人简介-->
    <h2 id="titleName" class="sectionHead">张三四</h2>
    <div id="bio">
        <h2>Web 前端开发工程师、网页设计师</h2>

        <p>我叫张三四，男，今年 28 岁，毕业于河南大学计算机科学与技术学院，主修计算机科学与技术，
精通 HTML5、CSS3、……省略文字</p>
    </div>
    <div class="clear"></div>
    <!--个人技能-->
    <h2 id="tools" class="sectionHead">个人技能</h2>
    <ul id="skills">
        <li>
            <div class="details">
            <h3>HTML5 + CSS3</h3>
            </div>
            <p>精通并熟练使用</p>
        </li>
        <li>
            <div class="details">
            <h3>JavaScript</h3>
            </div>
            <p>精通并熟练使用</p>
        </li>
        ……省略其他技能项
    </ul>
```

```
        <div class="clear"></div>
        <!--工作经验-->
        <h2 id="clock" class="sectionHead">工作经验</h2>
        <ul id="jobs">
            <li>
                <div class="details">
                    <h3>XX 科技有限公司</h3>
                    <h4>Web 前端开发工程师</h4>
                    <h5>2013.09 - 2015.06</h5>
                </div>
                <p>利用(X)HTML/CSS/JavaScript/Flash 等各种 Web 技术进行客户端产品的开发。完成客户端程序
（也就是浏览器端）的开发，……省略文字</p>
            </li>
            <li>
                <div class="details">
                    <h3>XX 信息公司</h3>
                    <h4>Web 前端开发工程师、Web 前端设计师</h4>
                    <h5>2011.07 - 2013.08</h5>
                </div>
                <p>开发 JavaScript 以及 Flash 模块，同时结合后台开发技术模拟整体效果，进行丰富互联网的 Web
开发，致力于通过技术改善用户体验。</p>
            </li>
        </ul>
        <div class="clear"></div>
        <!--教育背景-->
        <h2 id="learn" class="sectionHead">教育背景</h2>
        <ul id="schools">
            <li>
                <div class="details">
                    <h3>河南大学</h3>
                                    <h4>计算机科学与技术专业</h4>
                    <h5>2007.06 - 2011.06</h5>
                </div>
                <p>主要学习高等数学、线性代数、概率论与数理统计、……省略文字</p>
            </li>
        </ul>
        <div class="clear"></div>
        <!--获得荣誉-->
        <h2 id="ribbon" class="sectionHead">获得荣誉</h2>
        <ul id="honorsAwards">
            <li>CET-6 英语六级，优秀的听说写能力</li>
            <li>河南省教育教学信息化大奖赛一等奖</li>
            ……省略其他奖项
        </ul>
    </div>
</body>
</html>
```

4.3　HTML5 结构元素

在 HTML5 对 HTML4 所做的各种修改中，一个比较重大的修改就是为了使文档结构更加清晰明确、容易阅读，增加了很多新的结构元素。

4.3.1 HTML5 主体结构元素

在 HTML5 中，为了使文档结构更加清晰明确，追加了几个与页眉、页脚、内容区块等文档结构相关联的结构元素。例如对于书籍中的章、节可称为内容区块；对于博客类网站，导航菜单、文章正文、文章的评论等每一个部分也可称为内容区块。

（1）article。

article 元素代表文档、页面或应用程序中独立的、完整的、可以独自被外部引用的内容。它可以是一篇博客或报刊中的文章、一篇论坛帖子、一段用户评论或独立的插件，或其他任何独立的内容。一个 article 元素通常有它自己的标题（一般放在一个 header 元素里面），有时还有自己的脚注。

article 元素是可以嵌套使用的，内层的内容在原则上需要与外层的内容相关联。例如，一篇文章中，针对该文章的评论就可以使用嵌套 article 元素的方式。用来呈现评论的 article 元素被包含在表示整体内容的 article 元素里面。

案例 4-02：article 元素

```html
<!doctype html>
<html>
<head>
<meta charset="utf-8">
<title>article 元素示例</title>
</head>
<body>
<article>
    <header>
    <h1>假如生活欺骗了你</h1>
<p>1825 年</p>
    </header>
<p>假如生活欺骗了你</p>
<p>假如生活欺骗了你，</p>
……
<section>
    <h2>文章评论内容：</h2>
<article>
    <header>
    <h3>诗歌写的很好</h3>
    <h4>发表人：张三</h4>
    <p>
        <time pubdate datetime="2013-03-25T09:45:23">发表时间：2013-03-25 09:45:23</time>
    </p>
</header>
<p>假如生活欺骗了你</p>
</article>
    </section>
<footer>
    <p><small>普希金诗文选</small></p>
    </footer>
</article>
</body>
</html>
```

另外 article 元素也可以用来表示插件，它的作用是使插件看起来好像内嵌在页面中一样。

案例 4-03：article 元素插件 ⊚ ❶ ⊘

```
<!doctype html>
<html>
<head>
<meta charset="utf-8">
<title>article 元素插件</title>
</head>
<body>
<article>
    <h1>PuXiJin</h1>

    <object>
        <param name="allowFullScreen" value="true">
        <embed src="#" width="300" height="300"></embed>
    </object>
</article>
</body>
</html>
```

扫描看效果

（2）section。

section 元素用于对网站或应用程序中页面上的内容进行分块。一个 section 元素通常由内容及其标题组成。但 section 元素并非一个普通的容器元素。当一个容器需要被直接定义样式或通过脚本定义行为时，推荐使用 div 而非 section 元素。

section 在没有标题的情况下建议不要使用，也就是说建议在使用 section 时应该包含标题内容，如<h1>、<h2>等。section 元素的作用是对页面上的内容进行分块，或者说是对文章进行分段。

案例 4-04：section 元素 ⊚ ❸ ❶ ⊘ ℮

```
<!doctype html>
<html>
<head>
<meta charset="utf-8">
<title> section 元素</title>
</head>
<body>
<article>
    <h1>普希金</h1>
<section>
    <h3>假如生活欺骗了</h3>
<p>假如生活欺骗了你，假如生活欺骗了你，不要悲伤，不要心急！忧郁的日子里须要镇静；相信吧，快乐的日子将会来临！</p>
</section>
<section>
    <h3>致大海</h3>
<p>再见吧，自由奔放的大海！这是你最后一次在我的眼前，翻滚着蔚蓝色的波浪，和闪耀着娇美的容光。</p>
</section>
</article>
</body>
</html>
```

扫描看效果

在 HTML5 中，article 元素可以看成是一种特殊种类的 section 元素，它比 section 元素更强调独立性。即 section 元素强调分段或分块，而 article 强调独立性。具体来说，如果一块内容相对来说比较独立且完整的时候，应该使用 article 元素，如果需要将一块内容分成几段的时候，应该使用 section 元素。另外，在 HTML5 中，div 元素变成了一种容器。当使用 CSS 样式的时候，可以对这个容器进行一个总体的 CSS 样式的套用。

在 HTML5 中，可以将所有页面的从属部分，比如导航条、菜单、版权说明等包含在一个页面中，以便统一使用 CSS 样式来进行装饰。

关于 section 元素的使用禁忌总结如下：

- 不要将 section 元素用作设置样式的页面容器，那是 div 元素的工作。
- 如果 article 元素、aside 元素或 nav 元素更符合使用条件，不要使用 section 元素。
- 不要为没有标题的内容区块使用 section 元素。

（3）nav。

nav 元素是一个可以用作页面导航的链接组，其中导航元素链接到其他页面或当前页面的其他部分。并不是所有的链接组都要放进 nav 元素，只需要将主要的、基本的链接组放进 nav 元素即可。例如，在页脚中通常会有一组链接，包括服务条款、首页、版权声明等，这时使用 footer 元素最恰当。

一个页面中可以拥有多个 nav 元素，作为页面整体或不同部分的导航，但是不要用 menu 元素代替 nav 元素，menu 元素是用在一系列发出命令的菜单上的，是一种交互性的元素，或者更确切地说是使用在 Web 应用程序中的。

案例 4-05：nav 元素

```
<!doctype html>
<html>
<head>
<meta charset="utf-8">
<title>nav 元素</title>
</head>
<body>
<h1>Web 前端开发</h1>
<nav>
<ul>
    <li><a href="index.html">首页</a></li>
    <li><a href="HTML5.html">HTML5</a></li>
    <li><a href="CSS.html">CSS3</a></li>
    <li><a href="JavaScript.html">JavaScript</a></li>
    <li><a href="jQuery.html">jQuery</a></li>
</ul>
</nav>
</body>
</html>
```

扫描看效果

具体来说，nav 元素可用于以下这些场合：

- 传统导航条。现在主流网站上都有不同层级的导航条，其作用是将当前画面跳转到网站的其他主要页面上去。
- 侧边栏导航。现在主流博客网站及商品网站上都有侧边栏导航，其作用是将页面从当前文章或当前商品跳转到其他文章或其他商品页面上去。

- 页内导航。页内导航的作用是在本页面几个主要的组成部分之间进行跳转。
- 翻页操作。翻页操作是指在多个页面的前后页或博客网站的前后篇文章间滚动。

（4）aside。

aside 元素用来表示当前页面或文章的附属信息部分，它可以包含与当前页面或主要内容相关的引用、侧边栏、广告、导航条，以及其他类似的区别于主要内容的部分。

aside 元素主要有以下两种使用方法：

- 被包含在 article 元素中作为主要内容的附属信息部分，其中的内容可以是与当前文章有关的参考资料、名词解释等。
- 在 article 元素之外使用，作为页面或站点全局的附属信息部分。最典型的形式是侧边栏，其中的内容可以是友情链接、博客中的其他文章列表、广告单元等。

案例 4-06：aside 元素

```
<!doctype html>
<html>
<head>
<meta charset="utf-8">
<title>aside 元素</title>
</head>
<body>
<header>
    <h1>关于 HTML5</h1>
<p>文章来源：http://www.w3school.com.cn/</p>
</header>
<article>
    <h2>HTML5 是下一代的 HTML</h2>
    <p>HTML5 仍处于完善之中。然而，大部分现代浏览器已经具备了某些 HTML5 支持。</p>
    <p>在 W3School 的 HTML5 教程中，您将了解 HTML5 中的新特性。</p>
    <h2>CSS3</h2>
    <p>CSS3 是最新的 CSS 标准。</p>
<aside>
    <h3>参考资料</h3>
<p>W3School</p>
<p>HTML5 开发手册</p>
</aside>
</article>
</body>
</html>
```

（5）time。

time 元素代表 24 小时中的某个时刻或者某个日期，它表示时间时允许带时差。

time 元素是一个微格式。微格式是利用 HTML 的 class 属性来对网页添加附加信息的方法。微格式一直存在，只不过在使用上出现了一些问题，因此 HTML5 增加了 time 元素来明确地对时间进行机器编码，进而增加信息的可读性。

编码时机器读到的部分在 datetime 属性里，而元素的开始标记与结束标记中间的部分是显示在网页上的。datetime 属性中日期与时间之间要用"T"分隔。时间加上 Z 文字表示给机器编码时使用 UTC 标准时间；如果加上了时差，表示向机器编码另一地区时间；如果是编码本地时间，则不需要添加时差。

案例 4-07：time 元素 ⓖ ⓑ ⓞ ⓒ ⓔ

```
<!doctype html>
<html>
<head>
<meta charset="utf-8">
<title>time 元素</title>
</head>
<body>

    <time datetime="2015-10-1">2015 年 10 月 1 日</time>
    <time datetime="2015-10-1">10 月 1 日</time>
    <time datetime="2015-10-1">国庆节</time>
    <time datetime="2015-10-1T09:00">国庆节是 10 月 1 日</time>
    <time datetime="2015-10-1T09:00Z">国庆节是 10 月 1 日</time>
    <time datetime="2015-10-1T09:00+09:00">外国没有国庆节</time>
</body>
</html>
```

扫描看效果

（6）pubdate。

pubdate 属性是一个可选的、bool 值的属性，可以用到 article 元素中的 time 元素上，意思是 time 元素代表了文章（article 元素的内容）或整个网页的发布日期。

案例 4-08：pubdate 元素 ⓧ

```
<!doctype html>
<html>
<head>
<meta charset="utf-8">
<title>pubdate 元素</title>
</head>
<body>
<article>
    <header>
        <h1>关于<time datetime="2015-10-1">10 月 1 日</time>国庆节放假通知</h1>
        <p>发布日期：<time datetime="2015-09-29" pubdate="">2015 年 9 月 29 日</time></p>
    </header>
    <p>10 月 1 日，举国欢庆...(关于国庆节放假的通知)</p>
</article>
</body>
</html>
```

扫描看效果

在这个例子中有两个 time 元素，分别定义了两个日期，一个是国庆节放假日期，另一个是通知发布日期。由于都使用了 time 元素，所以需要使用 pubdate 属性表明哪个 time 元素代表了通知的发布日期。

4.3.2　HTML5 非主体结构元素

除了主要的结构元素之外，HTML5 内还增加了一些表示逻辑结构或者附加信息的非主体结构元素。

（1）header。

header 元素是一种具有引导和导航作用的结构元素，通常用来放置整个页面或页面内的一个内容区块的标题，但也可以包含其他内容，如数据表格、搜索表单或相关的 Logo 图片。

一个网页内并未限制 header 元素的个数，可以拥有多个，也可以为每个内容区块加一个 header 元素。

案例 4-09：header 元素 ⓒ ❸ ⓿ ⓔ ⓔ

```
<!doctype html>
<html>
<head>
<meta charset="utf-8">
<title>header 元素</title>
</head>
<body>
<header>
    <h1>网页标题</h1>
</header>
<article>
    <header>
        <h1>文章标题</h1>
    </header>
    <p>文章内容</p>
</article>
</body>
</html>
```

扫描看效果

（2）hgroup。

hgroup 元素是将标题及其子标题进行分组的元素。hgroup 元素通常会将 h1～h6 元素进行分组，比如一个内容区块的标题及其子标题算一组。

通常，如果文章只有一个主标题，是不需要 hgroup 元素的；但是文章有主标题，主标题下面又有子标题，就需要使用 hgroup 元素。

案例 4-10：hgroup 元素 ⓒ ❸ ⓿ ⓔ ⓔ

```
<!doctype html>
<html>
<head>
<meta charset="utf-8">
<title>hgroup 元素</title>
</head>
<body>
<article>
    <header>
        <hgroup>
            <h1>文章主标题</h1>
            <h2>文章子标题</h2>
            <p><time datetime="2015-10-1">2015 年 10 月 1 日</time></p>
        </hgroup>
    </header>
    <p>文章内容</p>
```

扫描看效果

```
    </article>
  </body>
</html>
```

（3）footer。

footer 元素可以作为父级内容区块或是一个根区块的脚注。footer 通常包括其相关区块的脚注信息，如作者、相关阅读链接及版权信息等。

案例 4-11：footer 元素

```
<!doctype html>
<html>
<head>
<meta charset="utf-8">
<title> footer 元素</title>
</head>
<body>
<footer>
  <ul>
    <li>版权信息</li>
    <li>网站地图</li>
    <li>联系方式</li>
  </ul>
</footer>
</body>
</html>
```

与 header 元素一样，一个页面中也未限制 footer 元素的个数。可以同时为 article 元素或 section 元素添加 footer 元素。

```
<article>
  文章内容
  <footer>
    文章的脚注
  </footer>
</article>
```

（4）address。

address 元素用来在文档中呈现联系信息，包括文档作者或文档维护者的名字、网站链接、电子邮箱、真实地址、电话号码等。address 不只是用来呈现电子邮箱或真实地址，还可以展示与文档相关的联系人的所有联系信息。

案例 4-12：address 元素

```
<!doctype html>
<html>
<head>
<meta charset="utf-8">
<title>address 元素</title>
</head>
<body>
<footer>
  <address>
    <p>文章作者：<a title="文章作者：张三" href="#">张三</a></p>
```

```
        <p>发表时间：<time datetime="2013-10-1">2015 年 10 月日</time>
      </address>
    </footer>
  </body>
</html>
```

4.3.3　案例：使用结构元素进行网页布局（新闻列表+新闻列表内容呈现）

（1）简介。

使用结构元素进行页面布局，分别从"栏目""娱乐新闻""军事新闻""数码新闻""手机新闻"和"关于我们"六个模块进行编写，整体效果如图 4-5 所示。

| 首页 | 新闻 | 体育 | 娱乐 | 财经 | 科技 | 手机 | 数码 |

娱乐新闻

香港已没有黑帮 大家都不想在里面混	2015-10-1
《碟中谍5》曝外景地花絮	2015-10-1
灾难发生后该不该禁播娱乐节目	2015-10-1
多部好莱坞大片登陆中国	2015-10-1

军事新闻

2015阅兵在9月3日09:00开始	2015-10-1
习近平对县委书记十二句严厉告诫	2015-10-1
日本在政府网站开设关于钓鱼岛网页	2015-10-1
中国坦克打先锋巴铁反恐精锐尽出	2015-10-1

数码新闻

微软已在秘密测试Android版Edge浏览器	2015-10-1
平板电脑五年走到市场拐点	2015-10-1
苹果邀请函解密 Hint有新释义	2015-10-1
IDF2015英特尔谷歌联手	2015-10-1

手机新闻

超大运行内存手机推荐	2015-10-1
国产旗舰手机盘点	2015-10-1
西门子归来 首款智能机配置强跑分出色	2015-10-1
骗子植入手机木马的10大招术	2015-10-1

关于我们　　联系我们

图 4-5　使用结构元素进行网页布局

（2）代码。

案例 4-13：使用结构元素进行网页布局

```
<!doctype html>
<html>
<head>
<meta charset="utf-8">
<title>使用结构元素进行网页布局</title>
<link rel="stylesheet" type="text/css" href="css/base.css">
</head>
<style>
```

扫描看效果

```css
<!--网页的宽度和对齐方式-->
.main {
    width: 1000px;
    margin: 40px auto;
}
<!--导航的宽度、高度和整体样式-->
.main nav {
    width: 1000px;
    height: 40px;
    background: #999;              /*定义背景色*/
    border-radius: 5px;           /*圆角边框半径为 5px*/
}
<!--导航各个栏目的宽度、高度和对齐方式-->
.main nav ul li {
    width: 70px;
    height: 40px;
    float: left;   /*向左浮动*/
    text-align: center;
    line-height: 40px;            /*行高为 40px*/
}
<!--超链接初始状态的样式-->
.main nav ul li a {
    color: #fff;
    font-family: "微软雅黑";
    font-size: 14px;
}
<!--超链接鼠标悬停的样式-->
.main nav ul li a:hover {
    font-weight: bold;            /*字体加粗*/
}
<!--娱乐新闻模块的 CSS 规则-->
.main .block1 {
    width: 430px;
    height: 250px;
    margin-top: 20px;             /*上外边距为 20px*/
    float: left;                  /*向左浮动*/
}
<!--军事新闻模块的 CSS 规则-->
.main .block2 {
    width: 430px;
    height: 250px;
    margin-top: 20px;
    float: right;    /*向右浮动*/
}
<!--娱乐新闻和军事新闻模块中标题样式-->
.main .block1 h1,
.main .block2 h1 {
    color: #333;                  /*字体颜色*/
    font-size: 20px;              /*字体大小*/
    font-family: "微软雅黑";
    line-height: 50px;    /*行高 50px*/
    text-indent: 1em;
}
```

```
<!--列表规则-->
.main .block1 ul,
.main .block2 ul {
    width: 390px;
    margin: 0 19px 10px 19px;      /*上、右、下、左的外边距依次为 0px、19px、10px、19px*/
}
<!--列表各项的宽度和高度-->
.main .block1 ul li,
.main .block2 ul li {
    width: 390px;
    height: 40px;
}
<!--列表各项的文字样式-->
.main .block1 ul li a,
.main .block1 ul li time,
.main .block2 ul li a,
.main .block2 ul li time {
    color: #333;
    font-size: 14px;
    font-family: "微软雅黑";
    line-height: 40px;
}
.main .block1 ul li a,
.main .block2 ul li a {
    float: left;                    /*向左浮动*/
}
.main .block1 ul li a:hover,
.main .block2 ul li a:hover {
    color: red; /*鼠标悬停的字体颜色为红色*/
}
.main .block1 ul li time,
.main .block2 ul li time {
    float: right;
}
<!--页面底部的 CSS 规则-->
footer {
    clear: both;                    /*清除左右两边的浮动*/
    width: 1000px;
    height: 200px;
    margin: 0 auto;
    text-align: center;
}
footer h1 span {
    margin-right: 20px;/*右外边距为 20px*/
}
footer h1 span a {
    color: #333;
    font-family: "微软雅黑";
    font-size: 14px;
    line-height: 200px;
}
footer h1 span a:hover {
    color: red;                     /*鼠标悬停的字体颜色为红色*/
}
</style>
<body>
```

```html
<div class="main">
    <p><a id="FileTop"></a></p>
    <header>
        <nav>
            <ul>
                <li><a href="#">首页</a></li>
                <li><a href="#" style="color:#EF2D36;">新闻</a></li>
                ……此处省略导航中其他项目
            </ul>
        </nav>
    </header>
    <div class="block1">
        <section>
            <h1>娱乐新闻</h1>
            <ul>
                <li><a href="#">香港已没有黑帮大家都不想在里面混</a>
                    <time datetime="2015-10-1">2015-10-1</time>
                </li>
                <li><a href="#">《碟中谍 5》曝外景地花絮</a>
                    <time datetime="2015-10-1">2015-10-1</time>
                </li>
                ……此处省略娱乐新闻标题
            </ul>
        </section>
    </div>
    <div class="block2">
        <section>
            <h1>军事新闻</h1>
            <ul>
                <li><a href="#">2015 阅兵在 9 月 3 日 09:00 开始</a>
                    <time datetime="2015-10-1">2015-10-1</time>
                </li>
                <li><a href="#">习近平对县委书记十二句严厉告诫</a>
                    <time datetime="2015-10-1">2015-10-1</time>
                </li>
                ……此处省略军事新闻标题
            </ul>
        </section>
    </div>
    <div class="block1">
        此处省略数码新闻，其格式参考娱乐新闻
    </div>
    <div class="block2">
        此处省略手机新闻，其格式参考军事新闻
    </div>
</div>
<footer>
    <h1><span><a href="#">关于我们</a></span><span><a href="#">联系我们</a></span></h1>
</footer>
</body>
</html>
```

4.4 超链接

超链接在网页制作中是必不可少的部分，在浏览网页时，单击一张图片或者一段文字就可以弹出一个新的网页，这些功能都是通过超链接实现的。在 HTML 文件中，超链接的建立是很简单的，但是掌握超链接的原理对网页的制作是至关重要的。在学习超链接之前，需要先了解一下URL。URL（Uniform Resource Locator，统一资源定位符）通常包括三个部分：协议代码、主机地址、具体的文件名。

4.4.1 绝对路径与相对路径

（1）绝对路径。

绝对路径是指文件的完整路径，包括文件传输的协议（http、ftp）等，一般用于网站的外部链接，如 http://news.sina.com.cn/。

（2）相对路径。

相对路径是指相对于当前文件的路径，它包含了从当前文件指向目的文件的路径。同时只要处于站点文件夹之外，即使不属于同一个文件目录下，相对路径建立的链接也适合。采用相对路径是建立两个文件之间的相互关系，可以不受站点和所处服务器位置的影响，如表 4-22 所列为相对路径的使用方法。

表 4-22 相对路径的使用方法

相对位置	如何输入
同一目录	输入要链接的文档
链接上一目录	先输入 "../"，再输入目录名称
链接下一目录	先输入目录名，后加 "/"

4.4.2 超链接元素

在 HTML4 中，<a>元素可以是超链接或者锚；在 HTML5 中，<a>元素始终是超链接，但如果未设置 href 属性，则只是超链接的占位符。

使用<a>元素标记的，可以用两种方式表示。锚的第一种类型是在文档中创建一个热点，当用户激活或选中（通常是使用鼠标）这个热点时，会导致浏览器进行链接。浏览器会自动加载并显示同一文档或其他文档中的某个部分，或触发某些与因特网服务相关的操作，例如发送电子邮件或下载特殊文件等。锚的第二种类型会在文档中创建一个标记，该标记可以被超链接引用。

<a>元素定义超链接，用于从一个页面链接到另一个页面。在所有浏览器中，链接默认外观通常是：未被访问的链接带有下划线且是蓝色的、已被访问的链接带有下划线且是紫色的、活动链接带有下划线且是红色的。

在使用<a>元素时需要注意以下几点：

（1）如果不使用 href 属性，则不可以使用 download、hreflang、media、rel、target 及 type 属性。

（2）被链接页面通常显示在当前浏览器窗口中，除非规定了另一个目标（target 属性）。

（3）请使用 CSS 来设置链接的样式。

4.4.3 超链接属性

HTML5 提供给了一些新属性，同时不再支持一些 HTML4 属性，如表 4-23 所列。

表 4-23 超链接属性

属性名称	值	描述
charset	char_encoding	HTML5 中不支持。规定被链接文档的字符集
coords	coordinates	HTML5 中不支持。规定链接的坐标
download	filename	规定被下载的超链接目标
href	URL	规定链接指向的页面的 URL
hreflang	language_code	规定被链接文档的语言
media	media_query	规定被链接文档是为何种媒体/设备优化的
name	section_name	HTML5 中不支持。规定锚的名称
rel	text	规定当前文档与被链接文档之间的关系
rev	text	HTML5 中不支持。规定被链接文档与当前文档之间的关系
shape	default、rect、circle、poly	HTML5 中不支持。规定链接的形状
target	_blank、_parent、_self、_top framename	规定在何处打开链接文档
type	MIME type	规定被链接文档的 MIME 类型

4.4.4 案例：网址导航页面的实现

（1）简介。

网址导航页面的实现主要使用超链接标签，整体效果如图 4-6 所示。

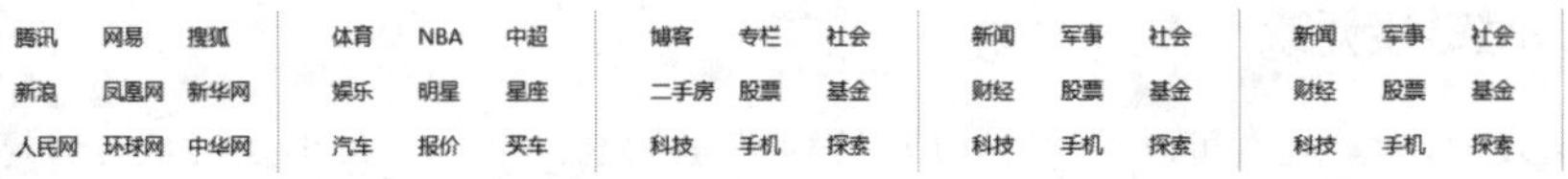

腾讯	网易	搜狐	体育	NBA	中超	博客	专栏	社会	新闻	军事	社会	新闻	军事	社会
新浪	凤凰网	新华网	娱乐	明星	星座	二手房	股票	基金	财经	股票	基金	财经	股票	基金
人民网	环球网	中华网	汽车	报价	买车	科技	手机	探索	科技	手机	探索	科技	手机	探索

图 4-6 网址导航页面的实现

（2）代码。

案例 4-14：网址导航页面的实现

```
<!doctype html>
<html>
<head>
<meta charset="utf-8">
<title>网址导航页面的实现</title>
<link rel="stylesheet" type="text/css" href="css/base.css">
<style>
<!--页面整体的 CSS 规则-->
```

扫描看效果

```
header {
    width: 1000px;
    height: 200px;
    margin: 40px auto;                  /*上下外边距为 40px，左右边距相等*/
}
<!--页面中四个区块的 CSS 规则-->
.block {
    width: 151px;
    height: 90px;
    border-right: 1px solid #ccc;       /*右边框为 1px 实线*/
    margin-left: 30px;                  /*左外边距为 30px*/
    margin-top: 30px;                   /*上外边距为 30px*/
    float: left;                        /*向左浮动*/
}
<!--列表中各项的 CSS 规则-->
.block ul li {
    width: 50px;
    height: 30px;
    text-align: left;                   /*左对齐*/
    float: left;
}
<!--超链接初始状态的样式-->
.block ul li a {
    color: #333;                        /*字体颜色为灰色*/
    font-family:"微软雅黑";
    font-size: 12px; /*字体大小为 12px*/
    line-height: 30px; /*行高为 30px*/
}
<!—鼠标悬停时的字体样式-->
.block ul li a:hover {
    color: #E66100;
    font-weight: bold; /*字体加粗*/
}
</style>
</head>

<body>
<header>
    <nav>
<!--定义第一区块的 HTML 结构-->
        <div class="block">
            <ul>
                <li><a href="http://news.qq.com/">腾讯</a></li>
                <li><a href="http://news.163.com/">网易</a></li>
                ……此处省略该区块其他导航项
            </ul>
        </div>
<!--定义第二区块的 HTML 结构-->
        <div class="block">
            ……此处省略 HTML 结构，参考第一个区块
        </div>
……此处省略第三、第四、第五区块的 HTML 结构，参考第二区块。
    </nav>
</header>
</body>
</html>
```

第 5 章

表单

　　表单作为网页与用户接触最直接、最频繁的页面元素，其在 Web
前端开发中占有重要的位置。表单常常用于用户注册、登录、投票等
需要与用户进行交互的功能，是用户体验的重要组成部分。如果表单
设计用户体验不好，无疑会大大降低网站用户黏性。表单包括两个部
分：一部分是 HTML 源代码，用于描述表单（例如域、标签和用户在
页面上看见的按钮）；另一部分是脚本或应用程序，用于处理提交的
信息（如 CGI 脚本）。

　　本章将介绍HTML中常用的表单及表单控件，并着重介绍HTML5
在功能上对表单的增强。

5.1　表单基础

5.1.1　表单

　　<form>元素用于声明一个包含表单元素的区域，该元素并不会生成可视部分，却允许用户在该区域中添加可输入信息的表单控件元素，如文本域、下拉列表、单选按钮、复选框、提交按钮等。

　　<form>元素既可以指定 id、style、class 等常用的核心属性，也可以指定 onclick 等事件属性。除此之外，还可以指定如下几个属性。

　　（1）action：指定当单击表单内的"确认"按钮时，该表单信息被提交到哪个地址。该属性既可以指定一个绝对地址，也可以指定一个相对地址，为必填属性。

　　（2）method：指定提交表单时发送何种类型的请求，该属性值可以为 get 或 post，分别用于发送 GET 或 POST 请求，表单默认以 GET 方式提交请求。GET 请求和 POST 请求区别如下：

　　①GET 请求：GET 请求把表单数据显式地放在 URL 中，并且对长度和数据值编码有所限制。GET 请求会将请求的参数名和值转换成字符串，并附加在原 URL 之后，因此可以在地址栏中看到请求参数名和值。GET 请求传送的数据量较小，一般不能大于 2KB。

　　②POST 请求：POST 请求把表单数据放在 HTTP 请求体中，并且没有长度限制。POST 请求传输的数据量总比 GET 请求传输的数据量大，而且 POST 请求参数以及对应的值放在 HTML 的 HEADER 中传输，用户不能在 URL 中看到请求参数值，安全性相对较高。

　　（3）enctype：指定表单进行编码时所使用的字符集。其取值如下所示：

　　①application/x-www-form-urlencoded，默认编码方式，数据被编码为名称和值的形式，在发送到服务器之前，所有字符都会进行编码，其中空格转换为"+"，特殊符号转换为对应的 ASCII HEX 值。

　　②multipart/form-data：数据被编码为一条消息，页上的每个控件对应消息中的一部分。

　　③text/plain：数据以纯文本的形式进行编码，其中不含任何控件或格式字符。其中，空格转换为加号"+"，但不对特殊符号编码。

　　（4）name：指定表单的唯一名称。

　　（5）target：指定使用哪种方式打开目标 URL，与超链接中 target 属性值完全一样，该属性值可以是_blank、_parent、_self 或_top。

　　案例 5-01：利用 GET 方式提交表单 ⊙ ⊛ ❶ ❷ ℮

```
<!doctype html>
<html>
<head>
<meta charset="utf-8">
<title>利用 GET 方式提交表单</title>
</head>
<form method="get" name="UserLogin" action="demo.php">
<p>账号：<input type="text" name="UserName"
          maxlength="20" width="30">
<p>口令：<input type="password" name="UserPWD"
```

扫描看效果

```
                maxlength="20" width="30">
    <p><input type="submit" name="Submit" value="提交表单">
    </form>
    </body>
    </html>
```

案例 5-02：利用 POST 方式提交表单

```
<!doctype html>
<html>
<head>
<meta charset="utf-8">
<title>利用 POST 方式提交表单</title>
</head>
<body>
<form method="post" name="UserLogin" action="demo.php">
<p>账号：<input type="text" name="UserName"
            maxlength="20" width="30">
<p>口令：<input type="password" name="UserPWD"
            maxlength="20" width="30">
<p><input type="submit" name="Submit" value="提交表单">
</form>
</body>
</html>
```

扫描看效果

单纯的<form>元素既不能生成可视化内容，也不包含任何表单控件元素，甚至不能提交表单信息，表单元素必须与其他表单控件元素结合才可以使用。当在<form>元素定义了一个或多个表单控件元素时，一旦提交该表单，该表单的表单控件将会转换成请求参数。关于表单控件转换成请求参数的规则如下：

（1）每个含有 name 属性的表单控件对应一个请求参数，没有 name 属性的表单控件不会生成请求参数。

（2）如果多个表单控件有相同的 name 属性，则多个表单控件只生成一个请求参数，只是该参数有多个值。

（3）表单控件的 name 属性指定请求参数名，value 属性指定请求参数值。

（4）如果某个表单控件设置了 disabled 或 disabled="disabled"属性，则该表单控件不再生成请求参数。

大部分表单控件元素，如<input>元素、<button>元素、<select>元素、<textarea>元素，均可获得鼠标焦点，并响应鼠标事件，它们可指定 onfocus、onblur 等事件属性，分别用于设置得到焦点、失去焦点的事件响应。同时这些表单控件都可指定一个 tabIndex 属性，用于规定元素的 Tab 键控制次序。

5.1.2　input 元素

<input>元素是表单控件元素中功能最丰富的，许多输入元素都可以使用<input>元素生成。

（1）单行文本框：指定<input>元素的属性 type 为 text 即可。

（2）密码输入框：指定<input>元素的属性 type 为 password 即可。

（3）单选框：指定<input>元素的属性 type 为 radio 即可。

（4）复选框：指定<input>元素的属性 type 为 checkbox 即可。

（5）文件上传域：指定<input>元素的属性 type 为 file 即可。

（6）按钮：指定<input>元素的属性 type 为 button 即可。

在上面的<input>元素中可以实现诸如单行文本框的普通输入、密码输入框的掩码输入，且可以设置不同 value 值的单选框、复选框输入，同时也可以实现上传文件的文件上传域的控制和页面中常用的按钮操作。

5.1.3　label 元素

<label>元素为 input 元素定义标签，这个标签可以对其他可生成请求参数的表单控件元素（如单行文本框、密码框等）进行说明。<label>元素不需要生成请求参数，因此不需要为<label>元素指定 value 属性值。

<label>元素可以指定 id、style、class 等核心属性，也可以指定 onclick 等事件属性。除此之外，还可以指定 for 属性，用于定义该标签与哪个表单控件关联。

<label>元素定义的标签虽然只是输出普通文本，但<label>元素生成的标签有一个额外作用：当用户单击该标签时，该元素关联的表单控件元素就会获得焦点。当用户选择<label>元素所生成的标签时，浏览器会自动将焦点转移到和标签相关的表单控件元素上。

标签和表单控件关联的方式有以下两种：

（1）隐式使用 for 属性：指定<label>元素的 for 属性值为所关联表单控件 id 的属性值。

（2）显式关联：将普通文本、表单控件一起放在<label>元素内部即可。

案例 5-03：表单标签

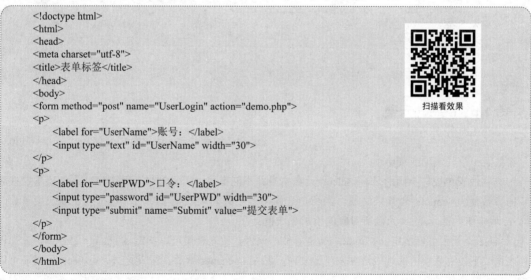

```
<!doctype html>
<html>
<head>
<meta charset="utf-8">
<title>表单标签</title>
</head>
<body>
<form method="post" name="UserLogin" action="demo.php">
<p>
    <label for="UserName">账号：</label>
    <input type="text" id="UserName" width="30">
</p>
<p>
    <label for="UserPWD">口令：</label>
    <input type="password" id="UserPWD" width="30">
    <input type="submit" name="Submit" value="提交表单">
</p>
</form>
</body>
</html>
```

扫描看效果

5.1.4　button 元素

<button>元素用于定义按钮，在<button>元素的内部可以包含普通文本、文本格式化标签、图像等内容，这也是<button>按钮和<input>按钮的不同之处。

<button>按钮与<input type="button" />相比，提供了更强大的功能和更丰富的内容。在其开始标签<button>和结束标签</button>之间所有的内容都是该按钮的内容。

需要注意的是，建议不要在<button>与</button>标签之间放置图像映射，因为它对鼠标和键盘敏感的动作会干扰表单按钮的行为。

<button>元素可以指定 id、style、class 等核心属性，还可以指定 onclick 等事件响应属性。除此之外，还可以指定如下几个属性。

（1）disabled：指定是否禁用此按钮。该属性值只能是 disabled 或省略。

（2）name：指定该按钮的唯一名称。

（3）type：指定该按钮属于哪类按钮，该属性值只能是 button、reset 或 submit。

（4）value：指定该按钮的初始值，此值可通过脚本进行修改。

案例 5-04：表单按钮 🌐 💮 🅾 💮 🅔

```html
<!doctype html>
<html>
<head>
<meta charset="utf-8">
<title>表单按钮</title>
</head>
<body>
<form name="UserLogin" method="get" action="demo.php">
    <img src="images/UserName.png">
    <input type="text" width="30"><br>
    <img src="images/UserPWD.png">
    <input type="password" width="30"><br>
    <button type="submit" style="margin:0px; border:none;">
        <img src="images/button-login.png">
    </button>
</form>
</body>
</html>
```

扫描看效果

5.1.5　select 元素

<select>元素用于创建列表框或下拉菜单，该元素必须和<option>元素结合使用，每个<option>元素代表一个列表项或菜单项。

与其他表单控件不同的是，<select>元素本身并不能指定 value 属性，列表框或下拉菜单控件对应的参数值由<option>元素来生成，当用户选中了多个列表项或菜单项后，这些列表项或菜单项的 value 值将作为该<select>元素所对应的请求参数值。

<select>元素可以指定 id、style、class 等核心属性，该元素仅可以指定 onchange 事件属性，当该列表框或下拉列表项内的选中选项发生改变时，触发 onchange 事件。除此之外，<select>元素还可以指定如下几个属性：

（1）disabled：设置禁用该列表框和下拉菜单，该属性的值只能是 disabled 或省略。

（2）multiple：设置该列表框和下拉菜单是否允许多选，该属性的值只能是 multiple，即表示允许多选。一旦设置允许多选，<select>元素就会自动生成列表框。

（3）size：指定该列表框内可同时显示多少个列表项。一旦指定该属性，<select>元素就会自动生成列表框。

在<select>元素里，只能包含如下两种子元素：

（1）<option>元素：用于定义列表框选项或菜单项。该元素里只能包含文本内容作为该选项的文本。

（2）<optgroup 元素>：用于定义列表项或菜单项组。该元素里只能包含<option>元素，所有<optgroup>中的<option>元素均属于该组。

相应地，<option>元素也可以指定 id、style、class 等核心属性，同时还可以指定 onclick 等事件响应属性。除此之外，还可以指定如下几个属性：

（1）disabled：指定禁用该选项，该属性的值只能是 disabled。

（2）selected：指定该列表项初始状态是否处于被选中状态。该属性的值只能是 selected。

（3）value：指定该选项对应的请求参数值。

同样的，<optgroup >元素可指定 id、style、class 等核心属性，也可以指定 onclick 等事件响应属性。除此之外，还可以指定如下两个属性：

（1）label：指定该选项组的标签，这个属性为必填属性。

（2）disabled：设置禁用该选项组里的所有选项。该属性值只能是 disabled 或省略。

案例 5-05：列表与下拉菜单

扫描看效果

```
<!doctype html>
<html>
<head>
<meta charset="utf-8">
<title>列表与下拉菜单</title>
</head>
<body>
<form>
<h1>用户注册</h1>
<p>账号名称：<input type="text" name="UserName" width="30">
<p>账号口令：<input type="password" name="UserPWD" width="30">
<p>重复口令：<input type="password" name="ReUserPWD" width="30">
<p>所在地区：
<select name="Area" size="2">
<optgroup label="--------中国--------">
    <option value="BeiJing">北京</option>
    <option value="ShangHai">上海</option>
    <option value="GuangZhou">广州</option>
    <option value="HeNan">河南</option>
    <option value="HeBei">河北</option>
</optgroup>
<optgroup label="--------世界--------">
    <option value="YanZhou">亚洲</option>
    <option value="FeiZhou">非洲</option>
    <option value="MeiZhou">美洲</option>
</optgroup>
</select>
<p><input type="submit" name="Submit" value="进行注册">
```

```
        </form>
        </body>
        </html>
```

5.1.6　textarea 元素

<textarea>元素用于生成多行文本域,可以指定 id、style、class 等核心属性,同时还可以指定 onclick 等事件响应属性。另外，由于 textarea 的特殊性，它可以接收用户输入内容，也可以选中文本域内的文本，所以还可以指定 onselect 和 onchange 两个属性，分别用于响应文本域内文本被选中、文本被修改事件。除此之外，该元素也可以指定如下几个属性：

（1）cols：指定文本域的宽度，该属性必填。

（2）rows：指定文本域的高度，该属性必填。

（3）disabled：指定禁用该文本域。该属性值只能是 disabled，首次加载时禁用此文本域。

（4）readonly：指定该文本域只读。该属性值只能是 readonly。

<textarea>元素的 name 属性将作为 textarea 对应请求参数的参数名；与单行文本框不同的是，<textarea>元素不能指定 value 属性，<textarea>和</textarea>标签之间的内容将作为<textarea>对应请求参数的参数值。

案例 5-06：文本区域

扫描看效果

```
<!doctype html>
<html>
<head>
<meta charset="utf-8">
<title>文本区域</title>
</head>
<body>
<form>
<p>新闻标题：<input type="text" name="NewsTitle" style="width:370px;">
<p>新闻内容：<textarea name="NewsContent" cols="50" rows="10">请在此输入新闻内容，不得少于 80 个字。
</textarea>
    <p>发布说明：<textarea name="NewsPubInfo" cols="50" rows="2" readonly>请认真填写新闻内容，不要进行强
制排版。感谢您的支持。此文本框为只读属性。</textarea>
    <p><input type="submit" value="发布新闻">
</form>
</body>
</html>
```

5.2　使用 form 元素

从表单基础中了解到，表单是 Web 前端开发中不可或缺的组成部分，HTML5 也对表单操作提供了一些新的元素和属性。

5.2.1　新增 form 元素

HTML5 中新增了几个 form 元素，分别是 datalist、keygen 和 output。

（1）datalist。

datalist 元素用于为输入框提供一个可选的列表，用户可以直接选择列表中的某一预设的项，从而免去输入的麻烦。该列表由 datalist 中的 option 元素创建。如果用户不希望从列表中选择某项，也可以自行输入其他内容。

在实际应用中，如果要把 datalist 提供的列表绑定到某一输入框，则使用输入框的 list 属性来引用 datalist 元素的 id 就可以了。

案例 5-07：datalist 元素

扫描看效果

```
<!doctype html>
<html>
<head>
<meta charset="utf-8">
<title>datalist 元素</title>
</head>
<body>
<form>
<datalist id="TelephoneInfo">
    <option value="13526688704" label="Mobile Phone"></option>
    <option value="0371-65962530" label="Office Phone"></option>
    <option value="0371-63068118" label="House Phone"></option>
</datalist>
<p>请选择联系方式：<input type="tel" name="Telephone" id="Telephone" list="TelephoneInfo">
<p><input type="submit" value="确定">
</form>
</body>
</html>
```

（2）keygen。

keygen 元素是密钥对生成器（key-pair generator），能够使用户验证更为可靠。用户提交表单时会生成两个键，一个是私钥（private key），另一个是公钥（public key），其中私钥会被存储在客户端，而公钥则会被发送到服务器。公钥可用于验证用户的客户端证书（client certificate）。如果各种新的浏览器对 keygen 元素的支持度再增强一些，则有望使其成为一种有用的安全标准。

案例 5-08：keygen 元素

扫描看效果

```
<!doctype html>
<html>
<head>
<meta charset="utf-8">
<title>keygen 属性</title>
</head>
<body>
<form action="testform.php" method="get">
    请输入用户名：<input type="text" name="user_name"><br>
    请选择加密强度：<keygen name="security"><br>
    <input type="submit" value="提交">
```

```
        </form>
    </body>
</html>
<form name="" method="" action="" enctype="" target="">
</form>
```

（3）output。

output 元素定义不同类型的输出，比如计算结果或者脚本的输出。output 元素必须从属于某个表单，也就是说，必须将它书写在表单内部，或者对它添加 form 属性。

案例 5-09：output 元素 ●●●●

```
<!doctype html>
<html>
<head>
<meta charset="utf-8">
<title>output 元素</title>
</head>
<body>
<form>
    请选择您的年龄：
    <input type="range" name="YourAge" min="20" max="60" step="1">
    <output onFormInput="value=YourAge.value">40</output>岁
</form>
</body>
</html>
```

扫描看效果

5.2.2　form 属性总览

表单标记的属性名称及描述如表 5-1 所列。

表 5-1　form 属性总览

属性名称	描述
name	设置表单名称
method	设置表单发送的方法，可以是"post"或者"get"
action	设置表单处理程序
enctype	设置表单的编码方式
target	设置表单显示目标
autocomplete	规定 form 或 input 域应该拥有自动完成功能
novalidate	规定在提交表单时不应该验证 form 或 input 域

5.2.3　新增 form 属性

HTML5 中新增了两个 form 属性，分别是 autocomplete 和 novalidate。

（1）autocomplete。

form 元素的 autocomplete 属性用于规定表单是否应该启用自动完成功能。该属性与 input 中的 autocomplete 属性用法相同，只不过当 autocomplete 属性用于整个 form 时，所有从属于该 form 的元素便都具备自动完成功能。如果要使个别元素关闭自动完成功能，则单独为该元素指定

autocomplete="off"即可。

（2）novalidate。

form 元素的 novalidate 属性用于提交表单时取消整个表单的验证，即关闭对表单内所有的有效性检查。如果只取消表单中较少部分内容的验证而不妨碍提交大部分内容，则可以将 novalidate 属性单独用于 form 中的这些元素。

案例 5-10：novalidate 属性

扫描看效果

```
<!doctype html>
<html>
<head>
<meta charset="utf-8">
<title>novalidate 属性</title>
</head>
<body>
<form action="demo.php" method="get" novalidate="true">
    请输入电子邮件地址：<input type="email" name="user_email">
    <input type="submit" value="提交">
</form>
</body>
</html>
```

5.3 使用 input 元素

5.3.1 input 类型总览

<input>元素是表单控件元素中功能最丰富的，在 HTML5 出现之前，HTML 表单支持少数的 input 输入类型，如表 5-2 所列。

表 5-2 input 输入类型

输入类型	HTML 代码	描述
文本域	<input type="text">	定义单行输入文本域，用于在表单中输入字母、数字等内容。默认宽度为 20 个字符
单选按钮	<input type="radio">	定义单选按钮，用于从若干给定的选项中选取其一，常由多个标签构成一组使用
复选框	<input type="checkbox">	定义复选框，用于从若干给定的选择中选取一项或若干选项
密码域	<input type="password">	定义密码字段，用于输入密码，元素的内容会以点或星号的形式出现，即被掩码
提交按钮	<input type="submit">	定义提交按钮，用于将表单数据发送到服务器
可单击按钮	<input type="button">	定义普通可单击按钮，多数情况下，用于通过 JavaScript 启动脚本
图像按钮	<input type="image">	定义图像形式的提交按钮。用户可以通过选择不同的图像来自定义这种按钮的样式
隐藏域	<input type="hidden">	定义隐藏的输入字段
重置按钮	<input type="reset">	定义重置按钮。用户可以通过单击重置按钮以清除表单中的所有数据
文件域	<input type="file">	定义输入字段和"浏览"按钮，用于上传文件

5.3.2 新增 input 类型

在 HTML5 中，增加了多个新的表单 input 输入类型，通过使用这些新增加的元素，可以实现更好的输入控制和验证。

（1）email。

email 类型的 input 元素是专门用于输入 E-mail 地址的文本输入框，在提交表单的时候，会自动验证 email 输入框的值。如果不是一个有效的 E-mail 地址，则该输入框不允许提交表单。在以前的 Web 表单中，采用的是`<input type="text">`这种纯文本输入框来输入 E-mail 地址，不能自动进行表单数据验证，需要借助 JavaScript 脚本来进行数据验证。

案例 5-11：email 类型

扫描看效果

```
<!doctype html>
<html>
<head>
<meta charset="utf-8">
<title>email 类型</title>
</head>
<body>
<form action="demo.php" method="post" name="FomeDemo">
<p>请输入电子邮件地址：<input type="email" name="AddressEmail">
<p><input type="submit" value="确定" name="FormSubmit">
</form>
</body>
</html>
```

（2）url。

url 类型的 input 元素提供用于输入 URL 地址这类特殊文本的文本框。当提交表单时，如果所输入的内容是 URL 地址格式的文本，则会提交数据到服务器；如果不是 URL 地址格式的文本，则给出提示信息，并不允许提交数据。

案例 5-12：url 类型

```
<!doctype html>
<html>
<head>
<meta charset="utf-8">
<title>url 类型</title>
</head>
<body>
<form action="demo.php" method="post" name="FomeDemo">
<p>请输入个人网站地址：<input type="url" name="AddressURL">
<p><input type="submit" value="确定" name="FormSubmit">
</form>
</body>
</html>
```

扫描看效果

当使用 email 和 url 属性时，iPhone 的输入键盘发生了变化，如图 5-1 与图 5-2 所示。

图 5-1　使用 email 时，iPhone 的键盘　　　　图 5-2　使用 url 时，iPhone 的键盘

（3）number。

number 类型的 input 元素提供用于输入纯数值的文本框。可以设定对所接受的数字的限制，包括规定允许的最大值和最小值、合法的数字间隔或默认值等，如果所输入的数字不在限定范围之内，则会出现错误提示。

案例 5-13：number 类型

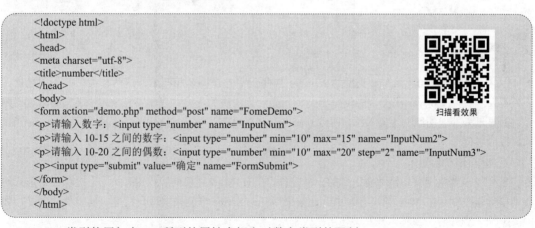

```
<!doctype html>
<html>
<head>
<meta charset="utf-8">
<title>number</title>
</head>
<body>
<form action="demo.php" method="post" name="FomeDemo">
<p>请输入数字：<input type="number" name="InputNum">
<p>请输入 10-15 之间的数字：<input type="number" min="10" max="15" name="InputNum2">
<p>请输入 10-20 之间的偶数：<input type="number" min="10" max="20" step="2" name="InputNum3">
<p><input type="submit" value="确定" name="FormSubmit">
</form>
</body>
</html>
```

number 类型使用如表 5-3 所列的属性来规定对数字类型的限制。

（4）range。

range 类型的 input 元素提供用于输入包含一定范围内数字值的文本框，在网页中显示为滑动条。可以设定对数字的限制，包括规定允许的最大值和最小值、合法的数字间隔或默认值等。如果所输入的数字不在限定范围之内，则会出现错误提示。

113

表 5-3　number 类型的属性

属性名称	值	描述
max	number	规定允许的最大值
min	number	规定允许的最小值
step	number	规定合法的数字间隔（如果 step="4"，则合法的数是-4、0、4、8 等）
value	number	规定默认值

案例 5-14：range 类型

```
<!doctype html>
<html>
<head>
<meta charset="utf-8">
<title>范围类型</title>
</head>
<body>
<form action="demo.php" method="post" name="FomeDemo">
<p>请输入数字：<input type="range" min="1" max="100" step="5" name="RangeNum"></p>
<p><input type="submit" value="确定" name="FormSubmit">
</form>
</body>
</html>
```

扫描看效果

range 类型使用如表 5-4 所列的属性来规定对数字类型的限制。

表 5-4　range 类型的属性

属性名称	值	描述
max	number	规定允许的最大值
min	number	规定允许的最小值
step	number	规定合法的数字间隔（如果 step="4"，则合法的数是-4、0、4、8 等）
value	number	规定默认值

从上表中可以看出，range 类型与 number 类型的属性是完全相同的，这两种类型的不同之处在于外观表现上，支持 range 类型的浏览器会将其显示为滑块的形式；而不支持 range 类型的浏览器则会将其显示为普通的纯文本输入框，即以 type="text"来处理。所以无论怎样，range 类型的 input 元素都可以放心使用。

（5）日期检出器。

日期检出器是网页中经常要用到的一种控件，在 HTML5 之前的版本中，并没有提供任何形式的日期检出器控件。在 Web 前端开发中，通常采用 JavaScript 框架来实现日期检出器控件的功能，如 jQuery UI、YUI 等，在具体开发中使用比较复杂。

HTML5 提供了多个可用于选择日期的输入类型，即日期检出器控件，分别用于选择日期、月、星期、时间、日期+时间和日期+时间+时区，如表 5-5 所列。

注意：UTC（Universal Time Coordinated，协调世界时间）是由国际无线电咨询委员会规定和推荐，并由国际时间局负责保持的以秒为基础的时间标度。简单地说，UTC 时间就是 0 时区的时间，而本地时间就是地方时。

表 5-5　日期检出器类型

输入类型	HTML 代码	描述
date	<input type="date">	选取日、月、年
month	<input type="month">	选取月、年
week	<input type="week">	选取周、年
time	<input type="time">	选取时间（小时和分钟）
datetime	<input type="datetime">	选取时间、日、月、年（UTC 时间）
datetime-local	<input type="datetime-local">	选取时间、日、月、年（本地时间）

下面分别介绍这些日期检出器类型。

①date 类型。

date 类型的日期检出器用于选取日、月、年，即选择一个具体的日期，如 2015 年 10 月 1 日，选择后会以 2015-10-01 的形式显示。

案例 5-15：date 类型

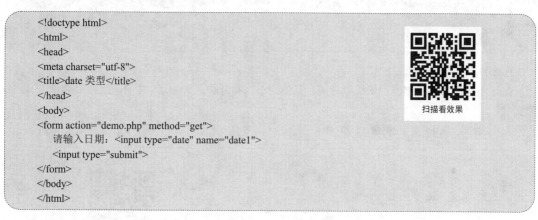

```
<!doctype html>
<html>
<head>
<meta charset="utf-8">
<title>date 类型</title>
</head>
<body>
<form action="demo.php" method="get">
    请输入日期：<input type="date" name="date1">
    <input type="submit">
</form>
</body>
</html>
```

扫描看效果

②month 类型。

month 类型的日期检出器用于选取月、年，即选择一个具体的月份，如 2015 年 10 月，选择后会以 2015-10 的形式显示。

案例 5-16：month 类型

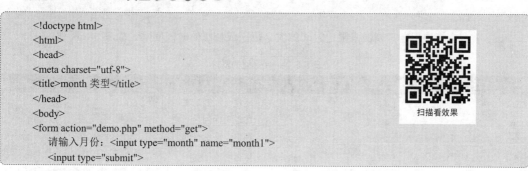

```
<!doctype html>
<html>
<head>
<meta charset="utf-8">
<title>month 类型</title>
</head>
<body>
<form action="demo.php" method="get">
    请输入月份：<input type="month" name="month1">
    <input type="submit">
```

扫描看效果

```
    </form>
    </body>
    </html>
```

③week 类型。

week 类型的日期检出器用于选取周和年，如 2015 年 10 月第 40 周，选择后会以 2015-W40 的形式显示。

案例 5-17：week 类型

```
    <!doctype html>
    <html>
    <head>
    <meta charset="utf-8">
    <title>week 类型</title>
    </head>
    <body>
    <form action="demo.php" method="get">
        请选择年份和周数：<input type="week" name="week1">
        <input type="submit"/>
    </form>
    </body>
    </html>
```

④time 类型。

time 类型的日期检出器用于选取时间，具体到小时和分钟，如 11 点 11 分，选择后会以 11:11 的形式显示。

案例 5-18：time 类型

```
    <!doctype html>
    <html>
    <head>
    <meta charset="utf-8">
    <title>time 类型</title>
    </head>
    <body>
    <form action="demo.php" method="get">
        请选择或输入时间：<input type="time" name="time1">
    </form>
    </body>
    </html>
```

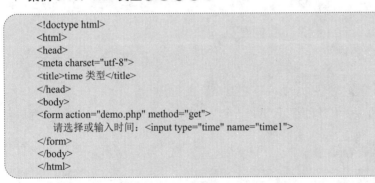

time 类型支持使用一些属性来限定时间的大小范围或合法的时间间隔，如表 5-6 所列。

表 5-6　time 类型的属性

属性名称	值	描述
max	time	规定允许的最大值
min	time	规定允许的最小值
step	number	规定合法的时间间隔
value	time	规定默认值

案例 5-19：time 限定时间

```
<!doctype html>
<html>
<head>
<meta charset="utf-8">
<title>time 限定时间</title>
</head>
<body>
<form action="demo.php" method="get">
    请选择或输入时间： <input type="time" name="time1" step="5" value="12:05:15">
    <input type="submit"/>
</form>
</body>
</html>
```

扫描看效果

⑤datetime 类型。

datetime 类型的日期检出器用于选取时间、日、月、年，其中时间为 UTC 时间。

案例 5-20：datetime 类型

```
<!doctype html>
<html>
<head>
<meta charset="utf-8">
<title>datetime 类型</title>
</head>
<body>
<form action=" demo.php" method="get">
    请选择或输入时间： <input type="datetime" name="datetime1">
    <input type="submit"/>
</form>
</body>
</html>
```

扫描看效果

⑥datetime-local 类型。

datetime-local 类型的日期检出器用于选取时间、日、月、年，其中时间为本地时间。

案例 5-21：datetime-local 类型

```
<!doctype html>
<html>
<head>
<meta charset="utf-8">
<title>datetime-local 类型</title>
</head>
<body>
<form action="demo.php" method="get">
    请选择或输入时间： <input type="datetime-local" name="datetime-local1">
    <input type="submit"/>
</form>
</body>
</html>
```

扫描看效果

（6）search。

search 类型的 input 元素可提供用于输入搜索关键词的文本框。

案例 5-22：search 类型

```
<!doctype html>
<html>
<head>
<meta charset="utf-8">
<title>search 类型</title>
</head>

<body>
<form action="demo.php" method="post" name="FomeDemo">
<p>请输入搜索内容：<input type="search" name="SearchText">
<p><input type="submit" value="进行搜索" name="FormSubmit">
</form>
</body>
</html>
```

扫描看效果

（7）tel。

tel 类型的 input 元素提供专门用于输入电话号码的文本框。它并不限定只输入数字，因为很多电话号码还包括其他字符（如 "+" "-" "(" ")" 等），如 0371-88888888。

案例 5-23：tel 类型

```
<!doctype html>
<html>
<head>
<meta charset="utf-8">
<title>tel 类型</title>
</head>
<body>
<form action="demo.php" method="post" name="FomeDemo">
<p>请输入电话号码：<input type="tel" name="telphoneNum">
<p><input type="submit" value="确定" name="FormSubmit">
</form>
</body>
</html>
```

扫描看效果

（8）color。

color 类型的 input 元素提供专门用于设置颜色的文本框。通过单击文本框，可以快速打开拾色器面板，方便用户可视化选择一种颜色。

案例 5-24：color 类型

```
<!doctype html>
<html>
<head>
<meta charset="utf-8">
<title>color 类型</title>
</head>
<body>
<form action="demo.php" method="post" name="FomeDemo">
<p>请选择色彩值：<input type="color" name="ColorValue">
<p><input type="submit" value="确定" name="FormSubmit">
</form>
</body>
</html>
```

扫描看效果

5.3.3 input 属性总览

在 HTML5 中，增加和改良了 input 元素的种类，并且可以通过这些新增的种类，实现以前需要 JavaScript 才能够实现的功能。

本节主要介绍 input 元素的各种属性，如表 5-7 所列。

表 5-7　input 属性总览

属性名称	属性值	描述
accept	list_of_mime_types	规定可通过文件上传控件提交的文件类型（仅适用于 type="file"）
alt	text	规定图像输入控件的替代文本（仅适用于 type="image"）
autocomplete	on、off	规定是否使用输入字段的自动完成功能
autofocus	autofocus	规定输入字段在页面加载时是否获得焦点（不适用于 type="hidden"）
checked	checked	规定当页面加载时是否预先选择该 input 元素（适用于 type="checkbox"或 type="radio"）
disabled	disabled	规定当页面加载时是否禁用该 input 元素（不适用于 type="hidden"）
form	formname	规定输入字段所属的一个或多个表单
formaction	URL	覆盖表单的 action 属性（适用于 type="submit"和 type="image"）
formenctype	见注释	覆盖表单的 enctype 属性（适用于 type="submit"和 type="image"）
formmethod	get、post	覆盖表单的 method 属性（适用于 type="submit"和 type="image"）
formnovalidate	formnovalidate	覆盖表单的 novalidate 属性。如果使用该属性，则提交表单时不进行验证
formtarget	_blank、_self、_parent、_top、framename	覆盖表单的 target 属性（适用于 type="submit"和 type="image"）
height	pixels、%	定义 input 字段的高度（适用于 type="image"）
list	datalist-id	引用包含输入字段的预定义选项的 datalist
max	number、date	规定输入字段的最大值。请与"min"属性配合使用，来创建合法值的范围
maxlength	number	规定文本字段中允许的最大字符数
min	number、date	规定输入字段的最小值。请与"max"属性配合使用，来创建合法值的范围
multiple	multiple	如果使用该属性，则允许一个以上的值
name	field_name	规定 input 元素的名称。name 属性用于在提交表单时搜集字段的值
pattern	regexp_pattern	规定输入字段的值的模式或格式。例如 pattern="[0-9]"表示输入值必须是 0 与 9 之间的数字
placeholder	text	规定帮助用户填写输入字段的提示
readonly	readonly	指示输入字段的值无法修改
required	required	指示输入字段的值是必需的
size	number_of_char	规定输入字段中的可见字符数
src	URL	规定图像的 URL（适用于 type="image"）
step	number	规定输入字段的合法数字间隔

续表

属性名称	属性值	描述
type	button、checkbox、date、Datetime、datetime-local、email、file、hidden、image、month、number、password、radio、range、reset、submit、text、time、url、week	规定 input 元素的类型
value	value	对于按钮：规定按钮上的文本。 对于图像按钮：传递到脚本的字段的符号结果。 对于复选框和单选按钮：定义 input 元素被单击时的结果。 对于隐藏、密码和文本字段：规定元素的默认值。 注释：不能与 type="file" 一同使用。 注释：对于 type="checkbox" 以及 type="radio"，是必需的
width	pixels、%	定义 input 字段的宽度（适用于 type="image"）

5.3.4 新增的 input 属性

input 属性用于指定输入类型的行为和限制，常用的 input 属性有 autocomplete、autofocus、form、form overrides、placeholder、height 和 width、min 和 max、step、list、pattern 以及 require。

（1）autocomplete。

多数浏览器都带有辅助用户完成输入的自动完成功能，只要开启了该功能，用户下次输入相同的内容时，浏览器就会自动完成内容的输入。

新增的 autocomplete 属性可以帮助用户在 input 类型的输入框中实现自动完成内容输入，这些 input 类型包括 text、search、url、telephone、email、password、datepickers、range 和 color。不过，在某些浏览器中，可能需要首先启用浏览器本身的自动完成功能，才能使 autocomplete 属性起作用。

autocomplete 的属性值可以指定为"on""off"与" "（不指定）三种值。不指定时，使用浏览器的默认值（取决于各浏览器的规定）。把该属性设为 on 时，可以显式指定候补输入的数据列表。使用 datalist 元素与 list 属性提供候补输入的数据列表，自动完成时，可以将该 datalist 元素中的数据作为候补输入的数据在文本框中自动显示。

```
<input type="text" name="greeting" autocomplete="on" list="greeting">
```

案例 5-25：autocomplete 属性 🌀 🌑 🕕 🍐 ⅇ

```
<!doctype html>
<html>
<head>
<meta charset="utf-8">
<title>autocomplete 属性</title>
</head>
<body>
<h2>HTML5 自动完成功能示例</h2>
输入你最喜欢的城市名称<br><br>
<form autocomplete="on">
    <input type="text" id="city" list="citylist">
    <datalist id="citylist" style="display:none;">
```

扫描看效果

```
            <option value="BeiJing">BeiJing</option>
            <option value="ShangHai">ShangHai</option>
            <option value="HeNan">HeNan</option>
            <option value="GuangZhou">GuangZhou</option>
        </datalist>
    </form>
</body>
</html>
```

（2）autofocus。

当进行搜索时，页面中文字输入框如果能够自动获得光标焦点，可方便用户输入搜索关键词，提高用户体验。目前的 Web 站点多采用 JavaScript 来实现让表单中某个控件自动获取焦点。HTML5 中新增的 autofocus 属性可快速实现自动获得光标焦点功能。

autofocus 属性值是一个布尔值，可以使得在页面加载时某个表单控件自动获得焦点。这些控件可以是文本框、复选框、单选按钮和普通按钮等所有<input>标签的类型。

```
<input type="text" name="user_name" autofocus="autodocus">
```

需要注意的是，在同一个页面中只能指定一个 autofocus 属性值，所以必须谨慎使用，当页面中的表单控件比较多时，尽量选择最需要聚焦的那个控件使用这一属性。

案例 5-26：autofocus 属性

```
<!doctype html>
<html>
<head>
<meta charset="utf-8">
<title>autofocus 属性</title>
</head>
<body>
<form action="demo.php" method="post" name="FomeDemo">
<p>
<input type="search" id="SearchText" placeholder="请输入搜索关键词" size="50" required autofocus>
<script>
    if(!("autofocus" in document.createElement("input"))) {
        document.getElementById("SearchText").focus();
    }
</script>
<input type="submit" value="进行搜索" name="FormSubmit">
</form>
</body>
</html>
```

扫描看效果

（3）form。

在 HTML5 之前，用户如果要提交一个表单，必须把相关的控件元素都放在表单内部，即<form>和</form>标签之间。在提交表单时，会将页面中不是表单子元素的控件直接忽略掉。然而有些时候，可能需要一并提交表单之外的某些元素，而表单固有的缺陷使得这个要求很难实现。

HTML5 中新增的 form 属性使得这个问题得到了解决。使用 form 属性，便可以把表单内的表单控件元素写在页面中的任一位置，然后只需为这个元素指定 form 属性并设置属性值为该表单的 id 即可。此外，form 属性也允许规定一个表单控件元素从属于多个表单。form 属性适用于所有的 input 输入类型，在使用时，必须引用所属表单的 id。

案例 5-27：form 属性

```
<!doctype html>
<html>
<head>
<meta charset="utf-8">
<title>form 属性</title>
</head>
<body>
<nav>
    <p><input type="search" name="SearchText" placeholder="请输入搜索关键词" form="FormDemo">
</nav>
<form action="Form.php" method="get" id="FormDemo">
<p>请输入邮编：
<input type="text" name="PostalCode" size="20" pattern="[0-9]{6}" title="请输入六位数字的邮政编码。" autofocus>
<script>
    if(!("autofocus" in document.createElement("input"))) {
        document.getElementById("PostalCode").focus();
    }
</script>
<input type="submit" value="确定">
</form>
</body>
</html>
```

如果一个 form 属性要引用两个或两个以上的表单，则需要使用空格将表单的 id 分隔开。

```
<input type="text" name="user_name" form="form1 form2 form3">
```

（4）表单重写。

HTML5 中新增了几个表单重写属性，用于重写 form 元素的某些属性设定，包括以下几种：

1）formaction：用于重写表单的 action 属性。

2）formenctype：用于重写表单的 enctype 属性。

3）formmethod：用于重写表单的 method 属性。

4）formnovalidate：用于重写表单的 novalidate 属性。

5）formtarget：用于重写表单的 target 属性。

表单重写属性只适用于 submit 和 image 类型的 input 标签。

案例 5-28：新增重写属性

```
<!doctype html>
<html>
<head>
<meta charset="utf-8">
<title>HTML5 新增重写属性</title>
</head>
<body>
<form action="demo.php" id="testform">
    请输入电子邮件地址：<input type="email" name="userid"><br>
    <input type="submit" value="提交到页面 1" formaction="demo1.php">
    <input type="submit" value="提交到页面 2" formaction="demo2.php">
    <input type="submit" value="提交到页面 3" formaction="demo3.php">
</form>
</body>
</html>
```

扫描看效果

（5）height 和 width。

height 和 width 属性可用于规定 image 类型的 input 标签的图像高度和宽度，这两个属性只适用于 image 类型的<input>标签。

案例 5-29：height 和 width 属性 🜁 🜂 🜃 🜄 🜅

```
<!doctype html>
<html>
<head>
<meta charset="utf-8">
<title>HTML5 新增 height 与 width 属性
</title>
</head>
<body>
<form action="demo.php" method="get">
    请输入用户名：<input type="text" name="user_name"><br>
    <input type="image" src="submit.png" width="50" height="50">
</form>
</body>
</html>
```

扫描看效果

（6）list。

HTML5 中新增了一个 datelist 元素，可以实现数据列表的下拉效果，用户可以从列表中选择，也可以自行输入。而 list 属性用于指定输入框所绑定的 datelist 元素，其值是某个 datelist 的 id。

案例 5-30：list 属性 🜁 🜂 🜃 🜄 🜅

```
<!doctype html>
<html>
<head>
<meta charset="utf-8">
<title>list 属性</title>
</head>
<body>
<form action="demo.php" method="get">
    请输入网址:<input type="url" list="url_list" name="weblink">
    <datalist id="url_list">
        <option label="新浪" value="http://www.sina.com.cn">
        <option label="网易" value="http://www.sohu.com">
        <option label="搜狐" value="http://www.163.com">
    </datalist>
    <input type="submit" value="提交">
</form>
</body>
</html>
```

扫描看效果

list 属性适用于以下 input 输入类型：text、search、url、telephone、email、datepickers、number、range 和 color。

（7）min、max 和 step。

HTML5 中新增的 min、max 和 step 属性用于为包含数字或者日期的 input 输入类型规定限制，也就是给这些类型的输入框加一个数值的约束，适用于 date、pickers 和 range 标签。

1）max 属性：规定输入框所允许输入的最大值。

2）min 属性：规定输入框所允许输入的最小值。

3）step 属性：为输入框规定合法的数字间隔。

案例 5-31：min、max 和 step 属性

```
<!doctype html>
<html>
<head>
<meta charset="utf-8">
<title>min、max 和 step 属性</title>
</head>
<body>
<form action="demo.php" method="get">
    请输入数值：<input type="number" name="number1" min="0" max="20" step="4">
    <input type="submit" value="提交">
</form>
</body>
</html>
```

扫描看效果

（8）multiple。

在 HTML5 之前，input 输入类型中的 file 类型只支持单个文件上传，而新增的 multiple 属性支持一次选择多个文件，并且该属性支持新增的 email 类型。这一特性为 Web 前端开发者提供了极大的方便，不必再单独开发选择并提交多个文件的控件。

案例 5-32：multiple 属性

```
<!doctype html>
<html>
<head>
<meta charset="utf-8">
<title>multiple 属性</title>
</head>
<body>
<form action="demo.php" method="get">
    请选择要上传的多个文件：<input type="file" name="img" multiple="multiple">
    <input type="submit" value="提交">
</form>
</body>
</html>
```

扫描看效果

（9）pattern。

在一些用于处理字符串的程序或网页代码中，经常会用到一些用于查找或者输入符合某些复杂规则的字符串的代码，而正则表达式正是用于描述一系列符合某个语法规则的代码。一个正则表达式通常被称为一个模式（pattern），比如 URL 验证、手机号码验证等。

pattern 属性用于验证 input 类型输入框中用户输入的内容是否与自定义的正则表达式相匹配，该属性适用于 text、search、url、telephone、email、password 类型的<input>标签。其实许多 input 输入类型本身就包含 HTML5 "内建" 的正则表达式，如 email、number、tel、url 等，使用这些输入类型，浏览器便能够检查用户的输入是否合乎既定的规则。

pattern 属性允许 Web 前端开发者自定义一个正则表达式，但是用户的输入必须符合正则表达式所指定的规则。

案例 5-33：pattern 属性

```
<!doctype html>
<html>
<head>
<meta charset="utf-8">
<title>pattern 属性</title>
</head>
<body>
<form action="demo.php" method="post" name="FomeDemo">
<p>请输入邮编：
<input type="text" id="PostalCode" size="20" pattern="[0-9]{6}" title="请输入六位数字的邮政编码。" required
autofocus>
<script>
    if(!("autofocus" in document.createElement("input"))) {
        document.getElementById("PostalCode").focus();
    }
</script>
<input type="submit" value="确定" name="FormSubmit">
</form>
</body>
</html>
```

（10）placeholder。

placeholder 属性用于为输入框提供一种提示，这种提示可以描述输入框期待用户输入何种内容，在输入框为空时显示出现，而当输入框获得焦点时则会消失。placeholder 属性适用于 text、search、url、telephone、email 和 password 类型的<input>标签。

案例 5-34：placeholder 属性

```
<!doctype html>
<html>
<head>
<meta charset="utf-8">
<title>占位字符</title>
</head>
<body>
<form action="demo.php" method="post" name="FomeDemo">
<p><input type="search" name="SearchText" placeholder="请输入搜索关键词">
<p><input type="submit" value="进行搜索" name="FormSubmit">
</form>
</body>
</html>
<html>
<head>
```

（11）required。

新增的 required 属性用于规定输入框填写的内容不能为空，否则不允许用户提交表单。该属性用于 text、search、url、telephone、email、password、datepickers、number、checkbox、radio 和 file 类型的<input>标签。

案例 5-35：required 属性

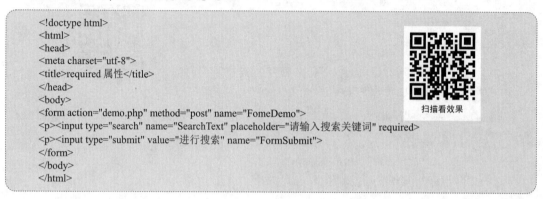

```
<!doctype html>
<html>
<head>
<meta charset="utf-8">
<title>required 属性</title>
</head>
<body>
<form action="demo.php" method="post" name="FomeDemo">
<p><input type="search" name="SearchText" placeholder="请输入搜索关键词" required>
<p><input type="submit" value="进行搜索" name="FormSubmit">
</form>
</body>
</html>
```

扫描看效果

5.4 案例：高考改革方案调查问卷网页的实现

（1）简介。

基于 HTML 的表单元素可实现许多用户交互操作，本案例将利用表单元素实现高考改革方案调查问卷网页。实现效果如图 5-3 所示。

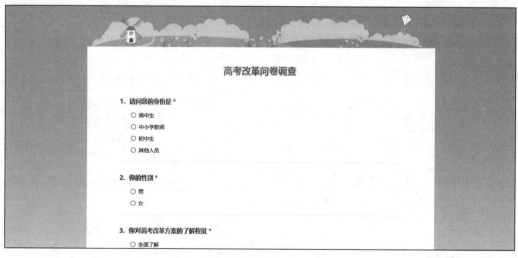

图 5-3 高考改革问卷调查案例效果

（2）代码。

```
<!doctype html>
<html>
<head>
<meta charset="utf-8">
<title>高考改革方案调查问卷网页的实现</title>
<link rel="stylesheet" type="text/css" href="css/base.css">
<style>
<!--页面整体 CSS 规则-->
.main {
    width: 920px;                                            /*页面宽度*/
    background: url(image/TopBg.jpg) no-repeat top center;   /*页面背景*/
    padding-top: 105px;                                      /*上内边距105px*/
    margin: 0 auto;                                          /*上下边距0，左右相等*/
    font-family: "微软雅黑";                                  /*字体是微软雅黑*/
}
<!--页面内容 CSS 规则-->
.main .box {
    width: 740px;                                            /*内容宽度*/
    background: #fff;                                        /*背景色为白色*/
    margin: 0 auto;
    padding: 0 90px;                                         /*上下内边距0，左右90px*/
}
<!--标题样式-->
.main .box h1 {
    width: 740px;
    color: #19A8EE;
    font-size: 24px;
    line-height: 80px;                                       /*行距80px*/
    text-align: center;                                      /*标题居中*/
    font-weight: bolder;                                     /*字体加粗*/
    padding-top: 20px;
}
<!--各个问题的 CSS 规则-->
.main .box .question1 {
    width: 740px;
    margin-top: 30px;                                        /*上外边距是30px*/
}
.main .box .question1 .question_title {
    width: 740px;
    height: 20px;                                            /*问题标题的高度*/
}
<!--问题序号的 CSS 规则-->
.main .box .question1 .question_title .question_num {
    width: 25px;
    float: left;                                             /*向左浮动*/
```

```
        color: #444444;
        font-size: 16px;                                /*字体大小*/
        font-weight: bold;                              /*字体加粗*/
        line-height: 20px;                              /*行距 20px*/
    }
    <!--问题标题字体的 CSS 规则-->
    .main .box .question1 .question_title h2 {
        width: 715px;
        color: #444444;
        font-size: 16px;
        font-weight: bold;
        line-height: 20px;
    }
    <!--问题选项的 CSS 规则-->
    .main .box .question1 .question_list {
        width: 715px;
        padding-left: 25px;                             /*左内边距为 25px*/
        margin-top: 10px;                               /*上外边距为 10px*/
        padding-bottom: 15px;                           /*下内边距为 15px*/
        border-bottom: 1px solid #efefef;               /*下边框为实线 1px*/
    }
    <!--问题每项答案的 CSS 规则-->
    .main .box .question1 .question_list ul li {
        width: 715px;
        height: 30px;
        position: relative;                             /*相对定位*/
    }
    .main .box .question1 .question_list ul li:hover {
        background: #efefef;                            /*鼠标悬停背景色变为灰色*/
    }
    .main .box .question1 .question_list ul li input {
        position: absolute;                             /*绝对定位*/
        top: 9px;                                       /*距父元素上为 9px*/
        left: 4px;                                      /*距父元素左为 4px*/
        cursor: pointer;                                /*设置鼠标为手形光标*/
    }
    .main .box .question1 .question_list ul li label {
        display: block;                                 /*转换为块级元素*/
        padding-left: 24px;                             /*左内边距为 24px*/
        font-size: 14px;
        line-height: 30px;
    }
    <!--提交部分的宽度和高度-->
    .submit {
        width: 740px;
        height: 160px;
    }
```

```
<!--提交按钮 CSS 规则-->
.submit_but {
    width: 82px;
    height: 32px;
    border: 1px solid #0492d6;                /*边框为 1px 实线*/
    background: #13a5ec;
    display: block;                           /*转换为块级*/
    color: #fff;
    font-size: 16px;
    line-height: 30px;                        /*行高 30px*/
    border-radius: 5px;                       /*圆角半径为 5px*/
    cursor: pointer;
    margin: 80px auto;                        /*上下外边距 80px，左右外边距相等*/
}
.submit_but:hover {
    background: #1EB0F6;                       /*鼠标悬停背景色为#1EB0F6*/
}
</style>
</head>
<body style="background:#ddf4ff url(image/Bg.jpg) repeat-x">
<div class="main">
    <div class="box">
        <h1>高考改革问卷调查</h1>
        <!--问题 1 开始-->
        <div class="question1">
            <div class="question_title">
                <div class="question_num">1.</div>
                <h2>请问您的身份是<span style="color:red;"> *</span></h2>
            </div>
            <div class="question_list">
                <ul>
                    <li><label><input name="q1" value="1" type="radio">高中生</label></li>
                    <li><label><input name="q1" value="2" type="radio">中小学教师</label></li>
                    <li><label><input name="q1" value="3" type="radio">初中生</label></li>
                    <li><label><input name="q1" value="4" type="radio">其他人员</label></li>
                </ul>
            </div>
        </div>
        <!--问题 1 结束-->
        <!--问题 2 开始-->
        <div class="question1">
            <div class="question_title">
                <div class="question_num">2.</div>
                <h2>你的性别<span style="color:red;"> *</span></h2>
            </div>
            <div class="question_list">
                <ul>
```

```
            <li><label><input name="q2" value="1" type="radio">男</label></li>
            <li><label><input name="q2" value="2" type="radio">女</label></li>
        </ul>
    </div>
</div>
<!--问题 2 结束-->
    ……此处省略问题 3-15 的 HTML 结构，其结构参考问题 1。
<!--提交按钮-->
<div class="submit"> <input type="button" class="submit_but" value=" 提 交 " style="padding:0
24px;height:32px;"
    </div>
</div>
</div>
<div style="height:40px;"> </div>
</body>
</html>
```

5.5　案例：智能表单（用户注册）

（1）简介。

随着智能手机的普及，移动终端已经成为 Web 前端开发中的重要组成部分，本案例将基于 HTML 表单实现移动终端的智能表单。

实现效果如图 5-4 所示。

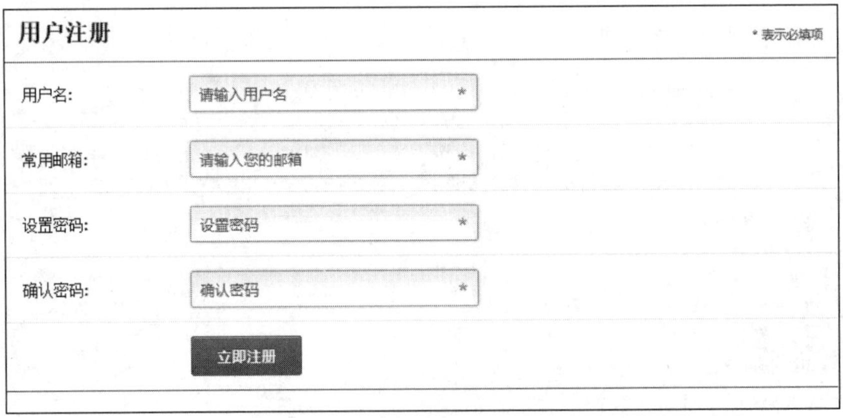

图 5-4　智能表单

（2）代码。

案例 5-37：智能表单

扫描看效果

```
<!DOCTYPE html>
<html>
<head>
<meta charset="utf-8">
<title>HTML5 表单注册</title>
<link rel="stylesheet" media="screen" href="styles.css" >
<style>
<!--页面整体的 CSS 规则-->
.contact_form {
    padding-top: 40px;              /*上内边距为 40px*/
    margin: 0 auto;
    width: 750px;
}
*:focus {
    outline: none;                  /*清除元素获取焦点时的虚线框*/
}
body {
    font: 14px/21px "微软雅黑";
}
.form_hint,
.required_notification {
    font-size: 11px;
}
.contact_form ul {
    width: 750px;
    list-style-type: none;          /*清除无序列表的样式*/
    list-style-position: outside;   /*列表项标记位于文本以外*/
    margin: 0px;                    /*外边距为 0*/
    padding: 0px;                   /*内边距为 0*/
}
.contact_form li {
    padding: 12px;
    border-bottom: 1px solid #eee;  /*下边框为 1px 实线*/
    position: relative;             /*设置相对定位*/
}
.contact_form li:first-child,
.contact_form li:last-child {
    border-bottom: 1px solid #777;  /*下边框为 1px 实线*/
}
.contact_form h2 {
    margin: 0;
    display: inline;                /*转换为行内元素*/
}
.required_notification {
    color: #d45252;
    margin: 5px 0 0 0;              /*外边距上、右、下、左为 5px、0、0、0*/
    display: inline;                /*转换为行内元素*/
    float: right;                   /*向右浮动*/
}
.contact_form label {
    width: 150px;
    margin-top: 3px;                /*上外边距为 3px*/
    display: inline-block;          /*转换为 inline-block 类型*/
```

```
        float: left;                    /*向左浮动*/
        padding: 3px;                   /*内边距为 3px*/
}
.contact_form input {
        height: 20px;
        width: 220px;
        padding: 5px 8px;               /*内边距上下为 5px，左右为 8px*/
}
.contact_form textarea {
        padding: 8px;                   /*内边距为 8px*/
        width: 300px;
}
.contact_form button {
        margin-left: 156px;
}
.contact_form input,
.contact_form textarea {
        border: 1px solid #aaa;
        box-shadow: 0px 0px 3px #ccc, 0 10px 15px #eee inset;    /*边框带有两层阴影*/
        border-radius: 2px;             /*圆角半径为 2px*/
        padding-right: 30px;
        -moz-transition: padding .25s;
        -webkit-transition: padding .25s;
        -o-transition: padding .25s;
        transition: padding .25s;       /*内边距在 0.25s 内逐渐变大*/
}
.contact_form input:focus,
.contact_form textarea:focus {
        background: #fff;
        border: 1px solid #555;
        box-shadow: 0 0 3px #aaa;
        padding-right: 70px;
}
<!--设置元素为必填时的背景颜色及图片-->
  .contact_form input:required, .contact_form textarea:required {
        background: #fff url(images/red_asterisk.png) no-repeat 98% center;
}
<!--设置内容符合要求时的 CSS 规则-->
.contact_form input:required:valid, .contact_form textarea:required:valid {
        background: #fff url(images/valid.png) no-repeat 98% center;
        box-shadow: 0 0 5px #5cd053;
        border-color: #28921f;
}
<!--设置内容不符合要求时的 CSS 规则-->
.contact_form input:focus:invalid, .contact_form textarea:focus:invalid {
        background: #fff url(images/invalid.png) no-repeat 98% center;
        box-shadow: 0 0 5px #d45252;
        border-color: #b03535
}
.form_hint {
        background: #d45252;
        border-radius: 3px 3px 3px 3px;
        color: white;
        margin-left: 8px;
        padding: 1px 6px;
        z-index: 999;
```

```
        position: absolute;
        display: none;
}
<!--在元素之前添加虚拟元素的 CSS 规则-->
.form_hint::before {
        content: "\25C0";
        color: #d45252;
        position: absolute;                            /*绝对定位*/
        top: 1px;
        left: -6px;
}
.contact_form input:focus + .form_hint {
        display: inline;                               /*转换为行内元素*/
}
.contact_form input:required:valid + .form_hint {
background: #28921f;
}
.contact_form input:required:valid + .form_hint::before {
color:#28921f;
}
<!--立即注册按钮的 CSS 规则-->
button.submit {
        background-color: #68b12f;
        background: linear-gradient(top, #68b12f, #50911e);
        border: 1px solid #509111;
        border-bottom: 1px solid #5b992b;
        border-radius: 3px;                            /*圆角半径为 3px*/
        box-shadow: inset 0 1px 0 0 #9fd574;           /*向内投影*/
        color: white;
        font-weight: bold;                             /*文字加粗*/
        padding: 6px 20px;
        text-align: center;
        text-shadow: 0 -1px 0 #396715;                 /*添加文字投影*/
}
button.submit:hover {
        opacity: .85;                                  /*元素不透明度 0.85*/
        cursor: pointer;
}
button.submit:active {
        border: 1px solid #20911e;                     /*边框为 1px 实线*/
        box-shadow: 0 0 10px 5px #356b0b inset;        /*向内投影*/
}
</style>
</head>
<body>
<form class="contact_form" action="#" method="post" name="contact_form">
        <ul>
            <li>
                <h2>用户注册</h2>
                <span class="required_notification">*表示必填项</span></li>
            <li>
                <label for="name">用户名:</label>
                <input type="text"   placeholder="请输入用户名" required />
                <span class="form_hint">4-16 个字符，字母/中文/数字/下划线</span></li>
            <li>
```

```
                    <label for="email">常用邮箱:</label>
                    <input type="email" name="email" placeholder="请输入您的邮箱" required />
                    <span class="form_hint">请输入常用邮箱</span></li>
            <li>
                    <label for="password">设置密码:</label>
                    <input type="password" name="password" placeholder="设置密码" required/>
                    <span class="form_hint">6-20 个字符，不能含有空格</span></li>
            <li>
                    <label for="password">确认密码:</label>
                    <input type="password" name="password" placeholder="确认密码" required/>
                    <span class="form_hint">6-20 个字符，不能含有空格</span></li>
            <li>
                    <button class="submit" type="submit">立即注册</button>
            </li>
        </ul>
    </form>
    </body>
    </html>
```

第 6 章

多媒体

　　互联网的飞速发展和网速的极速提升，使得音频、视频等多媒体成为互联网内容的重要组成部分。同时，多媒体的推广也极大地促进了互联网的应用。时至今日，通过网站观看电影、电视剧等视频节目已成为人们使用互联网的主要方式之一。

　　在 HTML5 之前，在网站上播放视频最常用的是 Flash 技术，但是 Flash 播放多媒体需要在浏览器中安装各种插件，而且有时速度很慢，不能满足当前形势下的用户需求。HTML5 提供了专用的音频和视频标准接口，可以直接在网页中实现多媒体播放，不需要借助其他插件。

　　本章将讨论多媒体基础知识和 HTML5 对音频和视频方面提供的新技术。

6.1　多媒体基础

6.1.1　什么是多媒体？

媒体（Media）是人与人之间实现信息交流的中介，即信息的载体，也称为媒介。多媒体（Multimedia）就是多重媒体的意思，可以理解为直接作用于人感官的文字、图形、图像、动画、声音和视频等各种媒体的统称，即多种信息载体的表现形式和传递方式。

在 Web 上使用的多媒体技术，就是利用计算机把文字、图形、影像、动画、声音及视频等媒体信息数字化，并将其整合在一定的交互式界面上，使计算机具有交互展示不同媒体形态的能力。多媒体技术极大地改变了人们获取信息的方法。

6.1.2　音频编码与音频格式

音频和视频作为多媒体的重要组成部分，在互联网中有着举足轻重的地位。音频和视频的出现，使得网络中信息的传递不仅仅局限在文字和图片的呈现上，互联网也发出了自己的声音。那么，视频和音频到底是什么？

首先，需要了解一下视频容器，不论是视频文件还是音频文件，实质上都是一个容器文件。这个容器文件就如同.zip 文件一样，其中包含了音频轨道、视频轨道和其他一些元数据。当进行视频播放时，音频轨道和视频轨道是绑定在一起的，元数据部分则包含了视频的封面图片、标题、子标题、字幕等一些说明信息。在这个过程中就会涉及到视频文件和音频文件的压缩和解压缩的过程，也就是视频和音频的编码和解码的过程。

音频编码就是先将声音调制成模拟信号，通过抽样、量化、编码三个步骤，再通过算法的方式将连续变化的模拟信号转换为数字编码。与之相对应的是音频解码，就是将已经编码好的音频还原成连续变化的模拟信号，并给扬声器传递声音信号的过程。

编解码器包括有损和无损两种。无损文件一般太大，不适合在 Web 中进行播放，所以在网络上传送的音视频采用的都是有损编解码器。在有损视频编解码器中，信息在编码过程中的丢失是无法避免的，这就好比从一个磁带复制音频，每次复制都会丢失一些原来音频的信息，复制音频的质量也会越来越差。因此，如果希望编码后的音视频能够清晰且能够得到最好的编码效率，需要有良好的音频源、优秀的编码算法、高性能的编码软件和恰当的编码参数。

音频因为不同的编码算法产生不同的音频格式，常见的音频格式有 CD、WAVE、AIFF、AU、MPEG、MP3、MPEG-4、MIDI、WMA、RealAudio、VQF、OggVorbis、AMR 等。

6.1.3　视频编码与视频格式

与音频类似，视频编码也是通过特定的压缩算法，将某个视频的视频容器转换成另一个视频容器的方式。相对应的视频解码就是获取视频容器中的视频、音频等文件并播放的过程。

当观看一个视频的时候，视频播放器（解码器）需要完成如下工作过程：

第一步：解析容器格式以找出可以使用的视频和音频轨道，并分析它们的存储结构，以便接下来的解码工作。

第二步：对视频流解码，并在屏幕上显示一幅幅的图像。

第三步：对音频流解码，同时给扬声器传输声音信号。

视频传输中最为重要的编解码标准有国际电联的 H.261、H.263 和 H.264，运动静止图像专家组 M-JPEG 和国际标准化组织运动图像专家组的 MPEG 系列标准，此外在互联网上被广泛应用的还有 Real-Networks 的 RealVideo、微软公司的 WMV 以及 Apple 公司的 QuickTime 等。

基于不同的编解码标准而产生的视频格式有：AVI、MPEG、MOV、ASF、WMV、NAVI、RMVB、3GP、REAL VIDEO、FLV、MKV、F4V、RMVB、WebM 等。

6.1.4 在 Web 上能够使用的音频和视频格式

考虑到 Web 的特殊性，在 Web 上播放的视频不能过大，所以并不是所有的音视频格式都适合在 Web 上传输。

可在 Web 上进行播放的音频格式，如表 6-1 所列。

表 6-1 可在 Web 上播放的音频格式

格式	文件	描述
MIDI	.mid, .midi	MIDI（Musical Instrument Digital Interface）是一种针对电子音乐设备（比如合成器和声卡）的格式。MIDI 文件不含有声音，但包含可被电子产品（比如声卡）播放的数字音乐指令
RealAudio	.rm,.ram	RealAudio 格式是由 RealMedia 针对因特网开发的。该格式也支持视频，允许低带宽条件下的音频流（在线音乐、网络音乐）。由于是低带宽优先的，质量常会降低
Wave	.wav	Wave（waveform）格式是由 IBM 和微软开发的。所有运行 Windows 的计算机和几乎所有网络浏览器都支持
WMA	.wma	WMA 格式（Windows Media Audio）质量优于 MP3，兼容大多数播放器。WMA 文件可作为连续的数据流来传输，这使它对于网络电台或在线音乐很实用
MP3	.mp3,.mpga	MP3 文件实际上是 MPEG 文件的声音部分。MPEG 格式最初是由运动图像专家组开发的。MP3 是其中最受欢迎的针对音乐的声音格式
OggVorbis	.ogg	OggVorbis 是一种新的音频压缩格式，类似于 MP3 现有的音乐格式。但有一点不同的是，它是完全免费、开放和没有专利限制的。Vorbis 是这种音频压缩机制的名字，而 Ogg 则是一个计划的名字，该计划意图设计一个完全开放性的多媒体系统

可在 Web 上进行播放的视频格式如表 6-2 所列。

表 6-2 可在 Web 上播放的视频格式

格式	文件	描述
AVI	.avi	AVI（Audio Video Interleave）格式是由微软开发的。所有运行 Windows 的计算机都支持 AVI 格式。它是因特网上很常见的格式，但非 Windows 计算机通常不能够播放
WMV	.wmv	Windows Media 格式是由微软开发的。Windows Media 在因特网上很常见，但是如果未安装额外的（免费）组件，就无法播放 Windows Media 视频
MPEG	.mpg,.mpeg	MPEG（Moving Pictures Expert Group）格式是因特网上最流行的格式。它是跨平台的，得到了所有主流浏览器的支持
QuickTime	.mov	QuickTime 格式是由苹果公司开发的。QuickTime 是因特网上常见的格式，但是 QuickTime 视频不能在没有安装额外的（免费）组件的 Windows 计算机上播放

续表

格式	文件	描述
RealVideo	.rm,.ram	RealVideo 格式是由 Real Media 针对因特网开发的。该格式允许低带宽条件下（在线视频、网络电视）的视频流。由于是低带宽优先的，质量常会降低
Flash	.swf,.flv	Flash（Shockwave）格式是 Macromedia 开发的。Shockwave 格式需要额外的组件来播放
WebM	.webm	由 Google 提出，是一个开放、免费的媒体文件格式。WebM 格式其实是以 Matroska（即 MKV）容器格式为基础开发的新容器格式，里面包括了 VP8 影片轨和 Ogg Vorbis 音轨，其中 Google 将其拥有 VP8 视频编码技术以类似 BSD 授权开源，Ogg Vorbis 本来就是开放格式。WebM 标准的网络视频更加偏向于开源并且是基于 HTML5 标准的，WebM 项目旨在为对每个人都开放的网络开发高质量、开放的视频格式，其重点是解决视频服务这一核心的网络用户体验。WebM 的格式相当有效率，可以在 netbook、tablet、手持式装置等上面顺畅地使用
Mpeg-4	.mp4	Mpeg-4（with H.264 video compression）是一种针对因特网的新格式。事实上，YouTube 推荐使用 MP4。YouTube 接收多种格式，然后全部转换为.flv 或.mp4 以供分发。越来越多的视频发布者转到 MP4，将其作为 Flash 播放器和 HTML5 的因特网共享格式

6.1.5　如何在 Web 上播放视频？

在 HTML5 出现之前，向网页中嵌入视频是一件非常麻烦的事，需要引入 Flash 并且只能使用\<object\>和\<embed\>元素来进行。这样的嵌入方式不仅给 Web 前端开发者的开发带来了一定的困难，同时还使得用户必须安装 Flash 的浏览器插件才可以播放视频，不方便用户的使用。

案例 6-01：在 HTML4 页面中播放视频文件 🅖 🅑 🅞 🅕 🅔

```
<!DOCTYPE HTML PUBLIC "-//W3C//DTD HTML 4.01 Transitional//EN" "http://www.w3.org/TR/html4/loose.dtd">
<html>
<head>
<meta http-equiv="Content-Type" content="text/html; charset=utf-8">
<title>在 HTML4 页面中播放音频或视频文件</title>
</head>
<body>
<center>
    <h1>播放视频</h1>
    <!--Flash 视频播放器 begin-->
    <objecttype="application/x-shockwave-flash" data="PlugIn/FLVPlayer_
                    Progressive.swf" width="673" height="378">
        <param name="quality" value="high">
        <param name="wmode" value="opaque">
        <param name="scale" value="noscale">
        <param name="salign" value="lt">
        <param name="FlashVars"    value="&MM_ComponentVersion=1&skinName=PlugIn/Corona_Skin_3&streamName
=../medias/QQ-AD-1&autoPlay=false&autoRewind=false"/>
        <param name="swfversion" value="8,0,0,0">
    </object>
    <!--Flash 视频播放器 end-->
    <h1>播放音频</h1>
    <!--音频播放器 begin-->
    <embed src="medias/GeGe-ChangShilei.mp3" width="500" height="82"></embed>
    <!--音频播放器 end-->
</center>
</body>
</html>
```

扫描看效果

通过这个案例，可以看到在 HTML4 页面中播放音频和视频的不足是非常明显的。

（1）代码冗长，且非常不简洁。

（2）需要使用第三方插件，如果用户计算机没有安装相应的插件，则视频就无法播放。

（3）需要结合使用<object>和<embed>元素，并且需要添加大量的属性和参数，代码的书写难度非常高。

6.2　HTML5 音频与视频

> 为了解决 HTML4 音频和视频在 Web 中的播放问题，HTML5 提供了新的元素：Audio 和 Video。

6.2.1　audio 元素

HTML5 规定了一种通过 audio 元素来包含音频的标准方法。Web 前端开发者可以通过 audio 元素播放声音文件或者音频流。

当前，audio 元素支持三种音频格式：Ogg、MP3 和 WAV，下面介绍这三种音频格式在各个浏览器中的支持情况。

Ogg 格式的音频在各浏览器中的支持情况如图 6-1 所示。

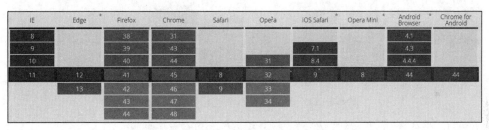

图 6-1　Ogg 格式音频在浏览器中的支持情况

WAV 格式音频在各浏览器中的支持情况如图 6-2 所示。

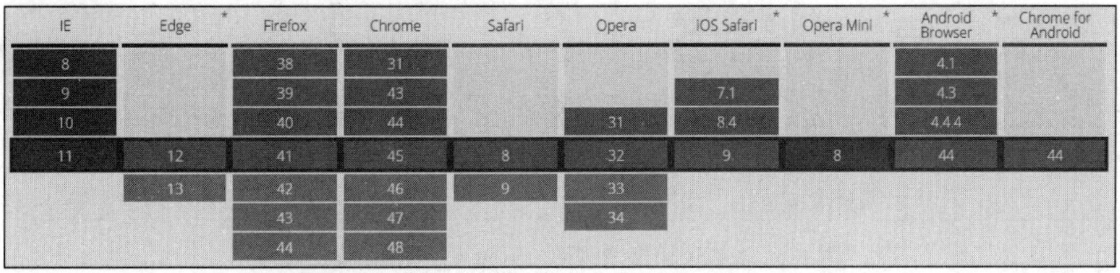

图 6-2　WAV 格式音频在浏览器中的支持情况

MP3 格式音频在各浏览器中的支持情况如图 6-3 所示。

IE	Edge *	Firefox	Chrome	Safari	Opera	iOS Safari *	Opera Mini *	Android Browser	Chrome for Android
8		38	31					4.1	
9		39	43			7.1		4.3	
10		40	44		31	8.4		4.4.4	
11	12	41	45	8	32	9	8	44	44
	13	42	46	9	33				
		43	47		34				
		44	48						

图 6-3　MP3 格式音频在浏览器中的支持情况

由于目前浏览器能够支持的编解码器不一致，为了确保一个音频能够同时被所有支持 HTML5 的浏览器支持，Web 前端开发者可以通过<source>元素来为同一个音频指定多个源，供不同的浏览器选择适合自己的播放源。

6.2.2　video 元素

HTML5 也规定了一种通过 video 元素来包含视频的标准方法。当前，video 元素支持三种视频格式，即 Ogg、MPEG4、WebM，具体在各个浏览器中的支持情况如下：

Ogg：带有 Theora 视频编码和 Vorbis 音频编码的 Ogg 文件。

Ogg 格式视频在各浏览器中的支持情况如图 6-4 所示。

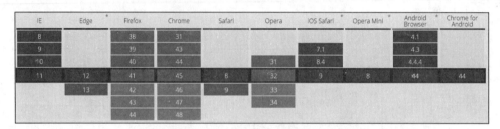

图 6-4　Ogg 格式视频在浏览器中的支持情况

MPEG4：带有 H.264 视频编码和 AAC 音频编码的 MPEG 4 文件。

MPEG4 格式视频在各浏览器中的支持情况如图 6-5 所示。

IE	Edge *	Firefox	Chrome	Safari	Opera	iOS Safari *	Opera Mini *	Android Browser *	Chrome for Android
8		38	31					4.1	
9		39	43			7.1		4.3	
10		40	44		31	8.4		4.4.4	
11	12	41	45	8	32	9	8	44	44
	13	42	46	9	33				
		43	47		34				
		44	48						

图 6-5　MPEG4 格式视频在浏览器中的支持情况

WebM：带有 VP8 视频编码和 Vorbis 音频编码的 WebM 文件。

WebM 格式视频在各浏览器中的支持情况如图 6-6 所示。

由于目前浏览器能够支持的编解码器不一致，为了确保一个视频能够同时被所有支持 HTML5 的浏览器支持，Web 前端开发者可以通过<source>元素来为同一个视频指定多个源，供不同的浏览器选择适合自己的播放源。

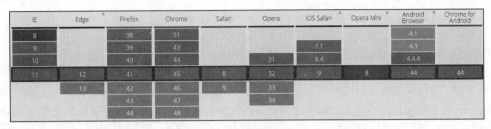

图 6-6　WebM 格式视频在浏览器中的支持情况

6.2.3　audio 和 video 的属性

audio 和 video 元素作为 HTML 中播放多媒体的元素，其属性大致相同。

（1）src。

src 属性用来指定媒体数据的 URL 地址，即播放的视频或者音频文件的 URL 地址。

（2）preload。

该属性表明视频或音频文件是否需要进行预加载。如果需要预加载，浏览器将会预先将视频或者音频进行缓冲，这样可以加快播放的速度。

preload 属性值有以下三种形式：

①none：表示不进行预加载。

②metadata：表示只预先加载媒体的元数据，主要包括媒体字节数、第一帧、播放列表、持续时间等信息。

③auto：表示预加载全部视频或音频，该值是默认值。

该属性的使用方法如下：

```
<video src="example.mp4" preload="auto"></video>
```

（3）poster。

该属性为 video 元素的独有属性，用于视频不可用时向用户展示一张替代图片，从而避免视频不可用时页面出现一片空白。

该属性的使用方法如下：

```
<video src="example.mp4" poster="poster.png"></video>
```

（4）loop。

该属性指定是否循环播放视频或音频。

该属性的使用方法如下：

```
<video src="example.mp4"loop="loop"></video>
```

（5）controls。

该属性指定是否为视频或音频添加浏览器自带的播放控制条。控制条中具有播放、暂停等按钮。不同的浏览器，自带的控制条的样式不同。开发人员也可以通过写脚本的方式自定义控制条，而不使用浏览器默认的控制条。

该属性的使用方法如下：

```
<video src="example.mp4" controls ="controls"></video>
```

（6）width 和 height。

该属性为 video 元素的独有属性，用来指定视频的宽度和高度。

该属性的使用方法如下：

```
<video src="example.mp4" width="400"height="300"></video>
```

（7）error。

在读取、使用媒体数据的过程中，正常情况下，video 和 audio 元素的 error 属性为 null。当出现错误时，error 属性将返回一个 MediaError 对象，该对象通过 code 的方式将错误状态提供出来。错误状态值为只读属性，且有 4 个可能值。

①1（MEDIA_ERR_ABORTED）：数据在下载中因为用户操作的原因而被中止。

②2（MEDIA_ERR_NETWORK）：确认媒体资源可用，但是在下载时出现网络错误，媒体数据的下载过程被中止。

③3（MEDIA_ERR_DECODE）：确认媒体资源可用，但是解码时发生错误。

④4（MEDIA_ERR_SRC_NOT_SUPPORTER）：媒体格式不被支持。

案例 6-02：读取错误状态 🐵 🐵 🄍 🐵 🄎

```
<!doctype html>
<html>
<head>
<meta charset="utf-8">
<meta keywords="Web 前端开发技术与实践  HTML5 Video Audio Error">

<meta content="Web 前端开发技术与实践读取视频文件的错误状态">
<title>读取错误状态</title>
</head>
<body>
    <!--视频播放器  begin-->
    <video id="showVideo" src="medias/WoWeiZiJiDaiYan-AD.mp4" controls></video>
    <!--视频播放器  end-->
<!--JS 执行-->
<script>
var videoerror = document.getElementById("showVideo");
videoerror.addEventListener("error",function()
{
    var errorinfo = videoerror.error;
    switch(errorinfo.code)
    {
      case 1:
          alert("用户取消了视频的载入。");
          break;
      case 2:
          alert("网络故障，造成数据载入失败。");
          break;
      case 3:
          alert("解码错误，请重新访问。");
          break;
      case 4:
```

扫描看效果

```
                    alert("浏览器不支持获得的视频格式。");
                    break;
            }
        },false);
        </script>
        </body>
        </html>
```

（8）networkState。

媒体数据在加载过程中可以使用 video 元素或 audio 元素的 networkState 属性读取当前网络状态，其可能值有 4 个，该属性值为只读属性。

①0（NETWORK_EMPTY）：初始状态。

②1（NETWORK_IDLE）：浏览器已经选择好用什么编码格式来播放媒体，但尚未建立网络连接。

③2（NETWORK_LOADING）：媒体数据加载中。

④3（NETWORK_NO_SOURCE）：没有支持的编码格式，不进行加载。

（9）currentSrc。

currentSrc 属性用来读取 video 元素和 audio 元素中正在播放的媒体数据的 URL 地址。

（10）buffered。

buffered 属性用来返回一个对象，该对象实现 TimeRange 接口，以确认浏览器是否已缓存媒体数据。buffered 属性值为只读属性。

（11）readyState。

该属性返回 video 或 audio 元素中媒体当前播放位置的就绪状态。readyState 属性值为只读属性，其有 5 个可能值。

①0（HAVE_NOTHING）：没有获得任何媒体的信息，当前播放位置没有播放数据。

②1（HAVE_METADATA）：已经获得到足够的媒体信息，但是当前播放位置没有有效的媒体数据，暂时不能够播放。

③2（HAVE_CURRENT_DATA）：当前播放位置已经有数据可以播放，但没有获取到可以让播放器前进的数据。如果是视频，就是说当前帧数据已经获得，下一帧数据没有获得。

④3（HAVE_FUTURE_DATA）：当前播放位置已经有数据可以播放，而且也获取到了可以让播放器前进的数据。当媒体为视频时，意思是当前帧的数据已经获得，且下一帧的数据也已经获得。

⑤4（HAVE_ENOUGH_DATA）：当前播放位置已经有数据可以播放，下一帧数据已经获得，且浏览器确认媒体数据以某一种速度进行加载，可以保证有足够的后续数据进行播放。

（12）seeking 和 seekable。

seeking 属性返回一个布尔值，表示浏览器是否正在请求某一特定播放位置的数据。true 表示浏览器正在请求数据，false 表示浏览器已经停止请求。

seekable 属性返回一个 TimeRange 对象，该对象表示请求到的数据的时间范围。

seeking 和 seekable 属性值均为只读属性。

（13）currentTime、startTime 和 duration。

currentTime 属性用来读取媒体的当前播放位置，通过修改该属性值可以修改当前播放位置。如果修改的位置上没有可用的媒体数据，将产生 INVALID_STATE_ERR 异常，如果修改的位置上的数据浏览器上没有获得，将产生 INDEX_SIZE_ERR 异常。

startTime 属性用来读取媒体播放的开始时间，通常为 0。

duration 属性用来读取媒体文件总的播放时间。

currentTime、startTime、duration 属性的值为时间，单位为秒。currentTime 的属性值为读写属性，startTime 和 duration 的属性值为只读属性。

（14）played、paused 和 ended。

played 属性可以返回一个 TimeRange 对象，该对象中可以读取媒体文件已经播放部分的时间段。该时间段的开始时间为已播放部分的开始时间，结束时间为已播放部分的结束时间。

paused 属性可以返回一个布尔值，表示是否处于暂停播放状态。true 表示目前已经暂停播放，false 表示媒体正在播放。

ended 属性可以返回一个布尔值，表示是否已经播放完毕。true 表示媒体播放完毕，false 表示媒体没有播放完毕。

played、pause、ended 的属性值均为只读属性。

（15）defaultPlaybackRate 和 playbackRate。

defaultPlaybackRate 属性读取或修改媒体默认的播放速率。

playbackRate 属性读取或修改媒体当前的播放速率。

（16）volume 和 muted。

volume 属性读取或修改媒体播放的音量，范围为 0 到 1，0 为静音，1 为最大音量。

muted 属性读取或修改媒体的静音状态，该属性值为布尔值。true 表示处于静音状态，false 表示处于非静音状态。

（17）autoplay。

autoplay 属性设置或返回音视频是否在加载后立即开始播放。属性值有两个 true 和 false，true 指示音频/视频在加载完成后立即播放；false 为默认值，指示音频/视频不应在加载后立即播放。

该属性的使用方法如下：

```
<video src="example.mp4" autoplay="ture">
```

6.2.4　audio 和 video 的方法

video 元素和 audio 元素具有四种方法。

（1）play。

使用 play 方法来播放媒体，自动将元素的 paused 值变为 false。

（2）pause。

使用 pause 方法来暂停播放，自动将元素的 paused 值变为 true。

（3）load。

使用 load 方法重新载入媒体进行播放，自动将元素的 playbackRate 属性值变为 defaultPlayback-Rate 属性的值，自动将元素的 error 值变为 null。

（4）canPlayType。

使用 canPlayType 方法来测试浏览器是否支持指定的媒体类型，该方法的定义如下：

```
var supportTypeInfo = videoElement.canPlayType(type);
```

其中参数 type 规定要检测的媒体类型，可以在指定的字符串中加上表示媒体编码格式的 codes 参数。

该方法返回 3 个可能值，具体值如下所示：

①空字符串：表示浏览器不支持此种媒体类型。

②maybe：表示浏览器可能支持此种媒体类型。

③probably：表示浏览器确定支持此种媒体类型。

6.2.5 audio 和 video 的事件

（1）事件处理方式。

使用 video 或 audio 元素读取或者播放媒体数据时，会触发一系列的事件，如果使用 JavaScript 脚本来捕捉这些事件，就可以对事件进行处理。

对事件的捕捉有以下两种方式：

方式一：监听。

使用 video 或 audio 元素的 addEventListener 方法来监听事件的发生，该方法的定义如下：

```
videoElement.addEventListener(type,listener,userCapture);
```

videoElement 表示页面上的 video 或 audio 元素；type 为事件名称；listener 表示绑定的函数；userCapture 是一个布尔值，表示该事件的响应顺序，该值如果为 true，浏览器采用 Capture 响应方式，如果为 false，浏览器采用 bubbing 响应方式，一般采用 false，默认情况下也为 false。

方式二：使用 JavaScript 脚本中的获取事件句柄。

具体如下代码所示：

```
<video id="videodemo"
        src="medias/video.webm" onplay="begin_playing();"></video>
<script>
function begin_playing()
{
...
}
</script>
```

（2）事件。

video 和 audio 在浏览器开始请求媒体数据、下载媒体数据、播放媒体数据到播放结束，触发的事件如表 6-3 所列。

表 6-3　HTML5 中的 audio/video 事件

事件	描述
abort	当音频/视频的加载已放弃时
canplay	当浏览器可以播放音频/视频时
canplaythrough	当浏览器可在不因缓冲而停顿的情况下进行播放时
durationchange	当音频/视频的时长已更改时
emptied	当目前的播放列表为空时

续表

事件	描述
ended	当目前的播放列表已结束时
error	当在音频/视频加载期间发生错误时
loadeddata	当浏览器已加载音频/视频的当前帧时
loadedmetadata	当浏览器已加载音频/视频的元数据时
loadstart	当浏览器开始查找音频/视频时
pause	当音频/视频已暂停时
play	当音频/视频已开始或不再暂停时
playing	当音频/视频在因缓冲而暂停或停止后已就绪时
progress	当浏览器正在下载音频/视频时
ratechange	当音频/视频的播放速度已更改时
seeked	当用户已移动/跳跃到音频/视频中的新位置时
seeking	当用户开始移动/跳跃到音频/视频中的新位置时
stalled	当浏览器尝试获取媒体数据，但数据不可用时
suspend	当浏览器刻意不获取媒体数据时
timeupdate	当目前的播放位置已更改时
volumechange	当音量已更改时

6.2.6 案例：在网页上使用背景音乐

（1）简介。

使用 HTML5 的<audio>元素实现简单的背景音乐播放，页面被打开后直接加载音频文件，音频文件加载完成后播放，并且可以循环播放音乐。

（2）实现代码。

案例 6-03：在网页上使用背景音乐 🌀 🌑 🌀 🌀 🥢

```
<!doctype html>
<html>
<head>
<meta charset="utf-8" />
<meta keywords="HTML5 Audio" />
<meta content="Web 前端开发技术与实践，HTML5 实现视频播放" />
<title>在网页上使用背景音乐</title>
<style>
audio{/*播放器大小设置*/
    width:48px;
    height:50px;
    }
</style>
</head>

<body>
    <!--音乐播放器 begin-->
    <audio src="medias/DaiWoDaoShanDing.mp3" controls autoplay="autoplay" loop></audio>
```

扫描看效果

146

```
        <!--音乐播放器 end-->
    </body>
</html>
```

6.2.7　案例：在网页上播放视频

（1）简介。

使用 HTML5 的<video>元素实现简单的视频播放功能。

（2）实现代码。

案例 6-04：在网页上播放视频

```
<!doctype html>
<html>
<head>
<meta charset="utf-8">
<meta keywords="Web 前端开发技术与实践  HTML5 Video Audio">
<meta content="Web 前端开发技术与实践在网页上播放视频">
<title>在网页上播放视频</title>
</head>
<body>
<center>
<h1>播放视频</h1>
<!--视频播放器 begin-->
<video src="medias/WoWeiZiJiDaiYan-AD.mp4" controls>
</video>
<!--视频播放器 end-->
</center>
</body>
</html>
```

扫描看效果

6.3　播放控制

　　视频和音频的播放，不仅仅是加载完成后直接播放就可以了，还需要有一系列的播放控制操作，比如快进、快退、快放、慢放、音量控制、进度拖动等。通过 HTML 中 video 和 audio 的属性、方法和事件，可以实现这些常规的播放控制操作。

　　由于 audio 标签和 video 标签的播放控制基本相同，此处以 video 元素为例讲解播放控制方法。

案例 6-05：HTML5 播放器——播放控制

首先，添加一段简单的代码来显示视频，并进行默认方式的播放控制，即添加 video 元素的播放控制条。

具体代码如下：

```
<!doctype html>
<html>
<head>
<meta charset="utf-8" />
```

```
    <meta keywords="HTML5 video" />
    <meta content="Web 前端开发技术与实践，video 播放控制" />
    <title>HTML 播放器-播放控制</title>
    </head>
    <body>
        <center>
            <!--视频播放器 begin-->
            <video src="medias/Wo-ShangWenjie.mp4" controls="controls" width="552" height="331"></video>
            <!--视频播放器 end-->
        </center>
    </body>
    </html>
```

扫描看效果

6.3.1　预加载媒体文件

预加载媒体文件是播放器中很重要的一项功能，预先加载媒体文件可节省等待的时间，提高用户体验。HTML5 实现预加载功能十分简单，只需要在<video>中添加 preload 属性并设置其属性值即可。

具体方法如下：

```
<video src="medias/Wo-ShangWenjie.mp4" controls="controls" width="552"preload="auto" height="331"></video>
```

6.3.2　视频封面图

<video>中提供了 poster 属性，可以为视频播放器添加封面图。使用方法是在<video>标签中加入 poster 属性并指定封面图路径。

具体方法如下：

```
<video src="medias/Wo-ShangWenjie.mp4" controls="controls" width="552" preload="auto"poster="medias/ Wo-Shang
Wenjie.png" height="331"></video>
```

6.3.3　自动播放

video 元素声明了 autoplay 属性，页面加载完成后，视频马上会被自动播放。此外还增加了两个事件处理函数。当视频加载完毕，准备开始播放的时候，会触发 oncanplay 函数来执行预设的动作。同样，当视频播放完成后，会触发 onended 函数以停止帧的创建。

```
<video src="medias/Wo-ShangWenjie.mp4" controls="controls" width="552" preload="auto" height="331"autoplay=
"ture"></video>
```

6.3.4　循环播放

在 video 元素中添加 loop 属性可实现视频的循环播放。

```
<video src="medias/Wo-ShangWenjie.mp4" controls="controls" width="552" preload="auto" height="331" autoplay=
"ture" loop></video>
```

6.3.5　添加变量

进行播放控制前，需要设置一些有助于调整实例的变量。speed 是视频播放速度，默认为 1；volume 是视频音量，默认为 1；muted 设置静音状态，默认为不静音。

```
//默认播放速度为 1
var speed=1;
```

```
//默认音量为 1
var volume=1;
//默认静音状态为否
var muted=false;
```

6.3.6　播放

除了<video>元素中自带的控制条之外，我们还可以使用<video>的方法、属性和事件自定义控制条，首先是播放操作。在自定义播放控制之前，先清除<video>默认的播放控制条。

```
<video  src="medias/Wo-ShangWenjie.mp4" id="videoPlayer" width="552" height="331"></video>
```

controls 属性用于为播放器添加默认的控制条，使 Web 中视频的播放变得简单，但是在某些情况下，默认的控制条并不能满足 Web 前端开发者的需求，这时就要隐藏默认的控制条，采用新的方法自定义控制条。<video>中隐藏控制条也十分简单，只需要将 controls 属性去掉即可。

为了能够更清晰地了解<video>的播放控制，将<video>中的播放控制事件绑定到按钮上进行讲解，这里需要使用 CSS 先定义按钮的样式。

具体方法如下：

```
<style>
//页面样式设置
body{
    margin:30px auto;
    padding:0px;
    text-align:center;
    font-size:10px;
    font-family:微软雅黑;
    background:#F2F2F2;
}
//播放按钮样式设置
button{
    margin-top:10px;
    border:none;
    background-color:#41A81E;
    color:#F2F2F2;
    width:68px;
    height:22px;
    text-align:center;
    vertical-align:middle;
    border-radius:8px;
    border:1px #078111 solid;
}
</style>
```

按钮样式定义完成后，就可以向页面中添加播放按钮元素。

```
<!--播放控制按钮 begin-->
<div id="playButton">
    <button id="btnPlay" >播放</button>
</div>
<!--播放控制按钮 end-->
```

为了能够让播放器的状态更清晰，在播放器下方添加一个用于展示播放器状态的 div 元素。

```
<!--播放器状态展示 begin-->
<div id="videoStatus">状态：</div>
<!--播放器状态展示 end-->
```

添加 `<video>` 的播放函数 videoPlay()，当执行此函数时，会触发 `<video>` 的 play 事件，开始播放视频。同时，在播放器下方展示播放状态"状态：视频正在播放"。

```
<!--JS 执行-->
<script>
...
//播放
function videoPlay()
{
    video.play();
    var videoStatusText="状态：视频正在播放。";
    document.getElementById("videoStatus").innerHTML=videoStatusText;
}
</script>
```

将播放函数与播放按钮绑定，单击"播放"按钮后触发播放事件，播放视频。

```
<!--播放控制按钮 begin-->
<div id="playButton">
    <button id="btnPlay" onclick="videoPlay()" >播放</button>
</div>
<!--播放控制按钮 end-->
```

6.3.7　暂停

暂停操作是基于 `<video>` 的 pause 事件开发的。具体步骤与播放按钮的制作类似。

```
...
<button id="btnPause" onclick="videoPause()" >播放</button>
...
<!--JS 执行-->
<script>
...
//暂停
function videoPause(ev)
{
var btnPause=document.getElementById("btnPause");
    video.pause();
}
</script>
</body>
</html>
```

6.3.8　快放、慢放、慢动作

快放、慢放、慢动作也是视频播放中常用的功能，`<video>` 中可以通过 playbackRate 获取或设置 video 的播放速度，Web 前端开发者可以通过此属性进行快放、慢放、慢动作的播放控制。

添加快放、慢放、慢动作、正常动作的按钮的代码如下：

```
<button id="btnSpeedUp " onclick="SpeedUp()" />快放</button>
<button id="btnSpeedDown" onclick="SpeedDown()" />慢放</button>
<button id="btnSlowPlay" onclick="SlowPlay()" />慢动作</button>
<button id="btnNormalPlay" onclick="NormalPlay()" />正常动作</button>
```

当 playbackRate 的值大于 1 时为快放效果，同时可以设置快放的倍数，如 2 倍速度播放、4 倍速度播放、8 倍速度播放。

```
//快放
function SpeedUp()
{
    video.play();
    video.playbackRate+=1;
    speed=video.playbackRate;
    var videoStatusText="状态："+video.playbackRate+"倍速度播放中。";
    document.getElementById("videoStatus").innerHTML=videoStatusText;
```

当 playbackRate 的值从倍数播放降低为慢放操作时，同样是设置整数值的 playbackRate 的参数。

```
//慢放
function SpeedDown()
{
    video.play();
    video.playbackRate-=1;
    if(video.playbackRate<1)
        video.playbackRate=1;
    speed=video.playbackRate;
    var videoStatusText="状态："+video.playbackRate+"倍速度播放中。";
    document.getElementById("videoStatus").innerHTML=videoStatusText;
}
```

当 playbackRate 的值大于 0、小于 1 时为慢动作。同时可以直接将 playbackRate 的值赋为 1，正常播放视频。

```
<!--JS 执行-->
<script>
...
//慢动作
function SlowPlay()
{
    video.play();
    video.playbackRate=0.5*video.playbackRate;
    speed=video.playbackRate;
    var videoStatusText="状态："+video.playbackRate+"倍速度播放中。";
    document.getElementById("videoStatus").innerHTML=videoStatusText;
}
//正常动作
function NormalPlay()
{
    video.play();
    video.playbackRate=1;
    speed=video.playbackRate;
    var videoStatusText="状态："+video.playbackRate+"倍速度播放中。";
    document.getElementById("videoStatus").innerHTML=videoStatusText;
}
</script>
```

6.3.9 快进、快退

<video>的属性 currentTime 可以获取或设置视频中当前的播放位置，其获取的时间以秒为单位。

```
...
<button id="btnFastForward" onclick="FastForward()" />快进</button>
<button id="btnRewind" onclick="Rewind()" />快退</button>
...
```

```
<!--JS 执行-->
<script>
...
//快进
function FastForward()
{
    video.play();
    video.currentTime+=10;
    var videoStatusText="状态：快进 10 秒。";
    document.getElementById("videoStatus").innerHTML=videoStatusText;
}
//快退
function Rewind()
{
    video.play();
    video.currentTime-=10;
    var videoStatusText="状态：快退 10 秒。";
    if(video.currentTime<0)
        video.currentTime=0;
    document.getElementById("videoStatus").innerHTML=videoStatusText;
}
</script>
</body>
</html>
```

6.3.10　进度拖动

进度条是视频播放器常用的功能，不仅可以显示视频的播放进度，还可以直接控制视频的播放进度。其实现也是基于 currentTime 属性。

为播放器添加进度条并设置样式，同时添加时间展示 div，该区块用于展示视频播放总时间和当前播放时间。

```
<style>
progress{
    width:552px;
    border:1px solid #333;
    background:#FFF;
    text-align:left;
...
#showTime{
    margin-top:10px;
    color:#333;
}
#progressValue{
width:0%;
height:20px;
background:#FFF;
cursor:default;
    float:left;
}
</style>
</head>

<body>
    <div id="controlDiv">
        <!--播放进度条  begin-->
```

```
            <progress id="playPercent" max=100>
                <div id="progress">
                    <div id="progressValue"></div>
                </div>
            </progress>
            <!--播放进度条 end-->
        </div>
        <!--播放时间展示 begin-->
        <div id="showTime"></div>
        <!--播放时间展示 end-->
</center>
```

由于 currentTime 属性获取的时间单位为秒，要将其转化为时分秒展示，需要添加时间格式化函数 calcTime()。

```
//时间格式化
function calcTime(time)
{
var hour;
var minute;
var second;
hour=String(parseInt(time/3600,10));
if (hour.length == 1)      hour= '0' + hour;
minute=String(parseInt((time%3600)/60,10));
if (minute.length == 1)      minute    = '0' + minute;
second=String(parseInt(time%60,10));
if (second.length == 1)      second    = '0' + second;
return hour+":"+minute+":"+second;
}
```

添加进度条更新函数，用于随着时间的变化更新进度条的进度。

```
//进度条更新
function updateProgress()
{
    var value=Math.round((Math.floor(video.currentTime)/Math.floor(video.duration))*100,0);
    var progress = document.getElementById('playPercent');
    progress.value = value;
var progressValue=document.getElementById("progressValue");
    progressValue.style.width = value+"%";
    showTime.innerHTML=calcTime(Math.floor(video.currentTime))+'/'+calcTime(Math.floor(video.duration));
}
```

拖动滚动条时，更新视频播放时间，视频播放随进度条的拖动变化，添加进度条拖动函数 progress_mouseover()。

```
//进度条拖动
function progress_mouseover(ev)
{
    showTime.innerHTML=calcTime(Math.floor(video.currentTime))+'/'+calcTime(Math.floor(video.duration));
    ev.stopPropagation();
    var videoStatusText="状态：拖动进度条，时间拖至"+calcTime(Math.floor(video.currentTime));
    document.getElementById("videoStatus").innerHTML=videoStatusText;
}
function progress_mouseout(ev)
{
    showTime.innerHTML="";
}
```

单击进度条的某个位置时也可以调整视频的播放，添加进度条单击函数 playPercent_click()和

progress_click()。

```
//单击进度条
function playPercent_click(evt)
{
if(evt.offsetX)
    {
playPercent=document.getElementById("playPercent");
        video.currentTime = video.duration * (evt.offsetX / playPercent.clientWidth);
    }
}
//单击进度条
function progress_click(evt)
{
progress=document.getElementById("progress");
if(evt.offsetX)
        video.currentTime = video.duration * (evt.offsetX /progress.clientWidth);
else
        video.currentTime = video.duration * (evt.clientX /progress.clientWidth);
}
```

当支持该视频格式并播放时，将控制条的相关函数绑定到控制条上。

```
//将进度条事件绑定至进度条
if(video.canPlayType)
{
progress=document.getElementById("progress");
    progress.onmouseover=progress_mouseover;
    progress.onmouseout=progress_mouseout;
    progress.onclick=progress_click;
playPercent=document.getElementById("playPercent");
    playPercent.onmouseover=progress_mouseover;
    playPercent.onmouseout=progress_mouseout;
    playPercent.onclick=playPercent_click;
}
```

6.3.11　音量控制

在进行视频播放时，会经常根据需要调整音量，可增大音量、降低音量和设置静音。

添加静音、取消静音、增大音量、降低音量的代码如下：

```
<!--播放控制按钮 end-->
<div class="playBtn">
    <button id="btnMute" onclick="setMute()"/>静音</button>
    <button id="btnMute" onclick="cancelMute()"/>取消静音</button>
    <button id="btnVolumeUp" onclick="VolumeUp()" />增大音量</button>
    <button id="btnVolumeDown" onclick="VolumeDown()" />降低音量</button>
</div>
<!--播放控制按钮 end-->
```

<video>的属性 muted 可以设置是否静音。当 muted 的属性值为 true 时表示静音状态；为 false 时表示正常状态。

```
//设置静音
function setMute()
{
    video.muted=true;
    muted=video.muted;
    var videoStatusText="状态：视频已静音。";
```

```
        document.getElementById("videoStatus").innerHTML=videoStatusText;
}
//取消静音
function cancelMute()
{
     video.muted=false;
    muted=video.muted;
    var videoStatusText="状态：视频已取消静音。";
    document.getElementById("videoStatus").innerHTML=videoStatusText;
}
```

<video>的 volume 属性用于设置视频的音量，具体操作如下：

```
//增大音量
function VolumeUp()
{
if(video.volume<1)
        video.volume+=0.1;
volume=video.volume;
}
//减小音量
function VolumeDown()
{
if(video.volume>0)
video.volume-=0.1;
volume=video.volume;
}
```

6.3.12   全屏播放

在播放视频时人们往往希望能够将视频全屏播放，所以，全屏播放是视频播放中一个很重要的功能，其实现也比较复杂。

首先需要设置全屏播放时的样式。

```
<style>
...
/*设置全屏样式*/
:-webkit-full-screen {
}

:-moz-full-screen {
}

:-ms-fullscreen {
}

:-o-fullscreen {
}
:full-screen {
}
:fullscreen {
}
:-webkit-full-screen video {
    width: 100%;
    height: 100%;
```

```
}
:-moz-full-screen video{
width: 100%;
height: 100%;
}
</style>
```

添加全屏播放控制按钮。

```
<!--播放控制按钮 end-->
<div class="playBtn">
    <button id="fullScreenBtn">全屏</button>
</div>
<!--播放控制按钮 end-->
```

添加反射调用函数，用于执行不同浏览器的页面全屏函数。

```
//反射调用
var invokeFieldOrMethod = function(element, method);
{
    var usablePrefixMethod;
    ["webkit", "moz", "ms", "o", ""].forEach(function(prefix) {
        if (usablePrefixMethod) return;
        if (prefix === "") {
            // 无前缀，方法首字母小写
            method = method.slice(0,1).toLowerCase() + method.slice(1);
        }
        var typePrefixMethod = typeof element[prefix + method];
        if (typePrefixMethod + "" !== "undefined") {
        if (typePrefixMethod === "function") {
            usablePrefixMethod = element[prefix + method]();
            } else {
                usablePrefixMethod = element[prefix + method];
            }
        }
    });
    return usablePrefixMethod;
};
```

添加全屏函数 launchFullscreen()，实现播放器全屏功能。

```
//进入全屏
function launchFullscreen(element)
    {
        if(element.requestFullscreen) {
        element.requestFullscreen();
        } else if(element.mozRequestFullScreen) {
        element.mozRequestFullScreen();
        } else if(element.msRequestFullscreen){
        element.msRequestFullscreen();
        } else if(element.oRequestFullscreen){
        element.oRequestFullscreen();
        }
        else if(element.webkitRequestFullscreen)
        {
```

```
        element.webkitRequestFullScreen();
    }
    else{
        var docHtml = document.documentElement;
        var docBody = document.body;
        var videobox = document.getElementById('videoBox');
        varcssText = 'width:100%;height:100%;overflow:hidden;';
        docHtml.style.cssText = cssText;
        docBody.style.cssText = cssText;
        videobox.style.cssText = cssText+';'+'margin:0px;padding:0px;';
        document.IsFullScreen = true;
    }
}
```

添加退出全屏函数 exitFullscreen()，判断页面是否处于全屏状态，是则退出全屏状态。

```
//退出全屏
function exitFullscreen()
    {
        if (document.exitFullscreen) {
        document.exitFullscreen();
        } else if (document.msExitFullscreen) {
        document.msExitFullscreen();
        } else if (document.mozCancelFullScreen) {
        document.mozCancelFullScreen();
        } else if(document.oRequestFullscreen){
        document.oCancelFullScreen();
        }else if (document.webkitExitFullscreen){
        document.webkitExitFullscreen();
        }
        else{
         var docHtml = document.documentElement;
         var docBody = document.body;
         var videobox = document.getElementById('videoBox');
         docHtml.style.cssText = "";
         docBody.style.cssText = "";
         videobox.style.cssText = "";
         document.IsFullScreen = false;
         }
    }
```

单击 "全屏" 按钮后，执行全屏函数，将播放器全屏。

```
document.getElementById('fullScreenBtn').addEventListener('click',function(){
launchFullscreen(document.getElementById('videoPlayer'));
},false);
```

6.3.13 播放器容错处理

<video>元素中提供了表示视频错误状态的 error 属性。可根据此属性进行播放器的容错处理。

```
//容错
function catchError()
```

```
{
    var error = video.error;
    switch(error.code)
    {
        case 1:
                alert("视频的载入过程以为用户操作，已经被中止。");
        break;
        case 2:
                alert("网络发生故障，视频的载入过程被中止。");
        break;
        case 3:
                alert("浏览器对视频的解码错误，无法播放视频。");
        break;
        case 4:
                alert("视频不可访问或视频编码器浏览器不支持。");
        break;
        default:
            alert("发生未知错误。");
            break;
    }
}
```

6.4　解决兼容问题

6.4.1　浏览器对多媒体的兼容性支持

HTML5 的 video 和 audio 元素作为浏览器原生支持的功能，具有通用、集成和可视化的播放控制 API，极大地方便了用户和开发人员。但是，并不是所有的浏览器都支持 video 和 audio 元素，同时由于解码方式不同，不同浏览器对 Video 和 Audio 的媒体格式支持也不相同。

可以通过网站 http://html5test.com 查看自己浏览器对 Audio 和 Video 的详细支持情况，如图 6-7 和图 6-8 所示。

另外可以使用动态脚本的方式创建并检测特定函数是否存在，从而判断该浏览器是否支持 video 和 audio 元素。

```
var hasVideo=!!(docment.createElement('video').canPlayType);
```

这段代码会动态创建一个 video 元素，然后检测 canPlayType()函数是否存在，通过"!!"运算符将结果转换成布尔值，就可以反映出视频对象是否已经创建成功。

audio 和 video 提供了最简单的兼容性解决方案，就是为 audio 元素和 video 元素添加备选内容，如果浏览器不支持该元素，将会显示备选内容。

Audio	30
audio element	Yes ✓
Loop audio	Yes ✓
Preload in the background	Yes ✓
Advanced	
Web Audio API	Yes ✓
Speech Recognition	Prefixed ✓
Speech Synthesis	Yes ✓
Codecs	
PCM audio support	Yes ✓
AAC support	Yes ✓
MP3 support	Yes ✓
Ogg Vorbis support	Yes ✓
Ogg Opus support	Yes ✓
WebM with Vorbis support	Yes ✓
WebM with Opus support	Yes ✓

图 6-7 本机浏览器对 Audio 的支持情况

Video	31/35
video element	Yes ✓
Subtitles	Yes ✓
Audio track selection	No ✗
Video track selection	No ✗
Poster images	Yes ✓
Codec detection	Yes ✓
Advanced	
DRM support	Yes ✓
Media Source extensions	Yes ✓
Codecs	
MPEG-4 ASP support	No ✗
H.264 support	Yes ✓
Ogg Theora support	Yes ✓
WebM with VP8 support	Yes ✓
WebM with VP9 support	Yes ✓

图 6-8 本机浏览器对 Video 的支持情况

案例 6-06：使用 Video 和 Audio 的备选内容

扫描看效果

```
<!doctype html>
<html>
<head>
<meta charset="utf-8">
<meta keywords="Web 前端开发技术与实践  HTML5 Video Audio">
<meta content="Web 前端开发技术与实践  video 和 audio 的备选内容">
<title>video 和 audio 的备选内容</title>
</head>

<body>
<center>
<h1>播放视频</h1>
<!--视频播放器  begin-->
<video src="medias/WoWeiZiJiDaiYan-AD.mp4" controls>
    您的浏览器不支持 video 元素
</video><br><br><br>
<!--视频播放器  end-->
<!--音频播放器  begin-->
<audio src="medias/DaiWoDaoShanDing.mp3" controls>
    您的浏览器不支持 audio 元素
</audio>
<!--音频播放器  end-->
</center>
</body>
</html>
```

6.4.2　使用多种媒体格式提升兼容性

由于不同浏览器对视频的解码方式不同，导致不同浏览器对 video 和 audio 元素支持的可播放媒体格式也不相同。所以需要为每一个浏览器添加一个可以播放的媒体格式，这就需要用到 source 元素，source 元素可以为<video>和<audio>定义媒体资源，允许提供可替换的视频/音频文件，供浏览器根据其对媒体类型或者编解码器的支持进行选择。

<source>元素有三个属性：src 用于指定视频源的 URL 地址；type 为视频源的类型，如 video/mp4、video/ogg、video/webm 等，实际使用的编码器可以在这个字符串中指定；media 为视频的预期媒体类型，这一属性能够为其他设备指定不同的视频（如指定尺寸更小、分辨率更低的视频）。

案例 6-07：使用多种媒体元素提升兼容性

```
<!doctype html>
<html>
<head>
<meta charset="utf-8">
<meta keywords="Web 前端开发技术与实践  HTML5 Video Audio">
<meta content="Web 前端开发技术与实践使用多种媒体格式提升兼容性">
<title>使用多种媒体格式提升兼容性</title>
</head>

<body>
<center>
<h1>播放视频</h1>
<!--视频播放器 begin-->
<video controls>
    <source src="medias/WoWeiZiJiDaiYan-AD.mp4" type="video/mp4">
    <source src="medias/WoWeiZiJiDaiYan-AD.ogv" type="video/ogg">
    <source src="medias/WoWeiZiJiDaiYan-AD.webm" type="video/webm">
    您的浏览器不支持 video 元素
</video><br><br><br>
<!--视频播放器 end-->
<!--音频播放器 begin-->
<audio controls>
    <source src="medias/GeGe-ChangShilei.mp3" type="audio/mpeg">
    <source src="medias/GeGe-ChangShilei.ogg" type="audio/ogg">
    <source src="medias/GeGe-ChangShilei.wav" type="audio/wav">
您的浏览器不支持 audio 元素
</audio>
<!--音频播放器 end-->
</center>
</body>
</html>
```

扫描看效果

6.4.3　使用 Flash 提升兼容性

使用多种媒体格式提升兼容性只能提升支持 video 和 audio 元素的浏览器的兼容性，如果浏览器不支持该元素，就需要使用 Flash 代替 video 和 audio 元素播放多媒体。

利用脚本检测浏览器对 video 的支持情况，如果支持，使用 video 播放视频；不支持则引入 Flash 播放视频。

案例 6-08：使用 Flash 提升兼容性 🔖 🔖 🔖 🔖 🔖

扫描看效果

```
<!doctype html>
<html>
<head>
<meta charset="utf-8">
<meta keywords="Web 前端开发技术与实践 HTML5 Video Audio">
<meta content="Web 前端开发技术与实践使用 Flash 提升兼容性">
<title>使用 Flash 提升兼容性</title>
</head>

<body>
<center>
<h1>播放视频</h1>
<!--视频播放器 begin-->
<div id="videoBox">
    <video controls>
        <source src="medias/WoWeiZiJiDaiYan-AD.mp4">
        <source src="medias/WoWeiZiJiDaiYan-AD.ogg">
        <source src="medias/WoWeiZiJiDaiYan-AD.webm">
        您的浏览器不支持 video 元素
    </video>
</div>
<!--视频播放器 end-->
</center>
<!--JS 执行-->
<script>
function supports_video() {
    return !!document.createElement('video').canPlayType;
}
if (supports_video()) {
    alert("您的浏览器支持 video 播放，可以放心播放视频。")
}else{
    alert("您的浏览器不支持 video 播放，需要调用 Flash 播放视频。")
    videoBoxFlash="<object type='application/x-shockwave-flash' data='PlugIn/FLVPlayer_Progressive.swf' width=
'673' height='378'><param name='quality' value='high'><param name='wmode' value='opaque'><param name= 'scale'
value='noscale'><param name='salign' value='lt'><param name='FlashVars' value='&MM_ComponentVersion
=1&skinName=PlugIn/Corona_Skin_3&streamName=../medias/QQ-AD-1&autoPlay=false&autoRewind=false'><param
name='swfversion' value='8,0,0,0'></object>";
    document.getElementById("videoBox").innerHTML=videoBoxFlash;
    }
</script>
</body>
</html>
```

6.5　字幕

随着网络的发展，Web 中的内容越来越多地使用音频和视频的形式来体现，考虑到有些用户无法听到声音，或用户希望自己来阅读字幕和内容。HTML5 的字幕文件就是用来解决这种需求的。

6.5.1 标记时间的文本轨道

网络视频文本轨道（WebVTT）是用于标记文本轨道的文件格式。它与 HTML5 的<track>元素相结合，可为音频、视频等媒体资源添加字幕、标题和其他描述信息，并同步显示。

（1）文件内容。

WebVTT 文件是一个简单的纯文本文件，里面包含了以下几种类型的视频信息：

字幕：关于对话的转译或者翻译。

标题：类似于标题，但是还包括音响效果和其他音频信息。

说明：预期为一个单独的文本文件，通过屏幕阅读器描述视频。

章节：旨在帮助用户浏览整个视频。

元数据：默认不打算展示给用户的、与视频有关的信息和内容。

（2）文件格式。

WebVTT 文件是一个以 UTF-8 为编码、以.vtt 为文件扩展名的简单文本文件。它遵循由 W3C 规范所定义的特定格式。

WebVTT 文件的头部按如下顺序定义。

①可选的字节顺序标记（BOM）。

②字符串 WebVTT。

③一个空格（Space）或者制表符（Tab），后面接任意非回车换行的元素。

④两个或两个以上的"WebVTT 行结束符"：回车\r，换行\n，或者同时回车换行\r\n，具体文件格式如下：

```
1
00:00:15.000 --> 00:00:18.000
字幕或标题内容
```

（3）WebVTT 标记。

WebVTT 文件可以包含一个或多个 WebVTT Cues，之间用两个或多个 WebVTT 行结束符分隔开。

WebVTT 标记允许指定特定时间戳范围内的文字（如字幕），同时也可以给 WebVTT 标记指定一个唯一的标识符，标识符由简单字符串构成，不包含"-->"，也不包含任何的 WebVTT 行结束符，具体格式如下：

```
[idstring]
[hh:]mm:ss.msmsms --> [hh:]mm:ss.msmsms
字幕或标题内容
```

标识符是可选项，可有可无，但最好加入标识符，因为它能够帮助组织文件，也方便脚本操控。

时间戳遵循一个标准格式：小时部分[hh:]是可选的，毫秒和秒用一个点（如"."）分隔，而不是用冒号":"分隔，时间戳范围的后者必须大于前者。对于不同的 Cues，时间戳可以重叠，但在单个标记中，不能有字符串"-->"或两个连续的行结束符。

时间范围后的文字可以是单行或者多行。特定的时间范围之后的任何文本都与该时间范围匹配，直到一个新的 Cue 出现或文件结束。WebVTT cue 的具体格式如下：

```
1
00:00:52.000 --> 00:00:54.000
Web 前端开发技术
```

```
2
00:00:55.167 --> 00:00:57.042
视频播放技术
```

（4）WebVTT Cue 设置。

在时间范围值后面，可以为标记做设置，具体设置规则如下：

```
[idstring]
[hh:]mm:ss.msmsms --> [hh:]mm:ss.msmsms [标记设置]
文本内容
```

这些标记的设置能够定义文本的位置和对齐方式，设置选项如表 6-4 所列。

表 6-4　WebVTT Cue 设置

设置	值	功能说明
vertical	rl || lr	将文本纵向向左对齐（lr）或向右对齐（rl）（如日文的字幕）
line	[-][0 or more]	行位置，负数从框底部数起，正数从顶部数起
position	[0-100]%	百分数意味着文字开始时离框左边的位置（如英文字幕）
size	.[0-100]%	百分数意味着 Cue 框的大小是整体框架宽度的百分比
align	start || middle || end	指定 Cue 中文本的对齐方式

注意：如果没有设置 Cue 选项，默认位置是底部居中。

```
1
00:00:52.000 --> 00:00:54.000 align:start size:15%
Web 前端开发技术包括
2
00:00:55.167 --> 00:00:57.042 align:end line:10%
HTML、CSS 和 JavaScript
```

在这个示例中，"1"将靠左对齐，文本框大小为 15%；而"2"靠右对齐，纵向位置距离框顶部 10%。

（5）WebVTT 标记内联样式

除此之外，还可以用"WebVTT 标记内联样式"来给实际标记文本添加样式。这些内联样式类似于 HTML 元素，可以用来添加语义及样式。可用的内联样式如表 6-5 所列。

表 6-5　WebVTT Cue 内联样式

值	功能说明
c	用 c 定义（CSS）类，如<c.className>Cue text</c>
i	斜体字
b	粗体字
u	添加下划线
ruby	定义类似于 HTML5 的 <ruby> 元素。在这样的内联样式中，允许出现一个或多个 <rt> 元素（<ruby> 元素用于标注汉字等东亚字符的发音）
v	如有提供，则用来指定声音标签，如<v Ian>This is useful for adding subtitles</v>。注意此声音标签不会显示，它只是作为一个样式标记

一些 WebVTT 标记组件的使用示例如下：

```
1
00:00:52.000 --> 00:00:54.000 align:start size:15%
<v Emo>Web 前端开发包括<c.question>什么？</c></v>
2
```

```
00:00:55.167 --> 00:00:57.042 align:end line:10%
<v Proog>包括 HTML 技术，CSS 技术和 JavaScript 技术</v>
```

这个例子给标记文本添加两种不同的声音标签：Emo 和 Proog。另外，一个 question 的 CSS 类被指定，可以按惯常方法在 CSS 链接文件或 HTML 页面里为其指定样式。

注意要为标记文本添加 CSS 样式，你需要用到一个特定的伪选择元素，代码如下：

```
video::cue(v[voice="Emo"]) { color:lime }
```

为标记文本添加时间戳也是可能的，表示在不同的时间以不同的内联样式出现，具体应用代码如下：

```
3
00:00:52.000 --> 00:00:54.000
<c>你觉得呢？</c><00:00:53.500><c>是不是这样子的？</c>
```

（6）使用<track>元素。

HTML5 的<track>元素可以把外部轨道文件链接到特定资源上。<track>元素的属性如表 6-6 所列。

表 6-6　track 元素属性

名称	值	说明
kind	subtitles	字幕
	captions	标题，不仅仅是标题，还包括音效及其他音频信息
	descriptions	描述，视频的文本描述
	chapters	章节导航
	metadata	元数据
src	URL	指定资源 URL
srclang	Language code	src 资源的语言
label	Free text	给元素添加标签
default	n/a	如果存在，且用户无其他特别设定，此元素默认启用

<track>元素是<audio>或<video>的子元素，可定义多个<track>元素，提供不同语言的字幕或不同的文本轨道。

```
<video controls>
    <source src="elephants-dream.mp4" type="video/mp4">
    <source src="elephants-dream.webm" type="video/webm">
    <track label="English subtitles" kind="subtitles" srclang="en"
        src="elephants-dream-subtitles-en.vtt" default>
    <track label="Deutsche Untertitel" kind="subtitles" srclang="de"
        src="elephants-dream-subtitles-de.vtt">
    <track label="English chapters" kind="chapters" srclang="en"
        src="elephants-dream-chapters-en.vtt">
</video>
```

（7）浏览器支持情况。

当前浏览器对<track>元素的支持情况如图 6-9 所示。

从图 6-9 可以看出，桌面浏览器中只有 IE10+和 Safari7.1+支持<track>元素。

6.5.2　视频字幕

制作一个简单的包含视频字幕的播放器，主要实现在 IE11 浏览器上的视频音乐 MV 的功能，并实现字幕浏览及播放控制功能。

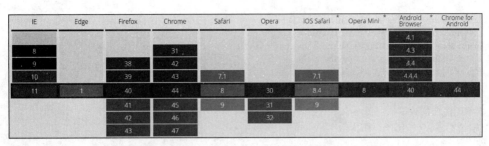

IE	Edge	Firefox	Chrome	Safari	Opera	iOS Safari *	Opera Mini *	Android Browser *	Chrome for Android
								4.1	
8			31					4.3	
9		38	42					4.4	
10		39	43	7.1		7.1		4.4.4	
11	1	40	44	8	30	8.4	8	40	44
		41	45	9	31	9			
		42	46		32				
		43	47						

图 6-9 浏览器对<track>元素的支持情况

案例 6-09：带字幕的视频播放器

字幕文件代码如下：

```
WebVTT

1
00:00:02.900 --> 00:00:08.370
模特 - 李荣浩
2
00:00:09.600 --> 00:00:15.194
词：周耀辉
3
00:00:16.680 --> 00:00:23.910
曲：李荣浩
4
00:00:35.000 --> 00:00:40.519
穿华丽的服装为原始的渴望而站着
5
00:00:42.220 --> 00:00:47.020
用完美的表情为脆弱的城市而撑着
…
39
00:04:17.160 --> 00:04:18.349
唱几分钟情歌
40
00:04:20.160 --> 00:02:26.349
没什么至少证明我们还活着
```

扫描看效果

页面代码如下：

```
<!doctype html>
<html>
<head>
<meta charset="utf-8">
<meta keywords="Web 前端开发技术与实践  HTML5 Video Audio">
<meta content="Web 前端开发技术与实践添加视频字幕">
<title>添加视频字幕</title>
</head>

<body>
<center>
<h1>播放视频</h1>
<!--视频播放器  begin-->
<video controls>
```

```
    <source src="medias/WoWeiZiJiDaiYan-AD.mp4">
    <source src="medias/WoWeiZiJiDaiYan-AD.ogg">
<source src="medias/WoWeiZiJiDaiYan-AD.webm">
    <track label="字幕" kind="subtitles" srclang="zh"
        src="medias/zh.vtt" default>
    您的浏览器不支持 video 元素
</video>
<!--视频播放器 end-->
</center>
</body>
</html>
```

6.6　案例：使用播放器插件实现视频播放

（1）简介。

案例说明：插件是在 Web 前端开发中经常会用到的工具，本案例将通过使用播放器插件的方式实现 Web 前端中的视频播放。

插件获取：插件名称为 Playr，作者是 Julien Villetorte，可实现支持字幕，标题及章节。通过 Github 下载 Playr，其下载地址为 https://github.com/delphiki/Playr。

案例代码：将 JavaScript 和 CSS 文件引入到网页中，并在 video 中添加类名称 player_video。

```
<link rel="stylesheet" href="css/playr.css" />
<script type="text/javascript" src="js/playr.js"></script>
```

（2）实现代码。

案例 6-10：视频播放器的实现

```
<!doctype html>
<html>
<head>
<meta charset="utf-8">
<meta keywords="Web 前端开发技术与实践  HTML5 Video Audio">
<meta content="Web 前端开发技术与实践添加视频字幕">
<link rel="stylesheet" href="css/playr.css" />
<script type="text/javascript" src="js/playr.js"></script>
<title>视频播放器的实现</title>
</head>
<body>
<center>
<h1>播放视频</h1>
<!--视频播放器 begin-->
<video class="playr_video">
    <source src="medias/WoWeiZiJiDaiYan-AD.mp4">
    <source src="medias/WoWeiZiJiDaiYan-AD.ogv">
    <source src="medias/WoWeiZiJiDaiYan-AD.webm">
您的浏览器不支持 video 元素
</video>
<!--视频播放器 end-->
</center>
</body>
</html>
```

扫描看效果

第 7 章

初识 CSS3

实现一个漂亮的网页，首先需要 HTML 为页面添加元素，如文字元素、图片元素、音频元素、视频元素等。然后需要使用 CSS 对网页进行各个页面元素的样式设计，完成对一个网页的基本展示。

CSS3 是最新版的 CSS 标准，使 CSS 不仅仅是简单的静态样式展示，还增加了许多新的功能，可以优化页面元素的展示方式。本章将概括介绍 CSS3 新增的功能和属性，为更好了解和使用 CSS3 奠定基础。

7.1　CSS3 概述

7.1.1　什么是 CSS?

CSS（Cascading Style Sheets，层叠样式表）是用于控制或增强网页样式，并允许将样式信息与网页内容分离的一种标记性语言。使用 CSS 样式可以控制许多仅使用 HTML 无法控制的属性。当在浏览器中打开一个 HTML 网页时，浏览器将读取该网页中的 HTML 标签，并根据内置的解析规则将网页元素呈现出来。CSS 决定浏览器将如何描述 HTML 元素的表现形式。

7.1.2　CSS 发展史

CSS 的发展历史经过了四个阶段。

（1）CSS1。

1996 年 12 月，CSS1（Cascading Style Sheets, level 1）正式推出。在这个版本中，已经包含了 font 的相关属性、颜色与背景的相关属性、文字的相关属性、box 的相关属性等。

（2）CSS2。

1998 年 5 月，CSS2（Cascading Style Sheets, level 2）正式推出。在这个版本中开始使用样式表结构。

（3）CSS2.1。

2004 年 2 月，CSS2.1（Cascading Style Sheets, level 2 revision 1）正式推出。它在 CSS2 的基础上略微作了改动，删除了诸如 text-shadow 等不被浏览器所支持的属性。

现在所使用的 CSS 基本上都是在 1998 年推出的 CSS2 的基础上发展而来的。

（4）CSS3。

2010 年开始，CSS3 逐步发布，具体关于 CSS3 的发布时间和状态，请访问 https://www.w3.org/Style/CSS。

7.1.3　CSS3 新特征

CSS3 是一个不断演化和完善的标准，在目前已经完成的部分中，CSS3 带来了许多优秀的特性。

1. CSS3 的新功能

CSS3 的新特征有很多，如圆角效果、图形化边界、块阴影与文字阴影、使用 RGBA 实现透明效果、渐变效果、使用@Font-Face 实现定制字体、多背景图、文字或图像的变形处理（旋转、缩放、倾斜、移动）、多栏布局、媒体查询等。

（1）边框特性。

CSS3 对网页中的边框进行了一些改进，主要包括支持圆角边框、多层边框、边框色彩与图片等。在 CSS3 中最常用的一个改进就是圆角边框，通过 CSS3 的属性可以快速实现圆角定义，同时还可以根据实际情况针对特定角进行圆角定义。

（2）多背景图。

CSS3 允许使用多个属性（比如 background-image、background-repeat、background-size、background-position、background-origin 和 background-clip 等）在一个元素上添加多层背景图片。该属性的应用大大改善了以往面对多层次设计需要多层布局的问题，帮助 Web 前端开发者在不借助 Photoshop 的情况下实现对页面背景的设计，减少了背景图片的维护成本。

（3）颜色与透明度。

CSS3 颜色模块的引入，实现了制作 Web 效果时不再局限于 RGB 和十六进制两种模式。CSS3 增加了 HSL、HSLA、RGBA 三种新的颜色模式。这几种颜色模式的提出，在开发时不仅可以设置元素的色彩，还能根据需要轻松地设定元素透明度。

（4）多列布局与弹性盒模型布局。

CSS3 多列布局属性可以不使用多个 div 标签就能实现多列布局。CSS3 中的多列布局模块描述了如何像报纸、杂志那样，把一个简单的区块拆成多列，并通过相应属性来实现列数、列宽、各列之间的空白间距。弹性盒模型布局方便了 Web 前端开发者根据复杂的前端分辨率进行弹性布局，轻松地实现页面中的某一区块在水平、垂直方向对齐，是进行响应式网站开发的一大利器。

（5）盒子的变形。

在 CSS2.1 中，想让某个元素变形必须要借助 JavaScript 写大量的代码实现，在 CSS3 中加入了变形属性，该属性在 2D 或 3D 空间里操作盒子的位置和形状，来实现旋转、扭曲、缩放或者移位。变形属性的出现，使 Web 前端中的元素展示不仅仅局限在二维空间，Web 前端开发者可以通过旋转、扭曲、缩放或者移位等操作实现元素在三维空间上的展示。通过变形元素，Web 前端中的内容展示更加形象、真实。

（6）过渡与动画。

CSS3 的"过渡"（transition）属性通过设定某种元素在某段时间内的变化实现一些简单的动画效果，让某些效果变得更加具有流线性与平滑性。CSS3 的"动画"（animation）属性能够实现更复杂的样式变化以及一些交互效果，而不需要使用任何 Flash 或 JavaScript 脚本代码。过渡与动画的出现，使 CSS 在 Web 前端开发中不再局限于简单的静态内容展示，而是通过简单的方法使页面元素动了起来，实现了元素从静到动的变化。

（7）选择器。

CSS 选择器是个很强大的工具，它允许在标签中指定特定的 HTML 元素而不必使用多余的 class、ID 或 JavaScript。CSS 选择器中的大部分并不是在 CSS3 中新添加的，只是在之前的版本中没有得到广泛的应用。如果想实现一个干净的、轻量级的标签以及结构与表现更好的分离，高级选择器是非常有用的，其可以减少在标签中的 class 和 ID 的数量并更方便地维护样式表。

（8）Web 字体。

CSS3 中引入了 @font-face。@font-face 是链接服务器字体的一种方式，这些嵌入的字体能变成浏览器的安全字体，开发人员不用再担心用户没有这些字体而导致网页在用户浏览器无法正常显示的问题。

（9）媒体查询。

CSS3 中引入媒体查询（media queries），可为不同分辨率的设备定义不同的样式。比如，在可视区域小于 480 像素时，可能想让原来在右侧的网站侧栏显示在主内容的下边，以往必须通过 JavaScript

判断用户浏览器的分辨率，然后再通过 JavaScript 修改 CSS。现在只需要通过 CSS3 中的媒体查询就可实现上述操作。

（10）阴影。

阴影主要分为两种：文本阴影（text-shadow）和盒子阴影（box-shadow）。文本阴影在 CSS2.1 中已经存在，但没有得到广泛的运用。CSS3 延续了这个特性，并进行了新的定义，该属性提供了一种新的跨浏览器解决方案，使文本看起来更加醒目。盒子阴影的实现在 CSS2.1 中也已经存在，但是实现起来比较繁琐。CSS3 中的盒子阴影的引入，可轻易地为任何元素添加盒子阴影。

2．CSS3 的应用范围

在了解了 CSS3 的基本概念后，下面介绍 CSS3 的实际应用。

（1）所有主流桌面浏览器。

目前，Internet Explorer、Chrome、Firefox、Safari 和 Opera 均支持各种 CSS3 功能。但是，只有浏览器的最新版本才能实际支持主要的 CSS3 功能。

（2）移动浏览器。

最新的智能手机操作系统均基本支持 CSS3，如 iOS、Android、Windows Phone 设备的默认 Web 浏览器。实际上，移动浏览器具有大部分 CSS3 功能的最佳支持能力。

需要说明的是，并不是所有的桌面和移动浏览器均以相同的方式支持所有的功能。

7.1.4　主流浏览器对 CSS3 的支持

1．CSS3 属性

不同平台不同浏览器对 CSS3 属性的支持情况有所不同，具体如表 7-1 所列。

表 7-1　不同平台不同浏览器对 CSS3 属性的支持情况

平台	MAC		Windows							
浏览器品牌	Safari	Firefox	Chrome	Opera	Firefox	Safari	IE			
型号	8.0	40.0	44	31.0	40.0	8.0	7	8	9	10
RGBA	√	√	√	√	√	√	×	×	√	√
HSLA	√	√	√	√	√	√	×	×	√	√
Box Sizing	√	√	√	√	√	√	×	√	√	√
Background Size	√	√	√	√	√	√	×	×	√	√
Multiple Backgrounds	√	√	√	√	√	√	×	×	√	√
Border Image	√	√	√	√	√	√	×	×	×	×
Border Radius	√	√	√	√	√	√	×	×	√	√
Box Shadow	√	√	√	√	√	√	×	×	√	√
Text Shadow	√	√	√	√	√	√	×	×	×	√
Opacity	√	√	√	√	√	√	×	×	√	√
CSS Animations	√	√	√	√	√	√	×	×	×	√
CSS Columns	√	√	√	√	√	√	×	×	×	√
CSS Gradients	√	√	√	√	√	√	×	×	×	√

平台	MAC		Windows							
浏览器品牌	Safari	Firefox	Chrome	Opera	Firefox	Safari	IE			
型号	8.0	40.0	44	31.0	40.0	8.0	7	8	9	10
CSS Reflections	√	×	√	×	×	√	×	×	×	×
CSS Transforms	√	√	√	√	√	√	×	×	√	√
CSS Transforms 3D	√	√	×	×	√	√	×	×	×	√
CSS Transitions	√	√	√	√	√	√	×	×	×	√
CSS FontFace	√	√	√	√	√	√	√	√	√	√
FlexBox	√	√	√	×	√	√	×	×	×	×
Generated Content	√	√	√	√	√	√	×	√	√	√
DataURI	√	√	√	√	√	√	×	√	√	√
Pointer Events	√	√	√	√	√	√	×	×	√	√
Display: table	√	√	√	√	√	√	×	√	√	√
Overflow Scrolling	×	×	×	×	×	×	×	×	×	×
Media Queries	√	√	√	√	√	√	×	×	√	√

2. CSS3 选择器

不用平台不同浏览器对 CSS3 选择器的支持情况也是不同的，具体情况如表 7-2 所列。

表 7-2　不同平台不同浏览器对 CSS3 选择器的支持情况

平台	MAC		Windows							
浏览器品牌	Safari	Firefox	Chrome	Opera	Firefox	Safari	IE			
型号	8.0	40.0	44	31.0	8.0	40.0	7	8	9	10
Begins with	√	√	√	√	√	√	√	√	√	√
Ends with	√	√	√	√	√	√	√	√	√	√
Matches	√	√	√	√	√	√	√	√	√	√
Root	√	√	√	√	√	√	×	×	√	√
nth-child	√	√	√	√	√	√	×	×	√	√
nth-last-child	√	√	√	√	√	√	×	×	√	√
first-of-type	√	√	√	√	√	√	×	×	√	√
last-of-type	√	√	√	√	√	√	×	×	√	√
only-child	√	√	√	√	√	√	×	×	√	√
only-of-type	√	√	√	√	√	√	×	×	√	√
empty	√	√	√	√	√	√	×	×	√	√
target	√	√	√	√	√	√	×	×	√	√
enabled	√	√	√	√	√	√	×	×	√	√
disabled	√	√	√	√	√	√	×	×	√	√
checked	√	√	√	√	√	√	×	×	√	√
not	√	√	√	√	√	√	×	×	√	√
General Sibling	√	√	√	√	√	√	√	√	√	√

7.1.5　谁在使用 CSS3

随着主流浏览器对 CSS3 支持的不断增强，越来越多的互联网公司开始在前端开发中加入 CSS3 来实现一些效果，如淘宝网首页使用了 CSS3 圆角属性、淘宝网排行榜首页使用了 CSS3 变形属性。国外的一些互联网公司更是在前端开发中引入了大量的 CSS3 效果，如国外比较流行的 Twitter 前端框架 Bootstrap，该框架中使用了大量的 CSS3 效果，如 CSS3 动画、阴影、圆角、选择器、Web 字体等。

7.1.6　CSS3 的未来

CSS3 无疑会给 Web 前端开发带来质的飞跃，随着旧版本浏览器所占市场份额越来越少，主流浏览器对 CSS3 的支持会不断增强，学习 CSS3 技术将更有价值，CSS3 技术也将成为一名优秀 Web 前端工程师必须掌握的技术之一。

7.2　CSS3 功能

7.2.1　CSS3 模块

CSS 规范的前几个版本完全包含了构成 CSS 语言的元素的定义。在 CSS3 中，整个规范已经被划分为一组较短的规范，它们被称为模块（module）。

CSS3 中每个模块为给定的功能子集方面提供定义，如表 7-3 所列，如定义媒体选择器、模块定义颜色、SVG 等。模块方式允许 CSS 规范的某个特定部分能够作为一个标准进行审批和实施，这样做的速度要快于将包含所有功能的大型规范作为一个标准进行审批和实施的方式；而后者无疑要花费更长的时间才能使得规范成为人们认可的标准。总而言之，CSS3 是一个不断演化和完善的标准。

表 7-3　CSS3 中的模块

模块名称	功能描述
Basic box model	定义各种与盒相关的样式
Line	定义各种与直线相关的样式
Lists	定义各种与列表相关的样式
Hyperlink Presentation	定义各种与超链接相关的样式。比如锚的显示方式、激活时的视觉效果等
Presentation Levels	定义页面中元素的不同样式级别
Speech	定义各种与语音相关的样式。比如音量、音速、说话间歇时间等属性
Background and border	定义各种与背景和边框相关的样式
Text	定义各种与文字相关的样式
Color	定义各种与颜色相关的样式
Font	定义各种与字体相关的样式
Paged Media	定义各种页眉、页脚、页数等页面元数据的样式
Cascadingand inheritance	定义怎样对属性进行赋值
Value and Units	将页面上各种各样的值与单位进行统一定义，以供其他模块使用
Image Values	定义对 image 元素的赋值方式

模块名称	功能描述
2D Transforms	在页面中实现二维空间上的变形效果
3D Transforms	在页面中实现三维空间上的变形效果
Transforms	在页面中实现平滑过渡的视觉效果
Animations	在页面中实现动画
CSSOM View	查看管理页面或页面的视觉效果，处理元素的位置信息
Syntax	定义 CSS 样式表的基本结构、样式表中的一些语法细节、浏览器对于样式表的分析规则
Generated and Replaced Content	定义怎样在元素中插入内容
Marquee	定义当一些元素的内容太大，超出了指定的元素尺寸时，是否以及怎样显示溢出部分
Ruby	定义页面中 ruby 元素（用于显示拼音文字）的样式
Writing Modes	定义页面中文本数据的布局方式
Basic User Interface	定义在屏幕、纸张上进行输出时页面的渲染方式
Namespaces	定义使用命名空间时的语法
Media Queries	根据媒体类型来实现不同的样式
'Reader' Media Type	定义用于屏幕阅读器等的阅读程序时的样式
Multi-column Layout	在页面中使用多栏布局方式
Template Layout	在页面中使用特殊布局方式
Flexible Box Layout	创建自适应浏览器窗口的流动布局或自适应字体大小的弹性布局
Grid Position	在页面中使用风格布局方式
Generated Content for Paged Media	在页面中使用印刷时使用的布局方式

7.2.2　使用 CSS3 的优势

（1）减少开发成本与维护成本。

在 CSS3 出现之前，开发人员为了实现一个圆角效果，往往需要添加额外的 HTML 标签，使用一个或多个图片来完成；而使用 CSS3 只需要一个标签，利用 CSS3 中的 border-radius 属性就能完成。这样，CSS3 技术把人员从绘图、切图和优化图片的工作中解放出来。如果后续需要调整这个圆角的弧度或者圆角的颜色，使用 CSS2.1 需要从头绘图、切图才能实现，使用 CSS3 只需修改 border-radius 属性值即可快速完成修改。

CSS3 提供的动画特性，可让开发者在实现一些动态按钮或者动态导航时远离 JavaScript，让开发人员不需要花费大量的时间去写脚本或者寻找合适的脚本插件来适配一些动态网站效果。

（2）提高页面性能。

很多 CSS3 技术通过提供相同的视觉效果而成为图片的"替代品"，换句话说，在进行 Web 开发时，更少的图片、脚本和 Flash 文件能够减少用户访问 Web 站点时的 HTTP 请求数，这是提升页面加载速度的最佳方法之一。而使用 CSS3 制作图形化网站无需任何图片，极大地减少了 HTTP 的请求数量，提升了页面的加载速度。例如 CSS3 的动画效果能够减少对 JavaScript 和 Flash 文件的 HTTP 请求，但可能会要求浏览器执行很多的工作来完成这个动画效果的渲染，这有可能导致浏览器响应缓慢，致使用户流失。因此，在使用一些复杂的特效时需要考虑清楚，其实很多 CSS3 技术都能够大幅提高页面的性能。

7.3 在 HTML 中使用 CSS

7.3.1 内联样式

内联样式是在元素属性中设置样式。这种方式很适合用于测试样式和快速查看样式效果，但是不推荐在整个文档上使用此方法。

在使用此方法时，必须在每一个元素上重复设置各个样式，这样既增加文档大小，又增加文档的更新和维护难度。例如，所有的<li>元素都设置了宽度大小，如果需要修改，就需要反复更改多处样式定义内容。

案例 7-01：内联样式 🌐 🌐 🎵 🌐 ℯ

```
<!doctype html>
<html>
<head>
<meta charset="utf-8">
<title>内联样式</title>
</head>
<body>
<nav>
    <ul>
    <li style="float:left; padding:4px 5px 0px 5px; color:#f00; font-weight:bold; list-style:none;">首页</li>
    <li style="float:left; padding:4px 5px 0px 5px; list-style:none;">Web 前端开发</li>
    <li style="float:left; padding:4px 5px 0px 5px; list-style:none;">Linux 操作系统</li>
    <li style="float:left; padding:4px 5px 0px 5px; list-style:none;">计算机网络</li>
    <li style="float:left; padding:4px 5px 0px 5px; list-style:none;">MySQL 数据库管理</li>
</ul>
</nav>
</body>
</html>
```

扫描看效果

7.3.2 嵌入样式

嵌入样式是通过在 HTML 文档头定义样式单部分来实现的。

通常不建议使用嵌入样式，因为此方式必须在 HTML 文档内部定义样式，如果此文档的 CSS 样式需要被其他 HTML 文档使用，那么就必须重新定义。大量 CSS 嵌套在 HTML 文档中，也会导致 HTML 文档过大，造成网络负担过重。如果需要修改整站风格，必须对网站的每一个网页进行修改，不利于更新和管理。

案例 7-02：嵌入样式

```html
<!doctype html>
<html>
<head>
<meta charset="utf-8">
<title>嵌入样式</title>
<style type="text/css">
body {
    margin:20px 0px;
    color:#fff;
    font-size:13px;
    font-family:微软雅黑, "Times New Roman", Times, serif;
}
nav {
    width:100%;
    height:30px;
    padding-left:30px;
    background-color:#f63;
}
li {
    float:left;
    padding:4px 5px 0px 5px;
    list-style:none;
}

</style>
</head>
<body>
<nav>
    <ul>
    <li>首页</li>
    <li>Web 前端开发</li>
    <li>Linux 操作系统</li>
    <li>计算机网络</li>
    <li>MySQL 数据库管理</li>
    </ul>
</nav>
</body>
</html>
```

7.3.3 外部样式

外部样式是将所有样式写在一个外部文件中，在 HTML 文档中使用<link>元素，将文件链接到需要设置样式的文档上。使用这种方法，只需要修改链接的文件，就可以完全改变网页的整体风格。此外，也可以使用这种方法修改或调整文档，使之适应不同环境或设备的显示要求。推荐使用这种方法。

案例 7-03：外部样式

文件一：7-03.css（路径：css/7-03.css）

```css
@charset "utf-8";
/* CSS Document */
body {
```

```
        margin:20px 0px;
        color:#fff;
        font-size:13px;
        font-family:微软雅黑, "Times New Roman", Times, serif;
    }
    nav {
        width:100%;
        height:30px;
        padding-left:30px;
        background-color:#f63;
    }
    li {
        float:left;
        padding:4px 5px 0px 5px;
        list-style:none;
    }
```

文件二：7-03.html

```html
<!doctype html>
<html>
<head>
<meta charset="utf-8">
<title>外部样式</title>
<link type="text/css" href="css/7-03.css" rel="stylesheet">
</head>
<body>
<nav>
    <ul>
    <li>首页</li>
    <li>Web 前端开发</li>
    <li>Linux 操作系统</li>
    <li>计算机网络</li>
    <li>MySQL 数据库管理</li>
</ul>
</nav>
</body>
</html>
```

7.3.4　网站 CSS 文件的规划

随着 CSS 的应用重要性的增强，一个网站的 CSS 文件也就越来越多。如何规划 CSS 文件的目录和结构，对于网站的性能有着重要的意义。常用的网站 CSS 文件规划的方法介绍如下。

（1）基于原型。

基于原型页面进行 CSS 文件的构建是最为常用的策略。通常共享的 CSS 放到主样式文件，每个页面都载入；各子页面的样式文件单独存放，在需要时载入。

（2）基于页面元素或模块。

对于基本的元素，如 header、body、nav、link 等元素的定义，放到主样式文件。而 aside、article、address 等元素的定义，分别单独定义样式文件。

（3）基于标记。

基于标记的规划是最为常见的方法。如网站中所有的内容列表、网站版权、导航、Logo 等，定义到主样式文件中；而表单、搜索、内容推荐等，分别定义样式文件，在需要时载入。

总之，并没有完全标准的 CSS 文件的规划方法，在具体的应用中，要根据网站的实际为样式文件创建专门的目录，并规划样式文件的定义。要尽量保障样式文件的重用，又不要让所有的页面过多载入不需要的样式定义，从而造成网络流量的浪费和响应时间的延长。

7.4　案例：基于终端设备选择不同样式

案例 7-04：基于终端设备选择不同样式

```html
<!doctype html>
<html>
<head>
<meta charset="utf-8">
<title>基于终端设备选择不同样式</title>
<style>
body {                                    /*页面 CSS 规则*/
    font-size:13px;
    font-family:微软雅黑，黑体;
    color:#000;
    background-color:#fff;
}
@media screen and (min-width:768px) {     /*分辨率宽度为 768px 以上*/
body {
    background-color:#f00;
}
}
@media screen and (min-width:992px) {     /*分辨率宽度为 992px 以上*/
body {
    background-color:#f0c;
}
}
@media screen and (min-width:1200px) {    /*分辨率宽度为 1200px 以上*/
body {
    background-color: #ff0;
}
}
</style>
</head>
<body>

<ul>
    <li>浏览器宽度小于 768px 时，背景颜色为白色。</li>
    <li>浏览器宽度在 768px 至 992px 之间时，背景颜色为红色。</li>
    <li>浏览器宽度在 992px 至 1200px 之间时，背景颜色为玫红色。</li>
    <li>浏览器宽度大于 1200px 时，背景颜色为黄色。</li>
    <li>此案例仅为演示，实际应用要复杂得多。</li>
</ul>

</body>
</html>
```

7.5　案例：基于浏览器选择不同样式

案例 7-05：基于浏览器选择不同样式

```html
<!doctype html>
<html>
<head>
<meta charset="utf-8">
<title>基于浏览器选择不同样式</title>
<style>
div {
    width:500px;
    height:300px;
    border:2px #000 solid;               /*浏览器边框为 2px 实线*/
    border-radius:5px;                   /*圆角半径为 5px*/
    -moz-border-top-colors:#f00;         /*浏览器内核为-moz-的浏览器边框样式*/
    -webkit-border-radius:40px;          /*浏览器内核为-webkit-的浏览器边框样式*/
}
</style>
</head>

<body>
<ul>
    <li>IE 浏览器：黑色边框，5 像素圆角。</li>
    <li>Firefox 浏览器：黑色边框，上边框为红色，5 像素圆角。</li>
    <li>Chrome 浏览器：黑色边框，40 像素圆角。</li>
</ul>
<div></div>
</body>
</html>
```

扫描看效果

第 8 章

选择器

　　选择器是 CSS 的重要内容。选择器可以在标签中指定特定的 HTML 元素而不必使用多余的 class、ID，从而实现轻量级的标签书写以及结构与表现更好的分离。CSS 中的选择器大部分并不是 CSS3 中新添加的，而是在原有 CSS 中没有被广泛应用的。

　　本章详细介绍 CSS 的选择器，并通过案例展示选择器的使用方法以及如何通过选择器提高页面的简洁性，从而让 Web 前端开发者体会到选择器的重要价值与意义。

8.1 认识 CSS 选择器

选择器是 CSS 的核心，从最初的元素选择器、类选择器、ID 选择器，演进到伪元素、伪类，以及 CSS3 提供的更为丰富的选择器，使得定位页面上的任意元素开始变得越发简单。在 Web 前端开发中，HTML 仅展示页面内容，而 CSS 定义网站最受用户关注的前端表现部分，如网站各个部分的颜色、字体、阴影等。对于一个大型的网站来说，要实现一个色彩良好、布局规范、交互舒适的网站就需要书写大量的 CSS 代码。但需要对样式表进行修改的时候，在数千行的 CSS 代码中，并没有说明 CSS 代码各个部分服务于网站的哪个部分，只是使用了 class 属性，然后在页面中指定了元素的 class 属性。

大量使用 class 属性有着以下两种缺点：

第一，class 属性本身并没有语义，其纯粹是为 CSS 样式服务，对于元素来说是多余属性。

第二，使用 class 属性并没有把样式与元素绑定起来，针对同一个 class 属性，文本框可使用，下拉框也可使用，按钮也可使用。这样的相互引用是十分混乱的，修改样式也很不方便。在 CSS3 中提倡使用选择器将样式与元素直接绑定起来，使得样式表中的样式定义和页面中的元素相匹配。通过 CSS3 提供的选择器，还可以实现各种复杂的指定，同时能大量减少样式表的代码书写量。

根据 CSS3 选择器功能可将选择器分为四部分：

第一部分是常用的部分，即基础选择器。

第二部分是层次选择器。

第三部分是伪类选择器。

第四部分是属性选择器。

8.2 基础选择器

8.2.1 语法

基础选择器是 CSS 中最基础、最常用的选择器，从 CSS 诞生开始就一直存在，供 Web 前端开发者快速地进行 DOM 元素的查找与定位。

CSS 语法由选择器、属性和值三部分组成。

具体语法如下：

```
选择器名字{
属性:值;
属性:值;
}
```

一个简单的选择器代码如下：

```
p{
font-size: 12px;
color: #ff0000;
}
```

在该例中，"p"就是选择器（类型选择器）；"font-size"是属性；"12px"是取值。该 CSS 定义表示：对页面<p>标签内的文本内容的"字体大小"属性取 12px 的值。

基础选择器包含通配符选择器、元素选择器、类选择器和 ID 选择器，通过这些基础的选择器可以为 HTML 元素添加很多附加信息，如指定 div 元素的 width 属性以实现对 div 元素的宽度控制。基础选择器的含义与示例如表 8-1 所列。

表 8-1　基础选择器含义与示例

选择器	含义	示例
*	通用元素选择器，匹配任何元素	* { margin:0; padding:0; }
E	标签选择器，匹配所有使用 E 标签的元素	p { font-size:2em; }
.info 和 E.info	class 选择器，匹配所有 class 属性中包含 info 的元素	.info { background:#ff0; } p.info { background:#ff0; }
#info 和 E#info	ID 选择器，匹配所有 ID 属性等于 footer 的元素	#info { background:#ff0; } p#info{ background:#ff0; }

8.2.2　通配符选择器

和很多语言一样，"*"在 CSS 中代表所有，即为通配符选择器。通配符选择器用来选择所有元素，同时也可以选择某个元素下的所有元素。

```
*{font-size:12px;}
```

这个例子代表将网页中所有元素的字体定义为 12 像素。当然，在具体的 Web 前端开发中一般不会进行这么极端的定义。在实际应用中，更多使用如下代码：

```
*{
margin: 0;
padding: 0;
}
```

定义所有元素的外边距和内边距为 0，而在具体需要设定内外边距的时候再具体定义。从这个例子中可以看出，通配符选择器的作用更多的是对元素的一种统一预设定。

通配符选择器也可以用于选择器组合中。

```
div *{ color: #ff0000; }
```

该例子表示在<div>标签内的所有字体颜色为红色。

通配符选择器还有一种不常用的方式：

```
body *{ font-size:120%; }
```

此时它表示相乘，当然 body 也可以换成其他选择器标签。由于效果受较多因素影响，一般不常使用。

案例 8-01：通配符选择器🤍❸🕐👂ℯ

```
<!doctype html>
<html>
<head>
<meta charset="utf-8">
<title>通配符选择器</title>
<style type="text/css">
* {
    margin:3px;                          /*所有元素外边距为3px*/
```

扫描看效果

```
            padding:0px;                          /*所有元素内边距为0px*/
            border:1px solid #f00;                /*所有元素边框为 1px 实线*/
        }
        </style>
        </head>

        <body>
        <div>
            <ul>
            <li>1</li>
            <li>2</li>
            <li>3</li>
            <li>4</li>
            <li>5</li>
            <li>6</li>
            <li>7</li>
            <li>8</li>
            </ul>
        </div>
        </body>
        </html>
```

8.2.3　元素选择器

元素选择器是 CSS 选择器中最常见且最基本的选择器，是对文档的元素进行样式定义，可以为 html、body、p、div 元素等定义样式。

```
html {color:black;}
```

在这个例子中定义 HTML 元素，设置其背景颜色为黑色。

使用元素选择器可以快速地将某个样式从一个元素转移到另一个元素上，如将元素 h1 改为 p，可以将原 h1 内的字体颜色改为灰色。

```
html {color:black;}
p{color:gray;}
h1 {color:silver;}
```

通过元素选择器可定义页面中所有使用该元素的样式，减少 CSS 代码的书写。如下代码可以匹配 HTML 中所有的 h1 元素，并定义 h1 元素内的字体为"微软雅黑"。

```
h1 {font-family: 微软雅黑;}
```

案例 8-02：元素选择器

扫描看效果

```
        <!doctype html>
        <html>
        <head>
        <meta charset="utf-8">
        <title>元素选择器</title>
        <style type="text/css">
        li {
            margin:10px;
            padding:5px;
            width:18px;
            font-size:13px;
            color:#fff;
            text-align:center;
```

```
        border-radius:5px;                          /*圆角边框半径为 5px*/
        border:1px solid #f00;
        background-color: #f90;
        float:left;                                 /*向左浮动*/
        list-style:none;                            /*清除列表默认样式*/
    }
    </style>
    </head>

    <body>
    <div>
        <ul>
        <li>1</li>
        <li>2</li>
        <li>3</li>
        <li>4</li>
        <li>5</li>
        <li>6</li>
        <li>7</li>
        <li>8</li>
    </ul>
    </div>
    </body>
    </html>
```

8.2.4 类选择器

CSS 类选择器允许选择网页元素的类进行样式表应用。

类选择器以"."符号标识，后面紧跟类名称，如下所示：

```
.classname {
color: #d51300;
}
```

该 CSS 样式表示选中网页中 class="classname"的网页元素，并设置其文字颜色为#d51300。

类选择器是以一种独立于文档元素的方式来指定样式，使用类选择器之前必须在 HTML 元素上定义类名。换句话说，需要保证类名在 HTML 标记中存在，这样才能选择类。

要在 HTML 代码中应用一个类（class）样式，只需在标签内使用 class 属性，取值为类名。使用方法如下：

```
<h3>文章分类</h3>
<ul class=" classname ">
<li>情感世界</li>
<li>技术文章</li>
<li>网络文摘</li>
<li>其他</li>
</ul>
```

在该 HTML 代码中，<ul></ul>内包含的文字颜色都被渲染为#d51300 颜色。当然，也可以再为其中的一个或一些<li></li>元素单独定义另外的样式。

类选择器还可以结合元素选择器来使用。比如，文档中有多个元素使用了类名"items"，但是只需在使用了类名"items"的 li 元素上修改样式，则可以将类名称定义为"li.items"。

```
<h3>文章分类</h3>
```

```
<ul class=" itmes ">
<li class=" itmes ">情感世界</li>
<li class=" itmes ">技术文章</li>
<li class=" itmes ">网络文摘</li>
<li class=" itmes ">其他</li>
</ul>
```

也可以为一个元素定义多个类名称，从而实现多个类共同对单一元素起作用。

需要注意的是，在网页中只要将网页元素的 class 属性定义为 classname，就会受到该样式表的影响，而不管它具体是何种类型的网页元素。同时，类名称的第一个字符不能使用数字，因为它无法在浏览器中起作用。

案例 8-03：类选择器

```
<!doctype html>
<html>
<head>
<meta charset="utf-8">
<title>类选择器</title>
<style type="text/css">
li {
    margin:10px;
    padding:5px;
    width:18px;
    font-size:13px;
    color:#fff;
    text-align:center;
    border-radius:5px;              /*圆角半径为 5px*/
    border:1px solid #f00;          /*边框为 1px 实线*/
    background-color: #f90;
    float:left;                     /*向左浮动*/
    list-style:none;                /*清除列表默认样式*/
}
.ButtonNow {
    font-weight:bold;               /*文字加粗*/
    background-color:#ff0;
    border:1px solid #f00;
    color:#f00;
}
</style>
</head>

<body>
<div>
    <ul>
    <li>1</li>
    <li>2</li>
    <li class="ButtonNow">3</li>
    <li>4</li>
    <li>5</li>
    <li>6</li>
    <li>7</li>
    <li>8</li>
</ul>
</div>
</body>
</html>
```

扫描看效果

8.2.5 ID 选择器

CSS 中的 ID 选择器允许选择网页元素的 ID 进行样式表应用。

ID 选择器以"#"标识，后面紧跟 HTML 元素 ID 名称。

HTML 代码使用 ID 选择器的方法如下：

```
<div id="nav">
<h2><a href="index.html">首页</a></h2>
<h2><a href="blog.html">博客</a></h2>
<h2><a href="guestbook.html">留言板</a></h2>
</div>
```

在上面的 HTML 代码中，有一个 id="nav"的 div 网页元素。使用 ID 选择器对该元素进行样式表应用如下所示：

```
#nav {
font-size: 14px;
width: 500px;
}
```

此时，id 为 nav 的网页元素的宽度为 500px，其内文字大小为 14px。

需要注意的是，网页元素的 ID 是唯一的，对应的 CSS ID 选择器内的样式表也只能作用于唯一的一个 ID 元素，而类选择器会作用于所有类名相同的网页元素。这也是类选择器和 ID 选择器的区别。

案例 8-04：ID 选择器

```
<!doctype html>
<html>
<head>
<meta charset="utf-8">
<title>ID 选择器</title>
<style type="text/css">
li {
    margin:10px;
    padding:5px;
    width:18px;
    font-size:13px;
    color:#fff;
    text-align:center;
    border-radius:5px;
    border:1px solid #f00;
    background-color: #f90;
    float:left;
    list-style:none;
}
#ButtonNow {
    font-weight:bold;
    background-color:#ff0;
    border:1px solid #f00;
    color:#f00;
}
</style>
</head>
<body>
```

扫描看效果

```
<div>
    <ul>
    <li>1</li>
    <li>2</li>
    <li id="ButtonNow">3</li>
    <li>4</li>
    <li>5</li>
    <li>6</li>
    <li>7</li>
    <li>8</li>
    </ul>
</div>
</body>
</html>
```

8.2.6　选择器兼容性

熟悉各种选择器性能，可以方便、快速、精准地为元素赋予样式，但是越是高级的选择器，就面临越多的兼容性问题，这个问题突出体现在 IE 系列早期的浏览器中。

通过 QuirksMode 网站的 CSS selectors 的最新统计，可以知道 CSS 基础选择器在各个浏览器中的支持情况，如图 8-1 所示。

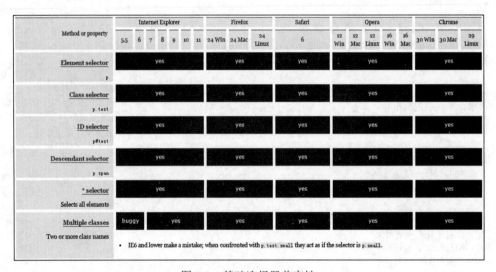

图 8-1　基础选择器兼容性

8.3　层次选择器

8.3.1　语法

CSS 关系选择器是一些基础选择器按照一定的关系进行组合的选择器组合，其中选择器的关系使用关系选择符表示，关系选择符有四个类别：包含选择符、子选择符、相邻选择符、兄弟选择符。

层次选择器可以基于 HTML 中 DOM 元素之间的层次关系进行选择，可以快速准确地找到相关元素，并对相关元素进行样式定制。

其语法如下：

```
选择器名称 选择符选择器名称{
属性:值;
属性:值;
}
```

8.3.2　后代选择器

后代选择器也被称作包含选择器，就是可以选择某元素的后代元素。

比如说 E F，前面 E 为祖先元素，F 为后代元素。所表达的意思就是选择了 E 元素的所有后代 F 元素。请注意祖先元素和后代元素之间使用一个空格隔开。这里 F 不管是 E 元素的子元素、孙元素或者是更深层次的关系，都将被选中。也就是说，E F 将递归选中 E 元素中的所有 F 元素。

```
h1 em {color:red;}
```

上面的例子可以实现将 h1 元素的后代 em 元素变为红色，而其他的 em 文本将不会被这个规则选中，在 HTML 中的代码如下：

```
<h1><em>Webt</em>前端开发技术与实践</h1>
<p>Web<em>前端</em>开发技术与实践</p>
```

需要注意的是，后代选择器有一个易被忽视的方面，即两个元素之间的层次间隔可以是无限的。例如，如果写作 ul em，这个语法就会选择从 ul 元素继承的所有 em 元素，而不论 em 的嵌套层次多深。因此，ul em 将会选择以下标记中的所有 em 元素。

```
<ul>
<li>List item 1
<ol>
<li>List item 1-1</li>
<li>List item 1-2</li>
<li>List item 1-3
<ol>
<li>List item 1-3-1</li>
<li>List item <em>1-3-2</em></li>
<li>List item 1-3-3</li>
</ol>
</li>
<li>List item 1-4</li>
</ol>
</li>
<li>List item 2</li>
<li>List item 3</li>
</ul>
```

8.3.3　子选择器

子选择器只能选择某元素的子元素。

比如说 E>F，其中 E 为父元素，而 F 为子元素，E>F 表示的是选择了 E 元素下的所有子元素 F。与后代选择器（E F）不同，E>F 仅选择了 E 元素下的 F 子元素，更深层次的 F 元素则不会被选择。

```
h1 > strong {color:red;}
```

上述的例子将会选择 h1 下子元素为 strong 的元素，并将 strong 中的文字颜色改为红色。该规则如果应用于以下 HTML 中，将只会将第一个 h1 中的 strong 中的文字颜色改为红色。

```
<h1>Web 前端<strong>开发</strong><strong>技术与实践</strong></h1>
<h1>Web 前端<em>开发<strong>技术</strong></em>与实践</h1>
```

案例 8-05：后代选择器与子选择器

```
<!doctype html>
<html>
<head>
<meta charset="utf-8">
<title>后代选择器与子选择器</title>
<style type="text/css">
nav>li {
    border:1px dashed #333333;              /*边框为 1px 虚线*/

}
nav>p {
    font-size:16px;
    color:#f00;
}
div li {
    border:1px dashed #333333;
}
</style>
</head>

<body>
<nav>
    <ul>
    <li>1</li>
    <li>2</li>
    <li>3</li>
    <li>4</li>
    <li>5</li>
    <li>6</li>
    <li>7</li>
    <li>8</li>
</ul>
</nav>
<nav>
    <p>网站首页</p>
    <p>联系我们</p>
</nav>
<div>
    <ul>
    <li>1</li>
    <li>2</li>
    <li>3</li>
    <li>4</li>
    <li>5</li>
    <li>6</li>
    <li>7</li>
    <li>8</li>
</ul>
</div>
</body>
</html>
```

扫描看效果

8.3.4 相邻兄弟选择器

相邻兄弟选择器可以选择紧接在另一元素后的元素，而且两者需具有一个相同的父元素。

比如 E+F，E 和 F 元素具有一个相同的父元素，而且 F 元素在 E 元素后面且紧相邻，这样就可以使用相邻兄弟选择器来选择 F 元素。

例如，如果要增加紧接在 h1 元素后出现的段落的上边距。

```
h1 + p {margin-top:50px;}
```

同时，相邻兄弟选择器还可以结合其他选择器使用。

```
html> body table + ul {margin-top:20px;}
```

8.3.5 通用兄弟选择器

通用兄弟选择器是 CSS3 新增的选择器，将选择某元素后面的所有兄弟元素，通用兄弟元素需要在同一个父元素之中。

比如 E~F，E 和 F 元素属于同一父元素之内，并且 F 元素在 E 元素之后，那么 E~F 选择器将选择 E 元素后面的所有 F 元素。

通用兄弟选择器和相邻兄弟选择器极其相似，不同的是，相邻兄弟选择器仅选择与其相邻的后面元素（选中的仅一个元素）；而通用兄弟选择器选中的是元素后面的所有兄弟元素。

例如，可以为 h1 元素后的所有 p 元素设置行高为 24px。

```
h1 ~p {line-height:24px;}
```

案例 8-06：兄弟选择器 🎬 📖 🔟 🎯 🄴

```
<!doctype html>
<html>
<head>
<meta charset="utf-8">
<title>兄弟选择器</title>
<style type="text/css">
li {
    margin:10px;
    font-size:12px;
    width:24px;
    height:18px;
    padding-top:5px;
    text-align:center;
    border:1px solid #999;
    background-color:#ccc;
    border-radius:15px;
    list-style:none;
    float:left;
}
nav{ width:408px;}
.First + li {
    border:1px solid #f00;
    background-color:#fc0;
    color:#f00;
    font-weight:bold;
}
.Second ~ li {
```

扫描看效果

```
            border:1px solid #f00;
            background-color:#fc0;
            color:#f00;
            font-weight:bold;
        }
    </style>
    </head>

    <body>
    <nav>
        <ul>
        <li>1</li>
        <li class="First">2</li>
        <li>3</li>
        <li>4</li>
        <li>5</li>
        <li>6</li>
        <li>7</li>
        <li>8</li>
    </ul>
    </nav>
    <nav>
        <ul>
        <li>1</li>
        <li class="Second">2</li>
        <li>3</li>
        <li>4</li>
        <li>5</li>
        <li>6</li>
        <li>7</li>
        <li>8</li>
    </ul>
    </nav>
    </body>
    </html>
```

8.3.6 选择器组合

上面讲到的层次选择器，实际可以看成是一种选择器的组合。显然，利用选择器的组合，可以更加精确地将样式应用到网页元素，以实现丰富多彩的个性化显示。

除了这种包含组合之外，还可以有如下常见的组合。

类型限定类：如 div.class ul li{ };

双重组合类：如 div.class ul.catlist { };

伪类：如#nav h2 a:hover{}。

以上这些例子只是为了说明选择器的组合，在实际应用中可能会有一定差异。善用选择器组合，可以使 CSS 文档更有条理、更简洁。在实际应用中有一个很重要的概念就是选择器分组，可以将多个有相同样式定义的选择器以逗号进行分组。

```
h1,h2,h3,h4,h5,h6,div{
font-size :14px;
}
```

这个例子表示将标题 h1 至 h6 及 div 标签内的字体统一设定为 14 像素。

8.3.7 选择器兼容性

通过 QuirksMode 网站的 CSS selectors 的最新统计可以知道 CSS 层次选择器在各个浏览器中的支持情况，如图 8-2 所示。

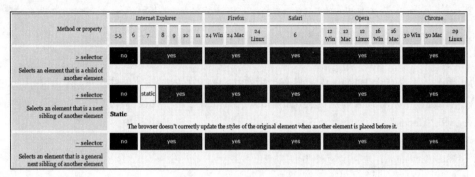

图 8-2 层次选择器兼容性

8.4 伪类选择器

8.4.1 语法

CSS 伪类用于向某些选择器添加特殊的效果。伪类是以 ":" 号表示，且不能单独存在，如表 8-2 所列。伪类选择器与类选择器的区别是，类选择器可以自由命名，而伪类选择器是 CSS 中已经定义好的选择器，不能随便命名和定义。其语法如下：

```
:选择器名字{
属性:值;
属性:值;
}
```

例如：

```
#nav a:hover {
color: #ff0000;
text-decoration: underline;                    /*给文本加下划线*/
}
```

这个例子表示在 id="nav" 的网页元素内，将鼠标放到超链接上（不单击），其链接的文本颜色为红色，出现下划线（如果原先没下划线的话）。这是一个伪类的典型应用，通过向该样式增加更多样式，可以制作出网站常见的导航条滑动效果。

表 8-2 伪类列表

伪类	说明
:link	设置 a 对象未被访问前的样式
:hover	设置 a 对象在鼠标悬停时的样式

续表

伪类	说明
:active	设置 a 对象在被用户激活（在鼠标单击与释放之间发生的事件）时的样式
:visited	设置 a 对象在其链接地址已被访问过时的样式
:focus	设置元素获取焦点时的样式
:first-child	设置元素的第一个子对象的样式
:lang	设置对象使用特殊语言的内容的样式

8.4.2　动态伪类选择器

动态伪类并不存在于 HTML 中，只有当用户和网站交互的时候才能体现出来。动态伪类包含两种，一种是在链接中常看到的锚点伪类，如":link"":visited"；另一种被称作用户行为伪类，如":hover"":active"和":focus"。

例如，常见的锚点伪类的使用如下：

```
.demo a:link {color:gray;}/*链接没有被访问时前景色为红色*/
.demo a:visited{color:yellow;}/*链接被访问过后前景色为黄色*/
.demo a:hover{color:green;}/*鼠标悬浮在链接上时前景色为绿色*/
.demo a:active{color:blue;}/*鼠标点中激活链接时前景色为蓝色*/
```

对于这四个锚点伪类的设置，有一点需要特别注意，那就是它们的先后顺序。其顺序应该为 link→visited→hover→active。如果把顺序搞错了，会导致意想不到的错误。其中":hover"和":active"又同时被列入到用户行为伪类中。其含义为：

（1）:hover 用于当用户把鼠标移动到元素上面时的效果；

（2）:active 用于用户单击元素时的效果；

（3）:focus 用于元素成为焦点，这个经常用在表单元素上。

案例 8-07：超链接的伪类选择器

扫描看效果

```
<!doctype html>
<html>
<head>
<meta charset="utf-8">
<title>超链接的案例</title>
<style type="text/css">
* {
    margin:0px;
    padding:0px;
}
ul {
    margin:20px 0px;
    height:30px;
    background-color:#f09;
    text-align:center;
}
li {
    padding:10px 5px 2px 5px;
    font-size:13px;
    color:#fff;
    float:left;
```

```
            list-style:none;
    }
    a:link,a:visited {
            text-decoration:none;                    /*不加下划线*/
            color:#fff;
    }
    a:hover,a:active {
            text-decoration:none;                    /*不加下划线*/
            font-size:16px;
            color:#ff9;
    }
    #TitleInfo {
            padding-left:50px;
    }
    </style>
    </head>

    <body>
    <nav>
        <ul>
        <li id="TitleInfo">请选择访问的网站：</li>
        <li><a href="http://www.sina.com.cn" target="_blank">新浪网</a></li>
        <li><a href="http://www.sohu.com" target="_blank">搜狐</a></li>
        <li><a href="http://www.163.com" target="_blank">163</a></li>
        <li><a href="http://www.qq.com" target="_blank">QQ</a></li>
        <li><a href="http://www.baidu.com" target="_blank">百度</a></li>
    </ul>
    </nav>
    </body>
    </html>
```

8.4.3 目标伪类选择器

目标伪类选择器 ":target" 是众多实用的 CSS3 新特性中的一个，可以用来匹配 HTML 的 URL 中某个标识符的目标元素。具体来说，URL 中的标识符通常会包含一个井号（#），后面带有一个标识符名称，例如 "#contact"。":target" 就是用来匹配链接中包含 "#contact" 的元素。换种说法，在 Web 页面中，一些 URL 拥有片段标识符，它由一个井号（#）后跟一个锚点或元素 ID 组合而成，可以链接到页面的某个特定元素。":target" 伪类选择器选取链接的目标元素，供定义样式。该选择器定义的样式在用户单击页面中的超链接并且跳转后方起作用。

案例 8-08：target 选择器

```
<!doctype html>
<html>
<head>
<meta charset="utf-8">
<title>target 选择器</title>
<style type="text/css">
div {
        margin:5px;
        width:300px;
        height:300px;
```

扫描看效果

```
        background-color:#ccc;
        float:left;                                    /*向左浮动*/
    }
    :target {
        background-color:#f00;                          /*鼠标悬停的背景色为红色*/
    }
    </style>
    </head>

    <body>
    <nav>
        <ul>
            <li id="TitleInfo">请选择访问的网站：</li>
            <li><a href="#PartA">区块 A</a></li>
            <li><a href="#PartB">区块 B</a></li>
            <li><a href="#PartC">区块 C</a></li>
        </ul>
    </nav>
    <div id="PartA"></div>
    <div id="PartB"></div>
    <div id="PartC"></div>
    </body>
    </html>
```

通过 QuirksMode 网站的 CSS selectors 的最新统计，可以知道 CSS 目标伪类选择器和动态伪类选择器在各个浏览器中的支持情况，如图 8-3 所示。

8.4.4　语言伪类选择器

使用语言伪类选择器来匹配使用语言的元素是非常有用的，特别是在多语言版本的网站中，其作用更为明显。可以使用语言伪类选择器来根据不同语言版本设置页面的字体风格。

语言伪类选择器根据元素的语言编码匹配元素。这种语言信息必须包含在文档中，或者与文档关联，不能从 CSS 指定。为文档指定语言，有两种方法可以表示。如果使用 HTML5，可以直接设置文档的语言。

```
<!DOCTYPE HTML>
<html lang="en-US">
```

另一种方法就是手工在文档中指定 lang 属性，并设置对应的语言值。

```
<body lang="fr">
```

语言伪类选择器允许为不同的语言定义特殊的规则，这在多语言版本的网站中用起来特别得方便。E:lang(language)表示选择匹配 E 的所有元素，且匹配元素指定了 lang 属性，其值为 language。

8.4.5　UI 元素状态伪类选择器

在 CSS3 的选择器中，除了以上的伪类选择器外，还有 UI 元素状态伪类选择器。这类选择器指定的样式只有当元素处于某种状态下时才起作用，在默认状态下是不起作用的。

在 CSS3 中，共有 11 种 UI 元素状态伪类选择器，分别是 E:hover、E:active、E:focus、E:enabled、E:disabled、E:read-only、E:read-write、E:checked、E:default、E:indeterminate、E:selection。

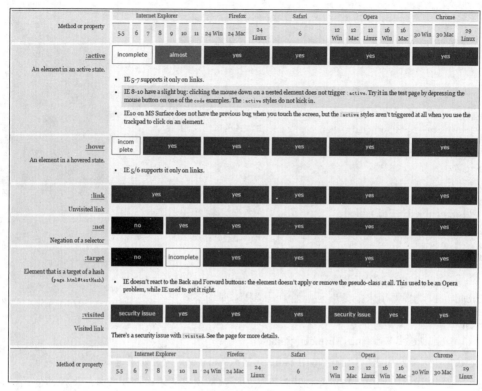

图 8-3　目标伪类和动态伪类选择器兼容性

（1）E:hover、E:active、E:focus。

E:hover 选择器用来指定当鼠标指针移动到元素上面时元素所使用的样式。

E:active 选择器用来指定当元素被激活时的样式，例如鼠标在元素上按下且没有松开时。

E:focus 选择器用来指定元素获得光标焦点时的样式，主要是在文本框控件获得焦点并进行文字输入时使用。

案例 8-09：有提示效果的输入框

```
<!doctype html>
<html>
<head>
<meta charset="utf-8">
<title>有提示效果的输入框</title>
<style type="text/css">
body {
    margin:50px;
    font-size:12px;
}
input {
    width:200px;
    height:22px;
    border:1px solid #ccc;
}
```

扫描看效果

```
input:focus {
    border:1px solid #f00;
    background-color:#ffc;
    color:#f00;
}
</style>
</head>
<body>
<form method="post" action="11-form.php" name="UserLogin">
<div><label>用户名：</label><input type="text" id="UserName">
</form>
</body>
</html>
```

（2）E:enabled、E:disabled。

E:enabled 选择器用来指定当元素处于可用状态时的样式。

E:disabled 选择器用来指定当元素处于不可用状态时的样式。

（3）E:read-only、E:read-write。

E:read-only 选择器用来指定当元素处于只读状态时的样式。

E:read-write 选择器用来指定当元素处于非只读状态时的样式。

（4）E:checked、E:default、E:indeterminate。

E:checked 选择器用来指定当表单中 radio 元素或 checkbox 元素处于选取状态时的样式。

E:default 选择器用来指定当页面打开时默认处于选取状态的单选按钮或复选框控件的元素样式。

E:indeterminate 选择器用来指定当页面打开时，如果一组单选按钮中任何一个单选按钮都没有被选中时，整组单选按钮的统一样式。

（5）E:selection。

E:selection 选择器用来指定当元素处于选中状态时的样式。

通过 QuirksMode 网站的 CSS selectors 的最新统计，可以知道 CSS UI 元素状态伪类选择器在各个浏览器中的支持情况，如图 8-4 所示。

8.4.6　结构伪类选择器

（1）root。

root 选择器用于指定页面根元素的样式。所谓根元素，是指位于文档树中最顶层结构的元素，在 HTML 文档中就是指包含着整个页面的<html>部分。

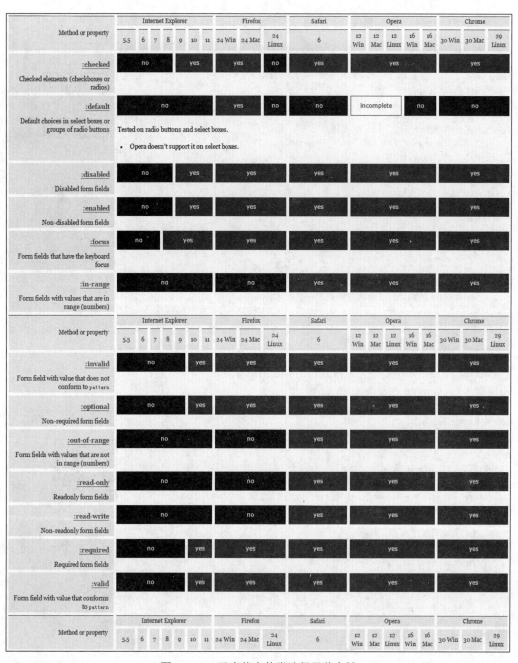

图 8-4　UI 元素状态伪类选择器兼容性

案例 8-10：root 选择器

```
<!doctype html>
<html>
<head>
<meta charset="utf-8">
<title>root 选择器</title>
<style type="text/css">
:root {
    background-color: #b5f7e7;
}
body {
    background-color: #fc3;
}
</style>
</head>

<body>
    <h2>《面朝大海，春暖花开》-海子</h2>
    <p>从明天起，做一个幸福的人。喂马，劈…</p>
    <h2>《雨巷》-戴望舒</h2>
    <p>撑着油纸伞，独自，彷徨在悠长、悠长…</p>
</body>
</html>
```

扫描看效果

（2）empty。

empty 选择器用来指定当元素内容为空时使用的样式。

案例 8-11：empty 选择器

```
<!doctype html>
<html>
<head>
<meta charset="utf-8">
<title>empty 选择器</title>
<style type="text/css">
:root {
    background-color:#b5f7e7;
}
:empty {
    height:30px;
    background-color:#fc3;
}
</style>
</head>

<body>
<h2>《面朝大海，春暖花开》-海子</h2>
    <p>从明天起，做一个幸福的人。喂马，劈柴…</p>
    <p></p>

<h2>《雨巷》-戴望舒</h2>
    <p>撑着油纸伞，独自，彷徨在悠长、悠长…</p>
</body>
</html>
```

扫描看效果

（3）nth 选择器。

nth 选择器是 CSS3 的最新内容，也被称为 CSS3 结构类。

1）:first-child。

:first-child 用来选择某个元素的第一个子元素。

2）:last-child。

:last-child 选择器与:first-child 选择器作用类似，用来选中某个元素的最后一个子元素。

案例 8-12：改变列表第一项和最后一项

```
<!doctype html>
<html>
<head>
<meta charset="utf-8">
<title>改变列表第一项和最后一项</title>
<style type="text/css">
li {
    height:20px;
    list-style:none;
    font-size:13.5px;
    vertical-align:middle;                    /*垂直居中*/
    border-bottom:1px dashed #cccccc;
    padding-top:8px;
}
li:before {
    content: url(images/News-Icon.png);        /*每项列表前添加图标*/
    margin-right:10px;
}
li:first-child {
    color:#090;
}
li:last-child {
    color:#06f;
}
</style>
</head>
<body>
<aside>
<h3>现代诗精选</h3>
<ul>
    <li>中国 | 《沪杭车中》-徐志摩
    <li>日本 | 《初恋》-岛崎藤村
    <li>中国 | 《只要彼此爱过一次》-汪国真
    <li>印度 | 《你一定要走吗？》-泰戈尔
    <li>美国 | 《茶的情诗》-张错
    <li>英国 | 《好吧，我们不再一起漫游》-拜伦
    <li>中国 | 《这也是一切》-舒婷
    <li>印度 | 《假如我今生无缘遇到你》-泰戈尔
</ul>
</aside>
</body>
</html>
```

扫描看效果

3）:nth-child()。

:nth-child()可以选择某个元素的一个或多个特定的子元素。其常用形式如下所示：

:nth-child(length)	参数是具体数字
:nth-child(n)	参数是 n，n 从 0 开始计算
:nth-child(n*length)	n 的倍数选择，n 从 0 开始计算
:nth-child(n+length)	选择大于 length 后面的元素
:nth-child(-n+length)	选择小于 length 前面的元素
:nth-child(n*length+1)	表示隔几选一

:nth-child()可以定义值，值可以是整数，也可以是表达式。其中字母 n 是固定的，如果换作其他字母就没有效果。

案例 8-13：选择偶数项

```
<!doctype html>
<html>
<head>
<meta charset="utf-8">
<title>选择偶数项</title>
<style type="text/css">
li {
    height:20px;
    list-style:none;
    font-size:13.5px;
    vertical-align:middle;
    border-bottom:1px dashed #cccccc;
    padding-top:8px;
}
li:before {
    content: url(images/News-Icon.png);
    margin-right:10px;
}
li:nth-child(2n) {
    color:#039;
}
</style>
</head>
<body>
<aside>
<h3>现代诗精选</h3>
<ul>
    <li>中国 ｜《沪杭车中》-徐志摩
    <li>日本 ｜《初恋》-岛崎藤村
    <li>中国 ｜《只要彼此爱过一次》-汪国真
    <li>印度 ｜《你一定要走吗？》-泰戈尔
    <li>美国 ｜《茶的情诗》-张错
    <li>英国 ｜《好吧，我们不再一起漫游》-拜伦
    <li>中国 ｜《这也是一切》-舒婷
    <li>印度 ｜《假如我今生无缘遇到你》-泰戈尔
</ul>
</aside>
</body>
</html>
```

扫描看效果

4）:nth-last-child()。

:nth-last-child()选择器和前面的:nth-child()选择器相似，该选择器是从最后一个元素开始计算来选择特定元素。

案例 8-14：每隔 2 项选择一项

```
<!doctype html>
<html>
<head>
<meta charset="utf-8">
<title>每隔 2 项选择一项</title>
<style type="text/css">
li {
    height:20px;
    list-style:none;
    font-size:13.5px;
    vertical-align:middle;
    border-bottom:1px dashed #cccccc;
    padding-top:8px;
}
li:before {
    content: url(images/News-Icon.png);
    margin-right:10px;
}
li:nth-last-child(3n+1) {
    color:#039;
}
</style>
</head>
<body>
<aside>
<h3>现代诗精选</h3>
<ul>
    <li>中国 | 《沪杭车中》-徐志摩
    <li>日本 | 《初恋》-岛崎藤村
    <li>中国 | 《只要彼此爱过一次》-汪国真
    <li>印度 | 《你一定要走吗？》-泰戈尔
    <li>美国 | 《茶的情诗》-张错
    <li>英国 | 《好吧，我们不再一起漫游》-拜伦
    <li>中国 | 《这也是一切》-舒婷
    <li>印度 | 《假如我今生无缘遇到你》-泰戈尔
</ul>
</aside>
</body>
</html>
```

5）:nth-of-type()。

:nth-of-type()选择器类似于:nth-child()选择器，不同的是其仅计算选择器中指定的元素类型。

6）:nth-last-of-type()。

:nth-last-of-type()选择器与:nth-last-child()选择器相似，该选择器在选择时是从最后一个元素开始计算来选择特定元素的。

案例 8-15：改变新闻标题的样式

```
<!doctype html>
<html>
<head>
<meta charset="utf-8">
<title>改变新闻标题的样式</title>
<style type="text/css">
li {
    height:20px;
    list-style:none;
    font-size:13.5px;
    vertical-align:middle;
    border-bottom:1px dashed #cccccc;
    padding-top:8px;
}
li:before {
    content: url(images/News-Icon.png);
    margin-right:10px;
}
h3:nth-of-type(odd) {
    color:#f00;
}
h3:nth-of-type(even) {
    color:#f0f;
}
</style>
</head>
<body>
<aside>
<h3>中国诗歌</h3>
<ul>
<li>《面朝大海，春暖花开》-海子
<li>《乡愁》-余光中
<li>《只要彼此爱过一次》-汪国真
</ul>
<h3>日本诗歌</h3>
<ul>
<li>《初恋》-岛崎藤村
</ul>
<h3>美国诗歌</h3>
<ul>
<li>《茶的情诗》-张错
</ul>
<h3>印度诗歌</h3>
<ul>
<li>《假如我今生无缘遇到你》-泰戈尔
<li>《你一定要走吗？》-泰戈尔
</ul>
</aside>
</body>
</html>
```

扫描看效果

7）:first-of-type 和:last-of-type。

:first-of-type 和:last-of-type 选择器与:first-child 和:last-child 选择器相似，不同之处在于它们指定

了元素类型进行计算。

8）:only-child 和:only-of-type。

:only-child 选择器用来指定一个元素是它的父元素的唯一元素。

:only-of-type 选择器用来指定指定类型的一个元素是它的父元素的唯一元素。

案例 8-16：唯一元素的样式变化 ⒼⒺⓁⓋⓔ

```
<!doctype html>
<html>
<head>
<meta charset="utf-8">
<title>唯一元素的样式变化</title>
<style type="text/css">
li {
    height:20px;
    list-style:none;
    font-size:13.5px;
    vertical-align:middle;
    border-bottom:1px dashed #cccccc;
    padding-top:8px;
}
li:before {
    content: url(images/News-Icon.png);
    margin-right:10px;
}
li:only-child {
    color:#0c0;
}
</style>
</head>
<body>
<aside>
<h3>中国诗歌</h3>
<ul>
<li>《面朝大海，春暖花开》-海子
<li>《乡愁》-余光中
<li>《只要彼此爱过一次》-汪国真
</ul>
<h3>日本诗歌</h3>
<ul>
<li>《初恋》-岛崎藤村
</ul>
<h3>美国诗歌</h3>
<ul>
<li>《茶的情诗》-张错
</ul>
<h3>印度诗歌</h3>
<ul>
<li>《假如我今生无缘遇到你》-泰戈尔
<li>《你一定要走吗？》-泰戈尔
</ul>
</aside>
</body>
</html>
```

通过 QuirksMode 网站的 CSS selectors 的最新统计，可以知道 CSS 结构伪类选择器在各个浏览器中的支持情况，如图 8-5 所示。

图 8-5　结构伪类选择器兼容性

8.4.7　否定伪类选择器

否定选择器 ":not()" 是 CSS3 的新选择器，类似 jQuery 中的 ":not()" 选择器，主要用来定位不匹配该选择器的元素。":not()" 是一个非常有用的选择器，可以起到过滤内容的作用，例如以下选择器表示选择页面中所有元素，除了 "footer" 元素之外。

```
:not(footer){...}
```

有时常在表单元素中使用。例如，给表单中所有 input 定义样式，除了 submit 按钮之外，此时就可以使用否定选择器。

```
input:not([type=submit]){...}
```

案例8-17：not 选择器 🕒 🔘 🅾 ✍ 🅴

```
<!doctype html>
<html>
<head>
<meta charset="utf-8">
<title>not 选择器</title>
<style type="text/css">
:root {
    background-color:#b5f7e7;
}
body *:not(h2){
    background-color:#fc3;
}
</style>
</head>
<body>
    <h2>《面朝大海，春暖花开》-海子</h2>
    <p>从明天起，做一个幸福的人。喂马，劈柴…</p>
    <h2>《雨巷》-戴望舒</h2>
    <p>撑着油纸伞，独自，彷徨在悠长、悠长…</p>
</body>
</html>
```

扫描看效果

8.4.8　伪元素

伪元素选择器是指并不是针对真正的元素使用的选择器，而是针对 CSS 中已经定义好的伪元素使用的选择器。

在 CSS 中，主要有四个伪元素选择器。

（1）first-line。

first-line 伪元素选择器用于为某个元素中的第一行文字使用样式。

案例8-18：first-line 选择器 🕒 🔘 🅾 ✍ 🅴

```
<!doctype html>
<html>
<head>
<meta charset="utf-8">
<title>first-line 选择器</title>
<style type="text/css">
p:first-line {
    font-size:16px;
    color:#f00;
}
</style>
</head>
<body>
<article>
    <h2>《面朝大海，春暖花开》-海子</h2>
    <p>从明天起，做一个幸福的人。喂马，劈柴…</p>
    <h2>《雨巷》-戴望舒</h2>
    <p>撑着油纸伞，独自，彷徨在悠长、悠长…</p>
</article>
</body>
</html>
```

扫描看效果

（2）first-letter。

first-letter 伪元素选择器用于为某个元素中的文字的首字母使用样式。在英文中，首字母是第一个英文字符；在中文或日文中，首字母是第一个汉字。

案例 8-19：first-letter 选择器

```
<!doctype html>
<html>
<head>
<meta charset="utf-8">
<title>first-letter 选择器</title>
<style type="text/css">
p:first-letter {
    font-size:40px;
    color:#f00;
}
</style>
</head>
<body>
<article>
    <h2>《面朝大海，春暖花开》-海子</h2>
    <p>从明天起，做一个幸…
    <p>从明天起，和每一个亲人…</p>
    <p>陌生人，我也为你祝…</p>
</article>
</body>
</html>
```

扫描看效果

（3）before。

before 伪元素选择器用于在某个元素之前插入一些内容。

案例 8-20：before 选择器

```
<!doctype html>
<html>
<head>
<meta charset="utf-8">
<title>before 选择器</title>
<style type="text/css">
li {
    height:20px;
    list-style:none;
    font-size:13.5px;
    vertical-align:middle;
    border-bottom:1px dashed #cccccc;
    padding-top:8px;
}
li:before {
    content: url(images/News-Icon.png);
    margin-right:10px;
}
</style>
</head>

<body>
```

扫描看效果

```
<aside>
<h3>现代诗精选</h3>
<ul>
    <li>中国 | 《沪杭车中》-徐志摩
    <li>日本 | 《初恋》-岛崎藤村
    <li>中国 | 《只要彼此爱过一次》-汪国真
    <li>印度 | 《你一定要走吗？》-泰戈尔
    <li>美国 | 《茶的情诗》-张错
    <li>英国 | 《好吧，我们不再一起漫游》-拜伦
    <li>中国 | 《这也是一切》-舒婷
    <li>印度 | 《假如我今生无缘遇到你》-泰戈尔
</ul>
</aside>
</body>
</html>
```

（4）after。

after 伪元素选择器用于在某个元素之后插入一些内容。

案例 8-21：after 选择器 🎬 🎵 0 📄 🎵

```
<!doctype html>
<html>
<head>
<meta charset="utf-8">
<title>after 选择器</title>
<style type="text/css">
li {
    height:20px;
    list-style:none;
    font-size:13.5px;
    vertical-align:middle;
    border-bottom:1px dashed #cccccc;
    padding-top:8px;
}
li:before {
    content: url(images/News-Icon.png);
    margin-right:10px;
}
li.NewContent:after {
    content:"(推荐)";
    color:#900;
    font-size:12px;
    padding-left:5px;
}
</style>
</head>

<body>
<aside>
<h3>现代诗精选</h3>

<ul>
    <li>中国 | 《沪杭车中》-徐志摩
```

```
    <li>日本 | 《初恋》-岛崎藤村
    <li>中国 | 《只要彼此爱过一次》-汪国真
    <li class="NewContent">印度 | 《你一定要走吗？》-泰戈尔（推荐）
    <li>美国 | 《茶的情诗》-张错
    <li>英国 | 《好吧，我们不再一起漫游》-拜伦
    <li>中国 | 《这也是一切》-舒婷
    <li>印度 | 《假如我今生无缘遇到你》-泰戈尔
  </ul>
  </aside>
  </body>
  </html>
```

通过 QuirksMode 网站的 CSS selectors 的最新统计，可以知道 CSS 伪元素选择器在各个浏览器中的支持情况，如图 8-6 所示。

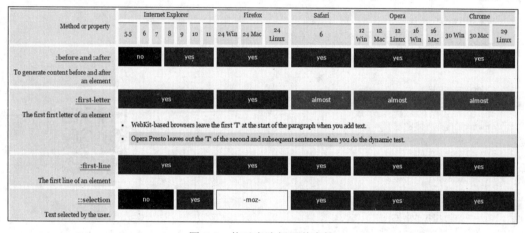

图 8-6　伪元素选择器兼容性

8.5　属性选择器

8.5.1　语法

在 HTML 中，可以通过各种各样的属性给元素增加许多附加信息。这样就可以通过属性的不同，指定具有特定属性的元素。

属性选择器在 CSS2 中就被引入，其主要作用是对带有指定属性的 HTML 元素设置样式。使用 CSS3 属性选择器可以只指定元素的某个属性，也可以同时指定元素的某个属性及其对应的属性值。

其语法如下所示：

```
元素名字[元素类型="类型名字"]:选择器名字{
属性:值;
属性:值;
}
```

在元素类型匹配时，就可以使用类似正则表达式的匹配方法。

[att=val] 指定特定名字的元素；

[att*=val] 匹配 val*的元素；

[att^=val] 匹配 val 开头的元素，比如 id 为 val1、val432432 等；

[att$=val] 匹配 val 结尾的元素，比如 id 为 1213val、fdajlval 等。

8.5.2　使用方法

（1）E[attr]。

E[attr]属性选择器是 CSS3 属性选择器中最简单的一种。

如果希望选择有某个属性的元素，而不管其属性值是什么，就可以使用此属性选择器。E[attr]属性选择器可以指定一个属性，也可以指定多个属性。

案例 8-22：不指定属性值的选择器

```
<!doctype html>
<html>
<head>
<meta charset="utf-8">
<title>不指定属性值的属性选择器</title>
<style type="text/css">
[id] {
    font-size:12px;
    color:#c00;
}
</style>
</head>
<body>
<header>
    <div id="News1">《再别康桥》-徐志摩</div>
    <div id="News1-c">轻轻的我走了，正如我轻轻的来；我轻轻的招手，作别西天的云彩...</div>
    <div id="News2">《乡愁》-余光中</div>
    <div id="News2-c">小时侯，乡愁是一枚小小的邮票，我在这头，母亲在那头...</div>
    <div id="News3">《抉择》-席慕蓉</div>
    <div id="News3-c">假如我来世上一遭，只为与你相聚一次...</div>
    <div id="News4">《一棵开花的树》-席慕蓉</div>
    <div id="News4-c">如何让你遇见我，在我最美丽的时刻，为这，我已在佛前求了五百年...</div>
</header>
</body>
</html>
```

（2）E[attr="value"]。

E[attr="value"]选择器和 E[attr]选择器，从字面上就能很清楚地理解出它们的区别。E[attr="value"]指定了属性值"value"，而 E[attr]只是选择了对应的属性，并没有明确指出其对应的属性值"value"，这也是这两种选择器的最大区别之处。

E[attr="value"]选择器要求属性和属性值必须完全匹配。

案例 8-23：指定属性值的选择器 🌐 🌏 ⓞ 🍎 🎯

```
<!doctype html>
<html>
<head>
<meta charset="utf-8">
<title>指定属性值的属性选择器</title>
<style type="text/css">
[id] {
    font-size:12px;
    color:#c00;
}
[id="News1"] {
    font-size:14px;
    color:#000;
}
</style>
</head>
<body>
<header>
    <div id="News1">《再别康桥》-徐志摩</div>
    <div id="News1-c">轻轻的我走了，正如我轻轻的来；我轻轻的招手，作别西天的云彩...</div>
    <div id="News2">《乡愁》-余光中</div>
    <div id="News2-c">小时侯，乡愁是一枚小小的邮票，我在这头，母亲在那头...</div>
    <div id="News3">《抉择》-席慕蓉</div>
    <div id="News3-c">假如我来世上一遭，只为与你相聚一次...</div>
    <div id="News4">《一棵开花的树》-席慕蓉</div>
    <div id="News4-c">如何让你遇见我，在我最美丽的时刻，为这，我已在佛前求了五百年...</div>
</header>
</body>
</html>
```

（3）E[attr~="value"]。

E[attr~="value"]根据属性值中的词列表的某个词来选择元素。

此属性选择器要求属性值是一个或多个词列表，如果是列表时，多个词需要用空格隔开，只要元素的属性值中有一个词与 value 相匹配就可以选中该元素。

案例 8-24：根据属性值单词的选择器 🌐 🌏 ⓞ 🍎 🎯

```
<!doctype html>
<html>
<head>
<meta charset="utf-8">
<title>根据属性值单词的选择器</title>
<style type="text/css">
[id] {
    font-size:12px;
    color:#c00;
}

[id="News1"] {
    font-size:14px;
    color:#000;
}
```

```
[id~="Content"] {
    color:#090;
}
</style>
</head>
<body>
<header>
    <div id="News1">《再别康桥》-徐志摩</div>
    <div id="News1-c">轻轻的我走了，正如我轻轻的来；我轻轻的招手，作别西天的云彩...</div>
    <div id="News2">《乡愁》-余光中</div>
    <div id="News2-c News2C Content">小时侯，乡愁是一枚小小的邮票，我在这头，母亲在那头...</div>
    <div id="News3">《抉择》-席慕蓉</div>
    <div id="News3-c">假如我来世上一遭，只为与你相聚一次...</div>
    <div id="News4">《一棵开花的树》-席慕蓉</div>
    <div id="News4-c">如何让你遇见我，在我最美丽的时刻，为这，我已在佛前求了五百年...</div>
</header>
</body>
</html>
```

（4）E[attr^="value"]。

E[attr^="value"]属性选择器，表示的是选择 attr 属性值以"value"开头的所有元素。换句话说，选择的属性其对应的属性值是以"value"开始的。

（5）E[attr$="value"]。

E[attr$="value"]属性选择器，表示的是选择 attr 属性值以"value"结尾的所有元素。换句话说，选择的属性其对应的属性值是以"value"结尾的。

（6）E[attr*="value"]。

E[attr*="value"]属性选择器，表示的是选择 attr 属性值中包含子串"value"的所有元素。也就是说，只要所选择属性的值中有这个"value"值都将被选中。

案例 8-25：匹配属性值的选择器

```
<!doctype html>
<html>
<head>
<meta charset="utf-8">
<title>匹配属性值的选择器</title>
<style type="text/css">
[id^="News"] {
    font-size:14px;
    color:#f30;
    line-height:180%;
}
[id$="c"] {
    font-size:12px;
    color:#999;
}
[id*="3"] {
    text-decoration:underline;        /*字体加下划线*/
}
</style>
</head>
```

```
<body>
<header>
    <div id="News1">《再别康桥》-徐志摩</div>
    <div id="News1-c">轻轻的我走了，正如我轻轻的来；我轻轻的招手，作别西天的云彩...</div>
    <div id="News2">《乡愁》-余光中</div>
    <div id="News2-c">小时侯，乡愁是一枚小小的邮票，我在这头，母亲在那头...</div>
    <div id="News3">《抉择》-席慕蓉</div>
    <div id="News3-c">假如我来世上一遭，只为与你相聚一次...</div>
    <div id="News4">《一棵开花的树》-席慕蓉</div>
    <div id="News4-c">如何让你遇见我，在我最美丽的时刻，为这，我已在佛前求了五百年...</div>
</header>
</body>
</html>
```

（7）E[attr|="value"]。

E[attr|="value"]属性选择器，表示的是选择 attr 属性值等于"value"或者是以"value-"开头的所有元素。

注意，attr 后面的是竖线"|"。

8.5.3　浏览器兼容性

通过 QuirksMode 网站的 CSS selectors 的最新统计，可以知道 CSS 属性伪类选择器在各个浏览器中的支持情况，如图 8-7 所示。

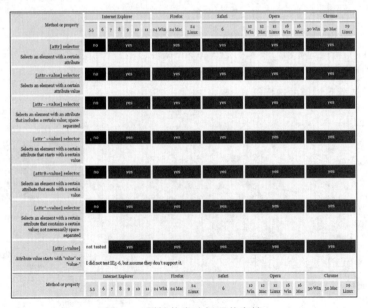

图 8-7　属性伪类选择器兼容性

第 9 章

文字样式

　　文字是网页中最为常见、最为重要的内容。CSS 对文字内容的设置也是其最基本的功能。

　　本章主要介绍文本和字体的样式，并重点介绍 CSS3 新增的文本效果。结合 CSS3 的新特征，介绍客户端字体结合使用服务器端字体的重要作用。最终通过诗歌排版和使用服务器端字体实现网站图标两个案例，展示文字样式的应用。

9.1　文本样式

> 　　由于 Web 是 HTML 文档的集合体，有动态的元素、静态的元素、功能展示的元素，它们的呈现不能是杂乱无章的，这就需要对各种文本样式进行排版。排版是对文本样式进行各种操作，例如改变文本的颜色、字符间距、行高、文字对齐方式等，并需要实现文本缩进、字体装饰等。CSS 的文本样式可以通过各种属性的综合使用实现。

9.1.1　属性

设置文本样式的属性如表 9-1 所列。

表 9-1　文本样式

属性	描述
color	设置文本颜色
text-indent	缩进元素中文本的首行
line-height	设置行高
letter-spacing	设置字符间距
text-align	对齐元素中的文本
text-decoration	向文本添加修饰
text-transform	控制元素中的字母
text-shadow	设置文本阴影。CSS2 包含该属性，但是 CSS2.1 没有保留该属性
white-space	设置元素中空白的处理方式
word-spacing	设置字间距
unicode-bidi	设置文本方向
direction	设置文本方向

9.1.2　文本颜色：color

color 属性规定文本的颜色。该属性设置了一个元素的前景色（在 HTML 中就是元素文本的颜色），光栅图像不受 color 影响。这个颜色还会应用到元素的所有边框，除非被 border-color 或另外某个边框颜色属性覆盖。color 属性值如表 9-2 所列。

表 9-2　color 属性值

属性值	描述
color_name	规定颜色值为颜色名称的颜色（比如 red）
hex_number	规定颜色值为十六进制值的颜色（比如#ff0000）
rgb_number	规定颜色值为 rgb 代码的颜色[比如 rgb(255,0,0)]
inherit	规定从父元素继承颜色

案例 9-01：文本颜色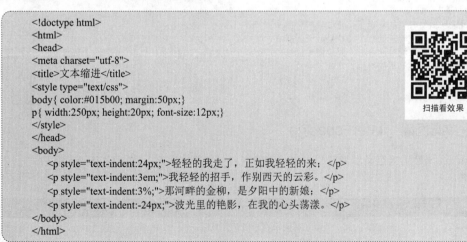

```
<!doctype html>
<html>
<head>
<meta charset="utf-8">
<title>文本颜色</title>
<style type="text/css">
body{ color:#015b00;}                        /*网页字体颜色*/
p{ width:250px; height:20px; font-size:12px;}
</style>
</head>
<body>
    <p style="color:red">轻轻的我走了，正如我轻轻的来；</p>
    <p style="color:#f00">我轻轻的招手，作别西天的云彩。</p>
    <p style="color:rgb(33,119,199)">那河畔的金柳，是夕阳中的新娘；</p>
    <p style="color:inherit">波光里的艳影，在我的心头荡漾。</p>
</body>
</html>
```

扫描看效果

9.1.3 缩进：text-indent

text-indent 属性规定文本块中首行文本的缩进。该属性值可以为像素值、百分比或相对值，可以为正值或负值。如果使用负值，那么首行会被缩进到左边，如表 9-3 所列。

表 9-3 text-indent 属性值

属性值	描述
length	定义固定的缩进，默认值是 0
%	定义基于父元素宽度的百分比的缩进

案例 9-02：文本缩进

```
<!doctype html>
<html>
<head>
<meta charset="utf-8">
<title>文本缩进</title>
<style type="text/css">
body{ color:#015b00; margin:50px;}
p{ width:250px; height:20px; font-size:12px;}
</style>
</head>
<body>
    <p style="text-indent:24px;">轻轻的我走了，正如我轻轻的来；</p>
    <p style="text-indent:3em;">我轻轻的招手，作别西天的云彩。</p>
    <p style="text-indent:3%;">那河畔的金柳，是夕阳中的新娘；</p>
    <p style="text-indent:-24px;">波光里的艳影，在我的心头荡漾。</p>
</body>
</html>
```

扫描看效果

9.1.4　行高：line-height

line-height 属性用来设置行间的距离（行高），该属性会影响行框的布局，在应用到一个块级元素时，其定义了该元素中基线之间的最小距离，属性值如表 9-4 所列。

表 9-4　line-height 属性值

属性值	描述
normal	默认值，设置合理的行间距
number	设置数字，此数字会与当前字体尺寸相乘来设置行间距
length	设置固定的行间距
%	基于当前字体尺寸的百分比设置行间距
inherit	规定从父元素继承 line-height 属性的值

line-height 与 font-size 的计算值之差在 CSS 中称为"行间距"，分为两半，分别加到一个文本行内容的顶部和底部，其中可以包含这些内容的最小框就是行框。

案例 9-03：行高

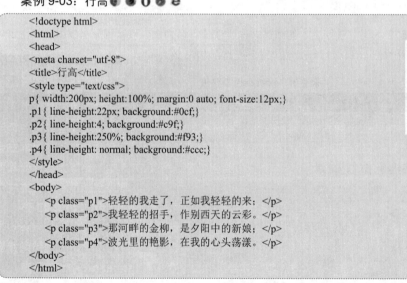

```
<!doctype html>
<html>
<head>
<meta charset="utf-8">
<title>行高</title>
<style type="text/css">
p{ width:200px; height:100%; margin:0 auto; font-size:12px;}
.p1{ line-height:22px; background:#0cf;}
.p2{ line-height:4; background:#c9f;}
.p3{ line-height:250%; background:#f93;}
.p4{ line-height: normal; background:#ccc;}
</style>
</head>
<body>
    <p class="p1">轻轻的我走了，正如我轻轻的来；</p>
    <p class="p2">我轻轻的招手，作别西天的云彩。</p>
    <p class="p3">那河畔的金柳，是夕阳中的新娘；</p>
    <p class="p4">波光里的艳影，在我的心头荡漾。</p>
</body>
</html>
```

扫描看效果

9.1.5　字母间隔：letter-spacing

letter-spacing 属性用来定义增加或减少字符间的空白（字符间距），属性值如表 9-5 所列。

表 9-5　letter-spacing 属性值

属性值	描述
normal	默认值，规定字符间没有额外的空间
length	定义字符间的固定空间（允许使用负值）
inherit	规定从父元素继承 letter-spacing 属性的值

该属性定义了在文本字符框之间插入多少空间。由于字符字形通常要比其字符框窄，指定长度值时，会调整字母之间通常的间隔，normal 就相当于值为 0。

案例 9-04：字母间隔

```
<!doctype html>
<html>
<head>
<meta charset="utf-8">
<title>字母间隔</title>
<style type="text/css">
p{ width:400px; height:100%;font-size:12px;}
.p1{letter-spacing:normal;}
.p2{ letter-spacing:1px;}
.p3{ letter-spacing:3px;}
</style>
</head>
<body>
    <h3>see you again</h3>
    <p class="p1">It's been a long day without you my friend</p>
    <p class="p2">It's been a long day without you my friend</p>
    <p class="p3">It's been a long day without you my friend</p>
    <h3>再别康桥</h3>
    <p class="p1">我轻轻的招手，作别西天的云彩。</p>
    <p class="p2">那河畔的金柳，是夕阳中的新娘；</p>
    <p class="p3">波光里的艳影，在我的心头荡漾。</p>
</body>
</html>
```

扫描看效果

9.1.6 水平对齐：text-align

text-align 属性规定元素中文本的水平对齐方式，属性值如表 9-6 所列。

该属性通过指定行框与某点对齐，从而设置块级元素内文本的水平对齐方式。

表 9-6 text-align 属性值

属性值	描述
left	左对齐，把文本排列到左边，默认值为"由浏览器决定"
right	右对齐，把文本排列到右边
center	居中对齐，把文本排列到中间
justify	实现两端对齐文本效果
inherit	规定从父元素继承 text-align 属性的值

中文和西方语言都是从左向右读，所有 text-align 的默认值都是 left，此时文本在左边界对齐，右边界呈锯齿状（称为"从左到右"文本）。对于希伯来语和阿拉伯语之类的语言，text-align 则默认为 right，因为这些语言是从右向左读的。

值 justify 可以使文本的两端都对齐。在两端对齐文本中，文本行的左右两端都放在父元素的内边界上。然后调整单词和字母间的间隔，使各行的长度恰好相等。两端对齐文本在打印领域很常见。

CSS 中的两端对齐是由浏览器（而不是 CSS）来确定两端对齐文本如何拉伸，以填满父元素左右边界之间的空间。例如，有些浏览器可能只在单词之间增加额外的空间，而另外一些浏览器可能会平均分布字母间的额外空间，还有一些浏览器可能会减少某些行的空间，使文本挤得更紧密。所有这些做法都会影响元素的外观，甚至改变其高度，这取决于浏览器在处理对齐时选择影响多少文本行。同时 CSS 标准也没有指定在两端对齐的处理中应当如何处理连字符。大多数两端对齐文本都使用连字符将长单词分开放在两行上，从而缩小单词之间的间隔，改善文本行的外观。由于 CSS 没有定义连字符行为，浏览器不太可能自动增加连字符。因此，在 CSS 中，两端对齐文本看上去没有打印出来好看。

案例 9-05：水平对齐

```
<!doctype html>
<html>
<head>
<meta charset="utf-8">
<title>水平对齐</title>
<style type="text/css">
p{ width:200px; height:100%; line-height:18px; margin:0 auto; font-size:12px;}
.p1{text-align:left;}
.p2{text-align:center;}
.p3{text-align:right;}
</style>
</head>
<body>
    <p class="p1">轻轻的我走了，正如我轻轻的来；</p>
    <p class="p2">我轻轻的招手，作别西天的云彩。</p>
    <p class="p3">那河畔的金柳，是夕阳中的新娘；</p>
    <p>波光里的艳影，在我的心头荡漾。</p>
</body>
</html>
```

扫描看效果

9.1.7 文本装饰：text-decoration

text-decoration 属性规定添加到文本的修饰，修饰的颜色由"color"属性设置，属性值如表 9-7 所列。

表 9-7 text-decoration 属性值

属性值	描述
none	默认值，定义标准的文本
underline	定义文本下的一条线
overline	定义文本上的一条线
line-through	定义穿过文本下的一条线
blink	定义闪烁的文本
inherit	规定从父元素继承 text-decoration 属性的值

案例 9-06：文本装饰

```
<!doctype html>
<html>
<head>
<meta charset="utf-8">
```

扫描看效果

```
<title>文本装饰</title>
<style type="text/css">
p{ width:200px; height:100%; line-height:22px; font-size:12px;}
.p1{text-decoration:underline;}
.p2{text-decoration:overline;}
.p3{text-decoration:line-through;}
.p4{text-decoration:blink;}
</style>
</head>
<body>
    <h3>再别康桥</h3>
    <p class="p1">轻轻的我走了，正如我轻轻的来；</p>
    <p class="p2">我轻轻的招手，作别西天的云彩。</p>
    <p class="p3">那河畔的金柳，是夕阳中的新娘；</p>
    <p class="p4">波光里的艳影，在我的心头荡漾。</p>
</body>
</html>
```

9.1.8　字符转换：text-transform

text-transform 属性用来对文本的大小写进行转换处理，属性值如表 9-8 所列。这个属性会改变元素中的字母大小写，而不管原文档中文本的大小写。如果值为 capitalize，则单词首字母大写，但是并没有明确定义哪些字母要大写，主要取决于浏览器如何识别出各个"词"。

表 9-8　text-transform 属性值

属性值	描述
none	默认值，定义带有小写字母和大写字母的标准的文本
capitalize	文本中的每个单词以大写字母开头
uppercase	定义仅有大写字母
lowercase	定义无大写字母，仅有小写字母
inherit	规定从父元素继承 text-transform 属性的值

案例 9-07：字符转换

```
<!doctype html>
<html>
<head>
<meta charset="utf-8">
<title>字符转换</title>
<style type="text/css">
p{ width:400px; height:100%;font-size:12px;}
.p1{text-transform:uppercase;}
.p2{text-transform:lowercase;}
.p3{text-transform:capitalize;}
</style>
</head>
<body>
    <h3>see you again</h3>
    <p class="p1">It's been a long day without you my friend</p>
    <p class="p2">It's been a long day without you my friend</p>
```

扫描看效果

```
    <p class="p3">It's been a long day without you my friend</p>
</body>
</html>
```

9.1.9　空白处理：white-space

white-space 属性设置如何处理元素内的空白，属性值如表 9-9 所列。

表 9-9　white-space 属性值

属性值	描述
normal	默认值，空白会被浏览器忽略
pre	空白会被浏览器保留，其行为方式类似 HTML 中的<pre>标签
nowrap	文本不会换行，文本会在同一行上继续，直到遇到
标签为止
pre-wrap	保留空白符序列，但是正常地进行换行
pre-line	合并空白符序列，但是保留换行符
inherit	规定从父元素继承 white-space 属性的值

这个属性声明建立布局过程中如何处理元素中的空白符，其中值 pre-wrap 和 pre-line 是 CSS2.1 中新增的。

案例 9-08：元素空白处理

```
<!doctype html>
<html>
<head>
<meta charset="utf-8">
<title>元素空白处理</title>
<style type="text/css">
p{ width:150px; height:100%; line-height:22px; font-size:12px;}
.p1{ white-space: nowrap;}
.p2{ white-space: pre-wrap;}
.p3{ white-space: pre-line;}
</style>
</head>
<body>
    <h3>再别康桥</h3>
    <p class="p1">轻轻的我走了，正如我轻轻的来；</p>
    <p class="p2">我轻轻的招手，作别西天的云彩。</p>
    <p class="p3">那河畔的金柳，是夕阳中的新娘；</p>
    <p class="p4">波光里的艳影，在我的心头荡漾。</p>
</body>
</html>
```

扫描看效果

9.1.10　文字间隔：word-spacing

word-spacing 属性用来增加或减少单词（英文）间的空白（即字间隔），属性值如表 9-10 所列。

该属性定义元素中字之间插入多少空白符。针对这个属性，"字"定义为由空白符包围的一个字符串。如果指定为长度值，会调整字之间的间隔，normal 就等同于设置为 0。允许指定负长度值，使字之间挤得更紧。

表 9-10　word-spacing 属性值

属性值	描述
normal	默认值，定义单词间的标准空间
length	定义单词间的固定空间
inherit	规定从父元素继承 word-spacing 属性的值

案例 9-09：文字间隔

```
<!doctype html>
<html>
<head>
<meta charset="utf-8">
<title>文字间隔</title>
<style type="text/css">
p{ width:400px; height:100%;font-size:12px;}
.p1{word-spacing:normal;}
.p2{ word-spacing:2px;}
.p3{ word-spacing:6px;}
</style>
</head>
<body>
    <h3>see you again</h3>
    <p class="p1">It's been a long day without you my friend</p>
    <p class="p2">It's been a long day without you my friend</p>
    <p class="p3">It's been a long day without you my friend</p>
    <h3>再别康桥</h3>
    <p class="p1">我轻轻的招手，作别西天的云彩。</p>
    <p class="p2">那河畔的金柳，是夕阳中的新娘；</p>
    <p class="p3">波光里的艳影，在我的心头荡漾。</p>
</body>
</html>
```

扫描看效果

9.1.11　首字下沉：:first-letter

:first-letter 属性用来实现文本首字下沉效果，此伪对象仅作用于块对象。

案例 9-10：首字下沉

```
<!doctype html>
<html>
<head>
<meta charset="utf-8">
<title>首字下沉</title>
<style type="text/css">
p{ width:200px; height:200px; font-size:12px;}
p:first-letter { color:red;font-size:24px;float:left; }
</style>
</head>
```

扫描看效果

```
<body>
    <p>轻轻的我走了，正如我轻轻的来；我轻轻的招手，作别西天的云彩。那河畔的金柳，是夕阳中的新娘；
波光里的艳影，在我的心头荡漾。</p>
</body>
</html>
```

9.2 字体样式

字体样式用来定义字体系列、大小、粗细、显示风格和变形等。

9.2.1 什么是字体?

文字是网页中最重要的设计元素之一，同时也是网站信息传递给用户的主要载体。在网页设计中，字体是文字的外在特征，为了凸显不同的设计效果，往往选择不同的字体来展示不同的视觉效果设计。

字体从商业角度划分，分为收费字体和免费字体两大类。例如在日常生活中常用到的方正系列字体，从方正字库官网（www.foundertype.com）可以看到，方正公司将方正字体分为"免费字体""基础字体"和"精选字体"三类。

免费字体：包括四种字体，即方正黑体、方正书宋、方正仿宋、方正楷体。针对"商业发布"，这种使用方式免费。

基础字体：包括 22 种字体，即方正超粗黑体、方正宋黑体、方正大黑体、方正细黑一体、方正中等线体、方正细等线体、方正粗圆体、方正准圆体、方正细圆体、方正报宋体、方正宋三体、方正宋一体、方正大标宋体、方正小标宋体、方正彩云体、方正琥珀体、方正隶变体、方正隶书体、方正魏碑体、方正行楷体、方正姚体、方正综艺体。

精选字体：包括免费字体、基础字体类以外的其他全部方正字体。如方正兰亭黑系列、博雅宋系列、正黑系列、倩体系列等。

如需使用基础字体和精选字体，需要购买方正字库授权。

9.2.2 属性

设置字体样式的属性如表 9-11 所列。

表 9-11 字体样式

属性	描述
font	简写属性，作用是把所有针对字体的属性设置在一个声明中
font-family	设置字体系列
font-size	设置字体的尺寸
font-size-adjust	当首选字体不可用时，对替换字体进行智能缩放（CSS2.1 已删除此属性）
font-stretch	对字体进行水平拉伸（CSS2.1 已删除此属性）
font-style	设置字体风格
font-variant	以小型大写字体或者正常字体显示文本
font-weight	设置字体的粗细

9.2.3　字体系列：font-family

font-family 规定元素的字体系列。

在该属性值中，如果字体名中有一个或多个空格（比如 New Century Schoolbook），或者字体名包括#或$之类的符号，需要在 font-family 声明中加引号（单引号或双引号）。

font-family 可以把多个字体名称作为一个"回退"系统来保存。如果浏览器不支持第一个字体，则尝试下一个。也就是说，font-family 属性的值是用于某个元素的字体族名称或类族名称的一个优先表，浏览器将使用其可识别的第一个值。

在 CSS 中，有以下两种不同类型的字体系列。

（1）通用字体系列：拥有相似外观的字体系统组合。

（2）特定字体系列：具体的字体系列（比如黑体、微软雅黑、Times 等）。

除了各种特定的字体系列外，CSS 定义了 5 种通用字体系列，分别是 Serif 字体、Sans-serif 字体、Monospace 字体、Cursive 字体、Fantasy 字体。

案例 9-11：字体系列

```
<!doctype html>
<html>
<head>
<meta charset="utf-8">
<title>字体系列</title>
<style type="text/css">
p{ width:400px; height:100%; line-height:22px; font-size:12px;}
.p1{ font-family: "宋体";}
.p2{ font-family: "微软雅黑";}
.p3{ font-family: "黑体";}
.p4{ font-family:"微软雅黑", "宋体";}
.p5{font-family:"Arial Black";}
.p6{font-family:Georgia;}
.p7{ font-family: "Microsoft YaHei UI", "Arial Unicode MS", Calibri;}
</style>
</head>
<body>
    <h3>再别康桥</h3>
    <p class="p1">轻轻的我走了，正如我轻轻的来；</p>
    <p class="p2">我轻轻的招手，作别西天的云彩。</p>
    <p class="p3">那河畔的金柳，是夕阳中的新娘；</p>
    <p class="p4">波光里的艳影，在我的心头荡漾。</p>
    <h3>see you again</h3>
    <p class="p5">It's been a long day without you my friend</p>
    <p class="p6">It's been a long day without you my friend</p>
    <p class="p7">It's been a long day without you my friend</p>
</body>
</html>
```

扫描看效果

9.2.4　字体大小：font-size

font-size 属性用来定义文本的大小。属性值可以为绝对值或相对值。绝对值是将文本设置为指定的大小，此时不允许用户在所有浏览器中改变文本大小（不利于可用性），绝对大小在确定了输出的物理尺寸时很有用。相对值是相对于周围的元素来设置大小，允许用户在浏览器中改变文本大小。

W3C 推荐使用相对值 em 来定义文本大小。1em 等于当前的字体尺寸，如果一个元素的 font-size 为 12 像素，那么对于该元素，1em 就等于 12 像素。在设置字体大小时，em 的值会随着父元素的字体大小的变化而改变。

案例 9-12：字体大小

```
<!doctype html>
<html>
<head>
<meta charset="utf-8">
<title>字体大小</title>
<style type="text/css">
body{font-size:12px;}
p{ width:400px; height:100%; line-height:22px;}
.p1{ font-size:12px;}
.p2{ font-size:14px;}
.p3{ font-size:1.5em;}
.p4{ font-size:180%;}
</style>
</head>
<body>
    <h3>再别康桥</h3>
    <p class="p1">轻轻的我走了，正如我轻轻的来；</p>
    <p class="p2">我轻轻的招手，作别西天的云彩。</p>
    <p class="p3">那河畔的金柳，是夕阳中的新娘；</p>
    <p class="p4">波光里的艳影，在我的心头荡漾。</p>
</body>
</html>
```

扫描看效果

9.2.5　字体加粗：font-weight

font-weight 属性用来定义字体的粗细。属性值如表 9-12 所列。

表 9-12　font-weight 属性值

属性值	描述
normal	默认值，定义标准的字符
bold	定义粗体字符
bolder	定义更粗的字符
lighter	定义更细的字符
100 200 300 400 500 600 700 800 900	定义由粗到细的字符，400 等同于 normal，而 700 等同于 bold
inherit	规定从父元素继承字体的粗细

案例 9-13：字体加粗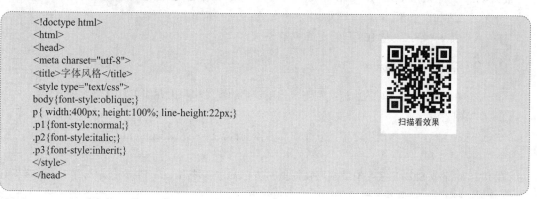

```
<!doctype html>
<html>
<head>
<meta charset="utf-8">
<title>字体加粗</title>
<style type="text/css">
body{font-size:12px; font-weight:bold;}
p{ width:400px; height:100%; line-height:22px;}
h3{font-weight:normal;}
.p1{font-weight:bold;}
.p2{font-weight:inherit;}
.p3{ font-weight:100;}
.p4{ font-weight:600;}
</style>
</head>

<body>
    <h3>see you again</h3>
    <p class="p1">It's been a long day without you my friend</p>
    <p class="p2">It's been a long day without you my friend</p>
    <p class="p3">It's been a long day without you my friend</p>
    <p class="p4">It's been a long day without you my friend</p>
</body>
</html>
```

9.2.6 字体风格：font-style

font-style 属性用来定义字体的风格。属性值如表 9-13 所列。

表 9-13　font-style 属性值

属性值	描述
normal	默认值，浏览器显示标准字体样式
italic	浏览器会显示斜体的字体样式
oblique	浏览器会显示倾斜的字体样式
inherit	规定从父元素继承字体样式

案例 9-14：字体风格

```
<!doctype html>
<html>
<head>
<meta charset="utf-8">
<title>字体风格</title>
<style type="text/css">
body{font-style:oblique;}
p{ width:400px; height:100%; line-height:22px;}
.p1{font-style:normal;}
.p2{font-style:italic;}
.p3{font-style:inherit;}
</style>
</head>
```

扫描看效果

```
<body>
    <h3>再别康桥</h3>
    <p class="p1">轻轻的我走了，正如我轻轻的来；</p>
    <p class="p2">我轻轻的招手，作别西天的云彩。</p>
    <p class="p3">那河畔的金柳，是夕阳中的新娘；</p>
    <p class="p4">波光里的艳影，在我的心头荡漾。</p>
</body>
</html>
```

9.3　字体图标

9.3.1　什么是字体图标？

字体图标（iconfont）就是在 Web 项目中使用的图标字体，是将一套图标集以字体文件的形式封装，并通过 CSS 的@font-face 作为 Web Font 调用。

为什么要用字体图标呢？因为在互联网刚起步时，icon 较多使用的是 png 图片，但是 png 图片更换起来很麻烦，并且自适应效果很差，有时候会出现锯齿及马赛克模糊的情况，加载起来也较慢，影响用户体验。iconfont 就是用来解决上面问题的，将 icon 作为字体来使用，具有以下优势：

（1）弹性。在网页或者 APP 上展示字体很便捷。用 iconfont 可以很方便地改变 icon 的颜色，或者加入一些其他的效果。

（2）可缩放。可以很方便地改变图标的大小。

（3）矢量。iconfont 是矢量的，不管是高分辨率还是低分辨率，不管是在网页还是手机端，都具有很好的展示效果，不会出现锯齿或者马赛克模糊。

（4）节省加载时间。iconfont 很小，每个小图标只有几 KB，能够极大减少加载时间。

字体图标的浏览器支持：

webkit/safari：支持 TrueType/OpenType(.ttf)，OpenType PS(.otf)，iOS4.2 以上支持.ttf，iOS 4.2 以下只支持 SVG 字体；

Chrome：除 webkit 支持的以外，从 Chrome 6 开始支持 woff 格式；

Firefox：支持.ttf 和.otf，从 Firefox 3.6 开始支持 woff 格式；

Opera：支持.ttf、.otf、.svg。从 Opera 11 开始支持 woff 格式；

IE：只支持 eot 格式，从 IE9 开始支持 woff 格式。

9.3.2　制作字体图标

iconfont 的制作主要有两条途径：利用字体工具手动制作和利用在线工具自动生成。

1．手动制作

在 iconfont 自动生成器诞生之前，只能依靠字体编辑软件来完成 iconfont 的制作，下面简单介绍一下手动制作的流程。

在 Illustrator 或 Sketch 这类矢量图形软件里创建 icon。然后把 icon 一个一个导入到字体编辑工具进行编辑，设置对应的 unicode 编码。常用字体工具有 Glyphs、FontForge、FontCreator。完成编辑后，从字体工具导出 OTF 字体文件，然后利用 Font Squirrel 生成器来生成 web fonts 支持的格式。

手动制作 iconfont 需要具备一定字体设计的知识，如有兴趣可尝试。而自动生成工具用起来就省心多了。

2. 自动生成

较为知名的自动生成工具是阿里集团提供的免费在线工具 iconfont（网址为 http://www.iconfont.cn）。该网站是中文网站，使用起来无语言障碍，但是版权问题方面需要特别注意，因为任何人上传的图标全部自动作为公开库，其他人可以进行浏览下载。

使用 iconfont 在线工具生成 iconfont 的流程如下。

步骤一：参照 iconfont.cn 提供的图标模版，在 Illustrator 画布的 1024×1024 网格内，参考基线、上升部、下降部来调整图标大小和位置。

调整矢量图标需要注意以下几点：

（1）图形需要封闭，不能出现未闭合图形。

（2）图形尽量减少节点使用，简化图形，去除无用节点。

（3）如果有两个以上图形，或者有布尔关系的图形，请对图形进行合并并且扩展。

（4）完成设计的图形需要填充相关的颜色，建议用纯色（不支持渐变、透明度）。

（5）在限定边框内绘制完成图形，尽量撑满绘制区域。

（6）将描边转化为闭合图形。

步骤二：从 Illustrator 保存为 SVG 文件，使用默认的 SVG 设置即可。

步骤三：拖动一个或多个 SVG 图标到 iconfont.cn 上传表单，完成上传后会设置名称和 tag，单击"完成上传"后开始生成 iconfont 。生成完成后点击要下载图标加入购物车，然后单击"下载至本地"。

9.3.3 如何使用字体图标？

在 Web 端使用字体图标，主要是通过 unicode 引用方式，其主要特点如下：

（1）兼容性最好，支持 ie6+ 及所有现代浏览器。

（2）支持以字体的方式去动态调整图标大小、颜色等。

（3）字体不支持多色，只能使用单色，即便有多色图标也会自动变为单色。

解压下载字体文件包，除了 eot、svg、ttf、woff 四种 web fonts 字体格式外，还有 demo.html 文件，它展示了所有 icons 及其对应的字体编码。之所以有 4 种字体格式，是考虑到不同浏览器对字体格式的支持不一样，具体看下面 CSS 里的注解。

复制 4 个字体格式文件到 Web 项目目录下，然后在 CSS 文件中加入 @font-face 声明（注意更改字体所在的文件路径）。

使用 font-face 声明字体：

```
@font-face {
    font-family: 'iconfont';
    src: url('iconfont.eot'); /* IE9*/
    src: url('iconfont.eot?#iefix') format('embedded-opentype'), /* IE6-IE8 */
```

```
        url('iconfont.woff') format('woff'), /* chrome、firefox */
        url('iconfont.ttf') format('truetype'), /* chrome、firefox、opera、Safari, Android, iOS 4.2+*/
        url('iconfont.svg#svgFontName') format('svg'); /* iOS 4.1- */
}
```

定义使用 iconfont 的样式：

```
.iconfont {
    font-family:"iconfont" !important;
    font-size:16px;
    font-style:normal;
    -webkit-font-smoothing: antialiased;
    -moz-osx-font-smoothing: grayscale;
}
```

挑选相应图标并获取字体编码，应用于页面：

```
<i class="iconfont">&#x33;</i>
```

9.4　文本效果

9.4.1　CSS3 新增文本属性

CSS 3 新增了多个文本属性，具体如表 9-14 所列。

表 9-14　CSS3 新增的文本属性

属性值	描述
hanging-punctuation	规定标点字符是否位于线框之外，目前仅 Safari 浏览器支持 hanging-punctuation 属性
punctuation-trim	规定是否对标点字符进行修剪，目前主流浏览器均不支持 punctuation-trim 属性
text-align-last	设置如何对齐最后一行或紧挨着强制换行符之前的行
text-emphasis	向元素的文本应用重点标记以及重点标记的前景色
text-justify	规定当 text-align 设置为 justify 时所使用的对齐方法
text-outline	规定文本的轮廓，目前仅 IE 浏览器不支持 text-outline 属性
text-overflow	规定当文本溢出包含元素时发生的事情
text-shadow	向文本添加阴影
text-wrap	规定文本的换行规则，目前主流浏览器都不支持 text-wrap 属性
word-break	规定非中、日、韩文本的换行规则
word-wrap	允许对长的不可分割的单词进行分割并换到下一行

9.4.2　文本溢出：text-overflow

在网页开发过程中，可能会遇到内容溢出而导致网页变形的问题。通常会通过 JavaScript 截取字符串或网站后台程序截取一定的字符串，将超出宽度的内容以省略号（…）显示。但这两种方法都有其不足之处，如中英文计算字符长度的问题，会导致截取字符串长度无法控制，从而降低程序的通用性。

CSS3 新增了 text-overflow 属性，使用该属性可快速地解决上述问题。text-overflow 属性规定当文本溢出包含元素时发生的事情，具体如表 9-15 所列。

表 9-15　text-overflow 属性

属性值	描述
clip	修剪文本
ellipsis	显示省略符号来代表被修剪的文本
string	使用给定的字符串来代表被修剪的文本

案例 9-15：文本溢出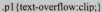

```
<!doctype html>
<html>
<head>
<meta charset="utf-8">
<title>文本溢出</title>
<style type="text/css">
body{font-size:12px;}
p{ width:150px; height:22px; line-height:22px; overflow:hidden;}

.p1{text-overflow:clip;}
.p2{text-overflow:ellipsis;white-space:nowrap;}
</style>
</head>
<body>
<h3>再别康桥</h3>
<p class="p1">轻轻的我走了，正如我轻轻的来；</p>
<p class="p2">我轻轻的招手，作别西天的云彩。</p>
<p class="p3">那河畔的金柳，是夕阳中的新娘；</p>
<p class="p4">波光里的艳影，在我的心头荡漾。</p>
</body>
</html>
```

9.4.3　文字阴影：text-shadow

text-shadow 属性用来给页面上的文字添加阴影效果，属性值如表 9-16 所列。

表 9-16　text-shadow 属性

属性值	描述
h-shadow	必需，水平阴影的位置，允许负值
v-shadow	必需，垂直阴影的位置，允许负值
blur	可选，模糊的距离
color	可选，阴影的颜色

可以对文字设置多个阴影，只需为 text-shadow 属性设置多组属性值即可。

案例 9-16：文字阴影

```
<!doctype html>
<html>
<head>
<meta charset="utf-8">
<title>文字阴影</title>
```

扫描看效果

```
<style type="text/css">
body {
    margin:200px;
    text-align:center;
}
.p1 {
    font-size:30px;
    color:#f30;
    text-shadow:10px 10px 1px #cccccc;
}
.p2 {
    font-size:30px;
    color:#f0c;
    text-shadow:10px 10px 3px #ffff00,
                20px 20px 6px #66ff66,
                30px 30px 9px #00ccff;
}
</style>
</head>
<body>
<h1>再别康桥</h1>
<p class="p1">轻轻的我走了，正如我轻轻的来；</p>
<p class="p2">我轻轻的招手，作别西天的云彩。</p>
</body>
</html>
```

9.4.4　文本换行

浏览器自身具有让文本自动换行的功能。在浏览器中显示文本的时候，会让文本在浏览器或 div 元素的右端自动实现换行。对于西方文字来说，浏览器会在半角空格或连字符的地方自动换行，而不会在单词中间突然换行，因此浏览器不能给较长的单词自动换行。当浏览器窗口比较窄（如手机屏幕），而单词内容比较长（如 URL）时，窗口就会出现横向滚动条。对于中文来说，浏览器可以在任何一个中文文字后面进行换行。

在 CSS3 中，word-wrap 属性可以实现长单词与 URL 地址的自动换行。该属性值有两种：normal 和 break-word。默认值 normal 表示只允许在断字点换行，break-word 则指定长单词或 URL 地址可以自动换行。

在 CSS3 中，word-break 属性可以让浏览器实现在任意位置换行。该属性值有三种：normal、keep-all 和 break-word。默认值 normal 使用浏览器默认换行规则；break-all 允许在单词内换行；keep-all 只能在半角空格或连字符处换行。

案例 9-17：内容换行

```
<!doctype html>
<html>
<head>
<meta charset="utf-8">
<title>文本换行-内容换行</title>
<style type="text/css">
body{font-size:12px;}
```

扫描看效果

```
p{ width:150px; height:22px; line-height:16px;}
.p1{word-wrap:normal; color:#06c;}
.p2{word-wrap:break-word; color:#f00;}
</style>
</head>
<body>
<h3>再别康桥</h3>
<p class="p1">轻轻的我走了，正如我轻轻的来；</p>
<p class="p2">我轻轻的招手，作别西天的云彩。</p>
<h3>URL</h3>
<p class="p1">http://code.web.51xueweb.cn/04/4-02.html</p>
<p class="p2">http://code.web.51xueweb.cn/04/4-02.html</p>
</body>
</html>
```

案例 9-18：词内换行

扫描看效果

```
<!doctype html>
<html>
<head>
<meta charset="utf-8">
<title>文本换行-词内换行</title>
<style type="text/css">
body{font-size:12px;}
p{ width:150px; height:22px; line-height:16px;}
.p1{word-break:normal; color:#06c;}
.p2{word-break:break-all; color:#f00;}
.p3{ word-break: keep-all;}
</style>
</head>
<body>
<h3>再别康桥</h3>
<p class="p1">轻轻的我走了，正如我轻轻的来；</p>
<p class="p2">我轻轻的招手，作别西天的云彩。</p>
<p class="p3">那河畔的金柳，是夕阳中的新娘；</p>
<p class="p4">波光里的艳影，在我的心头荡漾。</p>
<h3>see you again</h3>
<p class="p1">It's been a long day without you my friend</p>
<p class="p2">It's been a long day without you my friend</p>
<p class="p3">It's been a long day without you my friend</p>
</body>
</html>
```

9.5　使用服务器端字体

　　在 CSS 3 之前，页面文字所使用的字体必须为用户计算机已经安装且能够正常使用的字体。如果页面中指定了一种字体，而用户计算机上没有安装该字体，则该字体就无法正常显示。用户在浏览页面时，该字体会使用默认字体替代显示。

案例 9-19：不使用服务器端字体🍇🍊🄿🍐ℯ

```
<!doctype html>
<html>
<head>
<meta charset="utf-8">
<title>不使用服务器端字体</title>
<style type="text/css">
body {margin-top:100px;    font-size:30px;    line-height:180%;text-align:left;}
p {text-align:left;font-family:MyFont-A; }/*此处定义的字体没有得到应用*/
</style>
</head>
<body>
<article>
<p>Good order is the foundation of all things. (E.Burke, Btritish statesman)
<p>I disapprove of what you say, but I will defend to the death your right to say it. (Voltaire, Frech writer)
</article>
</body>
</html>
```

扫描看效果

案例 9-20：使用服务器端字体🍇🍊🄿🍐ℯ

```
<!doctype html>
<html>
<head>
<meta charset="utf-8">
<title>诗歌排版</title>
<style type="text/css">
@font-face {
    font-family:MyFont-A;
    src: url(../plugin/012-CAI978.ttf) format("truetype");
}
body {margin-top:100px;font-size:30px;line-height:180%;text-align:left;}
p {text-align:left; font-family:MyFont-A; }/*此处定义的字体有得到应用*/
</style>
</head>
<body>
<article>
<p>Good order is the foundation of all things. (E.Burke, Btritish statesman)
<p>I disapprove of what you say, but I will defend to the death your right to say it. (Voltaire, Frech writer)
</article>
</body>
</html>
```

扫描看效果

9.6 案例：诗歌排版

　　CSS 中文字样式的定义，实现了对页面中字体、段落的综合排版。本案例通过中英文对照的诗歌排版，综合演示文字样式的属性，方便 Web 前端开发者了解如何使用文字排版。

案例 9-21：诗歌排版

```
<!doctype html>
<html>
<head>
<meta charset="utf-8">
<title>诗歌排版</title>
<style type="text/css">
body {font-size: 14px;              /*字体为 14px*/
line-height:22px;                   /*行高为 22px*/
font-family: "微软雅黑", "宋体";}    /*字体为微软雅黑、宋体*/
.Content {float: left;              /*向左浮动*/
display: block;                     /*转换为块级元素*/
width: 250px;}/*宽度为 250px*/
.cn{ margin-left:100px;}            /*左外边距为 100px*/
.en {width: 420px;}                 /*宽度为 420px*/
p {margin-bottom: 14px;}            /*下外边距为 14px*/
</style>
</head>
<body>
<article class="Content cn">
<h2>再别康桥</h2>
<p>轻轻的我走了,<br>
正如我轻轻的来; <br>
我轻轻的招手,<br>
作别西边的云彩。</p>
<p>那河畔的金柳，<br>
是夕阳中的新娘;<br>
波光里的艳影,<br>
在我心头荡漾。 </p>
……此处省略其他段落
</article>
<article class="Content en">
<h2>Saying Goodbye To Cambridge Again </h2>
<p>Very quietly I take my leave<br>
    As quietly as I came here; <br>
    Quietly I wave good-bye<br>
To the rosy clouds in the western sky.</p>
<p>The golden willows by the riverside<br>
    Are young brides in the setting sun;<br>
    Their reflections on the shimmering waves<br>
    Always linger in the depth of my heart. </p>
    ……此处省略其他段落
</article>
</body>
</html>
```

9.7 案例：使用服务器端字体实现网站图标

CSS3 新增加了服务器字体的文字样式，通过服务器字体可以实现一些非常规字体在 Web 前端开发中的使用，极大地丰富了 Web 前端中字体的展示效果。同时，服务器字体的出现也为 Web 前端开发中图标的处理提供了新的方法。Web 前端开发者可以通过使用服务器字体设置页面中的小图标来统一使用。

本案例将演示使用服务器字体实现网站图标的方法，帮助 Web 前端开发者快速掌握这一新兴技能。

案例 9-22：使用服务器端字体实现网站图标

```
<!doctype html>
<html>
<head>
<meta charset="utf-8">
<title>使用服务器端字体实现网站图标</title>
<link rel="stylesheet" href="css/09-22.css" />
<style>
body {
    background: #fff;                                        /*定义背景色为白色*/
    color: #444;                                             /*字体颜色*/
    font: 16px/1.5 "Helvetica Neue", Helvetica, Arial, sans-serif;
}
.glyph {
    border-bottom: 1px dotted #ccc;                          /*下边框为1px 实线*/
    padding: 10px 0 20px;                                    /*内边距上、左右、下分别为10px、0、20px*/
    margin-bottom: 20px;                                     /*下外边距为20px*/
}
.step {
    display: inline-block;                                   /*转换为 inline-block 类型*/
    line-height: 1;                                          /*单倍行距*/
    width: 10%;
}
.size-12 { font-size: 12px; }                                /*字体大小为12px*/
.size-18 { font-size: 18px; }                                /*字体大小为18px*/
.size-24 { font-size: 24px; }                                /*字体大小为24px*/
.size-36 { font-size: 36px; }                                /*字体大小为36px*/
</style>
</head>

<body>
<div class="glyph">
<i class="step fi-address-book size-12"></i>
<i class="step fi-address-book size-18"></i>
<i class="step fi-address-book size-24"></i>
<i class="step fi-address-book size-36"></i>
</div>
<div class="glyph">
<i class="step fi-alert size-12"></i>
```

```
<i class="step fi-alert size-18"></i>
<i class="step fi-alert size-24"></i>
<i class="step fi-alert size-36"></i>
</div>
<div class="glyph">
<i class="step fi-archive size-12"></i>
<i class="step fi-archive size-18"></i>
<i class="step fi-archive size-24"></i>
<i class="step fi-archive size-36"></i>
</div>
<div class="glyph">
<i class="step fi-arrows-out size-12"></i>
<i class="step fi-arrows-out size-18"></i>
<i class="step fi-arrows-out size-24"></i>
<i class="step fi-arrows-out size-36"></i>
</div>
</body>
</html>
```

第 10 章

背景与边框

　　除了前面介绍的文字相关属性之外，HTML 网页上最常用的 CSS 属性就是背景和边框属性。通过使用背景，可以为 HTML 元素增加背景颜色、背景图片；通过边框相关属性，可以为 HTML 元素增加颜色、线型或粗细不等的边框。本章主要介绍 CSS 中与背景和边框相关的属性以及 CSS3 中新增的属性。

　　CSS3 新增的背景相关属性进一步增强了背景功能，使用新的属性可以控制背景图片的显示位置、分布方式等；除此之外，CSS3 还增加了对多背景的支持，允许 Web 前端开发人员在 HTML 元素中定义多个背景图片。同时，CSS3 增加了大量边框相关属性，通过这些属性可以轻松地为 HTML 元素定义圆角边框、渐变边框、图片边框等。

10.1　背景属性

10.1.1　基本属性

背景的相关属性用于控制元素背景色、背景图片等，也可以控制背景图片的排列方式。

背景的基本属性主要用于定义背景的颜色、图片、重复方式等基本内容，如表 10-1 所列。

表 10-1　背景的基本属性

属性	描述
background-color	设置元素的背景颜色
background-image	把图片设置为背景
background-repeat	设置背景图片是否平铺
background-attachment	背景图片是否固定或者随着页面的其余部分滚动
background-position	设置背景图片的起始位置
background	简写属性，作用是将背景属性设置在一个声明中

（1）background-color。

background-color 属性用于设置元素的背景颜色。它的默认值为 none，即允许下面的任何内容显示出来。这种状态也可以通过关键字 transparent（透明度）来指定。background-color 属性和 color 属性一样支持多种颜色格式。

```
p{ background-color:yellow;}
body{ background-color:#ccc;}
.fun{ background-color:#000;}
#test{ background-color:rgb(0,0,0);}
```

（2）background-image。

background-image 属性可以为元素指定背景图片。如果图片包括透明区域，下面的内容将会显示出来。为防止这一点，通常将 background-image 属性和 background-color 属性一起使用。背景颜色显示在背景图片下面，提供不透明的背景。background-image 属性需要一个 URL 来选择作为背景的图片。

用作背景图片的图片格式可以为浏览器支持的任何格式，通常为 GIF、JPG 和 PNG 格式。

```
b{background-image:url(img.gif);background-color:#fff;}
body{ background-image:url(img.gif);}
.brick{ background-image:url(img.gif);}
#prison{ background-image:url(img.gif);}
```

（3）background-repeat。

background-repeat 属性决定当背景图片比元素的空间小时将如何排列。该属性的默认值为 repeat，这使图片在水平和垂直两个方向上平铺。当该属性取值为 repeat-x 时，背景图片将仅在水平方向上平铺；当该属性取值为 repeat-y 时，背景图片将仅在垂直方向上平铺；当该属性取值为 no-repeat 时，背景图片将不会平铺。

```
p{background-image:url(img.gif);background-repeat:repeat-x;}
.titleup{background-image:url(img.gif);background-repeat:repeat-y;}
```

```
body{background-image:url(img.gif);background-repeat:no-repeat;}
```

（4）background-attachment。

background-attachment 属性决定背景图片在元素的内容进行滚动时是滚动还是停留在屏幕的一个固定位置。这个属性的默认取值为 scroll。当取值为 fixed 时，可实现水印效果，这与<body>元素的专有属性 bgproperties（由 Microsoft 引入）相似。

```
body{background-image:url(images/logo.png);background-attachment:fixed;}
```

（5）background-position。

background-position 属性指定背景图片在元素的画布空间中的定位方式，有三种方法指定位置，具体如下：

1）为图片的左上角指定一个绝对距离，通常以像素为单位。

2）使用水平和垂直方向的百分比来指定位置。

3）使用关键字来描述水平和垂直方向的位置。水平方向上的关键字为 left、center 和 right，垂直方向上的关键字为 top、center 和 bottom。在使用关键字时，未指明的方向上默认的取值为 center。

具体背景位置关键字定位方式如表 10-2 所列。

表 10-2　背景位置关键字定位方式

关键字对	水平位置	垂直位置
top left	0%	0%
top center	50%	0%
top right	100%	0%
center left	0%	50%
center center	50%	50%
center right	100%	50%
bottom left	0%	100%
bottom center	50%	100%
bottom right	100%	100%

具体语法如下所示：

```
p{background-image:url(img.gif);background-position:10px 10px;}
p{ background-image:url(img.gif); background-position:20% 20%;}
body{background-image:url(img.gif);background-position:center center;}
```

注意：如果仅仅设置了一个关键字，那么第二个关键字将取默认值 center。因此，在上面的例子中，关键字 center 只需用一次即可。

（6）background。

background 属性用于全面设置背景样式。该属性是一个复合属性，可用于同时设置背景色、背景图片、背景重复模式等。为更好地控制背景，一般不建议通过该属性来控制背景，具体语法如下所示：

```
p{ background:white url(img.gif) repeat-y center;}
body{ background:url(img.gif) top center fixed;}
.bricks{ background:repeat-y top url(img.gif);}
```

10.1.2　CSS3 新增背景属性

CSS3 新增的背景属性如表 10-3 所列。

表 10-3　CSS3 新增背景属性

属性	描述
background-clip	规定背景的绘制区域
background-origin	规定背景图片的定位区域
background-size	规定背景图片的尺寸
background-break	规定内联元素的背景图片进行平铺时的循环方式

（1）background-clip。

在 HTML 页面中，具有背景的元素通常由元素内容、内部补白（padding）、边框、外部补白（margin）四部分组成。

元素背景的显示范围在 CSS2 与 CSS2.1、CSS3 中并不相同。在 CSS2 中，背景的显示范围是指内部补白之内的范围，不包括边框；而在 CSS2.1 和 CSS3 中，背景的显示范围是指包括边框在内的范围。在 CSS3 中，可以使用 background-clip 来修饰背景的显示范围，如果将 background-clip 的属性值设定为 border，则背景范围包括边框区域；如果设定为 padding，则不包括边框区域。

案例 10-01：两种 background-clip 属性值的对比

```
<!doctype html>
<html>
<head>
<meta charset="utf-8">
<title>两种 background-clip 属性值的对比实例</title>
<style type="text/css">
div{
    width:200px;
    height:200px;
    margin:0 auto;
    background-color:#000;
    border:dashed 15px green;              /*边框为 15px 的虚线*/
    padding:30px;
    color:#fff;
    font-size:30px;
    font-weight:bold;                      /*字体加粗*/
    }
.div1{
    -moz-background-clip:border;
    -webkit-background-clip:border;
    }
.div2{
    -moz-background-clip:padding;
    -webkit-background-clip:padding;
    }
</style>
</head>
<body>
<div class="div1">实例文字 1</div><br>
<div class="div2">实例文字 2</div>
</body>
</html>
```

（2）background-origin。

在绘制背景图片时，默认是从内部区域（padding）的左上角开始，但也可以利用 background-origin 属性来指定绘制时从边框的左上角开始，或者从内容的左上角开始。

在 Firefox 浏览器中指定绘制起点时，需要在样式代码中将 background-origin 属性写成 "-moz-background-origin" 形式；在 Safari 浏览器或者 Chrome 浏览器中指定绘制起点时，需要在样式代码中将 background-origin 属性写成 "-webkit-background-origin" 形式。

在案例 10-02 中具有三个 div 元素，三个 div 元素的背景均指定为同一个背景图片，分别指定其 background-origin 属性为 border、padding 和 content，分别代表从边框的左上角、内部补白区域的左上角和内容的左上角开始绘制。

案例 10-02：background-origin 属性使用示例

```
<!doctype html>
<html>
<head>
<meta charset="utf-8">
<title>background-origin 属性使用示例</title>
<style type="text/css">
div{
    width:200px;
    height:100px;
    margin:0 auto;
    background-color:#000;                      /*设置背景色*/
    background-image:url(images/img.png);       /*设置背景图片*/
    background-repeat:no-repeat;                /*设置背景图片重复方式*/
    border:dashed 15px green;                   /*边框为 15px 的虚线*/
    padding:30px;
    color:#fff;
    font-size:2em;
    font-weight:bold;
    }
.div1{

    -moz-background-origin:border;              /*设置背景图片的绘制区域*/
    -webkit-background-origin:border;
    }
.div2{
    -moz-background-origin:padding;
    -webkit-background-origin:padding;
    }
.div3{
    -moz-background-origin:content;
    -webkit-background-origin:content;
    }
</style>
</head>
<body>
<div class="div1">示例文字 1</div><br>
<div class="div2">示例文字 2</div><br>
<div class="div3">示例文字 3</div>
</body>
</html>
```

（3）background-size。

在 CSS3 中，可以使用 background-size 属性来指定背景图片的尺寸，最简单方法如下所示：

```
background-size:40px 20px；
-webkit-background-size:40px 20px；
```

其中，40px 为背景图片的宽度，20px 为背景图片的高度，中间用半角空格进行分隔。如果要维持图片比例的话，可以在设定图片宽度或高度的同时，将另一个参数设定为"auto"。

案例 10-03：background-size 属性 Ⓒ Ⓑ Ⓞ Ⓟ Ⓔ

```
<!doctype html>
<html>
<head>
<meta charset="utf-8">
<title>background-size 属性使用示例</title>
<style type="text/css">
div{
    width:300px;
    height:300px;
    margin:0 auto;
    background-color:#000;
    background-image:url(images/img.png);
    padding:30px;
    color:#fff;
    font-size:2em;
    font-weight:bold;
    background-size:auto 40px;
    -webkit-background-size:auto 40px;
    }
</style>

</head>
<body>
<div>示例文字</div><br>
</body>
</html>
```

扫描看效果

10.1.3　多背景

1. CSS3 多背景语法及参数

CSS3 多背景语法和 CSS 中背景语法其实没有本质上的区别，只是在 CSS3 中可以给多个背景图片设置相同或者不同的 background-(position||repeat||clip||size||origin||attachment)属性。其中最重要的是在 CSS3 多背景中，相邻背景之间必须使用逗号分隔开，具体语法如下所示：

```
background：[background-image] | [background-position] | [background-size] | [background-repeat] | [background-attachment] | [background-clip] | [background-origin],*
```

可以把上面的缩写拆解成以下形式。

```
background-image：url1,url2,…,urlN;
background-repeat:repeat1,repeat2,…,repeatN;
background-position:position1,position2,…,positionN;
background-size:size1,size2,…,sizeN;
background-attachment: attachment1, attachment2,…, attachmentN;
```

```
background-clip:clip1,clip2,…,clipN;
background-origin:origin1,origin2,…,originN;
background-color:color1,color2,…,colorN;
```

CSS3 的多背景属性参数与 CSS 的背景属性参数类似，只是在其基础上增加了 CSS3 为背景添加的新属性。在 CSS3 中可以在一个元素里显示多个背景图片，也可以将多个背景图片进行重叠显示，从而使得背景图片中所用素材的调整变得更加容易。

除了 background-color 属性以外，其他的属性也可以设置多个属性值，多个属性值之间必须使用逗号分隔开。当一个背景有多个 background-image 属性值，而其他属性只有一个值时，表示该属性所有背景图片应用了相同的属性值。

案例 10-04：多背景属性使用示例

```html
<!doctype html>
<html>
<head>
<meta charset="utf-8">
<title>多背景属性使用示例</title>
<style type="text/css">
.demo{
    width:800px;
    height:700px;
    border:20px solid rgba(104,104,142,0.5);
    border-radius:10px;
    padding:80px 60px;
    color:#000;
    font-family:"Microsoft YaHei UI";
    font-size:40px;
    line-height:1.5;
    text-align:center;
    }
.multipleBg{
    background:url(images/FL-tl.png) no-repeat left top,
            url(images/FL-tr.png) no-repeat right top,
            url(images/FL-bl.png) no-repeat left bottom,
            url(images/FL-br.png) no-repeat bottom right,
            url(images/bg.gif) repeat left top;
    -webkit-background-origin:border-box, border-box, border-box, border-box, padding-box;
    -moz-background-origin:border-box, border-box, border-box, border-box, padding-box;
    -o-background-origin:border-box, border-box, border-box, border-box, padding-box;
    background-origin:border-box, border-box, border-box, border-box, padding-box;
    -moz-background-clip:border-box;
    -webkit-background-clip:border-box;
    background-clip:border-box;
    }
</style>
</head>
<body>
<div class="demo multipleBg">使用五张背景图片制作效果</div>
</body>
</html>
```

2. CSS3 多背景的优势

CSS3 多背景属性的出现，摆脱了对 Adobe Photoshop 等绘图工具的依赖，伴随着浏览器支持力度的加强，CSS3 多背景功能会得到更广泛的使用。

CSS3 多背景也有层次之分，按照浏览器的显示顺序，最先声明的背景图片将居于最上层，最后指定的背景图片将放在最底层。

只在属性中声明对图片的使用还远远不够，还要分别告诉浏览器这些背景图片应该如何平铺、如何放置及各自的大小。通过指定多个 background-repeat、background-size 和 background-position 属性，可以单独指定背景图片中某个图片的平铺方式、大小及位置等。

在 CSS2 中实现一个多背景效果，需要在 HTML 中添加多个标签，也就是有多少张背景图片就需要设置多少个 HTML 标签；另一种方法是将多张背景图片通过 Adobe Photoshop 等绘图工具合成在一张图片上，但这样增加了后期修改的难度，页面控制不灵活。而 CSS3 的多背景特性只需要一个标签，省去了合成图片的工作量，也使代码易于维护。

10.1.4　渐变背景

渐变是 CSS3 新增的重要特性之一，渐变属性的出现可以使 Web 前端开发者仅仅使用 background 属性便可以做出专业的网页效果。

1.　线性渐变

渐变是通过背景设置的，所以必须使用 background 或 background-image 属性。具体语法如下：

```
linear-gradient(start position, from color, to color);
```

linear-gradient()函数的参数规定了创建渐变效果的开始位置与渐变的起始颜色。第一个值可以是像素值、角度值百分比或关键字 top、bottom、left、right。

开始位置可以用角度替换，指定渐变效果的方向。基本语法如下：

```
background: linear-gradient(30deg,#fff,#000);
```

可以声明各种颜色的结束位置。基本语法如下：

```
background: linear-gradient(top,#fff 50%,#000 90%);
```

案例 10-05：线性渐变属性

```html
<!doctype html>
<html>
<head>
<meta charset="utf-8">
<title>线性渐变属性使用示例</title>
<style type="text/css">
body{ text-align:center;}
.demo{
    width:220px;
    height:60px;
    margin:50px auto;
    text-align:center;
    line-height:60px;
    font-family:"Microsoft YaHei UI";
    color:#666;
    font-size:20px;
    border:2px solid #ccc;
    border-radius:2px;                    /*圆角边框半径为 2px*/
    background:#ddd; }
.div1{                                    /*规定渐变的方向和颜色*/
```

扫描看效果

```
        background: -webkit-linear-gradient(top, #fff, #33e2f2);
        background:-moz-linear-gradient(top, #fff, #33e2f2);
        }
    .div2{                                    /*规定渐变的角度和颜色*/
        background: -webkit-linear-gradient(30deg, #fff, #33e2f2);
        background:-moz-linear-gradient(30deg, #fff, #33e2f2);
        }
    .div3{                                    /*规定渐变的方向和颜色的结束位置*/
        background: -webkit-linear-gradient(top, #fff 50%, #33e2f2 90%);
        background:-moz-linear-gradient(top, #fff 50%, #33e2f2 90%);
        }
</style>
</head>
<body>
<div class="demo div1">按钮 1</div>
<div class="demo div2">按钮 2</div>
<div class="demo div3">按钮 3</div>
</body>
</html>
```

2. 放射渐变

放射渐变的使用方法与前一方法相似。具体语法如下：

```
radial-gradient(start position, from color, to color);
```

案例 10-06：放射渐变属性使用示例

```
<!doctype html>
<html>
<head>
<meta charset="utf-8">
<title>放射渐变属性使用示例</title>
<style type="text/css">
body{ text-align:center;}
.div1{
    width:220px;
    height:60px;
    margin:50px auto;
    text-align:center;
    line-height:60px;
    font-family:"Microsoft YaHei UI";
    color:#666;
    font-size:20px;
    border:2px solid #ccc;
    border-radius:10px;
    background: -webkit-radial-gradient(center, circle, #fff 0%, #33e2f2 200%);
    -webkit-radial-gradient:(center, circle, #fff 0%, #33e2f2 200%);
    }
</style>
</head>
<body>
<div class="div1">单击按钮</div>
</body>
</html>
```

扫描看效果

10.2 边框属性

元素可以被边框（border）完全或者部分包围，边框位于 margin 区域和 padding 区域之间。border 属性决定元素边框的样式、宽度、颜色等。

10.2.1 基本属性

边框的基本属性如表 10-4 所列。

（1）border-style。

border-style 属性用来设置边框的显示外观。它的默认取值为 none，即没有边框。边框样式如表 10-5 所列。

表 10-4 边框基本属性

属性	描述
border	简写属性，用于把针对四个边的属性设置在一个声明中
border-style	用于设置元素所有边框的样式，或者单独为各边设置边框样式
border-width	简写属性，用于为元素的所有边框设置宽度，或者单独为各边边框设置宽度
border-color	简写属性，设置元素的所有边框中可见部分的颜色，或为四条边分别设置颜色
border-bottom	简写属性，用于把下边框的所有属性设置到一个声明中
border-bottom-color	设置元素的下边框颜色
border-bottom-style	设置元素的下边框样式
border-bottom-width	设置元素的下边框宽度
border-left	简写属性，用于把左边框的所有属性设置到一个声明中
border-left-color	设置元素的左边框颜色
border-left-style	设置元素的左边框样式
border-left-width	设置元素的左边框宽度
border-right	简写属性，用于把右边框的所有属性设置到一个声明中
border-right-color	设置元素的右边框颜色
border-right-style	设置元素的右边框样式
border-right-width	设置元素的右边框宽度
border-top	简写属性，用于把上边框的所有属性设置到一个声明中
border-top-color	设置元素的上边框颜色
border-top-style	设置元素的上边框样式
border-top-width	设置元素的上边框宽度

表 10-5 边框样式

属性	描述
dotted	点边框
dashed	虚线边框
solid	实线边框
double	双线边框

续表

属性	描述
groove	蚀刻边框
ridge	突出边框
inset	凹进的边框，使得对象看起来嵌入了页面
outset	凸起的边框，使得对象看起来凸起

具体语法如下：

```
h1{border-style:solid;}
p.boxed{border-style:double;}
.button{border-style:outset;}
```

（2）border-width。

可通过 border-top-width、border-right-width、border-left-width、border-bottom-width 分别设置边框的宽度，也可通过 border-width 属性对全部边框进行设置。

border-width 属性可同时赋 1～4 个值，多个值按照顺时针方向应用到顶部、右边、底部、左边的边框。边框的宽度可以使用像素值和关键字来指定，关键字可为 thin、medium 和 thick，具体语法如下：

```
p{border-width:10px;}
p.double{border-width:thick;}
.thickandthin{border-width:thick thin;}
.fun{border-width:thick;}
```

（3）border-color。

通过 border-color 属性可以为边框指定颜色。指定边框颜色时可以使用支持的颜色英文名称、符合 RGB 颜色规范的数字和十六进制色彩值。border-color 属性可以同时赋 1～4 个值，多个值按照顺时针方向分别应用到顶部、右边、底部、左边的边框。也可以通过 border-top-color、border-right-color、border-bottom-color、border-left-color 为各边框单独设置颜色值，具体语法如下：

```
p.all{
border-style:solid;
border-top-color:green;
border-right-color:#ff0000;
border-bottom-color:yellow;
border-left-color: rgb(12,255,255);
}
```

（4）border 属性快速设置。

border 属性允许使用组合属性值对边框的宽度、颜色、风格等进行设置，也可通过 border-top、border-right、border-bottom、border-left 属性使用组合属性值对单一边框的宽度、颜色、风格等进行设置。

案例 10-07：边框基本属性使用示例

```
<!doctype html>
<html>
<head>
<meta charset="utf-8">
<title>边框基本属性使用示例</title>
<style type="text/css">
.outer{
    width:600px;
    height:600px;
```

扫描看效果

```
            margin:0 auto;
            background-color:#f0f0f0;
            border-style:solid;                              /*边框样式*/
            border-width:3px;                                /*边框宽度*/
            border-radius:10px;                              /*圆角边框*/
            padding:10px 20px;
            }
        .div1{
            width:220px;
            height:500px;
            float:left;
            margin-left:30px;
            padding:10px;
            border-radius:10px;                              /*圆角边框*/
            background-color:#a8f2f5;
            border-style:double;                             /*边框样式*/
            border-width:medium;                             /*边框宽度*/
            line-height:26px;
            font-family:"Microsoft YaHei UI";
            text-indent:2em;                                 /*首行缩进*/
            }
        .div2{
            width:220px;
            height:500px;
            float:left;
            margin-left:30px;
            padding:10px;
            border-radius:10px;
            background-color:#a8f2f5;
            border-style:double solid;                       /*边框样式*/
            border-color:red #4abefa purple green;           /*边框颜色*/
            border-width:thin thick thick medium;            /*边框宽度*/
            line-height:26px;
            font-family:"Microsoft YaHei UI";
            text-indent:2em;
            }
        </style>
        </head>
        <body>
        <div class="outer">
            <p class="div1">轻轻的我走了，正如我轻轻的来；我轻轻的招手，作别西天的云彩。那河畔的金柳，是夕
阳中的新娘；……此处省略文字</p>
            <p class="div2">轻轻的我走了，正如我轻轻的来；我轻轻的招手，作别西天的云彩。那河畔的金柳，是夕
阳中的新娘；……此处省略文字</p>
        </div>
        </body>
        </html>
```

10.2.2 CSS3 新增边框属性

CSS3 新增的边框属性具有强大的生命力，灵活地使用这些属性可以设计出很多优美精巧的 UI
界面效果。CSS3 增加了圆角边框（border-radius）、图片边框（border-image）、渐变边框和盒子阴影
（box-shadow）。

10.2.3　圆角边框

圆角边框的绘制是 Web 中经常用来美化页面效果的手法之一。在 CSS3 之前，需要使用图片文件才能达到同样效果。

（1）border-radius。

border-radius 属性用于指定圆角半径。

案例 10-08：圆角边框属性 ⚙ ③ ⓪ ⚙ ⓮

```
<!doctype html>
<html>
<head>
<meta charset="utf-8">
<title>绘制圆角边框</title>
<style type="text/css">
.div1{
    width:200px;
    height:40px;
    margin:50px auto;
    border:solid 3px #3cb3f1;
    border-radius:20px;
    -moz-border-radius:20px;
    -webkit-border-radius:20px;
    -o-border-radius:20px;
    background-color:#dae9f0;
    line-height:40px;
    font-family:"Microsoft YaHei UI";
    text-align:center;
    box-shadow:0 1px 5px #666;
    }
.div2{
    width:200px;
    height:40px;
    margin:50px auto;
    border:solid 3px #f1a707;
    border-radius:20px;
    -moz-border-radius:20px;
    -webkit-border-radius:20px;
    -o-border-radius:20px;
    background-color:#fbe7bc;
    line-height:40px;
    font-family:"Microsoft YaHei UI";
    text-align:center;
    box-shadow:0 1px 5px #666;
    }
</style>
</head>
<body>
<div class="div1">点击登录</div>
<div class="div2">点击注册</div>
</body>
</html>
```

扫描看效果

（2）在 border-radius 属性中指定两个半径。

在 border-radius 属性中可以指定两个半径，具体语法如下：

```
div{border-radius：40px 20px;}
```

针对这种情况，各种浏览器的处理方式并不一致。在 Chrome 浏览器和 Safari 浏览器中，会绘制出一个椭圆形边框，第一个半径为椭圆的水平方向半径，第二个半径为椭圆的垂直方向半径。在 Firefox 浏览器和 IE 浏览器中，将第一个半径作为边框左上角与右下角的圆半径来绘制，将第二个半径作为边框左下角与右上角的圆半径来绘制。

案例 10-09：在 border-radius 属性中指定两个半径 🌐

```
<!doctype html>
<html>
<head>
<meta charset="utf-8">
<title>在 border-radius 属性中指定两个半径</title>
<style type="text/css">
div{
    border:solid 5px #f0ab17;
    border-radius:40px 20px;
    -moz-border-radius:40px 20px;
    -webkit-border-radius:40px 20px;
    -o-border-radius:40px 20px;
    background-color:#f7e5c0;
    padding:20px;
    margin:100px auto;
    width:400px;
    line-height:26px;
    font-family:"Microsoft YaHei UI";
    text-indent:2em;
    }
</style>
</head>
<body>
<div>轻轻的我走了，正如我轻轻的来；我轻轻的招手，作别西天的云彩。那河畔的金柳，是夕阳中的新娘；……
省略文字</div>
</body>
</html>
```

扫描看效果

（3）不显示边框。

当使用 border-radius 属性但把边框设定为不显示时，浏览器将把背景的四个角绘制为圆角。

案例 10-10：不显示边框的使用 🌐

```
<!doctype html>
<html>
<head>
<meta charset="utf-8">
<title>不显示边框的示例</title>
<style type="text/css">
div{
    border:none;                      /*设置浏览器边框不显示*/
    border-radius:40px;
    -moz-border-radius:40px;
    -webkit-border-radius:40px;
    -o-border-radius:40px;
```

扫描看效果

```
    background-color:#f7e5c0;
    padding:20px;
    margin:100px auto;
    width:400px;
    line-height:26px;
    font-family:"Microsoft YaHei UI";
    text-indent:2em;
    }
</style>
</head>
<body>
<div>轻轻的我走了，正如我轻轻的来；我轻轻的招手，作别西天的云彩。那河畔的金柳，是夕阳中的新娘；……
省略文字</div>
</body>
</html>
```

（4）修改边框种类。

使用 border-radius 属性后，不管边框是什么种类，都会沿着圆角曲线绘制边框。

案例 10-11：修改边框种类

```
<!doctype html>
<html>
<head>
<meta charset="utf-8">
<title>修改边框种类示例</title>
<style type="text/css">
div{
    border:dashed 5px #f0ab17;
    border-radius:40px;
    -moz-border-radius:40px;
    -webkit-border-radius:40px;
    -o-border-radius:40px;
    background-color:#f7e5c0;
    padding:20px;
    margin:100px auto;
    width:400px;
    line-height:26px;
    font-family:"Microsoft YaHei UI";
    text-indent:2em;
    }
</style>
</head>
<body>
<div>轻轻的我走了，正如我轻轻的来；我轻轻的招手，作别西天的云彩。那河畔的金柳，是夕阳中的新
娘…</div>
</body>
</html>
```

扫描看效果

（5）绘制四个不同半径的圆角边框。

可以通过分别定义 border-top-left-radius、border-top-right-radius、border-bottom-right-radius、border-bottom-left-radius 属性值，分别定义边框的四个圆角半径。

案例 10-12：绘制四个不同半径的圆角边框

```
<!doctype html>
<html>
<head>
<meta charset="utf-8">
<title>绘制四个不同半径的圆角边框</title>
<style type="text/css">
.div1{
    padding:20px;
    margin:100px auto;
    width:400px;
    line-height:26px;
    font-family:"Microsoft YaHei UI";
    text-indent:2em;
    border:solid 5px #f0ab17;
    background-color:#f7e5c0;
    border-radius:10px 20px 30px 40px;
    -moz-border-radius:10px 20px 30px 40px;
    -weblit-border-radius:10px 20px 30px 40px;
    -o-border-radius:10px 20px 30px 40px;
    }
</style>
</head>
<body>
<div class="div1">轻轻的我走了，正如我轻轻的来；我轻轻的招手，作别西天的云彩。那河畔的金柳，是夕阳
中的新娘…</div>
</body>
</html>
```

10.2.4 图片边框

在 CSS2 中，border-image 效果只能使用背景图片来制作，而且制作过程非常复杂，做完后也很难维护。CSS3 中新增了一个图片边框属性，能够模拟出 background-image 属性的功能，使用 border-image 属性可以给任何元素（除 border-collapse 属性值为 collapse 的 table 元素之外）设置任何图片效果边框。

1. border-image 属性的语法及参数

border-image 具体语法如下：

border-image:none | <image> [number | <percentage>] [stretch | repeat | round | space]

这些参数的含义与使用方法如下：

- none：默认值，表示边框无背景图片。
- <image>：设置背景图片，与 background-image 一样，可以使用绝对或相对的 URL 地址来指定边框的背景图片。
- <number>：number 是一个数值，用来设置边框宽度，其单位是像素，可以使用 1~4 个值，依次表示按顺时针方向四个边框的宽度。
- <percentage>：percentage 用来设置边框宽度，与 number 不同的是，percentage 使用的是百分比。
- stretch、repeat、round、space：这四个属性参数用来设置边框背景图片的铺放方式，类似于 background-position。其中 stretch 会拉伸边框背景图片；repeat 会重复边框背景图片；round

和 space 会平铺边框背景图片，其中 stretch 为默认值。

2. border-image 属性使用方法

为了便于理解，我们暂时对 border-image 的语法表达形式进行属性上的分解阐述，分解后变成以下五个部分。

- 引入背景图片：border-image-source。
- 切割引入背景图片：border-image-slice。
- 边框图片的宽度：border-image-width。
- 边框背景图片的排列方式：border-image-repeat。
- 边框图片区域超出边框的量：border-image-outset。

（1）border-image-source。

border-image-source 具体语法如下：

```
border-image-source:url(image url);
```

border-image-source 和 CSS2 中的 background-image 属性相似，也是通过 url() 来调用背景图片，图片的路径可以是相对地址，也可以是绝对地址，其默认值为 none。

（2）border-image-slice。

border-image-slice 具体语法如下：

```
border-image-slice:[<number> | <percentage>]
```

border-image-slice 用来分解引入的背景图片，这个参数相对来说比较复杂，主要有以下几个方面。

- 取值支持<number> | <percentage>。其中 number 无需设置单位，其单位默认为像素。除了直接用 number 外，还可以使用百分比值来表示，即相对于边框背景图片而言的百分比。

  例如，边框图片的大小是 300px×240px，取百分比为 25%、30%、15%、20%，实际对应的效果就是剪切了图片的 60px、90px、36px、60px 的四边大小。

  border-image-slice 中的 number 或者 percentage 都可以取 1～4 个值，类似于 CSS2 中的 border-width 的取值方式，遵循 top、right、bottom、left 的规则。

  fill 从字面上说就是填充的意思，如果使用这个关键字，图片边界的中间部分将保留下来，默认情况下为空。

- 剪切的特性（slice）。在 border-image 中 slice 是一个关键部分，border-image-slice 虽然从表面上说不是剪切，但实际应用中就是一种纯粹的剪切，把取到的边框图片切成九份，再像 background-image 一样重新布置（如图 10-1 所示）。在该图中，border-image-slice 属性在距边框背景图片的 top、right、bottom、left 四边的 18px 分别切了一刀，这样一来就把背景图片切成了九个部分，称为"九宫格"（如图 10-2 所示），分割后的图片在 CSS3 中的名称如表 10-6 所列。

在背景图片中，border-top-right-image、border-bottom-right-image、border-bottom-left-image 及 border-top-left-image 四个边角部分在 border-image 中是没有任何展示效果的，这四个部分称为盲区；而对应的 border-top-image、border-right-image、border-bottom-image 及 border-left-image 属于展示效果区域。其中 border-top-image 和 border-bottom-image 区域受到水平方向效果影响，border-right- image 和 border-left-image 区域受到垂直方向效果影响。

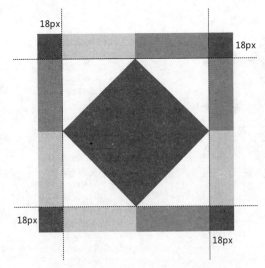

18px
18px
18px
18px

图 10-1 浏览器对于图片文件的分割

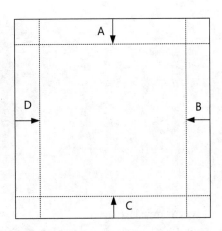

A
D B
C

图 10-2 九宫格

表 10-6 被分割为九个部分的图片名称

border-top-left-image	border-top-image	border-top-right-image
border-left-image		border-right-image
border-bottom-left-image	border-bottom-image	border-bottom-right-image

（3）border-image-width。

border-image-width 具体语法如下：

border-image-width:[<length> | <percentage> | <number> | auto]

该属性用来设置边框背景图片的显示大小，其实也可以理解为 border-width，虽然 W3C 定义了 border-image-width 属性，但各浏览器还是将其视为 border-width 来用。也就是说，border-image-width 属性用法和 border-width 属性用法一样。

（4）border-image-repeat。

border-image-repeat 具体语法如下：

border-image-repeat:[stretch | repeat | round | space]

该属性用来指定边框背景图片的排列方式，默认值为 stretch。这个属性的参数和其他属性不同，不遵循 top、right、bottom、left 的方位原则，只接受两个（或一个）参数值，第一个值表示水平方向上的排列方式，第二个值表示垂直方向上的排列方式。当取一个值时，表示水平和垂直方向上的排列方式相同。不设置任何值时，水平和垂直方向上都会以默认值 stretch 方式进行排列，如图 10-3 所示。

（5）border-image-outset。

border-image-outset 具体语法如下：

border-image-outset:[<length> | <number>]

该属性用于指定边框图片向外扩展所定义的数值，length 是数值加单位"px"；number 指的是相对于边框宽度增加的倍数，即如果值为 10px，则图片在原本的基础上往外延展 10px 再显示。

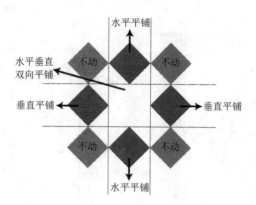

图 10-3　背景图片平铺方式

1）水平 round 效果。

案例 10-13：水平 round 效果

```
<!doctype html>
<html>
<head>
<meta charset="utf-8">
<title>水平 round 效果</title>
<style type="text/css">
.border-image{
        width:300px;
        height:214px;
        border:71px solid;
        border-image-source: url(images/border.png);
        border-image-slice: 71;
        border-image-repeat: round stretch;
        border-image-outset: 10px;
        }
</style>
</head>
<body>
<div class="border-image"></div>
</body>
</html>
```

扫描看效果

2）水平 repeat 效果。

案例 10-14：水平 repeat 效果

```
<!doctype html>
<html>
<head>
<meta charset="utf-8">
<title>水平 repeat 效果</title>
<style type="text/css">
.border-image{
        width:300px;
```

扫描看效果

```
        height:214px;
        border:71px solid;
        border-image-source: url(images/border.png);
        border-image-slice: 71;
        border-image-repeat: repeat stretch;
        border-image-outset: 10px;
        }
</head>
</style>
<body>
<div class="border-image"></div>
</body>
</html>
```

3）水平 stretch 效果。

案例 10-15：水平 stretch 效果

```
<!doctype html>
<html>
<head>
<meta charset="utf-8">
<title>水平 stretch 效果</title>
<style type="text/css">
.border-image{
        width:300px;
        height:214px;
        border:71px solid;
        border-image-source: url(images/border.png);
        border-image-slice: 71;
        border-image-repeat: stretch stretch;
        border-image-outset: 10px;
        }
</style>
</head>
<body>
<div class="border-image"></div>
</body>
</html>
```

扫描看效果

4）垂直 round 效果。

案例 10-16：垂直 round 效果

```
<!doctype html>
<html>
<head>
<meta charset="utf-8">
<title>垂直 round 效果</title>
<style type="text/css">
.border-image{
        width:300px;
        height:214px;
        border:71px solid;
        border-image-source: url(images/border.png);
        border-image-slice: 71;
```

扫描看效果

```
        border-image-repeat: stretch round;
        border-image-outset: 10px;
        }
</style>
</head>
<body>
<div class="border-image"></div>
</body>
</html>
```

5）垂直 repeat 效果。

案例 10-17：垂直 repeat 效果

```
<!doctype html>
<html>
<head>
<meta charset="utf-8">
<title>垂直 repeat 效果</title>
<style type="text/css">
.border-image{
        width:300px;
        height:214px;
        border:71px solid;
        border-image-source: url(images/border.png);
        border-image-slice: 71;
        border-image-repeat: stretch repeat;
        border-image-outset: 10px;
        }
</style>
</head>
<body>
<div class="border-image"></div>
</body>
</html>
```

扫描看效果

比较上面几个案例可知，repeat 属性是边框中间向两端不断平铺，在平铺的过程中保持边框背景图片切片的大小，这样就造成了图示中的两端边缘处有被切的现象；round 属性则会对边框背景图的切片进行压缩（拉伸）来适应边框宽度大小，使其正好显示在区域内；stretch 属性则会把相应的切片进行拉伸来适应边框的大小。

10.2.5　渐变边框

CSS3 提供了以下四个属性来支持渐变边框。

（1）border-top-colors：该属性用于设置目标组件的上边框颜色。如果设置上边框的宽度是 Npx，那么就可以为该属性设置 N 种颜色，每种颜色显示 1px 的宽度。但如果设置的颜色数量小于边框的宽度，那么最后一个颜色将会覆盖该边框剩下的宽度。

（2）border-right-colors：该属性用于设置目标组件的右边框颜色。该属性指定多个颜色值的意义与 border-top-colors 属性里各颜色值的意义相同。

（3）border-bottom-colors：该属性用于设置目标组件的下边框颜色。该属性指定多个颜色值的意义与 border-top-colors 属性里各颜色值的意义相同。

（4）border-left-colors：该属性用于设置目标组件的左边框颜色。该属性指定多个颜色值的意义与 border-top-colors 属性里各个颜色值的意义相同。

这四个属性目前只有 Firefox 浏览器（3.0～40.0 版本）能够支持。

案例 10-18：渐变边框

```
<!doctype html>
<html>
<head>
<meta charset="utf-8">
<title>渐变边框</title>
<style type="text/css">
div{
    width:300px;
    height:40px;
    margin:100px auto;
    border:10px solid #fff;
    -moz-border-bottom-colors:#555 #666 #777 #888 #999 #aaa #bbb #ccc #ddd #eee;
    -moz-border-top-colors:#555 #666 #777 #888 #999 #aaa #bbb #ccc #ddd #eee;
    -moz-border-left-colors:#555 #666 #777 #888 #999 #aaa #bbb #ccc #ddd #eee;
    -moz-border-right-colors:#555 #666 #777 #888 #999 #aaa #bbb #ccc #ddd #eee;
    line-height:40px;
    font-family:"Microsoft YaHei UI";
    text-align:center;
    }
</style>
</head>
<body>
<div>宽度为 10 的渐变边框</div>
</body>
</html>
```

10.2.6 盒子阴影

box-shadow 是 CSS3 新增的一个重要属性，用来定义元素的盒子阴影。

1. 语法

box-shadow 具体语法如下：

box-shadow：none | [inset x-offset y-offset blur-radius spread-radius color], [inset x-offset y-offset blur-radius spread-radius color]

box-shadow 属性可以使用一个或多个阴影，使用多个阴影时必须使用逗号 "," 隔开。

box-shadow 参数的具体含义如下：

- none：默认值，元素没有任何阴影效果。
- inset：阴影类型，可选值。如果不设置，其默认的阴影方式是外阴影；如果取其唯一值"inset"，就是给元素设置内阴影。
- x-offset：阴影水平偏移量，其值可以是正负值。取正值，则阴影在元素右边；取负值，则阴影在元素左边。
- y-offset：阴影垂直偏移量，其值可以是正负值。取正值，则阴影在元素底部；取负值，则阴影在元素顶部。

- blur-radius：阴影模糊半径，可选参数。其值只能是正值，如果取值为"0"，表示阴影不具有模糊效果，取值越大，阴影的边缘就越模糊。
- spread-radius：阴影扩展半径，可选参数。其值可以是正负值。取值为正值，则整个阴影都延展扩大；取负值，则整个阴影都缩小。
- color：阴影颜色，可选参数。如果不设定任何颜色，浏览器会取默认色，但各浏览器默认色不一样，特别是在 webkit 内核下的浏览器将显示无色，也就是透明。

2. 应用

与用 Adobe Photoshop 软件制作图片相比，通过 box-shadow 修改元素阴影效果要方便得多，因为 box-shadow 可以修改六个参数，从而得到不同的效果。

（1）单边阴影效果。

案例 10-19：单边阴影效果

扫描看效果

```
<!doctype html>
<html>
<head>
<meta charset="utf-8">
<title>box-shadow 设置单边阴影效果</title>
<style type="text/css">
.box-shadow{
    width:200px;
    height:40px;
    margin:50px auto;
    border-radius:20px;
    -moz-border-radius:20px;
    -webkit-border-radius:20px;
    -o-border-radius:20px;
    line-height:40px;
    font-family:"Microsoft YaHei UI";
    text-align:center;
    border:solid 2px #999;
    background-color:#f0f0f0;
    }
.top{
    box-shadow:0 -4px 5px -3px red;
    }
.right{ box-shadow:4px 0 5px -3px green;}
.bottom{ box-shadow:0 4px 5px -3px blue;}
.left{ box-shadow:-4px 0 5px -3px orange;}
</style>
</head>

<body>
<div class="box-shadow top">点击登录</div>
<div class="box-shadow right">点击登录</div>
<div class="box-shadow bottom">点击登录</div>
<div class="box-shadow left">点击登录</div>
</body>
</html>
```

（2）四边相同阴影效果。

box-shadow 给元素设置四边相同的阴影效果，共分为两种。

1）只设置阴影模糊半径和阴影颜色。

案例 10-20：设置四边相同阴影效果（方法一）🄖🅑🄞🄞🄔

```
<!doctype html>
<html>
<head>
<meta charset="utf-8">
<title>设置四边相同的阴影效果</title>
<style type="text/css">
.box-shadow{
    width:200px;
    height:40px;
    margin:50px auto;
    border-radius:20px;
    -moz-border-radius:20px;
    -webkit-border-radius:20px;
    -o-border-radius:20px;
    line-height:40px;
    font-family:"Microsoft YaHei UI";
    text-align:center;
    border:solid 2px #3cb3f1;
    background-color:#f0f0f0;
    box-shadow:0 0 6px #06c;
    }
</style>
</head>
<body>
<div class="box-shadow ">单击登录</div>
</body>
</html>
```

在这个示例的基础上，添加 box-shadow 扩展半径可以控制阴影深度。如果取正值，将加深阴影的深度；如果取负值，可以压缩阴影，直到扩展半径等于模糊半径时，阴影会完全消失。

2）只设置扩展半径和阴影颜色。

案例 10-21：设置四边相同阴影效果（方法二）🄖🅑🄞🄞🄔

```
<!doctype html>
<html>
<head>
<meta charset="utf-8">
<title>设置四边相同的阴影效果</title>
<style type="text/css">
.box-shadow{
    width:200px;
    height:40px;
    margin:50px auto;
    border-radius:20px;
    -moz-border-radius:20px;
    -webkit-border-radius:20px;
    -o-border-radius:20px;
    line-height:40px;
    font-family:"Microsoft YaHei UI";
```

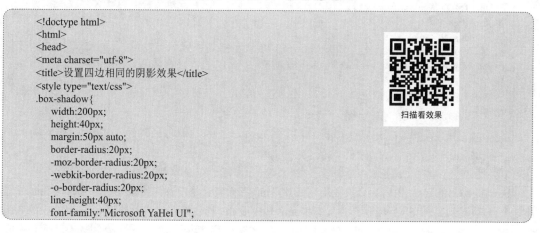

扫描看效果

```
        text-align:center;
        border:solid 2px #3cb3f1;
        background-color:#f0f0f0;
        box-shadow:0 0 0 4px #06c;
        }
</style>
</head>
<body>
<div class="box-shadow ">点击登录</div>
</body>
</html>
```

这种 box-shadow 制作的阴影效果与元素设置"10px"实线边框效果一样，因此可以利用 box-shadow 扩展半径制作类似边框的效果，但实质上并非边框，因为 box-shadow 并不是盒模型中的元素，不会计算到内容宽度中。因此 box-shadow 不会影响页面的任何布局。div.border 元素的边框被计算进了宽度，但 div.box-shadow 的阴影被浏览器忽略不计，将不计算宽度。

（3）内阴影。

案例 10-22：内阴影效果 🌐 🎬 0 ⊘ 🍥

```
<!doctype html>
<html>
<head>
<meta charset="utf-8">
<title>内阴影效果</title>
<style type="text/css">
.box-shadow{
        width:200px;
        height:40px;
        margin:50px auto;
        border-radius:20px;
        -moz-border-radius:20px;
        -webkit-border-radius:20px;
        -o-border-radius:20px;
        line-height:40px;
        font-family:"Microsoft YaHei UI";
        text-align:center;
        border:solid 2px #3cb3f1;
        background-color:#f0f0f0;
        box-shadow:inset 3px 3px 7px #3cb3f1;
        }
</style>
</head>
<body>
<div class="box-shadow ">点击登录</div>
</body>
</html>
```

扫描看效果

box-shadow 的 inset 内阴影直接运用在图片"img"元素上是没有任何效果的。只有在 img 外添加一个容器标签，如"div"标签，并且不将 img 转换成 div 标签的背景，只是将 box-shadow 的内阴影使用在 div 标签上时，img 才会出现内阴影效果。

案例 10-23：图片内阴影效果

```
<!doctype html>
<html>
<head>
<meta charset="utf-8">
<title>图片内阴影效果</title>
<style type="text/css">
.box-shadow{
    width:250px;
    height:250px;
    margin:100px auto;
    box-shadow:inset 0 0 30px 15px #ccc;
    }
img{
    position:relative;
    z-index:-1;
    vertical-align:top;}
</style>
</head>
<body>
<div class="box-shadow ">
    <img src="images/GaoPic.png" alt="">
</div>
</body>
</html>
```

扫描看效果

（4）多层阴影。

前几种都是单阴影效果的使用，其实 box-shadow 可以和多层阴影同时使用，每层阴影之间用逗号"，"隔开。

案例 10-24：多层阴影效果

```
<!doctype html>
<html>
<head>
<meta charset="utf-8">
<title>多层阴影效果</title>
<style type="text/css">
.box-shadow{
    width:200px;
    height:100px;
    margin:100px auto;
    border:1px solid #ccc;
    border-radius:5px;
    box-shadow:-5px 0 5px red, 0 5px 5px blue, 5px 0 5px green, 0 -5px 5px orange;
    }
</style>
</head>
<body>
<div class="box-shadow ">
</div>
</body>
</html>
```

扫描看效果

制作多层阴影效果时，不设置模糊半径，只设置扩展半径，并配合多个阴影颜色，还可以制作多色边框效果。

案例 10-25：使用 box-shadow 制作多色边框效果

扫描看效果

```
<!doctype html>
<html>
<head>
<meta charset="utf-8">
<title>使用 box-shadow 制作多色边框效果</title>
<style type="text/css">
.box-shadow{
    width:250px;
    height:250px;
    margin:100px auto;
    border:1px solid #ccc;
    border-radius:5px;
    box-shadow:0 0 0 1px red,0 0 0 5px blue,0 0 0 8px green,0 0 0 12px yellow,0 0 0 16px orange,0 0 0 20px #06c,0 0 0 24px lime;
    }
img{
    position:relative;
    z-index:-1;
    vertical-align:top;}

</style>
</head>
<body>
<div class="box-shadow ">
    <img src="images/GaoPic.png" alt="">
</div>
</body>
</html>
```

使用多层 box-shadow 制作多色边框效果需要注意阴影的顺序，最先写的阴影将显示在最顶层。如果前面的阴影太大，顶层的阴影就可能会遮挡底部的阴影。

3．优势

从实现盒子阴影来说，box-shadow 是最方便的，无论是使用背景图片还是使用滤镜或 JavaScript，都无法与 box-shadow 相比。

（1）box-shadow 具有多个属性参数可选，能制作出圆润平滑的阴影效果。

（2）代码维护方便，可以随时更改参数来实现效果和更新。

案例 10-26：制作 3D 搜索表单

扫描看效果

```
<!doctype html>
<html>
<head>
<meta charset="utf-8">
<title>制作 3D 搜索表单</title>
<style type="text/css">
.formWrapper{
    width:450px;
    padding:8px;
```

```
            margin:100px auto;
            overflow:hidden;
            border:solid 1px #dedede #bababa #aaa #bababa;
            /*设置 3D 效果*/
            box-shadow:0 3px 3px rgba(255,255,255,0.1),0 3px 0 #bbb, 0 4px 0 #aaa, 0 5px 5px #444;
            border-radius:10px;
            /*使用渐变制作表单的渐变背景*/
            background-color:#f6f6f6;
            background-image:-webkit-gradient(linear, left top, left bottom, from(#f6f6f6),to(#eae8e8));
            background-image:-webit-linear-gradient(top ,#f6f6f6, #eae8e8);
            background-image:-moz-linear-gradient(top ,#f6f6f6, #eae8e8);
            background-image:-o-linear-gradient(top ,#f6f6f6, #eae8e8);
            background-image:-ms-linear-gradient(top ,#f6f6f6, #eae8e8);
            background-image:linear-gradient(top ,#f6f6f6, #eae8e8);
        }
    .formWrapper .search{
            width:330px;
            height:20px;
            padding:10px 5px;
            float:left;
            font:bold 16px "Times New Roman", Times, serif;
            border:1px solid #ccc;
            box-shadow:inset 0 1px 1px, 0 1px 0 #fff;
            border-radius:3px;
        }
    .formWrapper .search:focus{/*输入框得到焦点时样式*/
            outline:0;
            border-color:#aaa;
            box-shadow:inset 0 1px 1px #bbb;
        }
    .formWrapper .search:-webkit-input-placeholder,
    .formWrapper .search:-moz-placeholder{
            color:#999;
            font-weight:normal;
        }
    .formWrapper .btn{/*搜索按钮样式*/
            float:right;
            border:1px solid #00748f;
            height:42px;
            width:100px;
            padding:0;
            cursor:pointer;
            font:bold 15px Arial, Helvetica, sans-serif;
            color:#fafafa;
            text-transform:uppercase;
            background-color:#0483a0;
            background-image:
            -webkit-gradient(linear, left top, left bottom, from(#31bc3), to(#0483a0));
            background-image:-webkit-linear-gradient(top, #31bc3, #0483a0;
            background-image:-moz-linear-gradient(top, #31bc3, #0483a0;
            background-image:-ms-linear-gradient(top, #31bc3, #0483a0;
            background-image:-o-linear-gradient(top, #31bc3, #0483a0;
            background-image:linear-gradient(top, #31bc3, #0483a0;
            border-radius:3px;
            text-shadow:0 1px 0 rgba(0, 0, 0 ,0.3);
            box-shadow:inset 0 1px 0 rgba(255, 255 , 255, 0.3), 0 1px 0 #fff;
```

```
    }
    /*按钮悬浮状态和焦点状态下效果*/
.formWrapper .btn:hover, .formWrapper btn:focus{
    background-color:#31b2c3;
    background-image:
    -webkit-gradient(linear, lefttop, left bottom, from(#0483a0), to(#31b2c3));
    background-image:-webkit-linear-gradient(top, #0483a0, #31b2c3;
    background-image:-moz-linear-gradient(top, #0483a0, #31b2c3;
    background-image:-ms-linear-gradient(top, #0483a0, #31b2c3;
    background-image:-o-linear-gradient(top, #0483a0, #31b2c3;
    background-image:linear-gradient(top, #0483a0, #31b2c3;
    }
.formWrapper .btn:active{/*按钮单击时效果*/
    outline:0;
    box-shadow:inset 0 1px 4px rgba(0, 0, 0,0.5);
    }
.formWrapper:-moz-focus-inner{ border:none;}/*Firefox 下按钮清除焦点线*/
</style>
</head>
<body>
<!--表单结构-->
<form class="formWrapper">
    <div class="formFiled clearfix">
<!--搜索表单输入框-->
<input type="text" required="" placeholder="Search for CSS 3, HTML 5, jQuery ..." class="search">
<!--搜索按钮-->
<input type="submit" class="btn submit" value="go">
</div>
</form>
</body>
</html>
```

4．浏览器兼容性

目前 box-shadow 属性得到各浏览器的支持，但 IE8 及以前版本的浏览器不支持 box-shadow 属性，在浏览器的新版本中无需加各浏览器的前缀。

虽然 IE 浏览器低版本不支持这个属性，但目前 box-shadow 在实际项目中的运用越来越普遍。因为用 box-shadow 实现阴影比使用背景图片的方法更方便，同时能为 Web 前端开发节省很多时间，维护也方便。要兼容 IE 浏览器低版本，可以使用 IE 的滤镜来模拟实现，具体如下：

filter:progid:DXImageTransform.Microsoft.Shadow(color='颜色值',Direction=阴影角度(数值),Strength=阴影半径(数值));

其中"DropShadow"（盒状阴影）和"shadow"（阴影）两个滤镜是为实现阴影而设，"Glow"（发光）滤镜则用于在盒子容器四周实现发光阴影。但这些滤镜可设置的参数并不像 box-shadow 属性那么多。

10.3　案例：图片轮转的实现

案例效果如图 10-4 所示。

图 10-4   POP 图片轮转

案例 10-27：图片轮转的实现

```
<!doctype html>
<html>
<head>
<meta charset="utf-8">
<title>POP 轮转图</title>
<style>
.demo{
    border-width:80px 102px 99px 98px;
    width:796px;
    height:621px;
    margin:0 auto;
    border-image:url(images/ipad.png) 100/100px;
    background-image:url(images/pic01.png), url(images/pic02.png), url(images/pic03.png), url(images/pic04.png),
url(images/pic05.png);
    background-repeat:no-repeat, no-repeat, no-repeat, no-repeat, no-repeat;
    background-position:0px 0px, -796px 0px, -1594px 0px, -2388px 0px, -3184px 0px;
    background-size:796px 622px;
    animation-name:myfirst;                        /*设置动画名*/
    animation-duration:8s;                         /*动画周期时间*/
    animation-timing-function:linear;              /*动画函数*/
    animation-delay:4s;                            /*动画延迟时间*/
    animation-iteration-count:infinite;            /*动画次数*/
    animation-direction:alternate;                 /*动画方向*/
    animation-play-state:running;                  /*动画状态*/
    /* Firefox: */
    -moz-animation-name:myfirst;
    -moz-animation-duration:8s;
    -moz-animation-timing-function:linear;
    -moz-animation-delay:4s;
    -moz-animation-iteration-count:infinite;
    -moz-animation-direction:alternate;
    -moz-animation-play-state:running;
    ……此处省略 Safari、Chrome、Opera 相关动画参数，其参数同 Firefox

@keyframes myfirst
```

扫描看效果

```
{                                    /*定义动画关键帧*/
0%    { background-position:0px 0px, -796px 0px, -1594px 0px, -2388px 0px, -3184px 0px;}
25%   { background-position:796px 0px, 0px 0px, -796px 0px, -1594px 0px, -2388px 0px;}
50%   { background-position:1594px 0px, 796px 0px, 0px 0px, -796px 0px, -1594px 0px;}
75%   { background-position:2388px 0px, 1594px 0px, 796px 0px, 0px 0px, -796px 0px;}
100%  { background-position:3184px 0px, 2388px 0px, 1594px 0px, 796px 0px, 0px 0px;}
}
@-moz-keyframes myfirst /* Firefox */
{
0%    { background-position:0px 0px, -796px 0px, -1594px 0px, -2388px 0px, -3184px 0px;}
25%   { background-position:796px 0px, 0px 0px, -796px 0px, -1594px 0px, -2388px 0px;}
50%   { background-position:1594px 0px, 796px 0px, 0px 0px, -796px 0px, -1594px 0px;}
75%   { background-position:2388px 0px, 1594px 0px, 796px 0px, 0px 0px, -796px 0px;}
100%  { background-position:3184px 0px, 2388px 0px, 1594px 0px, 796px 0px, 0px 0px;}
}

……此处省略 Safari、Chrome、Opera 相关动画过程，其参数同 Firefox
</style>
</head>
<body>
    <div class="demo"></div>
</body>
</html>
```

10.4 案例：网页课程表的实现

案例效果如图 10-5 所示。

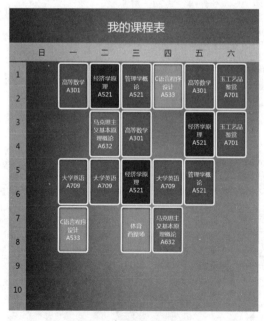

图 10-5 我的课程表

案例 10-28：网页课程表的实现

```
<!doctype html>
<html>
<head>
<meta charset="utf-8">
<title>我的课程表</title>
<style type="text/css">
body{margin:0 auto;padding:0;background:#FFF;text-align:center;}
body > div{margin-right:auto;margin-left:auto;text-align:center; }
div,form,ul,ol,li,span,p,dl,dt,dd,img{margin:0;padding:0;border:0;}
h1,h2,h3,h4,h5,h6{margin:0;padding:0;font-size:12px;font-weight:normal;}
ul,ol,li{list-style:none}                  /*清除列表默认样式*/
<!--设置浮动-->
.fl{float:left;}
.fr{float:right;}
<!--课程背景颜色-->
.MakesiBg{ background-color:#4dc4cc;}
.GaodengshuxueBg{ background-color:#6fa1e0;}
.TiyuBg{ background-color:#82e27b;}
.YingyuBg{ background-color:#f18d7e;}
.CyuyanBg{ background-color:#eec291;}
.JingjixueBg{ background-color:#b15b7e;}
.GuanlixueBg{ background-color:#9d8fcc;}
.YugongyipinBg{ background-color:#fa809d;}
.Content{
    width:890px;
    height:1024px;
    background:url(images/bg1.png) no-repeat;
    margin:0 auto;
    }
<!--设置标题 CSS 规则-->
.Title{ padding-top:35px; margin:0 auto;}
.Title p{ font-size:40px; font-family:"微软雅黑"; color:#fff;}
<!--设置星期 CSS 规则-->
.TopLine{
    width:890px;
    height:4px;
    background-color:#d2d2d2;
    margin-top:30px;}
.Week{
    width:890px;
    height:58px;
    background-color:#fff;
    filter:alpha(opacity=60);
    -moz-opacity:0.6;
    opacity:0.6;}
.Week ul{ padding-left:60px;}
.Week ul li{
    font-family:"微软雅黑";
    font-size:26px;
    color:#333;
    text-align:center;
    width:110px;
    line-height:56px;
    }
<!--设置节次 CSS 规则-->
```

```
.Source{
    width:890px;
    height:858px;
    margin-top:3px;
    background-image:url(images/BgLine1.png);}
.Num{
    width:60px;
    height:858px;
    margin-top:1px;
    background-color:#fff;
    filter:alpha(opacity=60);                    /*设置元素不透明度*/
    -moz-opacity:0.6;
    opacity:0.6;
    }
.Num ul li{
    font-family:"微软雅黑";
    font-size:26px;
    color:#333;
    width:60px;
    height:81px;
    line-height:81px;
    text-align:center;
    }
<!--设置课程 CSS 规则-->
.Sun ul li{width:98px; height:149px;}
.Mon,.Tue,.Wed,.Thu,.Fri,.Sat,.Sun ul{ margin-top:1px;}
.KeCheng li{
    width:98px;
    height:149px;
    border-radius:10px;                          /*圆角边框*/
    border:5px solid #fff;                       /*边框为 5px 实线*/
    margin-bottom:3px;
    margin-left:2px;
    box-shadow:inset 0 1px 8px #666;}            /*添加盒子投影*/
.KeCheng li p{
    font-family:"微软雅黑";
    color:#fff;
    font-size:20px;
    width:98px;
    height:150px;
    display:-webkit-box;
    -webkit-box-align:center;
    -webkit-box-pack:center;
    display:-moz-box;                            /*设置盒模型*/
    -moz-box-align:center;
    -moz-box-pack:center;
    }
</style>
</head>
<body>
<div class="Content">
    <div class="Title"><p>我的课程表</p></div>
<div class="TopLine"></div>
<div class="Week">
    <ul>
    <li class="fl">日</li>
```

```
<li class="fl">一</li>
……此处省略二、三、四、五、六
</ul>
</div>
<div class="Source">
    <!--节数-->
    <div class="Num fl">
    <ul>
    <li>1</li>
    <li>2</li>
    ……此处省略 3～10
</ul>
</div>
<!--星期日课程信息-->
<div class="Sun fl">
    <ul class="KeCheng">
    <li style="border:none; box-shadow:none; width:108px;"></li>
</ul>
</div>
<!--星期一课程信息-->
<div class="Mon fl">
    <ul class="KeCheng">
    <li class="GaodengshuxueBg"><p>高等数学<br>A301</p></li>
    <li style="border:none; box-shadow:none; width:108px; height:159px;"></li>
    <li class="YingyuBg"><p>大学英语<br>A709</p></li>
    <li class="CyuyanBg"><p>C 语言程序设计<br>A533</p></li>
</ul>
</div>
<!--星期二课程信息-->
<div class="Tue fl">
    <ul class="KeCheng">
    <li class="JingjixueBg"><p>经济学原理<br>A521</p></li>
    <li class="MakesiBg"><p>马克思主义基本原理概论<br>A632</p></li>
    <li class="YingyuBg"><p>大学英语<br>A709</p></li>
</ul>
</div>
<!--星期三课程信息-->
<div class="Wed fl">
    <ul class="KeCheng">
    <li class="GuanlixueBg"><p>管理学概论<br>A521</p></li>
    <li class="GaodengshuxueBg"><p>高等数学<br>A301</p></li>
    <li class="JingjixueBg"><p>经济学原理<br>A521</p></li>
    <li class="TiyuBg"><p>体育<br>西操场</p></li>
</ul>
</div>
<!--星期四课程信息-->
<div class="Thu    fl">
    <ul class="KeCheng">
    <li class="CyuyanBg"><p>C 语言程序设计<br>A533</p></li>
    <li style="border:none; box-shadow:none; width:108px; height:159px;"></li>
    <li class="YingyuBg"><p>大学英语<br>A709</p></li>
    <li class="MakesiBg"><p>马克思主义基本原理概论<br>A632</p></li>
</ul>
</div>
<!--星期五课程信息-->
```

```html
<div class="Fri fl">
    <ul class="KeCheng">
    <li class="GaodengshuxueBg"><p>高等数学<br>A301</p></li>
    <li class="JingjixueBg"><p>经济学原理<br>A521</p></li>
    <li class="GuanlixueBg"><p>管理学概论<br>A521</p></li>
</ul>
</div>
<!--星期六课程信息-->
<div class="Sat    fl">
    <ul class="KeCheng">
    <li class="YugongyipinBg"><p>玉工艺品鉴赏<br>A701</p></li>
    <li class="YugongyipinBg"><p>玉工艺品鉴赏<br>A701</p></li>
</ul>
</div>
</div>
</body>
</html>
```

第 11 章

盒模型

　　现代 Web 前端的布局设计简单说就是一堆盒子的排列与嵌套，掌握了盒子的摆放控制，会发现再复杂的页面也不过如此。

　　本章主要讲解盒子的类型和属性，以及不同类型盒子的应用，最终通过在不同浏览器中调试盒子，达到掌握知识点的目的。

11.1　盒子

11.1.1　元素盒子

盒子是一个概念，也可以说是容器，可以在里面放置网页中需要显示的内容，文档中每一个元素都会产生一个盒子。盒子拥有很多属性，比如 width、height、padding、border 和 margin 等。

如我们所看到的，文档中每一个元素都是块级或者行级的，这些元素形成矩形元素盒子。元素盒子的组成部分如图 11-1 所示。元素盒子的最内部分是实际的内容，直接包围内容的是内边距。内边距可以呈现元素的背景。内边距的边缘是边框，边框以外是外边距，外边距默认是透明的，因此不会遮挡其后的元素。

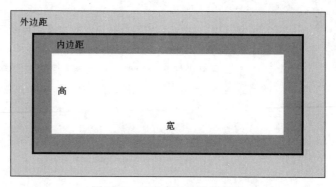

图 11-1　元素盒子的组成部分

内边距、边框和外边距的宽度都是可选的，其默认值是零。但是，许多元素将会由浏览器自动设置不同的外边距和内边距，可以通过将元素的 margin 和 padding 设置为零来覆盖这些浏览器样式，以实现元素在不同浏览器中样式的统一。可以使用通用选择器对所有元素进行设置。

```
* {
margin: 0;
padding: 0;
}
```

（1）外边距：margin。

外边距相当于文档中的页边距，是元素边框边缘与相邻元素之间的距离，主要用来分割各种元素，设置元素之间的距离。如图 11-1 中，浅灰色部分表示盒子的外边距。

定义元素外边距使用 margin 属性，属性值单位可以为长度单位（px、pt、em、ex、in 等）或百分比，取值可以为正值或负值。根据实际需要灵活地设置元素的 margin 值，可以实现各种复杂的网页布局。同时外边距还有专门设置某一方向上外边距的属性：margin-top、margin-right、margin-bottom、margin-left，关于外边距的属性说明如表 11-1 所列。

1）margin 属性。

margin 可以设置为 auto。常见的做法是为外边距设置固定的长度值。

表 11-1 外边距的属性

属性	描述
margin	在一个声明中设置所有外边距属性
margin-bottom	设置元素的下外边距
margin-left	设置元素的左外边距
margin-right	设置元素的右外边距
margin-top	设置元素的上外边距

下面的声明在 h1 元素的各个边上设置了 1/4 英寸宽的空白。

h1 {margin : 0.25in;}

下面的例子为 h1 元素的四个边分别定义了不同的外边距，所使用的长度单位是像素。

h1 {margin : 10px 0px 15px 5px;}

这些值的顺序是从上外边距（top）开始围着元素顺时针旋转的。

margin: top right bottom left;

另外，还可以为 margin 设置一个百分比数值。

p {margin : 10%;}

百分比数是相对于父元素的 width 计算的。上面这个例子为 p 元素设置的外边距是其父元素的 width 的 10%。

margin 的默认值是 0，如果没有为 margin 声明一个值，就不会出现外边距。但是在实际中，浏览器已经对许多元素提供了预定的样式，外边距也不例外。例如，在支持 CSS 的浏览器中，外边距会在每个段落元素的上面和下面生成"空行"。如果没有为 p 元素声明外边距，浏览器可能会自己应用一个默认外边距。这时需要对元素的 margin 的外边距属性作声明，以实现对浏览器默认样式的覆盖。

2）值复制。

在 Web 前端开发中，有时需要输入一些重复的值：

p {margin: 0.5em 1em 0.5em 1em;}

这种情况下可以使用值复制，不必重复输入相同的数字。上面的规则与下面的规则是等价的。

p {margin: 0.5em 1em;}

这两个值可以取代前面 4 个值。为此 CSS 定义了一些规则，允许为外边距指定少于 4 个值，规则如下：

- 如果缺少左外边距的值，则使用右外边距的值。
- 如果缺少下外边距的值，则使用上外边距的值。
- 如果缺少右外边距的值，则使用上外边距的值。

如图 11-2 所示，值复制规则提供了更直观的方法来了解这一点。

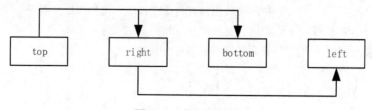

图 11-2 值复制规则

如果为外边距指定了 3 个值，则第 4 个值（即左外边距）会从第 2 个值（右外边距）复制得到。如果给定了 2 个值，第 4 个值会从第 2 个值复制得到，第 3 个值（下外边距）会从第 1 个值（上外边距）复制得到。如果只给定一个值，那么其他 3 个外边距都由这个值（上外边距）复制得到。

利用这个简单的机制，只需指定必要的值，而不必设置全部 4 个值：

```
h1 {margin: 0.25em 1em 0.5em;}        /* 等价于  0.25em 1em 0.5em 1em */
h2 {margin: 0.5em 1em;}               /* 等价于  0.5em 1em 0.5em 1em */
p {margin: 1px;}                      /* 等价于  1px 1px 1px 1px */
```

但这种方法有一个小缺点，假设希望把 p 元素的上外边距和左外边距设置为 20 像素，下外边距和右外边距设置为 30 像素。在这种情况下，必须写成如下形式：

```
p {margin: 20px 30px 30px 20px;}
```

如果希望除了左外边距以外所有其他外边距都是 auto（左外边距是 20px），则：

```
p {margin: auto auto auto 20px;}
```

3）单边外边距属性。

使用单边外边距属性可以为元素单边上的外边距设置值。假设希望把 p 元素的左外边距设置为 20px，不必使用 margin（需要键入很多 auto），而是可以采用以下方法：

```
p {margin-left: 20px;}
```

使用单边外边距属性只设置相应边上的外边距，而不会直接影响所有其他外边距，一个规则中可以使用多个单边属性：

```
h2 {
    margin-top: 20px;
    margin-right: 30px;
    margin-bottom: 30px;
    margin-left: 20px;
}
```

当然，对于这种情况，使用 margin 可能更容易一些。

```
p {margin: 20px 30px 30px 20px;}
```

不论使用单边属性还是使用 margin，得到的结果都一样。一般来说，如果希望为多个边设置外边距，使用 margin 会更容易一些。不过从文档显示的角度看，实际上使用哪种方法都不重要，所以应该选择对自己来说更容易的方法。

4）外边距合并。

外边距合并（叠加）是一个相对简单的概念。但是在对网页进行布局时，会造成许多混淆。

简单地说，外边距合并指的是当两个垂直外边距相遇时，它们将形成一个外边距。合并后的外边距的高度等于两个发生合并的外边距的高度中的较大者。

当一个元素出现在另一个元素上面时，第一个元素的下外边距与第二个元素的上外边距会发生合并，如图 11-3 所示。

当一个元素包含在另一个元素中时（假设没有内边距或边框把外边距分隔开），它们的上边距和下外边距，或者上边距，或者下边距也会发生合并，如图 11-4 所示。

尽管看上去有些奇怪，但是外边距甚至可以与自身发生合并。

假设有一个空元素，它有外边距，但是没有边框或填充。在这种情况下，上外边距与下外边距就碰到了一起，它们会发生合并，如图 11-5 所示。

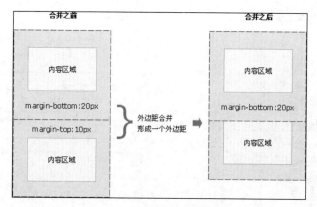

图 11-3 　相邻元素外边距合并

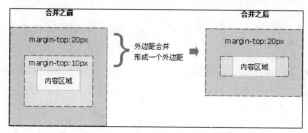

图 11-4 　内包含元素外边距合并

图 11-5 　空元素自身外边距合并

如果空元素外边距遇到另一个元素的外边距，也会发生合并，如图 11-6 所示。这就是一系列的段落元素占用空间非常小的原因，因为它们的所有外边距都合并到一起，形成了一个小的外边距。

图 11-6 　空元素相邻外边距合并

外边距合并初看上去可能有点奇怪，但是实际上它是有意义的。下面以由几个段落组成的典型文本页面为例。第一个段落上面的空间等于段落的上外边距。如果没有外边距合并，后续所有段落之间的外边距都将是相邻上外边距和下外边距的和。这意味着段落之间的空间是页面顶部的两倍。如果发生外边距合并，段落之间的上外边距和下外边距就合并在一起，这样各处的距离就一致了，如图 11-7 所示。

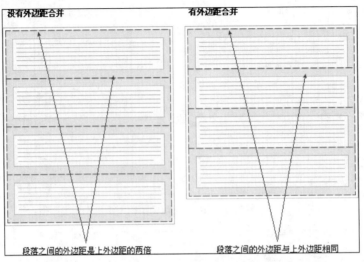

图 11-7　段落间外边距合并

注意：只有普通文档流中块框的垂直外边距才会发生外边距合并。行内框、浮动框或绝对定位之间的外边距不会合并。

5）外边距示例。

- 行内元素的外边距：当行内元素定义外边距时，能够看到外边距对版式的影响，但是上下外边距犹如不存在一般，不会对周围的对象产生影响。
- 块状元素的外边距：对于块状元素来说，外边距都能够很好地被解析。
- 浮动元素的外边距：元素浮动显示与块状、行内等显示是两个不同的概念。不管什么元素，一旦被定义为浮动显示，就拥有了完整的盒模型结构，可以自由地定义外边距、内边距、边框、宽和高来控制它的大小以及与其他对象之间的位置关系。

案例 11-01：外边距

```
<!doctype html>
<html>
<head>
<meta charset="utf-8">
<title>外边距</title>
<style type="text/css">
.box1{
    margin:50px;/*外边距为 50px*/
    border:20px solid red;              /*边框为 20px 的实线*/

}
.box2{
width:400px;
    height:20px;
    border:10px solid blue;             /*边框为 10px 的实线*/
}
.box3{
```

扫描看效果

```
    display:block;/*定义块状元素*/
        margin:50px;/*外边距为 50px*/
        border:20px solid red; /*边框为 20px*/
    }
    .box4{
     float:left;/*向左浮动*/
        margin:50px;/*外边距为 50px*/
        border:20px solid red;
    }
    </style>
    </head>
    <body>
        <h1>1 行内元素的外边距</h1>
        <div class="box2">相邻块状元素</div>
        <div>外部文本<span class="box1">行内元素包含的文本</span>外部文本</div>
        <div class="box2">相邻块状元素</div>
        <h1>2 块状元素的外边距</h1>
        <div class="box2">相邻块状元素</div>
        <div>外部文本<span class="box3">块状元素包含的文本</span>外部文本</div>
        <div class="box2">相邻块状元素</div>
        <h1>3 浮动元素的外边距</h1>
        <div class="box2">相邻块状元素</div>
        <div>外部文本<span class="box4">浮动元素包含的文本</span>外部文本</div>
        <div class="box2">相邻块状元素</div>
    </body>
    </html>
```

（2）边框：border。

任何元素都可以定义边框，并能够很好地显示出来。边框在网页布局中就是用来分割模块的。图 11-1 中，黑色表示盒子的边框。

可以为边框指定样式、颜色或宽度。宽度属性值可以指定长度值，比如 2px 或 0.1em；或者使用 3 个关键字[thin、medium（默认值）和 thick]之一。颜色可以省略，浏览器会根据默认值来解析。当为元素各边框定义不同颜色时，边角会平分来划分颜色的分布。

边框有 border、border-style、border-width、border-color、border-top、border-right、border-bottom、border-left 八种常用属性，如表 11-2 所列。

表 11-2 边框的属性

属性	描述
border	简写属性，用于把针对四个边的属性设置在一个声明中
border-style	用于设置元素所有边框的样式，或者单独为各边设置边框样式
border-width	简写属性，用于为元素的所有边框设置宽度，或者单独为各边边框设置宽度
border-color	简写属性，设置元素的所有边框中可见部分的颜色，或为四个边分别设置颜色
border-bottom	简写属性，用于把下边框的所有属性设置到一个声明中
border-left	简写属性，用于把左边框的所有属性设置到一个声明中

续表

属性	描述
border-right	简写属性，用于把右边框的所有属性设置到一个声明中
border-top	简写属性，用于把上边框的所有属性设置到一个声明中

案例 11-02：边框

```
<!doctype html>
<html>
<head>
<meta charset="utf-8">
<title>边框</title>
<style type="text/css">
.box1{
    border:100px solid;/*边框宽度为 100px*/
    border-color:red blue green;/*边框颜色*/
}
</style>
</head>
<body>
<div class="box1">边框</div>
</body>
</html>
```

扫描看效果

（3）内边距：padding。

内边距就是元素包含的内容与元素边框内边沿之间的距离。图 11-1 中，深灰色表示盒子的内边距。

定义内边距使用 padding 属性，属性值单位可以为长度单位（px、pt、em、ex 等）或百分比，取值可以为正值，但不允许使用负数值。内边距有 padding、padding-top、padding-right、padding-bottom、padding-left 五种属性，如表 11-3 所列。

表 11-3　内边距的属性

属性	描述
padding	在一个声明中设置所有内边距属性
padding-bottom	设置元素的下内边距
padding-left	设置元素的左内边距
padding-right	设置元素的右内边距
padding-top	设置元素的上内边距

1）padding 属性。

如果希望所有 h1 元素的各边都有 10 像素的内边距，代码如下：

h1 {padding: 10px;}

可以按照上、右、下、左顺序分别设置各边的内边距，各边均可以使用不同的单位或百分比值。

h1 {padding: 10px 0.25em 2ex 20%;}

2）单边内边距属性。

可通过使用单边内边距属性，分别设置上、右、下、左内边距，实现的效果与上面的简写规则是完全相同的。

```
h1 {
    padding-top: 10px;
    padding-right: 0.25em;
    padding-bottom: 2ex;
    padding-left: 20%;
}
```

3）内边距的百分比数值。

前面提到过，可以为元素的外边距设置百分数值。百分数值是相对于其父元素的 width 计算的，这一点与内边距一样。所以，如果父元素的 width 改变，它们也会改变。注意，上下内边距与左右内边距一致，即上下内边距的百分数会相对于父元素宽度设置，而不是相对于高度。

下面这条规则把段落的内边距设置为父元素 width 的 10%：

```
p {padding: 10%;}
```

例如：如果一个段落的父元素是 div 元素，那么它的内边距要根据 div 的 width 计算。

```
<div style="width: 200px;">
<p>This paragragh is contained within a DIV that has a width of 200 pixels.</p>
</div>
```

4）特性。

内边距与外边距在用法上有很大的相似性。但是在使用时应该了解内边距的几个不同的特性。

第一，当元素没有定义边框时，可以把内边距当作外边距来使用，用来调节元素与其他元素之间的距离。由于外边距相邻时会出现重叠现象，而且比较复杂，使用内边距来调节元素之间的距离往往不用考虑边距重叠的问题。

第二，当为元素定义背景时，对于外边距区域来说，背景图片是不显示的，它永远表现为透明状态；而内边距区域却可以显示背景。

第三，行内元素的内边距能够影响元素边框的大小，而外边距不存在这样的问题。

5）内边距示例。

案例 11-03：内边距

扫描看效果

```
<!doctype html>
<html>
<head>
<meta charset="utf-8">
<title>内边距</title>
<style type="text/css">
.box1{
    margin:50px;/*外边距*/
    padding-left:200px;/*左内边距*/
    padding-top:100px;/*上内边距*/
    background-color:#cccccc;/*背景*/
    width:100px;
    height:30px;
    border:20px solid red;
}
.box2{
    width:140px;
    height:20px;
    border:10px solid blue;
}
```

```
.box3{
    padding:30px;/*内边距*/
    border:20px solid red;
}
</style>
</head>
<body>
<h1>内边距</h1>
<div class="box1">文本内容</div>
<h1>行内元素的内边距</h1>
<div class="box2">相邻块状元素</div>
<div>外部文本<span class="box3">行内元素包含的文本</span>外部文本</div>
<div class="box2">相邻块状元素</div>
</body>
</html
```

（4）宽和高：width/height。

这里讲的宽和高，指的是元素内容区域的宽和高，而不是盒子的实际宽度和高度。如图 11-1 元素盒子的组成部分，白色部分表示元素的宽和高。

元素的宽度指 width 的属性值，高度指 height 的属性值。属性值单位可以为长度单位（px、pt、em、ex、in 等）或百分比，取值为正值。

11.1.2　尺寸

默认情况下，块元素的宽和高由浏览器自动计算（所以默认值是 auto）。它的宽度将铺满浏览器窗口或父级元素，而高度由自身的内容区域决定，保证正好容纳内容。另外，可以使用 width 和 height 属性使元素内容区域为一个特定值。

设置盒子的尺寸并不像在样式表设置属性一样简单，CSS3 提供了两种方法指定一个元素的大小。

（1）W3C 标准盒模型。

目前浏览器大部分元素都是基于此模型，在内容区外面，依次围绕着 padding 区、border 区、margin 区，如图 11-8 所示。盒子的宽度和高度的计算公式如下：

盒子的宽度=margin-left + border-left + padding-left + width + pdding-right + border-right + margin-right。

盒子的高度=margin-top + border-top + padding-top + height + padding-bottom + border-bottom + margin-bottom。

（2）IE 传统盒模型。

这种盒模型主要存在于 IE6 以下版本浏览器（不包括 IE6 或 QuirksMode 下 IE5.5+），虽然 IE6 以下的浏览器已经应用得相当少，但是由于 form 中部分元素还基于传统的盒模型，例如 input 中的 submit、reset、button 和 select 等元素，这种模型依然被 CSS3 保留使用。盒子的宽度和高度计算公式如下：

盒子的宽度=margin-left + width + margin-right

盒子的高度=margin-top + height + margin-bottom

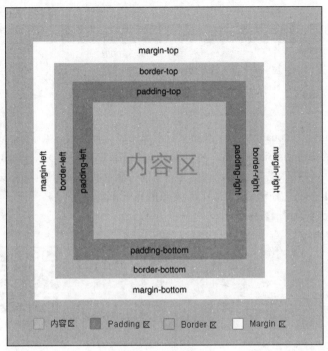

图 11-8　盒子的尺寸

11.2　盒子类型

11.2.1　盒子的基本类型

CSS 提供了 display 属性来控制盒子的类型，盒子的基本类型如表 11-4 所列。

表 11-4　盒子的基本类型

类型	描述
none	不会被显示
block	将显示为块级元素，并且前后会带有换行符
inline	默认。会被显示为内联元素，元素前后没有换行符
inline-block	元素
list-item	会作为列表显示
table	会作为块级表格来显示（类似<table>），表格前后带有换行符
inline-table	会作为内联表格来显示（类似<table>），表格前后没有换行符
table-row-group	会作为一个或多个行的分组来显示（类似<tbody>）
table-column-group	会作为一个或多个列的分组来显示（类似<colgroup>）
table-column	会作为一个单元格列显示（类似<col>）
table-cell	会作为一个表格单元格显示（类似<td>和<th>）

续表

类型	描述
table-caption	会作为一个表格标题显示（类似<caption>）
inherit	规定从父元素继承 display 属性的值
run-in	分配对象为块对象或基于内容之上的内联对象

（1）none。

display 属性可指定为 none 值，用于设置目标对象隐藏，一旦该对象隐藏，其占用的页面空间也会释放。与此类似的还有 visibility 属性，也可用于设置目标对象是否显示。与 display 属性不同，当通过 visibility 隐藏某个 HTML 元素后，该元素占用的页面空间依然会被保留。visibility 属性的两个常用值为 visible 和 hidden，分别用于控制目标对象的显示和隐藏。

案例 11-04：none

```
<!doctype html>
<html>
<head>
<meta charset="utf-8">
<title>none</title>
<style type="text/css">
div{

    width:300px;
    height:40px;
    background-color:#ddd;
    border:2px solid black;
}
</style>
</head>
<body>
<input type="button" value="隐藏"
onClick="document.getElementById('box1').style.display='none';">
<input type="button" value="显示"
onClick="document.getElementById('box1').style.display='';">
<div id="box1">使用 display 控制对象的显示和隐藏</div>
<hr/>
<input type="button" value="隐藏"
onClick="document.getElementById('box2').style.visibility='hidden';">
<input type="button" value="显示"
onClick="document.getElementById('box2').style.visibility='visible';">
<div id="box2">使用 visibility 控制对象的显示和隐藏</div>
<hr/>
</body>
</html>
```

扫描看效果

（2）block。

block 类型的盒子会占据一行，允许通过 CSS 设置高度和宽度。一些元素默认就是 block 类型，比如 div、p 等。

（3）inline。

inline 类型的盒子不会占据一行（默认允许在一行放置多个元素），使用 CSS 设置宽度和高度也不会起作用。一些元素默认就是 inline 类型，比如 span、a。

案例 11-05：block 与 inline 🌀 🌑 🄾 ⬤ 🅮

```
<!doctype html>
<html>
<head>
<meta charset="utf-8">
<title>block 与 inline</title>
<style type="text/css">
.box1{
    display:block;                    /*设置为块级类型*/
    width： 300px;
    height:50px;
    border:1px solid black;
}
.box2{
    display:inline;                   /*设置为行内类型*/
    width： 300px;
    height:50px;
    border:1px solid black;
}
</style>
</head>
<body>
<div class="box1">block 类型一</div>
<div class="box1">block 类型二</div>
<div class="box1">block 类型三</div>
<div class="box2">inline 类型一</div>
<div class="box2">inline 类型二</div>
<div class="box2">inline 类型三</div>
</body>
</html>
```

扫描看效果

（4）inline-block。

通过为 display 属性设置 inline-block，即可实现这种盒子类型，它是 inline 和 block 的综合体。inline-block 类型不会占据一行，且支持 width 和 height 指定宽度和高度。

通过使用 inline-block 类型可以非常方便地实现多个 div 元素的并列显示。也就是说，使用 inline-block 可以实现第 12 章将要介绍的多栏布局。

案例 11-06：inline-block 🌀 🌑 🄾 ⬤ 🅮

```
<!doctype html>
<html>
<head>
<meta charset="utf-8">
<title>inline-block</title>
<style type="text/css">
div{
    display:inline-block;/*设置为 inline-block 类型*/
}
.box1{
```

扫描看效果

```
        width:200px;
        height:100px;
        border:1px solid black;
    }
    </style>
    </head>
    <body>
    <div class="box1"> inline-block 类型一</div>
    <div class="box1"> inline-block 类型二</div>
    <div class="box1"> inline-block 类型三</div>
    </body>
    </html>
```

（5）list-item。

list-item 可以将目标元素转换为类似 ul 的列表元素，也可以同时在元素前添加列表标志。

案例 11-07：list-item

```
<!doctype html>
<html>
<head>
<meta charset="utf-8">
<title>list-item</title>
<style type="text/css">
div{
    display:list-item;/*设置为 list-item 类型*/
    list-style-type:disc;
    margin-left:40px;
}
</style>
</head>
<body>
<h1>1 ul 元素</h1>
<ul>
<li>Java</li>
<li>C#</li>
<li>php</li>
</ul>
<h1>2 div 元素</h1>
<div>Java</div>
<div>C#</div>
<div>php</div>
</body>
</html>
```

扫描看效果

（6）inline-table。

在默认情况下，table 元素属于 block 类型，也就是说，该元素默认占据一行，它的左边和右边都不允许出现其他内容。该元素可分别通过 width 和 height 设置宽度和高度。

CSS 为 table 元素提供了一个 inline-table 类型，允许设置表格的 width 和 height 值，而且允许表格的左边和右边出现其他内容。

为了控制表格与前后内容垂直对齐，可以通过添加 vertical-align 属性来实现，设置该属性为 top，表明让该表格与前后内容顶端对齐；设置该属性为 bottom，表明让该表格与前后内容底端对齐。

案例 11-08：inline-table

```
<!doctype html>
<html>
<head>
<meta charset="utf-8">
<title>inline-table</title>
<style type="text/css">
table{
    border-collapse:collapse;
}
.box1{

    width:400px;
    display:inline-table;/*设置为 inline-table 类型*/
    vertical-align:top;
}
.box2{
    width:400px;
    display:inline-table;/*设置为 inline-table 类型*/
    vertical-align:bottom;
}
td{border:1px solid black;}
</style>
</head>
<body>
<h1>1 默认类型</h1>
前面内容
<table>
<tr><td>Java</td><td>PHP</td></tr>
<tr><td>XML</td><td>HTMl</td></tr>
</table>
后面内容
<h1>2 inline-table 类型（顶端对齐）</h1>
前面内容
<table class="box1">
<tr><td>Java</td><td>PHP</td></tr>
<tr><td>XML</td><td>HTMl</td></tr>
</table>
后面内容
<h1>3 inline-table 类型（低端对齐）</h1>
前面内容
<table class="box2">
<tr><td>Java</td><td>PHP</td></tr>
<tr><td>XML</td><td>HTMl</td></tr>
</table>
后面内容
</body>
</html>
```

扫描看效果

（7）表格相关的盒子类型。

除 inline-table 类型外，CSS3 还为表格的 display 提供了如下属性值：

①table：会作为块级表格来显示，表格前后带有换行符。

②table-row-group：会作为一个或多个行的分组来显示。

③table-header-group：会作为一个或多个行的分组来显示。

④table-footer-group：会作为一个或多个行的分组来显示。

⑤table-row：会作为一个表格行显示。

⑥table-column-group：会作为一个或多个列的分组来显示。

⑦table-column：会作为一个单元格列显示。

⑧table-cell：会作为一个表格单元格显示。

⑨table-caption：会作为一个表格标题显示。

通过这些属性值，可以使用其他非表格元素构建表格。

案例 11-09：表格相关的盒子类型

扫描看效果

```
<!doctype html>
<html>
<head>
<meta charset="utf-8">
<title>表格相关的盒子类型</title>
<style type="text/css">
table{
    border-collapse:collapse;
    width:400px;
}
.box1{
    width:400px;
    display:table;/*设置为 table 类型*/
    vertical-align:top;
    border-bottom:1px solid black;
    border-right:1px solid black;
}
.box2{
    display:table-row;/*设置为 table-row 类型*/
    padding:10px;
}
.box2>div{
    display:table-cell;/*设置为 table-cell 类型*/
    border-left:1px solid black;
    border-top:1px solid black;
}
td{
    border:1px solid black;
}
</style>
</head>
<body>
<h1>1 表格 table</h1>
<table>
<tr><td>Java</td><td>PHP</td></tr>
```

```
<tr><td>XML</td><td>HTMl</td></tr>
</table>
<h1>2 div 构建表格</h1>
<div class="box1">
<div class="box2"><div>Java</div><div>PHP</div></div>
<div class="box2"><div>XML</div><div>HTMl</div></div>
</div>
</body>
</html>
```

（8）run-in。

run-in 类型有点相似于 inline 类型，run-in 类型的元素希望显示在它后面的元素内部；如果 run-in 类型的元素后面紧跟一个 block 类型的元素，那么 run-in 类型的元素将被放入后面的元素中显示。

案例 11-10：run-in

```
<!doctype html>
<html>
<head>
<meta charset="utf-8">
<title>run-in</title>
<style type="text/css">
div{
    border:1px solid black;
    padding:10px;
}
.box1{
    display:run-in;/*设置为 run-in 类型*/
    border:1px solid blue;
}
.box2{
    display:inline-block;/*设置为 inline-block 类型*/
}
</style>
</head>
<body>
<h1>1 紧跟 block 类型元素</h1>
<span class="box1">display:run-in</span>
<div>block 类型</div>
<h1>2 紧跟 inline-block 类型元素</h1>
<span class="box1">display:run-in</span>
<div class="box2">block 类型</div>
</body>
</html>
```

11.2.2　CSS3 新增的类型

CSS3 对 display 的属性值进行了补充，CSS3 新增的类型如表 11-5 所列。

（1）ruby 相关的盒子类型。

ruby 相关的盒子类型是 CSS3 新增的盒子类型，常用于文本注释或标注文本的发音，目前可在 Firefox、IE8 及以上版本浏览器中测试 ruby 相关的盒子类型。

表 11-5　CSS3 新增的类型

元素名	描述
header	标记头部区域的内容（用于整个页面或者页面中的一块区域）
footer	标记脚部区域的内容（用于整个页面或者页面中的一块区域）
ruby	Web 页面中的一块区域
article	独立的文章内容
aside	相关内容或者引文
nav	导航类辅助内容

案例 11-11：ruby 相关的盒子类型

扫描看效果

```
<!doctype html>
<html>
<head>
<meta charset="utf-8">
<title>ruby 相关的盒子类型</title>
<style type="text/css">
ruby{
    font-size:50px;
}
.box0{
    display:ruby;/*设置为 ruby 类型*/
    font-size:50px;
}
.box1{
    display:ruby-base;/*设置为 ruby-base 类型*/
}
.box2{
    display:ruby-text;/*设置为 ruby-text 类型*/
    font-size:25px;
}
</style>
</head>
<body>
<h1>1 ruby 元素</h1>
<ruby>
河<rt>hé</rt>
南<rt>nán</rt>
中<rt>zhōng</rt>
医<rt>yī</rt>
</ruby>
<h1>2 div 元素实现 ruby</h1>
<div class="box0">
<div class="box1">河</div><div class="box2">hé</div>
<div class="box1">南</div><div class="box2">nán</div>
<div class="box1">中</div><div class="box2">zhōng</div>
<div class="box1">医</div><div class="box2">yī</div>
</div>
</body>
</html>
```

（2）box。

box 类型还没有得到 Firefox、Opera、Chrome 浏览器的完全支持，但可以使用它们的私有属性定义 firefox(-moz-)、opera(-o-)、chrome/safari（-webkit-）。

box 类型盒子的属性说明如表 11-6 所列。

表 11-6　box 类型盒子的属性说明

属性	描述
box-align	规定如何对齐框的子元素
box-pack	规定当框大于子元素的尺寸时，在何处放置子元素
box-direction	规定框的子元素的显示方向
box-flex	规定框的子元素是否可伸缩
box-flex-group	将可伸缩元素分配到柔性分组
box-lines	规定当超出父元素框的空间时，是否换行显示
box-ordinal-group	规定框的子元素的显示次序

1）box-align 有 start、end、center、baseline、stretch 五个属性值，如表 11-7 所列。

表 11-7　box-align 的属性值

属性值	描述
start	对于正常方向的框，每个子元素的上边缘沿着框的顶边放置 对于相反方向的框，每个子元素的下边缘沿着框的底边放置
end	对于正常方向的框，每个子元素的下边缘沿着框的底边放置 对于相反方向的框，每个子元素的上边缘沿着框的顶边放置
center	均等地分割多余的空间，一半位于子元素之上，另一半位于子元素之下
baseline	如果 box-orient 是 inline-axis 或 horizontal，所有子元素均与其基线对齐
stretch	拉伸子元素以填充包含块

2）box-pack 有 start、end、center、justify 四个属性值，如表 11-8 所列。

表 11-8　box-pack 的属性值

属性值	描述
start	对于正常方向的框，首个子元素的左边缘被放在左侧（最后子元素后是所有剩余的空间）； 对于相反方向的框，最后子元素的右边缘被放在右侧（首个子元素前是所有剩余的空间）
end	对于正常方向的框，最后子元素的右边缘被放在右侧（首个子元素前是所有剩余的空间）； 对于相反方向的框，首个子元素的左边缘被放在左侧（最后子元素后是所有剩余的空间）
center	均等地分割多余空间，其中一半空间被置于首个子元素前，另一半被置于最后子元素后
justify	在每个子元素之间分割多余的空间（首个子元素前和最后子元素后没有多余的空间）

案例 11-12：box-align 和 box-pack

```
<!doctype html>
<html>
<head>
<meta charset="utf-8">
<title>box-align 和 box-pack</title>
```

扫描看效果

```
<style>
div
{
width:550px;
height:200px;
font-size:30px;
border:1px solid black;

/* Firefox */
display:-moz-box;/*设置为 box 类型*/
-moz-box-pack:center;/*设置对齐方式*/
-moz-box-align:center;/*设置对齐方式*/

/* Safari, Chrome, and Opera */
display:-webkit-box;/*设置为 box 类型*/
-webkit-box-pack:center;/*设置对齐方式*/
-webkit-box-align:center;/*设置对齐方式*/

/* W3C */
display:box;/*设置为 box 类型*/
box-pack:center;/*设置对齐方式*/
box-align:center;/*设置对齐方式*/
}
</style>
</head>
<body>
<div>
<p>我是居中对齐的。</p>
</div>
</body>
</html>
```

3）box-direction 有 normal、reverse、inherit 三个属性值，如表 11-9 所列。

表 11-9　box-direction 的属性值

属性值	描述
normal	以默认方向显示子元素
reverse	以反方向显示子元素
inherit	应该从子元素继承 box-direction 属性的值

案例 11-13：box-direction

```
<!doctype html>
<html>
<head>
<meta charset="utf-8">
<title>box-direction</title>
<style>
.box1
{
width:550px;
height:200px;
font-size:30px;
border:1px solid black;
```

扫描看效果

```
/* Firefox */
display:-moz-box;/*设置为 box 类型*/
-moz-box-direction:normal;/*设置子元素显示顺序*/

/* Safari, Chrome, and Opera */
display:-webkit-box;/*设置为 box 类型*/
-webkit-box-direction:normal;/*设置子元素显示顺序*/

/* W3C */
display:box;/*设置为 box 类型*/
box-direction:normal;/*设置子元素显示顺序*/
}
.box2
{
width:550px;
height:200px;
font-size:30px;
border:1px solid black;

/* Firefox */
display:-moz-box;/*设置为 box 类型*/
-moz-box-direction:reverse;/*设置子元素显示顺序*/

/* Safari, Chrome, and Opera */
display:-webkit-box;/*设置为 box 类型*/
-webkit-box-direction:reverse;/*设置子元素显示顺序*/

/* W3C */
display:box;/*设置为 box 类型*/
box-direction:reverse;/*设置子元素显示顺序*/
}
</style>
</head>
<body>
<h1>1 box-direction 属性值为 normal</h1>
<div class="box1">
<p>段落 1。</p>

<p>段落 2。</p>
<p>段落 3。</p>
</div>
<h1>2 box-direction 属性值为 reverse</h1>
<div class="box2">
<p>段落 1。</p>
<p>段落 2。</p>
<p>段落 3。</p>
</div>
</body>
</html>
```

4）box-flex 属性规定框的子元素是否可伸缩尺寸。

案例 11-14：box-flex

```
<!doctype html>
<html>
<head>
<meta charset="utf-8">
<title>box-direction</title>
<style>
div{
display:-moz-box;            /*设置为 box 类型 Firefox */
display:-webkit-box;         /*设置为 box 类型 Safari 和 Chrome */
display:box;                 /*设置为 box 类型*/
width:500px;
border:1px solid black;      /*边框为 1px 的实线*/
font-size:20px;
}
#p1{
-moz-box-flex:1.0;           /*子元素缩放及尺寸 Firefox*/
-webkit-box-flex:1.0;        /*子元素缩放及尺寸 Safari 和 Chrome*/
box-flex:1.0;                /*子元素缩放及尺寸*/
border:1px solid red;
}
#p2{
-moz-box-flex:2.0;           /*子元素缩放及尺寸 Firefox*/
-webkit-box-flex:2.0;        /*子元素缩放及尺寸 Safari 和 Chrome */
box-flex:2.0;                /*子元素缩放及尺寸*/
border:1px solid blue;
}
}
</style>
</head>
<body>
    <div>
        <p id="p1">河南</p>
        <p id="p2">中医学院信息技术学院</p>
    </div>
    <br /><br /><br /><br />

    <div>
        <p id="p1">河南中医学院信息技术</p>
        <p id="p2">学院</p>
    </div>
</body>
</html>
```

5）box-ordinal-group 属性规定框中子元素的显示次序，值更低的元素会在值更高的元素前面显示，其取值只能为整数。

案例 11-15：box-ordinal-group

```
<!doctype html>
<html>
<head>
<meta charset="utf-8">
<title>box-ordinal-group</title>
```

```
<style>
.box{
    padding:10px;
    display:-moz-box; /* Firefox */
    display:-webkit-box; /* Safari and Chrome */
    display:box;
    border:1px solid black;
    font-size:20px;
}
.ord1{
    border:1px solid red;
    margin:5px;
    -moz-box-ordinal-group:1; /*子元素显示次序 Firefox*/
    -webkit-box-ordinal-group:1; /*子元素显示次序 Safari 和 Chrome*/
    box-ordinal-group:1;/*子元素显示次序*/
}
.ord2{
    border:1px solid blue;
    margin:5px;
    -moz-box-ordinal-group:2; /*子元素显示次序 Firefox*/
    -webkit-box-ordinal-group:2; /*子元素显示次序 Safari 和 Chrome*/
    box-ordinal-group:2;/*子元素显示次序*/
}
.ord3{
    border:1px solid black;
    margin:5px;
    -moz-box-ordinal-group:3; /*子元素显示次序 Firefox*/
    -webkit-box-ordinal-group:3;/*子元素显示次序 Safari 和 Chrome*/
    box-ordinal-group:3;/*子元素显示次序*/
}
</style>
</head>
<body>
<div class="box">
    <div class="ord2">第一个 DIV</div>
    <div class="ord3">第二个 DIV</div>
    <div class="ord1">第三个 DIV</div>
</div>
</body>
</html>
```

11.2.3 浏览器对盒子的支持情况

各浏览器对盒子的支持情况如表 11-10 所列。

表 11-10　浏览器对各种盒子类型的支持情况

类型	Firefox	Safari	Opera	IE8	IE9	IE10	Chrome
none	√	√	√	√	√	√	√
block	√	√	√	√	√	√	√
inline	√	√	√	√	√	√	√
inline-block	√	√	√	√	√	√	√

类型	Firefox	Safari	Opera	IE8	IE9	IE10	Chrome
list-item	√	√	√	√	√	√	√
table	√	√	√	√	√	√	√
inline-table	√	√	√	√	√	√	√
table-row-group	√	√	√	√	√	√	√
table-header-group	√	√	√	√	√	√	√
table-footer-group	√	√	√	√	√	√	√
table-row	√	√	√	√	√	√	√
table-column-group	√	√	×	√	√	√	×
table-column	√	√	×	√	√	√	×
table-cell	√	√	√	√	√	√	√
table-caption	√	√	√	√	√	√	√
inherit	√	√	√	√	√	√	√
run-in	√	√	√	√	√	√	√
ruby	√	×	×	√	√	√	×
ruby-base	√	×	×	√	√	√	×
ruby-text	√	×	×	√	√	√	×
ruby-base-group	√	×	×	√	√	√	×
ruby-text-group	√	×	×	√	√	√	×
box	√	√	√	×	×	×	√
inline-box	√	√	√	×	×	×	√

11.3 盒子的属性

11.3.1 内容溢出

如在样式中指定了盒子的宽度和高度，就可能出现内容在盒子中容纳不下的情况，此时可以使用 overflow 属性来指定如何显示盒子中容纳不下的内容。同时，与 overflow 属性相关的还有 overflow-x、overflow-y 及 text-overflow，这几个属性原本是 Internet Explorer 浏览器独自发展出来的，由于在 CSS3 中被采用，因而得到了其他浏览器的支持。目前所有浏览器都能够正确解析该属性，但是部分浏览器在解析时会存在一些细节差异。

（1）overflow。

使用 overflow 属性来指定盒子中容纳不下的内容的显示方法。overflow 有 visible、hidden、scroll、auto、inherit 五个属性值，如表 11-11 所列。

表 11-11　overflow 的属性值

属性值	描述
visible	默认值。内容不会被修剪，会呈现在元素框之外
hidden	内容会被修剪，并且其余内容是不可见的
scroll	内容会被修剪，但是浏览器会显示滚动条以便查看其余的内容
auto	如果内容被修剪，则浏览器会显示滚动条以便查看其余的内容
inherit	规定应该从父元素继承 overflow 属性的值

案例 11-16：overflow

扫描看效果

```
<!doctype html>
<html>
<head>
<meta charset="utf-8">
<title>overflow</title>
<style>
div{
    border:1px solid black;
    width:500px;
    height:200px;
    font-size:20px;
}
p{
    width:600px;
    height:200px;
    border:1px solid red;
}
.box1{
    overflow:visible;/*设置盒子的 overflow 属性值*/

}
.box2{
    overflow:hidden;/*设置盒子的 overflow 属性值*/
}
.box3{
    overflow:scroll;/*设置盒子的 overflow 属性值*/
}
.box4{
    overflow:auto;/*设置盒子的 overflow 属性值*/
}
</style>
</head>
<body>
<h1>1 overflow 的属性值为 visible</h1>
<div class="box1">
    <p>去的尽管去了，来的尽管来着；去来的中间，又怎样地匆匆呢？早上我起来的时候，小屋里射进两三
方斜斜的太阳。太阳他有脚啊，轻轻悄悄地挪移了；我也茫茫然跟着旋转。于是——洗手的时候，日子从水盆里过
去；吃饭的时候，日子从饭碗里过去；默默时，便从凝然的双眼前过去。我觉察他去的匆匆了，伸出手遮挽时，他
又从遮挽着的手边过去，天黑时，我躺在床上，他便伶伶俐俐地从我身上跨过，从我脚边飞去了。等我睁开眼和太
阳再见，这算又溜走了一日。我掩着面叹息。但是新来的日子的影儿又开始在叹息里闪过了。</p>
</div>
<h1>2 overflow 的属性值为 hidden</h1>
<div class="box2">
```

```
    <p>去的尽管去了，来的尽管来着；去来的中间，又怎样地匆匆呢？早上我起来的时候，小屋里射进两三
方斜斜的太阳。太阳他有脚啊，轻轻悄悄地挪移了；我也茫茫然跟着旋转。于是——洗手的时候，日子从水盆里过
去；吃饭的时候，日子从饭碗里过去；默默时，便从凝然的双眼前过去。我觉察他去的匆匆了，伸出手遮挽时，他
又从遮挽着的手边过去，天黑时，我躺在床上，他便伶伶俐俐地从我身上跨过，从我脚边飞去了。等我睁开眼和太
阳再见，这算又溜走了一日。我掩着面叹息。但是新来的日子的影儿又开始在叹息里闪过了。</p>
    </div>
    <h1>3 overflow 的属性值为 scroll</h1>
    <div class="box3">
    <p>去的尽管去了，来的尽管来着；去来的中间，又怎样地匆匆呢？早上我起来的时候，小屋里射进两三
方斜斜的太阳。太阳他有脚啊，轻轻悄悄地挪移了；我也茫茫然跟着旋转。于是——洗手的时候，日子从水盆里过
去；吃饭的时候，日子从饭碗里过去；默默时，便从凝然的双眼前过去。我觉察他去的匆匆了，伸出手遮挽时，他
又从遮挽着的手边过去，天黑时，我躺在床上，他便伶伶俐俐地从我身上跨过，从我脚边飞去了。等我睁开眼和太
阳再见，这算又溜走了一日。我掩着面叹息。但是新来的日子的影儿又开始在叹息里闪过了。</p>
    </div>
    <h1>4 overflow 的属性值为 auto</h1>
    <div class="box3">
    <p>去的尽管去了，来的尽管来着；去来的中间，又怎样地匆匆呢？早上我起来的时候，小屋里射进两三
方斜斜的太阳。太阳他有脚啊，轻轻悄悄地挪移了；我也茫茫然跟着旋转。于是——洗手的时候，日子从水盆里过
去；吃饭的时候，日子从饭碗里过去；默默时，便从凝然的双眼前过去。我觉察他去的匆匆了，伸出手遮挽时，他
又从遮挽着的手边过去，天黑时，我躺在床上，他便伶伶俐俐地从我身上跨过，从我脚边飞去了。等我睁开眼和太
阳再见，这算又溜走了一日。我掩着面叹息。但是新来的日子的影儿又开始在叹息里闪过了。</p>
    </div>
    </body>
    </html>
```

（2）overflow-x 和 overflow-y。

如果使用 overflow-x 属性或 overflow-y 属性，可以单独指定在水平方向上或垂直方向上内容超出盒子的容纳范围时的显示方法，使用方法与 overflow 属性的使用方法相似。

根据 CSS3 基础盒模型草案规范，overflow-x 和 overflow-y 的计算值与设置的值应该相等，除非这一对值不合理。如果其中一个属性值被设置成了 scroll 或 auto，而另一个属性值为 visible，那么 visible 会被设置成 auto。如果 overflow-x 和 overflow-y 的属性值相同，则 overflow 的计算值与前两者的指定值相同；否则，它的值是一个 overflow-x 和 overflow-y 的计算值对。

当 overflow-x 或 overflow-y 属性值为 hidden，另一个属性值为 visible 时，该元素最终渲染使用的 overflow-x 或 overflow-y 属性值不同。IE 浏览器使用 hidden，其他浏览器则使用 auto。造成的影响可能是页面内容显示不完全，或在不同浏览器下最终显示效果不一致。

CSS3 草案中并没有说明，当 overflow-x 和 overflow-y 中的一个属性值为 hidden，另一个属性值为 visible 时，该 visible 值应该设置为什么，各浏览器有不同的实现方法。

对于 overflow-x 和 overflow-y 的组合渲染，所有浏览器均依照规范处理。但是当 overflow-x:hidden 且 overflow-y:visible 时，IE9 及其以下版本浏览器将 overflow-y 渲染为 hidden，其他浏览器渲染为 auto。也就是说，在 IE 浏览器中所有容器的 overflow-y 计算值都为 visible，而其他浏览器中其值却为 auto。

要避免不同浏览器在解析上的差异，在使用时应该同时设置 overflow-x 和 overflow-y 的属性值，且不要出现其中一个值为 hidden，而另一个值为 visible 的情况。另外，还要避免编写依赖指定值为 visible 的 overflow-x 和 overflow-y 属性的计算值的代码。

overflow-x 和 overflow-y 有 visible、hidden、scroll、auto、no-display、no-content 六个属性值，如表 11-12 所列。

表 11-12　overflow-x 和 overflow-y 的属性值

属性值	描述
visible	不裁剪内容，可能会显示在内容框之外
hidden	裁剪内容——不提供滚动机制
scroll	裁剪内容——提供滚动机制
auto	如果溢出框，则应该提供滚动机制
no-display	如果内容不适合内容框，则删除整个框
no-content	如果内容不适合内容框，则隐藏整个内容

案例 11-17：overflow-x 和 overflow-y

```
<!doctype html>
<html>
<head>
<meta charset="utf-8">
<title> overflow-x 和 overflow-y</title>
<style type="text/css">
#box1 div,#box3 div,#box5 div{
    width:300px;
    height:200px;
}

#box2 div,#box4 div,#box6 div{
    width:100px;
    height:50px;
}
.box{
    float:left;
    margin:4px;
    overflow-y:visible;
    padding:10px;
    width:200px;
    height:100px;
}
.box,.box div{
    border:2px solid red;
}
</style>
</head>
<body>
<div id="box1" class="box" style="overflow-x:scroll;">
<div>style="overflow-x:scroll;"</div>
</div>
<div id="box2" class="box" style="overflow-x:scroll;">
<div>style="overflow-x:scroll;"</div>
</div>
<div id="box3" class="box" style="overflow-x:auto;">
<div>style="overflow-x:auto;"</div>
</div>
<div id="box4" class="box" style="overflow-x:auto;">
<div>style="overflow-x:auto;"</div>
</div>
```

扫描看效果

```
<div id="box5" class="box" style="overflow-x:hidden;">
<div>style="overflow-x:hidden;"</div>
</div>
<div id="box6" class="box" style="overflow-x:hidden;">
<div>style="overflow-x:hidden;"</div>
</div>
</body>
</html>
```

（3）text-overflow。

当通过把 overflow 属性的属性值设为"hidden"的方法，将盒子中容纳不下的内容隐藏起来时，如果使用 text-overflow 属性，可以在盒子的末尾显示一个代表省略的符号"…"。但是，text-overflow 属性只在盒子中的内容水平方向上超出盒子的容纳范围时有效。

text-overflow 有 clip、ellipsis、string 三个属性值，如表 11-13 所列。

表 11-13　text-overflow 的属性值

属性值	描述
clip	修剪文本
ellipsis	显示省略符号来代表被修剪的文本
string	使用给定的字符串来代表被修剪的文本

案例 11-18：text-overflow

```
<!doctype html>
<html>
<head>
<meta charset="utf-8">
<title>text-overflow</title>
<style>
div.test
{
    white-space:nowrap;
    width:12em;
    overflow:hidden;
    font-size:20px;
    border:1px solid #000000;
}
</style>
</head>
<body>
<h1>1 不使用 overflow 属性</h1>
    <div class="test" style="overflow:visible;">This is some long text that will not fit in the box</div>
<h1>2 text-overflow 的属性值为 ellipsis</h1>
    <div class="test" style="text-overflow:ellipsis;">This is some long text that will not fit in the box</div>
<h1>3 text-overflow 的属性值为 clip</h1>
    <div class="test" style="text-overflow:clip;">This is some long text that will not fit in the box</div>
</body>
</html>
```

11.3.2 自由缩放

为了增强用户体验，CSS 增加了一个非常实用的属性 resize，允许用户通过拖动的方式修改元素的尺寸、改变元素的大小。

resize 有 none、both、horizontal、vertical、inherit 五个属性值，如表 11-14 所列。

表 11-14　resize 的属性值

属性值	描述
none	用户无法调整元素的尺寸
both	用户可调整元素的高度和宽度
horizontal	用户可调整元素的宽度
vertical	用户可调整元素的高度
inherit	继承父级元素的 resize 属性值

案例 11-19：resize

```
<!doctype html>
<html>
<head>
<meta charset="utf-8">
<title>resize</title>
<style>
div{
    border:1px solid;
    font-size:20px;
    padding:10px 20px;
    width:300px;
    max-width:700px;/*设置盒子最大宽度为 700px*/
    max-height:400px;/*设置盒子最大高度为 400px*/
    resize:both;/*设置盒子可以自由缩放*/
    overflow:auto;
}
</style>
</head>
<body>
    <div>用户可以通过拖动的方式来调整 div 元素的尺寸。<br />
    最大宽度为：max-width:700px;<br />
    最大高度为：max-height:400px;
    </div>
</body>
</html>
```

扫描看效果

11.3.3 外轮廓

外轮廓 outline 在页面中呈现的效果与边框 border 呈现的效果极其相似，但与元素边框 border 完全不同。外轮廓线不占用网页布局空间，不一定是矩形；外轮廓属于一种动态样式，只有元素获取到焦点或者被激活时呈现。

外轮廓有 outline-color、outline-style、outline-width、outline-offset、inherit 五个属性值，如表 11-15 所列。

表 11-15　外轮廓的属性

属性值	描述
outline-color	规定边框的颜色
outline-style	规定边框的样式
outline-width	规定边框的宽度
outline-offset	规定外轮廓的偏移位置的数值
inherit	继承父级元素的 outline 属性值

（1）outline-color。

定义外轮廓线的颜色，属性值为 CSS 中定义的颜色值。颜色值可以为颜色名称（比如 red、blue）、十六进制值（比如#ff0000、#cccccc）、rgb 代码[比如 rgb(255,0,0)、rgb(167,167,167)]。在实际应用中，省略此参数外轮廓默认值为黑色。

（2）outline-style.

定义外轮廓线的样式，在实际应用中，省略此参数外轮廓默认值为 none，即不绘制外轮廓线。outline-style 的属性值如表 11-16 所列。

表 11-16　outline-style 的属性值

属性值	描述
none	默认值，定义无轮廓
dotted	定义点状的轮廓
dashed	定义虚线轮廓
solid	定义实线轮廓
double	定义双线轮廓。双线的宽度等同于 outline-width 的值
groove	定义 3D 凹槽轮廓。此效果取决于 outline-color 值
ridge	定义 3D 凸槽轮廓。此效果取决于 outline-color 值
inset	定义 3D 凹边轮廓。此效果取决于 outline-color 值
outset	定义 3D 凸边轮廓。此效果取决于 outline-color 值
inherit	规定从父元素继承轮廓样式的设置

（3）outline-width。

定义外轮廓的宽度。在实际应用中，省略此参数外轮廓默认值为 medium，表示绘制中等宽度的外轮廓线。outline-width 的属性值如表 11-17 所列。

表 11-17　outline-width 的属性值

属性值	描述
thin	规定细的轮廓
medium	默认。规定中等的轮廓
thick	规定粗的轮廓
length	允许你规定轮廓粗细的值（只能为正值）
inherit	规定从父元素继承轮廓宽度的设置

（4）outline-offset。

定义外轮廓的偏移位置，此值可以为负值。当此参数的值为正数值时，表示外轮廓向外偏移了多少像素；当此参数的值为负数值时，表示外轮廓向内偏移了多少像素。

案例 11-20：外轮廓

```html
<!doctype html>
<html>
<head>
<meta charset="utf-8">
<title>外轮廓</title>
<style type="text/css">
div{
    outline-color:red;/*设置外轮廓颜色*/
    outline-style:solid;/*设置外轮廓样式*/
    outline-width:4px;/*设置外轮廓宽度*/
    border:2px solid blue;
    width:300px;
    height:100px;
    margin-left:50px;
}
.box1{
    outline-offset:0;/*设置外轮廓偏移数值*/
}
.box2{
    outline-offset:15px;/*设置外轮廓偏移数值*/
}
.box3{
    outline-offset:-15px;/*设置外轮廓偏移数值*/
}
</style>
</head>
<body>
<h1>1 outline-offset 属性值为 0</h1>
<div class="box1"></div>
<h1>2 outline-offset 属性值为 15px</h1>
<div class="box2"></div>
<h1>3 outline-offset 属性值为-15px</h1>
<div class="box3"></div>
</body>
</html>
```

扫描看效果

11.3.4 阴影

在 CSS3 中，可以使用 box-shadow 属性让盒子在显示时产生阴影效果。

（1）box-shadow 属性。

box-shadow 属性可以为所有盒模型的元素整体增加阴影，是一个复合属性。该属性值如表 11-18 所列。

表 11-18　box-shadow 属性值

属性	描述
h-shadow	必需。水平阴影的位置。允许负值
v-shadow	必需。垂直阴影的位置。允许负值
blur	可选。模糊距离
spread	可选。阴影的尺寸
color	可选。阴影的颜色。请参阅 CSS 颜色值
inset	可选。将外部阴影（outest）改为内部阴影

案例 11-21：box-shadow

```
<!doctype html>
<html>
<head>
<meta charset="utf-8">
<title>box-shadow</title>
<style type="text/css">
div{
    width:300px;
    height:50px;
    border:1px solid black;
    margin:30px;
}
.box1{
    box-shadow:-10px -8px 6px #444;        /*左上阴影*/
}
.box2{
    box-shadow:10px -8px 6px #444;         /*右上阴影*/
}
.box3{
    box-shadow:-10px 8px 6px #444;              /*左下阴影*/
}
.box4{
    box-shadow:10px 8px 6px #444;             /*右下阴影*/
}
.box5{
    box-shadow:10px 8px #444;                 /*右下阴影，不指定模糊程度*/
}
.box6{
    box-shadow:10px 8px 20px #444;            /*右下阴影，增大模糊程度*/
}
.box7{
    box-shadow:10px 8px 10px -10px red;       /*右下阴影，缩小阴影区域*/
}
.box8{
    box-shadow:10px 8px 20px 15px red;        /*右下阴影，放大阴影区域*/
}
</style>

</head>
<body>
<div class="box1"></div>
```

```
<div class="box2"></div>
<div class="box3"></div>
<div class="box4"></div>
<div class="box5"></div>
<div class="box6"></div>
<div class="box7"></div>
<div class="box8"></div>
</body>
</html>
```

（2）对第一个文字或第一行使用阴影。

可以使用 first-letter 选择器或 first-line 选择器来让第一个文字或第一行具有阴影效果。

案例 11-22：对第一个文字使用阴影

```
<!doctype html>
<html>
<head>
<meta charset="utf-8">
<title>对第一个文字使用阴影</title>
<style type="text/css">
div:first-letter{
    font-size:22px;
    float:left;                        /*向左浮动*/
    background-color:#ffaa00;          /*背景颜色*/
    box-shadow:5px 5px 5px gray;       /*右下阴影*/
}
</style>
</head>
<body>
<div>示例文字</div>
</body>
</html>
```

扫描看效果

（3）对表格及单元格使用阴影。

可以使用 box-shadow 属性让表格及表格内的单元格产生阴影效果。

案例 11-23：对表格及单元格使用阴影

```
<!doctype html>
<html>
<head>
<meta charset="utf-8">
<title>对表格及单元格使用阴影</title>
<style type="text/css">
table{
    border-spacing:10px;               /*相邻单元格边框之间的距离*/
    box-shadow:5px 5px 20px gray;      /*右下阴影*/
}
td{
    background-color:#ffaa00;
```

扫描看效果

```
        box-shadow:5px 5px 20px gray;        /*右下阴影*/
        padding:10px;                        /*内间距为 10px*/
    }
    </style>
    </head>
    <body>
    <table>
    <tr>
        <td>1</td>
        <td>2</td>
        <td>3</td>
        <td>4</td>
        <td>5</td>
    </tr>
    <tr>
        <td>6</td>
        <td>7</td>
        <td>8</td>
        <td>9</td>
        <td>10</td>
    </tr>
    </table>
    </body>
    </html>
```

11.4　浏览器的盒子调试

案例 11-24：浏览器的盒子调试

```
    <!doctype html>
    <html>
    <head>
    <meta charset="utf-8">
    <title>浏览器的盒子调试</title>
    <style type="text/css">
    .box1{
        margin-top:20px;           /*上外边距*/
        margin-right:20px;         /*右外边距*/
        margin-bottom:20px;        /*下外边距*/
        margin-left:20px;          /*左外边距*/
        border-color:red;          /*边框颜色*/
        border-style:solid;        /*边框样式*/
        border-width:5px;          /*边框宽度*/
        width:300px;               /*盒子宽度*/
        height:200px;              /*盒子高度*/
        padding-top:20px;          /*上内边距*/
        padding-right:20px;        /*右内边距*/
```

扫描看效果

```
            padding-bottom:20px;        /*下内边距*/
            padding-left:20px;          /*左内边距*/
        }
        .box2{
            display:none;
        }
        </style>
        </head>
        <body>
        <div class="box1">
            <p>浏览器的盒子调试 1</p>
            <p class="box2">浏览器的盒子调试 2</p>
            <p>浏览器的盒子调试 3</p>
        </div>
        </body>
        </html>
```

11.4.1 在 Internet Explorer 浏览器中进行盒子调试

（1）启动 Internet Explorer 浏览器，打开案例 11-24 中编写的网页。

（2）按 F12 键启动开发人员工具，如图 11-9 所示。

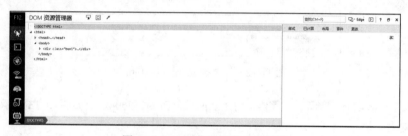

图 11-9 IE 浏览器开发人员工具

（3）按 Ctrl+B 组合键，启动选择元素。单击盒子的边框（红色），可以在样式中看到盒子的样式，如图 11-10 所示。

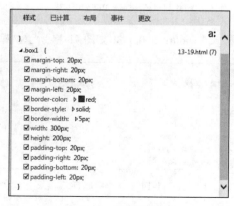

图 11-10 盒子的样式

（4）单击"DOM 资源管理器"中的盒子元素▷ **`<div class="box1">…</div>`**，可以在浏览器看到盒子的布局和样式，如图 11-11 所示。

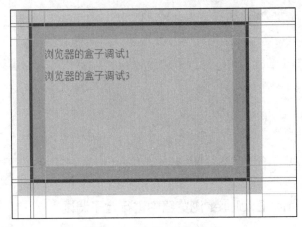

图 11-11　盒子元素的布局

（5）勾掉 margin-bottom 值，如图 11-12 所示，观察盒子元素的布局的变化。

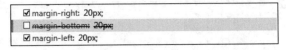

图 11-12　注释掉 margin-bottom

（6）单击 margin-left 后面的属性值，将"20px"修改为"200px"，如图 11-13 所示，观察盒子元素的布局变化。

图 11-13　修改 margin-left

（7）在内联样式中添加样式"width：500px"，如图 11-14 所示，观察盒子元素的变化。

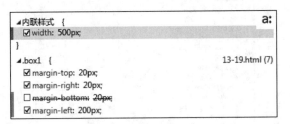

图 11-14　添加内联样式

11.4.2　在 Firefox 浏览器中进行盒子调试

（1）启动 Firefox 浏览器，打开案例 11-24 中编写的网页。

（2）按 F12 键启动开发人员工具，如图 11-15 所示。

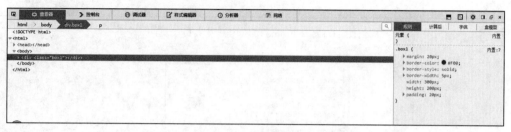

图 11-15　Firefox 浏览器开发人员工具

（3）单击"查看器"中的盒子元素 **`<div class="box1"></div>`**，可以在浏览器右侧的"盒模型"中看到盒子的布局和样式。盒子样式的调试方法与在 IE 浏览器中的方法相似。

（4）单击浏览器右上角的"盒模型"，查看盒子的各组成部分。单击"盒模型"中的数值，可修改盒子元素相对应的样式，如图 11-16 所示。

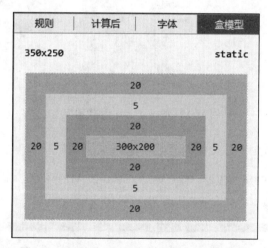

图 11-16　Firefox 浏览器中查看盒子元素模型

11.4.3　在 Google Chrome 浏览器中进行盒子调试

（1）启动 Chrome 浏览器，打开案例 11-24 中编写的网页。

（2）按 F12 键启动开发人员工具，如图 11-17 所示。

（3）单击 Elements 中的盒子元素 **`<div class="box1">…</div>`**，可以在浏览器右侧的 style 标签下看到盒子的布局、样式和模型。盒子样式的调试方法与在 IE 浏览器中的方法相似。在盒模型中双击数值，可修改盒子元素相对应的样式，如图 11-18 所示。

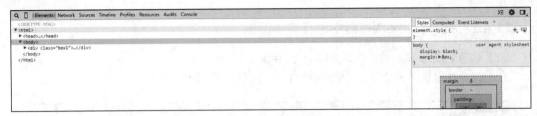

图 11-17　Chrome 浏览器开发人员工具

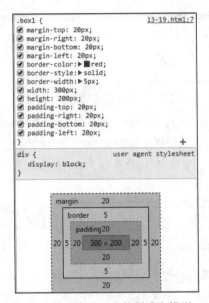

图 11-18　盒子元素的样式和模型

11.4.4　在 Microsoft Edge 浏览器中进行盒子调试

（1）启动 Microsoft Edge 浏览器，打开案例 11-24 所编写的网页。

（2）按 F12 键启动开发人员工具，如图 11-19 所示。

图 11-19　IE 浏览器开发人员工具

（3）按 Ctrl+B 组合键，启动选择元素。单击盒子的边框（红色），可以在样式中看到盒子的样式，如图 11-20 所示。

图 11-20　盒子的样式

（4）单击"元素"中的盒子元素▷ <div class="box1">…</div>，可以在浏览器看到盒子的布局和样式，如图 11-21 所示。

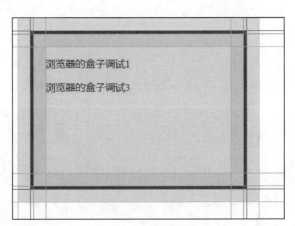

图 11-21　盒子元素的布局

（5）勾掉 margin-bottom 值，如图 11-22 所示，观察盒子元素的布局的变化。

（6）单击 margin-left 后面的属性值，将"20px"修改为"200px"，如图 11-23 所示，观察盒子元素的布局变化。

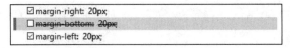

图 11-22　注释掉 margin-bottom

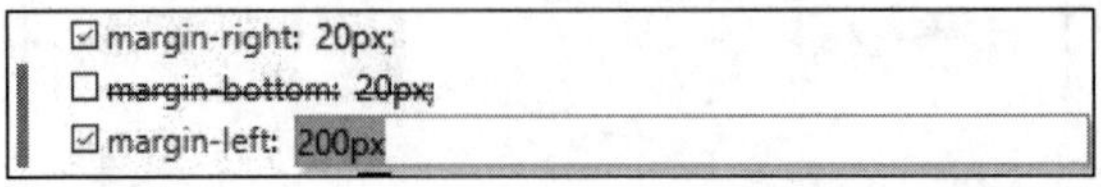

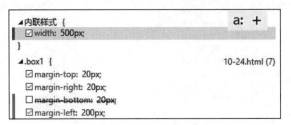

图 11-23　修改 margin-left

（7）在内联样式中添加样式"width：500px"，如图 11-24 所示，观察盒子元素的变化。

图 11-24　添加内联样式

第 12 章

布局

布局是指对网页中各个构成要素的合理编排，是呈现页面内容的基础。合理的布局可有效提高页面的可读性，提升用户体验。

本章主要介绍常用的布局方法，着重讲解布局方法的应用与 CSS3 中新增的布局属性，并辅之以案例讲解，帮助读者更好地使用布局元素。

12.1　定位与布局的基本属性

通过定位与布局的基本属性，可以确定元素的位置，并实现多种多样的页面布局。

12.1.1　基本属性

CSS 支持的定位与布局的基本属性如表 12-1 所列。

表 12-1　定位与布局的基本属性

属性	描述
margin	在一个声明中设置所有的外边距属性
margin-bottom	设置元素的下外边距
margin-left	设置元素的左外边距
margin-right	设置元素的右外边距
margin-top	设置元素的上外边距
padding	在一个声明中设置所有的内边距属性
padding-bottom	设置元素的下内边距
padding-left	设置元素的左内边距
padding-right	设置元素的右内边距
padding-top	设置元素的上内边距
bottom	设置定位元素下外边距边界与其包含块下边界之间的偏移
clear	规定元素的哪一侧不允许有其他浮动元素
clip	剪裁绝对定位元素
cursor	规定要显示的光标的类型（形状）
display	规定元素应该生成的框的类型
float	规定框是否应该浮动
left	设置定位元素左外边距边界与其包含块左边界之间的偏移
overflow	规定当内容溢出元素框时发生的事情
position	规定元素的定位类型
right	设置定位元素右外边距边界与其包含块右边界之间的偏移
top	设置定位元素上外边距边界与其包含块上边界之间的偏移
vertical-align	设置元素的垂直对齐方式
visibility	规定元素是否可见
z-index	设置元素的堆叠顺序

12.1.2　外边距与内边距

（1）外边距属性。

margin 属性可以设定元素的所有外边距。该属性可以通过 1～4 个正负值进行设置，其值可以使用像素、百分比等单位，也可以从父元素继承外边距。

可以通过 margin-top、margin-right、margin-bottom、margin-left 属性分别设置，具体语法如下：

```
/*快速定义盒子的外边距都为 10 像素*/
margin:10px;
/*定义上下外边距为 5 像素，左右外边距为 10 像素*/
margin:5px 10px;
/*定义上外边距为 5 像素，左右外边距为 10 像素，下外边距为 15 像素*/
margin:5px 10px 15px;
/*定义上外边距为 5 像素，右外边距为 10 像素，下外边距为 15 像素，左边外距为 20 像素*/
margin:5px 10px 15px 20px;
/*单独定义上外边距为 5 像素*/
margin-top:5px;
/*单独定义左外边距为 10 像素*/
margin-left:10px;
/*单独定义右外边距为 15 像素*/
margin-right:15px;
/*单独定义下外边距为 20 像素*/
margin-bottom:20px;
```

1）行内元素的外边距。

当为行内元素定义外边距时，只能看到左右外边距对布局的影响，但是上下外边距犹如不存在一般，不会对周围元素产生影响。

2）块级元素的外边距。

对于块级元素来说，外边距都能够很好地被解析。可以用 display 属性来改变元素的表现形式以保证元素对外边距的支持。

（2）内边距属性。

padding 属性可以设定元素的所有内边距。该属性可以通过 1～4 个正负值进行设置，其值可以使用像素、百分比等单位，也可以从父元素继承内边距。

可以通过 padding-top、padding-right、padding-bottom、padding-left 属性分别设置，具体语法如下：

```
/*快速定义盒子的内边距都为 10 像素*/
padding:10px;
/*定义上下内边距为 5 像素，左右内边距为 10 像素*/
padding:5px 10px;
/*定义上内边距为 5 像素，左右内边距为 10 像素，下内边距为 15 像素*/
padding:5px 10px 15px;
/*定义上内边距为 5 像素，右内边距为 10 像素，下内边距为 15 像素，左内边距为 20 像素*/
padding:5px 10px 15px 20px;
/*单独定义上内边距为 5 像素*/
padding-top:5px;
/*单独定义左内边距为 10 像素*/
padding-left:10px;
/*单独定义右内边距为 15 像素*/
padding-right:15px;
/*单独定义下内边距为 20 像素*/
padding-bottom:20px;
```

12.1.3　浮动布局

（1）float。

网页的布局主要通过 float 属性来实现，float 属性定义元素在哪个方向浮动，属性值有以下四种：

1）left：定义向左浮动。

2）right：定义向右浮动。

3）none：是 float 属性的默认值，表示元素不浮动，并会显示其在页面中出现的位置。

4）inherit：规定从父元素继承 float 属性值。

（2）浮动元素特性。

当一个元素被设置为浮动元素后，元素本身的属性也会发生一些改变，具体如下。

1）空间的改变。当网页中一个元素被定义为浮动显示时，该元素就会自动收缩自身体积为最小状态。如果该元素被定义了高度或宽度，则将以设置的高度与宽度进行显示；如果浮动元素包含了其他对象，则元素体积会自动收缩到仅能容纳所包含的对象大小；如果没有设置大小或没有任何包含对象，浮动元素将会缩小为一个点，甚至不可见。

2）位置的改变。当网页中的一个元素浮动显示时，由于所占空间大小的变化，会使得其自动地向左或向右浮动，直到碰到其父级元素的边框或内边距，或者碰到相邻浮动元素的外边距或边框才会停下来。

3）布局环绕。当元素浮动之后，它原来的位置就会被下面的对象上移填充掉。这时上移的元素会自动围绕在浮动元素的周围，形成一种环绕关系。

虽说浮动元素能够自由移动，但并不等于它能够随意移动。浮动元素是在原有行位置上左右移动，因此要调整浮动元素在网页中的上下位置关系，特别是希望浮动元素调整到上面显示时，建议调整网页结构中浮动元素与其他元素之间的位置关系。

当元素被定义为浮动显示时，它会自动成为一个块状元素，相当于定义了"display:block;"。但是块级元素会自动扩张宽度，占据一行位置，且块级元素会附加换行符，所以在同一行内只能显示一个块级元素。而浮动元素虽然拥有块级元素的特性，但是并没有上述表现，这时它更像行内元素那样收缩显示。

案例 12-01：浮动元素的空间

```
<!doctype html>
<html>
<head>
<meta charset="utf-8">
<title>浮动元素的空间</title>
</head>
<style>
div{
    float:left;                              /*向左浮动*/
    margin:10px;
    border:1px solid #f00;
}
.box1{
    width:100px;
    height:100px;
}
.box2{
    line-height:30px;
    font-size:30px;
}
```

```
.box3{
    line-height:100px;
    font-size:30px;
}
</style>
<body>
<div class="box1"></div>
<div class="box2">模块 1</div>
<div class="box3">模块 2</div>
<div class="box4"><img src="images/logo.jpg" alt=""></div>
<div class="box5"></div>
</body>
</html>
```

案例 12-02：浮动元素的位置

```
<!doctype html>
<html>
<head>
<meta charset="utf-8">
<title>浮动元素的位置</title>
</head>
<style>
.fatherdemo{
    width:300px;
    height:300px;
    border:1px solid #000;
}
.childdemo{
    width:50px;
    height:50px;
    border:1px solid #f00;
    float:right;/*向右浮动*/
}
</style>

<body>
    <div class="fatherdemo">
    <div class="childdemo"></div>
</div>
</body>
</html>
```

扫描看效果

案例 12-03：浮动元素的环绕

```
<!doctype html>
<html>
<head>
<meta charset="utf-8">
<title>浮动元素的环绕</title>
</head>
<style>
.demo{
    width:500px;
    height:214px;
    font-size:12px;
```

扫描看效果

```
            color:#666;
            margin:0 auto;
            line-height:16px;
            border:1px dashed #999;
            }
        .img{
            float:left;                          /*向左浮动*/
            padding:0px 10px 10px 0px;
        }
        p{
            text-indent:2em;                     /*首行缩进 2 字符*/
        }
    </style>
    <body>
    <div class="demo">
        <div class="img"><img src="images/pic01.jpg" alt=""></div>
        <p>盼望着，盼望着，东风来了，春天的脚步近了。
        <p>一切都像刚睡醒的样子，欣欣然张开了眼。山朗润起来了，水涨起来了，太阳的脸红起来了。
            ……此处省略文字
        <p>桃树、杏树、梨树，你不让我，我不让你，都开满了花赶趟儿。红的像火，粉的像霞，白的像雪。花
里带着甜味儿；……此处省略文字
    </div>
    </body>
    </html>
```

案例 12-04：图文混排

```
    <!doctype html>
    <html>
    <head>
    <meta charset="utf-8">
    <title>图文混排</title>
    </head>
    <style>
    .floatdemo{
        width:760px;
        height:360px;
        margin:0 auto;                           /*与 width 结合，使元素居中*/
        margin-top:20px;
    }
    .floatdemo div{
        width:337px;
        height:166px;
        float:left;                              /*向左浮动*/
    }
    .floatdemo div h2{
        border-bottom:#aaa 1px dashed;           /*下边框为 1px 实线*/
        height:20px;
        font-size:13px;
        color:#82c6bd;
        float:left;                              /*向左浮动*/
        width:160px;
    }
    .floatdemo div p{
        color:#999;
        font-size:12px;
```

扫描看效果

```
        line-height:20px;
    }
    .floatdemo div .img-left{ float:left;}
    .floatdemo div .img-right{ float:right;}
    .demo03,.demo04{ margin-top:15px;}
    .demo01 img,.demo02 img{ margin-right:10px;}
    .demo03 img,.demo04 img{ margin-left:10px;}
    .demo01,.demo03{ margin-right:25px;}
    </style>
    <body>
    <div class="floatdemo">
        <div class="demo01">
            <img class="img-left" src="images/pic01.jpg" alt="">
            <h2>我等你</h2>
            <p>我等你<br>不在别处<br>就在灯火阑珊处<br>
                    我不怕千山万水、岁月沧桑<br>我只愿，某日，君踏马而归</p>
        </div>
        <div class="demo02">
            <img class="img-left" src="images/pic02.jpg" alt="">
            <h2>走向深秋</h2>
            <p>走向深秋<br>让时间的永恒<br>与澎湃的秋梦一起疯长<br>
                    为了剪去心中那一缕清愁<br>我再度往前.</p>
        </div>
        <div class="demo03">
            <img class="img-right" src="images/pic03.jpg" alt="">
            <h2>爱</h2>
            <p>爱<br>没有距离<br>只要心是在一起<br>爱<br>只有心灵的距离</p>
        </div>
        <div class="demo04">
            <img class="img-right" src="images/pic04.jpg" alt="">
            <h2>只愿岁月静好</h2>
            <p>我不想要<br>生活多么的绚丽</span><br>我只想生活平平淡淡<br>
                    我想要找寻那份真实感<br>只愿岁月静好</p>
        </div>
    </div>
    </body>
    </html>
```

（3）清除浮动。

浮动布局打破了原有网页元素的显示状态，会产生一些布局问题。CSS 为了解决这个问题，又定义了 clear 属性，用来解决浮动布局中页面杂乱无章的现象。

clear 属性规定元素的哪一侧不允许存在其他浮动元素，属性值以下有五种情况：

①left、right、both：分别规定在左侧不允许浮动元素、在右侧不允许浮动元素和在左右两侧均不允许浮动元素。

②none：是 clear 元素的默认值，允许浮动元素出现在两侧。

③inherit：规定从父元素继承 clear 属性的值。

元素浮动以后，其所在的位置会被下方不浮动的元素填充掉，而有些时候这样的填充会破坏页面布局，clear 元素可以解决这个问题。在不浮动元素中添加与浮动元素 float 属性值相同的 clear 属性值，会使不浮动元素显示在浮动元素的下边距边界之下。

浮动元素也可以添加 clear 属性，添加的 clear 属性的属性值只有和 float 属性的属性值相同时才能起作用，即当元素向左浮动时只能清除元素的左浮动，而不能将属性值设为清除右浮动。

案例 12-05：清除浮动

```
<!doctype html>
<html>
<head>
<meta charset="utf-8">
<title>清除浮动</title>
</head>
<style>
div{
    border:1px solid #f00;              /*边框 1px 实线*/
    height:50px;
}
.left,.middle,.right{
    float:left;                          /*向左浮动*/
    width:33%;
}
.left{ height:100px;}
.footer{ clear:left;}
</style>
<body>
<div class="header">头部信息</div>
<div class="left">左栏信息</div>
<div class="middle">中栏信息</div>
<div class="right">右栏信息</div>
<div class="footer">脚部信息</div>
</body>
</html>
```

扫描看效果

12.1.4　定位布局

CSS 定义了 position 属性来控制网页元素的定位显示，它与 float 属性协同作用，实现了网页布局的精确性和灵活性的高度统一。float 和 position 是 CSS 布局中最基本、最重要的两个技术概念，是最为基础的布局属性。

（1）定位坐标值。

为了灵活地定位页面元素，CSS 定义了四个坐标属性：top、right、bottom 和 left。通过这些属性的联合使用，可用包含块的四个内顶角来定位元素在页面中的位置。

- top：表示定位元素顶边外壁到包含块元素顶部内壁的距离。
- right：表示定位元素右边外壁到包含块元素右侧内壁的距离。
- left：表示定位元素左边外壁到包含块元素左侧内壁的距离。
- bottom：表示定位元素底边外壁到包含块元素底部内壁的距离。

（2）position。

position 属性用于确定元素的位置，该属性可将图片放置到任何位置，也可以使导航始终显示于页面最上方。CSS 的定位核心正是基于这个属性实现的。属性值有以下五种情况。

318

1）static。

static 为 position 的默认属性值，没有定位，元素出现在正常流中（忽略 top、bottom、left、right 或者 z-index 声明）。

任何元素在默认的状态下都会以静态定位来确定自己的位置，所以当没有定义 position 时，并不说明该元素没有自己的位置，它会遵循默认值显示为静态位置。在静态位置下，开发人员无法通过坐标值（top、bottom、left 和 right）来改变它的位置。

2）absolute。

absolute 可用于生成绝对定位的元素，相对于 static 定位以外的第一个父元素进行定位。元素的位置通过 left、top、right、bottom 属性进行设置。

当 position 属性取值为 absolute 时，程序就会把元素从文档流中拖出来，根据某个参照物坐标来确定显示位置。绝对定位是网页精准定位的基本方法。如果结合 left、right、top、bottom 坐标属性进行精确定位，结合 z-index 属性排列元素覆盖顺序，同时通过 clip 和 visibility 属性裁切、显示或隐藏元素对象或部分区域，就可以设计出丰富多样的网页布局效果。

案例 12-06：绝对定位

```html
<!doctype html>
<html>
<head>
<meta charset="utf-8">
<title>绝对定位</title>
</head>
<style>
.demowarpper{
    width:140px;
    height: 140px;
    border:1px solid #000;
    margin:0 auto;
}
.demo{
    width:50px;
    height:50px;
    background:#06c;
    float:left;
    margin:10px;
}
.bajie{
    position:absolute;                      /*设置绝对定位*/
    top:0px;
    left:0px;
    width:60px;
    height:160px;
    display:block;
    background:url(images/zhu.png) no-repeat;
    background-position:-60px 0px;          /*设置背景图片的位置*/
    overflow:hidden;
    position:fixed;                         /*固定图片位置*/
    bottom:20px;
    right:30px;
}
```

```
    .bajie:hover{ background-position:0px 0px;}        /*鼠标悬停时背景图片的位置*/
    </style>
    <body>
    <div class="demowarpper">
        <div class="demo"></div>
        <div class="demo"></div>
        <div class="demo"></div>
        <div class="bajie"></div>
        <div class="demo"></div>
    </div>
    </body>
    </html>
```

3）fixed。

fixed 可用于生成固定定位的元素，即相对于浏览器窗口进行定位。元素的位置通过 top、right、bottom、left 属性进行定义。

固定定位是绝对定位的一种特殊形式，它是以浏览器作为参照物来定义网页元素的。如定义某个元素固定显示而不受文档流的影响，也不受包含块的位置影响，始终以浏览器窗口来定位自己的显示位置。不管浏览器的滚动条如何滚动，也不管浏览器窗口大小如何变化，该元素都会显示在浏览器窗口内。

案例 12-07：fixed 属性值

```
    <!doctype html>
    <html>
    <head>
    <meta charset="utf-8">
    <title>fixed 属性值</title>
    </head>
    <style>
    .gotop{
        width:60px;
        height:160px;
        display:block;
        background:url(images/zhu.png) no-repeat;
        background-position:-60px 0px;
        overflow:hidden;
        position:fixed;                            /*相对浏览器窗口，固定定位*/
        bottom:20px;
        right:30px;
    }
    .gotop:hover{ background-position:0px 0px;}
    </style>
    <body>
    <a href="#"><div class="gotop"></div></a>
    </body>
    </html>
```

扫描看效果

4）relative。

relative 可用于生成相对定位的元素，相对于其正常位置进行定位。例如，"left:20px" 会向元素的左侧位置添加 20 像素。

相对定位是一种折中的定位方法，是在静态定位和绝对定位之间取的一个平衡点。所谓相对定位就是指使被应用元素不脱离文档流，却能通过坐标值以原始位置为参照物进行偏移。

虽然相对定位元素偏移了原始位置，但是它的原始位置所占据的空间仍被保留，并没有被其他元素挤占。认识并理解这一属性特别重要，因为在开发中经常需要校正元素的显示位置，但并不希望因为这些校正元素的修改而影响到其他元素的显示位置。

案例 12-08：相对定位 🌐 🔵 ❶ ❷ ℮

```
<!doctype html>
<html>
<head>
<meta charset="utf-8">
<title>相对定位</title>
</head>
<style>
.demo{
    width:400px;
    height:500px;
    border:1px solid #000;
}
.bajie{
    border:1px solid #f00;
    width:60px;
    height:160px;
    display:block;
    background:url(images/zhu.png) no-repeat;
    background-position:-60px 0px;
    overflow:hidden;

}
.bajie-relative{
    border:1px solid #f00;
    position:relative;                    /*相对自身位置的定位*/
    top:50px;
    left:100px;
    width:60px;
    height:160px;
    display:block;                        /*设置块级元素*/
    background:url(images/zhu.png) no-repeat;
    background-position:-60px 0px;
    overflow:hidden;
}
.bajie:hover,.bajie-relative:hover{ background-position:0px 0px;}
</style>
<body>
<div class="demo">
    <div class="bajie-relative"></div>
    <div class="bajie"></div>
    <div class="bajie"></div>
</div>
</body>
</html>
```

5）inherit。

inherit 用于从父元素继承 position 属性的值。

（3）定位层叠。

CSS 可通过 z-index 属性来排列不同定位元素之间的层叠顺序。该属性可以设置为任意的整数值，数值越大，所排列的顺序就越靠上（前）。

案例 12-09：定位层叠

```
<!doctype html>
<head>
<meta charset=utf-8" />
<title>定位层叠</title>
<style type="text/css">
body {
    background:#ffffff;
}
#container {
    margin:100px auto 0 auto;
    width:420px;
    position:relative;              /*设置子元素的定位参考，相对定位*/
}
li {
    margin:0;
    padding:0;
}
li a {

    display:block;                  /*块级元素*/
    text-decoration:none;           /*清除文本下划线*/
    text-indent:-9999px;
    position:absolute;              /*绝对定位*/
    top:0;
}
li a.one {
    background:url('images/1.png') no-repeat;
    left:0;
    height:225px;
    width:125px;
}
li a.two {
    background:url('images/2.png') no-repeat;
    left:75px;
    height:233px;
    width:140px;
}
li a.three {
    background:url('images/3.png') no-repeat;
    left: 175px;
    height:223px;
    width:121px;
    z-index:2;
}
li a.four {
    background:url('images/4.png') no-repeat;
    left:250px;
    height:235px;
    width:146px;
```

扫描看效果

```
    }
    li a.four:hover {
        background:url('images/4-hover.png') no-repeat;
    }
    li a:hover {
        padding:0 0 20px 0;
        top:-20px;
    }
    </style>
    </head>
    <body>
    <div id="container">
    <ul>
        <li><a href="#" class="one">1</a></li>
        <li><a href="#" class="two">2</a></li>
        <li><a href="#" class="three">3</a></li>
        <li><a href="#" class="four">4</a></li>
    </ul>
    </div>
    </body>
    </html>
```

（4）定位与参照。

定位是网页布局的重中之重，为页面中每个构成要素找到它应该所处的位置是页面布局的基础。position 属性专门用于页面布局，但因其复杂度较高而很难被初学者掌握。下面通过一个案例来讲解 position 属性中的定位与参照。

案例 12-10：定位与参照

```
<!doctype html>
<html>
<head>
<meta charset="utf-8">
<title>定位与参照</title>
</head>
<style>
body,div,ul,li,h3{ /* 初始化元素样式 */
    font-size:12px;
    margin:0;
    padding:0;
}
ol,ul,li{ list-style:none;}              /*清除列表默认样式*/
img {
    border:0;                            /*清除图片边框*/
    vertical-align:middle;               /*垂直居中*/
}
body{
    color:#fff;
    background:#fff;
    text-align:center;
}
a{
    color:#fff;
    text-decoration:none;                /*清除超链接下划线*/
```

扫描看效果

```
        }
    a:hover{
        color:#ba2636;
        text-decoration:underline;              /*超链接加下划线*/
    }
    #wrapper{
        margin:0 auto;
        position:relative;
        width:610px;
        height:559px;
        background:url(images/bg.png) no-repeat;
    }
    /* position:relative 是绝对定位关键，父级设置 */
    .box1{
        position:absolute;
        width:147px;
        height:140px;
        left:198px;
        top:14px;
    }
    .box2{
        position:absolute;
        width:141px;
        height:186px;
        left:31px;
        bottom:17px;
    }
    .box3{
        position:absolute;
        width:132px;
        height:188px;
        right:28px;
        bottom:67px;
    }
    /* position:absolute 是绝对定位关键，子级设置同时配合使用 left right top bottom */
    h3.title{
        height:32px;
        line-height:32px;
        font-size:14px;
        font-weight:bold;
        text-align:left;
    }
    /* 标题统一设置 */
    ul.list{
        text-align:left;
        width:100%;
        padding-top:8px;
    }
    ul.list li{
        width:100%;
        text-align:left;
        height:22px;
        overflow:hidden;
    }
    /* 加了 overflow:hidden 防止内容过多后自动换行隐藏超出内容 */
    </style>
```

324

```
<body>
<div id="wrapper">
    <div class="box1">
    <h3 class="title">新闻动态</h3>
<ul class="list">
    <li><a href="#">不会程序能学会 CSS 吗？</a></li>
    <li><a href="#">DIVCSS 学习难吗？</a></li>
    <li><a href="#">我要参加 DIVCSS5 的培训</a></li>
    <li><a href="#">jQuery 所有版本集合整理</a></li>
</ul>
</div>
<div class="box2">
    <h3 class="title">DIVCSS5 栏目</h3>
<ul class="list">
    <li><a href="#">CSS 基础教程</a></li>
    <li><a href="#">HTML 基础教程</a></li>
    <li><a href="#">CSS 问题</a></li>
    <li><a href="#">CSS 制作工具</a></li>
    <li><a href="#">DIV CSS 技巧</a></li>
    <li><a href="#">DIV+CSS+JS 特效</a></li>
</ul>
</div>
<div class="box3">
    <h3 class="title">网站栏目</h3>
<ul class="list">
    <li><a href="#">DIV CSS 入门</a></li>
    <li><a href="#">HTML 入门教程</a></li>
    <li><a href="#">CSS 实例</a></li>
    <li><a href="#">DIVCSS5 首页</a></li>
    <li><a href="#/">DIV CSS 模块模板</a></li>
    <li><a href="#">DIV CSS WEB 标准</a></li>
</ul>
</div>
</div>
</body>
</html>
```

当绝对定位的父级没有设定 position 属性时，将以浏览器左上角为参照点进行定位；当父级设定 position 属性值时，将以父级为参照点进行定位。

12.2 多列布局

12.2.1 多列布局的基本知识

使用 float 属性或 position 属性进行页面布局时有一个比较明显的缺点，就是多列 div 元素间是各自独立的。如果在第一列 div 元素中加入一些内容，将会使得两列元素底部不能对齐，多出一块空白的区域。这种情况在多列文章排版时尤其明显。

12.2.2　多列布局的基本属性

多列布局的基本属性如表 12-2 所列。

表 12-2　多列布局的基本属性

属性	描述
column-count	规定元素应该被分隔的列数
column-fill	规定如何填充列
column-gap	规定列之间的间隔
column-rule	设置所有 column-rule-*属性的简写属性
column-rule-color	规定列之间规则的颜色
column-rule-style	规定列之间规则的样式
column-rule-width	规定列之间规则的宽度
column-span	规定元素应该横跨的列数
column-width	规定列的宽度
columns	设置 column-width 和 column-count 的简写属性

12.2.3　多列布局属性

columns 是多列布局的基本属性。该属性可以同时定义列数和每列的宽度，相当于同时指定了 column-width 和 column-count 属性。具体语法如下：

```
div{
columns:100px 3;
}
```

12.2.4　列宽与列数

column-width 属性可以定义单列显示的宽度。该属性可以与其他多列布局属性配合使用，也可以单独使用，具体语法如下：

```
div{
column-width:100px;
}
```

column-width 可以与 column-count 属性配合使用，设定指定固定列数、列宽的布局效果；也可以单独使用，限制模块的单列宽度，当超出宽度时，则会自动以多列显示。

column-count 属性可以定义显示的列数，取值为大于 0 的整数。如果 column-width 和 column-count 属性没有明确的值，则默认为最大列数。

column-width 和 column-count 两个属性可以相互影响，指定的列宽和列数并不是绝对的。当列的内容所在容器的宽度大于 column-width*column-count+间距时，有的浏览器会增加列数，有的浏览器会增加列宽。

12.2.5　列边距与列边框

column-gap 属性可以定义两列之间的间距，其默认值为 normal，用于规定列间间隔为一个常规的间隔。W3C 建议的值是 1em。

column-rule 属性用于指定列之间的分隔条，可同时指定分隔条的宽度、样式、颜色。

column-rule-width 属性的值为一个长度值，用于指定列之间分隔条的宽度。

column-rule-style 属性用于设置分隔条的线型，支持的属性值有 none、dotted、dashed、solid、double、groove、ridge、inset、outset，这些属性值与前面介绍的边框线型的各属性值的意义完全相同。

column-rule-color 属性用于设置分隔条的颜色。

12.2.6 跨列布局

在报刊杂志中，经常会看到文章标题跨列居中显示。column-span 属性可以定义跨列显示，也可以设置单列显示，其属性值默认为 1，适用于静态的、非浮动元素，代表只能在本列中显示。all 属性值则表示横跨所有的列，并定位在列的 Z 轴上。

12.2.7 列高

column-fill 属性可以定义列的高度是否统一。其属性值有两种情况：atuo 和 balance。

（1）auto。

auto 属性值可以设置各列高度随其内容的变化而变化。

（2）balance。

balance 属性值是 column-fill 的默认值，设置各列的高度根据内容最多的那一列的高度进行统一。

案例 12-11：多列布局

扫描看效果

```
<!doctype html>
<html>
<head>
<meta charset="utf-8">
<title>多列布局</title>
</head>
<style>
article{
    margin:0 auto;
    width:789px;
    /*定义页面内容显示为 4 列*/
    -webkit-column-count:4;
    -moz-column-count:4;
    column-count:4;
    /*定义列间距为 20px，默认为 1em*/
    -webkit-column-gap:20px;
    -moz-column-gap:20px;
    column-gap:20px;
    /*定义列边框为 4 像素宽的灰色双划线*/
    -webkit-column-rule:4px double #dfdfdf;
    -moz-column-rule:4px double #dfdfdf;
    column-rule:4px double #dfdfdf;
    /*设置各列高度自动调整*/
    -webkit-column-fill:auto;
    -moz-column-fill:auto;
    column-fill:auto;
```

```
        background:url(images/article_bg.png) no-repeat bottom;
}
/*设置标题跨越所有列显示*/
.title{
        width:777px;
        height:250px;
        margin:0 auto;
        background:url(images/article_title.png) no-repeat;
        -webkit-column-span:all;
        -moz--column-span:all;
        column-span:all;
        margin-bottom:20px;
        }
h1{
        color:#fff;
        margin-right:125px;
        font-size:80px;
        float:right;
        text-align:center;
        padding:12px;
}
h2
{
        color:#c4c2c2;
        width:20px;
        height:100px;
        float:right;
        margin-top:100px;
        font-size:12px;
        text-align:center;
        padding:12px;
        font-weight:400;
        font-family:'微软雅黑';
}
p{
        color:#333;
        font-size:14px;
        line-height:180%;
        text-indent:2em;
}
</style>
<body>
<article>
<div class="title">
<h1>春</h1>
<h2>朱自清散文</h2>
</div>
<p>盼望着，盼望着，东风来了，春天的脚步近了。</p>
<p>一切都像刚睡醒的样子，欣欣然张开了眼。山朗润起来了，水涨起来了，太阳的脸红起来了。</p>

<p>小草偷偷地从土里钻出来，嫩嫩的，绿绿的。园子里，田野里，瞧去，一大片一大片满是的...
<p>桃树、杏树、梨树，你不让我，我不让你，都开满了花赶趟儿。红的像火，粉的像霞，白的像雪...</p>
<p>吹面不寒杨柳风"，不错的，像母亲的手抚摸着你。风里带来些新翻的泥土的气息，混着青草味儿...</p>
<p>雨是最寻常的，一下就是三两天。可别恼。看，像牛毛，像花针，像细丝，密密地斜织着...</p>
<p>春天像刚落地的娃娃，从头到脚都是新的，它生长着。</p>
<p>春天像小姑娘，花枝招展的，笑着，走着。</p>
```

```
<p>春天像健壮的青年，有铁一般的胳膊和腰脚，领着我们上前去。</p>
</article>
</body>
</html>
```

12.3　盒布局

12.3.1　盒布局的基本知识

CSS3 引入了新的盒模型——弹性盒模型。该模型决定一个盒子在其他盒子中的分布方式以及如何处理可用空间。使用该模型可以很轻松地创建自适应浏览器窗口的流动布局，或自适应字体大小的弹性布局。

一般基于 HTML 流在垂直方向上排列盒子，使用弹性盒布局可以规定特定的顺序，也可以将其反转。要开启弹性盒布局，只需设置盒子的 display 属性值为 box（或 inline-box）即可。

在 CSS3 中，除了多列布局之外，还可以用盒布局解决 float 属性或 position 属性布局存在的问题。

12.3.2　盒布局的基本属性

盒布局的基本属性如表 12-3 所列。

表 12-3　盒布局的基本属性

属性	描述
column-count	规定元素应该被分隔的列数
box-align	规定如何对齐框的子元素
box-direction	规定框的子元素的显示方向
box-flex	规定框的子元素是否可伸缩
box-flex-group	将可伸缩元素分配到柔性分组
box-lines	规定当超出父元素框的空间时，是否换行显示
box-ordinal-group	规定框的子元素的显示次序
box-orient	规定框的子元素是否应水平或垂直排列
box-pack	规定水平框中的水平位置或者垂直框中的垂直位置

12.3.3　使用自适应宽度的弹性盒布局

box-flex 属性可将盒布局设置为弹性盒布局。Webkit 引擎支持-webkit-box-flex 私有属性，Mozilla Gecko 引擎支持-moz-box-flex 私有属性。

默认情况下，盒子不具备弹性，如果 box-flex 的属性值≥1，则变得富有弹性。如果盒子不具有弹性，它将尽可能宽，以使内容可见且没有任何溢出，其大小由 width 和 height 属性值或者 min-height、min-width、max-height、max-width 属性值来决定。

如果盒子具有弹性，其大小将按照下面的方式进行计算：

（1）具体大小声明（width、height、min-height、min-width、max-height、max-width）。

（2）父盒子的大小和所有余下的可利用的内部空间。

如果盒子没有任何大小声明，那么其大小将完全取决于父盒子的大小，其公式如下所示：

$$子盒子的大小=父盒子的大小\times\frac{子盒子的box\text{-}flex}{所有子盒子的box\text{-}flex值的和}$$

如果一个或更多个盒子有一个具体的大小声明，那么其大小将计算到其中，余下的弹性盒子将按照上面的原则分享剩下可利用的空间。

$$子盒子的大小=（父盒子的大小-已定义子盒子大小）\times\frac{子盒子的box\text{-}flex}{所有子盒子的box\text{-}flex值的和}$$

案例 12-12：自适应宽度的弹性盒布局

```html
<!doctype html>
<html>
<head>
<meta charset="utf-8">
<title>自适应宽度</title>
<style type="text/css">
body,div,ul,li{
    padding:0;
    margin:0;
}
#container {
    border:1px solid #999;
    width:1000px;
    margin:0 auto;
/*设置为盒模型*/
display: box;
display: -moz-box;
display: -webkit-box;
}
#left-sidebar {
  width: 160px;
padding: 20px;
background:#f4e7bd;
}

#left-sidebar ul li{
    text-align:center;
    width:100%;
    height:30px;
    line-height:30px;            /*设置行高*/
    font-size:14px;
    list-style:none;             /*清除默认列表样式*/
    border-bottom:1px solid #ccc;   /*边框为 1px 实线*/
}
#left-sidebar ul li a{
    color:#333;
    font-family:'微软雅黑';
    text-decoration:none;        /*清除超链接下划线*/
}
#contents {
    width: 500px;
```

```
        padding: 20px;
        background-color: #f6f4ec;
        font-size:12px;
        color:#666;
        line-height:150%;
}
#contents h2{
        font-size:27px;
        text-align:center;
}
#contents p{
        text-indent:2em;                    /*首行缩进*/
}
#contents section{
        height:21px;
        font-size:12px;
        font-family:'微软雅黑';
        border-bottom:1px solid #ccc;
}
#right-sidebar {
        font-size:12px;
        font-family:'微软雅黑';
        width: 160px;
        padding: 20px;
        background-color:#eabe68;
}
#left-sidebar, #contents, #right-sidebar {
        -moz-box-sizing: border-box;
        -webkit-box-sizing: border-box;
}
</style>
</head>
<body>
<div id="container">
<div id="left-sidebar">


<ul>
<li><a href="">小说</a></li>
<li><a href="">青春</a></li>
<li><a href="">推理</a></li>
<li><a href="">文化</a></li>
<li><a href="">诗歌</a></li>
<li><a href="">历史</a></li>
<li><a href="">哲学</a></li>
</ul>
</div>
<div id="contents">
    <section>  朱自清散文集</section>
    <h2>春</h2>
    <p>盼望着，盼望着，东风来了，春天的脚步近了。</p>
    <p>一切都像刚睡醒的样子，欣欣然张开了眼。山朗润起来了，水涨起来了，太阳的脸红起来了。</p>
    <p>小草偷偷地从土里钻出来，嫩嫩的，绿绿的。园子里，田野里，瞧去，一大片一大片满是的...
    <p>桃树、杏树、梨树，你不让我，我不让你，都开满了花赶趟儿。红的像火，粉的像霞，白的像雪...</p>
    <p>"吹面不寒杨柳风"，不错的，像母亲的手抚摸着你。风里带来些新翻的泥土的气息，混着青草味儿...</p>
    <p>雨是最寻常的，一下就是三两天。可别恼。看，像牛毛，像花针，像细丝，密密地斜织着，人家屋顶
```

```
上全笼着一层薄烟。...</p>
        <p>春天像刚落地的娃娃，从头到脚都是新的，它生长着。</p>
        <p>春天像小姑娘，花枝招展的，笑着，走着。</p>
        <p>春天像健壮的青年，有铁一般的胳膊和腰脚，领着我们上前去。</p>
    </div>
    <div id="right-sidebar">
        <h2>作者简介</h2>
        <img src="images/zhuziqing.jpg" width="100" alt="">
        <p>朱自清，原名自华，号秋实，后改名自清，字佩弦。原籍浙江绍兴，出生于江苏省东海县（今连云港
市东海县平明镇）。现代杰出的散文家、诗人、学者、民主战士。</p>
        <p>1916 年中学毕业并成功考入北京大学预科。1919 年开始发表诗歌。1928 年第一本散文集《背影》出
版。……此处省略文字</p>
        <p>1948 年 8 月 12 日病逝于北平，年仅 50 岁。</p>
    </div>
    </div>
    </body>
    </html>
```

12.3.4　改变元素的显示顺序

使用弹性盒布局时，可以使用 box-ordinal-group 属性来改变各元素的显示顺序。可在每个元素中加入 box-ordinal-group 属性，该属性使用一个表示序号的整数属性值，浏览器在显示的时候会根据该序号从小到大显示这些元素。目前 Webkit 引擎支持-webkit-box-ordinal-group 私有属性，Mozilla Gecko 引擎支持-moz-box-ordinal-group 私有属性。

案例 12-13：改变元素的显示顺序 🌀 🔵 **❶** 🌀

```
<!doctype html>
<html>
<head>
<meta charset="utf-8">
<title>改变元素的显示顺序</title>
<style type="text/css">
body,div,ul,li{
    padding:0;
    margin:0;
}
#container {
    border:1px solid #999;
    width:1000px;
    margin:0 auto;                              /*设置盒模型*/
    display: box;
    display: -moz-box;
    display: -webkit-box;
}
#left-sidebar{
    /*Firefox*/
    -moz-box-ordinal-group: 3;                  /*设置元素的显示顺序*/
    /* Safari, Chrome, and Opera */
    -webkit-box-ordinal-group: 3;               /*设置元素的显示顺序*/
    width: 200px;
    padding: 20px;
    background:#f4e7bd;
```

扫描看效果

```
        }
        #left-sidebar ul li{
            text-align:center;
            width:100%;
            height:30px;
            line-height:30px;
            font-size:14px;
            list-style:none;
            border-bottom:1px solid #ccc;
        }
        #left-sidebar ul li a{
            color:#333;
            font-family:'微软雅黑';
            text-decoration:none;
        }
        #contents{
            -moz-box-ordinal-group: 1;
            -webkit-box-ordinal-group: 1;
            -moz-box-flex:1;
            -webkit-box-flex:1;
            padding: 20px;
            background:#f6f4ec;
            font-size:12px;
            color:#666;
            line-height:150%;
        }
        #contents p{
            text-indent:2em;
        }


        #contents section{
            height:21px;
            font-size:12px;
            font-family:'微软雅黑';
            border-bottom:1px solid #ccc;
        }
        #right-sidebar{
            font-size:12px;
            font-family:'微软雅黑';
        -moz-box-ordinal-group: 2;
          -webkit-box-ordinal-group: 2;
            width: 200px;
            padding: 20px;
            background:#eabe68;
        }
        #left-sidebar, #contents, #right-sidebar{
        -moz-box-sizing: border-box;
            -webkit-box-sizing: border-box;
        }

    </style>
```

```
</head>
<body>
…
</body>
</html>
```

12.3.5　改变元素排列方向

box-direction 可以简单地将多个元素的排列方向从水平方向修改为垂直方向，或者从垂直方向修改为水平方向。目前 Webkit 引擎支持-webkit-box-direction 私有属性，Mozilla Gecko 引擎支持-moz-box-direction 私有属性。其属性值有以下三种情况。

（1）normal：以默认方向显示子元素。

（2）reverse：以反方向显示子元素。

（3）inherit：设定从父元素继承 box-direction 属性的值。

案例 12-14：改变元素排列方向

```
<!doctype html>
<html>
<head>
<meta charset="utf-8">
<title>改变元素排列方向</title>
<style>
.box1{
    width:550px;
    height:200px;
    font-size:30px;
    border:1px solid black;
    /* Firefox */
    display:-moz-box;
    -moz-box-direction:normal;/*设置子元素排列方向*/
    /* Safari, Chrome, and Opera */
    display:-webkit-box;
    -webkit-box-direction:normal;/*设置子元素排列方向*/
    /* W3C */
    display:box;
    box-direction:normal;/*设置子元素排列方向*/
}
.box2
{
    width:550px;
    height:200px;
    font-size:30px;
    border:1px solid black;
    /* Firefox */
    display:-moz-box;
    -moz-box-direction:reverse;/*设置子元素排列方向*/
    /* Safari, Chrome, and Opera */
    display:-webkit-box;
    -webkit-box-direction:reverse;/*设置子元素排列方向*/
```

扫描看效果

```
        /* W3C */
        display:box;
        box-direction:reverse;/*设置子元素排列方向*/
    }
    </style>
    </head>
    <body>
    <h1>box-direction 属性值为 normal</h1>
    <div class="box1">
    <p>段落  1。</p>
    <p>段落  2。</p>
    <p>段落  3。</p>
    </div>
    <h1>box-direction 属性值为 reverse</h1>
    <div class="box2">
    <p>段落  1。</p>
    <p>段落  2。</p>
    <p>段落  3。</p>
    </div>
    </body>
    </html>
```

12.3.6   使用弹性布局消除空白

从上面的示例中可以看到盒子并没有自适应于整个有边框的 div，box-flex 属性可以设置弹性的盒布局，使其充满整个 div。

案例 12-15：使用弹性盒布局消除空白 🄒 🄑 🄘 🄞 🄔

```
    <!doctype html>
    <html>
    <head>
    <meta charset="utf-8">
    <title>使用弹性盒布局消除空白</title>
    <style type="text/css">
    #container {
        display: -moz-box;
        display: -webkit-box;
        border: solid 1px red;
        -moz-box-orient: horizontal;
        -webkit-box-orient: horizontal;
        width: 800px;
        height: 400px;
    }
    #text-a { background-color: orange; width:200px; }
    #text-b {
        background-color: yellow;
        -moz-box-flex: 1;
        -webkit-box-flex: 1;
    }
    #text-c { background-color: limegreen;    width:160px; }
    #text-a, #text-b, #text-c {
        -moz-box-sizing: border-box;
        -webkit-box-sizing: border-box;
```

扫描看效果

```
        font-size: 1.5em;
        font-weight: bold;
    }
</style>
</head>
<body>
<div id="container">
<div id="text-a">列 1</div>
<div id="text-b">列 2</div>
<div id="text-c">列 3</div>
</div>
</body>
</html>
```

12.3.7　对多个元素使用 box-flex 属性

如果 box-flex 属性只对一个元素使用，可以使其宽度、高度自动扩大，让浏览器或容器中所有元素的总宽度/总高度等于浏览器或容器的宽度/高度。在 CSS3 中也可以对多个元素使用 box-flex 属性。

案例 12-16 中 box-flex 的属性值设为 1，如果把 box-flex 的属性值设为其他的整数，例如 2，页面结构将发生变化。

案例 12-16：多个元素使用 box-flex 值 🎬 🅑 🆔 🅞 🅔

```
<!doctype html>
<html>
<head>
<meta charset="utf-8">
<title>多个元素使用 box-flex 值</title>
<style type="text/css">
#container {
    display: -moz-box;
    display: -webkit-box;
    border: solid 1px red;
    -moz-box-orient: horizontal;
    -webkit-box-orient: horizontal;
    width: 800px;
    height: 400px;
}
#text-a {
    background-color: orange;
    -moz-box-flex: 1;
    -webkit-box-flex: 1;
    }
#text-b {
    background-color: yellow;
    -moz-box-flex: 1;
    -webkit-box-flex: 1;
}
#text-c {
    background-color: limegreen;
    -moz-box-flex: 1;
    -webkit-box-flex: 1;
    }
```

扫描看效果

```
#text-a, #text-b, #text-c {
    -moz-box-sizing: border-box;
    -webkit-box-sizing: border-box;
    font-size: 1.5em;
    font-weight: bold;
}
</style>
</head>
<body>
<div id="container">
<div id="text-a">列 1</div>
<div id="text-b">列 2</div>
<div id="text-c">列 3</div>
</div>
</body>
</html>
```

案例 12-16 中设置多个元素的 box-flex 属性值均为 1，元素将等分空白区域。使用浏览器的开发者模式对案例 12-16 进行调试，对 box-flex 的属性值进行调整，元素将按比例填充空白区域。

12.3.8 对齐方式

使用盒布局时，可以使用 box-pack 属性及 box-align 属性来指定元素中文字、图像及子元素水平方向或垂直方向的对齐方式。目前 Webkit 引擎支持-webkit-box-pack 和-webkit-box-align 私有属性，Mozilla Gecko 引擎支持-moz-pack 和-webkit-box-align 私有属性。

box-pack 属性用于设置子容器在水平轴上的空间分配方式，共有四个属性值：start、end、justify、center。具体含义如下：

（1）start：所有子容器都分布在父容器的左侧，右侧留空。

（2）end：所有子容器都分布在父容器的右侧，左侧留空。

（3）justify：所有子容器平均分布（默认值）。

（4）center：平均分配父容器剩余的空间（能压缩子容器的大小，并且有全局居中的效果）。

box-align 属性用于设置子容器在垂直轴上的空间分配方式，共有五个属性值：start、end、center、baseline、stretch。具体含义如下：

（1）start：子容器从父容器顶部开始排列。

（2）end：子容器从父容器底部开始排列。

（3）center：子容器横向居中。

（4）baseline：所有子容器沿同一基线排列。

（5）stretch：所有子容器和父容器保持同一高度（默认值）。

CSS3 中如果定义文字水平居中，只要使用 text-align 属性就可以了；但是如果定义文字垂直居中，由于 div 元素不可以使用 vertical-align 属性，就很难做到。在 CSS3 中只需让 div 元素使用 box-align 属性（排列方向默认为 horizontal），就可实现文字垂直居中。

案例 12-17：定位布局使图片居中

```
<!doctype html>
<html>
<head>
<meta charset="utf-8">
<meta keywords="HTML5 布局">
<meta content="定位布局的图片居中">
<title>定位布局的图片居中</title>
</head>
<style>
.center{
    width:658px;
    height:328px;
    position:relative;
    margin:0 auto;                        /*设置子元素的定位参考*/
    background:url(images/play.jpg) no-repeat;
}
img{
    position:absolute;                    /*绝对定位*/
    top:50%;
    left:50%;
    margin-top:-16px;
    margin-left:-16px;
}
</style>
<body>
    <div class="center">
        <img src="images/loading.gif" alt="">
    </div>
</body>
</html>
```

扫描看效果

案例 12-18：盒布局使图片居中

```
<!doctype html>
<html>
<head>
<meta charset="utf-8">
<title>盒布局图片居中</title>
</head>
<style>
.center{
    display: -moz-box;
    display: -webkit-box;
    -moz-box-align: center;
    -webkit-box-align: center;
    -moz-box-pack: center;
    -webkit-box-pack: center;
    width:658px;
    height:328px;
    margin:0 auto;
    background:url(images/play.jpg) no-repeat;
}
</style>
<body>
```

扫描看效果

```
            <div class="center">
            <img src="images/loading.gif" alt="">
        </div>
        </body>
        </html>
```

12.3.9　布局方式对比

通过使用传统的浮动布局、CSS3 新增的多列布局和 CSS3 新增的盒布局来实现简单的三列布局，进行布局方式对比说明。

案例 12-19：浮动布局

```
<!doctype html>
<html>
<head>
<meta charset="utf-8">
<title>浮动布局</title>
<style type="text/css">
body,div,ul,li{
    padding:0;
    margin:0;
}
#container {
    border:1px solid #999;
    width:1000px;
    margin:0 auto;                      /*与 width 结合，居中*/
}
#left-sidebar {
    float: left;                        /*向左浮动*/
    width: 160px;
    padding: 20px;
    background:#f4e7bd;
}
#left-sidebar ul li{
    text-align:center;
    width:100%;
    height:30px;
    line-height:30px;
    font-size:14px;
    list-style:none;                    /*清除列表默认样式*/
    border-bottom:1px solid #ccc;
}
#left-sidebar ul li a{
    color:#333;
    font-family:'微软雅黑';
    text-decoration:none;               /*清除超链接下划线*/
}
#contents {
    float: left;                        /*向左浮动*/
    width: 500px;
    padding: 20px;
    background:#f6f4ec;
    font-size:12px;
    color:#666;
```

第12章

布局

```
        line-height:150%;
}
#contents h2{
        font-size:27px;
        text-align:center;
}

#contents p{
        text-indent:2em;
}
#contents section{
        height:21px;
        font-size:12px;
        font-family:'微软雅黑';
        border-bottom:1px solid #ccc;
}
#right-sidebar {
        float: left;                          /*向左浮动*/
        font-size:12px;
        font-family:'微软雅黑';
        width: 160px;
        padding: 20px;
        background:#eabe68;
}
</style>
</head>
<body>
……此处省略 HTML 结构
</body>
</html>
```

案例 12-20：盒布局

```
<!doctype html>
<html>
<head>
<meta charset="utf-8">
<title>盒布局</title>
<style type="text/css">
body,div,ul,li{
        padding:0;
        margin:0;
}
#container {
        border:1px solid #999;
        width:1000px;
        margin:0 auto;
        /*设置盒模型*/
        display: box;
        display: -moz-box;
        display: -webkit-box;
}
#left-sidebar {
        width: 160px;
        padding: 20px;
        background:#f4e7bd;
```

扫描看效果

```
}
#left-sidebar ul li{

    text-align:center;
    width:100%;
    height:30px;
    line-height:30px;
    font-size:14px;
    list-style:none;
    border-bottom:1px solid #ccc;
}
#left-sidebar ul li a{
    color:#333;
    font-family:'微软雅黑';
    text-decoration:none;
}
#contents {
    width: 500px;
    padding: 20px;
    background:#f6f4ec;
    font-size:12px;
    color:#666;
    line-height:150%;
}
#contents h2{
    font-size:27px;
    text-align:center;
}
#contents p{
    text-indent:2em;
}
#contents section{
    height:21px;
    font-size:12px;
    font-family:'微软雅黑';
    border-bottom:1px solid #ccc;
}
#right-sidebar {
    font-size:12px;
    font-family:'微软雅黑';
    width: 160px;
    padding: 20px;
    background:#eabe68;
}
#left-sidebar, #contents, #right-sidebar {
    -moz-box-sizing: border-box;
    -webkit-box-sizing: border-box;
}
</style>
</head>
<body>
……此处省略 HTML 结构
</body>
</html>
```

案例 12-21：多列布局

```
<!doctype html>
<html>
<head>
<meta charset="utf-8">
<title>多列布局</title>
<style type="text/css">
body,div,ul,li{
    padding:0;
    margin:0;
}
#container {
    border:1px solid #999;
    width:1000px;
    margin:0 auto;
    -moz-column-count: 3;              /*设置列数*/
    -webkit-column-count: 3;           /*设置列数*/
}
#left-sidebar {
    padding: 20px;
    background:#f4e7bd;
}
#left-sidebar ul li{
    text-align:center;
    width:100%;
    height:30px;
    line-height:30px;
    font-size:14px;
    list-style:none;
    border-bottom:1px solid #ccc;
}
#left-sidebar ul li a{
    color:#333;
    font-family:'微软雅黑';
    text-decoration:none;
}
#contents {
    padding: 20px;
    background:#f6f4ec;
    font-size:12px;
    color:#666;
    line-height:150%;
}
#contents h2{
    font-size:27px;
    text-align:center;
}
#contents p{
```

扫描看效果

```
        text-indent:2em;                    /*首行缩进*/
    }

    #contents section{
        height:21px;
        font-size:12px;
        font-family:'微软雅黑';
        border-bottom:1px solid #ccc;
    }
    #right-sidebar {
        font-size:12px;
        font-family:'微软雅黑';
        padding: 20px;
        background:#eabe68;
    }
    </style>
    </head>
    <body>
    ……此处省略 HTML 结构
    </body>
    </html>
```

使用 float 属性或 position 属性进行页面布局时，各列的 div 元素间是独立的，不能统一定义 div 的各种属性。

盒布局与多列布局的区别在于，使用多列布局时，各列宽度必须是相等的，在指定每列宽度时，也只能为所有列指定一个统一的宽度。使用多列布局时，也不可能具体指定什么列显示什么内容，因此比较适合于显示文章内容，不适合安排整个网页中各个元素组成的网页结构。

12.4　自适应布局

随着互联网的普及，越来越多的人使用手机上网，移动设备已超过桌面设备，成为访问互联网的最常见终端。Web 前端开发必须面对这样一个难题：如何才能在不同大小的设备上呈现相同内容的网页？

很多网站的解决方法是为不同的设备提供不同的网页，比如专门提供一个 mobile 版本或者 iPhone / iPad 版本。这样做固然保证了效果，但是比较麻烦，同时要维护好几个版本，而且如果一个网站有多个 portal（入口），会大大增加架构设计的复杂度。

很早就有人设想，能不能"一次设计，普遍适用"，让同一张网页自动适应不同大小的屏幕，根据屏幕宽度自动调整布局（layout）？

12.4.1　自适应布局的基本知识

2010 年，Ethan Marcotte 提出了"自适应网页设计"（Responsive Web Design）这个名词，指可以自动识别屏幕宽度并作出相应调整的网页设计。

自适应布局的特点是分别为不同的屏幕分辨率定义布局，即创建多个静态布局，每个静态布局对应一个屏幕分辨率范围。改变屏幕分辨率可以切换不同的静态局部（页面元素位置发生改变），但在每个静态布局中，页面元素不随窗口大小的调整发生变化。

12.4.2　自适应布局的基本属性

自适应布局的基本属性如表 12-4 所列。

表 12-4　自适应布局的基本属性

属性	描述
horizontal	规定水平方向布局
vertical	规定垂直方向布局
DHorizontalLayoutZero	规定水平方向 L、R、W、C 清零
DVerticalLayoutZero	规定垂直方向 T、B、H、C 清零
DLayoutZero	规定 Layout L、R、W、T、B、H、C 清零
DHorizontalLayoutFill	规定水平方向充满
DVerticalLayoutFill	规定垂直方向充满
DLayoutFill	规定充满

12.4.3　允许网页宽度自动调整

"自适应网页设计"到底是怎么做到的？其实并不难。首先，在网页代码的头部加入一行 viewport 元标签。

```
<meta name="viewport" content="width=device-width, initial-scale=1">
```

viewport 是网页默认的宽度和高度，上面这行代码的意思是：网页宽度默认等于屏幕宽度（width=device-width），原始缩放比例（initial-scale=1）为 1.0，即网页初始大小占屏幕面积的 100%。

所有主流浏览器都支持这个设置，包括 IE9。对于那些老式浏览器（主要是 IE6、IE7、IE8），需要使用 css3-mediaqueries.js。

```
<!--[if lte IE 9]>
<script src="http://css3-mediaqueries-js.googlecode.com/svn/trunk/css3-mediaqueries.js"></script>
<![endif]-->
```

12.4.4　不使用绝对宽度

由于网页会根据屏幕宽度调整布局，所以不能使用绝对宽度的布局，也不能使用具有绝对宽度的元素。CSS 代码不能指定像素宽度，只能指定百分比宽度。

```
.css{
width:xxx px;
} /*不能指定像素宽度*/
.css{
```

```
width: xx%;
} /*只能指定百分比宽度*/
```

12.4.5 相对大小的字体

字体也不能使用绝对大小（px），而只能使用相对大小（em），字体大小是页面默认大小的 100%，即 16 像素。h1 的大小是默认大小的 1.5 倍，即 24 像素（24/16=1.5），small 元素的大小是默认大小的 0.875 倍，即 14 像素（14/16=0.875）。

```
. body {
font: normal 100% Helvetica, Arial, sans-serif;
} /*不能使用绝对大小，只能使用相对大小，字体默认大小 16 像素*/
.h1 {
font-size: 1.5em;
} /*h1 元素大小是默认大小的 1.5 倍，即 24 像素*/
.small {
font-size: 0.875em;
} /* small 元素的大小是默认大小的 0.875 倍，即 14 像素*/
```

12.4.6 流动布局

"流动布局"的含义是，各个区块的位置都是浮动的，不是固定不变的。

```
.main{
float: right;
width: 70%;
 }
.leftBar {
float: left;
width: 25%;
}
```

float 的好处是，如果宽度太小，放不下两个元素，后面的元素会自动滚动到前面元素的下方，不会在水平方向溢出，避免了水平滚动条的出现。

12.4.7 选择加载 CSS

"自适应网页设计"的核心就是 CSS3 引入的 Media Query 模块，它会自动探测屏幕宽度，然后加载相应的 CSS 文件。

```
<link rel="stylesheet" type="text/css"media="screen and (max-device-width: 400px)" href="tinyScreen.css" >
```

如果屏幕宽度小于 400 像素（max-device-width: 400px），则加载 tinyScreen.css 文件。

```
<link rel="stylesheet" type="text/css"media="screen and (min-width: 400px) and (max-device-width: 600px)" href="smallScreen.css">
```

如果屏幕宽度在 400 像素到 600 像素之间，则加载 smallScreen.css 文件。

除了用 html 标签加载 CSS 文件，还可以在现有 CSS 文件中加载。

```
@import url("tinyScreen.css") screen and (max-device-width: 400px);
```

12.4.8 CSS 的@media 规则

同一个 CSS 文件中，也可以根据不同的屏幕分辨率，选择应用不同的 CSS 规则。

```
@media screen and (max-device-width: 400px) {
.column {
float: none;
```

```
width:auto;
}
#sidebar {
display:none;
}
}
```

如果屏幕宽度小于 400 像素，则 column 块取消浮动（float:none）、宽度自动调节（width:auto）、sidebar 块不显示（display:none）。

12.4.9　图片的自适应

除了布局和文本，"自适应网页设计"还必须实现图片的自动缩放，只需以下 CSS 代码：

```
img {
max-width: 100%;
}
```

由于老版本的 IE 不支持 max-width，所以需要写成：

```
img {
width: 100%;
}
```

此外，Windows 平台缩放图片时，可能出现图片失真现象。这时，可以尝试使用 IE 的专有命令：

```
img {
-ms-interpolation-mode: bicubic;
}
```

也可以使用 Ethan Marcotte 的 imgSizer.js。

```
i addLoadEvent(function() {
var imgs = document.getElementById("content").getElementsByTagName("img");
imgSizer.collate(imgs);
});
```

案例 12-22：自适应布局

```
<!doctype html>
<html>
<head>
<meta charset="utf-8">
<meta name="DC.creator">
<meta name="DC.language" content="en">
<meta name="viewport" content="width=device-width, initial-scale=1.0">
<title>自适应布局</title>
<link rel="stylesheet" type="text/css" href="css/base.css">
<link rel="stylesheet" type="text/css" href="css/12-22.css">
</head>
<body>
<div id="page">
    <div class="inner">
        <!--导航开始-->
        <div class="mast">
            <h1 id="logo">
                <a href="#"><img src="images/logo1.png" alt="The Baker Street Inquirer" /></a></h1>
            <ul class="nav">
                <li class="first"><a href="#"><i>The</i> Weblogue</a></li>
```

扫描看效果

346

```html
                <li><a href="#"><i>Back</i> Issues</a></li>
                <li class="last"><a href="#"><i>About</i> Our Paper</a></li>
            </ul>
        </div>
    <!--导航结束-->
    <!--文章内容开始-->
    <div class="section intro">
        <div>
            <h2>&#8220;Give me problems, give me <em>work</em>.&#8221;</h2>
            <p>In the year 1878 I took my degree of Doctor of Medicine of the University of London,
and proceeded to Netley to go through the course prescribed for surgeons in the army. Having completed my studies there, I
was duly attached to the Fifth Northumberland Fusiliers as Assistant Surgeon. The regiment was stationed in India at the
time, and before I could join it, the second Afghan war had broken out. On landing at Bombay, I learned that my corps had
advanced through the passes, and was already deep in the enemy&#8217;s country.</p>
        </div>
    </div>
    <!--文章内容结束-->
    <!--图片列表开始-->
    <div class="section main">
        <h2><b>Victors <abbr class="amp" title="And">&amp;</abbr> Villains</b></h2>
        <ol>
            <li id="f-holmes" class="figure">
                <a href="#">
                    <img src="images/f-holmes.jpg" alt="" />
                    <span class="figcaption">Sherlock <b>Holmes</b></span>
                </a>
            </li>
            <li id="f-watson" class="figure">
                <a href="#">
                    <img src="images/f-watson.jpg" alt="" />
                    <span class="figcaption">
                        <abbr title="Professor">Dr</abbr> John Hemish <b>Watson</b></span>
                </a>
            </li>
            <li id="f-mycroft" class="figure">
                <a href="#">
                    <img src="images/f-mycroft.jpg" alt="" />
                    <span class="figcaption">Mycroft <b>Holmes</b></span>
                </a>
            </li>
            <li id="f-moriarty" class="figure">
                <a href="#">
                    <img src="images/f-moriarty.jpg" alt="" />
                    <span class="figcaption">
                        <abbr title="Professor">Prof</abbr> James <b>Moriarty</b></span>
                </a>
            </li>
            <li id="f-adler" class="figure">
                <a href="#">
```

```html
                            <img src="images/f-adler.jpg" alt="" />
                            <span class="figcaption">Irene <b>Adler</b></span>
                        </a>
                    </li>
                    <li id="f-winter" class="figure">
                        <a href="#">
                            <img src="images/f-winter.jpg" alt="" />
                            <span class="figcaption">James <b>Winter</b></span>
                        </a>
                    </li>
                </ol>
            </div>
            <!--图片列表结束-->
            <!--底部信息开始-->
            <div class="footer">
                <p>Illustrations by <a href="#">Sidney Paget</a>,
                    words by <a href="#">Sir Arthur Conan Doyle</a>.</p>
                <p>What remains is by <a href="#">Ethan Marcotte</a>.</p>
            </div>
            <!--底部信息结束-->
        </div>
    </div>
    <!--[if lte IE 7]><script type="text/javascript" src="images/imgSizer.js"></script>
    <script type="text/javascript">
    window.onload = function() {
        imgSizer.collate();
    }
    </script><![endif]-->
    <!--[if lte IE 6]><script type="text/javascript" src="share/ddpng.js"></script>
    <script type="text/javascript">
    DD_belatedPNG.fix('body, #page, h1, h1 img, ul.nav, ul.nav a, .main h2, .main h2 b, .footer');
    </script><![endif]-->
    </body>
    </html>
```

12.5   案例：网页布局

案例说明：综合使用三种布局方式，对一个网页进行整体布局，了解网页的结构与信息展示方式。

案例效果：Web 前端开发并不仅仅是代码层面的编写，还需要对页面内容进行合理的编排，用更好的方式呈现页面内容。在这个案例中，首先将页面划分为以红色为边框的三部分，再在每一个红色区块中划分出详细内容所在的区块（蓝色边框）来展示公司具体信息，如图 12-1 所示。

图 12-1　网页布局

案例 12-23：网页布局

HTML 文件中的代码如下所示。

```
<!doctype html>
<html>
<head>
<meta charset="utf-8">
<title>网页布局</title>
<link rel="stylesheet" type="text/css" href="css/base.css">
<link rel="stylesheet" type="text/css" href="css/15-20.css">
</head>

<body>
<div class="top-warpper">
<!--头部 begin-->
<header>
<div class="logo fl"><img src="images/images/logo.png" alt=""></div>
<div class="tel fr"><img src="images/images/tel.png" alt=""></div>
</header>
<!--头部 end--><!--导航 begin-->
<div class="nav">
```

```html
<nav class="center">
<ul>
<li class="active"><a href="#">首页</a></li>
<li><a href="#">公司简介</a></li>
……此处省略其他导航项
</ul>
</nav>
</div>
<!--导航  end-->
<!--banner begin-->
<div class="banner center">
<img src="images/images/banner.png" alt="">
</div>
<!--banner end-->
</div>
<!--页面主体  begin-->
<section class="main center">
<div class="main-left fl">
<!—信息中心 begin-->
<div class="moudle info">
<div class="title">新闻中心</div>
<div class="content">
<ul>
    <li><i  class="i-list"></i><a  href="#">环境好，交通方便，环境好，交通方便环境好，交通方便。
</a><time>2014-02-28</time></li>
……此处省略列表其他六项
</ul>
</div>
</div>
<!--信息中心 end-->
<!--产品介绍  begin-->
<div class="moudle notice notice-down">
<div class="title">产品介绍</div>
<div class="content">
    <ul>
    <li>
<a href="#">
    <div class="img"><img src="images/images/pic01.jpg" alt=""></div>
<div class="txt">
    <h2>黄金楼层，学区房</h2>
<span>￥260</span>
</div>
</a>
</li>
……此处省略列表其他三项
</ul>
</div>
</div>
<!--产品介绍  end-->
<!--员工风采 begin-->
<div class="moudle people">
<div class="title">员工风采</div>
<div class="content">
    <ul>
    <li>
```

```html
        <div class="img fl"><img src="images/images/pic01.png" alt=""></div>
<div class="txt fr">
        <span>姓名：张三</span>
<span>职位：经理</span>
<span>学历：本科</span>
</div>
</li>
……此处省略列表其他五项
</ul>
</div>
</div>
<!--员工风采 end-->
</div>
<aside class="fr">
        <!--快速链接 begin-->
        <div class="links">
        <div class="link01"><a href="#">公司简介</a></div>
<div class="link02"><a href="#">联系我们</a></div>
<div class="link03"><a href="#">诚聘英才</a></div>
<div class="link04"><a href="#">关于我们</a></div>
</div>
<!--快速链接 end-->
<!--最新消息 begin-->
<div class="list new">
        <div class="title">新闻中心</div>
<div class="content center">
        <ul>
        <li><i class="i-list"></i><a href="#">环境好，交通方便</a><time>2014-02-28</time></li>
<li><i class="i-list"></i><a href="#">环境好，交通方便</a><time>2014-02-28</time></li>
……此处省略列表其他五项
</ul>
</div>
</div>
<!--最新消息 end-->
……此处省略通知公告栏目，其 HTML 写法同以上新闻中心栏目
</aside>
</section>
<!--页面主体 end-->
<footer>
<div class="footer-links">
        <a href="#">首页</a> |
<a href="#">公司简介</a> |
<a href="#">新闻中心</a> |
……此处省略其他导航项
</div>
<div class="copyright">
        © ke.51xuweb.cn All rights reserved.
</div>
</footer>
</body>
</html>
```

base.css 文件内容如下：

```
@charset "utf-8";
```

```
/*!
 * @名称：base.css
 * @功能：1. 重设浏览器默认样式
 *        2. 设置通用原子类
 */
html {                                    /*设置网页背景色和字体颜色*/
    background: white;
    color: black;
}
*{                                        /*清除网页所有元素内外边距的默认值，使其为 0*/
    margin: 0;
    padding: 0;
}
/* 要注意表单元素并不继承父级 font 的问题 */
body,button,input,select,textarea {
    font: 12px "微软雅黑", \5b8b\4f53, arial, sans-serif;
}
input,select,textarea {
    font-size: 100%;
}
table {                                   /* 去掉 table cell 的边距并让其边重合 */
    border-collapse: collapse;
    border-spacing: 0;
}
th {/* ie bug: th 不继承 text-align */
    text-align: inherit;
}
fieldset,img {                            /* 清除默认边框 */
    border: none;
}
iframe {/*设置为行内元素*/
    display: block;
}
abbr,acronym {                            /* 清除 firefox 下此元素的边框 */
    border: none;
    font-variant: normal;
}
del {
    text-decoration: line-through;        /*设置文字带有删除线*/
}
address,caption,cite,code,dfn,em,th,var {
    font-style: normal;
    font-weight: 500;
}
ol,ul {                                   /*清除列表的默认样式*/
    list-style: none;
}
caption,th {
    text-align: left;/*居中对齐*/
}
h1,h2,h3,h4,h5,h6 {/*设置标题自定义样式*/
    font-size: 100%;
    font-weight: 500;
}
q:before,q:after {
    content: '';
```

```
}
sub,sup {/* 统一上标和下标的样式*/
    font-size: 75%;
    line-height: 0;
    position: relative;
    vertical-align: baseline;
}
sup {
    top: -0.5em;
}
sub {
    bottom: -0.25em;
}
ins,a {/*超链接不显示下划线*/
    text-decoration: none;
}
a:focus,*:focus {/*去除 ie6 & ie7 焦点点状线*/
    outline: none;
}
.clearfix:before,.clearfix:after {
    content: "";
    display: table;/*设置表元素*/
}
.clearfix:after {
    clear: both;/*清除浮动*/
    overflow: hidden;
}
.clear {
    clear: both;
    display: block;
    font-size: 0;
    height: 0;
    line-height: 0;
    overflow: hidden;
}
.hide {
display: none; /*设置显示和隐藏，通常用来与 js 配合 */
}
.block {
    display: block;
}
.fl,.fr {
    display: inline;/*设置行内元素*/
}
.fl {
    float: left; /*向左浮动*/
}
.fr {
    float: right; /*向右浮动*/
}
.center {
    margin: 0 auto; /* 不浮动的情况下设置居中*/
}
```

15-20.css 文件如下：

```
@charset "utf-8";
/* CSS Document */
```

```css
.top-warpper {/*页面上部背景颜色*/
    background: #E8E8E8;
}
header {/*页面头部样式*/
    width: 1000px;
    height: 90px;
    margin: 0 auto;
}
.logo {                                    /*页面导航位置*/
    padding-top: 13px;
    padding-left: 30px;
}
.tel {                                     /*电话位置*/
    padding-top: 15px;
    padding-right: 30px;
}
<!--导航样式-->
nav {
    width: 100%;
    height: 36px;
    background: #01559A;
    line-height: 36px;
    font-size: 14px;
}
nav ul {
    width: 1000px;
    height: 36px;
    margin: 0 auto;
}
nav a {/*超链接字体颜色*/
    color: #fff;
}
nav ul li {
    float: left;    /*向左浮动*/
    height: 35px;
    margin-top: 1px;
}
nav ul li:hover { /*鼠标悬停改变背景色*/
    background: #229EDA;
}
nav ul li a {
    padding: 0 25px;
}
.banner {/*广告条样式*/
    width: 1000px;
    height: 350px;
    overflow: hidden;
    margin-top: 10px;
}
<!--页面主题样式-->
section {
    width: 1000px;
    overflow: hidden; /*隐藏内容溢出部分*/
}
.main-left {
    width: 673px;
}
```

```
aside {
    width: 307px;
}
<!--页面模块共用样式-->
.moudle {
    overflow: hidden;
}
.moudle .title {
    width: 100%;
    color: #039bda;
    border-bottom: 1px solid #ccc;
    font-size: 24px;
    line-height: 36px;/*行高*/
}
<!--产品介绍样式-->
.notice {
    width: 673px;
    margin-top: 20px; /*上外边距为 20px*/
}
.notice-down {
    margin-top: 30px;
}
.notice .content ul li {
    width: 168px;
    height: 220px;
    float: left; /*向左浮动*/
}
.notice .content ul li a {
    padding: 20px 0px 0px 20px;
    display: block; /*设置块级元素*/
}
.notice .content ul li a .img {
    width: 148px;
    height: 148px;
    overflow: hidden;
}
.notice .content ul li a .img img {
    width: 148px;
    height: 148px;
}
.notice .content ul li a .txt {
    width: 100%;
    text-align: center;
    line-height: 24px;
    color: #333;
    padding-top: 10px;/*上内边距为 10px*/
}
<!--员工风采样式-->
.people {
    width: 673px;
    overflow: hidden;
    margin-top: 30px;
}
.people .title {
    border-bottom: 2px solid #ccc;/*下边框为 2px 的实线*/
}
.people .content ul li {
```

```css
        width: 220px;
        height: 121px;
        float: left;
    }
    .people .content ul li .img {
        width: 100px;
        height: 106px;
        padding: 20px 0px 0px 20px;
    }
    .people .content ul li .img img {
        width: 100px;
        height: 100px;
    }
    .people .content ul li .txt {
        width: 90px;
        padding-top: 20px;
    }
    .people .content ul li .txt span {
        display: block; /*设置为块级元素*/
        margin-bottom: 10px;
        line-height: 160%;
    }
    <!--快速链接样式-->
    .links {
        width: 307px;
        height: 291px;
    }
    .link01,.link02,.link03,.link04 {
        width: 143px;
        height: 110px;
        float: left;
        font-size: 20px;
        display: -moz-box;                      /*设置盒模型*/
        display: -webkit-box;
        -moz-box-align: center;                 /*设置垂直居中*/
        -webkit-box-align: center;
        -moz-box-pack: center;                  /*设置水平居中*/
        -webkit-box-pack: center;
        margin-top: 20px;
    }
    .link01 a,.link02 a,.link03 a,.link04 a {
        color: #fff;
    }
    .link01 {
        background: #636363;
        margin-right: 20px;
    }
    .link02 {
        background: #00547F;
    }
    .link03 {
        background: #1991C9;
        margin-right: 20px;
    }
    .link04 {
        background: #7BAE02;
    }
```

```
<!--新闻中心与通知公告模块样式-->
.list,.info {
    margin-top: 20px;
}
.list .title {
    width: 100%;
    background: #48A3D2;
    font-size: 16px;
    color: #fff;
    height: 36px;
    line-height: 36px;
    text-align: center;
}
.list .content,.info .content {
    width: 287px;
    line-height: 28px;
    font-size: 14px;
    padding-top: 15px;
}
.info .content {
    width: 673px;
}
.list .content ul li,.info .content ul li {
    width: 287px;
    height: 28px;
    background: url(../images/images/list.png) 0 -19px no-repeat;
    overflow: hidden;
}
.info .content ul li {
    width: 664px;
}
.list .content ul li a,.info .content ul li a {
    display: block;
    padding-left: 10px;
    float: left;
    color: #666;
}
.list .content ul li time,.info .content ul li time {
    color: #999;
    float: right;
    font-size: 13px;
}
.list .content ul li:hover,.info .content ul li:hover {
    background-position: 0 12px;                              /*鼠标悬停背景图片位置*/
}
.list .content ul li:hover> a,.info .content ul li:hover > a {
    color: #01559A;
    text-decoration: underline;                              /*鼠标悬停加下划线*/
}
.new {
    width: 307px;
    height: 272px;
    background: #E8E8E8;
}
<!--页面底部样式-->
footer {
    width: 1000px;
```

```
        border-top: 1px solid #ccc;
        height: 87px;
        margin: 0 auto;
        margin-top: 30px;
    }
    footer .footer-links {
        line-height: 160%;
        color: #969696;
        width: 100%;
        overflow: hidden;
        text-align: center;
        padding: 20px 0px 10px 0px;
    }
    footer .footer-links a {
        color: #5e81bd;
    }
    footer .copyright {
        width: 100%;
        text-align: center;
        color: #666;
    }
```

第 13 章

CSS 动画

    在 Web 前端开发中, 动画是一个很重要的组成部分, 没有动画的页面显得僵硬、呆板, 增加动画就会使页面变得鲜活、漂亮。在 CSS 动画出现之前, Web 前端开发者更多地使用 GIF、Flash 和 JavaScript 技术实现网页动画, CSS3 推出了新的动画相关属性, 使 Web 前端开发者能以更加简单方便的方法倾斜、缩放、移动以及翻转页面元素, 甚至可以对页面中的元素进行 2D 和 3D 变形。总之, 动画是 CSS3 的一个重要功能。

    本章将结合案例详细介绍 CSS 变形属性、过渡属性和动画属性, 帮助 Web 前端开发者了解并使用 CSS 动画。

13.1　Web 动画

13.1.1　GIF 动画

人们在浏览网页时经常会看到一些非常有趣的小动画，比如可爱的表情或者搞笑的动作，如果查看这些动画的格式，会发现这些动画其实都是 GIF（Graphics Interchange Format，图形互换格式）的。

GIF 是为跨平台而开发的动画格式，从 1989 年 GIF89a 格式问世之后就变得十分流行，Web 前端开发者可以通过 GIF 实现简单的网页动画。

GIF89a 格式是将多幅 GIF 组合在一起，并按照一定的时间间隔顺序显示出来，从而实现动态效果。GIF 支持透明背景图片，适合在不同背景的网页上展示。许多操作系统支持 GIF，使其具有了跨平台的优势。另外 GIF 图片的"体型"很小，很适合在网上传播。

案例 13-01：在页面中使用 GIF 动画

```
<div class="box"><img src="images/13-1/2.gif" alt="" /></div>
```

扫描看效果

13.1.2　Flash 动画

Flash 是由 Macromedia 公司推出的交互式矢量图和 Web 动画的标准，现被 Adobe 公司收购，它以绚丽的视觉效果和丰富的交互体验著称。Web 前端开发者可以使用 Flash 创作漂亮而流畅的动画，提升网页内容的展示效果，从而使网站具有更好的用户体验。

Flash 是作为浏览器的一个扩展出现的，为当时的浏览器提供了它们本身所不具备的功能。正是因为 Flash 动画在网页中的广泛应用才使得 Web 前端呈现出多媒体的效果。通过 Flash 技术，Web 前端开发者可以实现动态的视觉效果和多元化的信息传达。由于 Flash 作为浏览器插件主要依托于浏览器存在，所以想要观看 Flash 动画就必须安装浏览器的 Flash 插件。但是对于现在的浏览器来说，Flash 带来的价值越来越少，而且越来越多的 Web 开发和设计者认识到 Web 标准的重要性。随着 HTML5 与 CSS3 应用的逐步推广和深化，基于 Flash 实现的站点将逐渐被 HTML5 替代。

案例 13-02：在页面中使用 Flash 动画

```
<embed src="medias/2014060360.swf" width="960" height="500"></embed>
```

扫描看效果

13.1.3　JavaScript 动画

JavaScript 动画是 Web 前端另外一种重要的动画形式，其实现主要基于 JavaScript 对 HTML 的操作，通过 JavaScript 与 CSS 样式的结合实现丰富多彩的动画效果。JavaScript 动画在 Web 前端开发中以其良好的兼容性和灵活的控制力占据着 Web 动画开发的半壁江山。Web 前端开发者喜欢用 JavaScript 实现各种各样的动画效果，如图片轮转、新闻头条播报、用户交互操作等。但 JavaScript 动画的制作偏向编程，开发使用难度较高，其开发需要具备丰富的 Web 前端开发经验和编程经验。

13.1.4　CSS3 动画

动画是 CSS3 的一种新特性，它可以在不借助 JavaScript 和 Flash 的情况下使大多数 HTML 元素动起来（如 div、h1 或 span 等）。CSS 动画的出现使得 Web 前端动画的开发变得更简单，Web 前端开发者只要精通 HTML 和 CSS 就可以做出漂亮的动画，甚至可以较为容易地实现对 JavaScript 来说十分困难的 2D、3D 效果。

13.2　使用变形属性

13.2.1　进行简单变形

HTML5 标准支持 CSS 把元素转变为 2D 空间或 3D 空间元素，新的标准包括了 CSS3 2D 变形和 CSS3 3D 变形功能。CSS3 变形就是页面元素的一些展示效果的集合，比如平移、旋转、缩放和倾斜效果，每个效果都可通过变形函数（Transform Function）实现。使用 CSS 实现变形无需加载额外文件，提升了开发效率和页面执行效率。

CSS3 变形可以动态控制页面内的元素。Web 前端开发者可以使用 CSS 变形函数在屏幕周围移动、缩小、扩大、旋转或结合所有这些函数产生更为复杂的动画效果。需要注意的是，CSS 变形函数产生的变形效果都是静态视觉效果，需要结合 CSS3 中新增的 transition（过渡）和 animation（动画）属性才能够产生动画效果。CSS3 中的变形函数主要包括 rotate（旋转）、skew（扭曲）、scale（缩放）、translate（移动）和 matrix（矩阵变形）。

变形属性的语法格式如下：

```
transform: none|transform-functions;
```

transform 可用于内联元素和块元素，默认值为 none，表示不进行变形。另一个属性值是一系列的<transform-function>，表示一个或者多个变形函数，以空格分开就是同时对一个元素进行多种变形的属性操作。

到目前为止，最新版本的 Trident 内核浏览器和 Gecko 内核浏览器已支持 transform 属性；WebKit 内核浏览器支持替代的-webkit-transform 属性（3D 和 2D 转换）。

案例 13-03：使用 transform 属性进行简单变形 ● ● 0 ● e

```
<!doctype html>
<html>
<head>
<meta charset="utf-8">
<title>使用 transform 属性进行简单变形</title>
</head>
<style>
.show-box{
    width:500px;
    height:500px;
    border-top:1px solid #666;
    display:block;              /*设置块级元素*/
    position:absolute;          /*以浏览器窗口为参考，进行绝对定位*/
```

扫描看效果

```
        left:50%;
        margin-left:-250px;
}
.show-box ul{
        list-style:none;                              /*清除列表默认样式*/
}
.show-box ul li{
        float:left;                                   /*向左浮动*/
margin-right:20px;
}
.show-box:hover .img01{
        transform:rotate(180deg) scale(1.5) translateY(50px);
        -ms-transform:rotate(180deg) scale(1.5) translateY(50px);
        -webkit-transform:rotate(180deg) scale(1.5) translateY(50px);
}
</style>
<body>
    <div class="show-box">
        <ul>
            <li><a href="#">
                <img class="img01" src="images/13-3/1_back.png" alt="" />
            </a></li>
        </ul>
    </div>
</body>
</html>
```

13.2.2　变形子属性

变形属性 transition 相当于一个综合属性，可以设置不同子属性的值，为了更好地理解变形属性需要详细了解变形属性的子属性。

（1）transform-origin 属性。

transform-origin 属性用来指定元素的中心点位置，默认情况下，变形的原点在元素的中心点，也就是元素 X 轴和 Y 轴的 50%处。

没有使用 transform-origin 改变元素原点位置的情况下，CSS 变形进行的旋转、移位、缩放等操作都是围绕元素中心位置进行变形的。但在很多情况下，需要在不同的位置对元素进行变形操作，这时就需要使用 transform-origin 对元素进行原点位置的改变，使元素的原点不在元素的中心位置。简而言之，transform-origin 属性用于设置变形元素的参考点，正确的参考点选择是页面元素变形的基础，进行页面变形的第一步操作就是设置该变形元素的中心点位置，其语法如下：

```
transform-origin: x-axis y-axis z-axis;
```

transform-origin 属性值可以是百分比、em、px 等具体的值，也可以是 top、bottom、right、left 和 center 关键词。

2D 变形中 transfrom-origin 属性可以设置一个参数值，也可以设置两个参数值。如果是两个参数值，第一个值设置水平方向 X 轴的位置，第二个值设置垂直方向 Y 轴的值。如果仅设置一个参数值，则相当于设置了一样的 X 轴位置和 Y 轴位置。

3D 变形中 transfrom-origin 属性还包括 Z 轴的值，即设置元素在三维空间中的像素原点。

截至目前，WebKit 内核浏览器支持替代的-webkit-transform-origin 属性。

案例 13-04：改变元素 transform-origin 属性🕒🕘🕐🕟e

```
<!doctype html>
<html>
<head>
<meta charset="utf-8">
<title>改变元素 transform-origin</title>
</head>
<style>
.show-box{
    width:900px;
    height:500px;
    border-top:1px solid #666;
    display:block;
    position:absolute;
    left:50%;
    margin-left:-450px;
}
.show-box img{
    width:110px;
}
.show-box ul{
    list-style:none;
}
.show-box ul li{
    float:left;                        /*向左浮动*/
    margin-right:20px;
}
.img01{
    transform: rotate(45deg);          /*旋转 45 度*/
    transform-origin:0% 0%;            /*设置旋转中心点位置*/
    }
.img02{
    transform: rotate(45deg);
    transform-origin:0% 100%;
    }
……省略其他四张图片的旋转角度和中心点位置，写法与 img01、img02 类似
</style>
<body>
    <div class="show-box">
        <ul>
            <li><img class="img01" src="images/13-3/1_back.png" alt="" /></li>
            ……此处省略列表其他 5 项
        </ul>
    </div>
</body>
</html>
```

（2）transform-style 属性。

transform-style 属性是 3D 变形中的一个重要属性，指定其子元素在 3D 空间中如何呈现，其语法如下：

transform-style: flat|preserve-3d;

transform-style 属性主要包括以下两个值。

1）flat：默认值，表示所有子元素在 2D 平面呈现。

2）preserve-3d：所有子元素在 3D 空间中展示。

到目前为止，WebKit 内核的浏览器支持替代的-webkit-transform-style 属性。

案例 13-05：transform-style 属性效果

```
<!doctype html>
<html>
<head>
<meta charset="utf-8">
<title>transform-style 属性效果</title>
<style>
.show-box {
    position: relative;
    height: 200px;
    width: 200px;
    margin: 100px;
    padding: 10px;
    border: 1px solid black;
}
.box01 {
    padding: 50px;
    position: absolute;
    border: 1px solid black;
    background-color: red;
    transform: rotateY(60deg);
    transform-style: preserve-3d;
    -webkit-transform: rotateY(60deg); /* Safari and Chrome */
    -webkit-transform-style: preserve-3d; /* Safari and Chrome */
}
.box02 {
    padding: 40px;
    position: absolute;
    border: 1px solid black;
    background-color: yellow;
    transform: rotateY(80deg);
    -webkit-transform: rotateY(-60deg); /* Safari and Chrome */
}
</style>
</head>
<body>
<div class="show-box">
    <div class="box01">HELLO
        <div class="box02">YELLOW</div>
    </div>
</div>
</body>
</html>
```

（3）perspective 属性。

perspective 属性用于设置观看者的位置，并将可视内容映射到一个视锥上，继而投到 2D 视平面上。如果不指定该属性，则 Z 轴空间中的所有点将平铺到同一个 2D 视平面中，并且变换结果中将不存在景深概念。

简单来说，perspective 属性就是视距，用来设置观看者和元素 3D 空间中 Z 平面之间的距离，而其效果由它的值决定。值越小，用户与 3D 空间 Z 平面距离越近，视觉效果越令人印象深刻；反之，用户与 3D 空间 Z 平面之间的距离越远，视觉效果越差。从日常生活中可以知道，从不同的位置观看物体，其显示效果是不同的。perspective 属性通过其属性值的改变，模拟用户在不同位置上观看物体的状态，改变观看者的视角，增强 3D 变形的空间感，是变形中不可或缺的元素，其语法如下：

```
perspective: number|none;
```

perspective 包含以下两个属性：

1）none：默认值，表示以无限的视角来看 3D 物体，但看上去是平的。

2）number：接受一个单位大于 0 的值，其单位不能为百分比值。值越大，观看者距离元素 3D 空间中 Z 平面越远，观看者视角越小，从而创建了一个相当低的强度和非常小的 3D 空间变化；反之，值越小，观看者距离元素 3D 空间中 Z 平面越近，观看者视角越大，从而创建了一个高强度的角度和一个大型的 3D 空间变化。

到目前为止，浏览器都不支持 perspective 属性；WebKit 内核浏览器支持替代的 -webkit-perspective 属性。

案例 13-06：perspective 属性效果展示 🌐 🅱 🅾 🔵 🅴

```
<!doctype html>
<html>
<head>
<meta charset="utf-8">
<title>perspective 属性效果展示</title>
<style>
.show-box {
    perspective: 700px;                /*设置观察者的位置*/
    z-index: 3;                        /*设置元素层叠顺序*/
    top: 0px;
}
.box {
    width: 100px;
    height: 100px;
    background-color: #cad5eb;
    padding: 10px;
    -moz-box-sizing: border-box;       /*Firefox*/
    -webkit-box-sizing: border-box;    /*Safari and Chrome */
    box-sizing: border-box;            /*设置元素的高度和宽度包括边框和内边距*/
    float: left;                       /*向左浮动*/
    position: relative;
}
.box1 {
    z-index: 24;                       /*设置元素层叠顺序*/
    transform: rotateY(45deg);         /*设置在 Y 轴的旋转角度*/
    background-color: rgba(51, 204, 199, 0.74902);    /*设置背景颜色*/
}
.box2 {
    z-index: 31;
    transform: rotateY(45deg);
    background-color: rgba(51, 204, 66, 0.74902);
}
.box3 {
    z-index: 45;
```

```
        transform: rotateY(45deg);
        background-color: rgba(120, 51, 204, 0.74902);
    }
    .box4 {
        z-index: 83;
        transform: rotateY(45deg);
        background-color: rgba(51, 151, 204, 0.74902);
    }
    .box5 {
        z-index: 500;
        transform: rotateY(45deg);
        background-color: rgba(204, 66, 51, 0.74902);
    }
    .box6 {
        z-index: 125;
        transform: rotateY(45deg);
        background-color: rgba(204, 186, 51, 0.74902);
    }
    .box7 {
        z-index: 56;
        transform: rotateY(45deg);
        background-color: rgba(51, 115, 204, 0.74902);
    }
    .box8 {
        z-index: 36;
        transform: rotateY(45deg);
        background-color: rgba(131, 51, 204, 0.74902);
    }
    .box9 {
        z-index: 26;
        transform: rotateY(45deg);
        background-color: rgba(51, 115, 204, 0.74902);
    }
    </style>
    </head>
    <body>
    <div class="show-box">
        <div class="box box1"></div>
        <div class="box box2"></div>
        ……省略其他七项的 HTML 结构，写法与前两项相同
    </div>
    </body>
    </html>
```

（4）perspective-origin 属性。

perspective-origin 属性是 3D 变形中的另一个重要属性，它的使用需要配合 perspective 属性，主要用来决定观看者的视觉观测点在 Z 平面的位置，即实际上设置了 X 轴和 Y 轴的位置，来设置不同的视觉观测点。通过其属性值的改变，可以模拟观看者从同一个垂直距离观看元素不同位置的情况，其语法如下：

```
perspective-origin: x-axis y-axis;
```

perspective-origin 属性的默认值为"50% 50%"，即 center，可设置为一个值，也可以设置为两个值。

第一个值指定视觉观测点在元素 X 轴上的位置，属性值是长度值、百分比或者以下三个关键词之一：

1）left：包含框的 X 轴方向长度的 0%。

2）center：中间点。

3）right：长度的 100%。

第二个值指定视觉观测点在元素 Y 轴上的位置，属性值是长度值、百分比或者以下三个关键词之一：

1）top：包含框的 Y 轴方向长度的 0%。

2）center：中间点。

3）bottom：长度的 100%。

需要注意的是，为了指定转换元素变形的深度，perspective-origin 属性必须定义在其父元素上。通常 perspective-origin 属性本身不做任何事情，必须与 perspective 属性结合使用，以便将视觉观测点转移至元素中心以外的位置。

到目前为止，浏览器都不支持 perspective-origin 属性；WebKit 内核浏览器支持替代的 -webkit-perspecitve-origin 属性。

案例 13-07：perspective-origin 属性效果

修改案例 13-06 中的.show-box 属性，修改其 perspective-origin 值并查看效果。

```
.show-box {
    perspective: 700px;
    z-index: 3;
    top: 0px;
    perspective-origin:10%;
}
```

扫描看效果

（5）backface-visibility 属性。

backface-visibility 属性决定元素旋转后其背面是否可见，未旋转的元素的正面面向观看者。该元素沿 Y 轴旋转约 180 度时会导致元素的背面面对观看者，这时就需要定义元素的背面是否可见，其语法如下：

backface-visibility: visible|hidden;

backface-visibility 属性有以下两个属性值。

1）visible：默认值，反面可见。

2）hidden：反面不可见。

默认情况下，backface-visibility 属性值为 visible，这意味着即使在翻转后，旋转的内容仍然可见。当 backface-visibility 设置为 hidden 时，由于旋转后元素的背面将不可见，所以内容将被隐藏。

到目前为止，只有 Trident 内核浏览器支持 backface-visibility 属性；WebKit 浏览器支持替代的 -webkit-backface-visibility 属性。

案例 13-08：backface-visibility 属性效果 🅒 🅑 🅞 🅔

```html
<!doctype html>
<html>
<head>
<meta charset="utf-8">
<title>backface-visibility 属性效果展示</title>
<style>
.show-box {
    float: left;
    position: relative;              /*设置子元素的参考定位*/
    margin: 20px;
    perspective: 1000px;
}
.container {
    width: 102px;
    height: 142px;
    position: relative;
    transform: .5s;
    transform-style: preserve-3d;
}
.card {
    position: absolute;    /*设置绝对定位*/
    top: 0px;
    right: 0px;
    bottom: 0px;
    left: 0px;
    backface-visibility: hidden; /*隐藏被旋转元素的反面*/
}
.front {
    background: url(images/13-3/1_front.png) no-repeat center/100% 100%;
    z-index: 2;
}
.back {
    background: url(images/13-3/1_back.png) no-repeat center/100% 100%;
    transform: rotateY(180deg);
}
.show-box:nth-child(1) .container {
    transform: rotateY(0deg);/*设置在 Y 轴的旋转角度为 0 度*/
}
.show-box:nth-child(2) .container {
    transform: rotateY(30deg);
}
.show-box:nth-child(3) .container {
    transform: rotateY(60deg);
}
.show-box:nth-child(4) .container {
    transform: rotateY(90deg);
}
.show-box:nth-child(5) .container {
    transform: rotateY(120deg);
}
.show-box:nth-child(6) .container {
    transform: rotateY(150deg);
}
.show-box:nth-child(7) .container {
    transform: rotateY(180deg);
```

扫描看效果

```
        }
    </style>
</head>
<body>
<div class="show-box">
    <div class="container">
        <div class="card front"></div>
        <div class="card back"></div>
    </div>
</div>
……省略六个区块的 HTML 结构，其写法与.show-box 相同
</body>
</html>
```

13.2.3 2D 变形函数

（1）2D 位移。

在元素变形中需要使用多种变形函数以实现元素的位移、缩放、旋转等操作。其中，translate()函数为位移函数，可以在不影响到 X、Y 轴上其他元素的情况下，将元素从原来的位置移动到另外一个位置，其语法如下：

translate(x,y)

translate()函数可以取一个值 x，也可以取两个值 x 和 y。其取值具体说明如下：

①x：代表 X 轴（横坐标）移动的向量长度，当其值为正值时，元素向 X 轴右方向移动；反之，其值为负值时，元素向 X 轴左方向移动。

②y：代表 Y 轴（纵坐标）移动的向量长度，当其值为正值时，元素向 Y 轴下方向移动；反之，其值为负值时，元素向 Y 轴上方向移动。

如果要将元素仅仅沿着一个方向移动，可以使用 translate(x,0)和 translate(0,y)来实现。同时，2D 变形函数中还提供了一些单个方向移动的简单函数，方便开发者使用。

①translateX(n)：在水平方向上移动一个元素。通过给定的一个 X 轴方向的数值指定对象沿水平方向的位移。

②translateY(n)：在竖直方向上移动一个元素。通过给定的一个 Y 轴方向的数值指定对象沿垂直方向的位移。

（2）2D 缩放。

缩放函数 scale()可以使元素根据其中心原点进行缩放，默认值为 1，即不缩放。所以当 scale()的值在 0.01～0.99 之间，可以让一个元素缩小；当 scale()的值为任何大于或等于 1.01 的值时，可以让一个元素放大。其语法如下：

scale(x,y)

scale()函数的语法与 translate()函数非常相似，可以设置一个值，也可以设置两个值。只有一个值时，第二个值默认与第一个值相等。其取值具体说明如下。

①x：指定横向坐标（X 轴）方向的缩放向量，如果值在 0.01～0.99 之间，会让元素在 X 轴方向缩小；如果值大于或等于 1.01，元素在 X 轴方向放大。

②y：指定纵向坐标（Y 轴）方向的缩放向量，如果值在 0.01～0.99 之间，会让元素在 Y 轴方向

缩小；如果值大于或等于 1.01，元素在 Y 轴方向放大。

如果要使元素仅仅沿着 X 轴或者 Y 轴方向缩放，而不是同时缩放，可以将函数设置为 scale(x,1) 或 scale(1,y)。同样 2D 缩放也提供了简单的函数实现仅沿 X 轴或者 Y 轴的缩放效果。

①scaleX(n)：相当于 scale(x,1)。表示元素只在 X 轴缩放元素，默认值为 1。

②scaleY(n)：相当于 scale(1,y)。表示元素只在 Y 轴缩放元素，默认值为 1。

（3）2D 旋转。

旋转方法 rotate() 可以通过设定的角度参数对元素实现基于中心原点的 2D 旋转。其主要在二维空间内进行操作，设置角度值，用来指定元素旋转的幅度。如果这个值为正值，元素相对中心原点顺时针旋转；如果这个值为负值，则元素相对中心原点逆时针旋转，其语法如下：

```
rotate(angle)
```

rotate(angle) 方法只接受一个值 angle，代表旋转的角度值，旋转的角度值有以下两种情况。

①正值：表示元素默认相对元素中心点顺时针旋转。

②负值：表示元素默认相对元素中心点逆时针旋转。

（4）2D 倾斜。

倾斜函数 skew() 能够让元素倾斜显示，可以将一个元素以其中心原点位置围绕着 X 轴和 Y 轴按照一定的角度倾斜。与 rotate() 方法的旋转不同的是，rotate() 方法只是旋转元素，不会改变元素的形状。其语法如下：

```
skew(x-angle,y-angle)
```

其属性值的说明如下，如果未显式地设置属性值，其默认值为 0。

①x-angle：指定元素水平方向（X 轴方向）倾斜的角度。

②y-angle：指定元素竖直方向（Y 轴方向）倾斜的角度。

同样除了使用 skew(x-angle,y-angle) 让元素相对于元素中心原点在 X 轴和 Y 轴倾斜之外，还可以使用 skewX() 和 skewY() 方法让元素只在水平或者竖直方向倾斜。

①skewX(angle)：相当于 skew(x-angle,0)。按指定的角度沿 X 轴指定一个倾斜变形。skewX() 使元素以其中心点为基点，并在水平方向（X 轴）进行倾斜变形。

②skewY(angle)：相当于 skew(0,y-angle)。按指定的角度沿 Y 轴指定一个倾斜变形。skewY() 使元素以其中心点为基点，并在垂直方向（Y 轴）进行倾斜变形。

在默认的情况下，skew() 方法都是以元素的原中心点对元素进行倾斜变形，但是同样可以根据 transform-origin 属性，重新设置元素基点对元素进行倾斜变形，从而形成多种样式的倾斜元素。

（5）2D 矩阵。

CSS3 中 transform 的出现让操作变形时变得很简单，如位移函数 translate()、缩放函数 scale()、旋转函数 rotate() 和倾斜函数 skew()，这些函数很简单，是 CSS 动画中常用的方法，但同时 CSS3 中提供了一个矩阵函数 matrix()。为什么要有这样的一个函数呢？这是因为在 CSS 中的所有变形方法都可以通过 matrix() 方法来实现，matrix() 函数是所有变形函数的基础，使用它可以开发出更多的变形样式，而不仅仅局限于位移、缩放、旋转、倾斜等。其语法如下：

```
matrix(n,n,n,n,n,n)
```

详细了解了变形属性和 2D 变形函数之后，下面通过函数和属性制作一个立方体，从而更进一步地体会和掌握使用 2D 变形函数的方法。

案例 13-09：用 2D 变形方法制作立方体

```html
<!doctype html>
<html>
<head>
<meta charset="utf-8">
<title>使用 2D 变形方法制作立方体</title>
</head>
<style>
.stage{
    width:300px;
    height:300px;
    position:relative;
    perspective:1200px;
    }
.container{
    height:230px;
    width:100px;
    margin:-100px 0 0 -50px;
    transform-style:preserve-3d;
    }
.side{
    font-size:20px;
    font-weight:bold;
    line-height:100px;
    color:#fff;
    position:absolute;
    text-align:center;
    text-shadow:0 -1px 0 rgba(0,0,0,0.2);
    width:100px;
    }
.top{
    background:#9acc53;                          /*设置背景色*/
    transform:rotate(-45deg) skew(15deg,15deg);   /*设置旋转，倾斜*/
    }
.left{background:#8ec63f;
    /*设置旋转、倾斜、位移*/
    transform:rotate(15deg) skew(15deg,15deg)translate(-50%,100%);

    }
.right{
    background:#80b239;
    transform:rotate(-15deg) skew(-15deg,-15deg) translate(50%,100%);
    }
</style>
<body>
<div class="stage">
    <div class="container">
        <div class="side top">1</div>
        <div class="side left">2</div>
        <div class="side right">3</div>
    </div>
</div>
</body>
</html>
```

13.2.4　3D 变形函数

2D 变形函数可以改变元素在水平方向和竖直方向的位置、大小等，但是 2D 函数还不能控制元素的 Z 轴方向，这时就需要用到 3D 变形。使用 3D 变形可以同时改变元素在 X、Y、Z 轴上的位置，3D 变形和 2D 变形有着相似的函数，功能也比较类似。

（1）3D 位移。

CSS 中的 3D 位移主要由四个函数实现：translate3d()、translateX()、translateY()和 translateZ()。

translate3d()函数可以使一个元素在三维空间上移动，变形的原理是通过设置三维向量的坐标，定义元素在每个方向上移动了多少，从而实现元素在 3D 空间中的位移。其具体语法如下：

```
translate3d(x,y,z)
```

translate3d()方法的取值说明如下：

①x：表示横向坐标位移向量的长度。

②y：表示纵向坐标位移向量的长度。

③z：表示 Z 轴位移向量的长度。该值不能是一个百分比，如果取值为百分比值，将被视为无效值。

translateX()、translateY()和 translateZ()函数则是 translate3d()函数的简化形式，分别负责元素在 3D 空间中沿 X、Y、Z 轴方向位移的功能。其语法如下：

```
translateX(x)
translateY(y)
translateZ(z)
```

在 translateZ(z)中，取值 z 指的是 Z 轴的向量位移长度。使用 translateZ()方法可以让元素在 Z 轴进行位移。当其值为负值时，元素在 Z 轴越移越远，导致元素越来越小；反之，当其值为正值时，元素在 Z 轴上越移越近，导致元素越来越大。

（2）3D 缩放。

CSS 中的 3D 缩放函数主要有 scale3d()、scaleX()、scaleY()和 scaleZ()四个，可以控制元素在三维空间上的缩放。

scale3d()可以控制一个元素在 X、Y、Z 轴方向的缩放向量，对元素进行 3D 的缩放变形，其语法如下：

```
scale3d(x,y,z)
```

scale3d()方法的取值说明如下：

①x：表示横向缩放比例。

②y：表示纵向缩放比例。

③z：表示 Z 轴缩放比例。

同样地，scaleX()、scaleY()和 scaleZ()是 scale3d()函数的简化形式，分别负责元素在 3D 空间中沿 X、Y、Z 轴方向的缩放，其语法如下：

```
scaleX(x)
scaleY(y)
scaleZ(z)
```

在 scaleZ()中取值 z 指定元素每个点在 Z 轴的比例。scaleZ(-1)可以定义一个原点在 Z 轴上的对称点。需要注意的是，scaleZ()和 scale3d()函数单独使用时没有任何效果，只有配合其他变形方法一起使用才会有效果。

（3）3D 旋转。

在 CSS 中有四个旋转函数用于实现元素的 3D 旋转，分别是 rotate3d()、rotateX()、rotateY()和 rotateZ()。

rotate3d()函数可以通过设置元素在 X、Y、Z 轴的方向向量和一个旋转角度来控制元素在 3D 空间中的旋转，其语法如下：

```
rotate3d(x,y,z,angle)
```

在 3D 空间中，旋转由三个角度来描述一个转动轴，轴的旋转是由一个向量并经过元素原点，其中各个值的说明如下所示。

①x：0～1 的数值，用来描述元素围绕 X 轴旋转的向量值。

②y：0～1 的数值，用来描述元素围绕 Y 轴旋转的向量值。

③z：0～1 的数值，用来描述元素围绕 Z 轴旋转的向量值。

④angle：角度值，用来指定元素在 3D 空间旋转的角度，如果其值为正值，元素顺时针旋转，反之，元素逆时针旋转。

同样 rotateX()、rotateY()和 rotateZ()是 rotate3d()的简化形式，用于设置元素仅在 X、Y、Z 方向上的旋转角度，其语法如下：

```
rotateX(angle)
rotateY(angle)
rotateZ(angle)
```

其中 angle 是一个角度值，其值可以为正值也可以为负值。如果为正值，元素顺时针旋转；如果为负值，元素逆时针旋转，其中每个方法的具体功能如下所示。

①rotateX(angle)方法的功能等同于 rotate3d(1,0,0,angle)。

②rotateY(angle)方法的功能等同于 rotate3d(0,1,0,angle)。

③rotateZ(angle)方法的功能等同于 rotate3d(0,0,1,angle)。

（4）3D 矩阵。

CSS 中的 3D 矩阵比 2D 矩阵复杂，从二维到三维是从 4 到 9，而在矩阵里是从 3×3 变成 4×4，即 16。对于 3D 矩阵而言，本质上很多东西与 2D 矩阵是一致的，只是复杂程度不一样而已，其语法如下：

```
matrix3d(n,n,n,n,n,n,n,n,n,n,n,n,n,n,n,n)
```

案例 13-10：使用 3D 变形方法制作立方体 🔵⓿🔵

```
<!doctype html>
<html>
<head>
<meta charset="utf-8">
<title>使用 3D 变形方法制作立方体</title>
<style>
* {                          /*清除所有元素的默认设置*/
    padding: 0;
    margin: 0;
}
img {
    border: 0;
}
li {
```

扫描看效果

```
        list-style: none;
    }
    ul {
        width: 200px;
        height: 200px;
        margin: 100px auto;
        position: relative;
        -webkit-transform-style: preserve-3d;
    }
    /*如果在 ul 里设置-webkit-perspective:400px;-webkit-perspective-origin:0% 50%; 则会有透视、景深的效果*/
    li {
        width: 200px;
        height: 200px;
        position: absolute;
        text-align: center;
        line-height: 200px;
        font-size: 80px;
        font-weight: bold;
        color: #fff;
    }
    li:nth-child(1) {
        background: rgba(255,0,0,.5);                        /*背景色*/
        -webkit-transform: rotateX(90deg) translateZ(100px);    /*旋转角度、位移*/
    }
    li:nth-child(2) {
        background: rgba(0,255,255,.5);
        -webkit-transform: rotateX(270deg) translateZ(100px);
    }
    li:nth-child(3) {

        background: rgba(255,0,255,.5);
        -webkit-transform: rotateY(90deg) translateZ(100px);
    }
    li:nth-child(4) {
        background: rgba(0,255,0,.5);
        -webkit-transform: rotateY(270deg) translateZ(100px);
    }
    li:nth-child(5) {
        background: rgba(200,200,0,.5);
        -webkit-transform: translateZ(-100px);
    }
    li:nth-child(6) {
        background: rgba(0,0,255,.5);
        -webkit-transform: translateZ(100px);
    }
    ul {
        -webkit-animation: run 5s linear infinite;        /*添加动画，动画周期为 5s，无限循环*/
    }
    @-webkit-keyframes run {
      0% {                                    /*动画初始状态时元素旋转角度*/
    -webkit-transform: rotateX(0deg) rotateY(0deg)
      }
```

```
        100% {                                    /*动画结束状态时元素旋转角度*/
        -webkit-transform:rotateX(360deg) rotateY(360deg)
        }
        }
    </style>
    </head>
    <body>
    <ul id="ul">
        <li>1</li>
        <li>2</li>
        <li>3</li>
        <li>4</li>
        <li>5</li>
        <li>6</li>
    </ul>
    </body>
    </html>
```

13.2.5　案例：制作时钟

（1）简介。

时钟是日常生活中一种很常见的工具，使用 CSS3 中的变形元素可以很好地实现这种功能。下面使用 CSS3 实现动态的时钟效果，全部动画的实现不依赖 Flash 和 JavaScript。

（2）案例代码。

案例 13-11：制作时钟⊙ ⊛ ❶ ℮

制作时钟的 HTML 代码如下：

```
    <div class="clock">
        <div class="body-top">
            <div class="dial">
                <ul>
                    <li>3</li>
                    <li>6</li>
                    <li>9</li>
                    <li>12</li>
                </ul>
                <div class="second-hand"></div>
                <div class="minute-hand"></div>
                <div class="hour-hand"></div>
            </div>
        </div>
        <div class="body-bottom">
            <div class="pendulum">
                <div class="pendulum-stick"></div>
                <div class="pendulum-body"></div>
            </div>
        </div>
    </div>
```

扫描看效果

设置时钟基本样式，包括时钟轮廓，钟摆样式等，具体代码如下：

```
<!--时钟整体样式-->
.clock {
height: 400px;
width: 220px;
margin: 0 auto;
}
<!--时钟上半部样式-->
.clock .body-top {
height: 200px;
margin: 0;
padding: 0;
border-radius: 400px 400px 0 0;
background-color: #b28247;
}
<!--时钟下半部样式-->
.clock .body-bottom {
position: relative;
z-index: -1;
height: 190px;
margin: 0;
padding: 0;
border-radius: 0 0 20px 20px;
background-color: #7f4f21;
}
<!--钟摆上半部 CSS 样式-->
.pendulum .pendulum-stick {
    height: 70%;/*高度为父元素的 70%*/
    width: 12px;/*钟摆宽度为 12px*/
    margin: 0 auto;   /*居中*/
    background-color: #c1c1c1;
}
<!--钟摆下半部 CSS 样式-->

.pendulum .pendulum-body {
    height: 40px;
    width: 40px;
    border-radius: 40px;              /*边框半径为 40px*/
    margin: 0 auto;
    margin-top: -2px;
    background-color: #313131;
```

设置时钟表盘样式，包括时针、分针、秒针的样式以及时间点的样式，代码如下：

```
.body-top .dial {
height: 150px;
width: 150px;
margin: 0 auto;
position: relative;
transform: translateY(30px);
border-radius: 200px;
background-color: #c9bc9c;
}
.dial .second-hand {
height: 74px;
width: 10px;
border-radius: 20px;
```

```
position: absolute;
z-index: 2;
transform-origin: 50% 5px;
background-color: #7f4f21;
}
.dial .minute-hand {
height: 70px;
width: 10px;
border-radius: 20px;
position: absolute;
z-index: 3;
transform-origin: 50% 5px;
background-color: #40220f;
}
.dial .hour-hand {
height: 50px;
width: 10px;
border-radius: 20px;
position: absolute;
z-index: 4;
transform-origin: 50% 5px;
background-color: black;
}
.dial ul {
    position: absolute;
    list-style: none;
}
.dial ul li {
    width: 15px;
    height: 15px;
    top: 50%;
    left: 50%;
    text-align: center;
    line-height: 15px;
}
.dial ul li:nth-child(1) {
    -webkit-transform: translate(-37px,59px);
    -moz-transform: ttranslate(-37px,59px);
    transform: translate(-37px,59px);
}
.dial ul li:nth-child(2) {
    -webkit-transform: translate(28px, 102px);
    -moz-transform: translate(28px, 102px);
    transform: translate(28px, 93px);
}
.dial ul li:nth-child(3) {
    -webkit-transform: translate(93px, 25px);
    -moz-transform: translate(93px, 25px);
    transform: translate(93px, 25px);
}
.dial ul li:nth-child(4) {
    -webkit-transform: translate(26px, -58px);
    -moz-transform: translate(26px, -58px);
    transform: translate(26px, -58px);
}
```

设定时钟动画，包括时针动画、分针动画、秒针动画以及钟摆动画，具体代码如下：

```
@keyframes timehand {                    /*定义动画名称*/
```

```
  0% {
    transform: translate(70px, 75px) rotate(180deg);        /*元素位移、旋转角度*/
  }
  100% {
transform: translate(70px, 75px) rotate(539deg);
  }
}
@keyframes ticktock {
  0% {
transform: rotate(15deg);
  }
  100% {
transform: rotate(-15deg);
  }
}
```

为元素绑定动画，其代码如下：

```
.dial .second-hand {
animation: timehand 60s steps(60, end) infinite;
}
.dial .minute-hand {
animation: timehand 3600s steps(3600, end) infinite;
}
.dial .hour-hand {
animation: timehand 43200s steps(43200, end) infinite;
}
.body-bottom .pendulum {
    height: 140px;
    animation-duration: 1s;                          /*动画周期*/
    animation-name: ticktock;                        /*动画名称*/
    animation-iteration-count: infinite;             /*动画次数*/
    animation-timing-function: ease-in-out;          /*动画速度*/
    animation-direction: alternate;                  /*动画方向*/
    animation-fill-mode: both;                       /*动画对象为开始或结束时的状态*/
    animation-play-state: running;                   /*动画运行状态*/
    transform-origin: 50% -70%;                      /*动画转换位置*/
}
```

13.3 使用过渡属性

13.3.1 设置元素过渡

CSS 过渡（transition）是通过设定元素起点的状态和结束点的状态，在一定的时间区间内实现元素平滑的过渡或变化，是一种补间动画的机制。通过过渡属性可以让元素属性的改变过程持续一段时间，而不立即生效，从而形成一种动画效果。

通过 transition 可以设置哪个属性产生动画效果、何时开始动画（通过设置 delay）、动画持续多久（通过设置 duration 函数）以及动画是怎样的（通过定义 timing 函数，比如线性的或开始快结尾慢），其语法如下：

```
transition: property duration timing-function delay;
```

transition 属性是一个综合属性，可以设置多个属性值，实现元素的动画过渡。

到目前为止，Trident 内核浏览器和 Gecko 内核浏览器支持 transition 属性；WebKit 内核浏览器支持替代的-webkit-transition 属性。

案例 13-12：transition 属性效果展示 🌐 🍵 ⓿ 🍵 e

```
<!doctype html>
<html>
<head>
<meta charset="utf-8">
<meta keywords="Web 前端开发技术与实线 HTML5 CSS transform">
<meta content="Web 前端开发技术与实践　transition 属性效果展示">
<title> transition 属性效果展示</title>
</head>
<style>
.pic-box div{
    float:left;
    width:50px;

    height:768px;
    display:block;
}
.pic-box div.pic-box01{
    background:url(images/pic01.png) no-repeat right;
}
.pic-box div.pic-box02{
    background:url(images/pic02.png) no-repeat left;
    width:0px;
    transition:width 2s;
    -moz-transition:width 2s;
    -webkit-transition:width 2s;
    -o-transition:width 2s;
}
.pic-box div.pic-box03{
    background:url(images/pic03.png) no-repeat left;
}
.pic-box:hover> div.pic-box02{
    width:989px;
}
</style>
<body>
<h1> transition 属性效果展示</h1>
<div class="pic-box">
    <div class="pic-box01"></div>
    <div class="pic-box02"></div>
    <div class="pic-box03"></div>
</div>
</body>
</html>
```

13.3.2　设置过渡元素

　　transition 属性的工作机制是为元素设置两套样式用于用户与页面的交互，在过渡属性未触发时是一种样式，触发后又是一种样式。在这个过程中需要指定元素触发后需要改变的属性，这个值主要通过其子属性 transition-property 来指定。简单来说，就是通过 transition-property 属性来指定过渡动画的 CSS 属性名称，其语法如下：

```
transition-property: none|all|property;
```

transition-property 属性的取值说明如下。

（1）none：没有指定任何样式。

（2）all：默认值，表示指定元素所有支持 transition-property 属性的样式。

（3）property：指定样式名称。

需要注意的是，并不是元素的所有属性都可以过渡，能够支持的属性主要如下。

（1）颜色属性：通过红、绿、蓝和透明度组合过渡（每个数值处理），如 background-color、border-color、color 等 CSS 样式属性。

（2）具有长度值（length）、百分比（%）的属性：如 word-spacing、width、top、right、bottom、left、line-height 等。

（3）离散步骤（整个数字）：在真实的数字空间及使用 floor()转换为整数时发生，如 outline-offsct、z-index 等。

（4）number：真实的（浮点型）数值，如 zoom、opacity、font-weight 等。

（5）变形系列属性：如 rotate()、rotate3d()、scale()、scale3d()、skew()、translate()、translate3d()等。

（6）rectangle：通过 x、y、width 和 height（转换为数值）变换，如 crop 属性。

（7）visibility：离散步骤，在 0～1 范围内，0 表示隐藏，1 表示完全显示，如 visibility 属性。

（8）阴影：作用于 color、x、y 和 blur 属性，如 text-shadow 属性。

（9）渐变：通过每次停止时的位置和颜色进行变化。它们必须有相同的类型（放射状的或者线性的）和相同的停止数值以便执行动画，如 background-image 属性。

到目前为止，Trident 内核的浏览器和 Gecko 内核的浏览器支持 transition-property 属性；WebKit 内核的浏览器支持替代的-webkit-transition-property 属性。

13.3.3　设置过渡持续时间

transition-duration 属性主要用来设置元素从一个属性过渡到另一个属性所需的时间，即从旧属性过渡到新属性所消耗的时间，其语法如下：

```
transition-duration: time;
```

time 是数值，单位为秒（s）或者毫秒（ms），可以作用于所有的元素，包括:before 和:after 伪元素。transition-duration 属性的默认值为 0，也就是说元素的属性变换是即时的。换句话说，当 transition-duration 的取值为 0，指定元素样式过渡时，看不到过渡过程，直接看到结果。

与 transition-property 属性一样，当设置多个过渡元素时，也可以设置多个 transition-duration，每个值之间同样使用逗号分隔，而且每个值按顺序对应 transition-property 的属性值。

到目前为止，Trident 内核的浏览器和 Gecko 内核的浏览器支持 transition-duration 属性；WebKit 内核的浏览器支持替代的-webkit-transition-duration 属性。

案例 13-13：transision-duration 与 transition-porperty 属性效果展示

```
<!doctype html>
<html>
<head>
```

```
<meta charset="utf-8">
<title>transition 属性效果展示</title>
</head>
<style>
.box{
    width: 100px;
    height: 100px;
    margin-top:20px;
    }
.box01{
    background:url(images/13-11/air.jpg) no-repeat center right;
    transition-property: width;
    transition-duration: 0.5s;
    -moz-transition-property: width; /* Firefox*/
    -moz-transition-duration: 0.5s; /* Firefox*/
    ……此处省略 Safari、Chrome、Opera 的动画参数，其写法同 Firefox
}
.box02{
    background:url(images/13-11/bicycle.jpg) no-repeat center right;
    transition-property: width;
    transition-duration: 5s;
    -webkit-transition-property: width; /* Safari and Chrome */
    -webkit-transition-duration: 5s; /* Safari and Chrome */
    ……此处省略 Firefox、Opera 的动画参数，其写法同 Safari 和 Chrome
}
.box03{
    background:url(images/13-11/people.jpg) no-repeat center right;
    transition-property: width;
    transition-duration: 10s;
    -o-transition-property: width; /* Opera */
    -o-transition-duration: 10s; /* Opera */
……此处省略 Firefox、Safari、Chrome 的动画参数，其写法同 Opera
}
.show-box:hover .box {
    width: 500px;
}
</style>
<body>
    <div class="show-box">
        <div class="box box01"></div>
        <div class="box box02"></div>
        <div class="box box03"></div>
    </div>
</body>
</html>
```

扫描看效果

13.3.4　指定过渡函数

过渡函数有两种，分别是 transition-timing-function()和 step()。

transition-timing-function 属性指定元素过渡过程中的"缓动函数"。此属性可指定元素的过渡速度及过渡期间的操作进展情况，可以将某个值指定为预定义函数、阶梯函数或者三次贝塞尔曲线，其语法如下：

```
transition-timing-function: functionname
```

其值的类型有两种：单一类型的过渡函数和三次贝塞尔曲线。

单一的过渡函数取值效果如下：

（1）linear：元素样式从初始状态过渡到终止状态是恒速。

（2）ease：默认值，元素样式从初始状态过渡到终止状态时速度由快到慢，逐渐变慢。

（3）ease-in：元素样式从初始状态到终止状态时，速度越来越快，呈现一种加速状态。这种效果称为渐显效果。

（4）ease-out：元素样式从初始状态到终止状态时，速度越来越慢，呈现一种减速状态。这种效果称为渐隐效果。

（5）ease-in-out：元素样式从初始状态到终止状态时，先加速再减速。这种效果称为渐显渐隐效果。

ease、linear、ease-in、ease-out 和 ease-in-out 等曲线函数比较一般，在过渡动画中不是十分精确。而现在对动画制作的需求越来越高，就需要定义一些更为精确的函数，这时就会用到三次贝塞尔曲线。三次贝塞尔曲线有多个精确控制点，可以精确地控制函数的过渡过程，其语法如下：

```
cubic-bezier(P0,P1,P2,P3)
```

需要注意的是，三次贝塞尔曲线中每个点值只允许取 0～1 的值。

到目前为止，Trident 内核的浏览器和 Gecko 内核的浏览器支持 transition-timing-function 属性；WebKit 内核的浏览器支持替代的-webkit-transition-timing-function 属性。

step()函数是过渡中的另外一个函数，可以将整个操作领域划成同样的大小间隔，每个间隔都是相等的，该函数还指定发生在开始或者结束的时间间隔是否另外输出，可采用百分比的形式（如输出百分比为 0%表示输入变化的初始点）。step()方法非常独特，允许在固定的间隔播放动画，可以用来制作逐帧动画，其语法如下：

```
step(n,start|end)
```

step()方法主要包括两个参数。

（1）第一个参数是一个数值 n，主要用来指定 step()方法间隔的数量，此值必须是一个大于 0 的正整数。

（2）第二个参数是可选的：start 或 end，如果第二个参数忽略，则默认为 end 值。

其中，step(1,start)相当于 step-start；step(1,end)相当于 step-end。

需要注意的是，当使用多个过渡属性 transition-property 时，也可以为每个过渡属性指定相应的过渡方法，当指定多个过渡函数时，需要用逗号隔开。如果有多个过渡属性但只指定一个过渡函数，这个过渡函数将应用于所有的过渡属性。

案例 13-14：transition-timing-function 属性简单函数效果展示

```
<!doctype html>
<html>
<head>
<meta charset="utf-8">
<meta keywords="Web 前端开发技术与实践 HTML5 CSS transition">
<meta content="Web 前端开发技术与实践　transision-duration 与 transision-porperty
属性效果展示">
<title>transision-duration 与 transision-porperty 属性效果展示</title>
</head>
<style>
.box {
```

```
        width: 150px;
        height: 50px;
        background: url(images/13-11/air.jpg) no-repeat center right;
        color: #666;
        transition: width 2s;
        -moz-transition: width 2s; /* Firefox*/
        -webkit-transition: width 2s; /* Safari and Chrome */
        -o-transition: width 2s; /* Opera */
    }
    .box1 {
        transition-timing-function: linear;
    }
    .box2 {
        transition-timing-function: ease;
    }
    .box3 {
        transition-timing-function: ease-in;
    }
    .box4 {
        transition-timing-function: ease-out;
    }
    .box5 {
        transition-timing-function: ease-in-out;
    }
    /* Firefox */
    .box1 {
        -moz-transition-timing-function: linear;
    }
    .box2 {
        -moz-transition-timing-function: ease;
    }
    .box3 {
        -moz-transition-timing-function: ease-in;
    }
    .box4 {
        -moz-transition-timing-function: ease-out;
    }
    .box5 {
        -moz-transition-timing-function: ease-in-out;
    }
    ……此处省略 Safari、Chrome、Opera 过渡函数的 CSS 语句，其写法同 Firefox
    .show-box:hover> div {
        width: 500px;
    }
    </style>
    <body>
    <div class="show-box">
        <div class="box box1">linear</div>
        <div class="box box2">ease</div>
        <div class="box box3">ease-in</div>
        <div class="box box4">ease-out</div>
        <div class="box box5">ease-in-out</div>
    </div>
    </body>
    </html>
```

案例 13-15：使用 cubic-bezier 实现过渡效果

```
<!doctype html>
<html>
<head>
<meta charset="utf-8">
<title>使用 cubic-bezier 实现过渡效果展示</title>
</head>
<style>
.box {
    width: 150px;
    height: 50px;
    background: url(images/13-11/air.jpg) no-repeat center right;
    color: #666;
    transition: width 2s;
    -moz-transition: width 2s; /* Firefox*/
    -webkit-transition: width 2s; /* Safari and Chrome */
    -o-transition: width 2s; /* Opera */
}
.box1 {
    transition-timing-function: cubic-bezier(0, 0, 0.25, 1);
}
.box2 {
    transition-timing-function: cubic-bezier(0.25, 0.1, 0.25, 1);
}
.box3 {
    transition-timing-function: cubic-bezier(0.42, 0, 1, 1);
}
.box4 {
    transition-timing-function: cubic-bezier(0, 0, 0.58, 1);
}
.box5 {
    transition-timing-function: cubic-bezier(0.42, 0, 0.58, 1);
}
/* Firefox*/
.box1 {
    -moz-transition-timing-function: cubic-bezier(0, 0, 0.25, 1);
}
.box2 {
    -moz-transition-timing-function: cubic-bezier(0.25, 0.1, 0.25, 1);
}
.box3 {
    -moz-transition-timing-function: cubic-bezier(0.42, 0, 1, 1);
}
.box4 {
    -moz-transition-timing-function: cubic-bezier(0, 0, 0.58, 1);
}
.box5 {
    -moz-transition-timing-function: cubic-bezier(0.42, 0, 0.58, 1);
}
……此处省略 Safari、Chrome、Opera 过渡函数的 CSS 语句，其写法同 Firefox
.show-box:hover> div {
    width: 500px;
}
</style>
<body>
<div class="show-box">
```

```
        <div class="box box1">linear</div>
        <div class="box box2">ease</div>
        <div class="box box3">ease-in</div>
        <div class="box box4">ease-out</div>
        <div class="box box5">ease-in-out</div>
    </div>
    </body>
    </html>
```

13.3.5 规定过渡延迟时间

transition-delay 用来指定一个动画开始执行的时间，即当前元素属性值多长时间后开始执行过渡效果，其语法如下：

```
transition-delay: time;
```

transition-delay 取值为 time，它可以是正整数、负整数和 0，非零的时候必须将单位设置为秒（s）或者毫秒（ms）。

（1）正整数：元素的过渡动作不会被立即触发，当过了设定的时间值之后才触发。

（2）负整数：元素的过渡动作会从该时间点开始显示，之前动作被截断。

（3）0：默认值，元素的过渡动作会立即触发，没有任何反应。

到目前为止，Trident 内核的浏览器和 Gecko 内核的浏览器支持 transition-delay 属性；WebKit 内核的浏览器支持替代的-webkit-transition-delay 属性。

案例 13-16：transition-delay 属性效果展示

```
<!doctype html>
<html>
<head>
<meta charset="utf-8">
<title>transition-delay 属性效果展示</title>
</head>
<style>
.box {
    width: 150px;
    height: 50px;
    background: url(images/13-11/air.jpg) no-repeat center right;
    color: #666;
    transition: width 2s;
    -moz-transition: width 2s; /* Firefox*/
    -webkit-transition: width 2s; /* Safari and Chrome */
    -o-transition: width 2s; /* Opera */
    transition-timing-function: linear;
}
.box1 {
    transition-delay: 0s;
}
.box2 {
    transition-delay: 1s;
}
/* Firefox 4: */
.box1 {
    -moz-transition-delay: 0s;
```

```
    }
    .box2 {
        -moz-transition-delay: 1s;
    }
    ……此处省略 Safari、Chrome、Opera 过渡延时的 CSS 语句，其写法同 Firefox
    .show-box:hover> div {
        width: 500px;
    }
    </style>
    <body>
    <div class="show-box">
        <div class="box box1">0s</div>
        <div class="box box2">1s</div>
    </div>
    </body>
    </html>
```

13.3.6　过渡触发

（1）伪元素触发。

动画的触发可以使用伪元素触发，如鼠标指向时触发（:hover）、用户单击某个元素时触发（:active）、元素获得焦点状态时触发（:focus）以及元素被选中时触发（:checked）。

（2）媒体查询触发。

媒体查询触发即通过@media 属性触发，能够根据某些元素（比如设备宽度和方向）的更改应用不同的元素样式，同时可以用来触发动画。

（3）JavaScript 触发。

如果可以基于 CSS 的状态更改触发 CSS 动画，自然可以使用 JavaScript 做到这一点。最简单的方法是通过切换元素的类名称进行 CSS 动画的触发。

案例 13-17：通过不同的方法触发过渡动画

扫描看效果

```
    <!doctype html>
    <html>
    <head>
    <meta charset="utf-8">
    <meta keywords="HTML5 CSS transition">
    <meta content="通过不同的方法触发过渡动画">
    <title>通过不同的方法触发过渡动画</title>
    </head>
    <style>
    .box {
        width: 150px;
        height: 50px;
        background: url(images/13-11/air.jpg) no-repeat center right;
        color: #666;
        transition: width 2s;
        -moz-transition: width 2s; /* Firefox 4 */
        -webkit-transition: width 2s; /* Safari and Chrome */
        -o-transition: width 2s; /* Opera */
        transition-timing-function: linear;
    }
```

```
.box1:hover {/*鼠标放上去，触发过渡动画*/
    width: 500px;
}
@media screen and (max-width: 600px) {/*屏幕尺寸小于 600px 时，触发过渡动画*/
.box2 {
    width: 500px;
}
}
.box3.on {
    width: 500px;
}
</style>
<body>
<div class="show-box">
    <div class="box box1">:hover 触发</div>
    <div class="box box2">@media 触发</div>
    <div class="box box3" id="box3">JavaScript 触发</div>
    <button id="btn" onClick="btnClick()">JavaScript 触发</button>
</div>
<script>
function btnClick()
{
    var box3 = document.getElementById("box3");
    box3.className="box box3 on";
}
</script>
</body>
</html>
```

13.3.7　案例：制作动态网站导航

（1）简介。

导航是网站中的重要组成部分，通过导航用户可以了解网站的内容层次结构、访问网站的各个部分，并且美观恰当的导航可以使页面更快地抓住用户的注意力，提高用户黏度。

（2）案例代码。

案例 13-18：制作动态导航 C 3 0 　e

制作导航的 HTML 代码如下：

```
<div class="container">
    <section class="color-1">
        <nav class="nav01">
            <a href="#"><span>首页</span></a>
            <a href="#"><span>公司简介</span></a>
            <a href="#"><span>关于我们</span></a>
            <a href="#"><span>联系我们</span></a>
            <a href="#"><span>网站地图</span></a>
        </nav>
    </section>
    <section class="color-2">
        <nav class="nav02">
```

扫描看效果

```
                    <a href="#"><span data-hover="首页">首页</span></a>
                    <a href="#"><span data-hover="公司简介">公司简介</span></a>
                    <a href="#"><span data-hover="关于我们">关于我们</span></a>
                    <a href="#"><span data-hover="联系我们">联系我们</span></a>
                    <a href="#"><span data-hover="网站地图">网站地图</span></a>
            </nav>
        </section>
        <section class="color-3">
            <nav class="nav03">
                ……此处省略 HTML 结构，其写法同.nav01
            </nav>
        </section>
    </div>
```

CSS 代码如下。案例中 CSS 动画属性 transition、transform、transform-style、transform-origin、perspective 均省略了 Firefox、Chrome、Safari 浏览器下属性的浏览器标识设置，如需设置，其设置方法是在属性前加上-moz-和-webkit-前缀。

```
* {                                             /*清除所有元素默认的内外边距*/
    padding: 0px;
    margin: 0px;
}
.container > section {
    font-family: "微软雅黑";
    margin: 0 auto;
    padding: 100px 30px;
    text-align: center;
    font-size: 13px;
}
nav a {
    position: relative;
    display: inline-block;
    margin: 15px 25px;
    outline: none;
    color: #fff;
    text-decoration: none;
    letter-spacing: 1px;                        /*字符间距*/
    font-weight: 400;                           /*字体加粗*/
    text-shadow: 0 0 1px rgba(255,255,255,0.3); /*添加文字阴影*/
    font-size: 13px;
}
nav a:hover,nav a:focus {
    outline: none;                              /*清除虚线框*/
.color-1 {
    background: #cd4436;
}
.color-2 {
    background: #435a6b;
}
.color-3 {
    background: #3fa46a;
}
```

```
.nav01 a {
    line-height: 2em;
    margin: 15px;
    perspective: 800px;
    width: 200px;
}
.nav01 a span {
    position: relative;
    display: inline-block;
    width: 100%;
    padding: 0 14px;
    background: #e35041;
    transition: transform 0.4s, background 0.4s;      /*过渡旋转及背景色*/
    transform-style: preserve-3d;                      /*被转换的元素保留 3D 转换*/
    transform-origin: 50% 50% -100px;                  /*设置变形原点*/
}
.nav01 a:hover span,.nav01 a:focus span {
    background: #b53a2d;
    transform: rotateY(-90deg);                        /*旋转*/
}
.nav02 a {
    line-height: 2em;
    perspective: 800px;
}
.nav02 a span {
    position: relative;
    display: inline-block;
    padding: 3px 15px 0;
    background: #587285;
    box-shadow: inset 0 3px #2f4351;
    transition: background 0.6s;                        /*过渡背景色*/
    transform-origin: 50% 0;
    transform-style: preserve-3d;
    transform-origin: 0% 50%;
}
.nav02 a span::before {
    position: absolute;
    top: 0;
    left: 0;
    width: 100%;
    height: 100%;
    background: #fff;
    color: #2f4351;
    content: attr(data-hover);
    transform: rotateX(270deg);
    transition: transform 0.6s;
    transform-origin: 0 0;
    pointer-events: none;
}
.nav02 a:hover span,
.nav02 a:focus span {
    background: #2f4351;
}
.nav02 a:hover span::before,
.nav02 a:focus span::before {
    transform: rotateX(10deg);
}
```

```
.nav03 a {
    padding: 10px;
    color: #237546;
    font-weight: 700;
    text-shadow: none;
    transition: color 0.3s;
}
.nav03 a::before,.nav03 a::after {
    position: absolute;
    left: 0;
    width: 100%;
    height: 2px;
    background: #fff;
    content: ";
    opacity: 0;
    transition: opacity 0.3s, transform 0.3s;
    transform: translateY(-10px);
}
.nav03 a::before {
    top: 0;
    transform: translateY(-10px);
}
.nav03 a::after {
    bottom: 0;
    transform: translateY(10px);
}
.nav03 a:hover,
.nav03 a:focus {
    color: #fff;
}
.nav03 a:hover::before,
.nav03 a:focus::before,
.nav03 a:hover::after,
.nav03 a:focus::after {
    opacity: 1;
    transform: translateY(0px);
}
```

13.4　使用动画属性

13.4.1　建立基本动画

在 CSS3 中，除了可以使用 transition 功能实现动画效果外，还可以通过 animation 功能实现更为复杂的动画效果。animation 功能与 transition 功能基本相同，都是通过改变元素属性值来实现动画效果。其区别在于：使用 transition 功能时只能通过指定属性的开始值与结束值，然后在这两个属性值之间以平滑过渡的方式实现动画效果，因此不能实现较为复杂的动画效果；而 animation 则通过定义多个关键帧以及定义每个关键帧中元素的属性值来实现更为复杂的动画效果，其语法如下：

```
animation: name duration timing-function delay iteration-count direction;
```

到目前为止，最新的浏览器都支持 animation 属性。

案例 13-19：animation 属性效果展示⊙❶⊙

```
<!doctype html>
<html>
<head>
<meta charset="utf-8">
<title> animation 属性效果展示</title>
</head>

<style>
.layout{
    width:90px;
    height:10px;
    margin-left:-45px;
    position:absolute;
    top:50%;
    left:50%;
}

.bar{
    margin-top:20px;
    width:100%;
    height:100%;
    position:absolute;
    animation-name:loading;                    /*要绑定的 keyframes 的名称，语义化命名最好*/
    animation-duration:4s;                     /*完成这个动画需要花费的时间*/
    animation-timing-function:linear;          /*速度曲线，有快有慢*/
    animation-delay:0;                         /*延迟动画开始*/
    animation-iteration-count:1;               /*动画播放次数，infinite 为无限制*/
    animation-direction:normal;                /*是否需要反向播放*/
    animation-fill-mode:backwards;             /*动画播放完之后的状态，backwards 回调到动画最开始画面，
forwords  则相反*/
    animation-play-state:running;              /*规定动画暂停还是运动*/
}
@keyframes loading{
    0%{
        background-color:#e23263;
        width:0;
    }
    80%{
        background-color:#e23263;
        width:80%;
    }
    85%{
        background-color:#e23263;
        width:85%;
    }
    90%{
        background-color:#e23263;
        width:90%;
    }
    95%{
        background-color:#e23263;
        width:95%;
    }
    100%{background-color:#e23263;width:100%;}
```

```
        }
        .running{
            height:60px;
            width:90px;
            margin-left:-45px;
            position:absolute;
            top:50%;
            left:50%;
            background:url(images/man.png) no-repeat 0 0;
            visibility:hidden;
            -webkit-animation:run 350ms steps(1) infinite 5s;
        }
        @keyframes run {
            0% {
                visibility:visible;
            background-position:0;
            }
            20% {
                background-position:-90px 0;

            }
            40% {
                background-position:-180px 0;
            }
            60% {
                background-position:-270px 0;
            }
            80% {
                background-position:-360px 0;
            }
            100% {
                background-position:-450px 0;
            }
        }
    </style>
    <body>
        <div class="running"></div>
        <div class="layout">
            <div class="bar"></div>
        </div>
    </body>
</html>
```

13.4.2　动画关键帧

　　transition 制作一个简单的动画效果时，包括元素的初始属性和最终属性、一个开始执行动作时间、一个延迟动作时间及一个动作变换速率，其实这些值都是一个中间值，如果要控制得更细一些，比如第一个时间段执行什么动作、第二个时间段执行什么动作，就很难用 transition 实现了，此时就需要一个"关键帧"来控制动画。在 CSS3 中通过@keyframes 属性来实现这样的效果。

　　animation 动画的创建是通过设置关键帧的方式将一套 CSS 样式逐渐变化为另一套样式。在动画过程中，要能够多次改变 CSS 样式，既可以使用百分比来规定改变发生的时间，也可以通过关键词"from"和"to"来实现（"from"和"to"等价于 0%和 100%）。0%是动画的开始时间，100%是动画的结束时间。为了获得最佳的浏览器支持，应该始终定义关键帧中 0%和 100%的状态，其语法如下：

`@keyframes animationname {keyframes-selector {css-styles;}}`

@keyframes 有自身的语法规则，其命名由@keyframes 开头，后面紧跟着"动画名称"加上一对大括号"{...}"，括号中是不同时间段的样式规则，类似于 CSS 的写法。一个@keyframes 中的样式规则是由多个不同的百分比构成的，如 0%～100%，可以在这个规则中创建更多的百分比，分别给每个百分比中需要动画效果的元素加上不同的属性，从而让元素达到一种不断变化的效果，比如移动一个元素、改变一个元素的背景颜色、改变一个元素的大小等。

同时需要注意的是，如果使用百分比设置关键帧，则其中的"%"不能省略，如果没有加上，将没有任何效果，因为@keyframes 的单位只接受百分比值。

使用 from、to 的方式设置关键帧的代码如下：

```
@keyframes mymove
{
from {top:0px;}
to {top:200px;}
}
@-moz-keyframes mymove /* Firefox */
{
from {top:0px;}
to {top:200px;}
}
```
……此处省略 Safari 和 Chrome、Opera 的定义方式，写法同 Firefox，在 keyframes 前加上-webkit-、-o-即可

使用百分比的方式设置关键帧的代码如下：

```
@keyframes mymove
{
0%    {top:0px;}
25%   {top:200px;}
50%   {top:100px;}
75%   {top:200px;}
100% {top:0px;}
}
@-moz-keyframes mymove /* Firefox */
{
0%    {top:0px;}
25%   {top:200px;}
50%   {top:100px;}
75%   {top:200px;}
100% {top:0px;}
}
```
……此处省略 Safari、Chrome、Opera 关键帧的 CSS 代码，其写法同 Firefox

到目前为止，最新的浏览器都支持@keyframes 规则。

13.4.3　动画子属性

（1）animation-name 属性。

animation-name 属性主要用来调用动画，其调用的动画是通过@keyframes 关键帧定义好的动画，其语法如下：

`animation-name: keyframename|none;`

animation-name 用来定义一个动画的名称，其主要有两个值。

①keyframename：是由@keyframes 创建的动画名称，即此处的 keyframename 需要和@keyframes 中的 animationname 一致，如果不一致将不会实现任何动画效果。

②none 为默认值，当值为 none 时，将没有任何动画效果，其可以用于覆盖任何动画。

到目前为止，最新的的浏览器都支持 animation-name 属性。

（2）animation-duration 属性。

animation-duration 属性主要用来设置 CSS3 动画播放时间，其用法与 transition-duration 类似，语法如下：

```
animation-duration: time;
```

到目前为止，最新的浏览器都支持 animation-duration 属性。

（3）animation-timing-function 属性。

animation-timing-function 属性用来设置动画播放的方式，其语法如下：

```
animation-timing-function: value;
```

到目前为止，最新的浏览器都支持 animation-timing-function 属性。

（4）animation-delay 属性。

animation-delay 属性用来定义动画开始播放的时间（延迟或提前），其语法如下：

```
animation-delay: time;
```

到目前为止，最新的浏览器都支持 animation-delay 属性。

（5）animation-iteration-count 属性。

animation-iteration-count 属性用来定义动画播放的次数，其语法如下：

```
animation-iteration-count: n|infinite;
```

此属性主要用于定义动画播放多少次，其值通常为整数，但也可以使用带小数的数字。其默认值为 1，这意味着动画从开始到结束只播放一次。如果取值为 infinite，动画将会无限次地播放。

到目前为止，最新的浏览器都支持 animation-iteration-count 属性。

（6）animation-direction 属性。

animation-direction 属性主要用来设置动画播放的方向，其语法如下：

```
animation-direction: normal|alternate;
```

animation-direction 是用来指定元素动画的播放方向的，其主要有两个值：normal 和 alternate。

①normal：默认值，设置为 normal 时，动画的每次循环都是向前播放。

②alternate：动画播放为偶数次是向前播放，为奇数次则是反向播放。例如一个弹跳动画中可以设置落下的状态为关键帧，然后将 animation-direction 取值为 alternate 来控制播放动画的每秒钟反转。

到目前为止，最新的浏览器都支持 animation-direction 属性。

（7）animation-play-state 属性。

animation-play-state 属性用来控制元素动画的播放状态，其语法如下：

```
animation-play-state: paused|running;
```

animation-play-state 主要有两个值：running 和 paused。其中 running 为默认值，主要作用类似于音乐播放器，可以通过 paused 将正在播放的动画停止下来；也可以通过 running 将暂停的动画重新播放，这里的重新播放不一定是从元素动画的头部开始播放，也可能是从暂停的那个位置开始播放。如果停止了动画的播放，元素的样式将会回到最初始的设置状态。

到目前为止，最新的浏览器都支持 animation-play-state 属性。

（8）animation-fill-mode 属性。

animation-fill-mode 属性定义动画在开始之前和结束之后发生的操作，其语法如下：

```
animation-fill-mode : none | forwards | backwards | both;
```

animation-fill-mode 属性主要有四个值：none、forwards、backwards 和 both。

①none：默认值，表示动画将按预期进行和结束，在动画完成最后一帧时，动画会反转到初始帧处。

②forwards：动画在结束后继续应用最后关键帧的位置。

③backwards：向元素应用动画样式时迅速应用动画的初始。

④both：元素动画同时具有 forwards 和 backwards 效果。

在默认情况之下，动画不会影响其关键帧之外的属性，但使用 animation-fill-mode 属性可以修改动画默认行为。简单来说就是告诉动画在第一个关键帧上等待动画开始，或者在动画结束时停止在最后一个关键帧上而不回到动画第一帧上，或者同时具有这两种效果。

到目前为止，最新的浏览器都支持 animation-fill-mode 属性。

13.4.4　给元素应用动画

要在 CSS 中给元素应用动画，首先要创建一个已命名的动画，然后将其附加到该元素属性声明块中的一个元素上。动画本身并不执行任何操作，为了向元素应用动画，需要将动画与元素关联起来。这个要创建的动画必须使用 @keyframes 来声明，后跟所选择的名称，该名称主要用于对动画的声明，然后指定动画的关键帧。

（1）使用 @keyframes 声明动画。

下面通过一个 W3C 上的代码示例详细讲解通过 @keyframes 声明动画的方法：

```
@keyframes mymove
{
0%    {top:0px; left:0px; background:red;}
25%   {top:0px; left:100px; background:blue;}
50%   {top:100px; left:100px; background:yellow;}
75%   {top:100px; left:0px; background:green;}
100% {top:0px; left:0px; background:red;}
}
```

在这个简单的示例中，通过 @keyframes 声明一个名字为"mymove"的动画，它的动画经历了从 0%到 100%的变化，其中还有 25%、50%、75%三个过程，也就是说这个动画有 5 个关键帧来实现以下动画效果：

①mymove 动画在 0%（第一帧）时元素定位到左上角（top:0px left:0px），背景色为红色。

②mymove 动画在 25%（第二帧）时元素定位到右上角（top:0px left:100px），背景色为蓝色。

③mymove 动画在 50%（第三帧）时元素定位到右下角（top:100px left:100px），背景色为黄色。

④mymove 动画在 75%（第四帧）时元素定位到左下角（top:100px left:0px），背景色为绿色。

⑤mymove 动画在 100%（第五帧）时元素定位到左上角（top:0px left:0px），背景色为红色。

这些动画并没有附加到任何元素上，这样的动画是没有任何效果的，通过 @keyframes 定义动画后，如果要让动画有效果，必须通过 CSS 属性调用 @keyframes 声明的动画。

（2）调用 @keyframes 声明的动画。

在 CSS 中有两种方式调用 @keyframes 声明的动画：animation 和 transition。animation 类似于

transition 属性，都是随着时间改变元素的属性值。两者的主要区别是 transition 需要一个触发事件，而 animation 在不需要任何触发事件的情况下也可以显式地随着时间变化来改变元素的 CSS 属性值，从而达到一种动画的效果。

```
div{
width:100px;
height:100px;
background:red;
position:relative;
animation:mymove 5s infinite;
-moz-animation:mymove 5s infinite; /* Firefox */
-webkit-animation:mymove 5s infinite; /* Safari and Chrome */
-o-animation:mymove 5s infinite; /* Opera */
}
```

13.4.5　案例：实现页面加载动画

页面加载动画是 Web 前端开发中常用的一个动画，在以前的开发中，Web 前端开发者常常使用 GIF 图片制作页面加载动画，现在通过 CSS3 的 animation 属性可以更加简单方便地实现页面加载动画。

案例 13-20：实现页面加载动画 ⓒ ⓑ ⓞ ⓔ ⓔ

本案例中使用 CSS3 定义了四个动画，其 HTML 代码如下：

```
<main class="loaded">
    <div class="loaders">
<!--第一个动画的 HTML 结构-->
        <div class="loader">
            <div class="loader-inner ball-grid-pulse">
            <div></div>
            <div></div>
            <div></div>
            <div></div>
            <div></div>
            <div></div>
            <div></div>
            <div></div>
            <div></div>
            </div>
        </div>
<!--第二个动画的 HTML 结构-->
        <div class="loader">
            <div class="loader-inner ball-clip-rotate-multiple">
            <div></div>
            <div></div>

            </div>
        </div>
<!--第三个动画的 HTML 结构-->
        <div class="loader">
            <div class="loader-inner line-scale">
            <div></div>
            <div></div>
            <div></div>
            <div></div>
            <div></div>
```

扫描看效果

```
                </div>
            </div>
    <!--第四个动画的 HTML 结构-->
        <div class="loader">
            <div class="loader-inner pacman">
                <div></div>
                <div></div>
                <div></div>
                <div></div>
                <div></div>
            </div>
        </div>
    </div>
 </main>
</div>
```

首先设置整体页面的 CSS 规则，具体代码如下：

```
html,body {                                    /*设置页面整体 CSS 规则*/
    padding: 0;
    margin: 0;
    height: 100%;
    font-size: 13px;
    background: #ed5565;
    color: #fff;
}
main {
    width: 95%;
    max-width: 1000px;
    margin: 4em auto;        /*与 width 结合，实现居中*/
    opacity: 0;              /*设置不透明度*/
}
main.loaded {
    opacity: 1;
}
main header {
    width: 100%;
}
main header > div {
    width: 50%;
}
main header > .left,main header > .right {
    height: 100%;
}
main .loaders {
    width: 100%;
    box-sizing: border-box;
    display: flex;                      /*多行多列布局方式*/
    flex: 0 1 auto;                     /*各个字段的宽度*/
    flex-direction: row;               /*横向排列，即从左到右*/
    flex-wrap: wrap;                   /*溢出部分自动换行*/
}
main .loaders .loader {
    box-sizing: border-box;
    display: flex;
    flex: 0 1 auto;
```

```
        flex-direction: column;                        /*竖向排列，从上到下*/
        flex-grow: 1;                                  /*设置子元素的扩展比例*/
        flex-shrink: 0;                                /*设置子元素的收缩比例*/
        flex-basis: 25%;                               /*设置元素的宽度*/
        max-width: 25%;
        height: 200px;
        align-items: center;
        justify-content: center;
    }
```

网页中第一个动画是通过控制每个圆点的缩放及缩放延时时间来实现动画效果，具体代码如下：

```
@keyframes ball-grid-pulse {                           /*设置动画过程*/
  0% {
      transform: scale(1);
      -webkit-transform: scale(1); /*缩放*/
  }
  50% {
      transform: scale(0.5);
      -webkit-transform: scale(0.5);
      opacity: 0.7; /*设置不透明度*/
  }
  100% {
      transform: scale(1);
      -webkit-transform: scale(1);
      opacity: 1;
  }
}
```

……此处省略 Chrome 和 Safari 下 keyframes ball-grid-pulse 的定义方法，其设置方式为在 keyframes ball-grid-pulse 前面加-webkit-

```
.ball-grid-pulse {                                     /*设置动画暂停时元素的宽度*/
    width: 57px;
}
.ball-grid-pulse > div:nth-child(1) {                  /*设置第一个圆点的动画参数*/
    -webkit-animation-delay: -0.06s;
    animation-delay: -0.06s;/*设置动画延迟时间*/
    -webkit-animation-duration: 0.72s;
    animation-duration: 0.72s;/*设置动画周期*/
}
.ball-grid-pulse > div:nth-child(2) {                  /*设置第二个圆点的动画参数*/
    -webkit-animation-delay: 0.25s;
    animation-delay: 0.25s;
    -webkit-animation-duration: 1.02s;
    animation-duration: 1.02s;
}
```

……此处省略其他七个圆点的动画参数，其设置方式与 div:nth-child(1)和 div:nth-child(2)类似

```
.ball-grid-pulse > div {
    background-color: #fff;
    width: 15px;
    height: 15px;
    border-radius: 100%;
    margin: 2px;
    -webkit-animation-fill-mode: both;
    animation-fill-mode: both;
    display: inline-block;
    float: left;
    -webkit-animation-name: ball-grid-pulse;
    animation-name: ball-grid-pulse;                   /*添加动画名称*/
```

```
        -webkit-animation-iteration-count: infinite;
        animation-iteration-count: infinite;                /*定义动画次数*/
        -webkit-animation-delay: 0;
        animation-delay: 0;
}
```

网页中第二个动画是通过控制元素动画关键点的旋转实现的，具体代码如下：

```
@keyframes rotate {                                     /*设置动画过程*/
  0% {
      -webkit-transform: rotate(0deg);
      transform: rotate(0deg);                          /*设置旋转角度*/
  }
  50% {
      -webkit-transform: rotate(180deg);
      transform: rotate(180deg);
  }
  100% {
      -webkit-transform: rotate(360deg);
      transform: rotate(360deg);
  }
}
……此处省略 Chrome 和 Safari 下 keyframes rotate 的定义方法，其设置方式是在 keyframes rotate 前面加-webkit-
.ball-clip-rotate-multiple {
      position: relative;
}
.ball-clip-rotate-multiple > div {
      -webkit-animation-fill-mode: both;
      animation-fill-mode: both;
      position: absolute;
      left: 0px;
      top: 0px;
      border: 2px solid #fff;
      border-bottom-color: transparent;                 /*下边框颜色为透明*/
      border-top-color: transparent;                    /*上边框颜色为透明*/
      border-radius: 100%;                              /*圆角边框*/
      height: 35px;
      width: 35px;
      -webkit-animation: rotate 1s 0s ease-in-out infinite;
      animation: rotate 1s 0s ease-in-out infinite;     /*添加动画参数*/
}
.ball-clip-rotate-multiple > div:last-child {
      display: inline-block;
      top: 10px;
      left: 10px;
      width: 15px;
      height: 15px;
      -webkit-animation-duration: 0.5s;
      animation-duration: 0.5s;                         /*设置动画周期*/
      border-color: #fff transparent #fff transparent;
      -webkit-animation-direction: reverse;
      animation-direction: reverse;                     /*设置动画方向*/
}
```

网页中第三个动画是通过控制关键点，也就是不同时刻元素在 Y 轴上的缩放不同，然后将这个
动画加载到子元素上实现的，具体代码如下：

```
@keyframes line-scale {                                    /*设置动画过程*/
  0% {
    -webkit-transform: scaley(1);
    transform: scaley(1);                                  /*设置缩放*/
  }
  50% {
    -webkit-transform: scaley(0.4);
    transform: scaley(0.4);
  }
  100% {
    -webkit-transform: scaley(1);
    transform: scaley(1);
  }
}
……此处省略 Chrome 和 Safari 下 keyframes line-scale 的定义方法,其设置方式是在 keyframes line-scale 前加-webkit-
.line-scale > div:nth-child(1) { /*为子元素设置动画参数*/
    -webkit-animation: line-scale 1s 0.1s infinite cubic-bezier(.2, .68, .18, 1.08);
    animation: line-scale 1s 0.1s infinite cubic-bezier(.2, .68, .18, 1.08);
}
.line-scale > div:nth-child(2) {
    -webkit-animation: line-scale 1s 0.2s infinite cubic-bezier(.2, .68, .18, 1.08);
    animation: line-scale 1s 0.2s infinite cubic-bezier(.2, .68, .18, 1.08);
}
……此处省略其他三条竖线的动画参数,其设置方式与 div:nth-child(1)和 div:nth-child(2)类似
.line-scale > div {
    background-color: #fff;
    width: 4px;
    height: 35px;
    border-radius: 2px;                                    /*圆角边框*/
    margin: 2px;
    -webkit-animation-fill-mode: both;
    animation-fill-mode: both;
    display: inline-block;
}
```

　　网页中第四个动画的实现过程是大球通过控制旋转角度实现张合的动画，小球通过位移、不透明度以及延迟时间实现移动动画，二者采用绝对定位实现结合，具体代码如下：

```
@-webkit-keyframes pacman-balls {          /*Chrome 和 Safari 设置小球位置动画*/
  75% {
    opacity: 0.7;
  }
  100% {
    -webkit-transform: translate(-100px, -6.25px);
    transform: translate(-100px, -6.25px);               /*设置位移*/
  }
}
  @keyframes pacman-balls {                              /*设置小球位置动画*/
  75% {
opacity: 0.7;
}
  100% {
    -webkit-transform: translate(-100px, -6.25px);
    transform: translate(-100px, -6.25px);               /*设置位移*/
}
```

```
    }
    @-webkit-keyframes rotate_pacman_half_up {          /*设置大球向上开口动画*/
      0% {
        -webkit-transform: rotate(270deg);
        transform: rotate(270deg);                      /*设置旋转*/
      }
      50% {
        -webkit-transform: rotate(360deg);
        transform: rotate(360deg);
      }
      100% {
        -webkit-transform: rotate(270deg);
        transform: rotate(270deg);
      }
    }
    @-webkit-keyframes rotate_pacman_half_down {         /*设置大球向下开口动画*/
      0% {
        -webkit-transform: rotate(90deg);
        transform: rotate(90deg);
      }
      50% {
        -webkit-transform: rotate(0deg);
        transform: rotate(0deg);
      }
      100% {
        -webkit-transform: rotate(90deg);
        transform: rotate(90deg);
      }
    }
    .pacman {
        position: relative;
    }
    .pacman > div:nth-child(2) {
        -webkit-animation: pacman-balls 1s 0s infinite linear;
        animation: pacman-balls 1s 0s infinite linear;   /*设置小球的动画参数*/
    }
    ……此处省略其他三个子元素的动画参数，其设置方式与 div:nth-child(2)类似
    .pacman > div:first-of-type {                         /*设置大球的样式及向上开口动画*/
        width: 0px;
        height: 0px;
        border-right: 25px solid transparent;
        border-top: 25px solid #fff;
        border-left: 25px solid #fff;
        border-bottom: 25px solid #fff;
        border-radius: 25px;
        -webkit-animation: rotate_pacman_half_up 0.5s 0s infinite;
        animation: rotate_pacman_half_up 0.5s 0s infinite;
    }
    .pacman > div:nth-child(2) {                          /*设置大球的样式及向下开口动画*/
        width: 0px;
```

```
    height: 0px;
    border-right: 25px solid transparent;
    border-top: 25px solid #fff;
    border-left: 25px solid #fff;
    border-bottom: 25px solid #fff;
    border-radius: 25px;
    -webkit-animation: rotate_pacman_half_down 0.5s 0s infinite;
    animation: rotate_pacman_half_down 0.5s 0s infinite;
    margin-top: -50px;
}
.pacman > div:nth-child(3),
.pacman > div:nth-child(4),
.pacman > div:nth-child(5) {
    background-color: #fff;
    width: 15px;
    height: 15px;
    border-radius: 100%;
    margin: 2px;
    width: 10px;
    height: 10px;
    position: absolute;
    -webkit-transform: translate(0, -6.25px);
    -ms-transform: translate(0, -6.25px);
    transform: translate(0, -6.25px);          /*设置位移*/
    top: 25px;
    left: 100px;
}
```

13.5　案例：引人入胜的动态照片墙

案例 13-21：引人入胜的动态照片墙

动态照片墙的 HTML 代码如下：

```
<!doctype html>
<html>
<head>
<meta charset="utf-8">
<title>animation 属性效果展示</title>
</head>
<style>
html,body,ul.thumb,ul.thumb li {
    padding: 0;
    margin: 0;
}
html,body,ul.thumb {
    width: 100%;
    height: 100%;
    overflow: hidden;
}
```

扫描看效果

```css
ul.thumb {
    position: relative;
    list-style: none;
    background: -webkit-gradient(radial, 45 45, 50, 50 10, 640, from(#444), to(#333)) !important;
    background: #333;
}
ul.thumb li {
    position: absolute;
    top: 50%;
    left: 50%;
    padding: 6px 6px 24px 6px;
    background: #FFF;
    width: 150px;
    height: 130px;
    -moz-box-shadow: 1px 1px 6px #222;
    -webkit-box-shadow: 1px 1px 6px #222;
    box-shadow: 1px 1px 6px #222;
    -webkit-transition: all 3s ease-in-out;
    z-index: 0;
}
ul.thumb li img {
    width: 100%;
    height: 100%;
}
ul.thumb li:nth-child(1) {
    margin-top: -130px;                          /*上外边距*/
    margin-left: -130px;                         /*左外边距*/
    -moz-transform: rotate(30deg);

    -webkit-transform: rotate(30deg);
    transform: rotate(30deg);                    /*旋转*/
    -webkit-filter: blur(5px);                   /*设置滤镜效果*/
}
ul.thumb li:nth-child(2) {
    margin-top: -120px;
    margin-left: -10px;
    -moz-transform: rotate(19deg);
    -webkit-transform: rotate(19deg);
    transform: rotate(19deg);
    -webkit-filter: blur(4px);
}
```
……此处省略对其他图片的动画参数设置，其方法与 li:nth-child(1)和 li:nth-child(2)类似
```css
ul.thumb li:hover {        /*鼠标悬停，图片效果*/
    z-index: 10;
    width: 480px;
    height: 322px;
    margin-top: -151px;
    margin-left: -240px;
    -moz-box-shadow: 8px 8px 24px #111;
    -webkit-box-shadow: 8px 8px 24px #111;
    box-shadow: 8px 8px 24px #111;               /*添加盒子阴影*/
    -moz-transform: rotate(0deg);
    -webkit-transform: rotate(0deg);
    -webkit-filter: blur(0px);
    transform: rotate(0deg);                     /*旋转角度*/
}
```

```
</style>
</head><body>
<ul class="thumb">
    <li><img src="images/13-20/image1.jpg" width="480" height="322"></li>
    <li><img src="images/13-20/image2.jpg" width="480" height="322"></li>
    ……此处省略案例中其他图片
</ul>
</body>
</html>
```

第 14 章

初识 JavaScript

当 Web 前端开发者谈论有关 Web 开发的话题时，HTML 与 CSS 通常占据着核心地位，但是随着 Web 交互的增强，对 DOM 的讨论越加重要。Web 前端开发者可以利用 DOM 给文档增加交互能力，使网页内容变得更加丰富。操作 DOM 的程序设计语言通常是 JavaScript。在 JavaScript 出现以前，Web 浏览器是一种只能够显示超文本文档的简单软件，而 JavaScript 出现以后网页的内容不再局限于枯燥而简单的文本，网页与用户之间开始进行交互。

本章主要讲解 JavaScript 语法，包括语法结构、数据类型、变量、表达式与运算符、流程控制语句等；同时讲解 JavaScript 的 DOM 操作，包括增加元素、修改元素、删除元素等。

14.1　JavaScript 概述

14.1.1　什么是 JavaScript?

随着互联网的快速发展，网站已不仅仅展示信息的静态内容，增强网页交互、提升用户体验成为最基本的用户需求，因此加强对 JavaScript 的认识与学习，是 Web 前端开发者提升网站体验度、增加网站用户黏度的必要条件，也是 Web 前端开发人员必须掌握的重要技术能力之一。

（1）定义。

JavaScript 是一种为网站添加互动以及自定义行为的客户端脚本语言，通常只能通过 Web 浏览器去完成操作，而无法像普通意义上的程序那样独立运行。

（2）发展历程。

JavaScript 与 Java 没有任何的关系，它由 Netscape 公司与 Sun 公司合作开发。JavaScript 最开始的名字是 LiveScript，因当时 Java 风靡一时以及当时正与 Sun 公司进行合作等因素，遂将 LiveScript 改为 JavaScript。JavaScript 的第一个版本（即 JavaScript 1.0 版本）出现在 1996 年推出的 Netscape Navigator 2 浏览器中。JavaScript 的发展历程如图 14-1 所示。

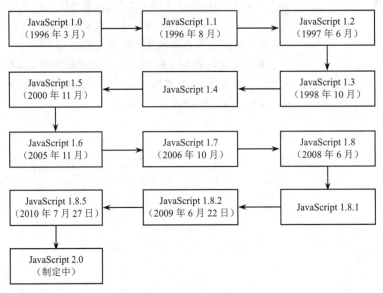

图 14-1　JavaScript 的发展历程

如今，所有的主流 Web 浏览器都遵守 ECMA-262 第三版，即实现的是 JavaScript 1.5 版；JavaScript 1.6～1.9 只是 ECMAScript（JavaScript on Gecko）升级至 JavaScript 2.0 的临时代号。

（3）主要特点。

JavaScript 是一种轻巧但功能非常强大的脚本语言，经常在浏览器中出现，但是 JavaScript 的使用并不仅限于浏览器，而是已经渗透到了很多方面，从自带程序到 PDF 再到电子书，甚至是网络服务器都需要 JavaScript 进行技术支持。它的主要特点有以下几个方面：

1）解释性执行的脚本语言。

JavaScript 的基本语法结构形式与 C、C++、Java 十分类似，但是在使用之前不需要先编译，而是在程序执行中被逐行解释。

2）简单弱类型脚本语言。

JavaScript 的简单性主要在于其基于 Java 基本语句和控制流之上的简单而紧凑的设计，对于使用者学习 Java 或其他 C 语系的编程语言是一种非常好的过渡，而对于具有 C 语系编程功底的程序员来说，JavaScript 上手也非常容易；其次在于其变量类型是采用的弱类型，并未使用严格的数据类型。

3）相对安全的脚本语言。

JavaScript 作为一种安全性语言，不被允许访问本地硬盘，且不能将数据存入服务器，不允许对网络文档进行修改和删除，只能通过浏览器实现信息浏览或动态交互，从而有效地防止数据的丢失或对系统的非法访问。

4）跨平台性的脚本语言。

JavaScript 依赖于浏览器本身，与操作环境无关，只要计算机能运行支持 JavaScript 的浏览器即可正确执行，从而实现了跨平台的特性。

14.1.2　JavaScript 能够实现什么？

通常情况下，Web 前端开发者会在给网页添加交互时用到 JavaScript。网页结构层是 HTML，网页表现层由 CSS 构成，网页行为层由 JavaScript 组成。网页上的所有元素、属性和文本都能通过使用 DOM（文本对象模型）的脚本来获得。

Web 前端开发者可通过 JavaScript 来实现改变网页内容、CSS 样式、对用户输入做出反馈等操作。

14.2　语法

本节将简要介绍 JavaScript 语法，并重点介绍其中一些相对重要的概念。

14.2.1　调用方法

编写 JavaScript 脚本不需要任何特殊的软件，一个普通的文本编辑器和一个 Web 浏览器足矣。

用 JavaScript 编写的代码必须通过 HTML/XHTML 文档才能执行。目前有两种方法可以调用 JavaScript。第一种方法是将 JavaScript 代码放到文档<head>标签中的<script>标签之间，代码如下：

```
<!doctype html>
<html>
<head>
<meta charset="utf-8">
<title>第一个 JavaScript 编程</title>
<script>
    //JavaScript 代码
</script>
</head>
```

```
<body>
<div id="bodyContent" class="body-content">
</div>
</body>
</html>
```

另一种方法是将 JavaScript 代码存为一个扩展名为.js 的独立文件。典型的做法是在文档的<head>部分放置一个<script>标签，并把它的 src 属性指向该文件，代码如下：

```
<!doctype html>
<html>
<head>
<meta charset="utf-8">
<title>第一个 JavaScript 编程</title>
<script src="file.js"></script>
</head>
<body>
<div id="bodyContent" class="body-content">
</div>
</body>
</html>
```

但最好的做法是将<script>标签放到 HTML 文档的最后、<body>结束标签之前，代码如下：

```
<!doctype html>
<html>
<head>
<meta charset="utf-8">
<title>第一个 JavaScript 编程</title>
</head>
<body>
<div id="bodyContent" class="body-content">
</div>
<script src="file.js"></script>
</body>
</html>
```

前面的代码中<script>标签没有包含传统的 type="text/javascript"属性，因为在 HTML5 规范中 script 属性默认是 text/javascript，所以可以省略。但是在 HTML4.01 和 XHTML1.0 规范中，type 属性是必需的。

14.2.2　基本语法

语言结构方面的各项规则即为"语法"，如同书面的人类语言，每种程序语言都有自己的语法。JavaScript 的语法与 Java 和 C++语言十分类似。

（1）语法结构。

1）JavaScript 程序使用 Unicode 字符集编写，它是一种区分大小写的语言，也就是说，在输入关键字、变量、函数名以及所有的标识符时，都必须采取一致的字母大小写格式。但是 HTML 并不区分大小写（XHTML 是区分大小写的），由于其与 JavaScript 紧密相关，所以这一点很容易混淆。

2）JavaScript 会忽略程序中字符之间的空格、制表符和换行符。可以在程序中任意使用空格、制表符和换行符，因此开发者可以采用整齐、一致的方式排版 JavaScript 代码，增加代码的可读性。

3）JavaScript 中的简单语句后面通常带有分号（;），就如同 C、C++和 Java 中的语句一样，主要是为了分隔语句。但是如果语句放在不同的行中，就可以省去分号，具体代码如下：

```
var a=1
var b=3
```

如果放置在同一行就必须加上分号进行分隔，具体代码如下：

```
var a=1;var b=3;
```

但是在开发工作中，省略分号并不是一个好的开发习惯，应该尽量使用分号进行编程。

4）JavaScript 和 Java 一样，也支持 C++、C 型的注释。JavaScript 会把处于"//"和一行结尾之间的任何文本都当作注释忽略掉。此外"/*"和"*/"之间的文本也会被当作注释，这个注释可以跨越多行，但是其中不能有嵌套的注释。合法的 JavaScript 注释如下：

```
//这是一条单行注释
/*
这是一个多行注释
我是第二行注释内容
我是第三行注释内容
*/
/*这是一条注释*/     //这是另一条注释
```

5）JavaScript 的直接量就是程序中直接显示出来的数据值。一些常见直接量如下：

```
12                  //整数直接量
1.2                 //浮点直接量
"Hello World"       //字符串直接量
'Hi'                //另一个字符串直接量
true                //布尔直接量
false               //另一个布尔直接量
null                //一个空对象
{x:1,y:3}           //对象直接量
[1,2,3,4]           //数组直接量
```

6）所谓标识符就是一个名字。在 JavaScript 中标识符用来命名变量与函数名，或者用作 JavaScript 代码中某些循环的标签。JavaScript 合法的标识符命名规则为：第一个字符必须为字母、下划线或美元符号（$），接下来的字符可以是字母、数字、下划线或美元符号，数字不允许作为首字母出现。同时需要注意的是，JavaScript 中的保留字在 JavaScript 程序中不能被用作标识符。ECMAScript v3 标准化的保留字如表 14-1 所列。

表 14-1　保留的 JavaScript 关键字

break	do	if	switch	typeof
case	else	in	this	var
catch	false	instanceof	throw	void
continue	finally	new	true	while
default	for	null	try	with
delete	function	return		

表 14-2 列出的是 ECMA 扩展保留的关键字，尽管现在 JavaScript 已经不使用这些保留字，但是 ECMAScript v3 仍保留了它们，以备扩展使用。

表 14-2　ECMA 扩展保留的关键字

abstract	double	goto	native	static
boolean	enum	implements	package	super
byte	export	import	private	synchronized

续表

char	extends	int	protected	throws
class	final	interface	public	transient
const	float	long	short	volatile
debugger				

除了上面列出的正式保留字外，当前 ECMAScript v4 标准的草案正在考虑关键字 as、is、namespace 和 use 的用法。虽然目前的 JavaScript 解释器不会阻止将这四个关键字用作标识符，但是应该避免使用它们。

此外还应该避免把 JavaScript 预定义的全局变量名或全局函数名用作标识符。表 14-3 列出的是要避免使用的其他标识符。

表 14-3　要避免使用的其他标识符

arguments	encodeURI	Infinity	Object	String
Array	Error	isFinite	parseFloat	SyntaxError
Boolean	escape	isNaN	parseInt	TypeError
Date	eval	NaN	RangeError	undefined
decodeURI	EvalError	Number	ReferenceError	unescape
decodeURIComponent	Function	Math	RegExp	URIError

（2）数据类型。

JavaScript 是一种弱类型语言，这意味着 Web 前端开发者可以在任何阶段改变变量的数据类型，而无需像强类型语言一样在声明变量的同时必须声明变量的数据类型。比如以下语句在强类型语句中是非法的，但是在 JavaScript 中却能够成功解析：

```
var age="thirty three";
age=33;
```

接下来将简单地介绍 JavaScript 中允许使用的三种基本数据类型。

1）字符串。

字符串由零个或多个字符构成。字符包括（但不局限于）字母、数字、标点符号和空格。字符串必须包在引号里面，单引号或双引号都可以。JavaScript 可以随意地选用引号，但最好还是根据字符串所包含的字符来选择，即如果字符串包含双引号，就把整个字符串包含在单引号里面；如果包含单引号，就把整个字符放在双引号里面。代码如下：

```
var mood="don't ask";
var mood='中国"飞人"勇夺金牌';
```

如果一个字符串中既有单引号又有双引号，那么这种情况下需要把单引号或双引号看作一个普通字符，而不是这个字符串的结束标志。这种情况下需要对这个字符进行转义，在 JavaScript 中用反斜线对字符串进行转义，代码如下：

```
var height="It's about 5'10\" tall";
```

在开发工作中，为了养成良好的编程习惯，建议无论是使用双引号还是单引号来包裹字符串，都应在整个脚本中保持一致，以保证使用的规律性。如果在同一个脚本中无规律地使用双引号与单引号，代码将变得难以阅读。

2）数值。

如果想给一个变量赋一个数值，不用限定它必须是一个整数。JavaScript 允许使用带有小数点的数值，并且允许任意小数位，这样的数称为浮点数，数值主要数据类型如下：

```
var num=33.25          //一个浮点数
num=-88;               //一个负数
num=-20.333            //一个负数浮点数
```

3）布尔值。

JavaScript 另外一种重要的数据类型是布尔类型。布尔数据只有两个可选值：true 和 false。从某种意义上讲，为计算机设计程序就是与布尔值打交道。作为最基本的事实，所有的电子电路只能识别和使用布尔数据：电路中有电流或电路中没有电流。

布尔值不是字符串，万万不能将布尔值用引号引起来。布尔值的 false 与字符串值"false"是完全不相关的两码事，其示例代码如下：

```
var married=false;     //变量 married 设置为布尔值 false
var married="false";   //变量 married 设置为字符串"false"
```

（3）变量。

人们通常把那些会发生变化的东西统称为变量，把值存入变量的操作统称为赋值。在 JavaScript 中可以用下面的代码进行赋值：

```
mood="happy";
age=33;
```

在 JavaScript 中允许程序直接对变量赋值而无需事先声明，这在许多其他程序语言中是不被允许的，它们要求在使用任何变量之前必须先对它进行声明。虽然 JavaScript 没有强制要求 Web 前端开发者必须提前声明变量，但提前声明变量是一种良好的编程习惯。下面的代码对变量 mood 和 age 作出了声明：

```
var mood;
var age;
var age,mood;          //一次声明两个变量
```

同样可以在声明变量的同时完成该变量的赋值，具体代码如下：

```
var mood="happy";
var age=24;
var mood="happy",age=24;    //一次声明赋值两个变量
```

在 JavaScript 语言里，变量与其他语法元素的名字都是区分字母大小写的，JavaScript 语法不允许变量名中包含空格或标点符号（美元符号"$"除外）。

JavaScript 变量名允许包含字母、数字、美元符号和下划线（第一个字符不允许是数字），为了使变量名更容易阅读，可以在变量名的适当位置插入下划线，具体如下：

```
var my_mood="happy";
```

另一种方式是使用驼峰命名法对变量进行命名，具体代码如下：

```
var myMood="happy";
```

通常驼峰命名法是函数名、方法名和对象属性名的首选命名法。

（4）表达式与运算符。

1）表达式。

表达式是 JavaScript 的一个"短语"，JavaScript 解释器可以计算表达式，从而生成一个值，最简单的表达式是直接量或变量名。

直接量表达式的值就是这个直接量本身，变量表达式的值则是该变量所存放或引用的值。

通过合并简单的表达式可以创建较为复杂的表达式，具体代码如下：

i+0.7

在这个例子中"+"是一个运算符，用于将两个简单的表达式合并起来，组成一个更为复杂的表达式。

2）运算符。

加法是一种操作，减法、除法和乘法也是。每一种算术操作中都必须借助于相应的操作符才能完成。操作符是 JavaScript 为完成各种操作而定义的一些符号，假设 y=3。JavaScript 的算术运算符如表 14-4 所列。

表 14-4　JavaScript 算术运算符

运算符	描述	例子	结果
+	加	x=y+2	x=5
-	减	x=y-2	x=1
*	乘	x=y*2	x=6
/	除	x=y/2	x=1.5
%	求余数	x=y%2	x=1
++	累加	x=++y	x=4
--	递减	x=--y	x=2

赋值运算符用于给 JavaScript 变量赋值，假设 x=6，y=3，表 14-5 列出了 JavaScript 的赋值运算符。

表 14-5　JavaScript 赋值运算符

运算符	例子	等价于	结果
=	x=y		x=3
+=	x+=y	x=x+y	x=9
-=	x-=y	x=x-y	x=3
*=	x*=y	x=x*y	x=18
/=	x/=y	x=x/y	x=2
%=	x%=y	x=x%y	x=0

加号（+）是一个比较特殊的操作符，它既可用于数字也可用于字符串，具体代码如下：

```
var message="I am feel "+"good";
```

像这样把多个字符串首尾相连在一起的操作叫作拼接。

（5）流程控制语句。

1）if 语句。

if 语句是最常见的条件语句，if 语句的基本语法如下：

```
if(condition){
    //执行语句内容
}
```

条件必须放在 if 后面的圆括号中。条件的求值结果永远是一个布尔值，即只能为 true 或 false。大括号中的语句不管内容有多少条，只有在给定条件的求值结果为 true 的情况下才会执行，因此以下代码中，alert 消息永远都不会出现。

```
if(1+1=3){
    alert("It's wrong");
}
```

事实上,if 语句中的大括号本身并不是必不可少的,如果 if 语句中的大括号部分只包含一条语句,那么就可以不使用大括号，而这条 if 语句的全部内容可以写在同一行上，具体代码如下：

```
if(1+1=3) alert("This is wrong");
```

大括号可以提高代码的可读性，因此使用 if 语句时总是使用大括号是一种良好的编程习惯。

if 语句的第二种形式引入了 else 从句，当给定条件的求值结果为 false 时，就会执行这个 else 从句，其基本语法结构如下：

```
if(condition){
    //执行语句内容
}else{
    //执行语句内容
}
```

因此在上个例子中加入 else 从句后，将会显示 alert 消息，具体代码如下：

```
if(1+1=3){
    alert("It's wrong");
}else{
    alert("It's right");
}
```

2）switch 语句。

一个 if 语句会在程序的执行流程中产生一个分支，但是当程序含有多个分支，并且所有的分支都依赖于一个变量的值时，多个 if 语句重复性地检测同一个变量的值将会造成资源浪费。而 switch 语句正是用来处理这种情况的，它比重复使用 if 语句要高效得多，其语法结构如下：

```
switch(expression){
    //执行代码内容
}
```

在执行代码内容中，不同的位置要使用 case 关键字后加一个值和一个冒号来标记。当执行一个 switch 语句时，它先计算 expression 的值，然后查找与这个值匹配的 case 标签，找到相应的 case 标签，就开始执行 case 标签后的代码块语句，如果没有相匹配的内容，就开始执行标签 default 后的语句，如果没有 default 标签，就跳过所有的代码块。一个简单的 switch 例子如下：

```
switch(type)
{
    case 0:
        alert("HTML");
        break;
    case 1:
        alert("CSS");
        break;
    case 2:
        alert("JavaScript");
        break;
}
```

上面的例子中，每一个 case 语句的结尾处都使用了关键字 break，使程序跳到 switch 语句或循环语句的结尾处，其具体功能将在后面的章节中介绍。

switch 语句中的 default 标签一般都出现在 switch 主体的末尾，位于所有 case 标签之后，这是常用的 default 标签位置。实际上，default 标签可以放置在 switch 语句主体的任意位置。

3）while 循环。

while 循环语句与 if 语句十分相似，它们的语法几乎一样。

```
while(expression){
    //执行语句内容
}
```

while 循环语句与 if 语句唯一的区别是：只要给定条件的求值结果是 true，包含在大括号里的代码就将反复执行下去。一个 while 循环的例子如下：

```
var count=1;
while(count<11){
    alert(count);
    count++;
}
```

在该例子中，首先声明数值变量 count 并赋值为 1，然后以"只要变量 count 的值小于 11，就重复执行这个循环"为条件创建一个 while 循环。在 while 循环内部，用"++"操作符对变量 count 的值执行加 1 操作，执行这段代码将看到 alert 对话框弹出了 10 次。

类似于 if 语句的情况，while 循环的大括号部分所包含的语句有可能不被执行，因为对循环控制条件的求值发生在每次循环开始之前，所以如果循环控制条件的首次求值为 false，大括号内的代码将一次都不会执行。

而在某些场合，希望那些包含在循环语句内部的代码至少执行一次，这时需要使用 do 循环，其语法结构如下：

```
do{
    //执行语句内容
}while(condition)
```

do 循环与 while 循环最大的区别是：对循环控制条件的求值发生在每次循环结束之后。因此，即使循环控制条件的首次求值结果为 false，大括号里的语句也至少会被执行一次。使用 do 循环语句实现上个例子的代码如下：

```
var count=1;
do{
    alert(count);
    count++;
}while(count<11)
```

在这个 do 循环中，最后的执行结果与 while 循环完全一样：alert 对话框弹出了 10 次。

4）for 语句。

在 JavaScript 中使用 for 循环来执行一些代码十分方便，类似于 while 循环。事实上，for 循环只是 while 循环的一种变体，而 for 循环不过是进一步改写为如下代码所示的紧凑格式而已：

```
for(initialize condition;test condition;increment condition){
    //执行语句内容
}
```

用 for 循环来重复执行一些代码的好处是循环控制结构更加清晰。与循环有关的所有内容都包含在 for 语句的圆括号里面，将上面 while 语句循环的例子改为如下所示的 for 循环：

```
for(var count=1;count<11;count++){
    alert(count);
}
```

for 循环最常见的用途之一便是对某个数组里的全体元素进行遍历处理。这时往往需要用到数组的 array.length 属性，这个属性表示给定数组里元素的个数，切记数组下标是从 0 开始的，下面的例子是指循环输出数组中的所有元素。

```
var myArray=["BMW","Volvo","Saab","Ford"];
```

```
for (var i=0;i<myArray.length;i++){
    alert(myArray[i]);
}
```

5）for/in 语句。

在 JavaScript 中关键字 for 有两种使用方式。之前已经讲过其在循环语句中的使用情况，此外它还可以用于 for/in 语句，其语法结构如下：

```
for(variable in object){
    //执行语句内容
}
```

variable 是指一个变量名，声明一个变量的 var 语句，数组的一个元素或者是对象的一个属性。object 是一个对象名，或者是计算结果为对象的表达式。

JavaScript 的数组是一种特殊的对象，因此 for/in 循环可以像枚举对象属性一样枚举数组的下标，例如前面 for 循环中的例子。

```
var myArray=["BMW","Volvo","Saab","Ford"];
var i;
for (i in myArray){
    alert(myArray[i]);
}
```

for/in 循环并没有指定将对象的属性赋给循环变量的顺序，因为没有什么办法可以预先告知其赋值顺序，因此在不同的 JavaScript 版本或者实现中这一语句的书写方式可能有所不同。

6）break 语句。

在 JavaScript 中，break 语句可使运行的程序立刻退出包含在最内层的循环或者退出一个 switch 语句，其语法结构如下：

```
break;
```

由于其用来退出循环或者 switch 语句，因此只有当它出现在这些语句中时，这种形式的 break 语句才能被解析。

JavaScript 允许关键字 break 后跟一个标签名，当 break 和标签一起使用时，将跳转到这个带有标签的语句的尾部，或者禁止这个语句。该语句可以是任何用括号括起来的语句，不一定是循环语句或者 switch 语句。

7）continue 语句。

continue 语句与 break 语句相似，不同的是它不是退出一个循环而是开始循环的一次新迭代，其语法结构如下：

```
continue;
```

continue 语句只能在 while 语句、do/while 语句、for 语句或者 for/in 语句的循环体中使用，在其他地方使用将不会被解析。

执行 continue 语句时，封闭循环的当前迭代就会被终止，开始执行下一次迭代，这对不同类型的循环语句来说含义是不同的。

在 while 循环语句中，会再次检测循环开头的 expression，如果值为 true，将从头开始执行循环内容；在 do/while 循环中，会跳到循环的底部，在顶部开始下一次循环之前先检测循环条件；在 for 循环中，先计算 initialize 表达式，然后再检测 test 表达式以确定是否应该执行下一次迭代；在 for/in 循环中，将以下一个赋给循环变量的属性名开始新的迭代。

在 while 循环和 for 循环中 continue 语句行为的不同之处在于，while 循环是直接跳到循环条件处，而在 for 循环中则要先计算 increment 表达式，然后再跳转到循环条件处。

8）throw 语句。

所谓的异常通常就是指一个信号，说明发生了某种异常情况或错误。抛出（throw）一个异常，就是用信号通知发生了错误或异常情况。捕捉（catch）一个异常，就是处理它，即采取必要或适当的动作从异常恢复。在 JavaScript 中，当发生运行时错误或程序明确地使用 throw 语句时就会抛出异常。使用 try/catch/finally 语句可以捕获异常，这个将在下一节介绍。throw 语句使用语法结构如下：

```
throw expression;
```

expression 的值可以是任何类型的，但是通常情况下它是一个 Error 对象或 Error 子类的一个实例，下面是一段使用 throw 语句抛出异常的代码：

```
function faction(x){
    if(x<0){
        throw new Error("x is a wrong number");
    }
    for(var i=0;i<10;i++){
        x++;
    }
    return x;
}
```

在抛出异常时，JavaScript 解释器会立即停止正常的程序执行，跳转到最近的异常处理器。如果抛出异常的代码块没有相关的 catch 从句，解释器将检查次高级的封闭代码块，看它是否有相关的异常处理器，依此类推，直到找到一个异常处理器为止。

9）try/catch/finally 语句。

try/catch/finally 语句是 JavaScript 的异常处理机制。该语句的 try 从句只定义异常需要被处理的代码块；catch 从句跟随在 try 从句后面，是 try 从句内的某个部分发生了异常调用的语句块；finally 从句跟随在 catch 从句后，存放清除代码，无论 try 从句中发生了什么，该代码块都会被执行。虽然 catch 从句和 finally 从句都是可选的，但是 try 从句中至少应该有一个 catch 从句或 finally 从句。try、catch、finally 从句都以大括号开头和结尾，这是必须的语法部分，即使从句只有一条语句，也不能省略大括号。

下面是一个使用 try/catch/finally 语句的例子，尤其要注意 catch 关键字后面用圆括号括起来的标识符，该标识符就像函数的参数，指定了一个仅存在于 catch 从句内部的局部变量，JavaScript 将要抛出的异常对象或值赋给这个变量，具体代码如下：

```
try{
    var num=1;
    var num2=faction(num1);
    alert(num2);
}catch(e){
    alert(e);
}finally{
    alert("end");
}
```

虽然 finally 从句不像 catch 从句那么常用，但也是十分有用的，只是它的行为需要更多的解释。只要执行了 try 从句的一部分，无论 try 从句的代码正常执行了多少，finally 从句都会被执行，它通常在 try 从句的代码后用于清除操作。

通常情况下，控制流到达 try 从句的尾部，然后开始执行 finally 从句，以便进行必要的操作。如果 return 语句、continue 语句或 break 语句使控制流离开了 try 从句, 那么在控制流转移到新目的地前, finally 从句就会被执行。

如果异常发生在 try 从句中, 而且存在一个相关的 catch 从句处理异常, 控制流将首先转移到 catch 从句, 然后转移到 finally 从句。如果没有处理异常的局部 catch 从句, 控制流将首先转移到 finally 从句, 然后向上传播到最近的能够处理异常的 catch 从句。

如果 finally 从句本身用 return 语句、continue 语句、break 语句或 throw 语句转移了控制流, 或者调用了抛出异常的方法改变了控制流, 那么等待的控制流转移将被舍弃, 并进行新的转移。比如, finally 从句抛出了一个异常, 那么该异常将代替处于抛出过程中的异常; 如果 finally 从句运行到了 return 语句, 那么即使已经抛出了一个异常, 而且该异常还没有被处理, 该方法也会正常返回。

14.2.3 函数

如果需要多次使用同一段代码, 可以把它们封装成一个函数, 函数就是一组允许在你的代码里随时调用的语句, 每个函数实际上就是一个短小的脚本。

我们应养成良好的编程习惯, 对函数先定义后调用。一个简单的函数的具体代码如下:

```
function show(){
    var myArray=["BMW","Volvo","Saab","Ford"];
    for (var i=0;i<myArray.length;i++){
        alert(myArray[i]);
    }
}
```

该函数将循环输出数组中的内容。现在如果想在自己的脚本中执行这一动作, 可以随时调用如下语句来执行这个函数:

```
show();
```

每当需要反复做一件事的时候, 都可以利用函数来避免重复输入大量的相同代码。不过函数的主要用途在于可以把不同的数据传递给函数, 函数将使用这些数据去完成预定的操作, 这些传递给函数的数据便是参数。

JavaScript 内置了许多函数, 在前面多次用到的 alert 就是其中一种, 该函数需要我们提供一个参数, 将弹出一个对话框来显示这个参数的值。

在定义函数时, 可以为它声明多个参数, 只要用逗号将其隔开即可。在函数内部, 可以像使用普通变量那样使用它的任何一个参数, 如下为一个进行乘法运算的函数:

```
function multiply(num1,num2){
    var total=num1*num2;
    alert(total);
}
```

在定义了这个函数的脚本里, 可以使用如下语法进行调用:

```
multiply(10,2);
```

然而很多语法调用这个函数只是为了得到最终结果而非在页面上展示出来, 因此我们需要函数不仅能够（以参数的形式）接收数据, 还能够返回数据。这时便需要用到 return 语句, 改造后的函数如下:

```
function multiply(num1,num2){
    var total=num1*num2;
```

```
    return total;
}
```

函数的真正价值体现在可以把它们当作一种数据类型来使用，这意味着可以把函数的调用结果赋给一个变量。

```
var num1=2,num2=5;
var total=multiply(num1,num2);
alert(total);
```

前面说过，我们应养成良好的编程习惯，在第一次对变量进行赋值时需要先进行声明，当在函数内部使用变量时就更应该这么做。

变量既可以是全局的也可以是局部的，全局变量与局部变量的区别就在于其作用域。

全局变量可以在脚本的任何位置被引用，其作用域为整个脚本。

局部变量只存在于声明它的函数的内部，在函数的外部是无法引用它的，作用域仅为某个特定的函数。

因此，在函数中既可以使用全局变量也可以使用局部变量。但这会造成变量之间的用意混乱，例如本想使用一个局部变量，却不小心使用了全局变量的名称，使得函数用意出现差错。

不过可以通过 var 关键字明确地声明变量，如果在函数中使用了 var，那么这个变量就被视为一个局部变量，它只存在于这个函数的上下文中；反之，如果没有使用 var，那么这个变量就被视为一个全局变量，如果脚本里已存在一个与之同名的全局变量，那么该函数将改变全局变量的值，示例如下：

```
function square(num){
    total=num*num;
    return total;
}
var total=50;
varnumber=square(total);
alert(number);
```

函数在行为方面像一个自给自足的脚本，在定义一个函数时，一定要把它内部的变量全部声明为局部变量。

14.2.4　对象

对象是一种非常重要的数据类型。对象是自包含的数据集合，包含在对象里的数据可以通过两种形式访问：属性和方法。属性是隶属于某个特定对象的变量；方法是只有某个特定对象才能调用的函数。

对象就是由一些属性和方法组合在一起而构成的一个数据实体，在 JavaScript 中，属性和方法都使用"点"语法来访问，其具体用法如下：

```
object.property
object.method()
```

（1）内建对象。

在 JavaScript 中内置了一些对象，比如前面用到的数组。当我们使用 new 关键字去初始化一个数组时，其实就是在创建一个 Array 对象的新实例，具体代码如下：

```
var beatles=new Array();
```

Array 对象只是诸多 JavaScript 内建对象中的一种。还包含 Math 对象、Date 对象，它们分别提供了非常有用的方法供人们处理数值和日期值。比如，Math 对象的 round 方法可以把十进制数值舍入为一个与之最接近的整数，具体代码如下：

```
var num=7.561;
var number=Math.round(num);
alert(number);
```

Date 对象可以用来存储和检索与特定日期和时间有关的信息。在创建 Date 对象的新实例时，JavaScript 解释器将自动使用当前日期和时间对其进行初始化，具体代码如下：

```
var current_date=new Date();
```

Date 对象提供了 getDay()、getHours()、getMonth()等一系列方法，以供人们检索与特定日期有关的各种信息。

在编写 JavaScript 脚本时，内建对象可以帮助开发人员快速、简单地完成许多任务。

（2）宿主对象。

除了内置对象以外，还可以在 JavaScript 脚本里使用一些已经预先定义好的其他对象。这些对象不是由 JavaScript 语言本身提供的，而是由它的运行环境提供的。在 Web 应用中，这个环境就是浏览器，由浏览器提供的预定义对象称为宿主对象。

宿主对象包括 Form、Image 和 Element 等，可以通过这些对象获得关于网页上表单、图像和各种表单元素等信息，其中最重要的一个宿主对象便是 document 对象，在后续章节中将会介绍。

14.3 DOM

本节将介绍 DOM，通过 DOM 能够操作网页上的元素、属性和文字等信息，从而通过 DOM 解析网站。

14.3.1 什么是 DOM?

文档对象模型简称 DOM，DOM 是一种 HTML/XHTML 页面的编程接口（API）。它提供了一种文档的结构化解析方式和一组方法，以便实现与所含元素交互。实际上，它是把页面标记转换为 JavaScript 可以理解的格式。简单来说，DOM 就像页面上所有元素的一个地图。Web 前端开发者可以使用它通过名字和元素来找到元素，然后添加、修改或删除元素及其内容。

14.3.2 获取 HTML 元素

在 DOM 中有三种方法能够获取元素节点，分别是通过元素 ID、通过标签名称和通过类名称。

（1）getElementById。

DOM 提供了一个名为 getElementById 的方法，这个方法将返回给定 id 属性值的元素节点对应的对象。

getElementById 是 document 对象特有的方法。在脚本代码里，方法名的后面必须跟有一对圆括号，这对圆括号包含着方法的参数。getElementById 方法只有一个参数：想要获得的那个元素的 id 属性的值，这个 id 属性值必须放在单引号或者双引号里，其使用方法如下：

```
document.getElementById("purchases");
```

这个调用将返回一个对象，该对象对应 document 对象里一个独一无二的元素，即元素 id 属性值为 purchases 的节点对象。可以通过使用 typeof 操作符来验证这一点，typeof 操作符能够判断操作数的对象类型。

事实上，文档中的每一个元素都是一个对象。利用 DOM 提供的方法能得到任何对象。一般来说，不需要为文档中的每一个元素都定义一个独一无二的 id 值，DOM 提供了另一个方法来获取那些没有 id 属性的对象。

（2）getElementsByTagName。

getElementsByTagName 方法返回一个对象数组，每个对象分别对应文档里包含给定标签的一个元素。类似于 getElementById，该方法也是只有一个参数，它的参数是标签名，其使用方法如下：

```
element.getElementsByTagName(tag);
```

它与 getElementById 方法有许多相似之处，但它返回的是一个数组，在编写脚本的时候要注意区分开来。这个数组里的每一个元素都是一个对象，可以使用 getElementsByTagName 方法结合循环语句与 typeof 操作符进行验证，其使用方法如下：

```
for(var i=0;i<document.getElementsByTagName("li").length;i++){
    alert(typeof document.getElementsByTagName("li")[i]);
}
```

应当注意的是，即使在整个文档中只有一个包含本标签的元素，getElementsByTagName 方法返回值也是一个数组，只是这个数组的长度为 1。

在实际的开发中重复地输入 getElementsByTagName 方法是一件很麻烦的事情，而这些方法名也会让代码变得难以阅读。在开发中可以通过使用一个简单的方法来解决这个问题，只需把 getElementsByTagName 方法赋值给一个变量即可，改造后的代码如下：

```
var items=document.getElementsByTagName("li");
for(var i=0;i<items.length;i++){
    alert(typeof items[i]);
}
```

getElementsByTagName 方法允许把一个通配符作为它的参数。通配符 "*" 必须放在引号里面，这是为了让通配符与乘法操作符有所区别。下面的代码可以得到文档中总共有多少个元素节点：

```
alert(document.getElementsByTagName("*").length);
```

当然，还可以将 getElementsByTagName 与 getElementById 结合起来使用，比如想要得到某个 id 属性值为 purchases 的元素包含多少个列表项，其实现代码如下：

```
var shop=document.getElementById("purchases");
var items=shop.getElementsByTagName("*");
alert(items.length);
```

（3）getElementsByClassName。

HTML5 DOM 中新增了一个方法：getElementsByClassName。这个方法能够通过 class 属性中的类名来访问元素。不过由于这是一个新增方法，某些浏览器中可能还不支持此方法的解析，其在 Internet Explorer 5/6/7/8 中无效，因此在使用时要注意兼容性。

getElementsByClassName 方法与 getElementsByTagName 方法相似，也只接受一个参数，就是类名，其使用方法如下：

```
element.getElementsByTagName(class);
```

返回值与 getElementsByTagName 方法的返回值类似，都是一个具有相同类名的元素的数组，下面的代码将返回类名为 sale 的所有元素。

```
document.getElementsByClassName("sale");
```

getElementsByClassName 方法还可查找那些带有多个类名的元素。如果要指定多个类名只需在字符串参数中用空格分隔开类名即可，使用方法如下：

```
alert(document.getElementsByClassName("import sale").length)
```

当上面的代码执行时，可以清楚地知道有多少个元素同时带有"import"和"sale"类名，应当知道的是，元素的 class 属性中的类名顺序及类名的多少，并不影响其匹配。

getElementsByClassName 方法可以与 getElementsByTagName 方法、getElementById 方法配合使用，比如想要知道 id 属性值为 purchases 的元素中有多少类的类名包含"sale"，可以使用下面的代码实现：

```
var shop=document.getElementById("purchases");
var items=shop.getElementsByClassName ("sale");
alert(items.length);
```

但是由于 getElementsByClassName 方法只在较新的浏览器中才能解析，为了使其兼容更多的浏览器，需要自定义 getElementsByClassName 方法，其内容如下：

```
functiongetElementsByClassName(node,classname){
    //如果浏览器支持 getElementsByClassName 解析
    if(node.getElementsByClassName){
        return node.getElementsByClassName(classname);
    }else{
        var results=new Array();
        var elems=node.getElementsByTagName("*");
        for(var i=0;i<elems.length;i++){
            if(elems[i].className.indexOf(classname) != -1){
                results[results.length]=elems[i];
            }
        }
        return results;
    }
}
```

这个 getElementsByClassName 方法接收两个参数，node 为 DOM 树中的搜索起点，classname 为搜索的类名，如果传入的节点对象包含 getElementsByClassName 方法，那么这个新方法就直接返回相应的节点列表，如果不包含，这个新方法就会去遍历所有的标签，并用自定义办法去查找相应类名的元素。

14.3.3 对 HTML 元素进行操作

在前面介绍如何获取 HTML 元素，虽然对查找获取元素很有用，但是 DOM 的真正优势还是在于它能用 JavaScript 动态地修改文档，本节介绍如何添加、修改、删除元素。

（1）增加元素。

如果需要向 HTML 中添加新元素，那么首先需要创建该元素，然后向已存在的元素添加新元素。document.createElement()方法和 document.createTextNode()方法分别用来创建新的 Element 节点和 Text 节点，而 node.appendChild()、node.insertBefore()和 node.replaceChild()方法可以用来将创建好的元素添加到一个文档，其具体实现方法如下。

1）首先需要创建一个新的元素，比如<p>，代码如下：

```
var para=document.createElement("p");
```

2）如果需要向<p>元素中添加文本内容，必须先创建一个文本节点，代码如下：

```
var node=document.createTextNode("这是创建的新段落。");
```

3）然后将该文本节点追加到刚才创建的<p>元素中，代码如下：

```
para.appendChild(node);
```

4）最后必须向一个已有的元素追加这个新建的元素，其实现代码如下：

```
var element=document.getElementById("div1");
element.appendChild(para)
```

以上代码主要实现的是：将内容为"这是创建的新段落。"的<p>元素添加到 id 属性值为 div1 的元素下面。

（2）修改元素。

修改元素包含两个部分的内容：修改元素内容和修改元素属性。

1）修改元素内容。

修改元素内容的最简单方法便是使用 innerHTML 属性，使用该属性可以对元素的内容重新赋值，从而达到修改元素内容的效果，其使用方法如下：

```
document.getElementById(id).innerHTML=new HTML;
```

比如想要改变一个段落的内容，代码如下：

```
<!doctype html>
<html>
<head>
<meta charset="utf-8">
<title>改变元素内容</title>
<script>
    document.getElementById("p1").innerHTML="New text!";
</script>
</head>
<body>
    <p id="p1">Hello World!</p>
</body>
</html>
```

2）修改元素属性。

在得到需要的元素以后，就可以设法获取它的各个属性，getAttribute 方法就是专门用来获取元素属性的，相应地也可以使用 setAttribute 方法来更改元素节点的属性值。

getAttribute 是一个函数，它只有一个参数，即查询的属性的名称，其使用方法如下：

```
object.getAttribute(attribute);
```

getAttribute 方法不属于 document 对象，它只能通过元素节点对象调用，比如与 getElementsBy-TagName 方法结合使用，获取每个<p>元素的 title 属性，代码如下：

```
var para=document.createElement("p");
for(var i=0;i<para.length;i++){
    alert(para[i].getAttribute("title"));
}
```

setAttribute()方法是用来设置属性的，它允许对属性节点的值做出修改，与 getAttribute 方法一样，它也是只能用于元素节点，其使用方法如下：

```
object.setAttribute(attribute,value);
```

下面一个例子用来展示 setAttribute()方法改变了元素的 title 属性，代码如下：

```
var shop=document.getElementById("purchases");
alert(shop.getAttribute("title"));
```

```
shop.setAttribute("title","a list");
alert(shop.getAttribute("title"));
```

执行上面一段代码后将弹出两个 alert 对话框，第一个将显示为一片空白或者"null"字样；第二个将显示"a list"消息。在设置节点的 title 属性时，该属性原先并不存在。这表明 setAttribute 实际上完成了两项操作：先创建这个属性，然后设置它的值。如果元素节点本身已经存在要改变的属性，setAttribute 方法将直接覆盖该属性。

（3）删除元素。

如果需要在 HTML 中删除元素，首先需要获得该元素，然后得到该元素的父元素，最后通过 removeChild 方法删除该元素，其实现流程如下。

1）获得该元素，比如要获得 id 属性值为 div1 的元素，其代码如下：
```
var child=document.getElementById("p1");
```
2）获得该元素的父元素，代码如下：
```
var parent=document.getElementById("div1");
```
3）从父元素中删除该元素，代码如下：
```
parent.removeChild(child);
```

通过上面的操作实现了将 id 属性值为 p1 的元素从 HTML 中删除，如果可以在不引用父元素的情况下直接删除该元素就可以省去大量的代码，但是 DOM 必须要得到删除的元素及其父元素之后，才会执行删除元素操作。可以对以上代码进行优化，从而实现元素的删除，优化后的代码如下：
```
var child=document.getElementById("p1");
child.parentNode.removeChild(child);
```

14.4 案例：使用 JavaScript 进行表单验证

14.4.1 功能

使用 JavaScript 代码验证输入值是否为空、是否为整数、是否为正确时间等信息，单击"提交"按钮后在页面上显示提示信息。在进行精确验证时将用到 JavaScript 的正则表达式，来准确匹配输入值格式。

14.4.2 实现效果

实现效果如图 14-2 所示的表单验证页面及图 14-3 所示的表单验证提示页面。

图 14-2 表单验证页面

图 14-3 表单验证提示页面

14.4.3 代码

案例 14-01：使用 JavaScript 进行表单验证

（1）HTML 代码部分。

HTML 部分的具体代码如下：

```
<!doctype html>
<html>
<head>
<meta charset="utf-8">
<title>使用 JavaScript 进行表单验证</title>
<style>
.body{
    width:100%;/*设置页面宽度为 100%*/
    height:100%;/*设置页面高度为 100%*/
    }
.td_left{
    width:150px;
    text-align:right;
    }
</style>
</head>

<body>
<!--页面内容 begin-->
<div id="bodyContent" class="body-content">
<form method="post">
<table>
<tr>
<td class="td_left">用户名：</td>
<td><input type="text" name="form_loginname" /></td>
</tr>
<tr>
<td class="td_left">姓名：</td>
<td><input type="text" name="form_username" /></td>
</tr>
<tr>
<td class="td_left">密码：</td>
<td><input type="password" name="form_password" /></td>
</tr>
<tr>
<td class="td_left">确认密码：</td>
<td><input type="password" name="form_checkpassword" /></td>
</tr>
<tr>
<td class="td_left">邮箱：</td>
<td><input type="email" name="form_email" /></td>
</tr>
<tr>
<td class="td_left">手机：</td>
<td><input type="tel" name="form_tel" /></td>
</tr>
<tr>
<td class="td_left">出生日期：</td>
```

```
<td><input type="date" name="form_date" /></td>
</tr>
<tr>
<td class="td_left"></td>
<td><span id="save_info"></span></td>
</tr>
<tr>
<td class="td_left"></td>
<td><input type="button" name="form_save"
                    onClick="return saveform(this.form)" value="提交" /></td>
</tr>
</table>
</form>
</div>
<!--页面内容 end-->
<!--JS 执行-->
<script>
//JavaScript 函数部分
</script>
</body>
</html>
```

（2）JavaScript 代码部分。

JavaScript 部分的具体代码如下：

```
function saveform(form)
{
    var check=true;
    //获取提示信息对象
    var info=document.getElementById("save_info");
    //得到用户名信息
    var loginname=form.form_loginname.value;
    //得到姓名信息
    var username=form.form_username.value;
    //得到密码值
    var password=form.form_password.value;
    //得到确定密码值
    var confirmpassword=form.form_checkpassword.value;
    //得到邮箱值
    var email=form.form_email.value;
    //得到电话
    var usertel=form.form_tel.value;
    //得到出生日期
    var userdate=form.form_date.value;
    //清空提示信息
    info.innerHTML="";
    //验证用户名
    if(loginname == "")
    {
        info.innerHTML="用户名不能为空";
        return false;
    }else{
        if(!checkloginname(loginname)){
            info.innerHTML="用户名只能为英文字符、数字";
```

```
            return false;
        }
    }
    //验证姓名
    if(username == "")
    {
        info.innerHTML="姓名不能为空";
        return false;
    }
    //验证密码
    var checkpasswordinfo=checkpassword(password,confirmpassword);
    if(checkpasswordinfo != "success")
    {
        info.innerHTML=checkpasswordinfo;
        return false;
    }
    //验证邮箱
    if(email != "" && !checkemail(email)){
        info.innerHTML="邮箱格式错误，请重新填写";
        return false;
    }
    //验证手机
    if(usertel != "" && !checktel(usertel)){
        info.innerHTML="手机格式错误，请重新填写";
        return false;
    }
    if(userdate == "")
    {
        info.innerHTML="出生日期不能为空";
        return false;
    }else if(userdate != "" && !checkdate(userdate)){
        info.innerHTML="出生日期格式错误，请重新填写";
        return false;
    }    return true;
}
//验证用户名只能为英文字符、数字
function checkloginname(name)
{
    var regu = "^[A-Za-z0-9]+$";
    var re = new RegExp(regu);
    return re.test(name);
}
//验证密码
function checkpassword(password,confirmpassword)
{
    var info="success";
    if(password == "" || confirmpassword == ""){
        info="密码/确认密码不能为空";
    }else{
        if(password != confirmpassword){
            info="密码/确认密码请保持一致";
        }
    }
    return info;
```

```
}
//验证邮箱
function checkemail(email)
{
    var regu = "^([\.a-zA-Z0-9_-])+@([a-zA-Z0-9_-])+(\.[a-zA-Z0-9_-])+";
    var re = new RegExp(regu);
    return re.test(email);
}
//验证手机
function checktel(tel)
{
    var regu = "^13[0-9]{9}$|14[0-9]{9}|15[0-9]{9}$|18[0-9]{9}|17[0-9]{9}$";
    var re = new RegExp(regu);
    return re.test(tel);
}
//验证出生日期
function checkdate(date)
{
    return (new Date(date).getDate()==date.substring(date.length-2));
}
```

14.5 案例：使用 JavaScript 实现规定时间内答题效果

14.5.1 功能

实现一个在线答题页面，用户可以直接在网页中进行答题，如果超出答题时间，将直接跳过该题目，所有问题回答完毕后将给出一个提示信息的效果。

14.5.2 实现效果

实现效果如图 14-4 所示的答题页面及图 14-5 所示的答题完毕显示提示信息页面。

图 14-4　答题页面　　　　　　　　　图 14-5　答题完毕显示提示信息页面

14.5.3 代码

案例 14-02：使用 JavaScript 实现规定时间内答题效果

（1）HTML 代码部分。

HTML 部分的具体代码如下：

```html
<div id="bodyContent" class="body_content">
<form method="post">
<table class="MainTable" id="QuestionBox">
<tr><td style="font-weight:bold">第一题：</td></tr>
<tr><td>下列哪种语言在目前应用中不区分大小写：</td></tr>
<tr><td><label><input type="radio" />A、HTML5</label></td></tr>
<tr><td><label><input type="radio" />B、CSS3</label></td></tr>
<tr><td><label><input type="radio" />C、JavaScript</label></td>/tr>
</table>
<div id="TimingInfo">
<div><span>倒计时：<span id="save_info">20</span>秒</span></div>
<div class="nextdiv">
<input type="button" name="form_save" onClick="next()" value="下一题" />
</div>
</div>
</form>
<table id="question_3" style="display: none;">
<tbody>
<tr><td style="font-weight: bold">第二题：</td></tr>
<tr><td>在 HTML 文档中，引用外部样式表的标准位置是：</td></tr>
<tr><td><label><input type="radio" />A、文档尾部</label></td></tr>
<tr><td><label><input type="radio" />B、文档顶部</label></td></tr>
<tr><td><label><input type="radio" />C、head 元素部分</label></td></tr>
</tbody>
</table>
<table id="question_2" style="display: none;">
……此处省略第三题 HTML 结构，其结果与第二题相同
</table>
<table id="question_1" style="display: none;">
……此处省略第四题 HTML 结构，其结果与第二题相同
</table>
</div>
```

（2）JavaScript 代码部分。

JavaScript 部分的具体代码如下：

```javascript
var num = 3;
var i = 20;
//声明计时函数
var intervalid;
intervalid = setInterval("Timing()", 1000);
function Timing() {
document.getElementById("save_info").innerHTML = i;
if (i == 0) {
        //执行隐藏函数
next();
```

```
        //清除计时函数
clearInterval(intervalid);
    }
i--;
}
//执行答题结束操作
function next() {
    //获取展示内容元素对象
var main = document.getElementById("QuestionBox");
    //判断是否为最后一题
if (num == 0) {
        //隐藏倒计时及答题按钮
document.getElementById("TimingInfo").style.display = "none";
        main.innerHTML = "答题结束";
    } else {
        //显示下一道题目
var content = document.getElementById("question_" + num).innerHTML;
        main.innerHTML = content;
        //重新执行计时语句
        i = 20;
document.getElementById("save_info").innerHTML = i;
intervalid = setInterval("Timing()", 1000);
    }
num--;
}
```

通过上述代码可以实现规定时间内答题的效果，在实现的代码中，在页面中使用隐藏元素的方式选择题目，然而在实际应用当中这是不被允许的。因为尽管在页面中隐藏了该元素块，但是在页面中还是可以通过查看源代码的方式看到，推荐的方法是使用后续章节介绍的 AJAX 技术从后台异步地获取题目内容。

第 15 章
jQuery 编程

随着互联网的迅速发展，Web 页面得到了广泛应用，但是人们的需求已不局限于页面的功能，而是更多地关注页面的展示形式和用户体验。JavaScript 语言能够很好地满足 Web 前端开发者的需求，帮助 Web 前端开发者开发出用户体验度更高的页面，因而受到了越来越多人的关注。

JavaScript 本身的语法复杂，为了简化 JavaScript 的开发，各种 JavaScript 类库（也称为框架）逐渐兴起。本章要讲到的 jQuery 便是 JavaScript 类库中优秀的一员。

15.1 jQuery 概述

15.1.1 jQuery 简介

（1）定义。

jQuery 是一个集 JavaScript、CSS、DOM、AJAX 于一体的强大框架体系，是众多 JavaScript 类库中的一种。

（2）发展历程。

jQuery 是继 Prototype 之后又一个优秀的 JavaScript 类库，是由美国人 John Resig 于 2006 年 1 月创建的一个开源项目，其主旨是：用更少的代码，实现更多的功能（Write less, do more）。

2006 年 8 月，jQuery 的第一个稳定版本已经可以支持 CSS 选择符、时间交互以及 AJAX 交互。到 2007 年 7 月，jQuery 1.1.3 版本发布，该版本包含了对 jQuery 选择符引擎执行速度的提升。也是从该版本开始，jQuery 的性能达到了 Prototype、Mootools 以及 Dojo 等同类 JavaScript 类库的水平。

随着 jQuery 被人们熟知，越来越多的程序员加入其中，完善并壮大其项目内容，现在 jQuery 已成为一个深受 Web 前端开发者喜爱的 JavaScript 类库。

（3）主要特点。

jQuery 是一个功能强大的 JavaScript 类库，它主要有以下特点：

1）便捷操作 DOM 元素。

jQuery 可以很方便地获取和修改页面中的某些元素，无论是删除、移动还是复制，jQuery 都提供了一整套方便、便捷的方法，既减少了代码的编写，又大大提高了页面的用户体验。

2）控制页面样式。

jQuery 可以十分方便地控制页面中的 CSS 样式。浏览器对页面文件的兼容性一直都是 Web 前端开发者最为头疼的事情，而使用 jQuery 操作页面的样式却可以很好地兼容各种浏览器。

3）对页面事件的处理。

引用 jQuery 之后，可使页面的表现层与功能开发分离，Web 前端开发者更多地专注于程序的逻辑与功能；Web 前端设计人员则侧重于页面的优化与用户体验，然后通过事件绑定机制，轻松地将二者结合起来。

4）大量的插件在页面中的运用。

在引用 jQuery 库之后，还可以使用大量的插件来改善页面的功能和效果，如表单插件、UI 插件等，这些插件的使用既不会与 jQuery 造成冲突，还会极大地丰富页面的展示效果，降低代码开发成本和开发难度。

5）与 AJAX 技术完美结合。

AJAX 是异步读取服务器数据的技术，极大地方便了程序的开发，提升了页面的用户体验。而引用 jQuery 库后，不仅完善了原有的功能，而且减少了代码的书写量，通过其内部对象或方法，就可以实现复杂的 AJAX 功能。

（4）JavaScript 与 jQuery。

JavaScript 是一种为网站添加互动及自定义行为的客户端脚本语言，有关 JavaScript 的信息在本书其他章节中已经进行了详细介绍。JavaScript 的出现使得网页与用户之间实现了一种实时、动态和交互的关系，使得网页包含更多活跃的元素和更加精彩的内容。JavaScript 本身存在三个弊端，即复杂的文档对象模型（DOM）、不一致的浏览器实现和缺乏便捷的开发、调试工具。

jQuery 是 JavaScript 的一个类库，封装了很多预定义的对象和使用函数，能帮助使用者很轻松地建立高难度交互的页面，并兼容各大浏览器，以方便 Web 前端开发者直接使用，从而不需要再使用 JavaScript 语句书写大量的代码。

15.1.2　为什么要使用 jQuery？

jQuery 强调的理念是用更少的代码实现更多的功能。jQuery 独特的选择器、链式操作、事件处理机制和封装完整的 AJAX 都是其他 JavaScript 类库难以企及的，总结起来 jQuery 有以下优势：

（1）轻量级。jQuery 非常轻巧，总大小只有几十 KB。

（2）强大的选择器。jQuery 允许开发者使用从 CSS1 到 CSS3 几乎所有的选择器，以及 jQuery 独创的高级而又强大的选择器，另外还可以加入插件使其支持更多的选择器，甚至 Web 前端开发者可以编写属于自己的选择器。由于 jQuery 的这一特性，有一定 CSS 经验的 Web 前端开发者可以很容易地切入到 jQuery 的学习中来。

（3）出色的 DOM 操作封装。jQuery 封装了大量常用的 DOM 操作，使 Web 前端开发者在编写 DOM 操作相关程序的时候能够更加得心应手。jQuery 可以轻松完成各种原本十分复杂的操作，让 JavaScript 初学者也能写出优秀的程序。

（4）可靠的事件处理机制。jQuery 在预留退路、循序渐进以及非入侵式编程思想方面，做得十分出色。

（5）完善的 AJAX。jQuery 将所有的 AJAX 操作封装在一个方法里面，使得 Web 前端开发者处理 AJAX 时能够更加专心地处理业务逻辑，而无需考虑浏览器兼容性与 AJAX 使用问题。

（6）不污染顶级变量。jQuery 只创建一个名为 jQuery 的对象，其所有的方法都在该对象下，其别名也可以随时交出控制权，不会污染其他的对象。该特性使 jQuery 可以与其他 JavaScript 类库共存，而不用考虑后期可能出现冲突的问题。

（7）出色的浏览器兼容性。作为一个流行的 JavaScript 类库，浏览器的兼容性是必须具备的条件之一。jQuery 能够在 IE 6.0+、Firefox 2+、Safari 2.0+和 Opera 9.0+下正常运行，同时修复了一些浏览器之间的表现差异性问题，使 Web 前端开发者不必再为浏览器兼容性问题而苦恼。

（8）链式操作方式。jQuery 中最有特色的是链式操作，即对发生在同一个 jQuery 对象上的一组动作，可以直接连写而无需重复获取对象。

（9）隐式迭代。jQuery 里的方法都被设计成自动操作对象集合，而不是单独的对象，这使得大量的循环结构变得不再必要，从而大幅减少了代码量。

（10）行为层与结构层的分离。Web 前端开发者可以使用 jQuery 选择器选中元素，然后直接给元素添加事件。这种将行为层与结构层完全分离的思想，可以使 jQuery 开发人员和 HTML 或其他页面开发人员的工作职能相分离，解决开发过程的人员冲突问题。

（11）丰富的插件支持。由于 jQuery 具有易扩展性，来自全球的开发者被吸引来编写 jQuery 的扩展插件。目前已经有超过几百种的官方插件支持，而且还不断有新插件面世。

（12）开源并且拥有完善的文档。jQuery 是一个开源的产品，允许所有 Web 前端开发者自由地使用与修改。并且 jQuery 的技术文档非常丰富，降低了学习成本。

15.1.3　其他的 JavaScript 类库

目前市场上除了 jQuery 这个 JavaScript 类库以外，还有很多其他流行的 JavaScript 类库，下面介绍几种比较常用且类型不同的 JavaScript 类库。

（1）AngularJS。

AngularJS 诞生于 2009 年，由 Misko Hevery 等人创建，后被 Google 收购。它是一款优秀的前端 JS 框架，已经被用于 Google 的多款产品当中。AngularJS 有着诸多特性，最为核心的是 MVW（Model-View-Whatever）、模块化、自动化双向数据绑定、语义化标签、依赖注入等。

关于 AngularJS 的详细内容，在后面的章节中会详细讲解。

（2）Prototype。

Prototype 是最早成型的 JavaScript 类库之一，对 JavaScript 的内置对象做了大量的扩展。现在还有很多项目使用 Prototype。

Prototype 可以看作是把很多好的、有用的 JavaScript 方法组合在一起而形成的 JavaScript 类库。使用者可以在需要的时候随时将其中的几段代码抽出来放进自己的脚本里。但是由于 Prototype 成型年代早，整体上对面向对象的编程思想把握不是很到位，导致其结构的松散。

（3）Dojo。

Dojo 是一款非常适合企业应用的 JavaScript 类库，并且得到了 IBM、Sun 和 BEA 等一些大公司的支持。Dojo 的强大之处在于其提供了很多其他 JavaScript 类库所没有提供的功能，例如离线存储的 API、生成图表的组件、基于 SCG/VML 的矢量图形库和 Comet 支持等。但是 Dojo 的学习门槛相对较高，该项目的成熟度还需要进一步完善。

（4）YUI。

YUI 是由 Yahoo 公司开发的一套完备的、扩展性良好的富交互网页程序工具集。YUI 封装了一系列比较丰富的功能，例如 DOM 操作和 Ajax 应用等，同时还包括了几个核心的 CSS 文件。

（5）Ext JS。

Ext JS 常简称为 Ext，原是对 YUI 的一个扩展，主要用于创建前端用户界面，如今已经发展到可以利用包括 jQuery 在内的多种 JavaScript 框架作为基础库，Ext 作为界面的扩展库来使用。Ext 可以用来开发富有华丽外观的富客户端应用，能使 B/S 应用更加具有活力。另外，其并非是完全免费的，如需用于商业目的，还需要付费取得授权。

（6）MooTools。

MooTools 是一套轻量、简洁、模块化和面向对象的 JavaScript 框架。MooTools 的语法几乎跟 Prototype 一样，但却提供了更为强大的功能、更好的扩展性和兼容性。MooTools 采用完全、彻底的面向对象的编程思想，语法简洁直观且文档完善。

15.2　jQuery 基础应用

15.2.1　调用方法

jQuery 不需要安装，只需要该文件的一个副本，该副本可以放在外部站点上，也可以放在自己的服务器上。

案例 15-01：引入 jQuery 库 ⓒ ⓑ ⓪ ⓐ ⓔ

```
<!doctype html>
<html>
<head>
<meta charset="utf-8">
<meta keywords="JavaScript">
<meta content="引用 jQuery 库">
<title>引用 jQuery 库</title>
<link rel="stylesheet" href="style.css">
<script src="jquery/jquery.js"></script>
</head>
<body>
<div id="bodyContent" class="body-content"></div>
</body>
</html>
```

扫描看效果

在引用样式表文件的代码之后是包含 JavaScript 文件的代码。这里需要注意的是，引用 jQuery 库文件的<script>标签，必须放在引用自定义脚本文件的<script>标签之前；否则，在自定义脚本文件中编写的代码中将引用不到 jQuery 框架。

jQuery 官方网站（http://jquery.com）始终都包含该库最新的稳定版本，通过官网即可下载。官方网站在任何时候都提供几种不同版本的 jQuery 库，jQuery 各版本的调用方法都是完全一样的，不同的只是内置函数的调用方法。

15.2.2　基本语法

在 jQuery 程序中，使用最多的莫过于"$"符号。$是 jQuery 的一个简写格式，无论是页面元素的选择还是功能函数的前缀，都必须使用该符号，可以说它是 jQuery 程序的标志。以下为一个简单的 jQuery 函数示例：

```
<script>
    $(document).ready(function(){
        alert("欢迎使用 jQuery");
    })
</script>
```

在上面的例子中用到了 $(document).ready，其类似于 JavaScript 中的 window.onload，不同之处主要有两点：一是执行时间不同，$(document).ready 在页面框架加载完毕后执行；而 window.onload 必须在页面全部加载完毕（包含图片下载）后才能执行，前者执行效率更快一点。二是执行数量不同，$(document).ready 可以重复写多个，并且每次执行结果不同；window.onload 尽管可以执行多个，但是仅输出最后一个的执行结果，无法完成多个结果的输出。

$(document).ready(function(){})可以简写成$(function(){})，为了增加代码可读性以及培养良好的编码习惯，在 jQuery 程序中依然建议采用统一书写格式。

在编写某页面元素事件时，jQuery 程序可以使用链接式的方式编写元素的所有事件，通过下面的例子可以了解这一特点：

```
<script>
    $(function(){
        $(".divtitle").click(function(){
            $(this).addClass("divColor");
        })
    })
</script>
```

上面的例子说明当用户单击 class 属性值为"divtitle"的元素时，为自身增加一个名称为"divColor"的样式。

jQuery 的注释格式与 JavaScript 的注释格式完全相同，jQuery 的选择器十分强大，能够省去使用普通 JavaScript 必须编写的很多行代码。但是为培养良好的开发习惯，在进行 jQuery 程序编码时添加上注释是十分必要的。

15.2.3　选择器

选择器是 jQuery 的根基，在 jQuery 中无论是对事件处理、遍历 DOM 还是 AJAX 操作都依赖于选择器。熟练地使用选择器不仅能简化代码，而且能达到事半功倍的效果。

jQuery 允许通过标签名、属性名或内容对 DOM 元素进行快速、准确的选择，而不必担心浏览器的兼容性。

与传统的 JavaScript 获取页面元素和编写事务相比，jQuery 选择器具有明显的优势，具体表现在两方面：一是代码更简单；二是完善的检测机制。

根据所获取页面中元素的不同，可以将 jQuery 选择器分为基本选择器、层次选择器、过滤选择器、表单选择器四大类。而过滤选择器又可分为简单过滤选择器、内容过滤选择器、可见性过滤选择器、属性过滤选择器、子元素过滤选择器、表单对象 jQuery 选择器属性过滤选择器六种，分类结构如图 15-1 所示。

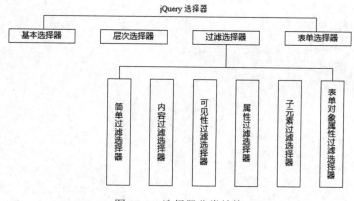

图 15-1　选择器分类结构

（1）基本选择器。

基本选择器是 jQuery 中使用最频繁的选择器，它由元素 id、class、元素名、多个选择符组成，通过基本选择器可以实现大多数页面元素的查找，其具体使用说明如表 15-1 所列。

表 15-1　基本选择器语法

选择器	描述	返回值
#id	根据提供的 id 属性值匹配一个元素	单个元素
Element	根据提供的元素名匹配所有的元素	元素集合
.class	根据提供的类名称匹配所有的元素	元素集合
*	匹配所有元素	元素集合
selector1, selectorN	将每一个选择器匹配到的元素合并后一起返回	元素集合

案例 15-02：基本选择器

```
<!doctype html>
<html>
<head>
<meta charset="utf-8">
<meta keywords="JavaScript">
<meta content="基本选择器">
<title>基本选择器</title>
<link rel="stylesheet" href="style.css">
<script type="text/javascript" src="jquery/jquery.js"></script>
<script>
    $(function(){
        //使用 id 匹配元素
        //显示 id 属性值为 div 的页面元素
        $("#div").css("display","block");
        //使用元素名匹配元素
        //显示 div 元素下元素名为 span 的页面元素
        $("div span").css("display","block");
        //使用类名匹配元素
        //显示类名为 classdiv 的页面元素
        $(".classdiv .one").css("display","block");
        //匹配所有元素
        //显示页面中的所有元素
        $("*").css("display"," block");
        //合并匹配元素
        //显示 id 属性值为 div 和元素名为 span 的页面元素
        $("#div,span").css("display"," block");
    })
</script>
</head>
<body>
    <div class="classdiv">
        <div id="div">id 属性值</div>
        <div class="one">one 类名</div>
        <span>span</span>
    </div>
</body>
</html>
```

（2）层次选择器。

层次选择器通过 DOM 元素间的层次关系获取元素，其主要的层次关系包含后代、父子、相邻、兄弟关系，通过其中某类关系可方便快捷地定位元素，其具体使用说明如表 15-2 所列。

表 15-2　层次选择器语法

选择器	描述	返回值
ancestor descendant	根据祖先元素匹配所有的后代元素	元素集合
parent>child	根据父元素匹配所有的子元素	元素集合
prev+next	匹配所有紧接在 prev 元素后的相邻元素	元素集合
prev~siblings	匹配 prev 元素之后的所有兄弟元素	元素集合

需要注意的是，ancestor descendant 与 parent>child 选择的元素集合是不同的，前者的层次关系是祖先与后代，而后者是父子关系；另外，prev+next 可以使用.next()函数代替，prev~siblings 可以使用 nextAll()函数代替。

案例 15-03：层次选择器 🌀 ❸ ❶ ✏ ℮

```
<!doctype html>
<html>
<head>
<meta charset="utf-8">
<meta keywords="JavaScript">
<meta content="层次选择器">
<title>层次选择器</title>
<link rel="stylesheet" href="style.css">
<script type="text/javascript" src="jquery/jquery.js"></script>
<script>
    //匹配后代元素
    $(function(){
        //显示 div 元素中所有的 span 元素
        $("div span").css("display","block");
        $("#divMid").css("display","block");
    })
    //匹配子元素
    $(function(){
        //显示 div 元素下的子 span 元素
        $("div>span").css("display","block");
        $("#divMid").css("display","block");
    })
    //匹配后面元素
    $(function(){
        //显示 id 属性值为 divMid 元素后的下一个 div 元素
        $("#divMid").next().css("display","block");
        $("#divMid + div").css("display","block");
    })
    //匹配所有后面元素
    $(function(){
        //显示 id 属性值为 divMid 元素后的所有 div 元素
        $("#divMid ~ div").css("display","block");
        $("#divMid").nextAll().css("display","block");
    })
```

扫描看效果

```
        //匹配所有相邻元素
        $(function(){
            //显示 id 属性值为 divMid 的元素的所有相邻 div 元素
            $("#divMid").siblings("div").css("display","block");
        })
    </script>
    </head>
    <body>
        <div class="classA">left</div>
        <div class="classA" id="divMid">
            <span class="classP" id="span1">
                <span class="classC" id="span2"></span>
            </span>
        </div>
        <div class="classA">right_1</div>
        <div class="classA">right_2</div>
    </body>
    </html>
```

（3）过滤选择器。

1）简单过滤选择器。

过滤选择器根据某类过滤规则进行元素的匹配，书写时都以冒号（:）开头。简单过滤器是过滤器当中使用最为广泛的一种，其具体使用说明如表 15-3 所列。

表 15-3　简单过滤选择器的语法

选择器	描述	返回值
first()或:first	获取第一个元素	单个元素
last()或:last	获取最后一个元素	单个元素
:not(selector)	获取除给定选择器外的所有元素	元素集合
:even	获取所有索引值为偶数的元素，索引号从 0 开始	元素集合
:odd	获取所有索引值为奇数的元素，索引号从 0 开始	元素集合
:eq(index)	获取指定索引值的元素，索引号从 0 开始	单个元素
:gt(index)	获取所有大于给定索引值的元素，索引号从 0 开始	元素集合
:lt(index)	获取所有小于给定索引值的元素，索引号从 0 开始	元素集合
:header	获取所有标题类型的元素，如 h1、h2 等	元素集合
:animated	获取正在执行动画效果的元素	元素集合

案例 15-04：简单过滤选择器

```
    <!doctype html>
    <html>
    <head>
    <meta charset="utf-8">
    <meta keywords="JavaScript">
    <meta content="简单过滤选择器">
    <title>简单过滤选择器</title>
    <link rel="stylesheet" href="style.css">
    <script type="text/javascript" src="jquery/jquery.js"></script>
    <script>
```

扫描看效果

```
//增加第一个元素的类别
    $(function(){
        $("#li:first").addClass("GetFocus");
    })
    //增加最后一个元素的类别
    $(function(){
        $("#li:last").addClass("GetFocus");
    })
    //增加去除所有与给定选择器匹配的元素类别
    $(function(){
        $("#li:not(.NotClass)").addClass("GetFocus");
    })
    //增加所有索引值为偶数的元素类别
    $(function(){
        $("#li:even").addClass("GetFocus");
    })
    //增加所有索引值为奇数的元素类别
    $(function(){
        $("#li:odd").addClass("GetFocus");
    })
    //增加一个给定索引值的元素类别
    $(function(){
        $("#li:eq(1)").addClass("GetFocus");
    })
    //增加所有大于给定索引值的元素类别
    $(function(){
        $("#li:get(1)").addClass("GetFocus");
    })
    //增加所有小于给定索引值的元素类别
    $(function(){
        $("#li:lt(4)").addClass("GetFocus");
    })
    //增加标题类元素类别

    $(function(){
        $("div h1").css("width","240");
        $(":header").addClass("GetFocus");
    })
    //增加动画效果元素类别
    $(function(){
        animateIt();
        $("#spnMove:animated").addClass("GetFocus");
    })
    //动画效果
    function animateIt(){
        $("#spnMove").slideToggle("slow",animateIt);
    }
</script>
</head>
<body>
<div>
    <h1>基本过滤选择器</h1>
    <ul>
        <li class="DefClass"></li>
        <li class="DefClass"></li>
        <li class="NotClass"></li>
```

```
            <li class="DefClass"></li>
        </ul>
        <span id="spnMove">Span Move</span>
    </div>
    </body>
    </html>
```

选择器 animated 在捕捉动画效果元素时，先自定义一个动画效果函数 animateIt()，然后执行该函数，选择器才能获取动画效果元素，并增加其类别。

2）内容过滤选择器。

内容过滤选择器根据元素中的文字内容或所包含的子元素特征获取元素，其文字内容可以模糊匹配或绝对匹配进行元素定位，其具体使用说明如表 15-4 所列。

表 15-4　内容过滤选择器的语法

选择器	描述	返回值
:contains(text)	获取包含给定文本的元素	元素集合
:empty	获取所有不包含子元素或者文本的空元素	元素集合
:has(selector)	获取含有选择器所匹配的元素	元素集合
:parent	获取含有子元素或者文本的元素	元素集合

在:contains(text)内容过滤选择器中查找字母时，要注意区分其大小写。

3）可见性过滤选择器。

可见性过滤选择器根据元素是否可见的特征获取元素，其具体使用说明如表 15-5 所列。

表 15-5　可见性过滤选择器的语法

选择器	描述	返回值
:hidden	获取所有不可见元素，或者 type 为 hidden 的元素	元素集合
:visible	获取所有的可见元素	元素集合

:hidden 选择器所选择的不仅包括样式为 display:none 的所有元素，而且包括属性 type 值为 hidden 和样式为 visibility:hidden 的所有元素。

4）属性过滤选择器。

属性过滤选择器根据元素的某个属性获取元素，如 id 属性值或匹配属性值的内容，并用中括号括起来，其具体使用说明如表 15-6 所列。

表 15-6　属性过滤选择器的语法

选择器	描述	返回值
[attribute]	获取包含给定属性的元素	元素集合
[attribute=value]	获取给定的属性等于某个特定值的元素	元素集合
[attribute!=value]	获取给定的属性不等于某个特定值的元素	元素集合
[attribute^=value]	获取给定的属性是以某些值开始的元素	元素集合
[attribute$=value]	获取给定的属性是以某些值结尾的元素	元素集合
[attribute*=value]	获取给定的属性包含某些值的元素	元素集合
[selector1][selector2][selectorN]	获取满足多个条件的复合属性的元素	元素集合

案例 15-05：属性过滤选择器 🌐 ⚫ ⓪ ⓔ ⓔ

```
<!doctype html>
<html>
<head>
<meta charset="utf-8">
<meta keywords="JavaScript">
<meta content="属性过滤选择器">
<title>属性过滤选择器</title>
<link rel="stylesheet" href="style.css">
<script type="text/javascript" src="jquery/jquery.js"></script>
<script>
    //显示所有含有 id 属性值的元素
    $(function(){
        $("div[id]").show(3000);
    })
    //显示所有属性 title 值为 "A" 的元素
    $(function(){
        $("div[title='A']").show(3000);
    })
    //显示所有属性 title 值不是 "A" 的元素

    $(function(){
        $("div[title!='A']").show(3000);
    })
    //显示所有属性 title 值以 "A" 开始的元素
    $(function(){
        $("div[title^='A']").show(3000);
    })
    //显示所有属性 title 值以 "C" 结束的元素
    $(function(){
        $("div[title$='C']").show(3000);
    })
    //显示所有属性 title 值中含有 "B" 的元素
    $(function(){
        $("div[title*='B']").show(3000);
    })
    //显示所有属性 title 值中含有 "B" 且属性 id 值为 "divAB" 的元素
    $(function(){
        $("div[id='divAB'][title*='B']").show(3000);
    })
</script>
</head>
<body>
<div id="divID">ID</div>
<div title="A">title A</div>
<div id="divAB" title="AB">M</div>
<div title="ABC"></div>
</body>
</html>
```

show()是 jQuery 库中一个显示元素的函数，括号中的参数表示显示时间，单位为毫秒，例如 show(3000)表示元素从隐藏到完全可见用 3000 毫秒。

5）子元素过滤选择器。

在页面开发过程中，常常遇到突出指定某行的需求。虽然使用简单过滤选择器:eq(index)可实现单个表格的显示，但并不能满足大量数据和多个表格的选择需求。为了实现这样的需求，jQuery 中可通过子元素过滤选择器十分轻松地获取所有父元素中的某个元素，其具体使用说明如表 15-7 所列。

表 15-7　子元素过滤选择器的语法

选择器	描述	返回值
:nth-child(eq|even|odd|index)	获取每个父元素下的特定位置元素，索引从 1 开始	元素集合
:first-child	获取每个父元素下的第一个子元素	元素集合
:last-child	获取每个父元素下的最后一个子元素	元素集合
:only-child	获取每个父元素下的仅有一个子元素	元素集合

6）表单对象属性过滤选择器。

表单对象属性过滤选择器通过表单中的某个对象属性特征获取该元素，其具体使用说明如表 15-8 所列。

表 15-8　表单对象属性过滤选择器的语法

选择器	描述	返回值
:enabled	获取表单中所有属性为可用的元素	元素集合
:disabled	获取表单中所有属性为不可用的元素	元素集合
:checked	获取表单中所有被选中的元素	元素集合
:selected	获取表单中所有被选中项的元素	元素集合

下面是一个使用 jQuery 表单对象属性过滤选择器的例子，可通过这个例子对表单对象属性过滤选择器有一个更深刻的理解。

案例 15-06：表单对象属性过滤选择器

```
<!doctype html>
<html>
<head>
<meta charset="utf-8">
<meta keywords="JavaScript">
<meta content="表单对象属性过滤选择">
<title>表单对象属性过滤选择器</title>
<link rel="stylesheet" href="style.css">
<script type="text/javascript" src="jquery/jquery.js"></script>
<script>
    //增加表单中所有属性为可用的元素类别
    $(function(){
        $("#div").show(3000);
        $("#form1 input:enabled").addClass("GetFocus");
    })
    //增加表单中所有属性为不可用的元素类别
    $(function(){
        $("#div").show(3000);
        $("#form1 input:disabled").addClass("GetFocus");
    })
    //增加表单中所有被选中的元素类别
```

扫描看效果

```
$(function(){
    $("#divB").show(3000);
    $("#form1 input:checked").addClass("GetFocus");
})
//显示表单中所有被选中项的元素内容
$(function(){
    $("#divC").show(3000);
    $("#span2").html("被选项是："+$("select option:selected").text());
})
</script>
</head>
<body>
<form id="form1">
<div id="div">
    <input type="text" value="可用文本框" class="clsIpt" />
    <input type="text" disabled="disabled" value="不可用文本框" class="clsIpt" />
</div>
<div id="divB">
    <input type="checkbox" value="1" checked="checked" />选中
    <input type="checkbox" value="0" class="clsIpt" />未选中
</div>
<div id="divC">
    <select multiple="multiple">
        <option value="0">Item 0</option>
        <option value="1" selected="selected">Item 1</option>
        <option value="2">Item 2</option>
        <option value="3" selected="selected">Item 3</option>
    </select>
    <span id="span2"></span>
</div>
</form>
</body>
</html>
```

（4）表单选择器。

无论是提交还是传递数据，表单在页面中的作用都是显而易见的。通过表单进行数据的提交或处理，在前端页面开发中占据重要地位。因此，为了使用户能够更加方便、高效地使用表单，在 jQuery 选择器中引入了表单选择器，该选择器专为表单量身打造，通过它可以在页面中快速定位某表单对象，其具体使用说明如表 15-9 所列。

表 15-9　表单选择器的语法

选择器	描述	返回值
:input	获取所有 input、textarea、select	元素集合
:text	获取所有单行文本框	元素集合
:password	获取所有密码框	元素集合
:radio	获取所有单选按钮	元素集合

选择器	描述	返回值
:checkbox	获取所有复选框	元素集合
:submit	获取所有提交按钮	元素集合
:image	获取所有图像域	元素集合
:reset	获取所有重置按钮	元素集合
:button	获取所有按钮	元素集合
:file	获取所有文本域	元素集合

案例 15-07：表单选择器 ●

```
<!doctype html>
<head>
<meta charset="utf-8">
<meta keywords="JavaScript">
<meta content="表单选择器">
<title>表单选择器</title>
<link rel="stylesheet" href="style.css">
<script type="text/javascript" src="jquery/jquery.js"></script>
<script>
    //显示 Input 类型元素的总数量
    $(function(){
    $("#form1 div").html("表单共找出 Input 类型元素："+$("#form1 :input").length);
    $("#form1 div").addClass("div");
    })
    //显示所有文本框对象
    $(function(){
        $("#form1 :text").show(3000);
    })
    //显示所有密码框对象
    $(function(){
        $("#form1 :password").show(3000);
    })
    //显示所有单选按钮对象
    $(function(){
        $("#form1 :radio").show(3000);
        $("#form1 #span1").show(3000);
    })
    //显示所有复选框对象
    $(function(){
        $("#form1 :checkbox").show(3000);
        $("#form1 #span2").show(3000);
    })
    //显示所有提交按钮对象
    $(function(){
        $("#form1 :submit").show(3000);
    })
    //显示所有图片域对象
    $(function(){
        $("#form1 :image").show(3000);
    })
    //显示所有重置按钮对象
    $(function(){
```

扫描看效果

```
        $("#form1 :reset").show(3000);
    })
    //显示所有按钮对象
    $(function(){
        $("#form1 :button").show(3000);
    })
    //显示所有文件域对象
    $(function(){
        $("#form1 :file").show(3000);
    })
</script>
</head>
<body>
<form id="form1">
    <textarea>多行文本框</textarea>
    <select><option value="0">Item 0</option></select>
    <input type="text" value="单行文本框" class="clsIpt" />
    <input type="password" value="password" class="clsIpt" />
    <input type="radio" /><span id="span1">radio</span>
    <input type="checkbox" /><span id="span2">checkbox</span>
    <input type="submit" value="submit" class="btn" />
    <input type="image" title="image" src="Images/logo.png" class="img" />
    <input type="reset" value="reset" class="btn" />
    <input type="button" value="button" class="btn" />
    <input type="file" title="file" class="txt" />
    <div id="divshow"></div>
</form>
</body>
</html>
```

15.2.4 事件

当用户浏览页面时，浏览器会对页面代码进行解释或编译，这个过程实质上是通过事件来驱动的，即页面在加载时执行一个 load 事件，这个事件实现浏览器编译页面代码的过程。事件无论在页面元素本身还是在元素与人机交互中，都占有十分重要的地位。

严格来说事件在触发后被分为两个阶段，一个是捕获，另一个则是冒泡。但是大多数浏览器并不支持捕获阶段，jQuery 也不支持，因此在事件触发之后往往执行冒泡过程。所谓冒泡就是指事件执行中的顺序。

案例 15-08：执行冒泡过程

```
<!doctype html>
<html>
<head>
<meta charset="utf-8">
<meta keywords="JavaScript">
<meta content="执行冒泡过程">
<title>执行冒泡过程</title>
<link rel="stylesheet" href="style.css">
<script type="text/javascript" src="jquery/jquery.js"></script>
<script>
    $(function(){
```

扫描看效果

```
            //记录执行次数
            var intI=0;
            //单击事件
            $("body,div,#btnshow").click(function(){
                intI++;

                $(".clshow").show().html("你好，").append("执行次数："+intI);
            })
        })
    </script>
    </head>
    <body>
    <div>
        <input id="btnshow" type="button" value="单击" />
    </div>
    <div class="clshow"></div>
    </body>
    </html>
```

执行上述的例子后会发现，页面显示执行次数为 3 次，这是因为事件在执行的过程中存在冒泡现象，即虽然单击的是按钮，但是按钮外围的<div>元素的事件也被触发，同时<div>元素的外围<body>元素的事件也随之被触发，其整个事件涉及的过程就像水泡一样向外冒，故称为冒泡过程。

而在实际应用中，并不希望事件的冒泡现象发生，即单击按钮就执行单一的单击事件，并不触发其他外围的事件。在 jQuery 中可通过 stopPropagation()方法来实现，该方法可以阻止冒泡过程的发生，将上面例子中的程序稍加修改即可解决冒泡问题，具体代码如下：

```
$(function(){
    //记录执行次数
    var intI=0;
    //单击事件
    $("body,div,#btnshow").click(function(){
        intI++;
        $(".clshow").show().html("你好，").append("执行次数："+intI);
        //阻止冒泡过程
        event.stopPropagation();
    })
})
```

在编写代码过程中除了使用 stopPropagation()方法来阻止事件冒泡过程外，还可以通过语句 return false 阻止事件的冒泡过程。

（1）页面载入事件。

在本书其他章节中曾简单介绍过 jQuery 的页面载入事件 ready()方法，除了简化的$(function(){})方法外，ready()方法还有以下几种不同的写法，但执行效果是相同的。

写法一：

```
$(document).ready(function(){
    //代码部分
})
```

写法二：

```
$(function(){
    //代码部分
```

```
})
```

写法三：

```
jQuery(document).ready(function(){
    //代码部分
})
```

写法四：

```
jQuery(function(){
    //代码部分
})
```

（2）绑定事件。

在进行事件绑定时，前面曾使用了.click(function(){}})绑定按钮的单击事件，除了这种写法之外，在 jQuery 中还可以使用 bind()方法进行事件的绑定，bind()功能是为每个选择元素的事件绑定处理函数，其语法结构如下所示：

```
bind(type,[data],fn);
```

- type 为一个或多个类型的字符串，如 click 或 change，也可以自定义类型。可以被参数 type 调用的类型有 blur、focus、load、resize、scroll、unload、click、dblclick、mousedown、mouseup、mousemove、mouseover、mouseout、mouseenter、mouseleave、change、select、submit、keydown、keypress、keyup、error。
- data 是作为 event.data 属性值传递给事件对象的额外数据对象。
- fn 是绑定到每个选择元素的事件中的处理函数。

如果要在一个元素中绑定多个事件，可以将事件用空格隔开，具体代码如下：

```
$(function(){
    $("#btn").bind("click mouseout",function(){
        $(this).attr("disabled","disabled");
    })
})
```

在 jQuery 绑定事件时，还可以通过传入一个映射，对所选对象绑定多个事件处理函数，具体代码如下所示：

```
$(function(){
    $("#btn").bind({click:function(){
        alert("单击事件");
    },
    change:function(){
        alert("change 事件");
    }
    })
})
```

在 bind()方法中，第二个参数 data 为可选项，表示作为 event.data 属性值传递到事件对象的额外数据对象，实际上，该参数很少使用。如果使用，可通过该参数将一些附加的信息传递到事件处理函数 fn 中，将上面的代码加入 data 参数，具体代码如下所示：

```
$(function(){
    var message="执行的是 click 事件";
    $("#btn").bind("click",{meg:message},function(event){
        alert(event.data.msg);
    });
    message="执行的是 change 事件";
    $("#btn").bind("change",{meg:message},function(event){
```

```
        alert(event.data.msg);
    });
})
```

（3）切换事件。

在 jQuery 中，有两个方法用于事件的切换，一个是 hover()，另一个是 toggle()。所谓的切换事件，就是有两个以上的事件绑定于一个元素，在元素的行为动作间进行切换。

调用 jQuery 中的 hover()方法可以使元素在鼠标悬停与鼠标移出的事件中进行切换，该方法在实际运用中，也可通过 jQuery 中的事件 mouseenter 与 mouseleave 进行替换，下面两种实现代码是等价的。

```
//hover()方法
$("a").hover(function(){
    //执行代码一
    },function(){
    //执行代码二
})
//mouseenter 与 mouseleave 方法
$("a").mouseenter(function(){
    //执行代码一
})
$("a").mouseleave(function(){
    //执行代码二
})
```

hover()功能是当鼠标移动到所选的元素上面时，执行指定的第一个函数；当鼠标移出时执行指定的第二个函数，其语法结构如下所示：

```
hover(over,out)
```

参数 over 为鼠标移动到元素时触发的函数，参数 out 为鼠标移出元素时触发的函数。

但需要注意的是，jQuery 1.9 版本以后 hover 不再支持 mouseenter 与 mouseleave 的缩写代名词。

在 toggle()方法中，可以依次调用 N 个指定的函数，直到最后一个函数，然后重复对这些函数轮番调用。toggle()方法的功能是每次单击后依次调用函数，但该方法在调用函数时并非随机或指定调用，而是通过函数设置的前后顺序进行调用，其语法结构如下：

```
toggle(fn,fn1,fn2,[fn3,fn4,…])
```

其中参数 fn,fn1,fn2,…,fnN 为单击时依次调用的函数，需要注意的是，在 jQuery 1.9 以后的版本中删除了该函数。

（4）移除事件。

在 DOM 对象的实际操作中，既然存在用于绑定事件的 bind 方法，那么相应地也存在用于移除绑定事件的方法。在 jQuery 中，可通过 unbind()方法移除绑定的所有事件或指定某一个事件，其语法结构如下所示：

```
unbind([type],[fn])
```

其中参数 type 为移除的事件类型，fn 为需要移除的事件处理函数。如果该方法没有参数，则移除所有绑定事件；如果带有参数 type，则移除该参数指定的事件类型；如果带有参数 fn，则只移除绑定时指定的函数 fn。可以通过以下例子对移除事件有一个更为深刻的理解：

```
$(function(){
    //按钮一绑定事件
    $("input:eq(0)").bind("click",function(){
```

```
        alert("按钮一的单击事件");
    });
    //按钮二绑定事件
    $("input:eq(1)").bind("click",oclick());
    //按钮三绑定事件
    $("input:eq(2)").bind("click",function(){
        //移除全部单击事件
        $("input").unbind();
    });
})
function oclick(){
    alert("按钮二的单击事件")
}
```

unbind()方法不仅可以移除某类型的全部事件，还可以移除某个指定的自定义事件。

（5）其他事件。

除了以上几种事件外，在 jQuery 中还有很多的事件处理方法，下面主要介绍最为实用的两种处理事件的方法：one()和 trigger()。

one()方法的功能是为所选的元素绑定一个仅触发一次的处理函数，其语法结构如下所示：

```
one(type,[data],fn)
```

其中参数 type 为事件类型，即需要触发什么类型的事件；data 为可选参数，表示作为 event.data 属性值传递给事件对象的额外数据对象；fn 为绑定事件时所要触发的函数。

在前端页面开发中，有时希望页面在 DOM 加载完毕后，自动执行一些操作，在 jQuery 中调用 trigger()方法可以很轻易地实现这个需求，trigger()方法的功能是在所选择的元素上触发指定类型的事件，其语法结构如下：

```
trigger(type,[data])
```

其中参数 type 为触发事件的类型；参数 data 为可选项，表示在触发事件时，传递给函数的附加参数。可以通过下面这个例子加深对 trigger()方法的认识：

```
$(function(){
    //获取文本框
    var otxt=$("input");
    //自动选中文本框
    otxt.trigger("select");
    $("#divtip").html("文本被选中");
})
```

trigger()方法可以实现触发性事件，即不必用户做任何动作，自动执行该方法中的事件。在这种情形下，其最终效果可能会有异样发生。如果不希望页面自动执行，可使用 triggerHandler()方法，使用方法与 trigger()方法基本相同，只是该方法不会自动执行其包含的事件。

15.2.5 常用效果

（1）隐藏/显示。

在页面中，元素的显示与隐藏是使用最频繁的操作，在 JavaScript 中，一般通过改变元素的显示方式从而实现其隐藏/显示，如以下代码所示：

```
//隐藏 id 属性值为 p 的元素
document.getElementById("p").style.display="none";
//显示 id 属性值为 p 的元素
```

```
document.getElementById("p").style.display="block";
```

在 jQuery 中，元素的显示与隐藏方法要比 JavaScript 多得多，并且实现的效果更为友好，下面将逐一介绍在 jQuery 中如何实现隐藏与显示效果。

在前面已经用到过 show()方法与 hide()方法，前者是显示页面中的元素，后者是隐藏页面中的元素，它们的实现原理是通过改变元素的显示方式从而实现其隐藏/显示，与 JavaScript 的处理方式几乎一模一样，不同的是书写代码量十分少。

jQuery 中的 show()与 hide()方法不仅可以实现静态模式的显示与隐藏，还可以完成有动画特效的显示与隐藏，只需在方法的括号中加入相应的参数即可，其语法结构如下所示：

```
//动画效果的显示功能
show(speed,[callback])
//动画效果的隐藏功能
hide(speed,[callback])
```

方法中的参数 speed 表示执行动画时的速度，该速度有三个默认字符值"slow""normal""fast"，其对应的速度分别是"0.6 秒""0.4 秒""0.2 秒"；如果不使用默认的字符值，也可以直接输入数字，如"3000"，表示该动画执行的速度为 3000 毫秒。

（2）淡入/淡出。

在 jQuery 中可以通过实现元素逐渐变幻背景色的动画效果来显示或隐藏元素，也就是所谓的淡入淡出效果。

show()、hide()方法与 fadeIn()、fadeOut()方法相比较，相同之处是都切换元素的显示状态；不同之处在于，前者的动画效果使元素的宽高属性都发生了变化，而后者仅仅改变了元素的透明度，并不修改其他的属性。fadeIn()与 fadeOut()方法的语法结构如下所示：

```
fadeIn(speed,[callback])
fadeOut(speed,[callback])
```

fadeIn()与 fadeOut()方法的功能是通过改变元素透明度，实现淡入淡出的动画效果，并在完成时，可执行一个回调的函数。参数 speed 为动画效果的速度，可选参数[callback]为动画完成时可执行的函数。

案例 15-09：fadeIn()与 fadeOut()方法

```
<html>
<head>
<meta charset="utf-8">
<meta keywords="JavaScript">
<meta content=" fadeIn()与 fadeOut()方法3">
<title>fadeIn()与 fadeOut()方法</title>
<script type="text/javascript" src="jquery/jquery.js"></script>
<script>
    $(function(){
        var tip=$(".divtip");
        //fadeIn 事件
        $("#button1").click(function(){
            tip.html("");
            //在 3000 毫秒中淡入图片，并执行一个回调函数
            $("img").fadeIn(3000,function(){
                tip.html("淡入成功");
            })
        })
        //fadeOut 事件
```

扫描看效果

```
                    $("#button2").click(function(){
                        tip.html("");
                        //在 3000 毫秒中淡出图片，并执行一个回调函数
                        $("img").fadeOut(3000,function(){
                            tip.html("淡出成功");
                        });
                    })
                })
        </script>
    </head>
    <body>
    <div>
        <div class="divtitle">
            <input type="button" value="fadeIn" id="button1" />
            <input type="button" value="fadeOut" id="button2" />
        </div>
        <div class=divcontent>
            <div class="divtip"></div>
            <img src="images/15-01/img01.jpg" alt="" />
        </div>
    </div>
    </body>
    </html>
```

在 jQuery 中，fadeIn()和 fadeOut()方法通过动画效果改变元素的透明度，来切换元素显示状态，其透明度从 0.0 到 1.0 淡出或从 1.0 到 0.0 淡入，从而实现淡入淡出的动画效果；如果要将透明度指定为一个值，则需要使用 fadeTo()方法，其语法结构如下所示：

`fadeTo(speed,opacity,[callback])`

该方法的功能是将所选择元素的不透明度以动画的效果调整到指定不透明度值，动画完成时，可以执行一个回调函数。参数 speed 为动画效果的速度；参数 opacity 为指定的不透明值，取值范围是 0.0～1.0；可选参数[callback]为动画完成时执行的函数。

（3）滑动。

在 jQuery 中，还有一种滑动的动画效果可改变元素的高度。要实现元素的滑动效果，需要调用 jQuery 中的两个方法，一个是 slideDown()，另一个是 slideUp()，其语法结构如下所示：

`slideDown(speed,[callback])`

其功能是以动画的效果将所选元素的高度向下增大，使其呈现一种"滑动"的效果，而元素的其他属性并不发生变化。参数 speed 为动画显示的速度；可选项[callback]为动画显示完成后，执行的回调函数。slideUp()方法的格式如下所示：

`slideUp(speed,[callback])`

其功能是以动画的效果将所选元素的高度向上减少，同样也是仅改变高度属性，其包含的参数作用与 slideDown()方法一样。

案例 15-10：slideDown()与 slideUp()方法

```
<!doctype html>
<html>
<head>
<meta charset="utf-8">
<meta keywords="JavaScript">
```

扫描看效果

```
<meta content="slideDown()与 slideUp()方法">
<title>slideDown()与 slideUp()方法</title>
<script type="text/javascript" src="jquery/jquery.js"></script>
<script>
    $(function(){
        //var btnshow=false;
        var title=$(".divtitle");
        var tip=$("#divtip");
        title.click(function(){
            $("img").slideToggle(3000);
        });
    })
</script>
</head>
<body>
<div>
    <div class="divtitle">单击显示效果</div>
    <div class=divcontent>
        <img src="images/15-01/img01.jpg" alt="" />
        <div class="divtip"></div>
    </div>
</div>
</body>
</html>
```

该实例的显示效果为：单击"单击显示效果"时，以动画的效果将"内容"中的图片向上滑动，直至完全看不到，并使标题变为"显示图片"；再次单击标题时，将"内容"中的图片向下滑动，直到全部显示，"标题"栏内容变为"隐藏图片"。

slideUp()与 slideDown()方法的动画效果仅是减少或增加元素的高度，如果元素有 margin 或 padding 值，这些属性也会与动画的效果一起发生改变。

在上面的例子中，为了判断元素的当前显示状态，定义了一个变量 btnshow，根据这个变量值来决定是执行 slideUp()还是 slideDown()方法。而在 jQuery 中，使用 slideToggle()方法无需定义变量，可以根据当前元素的显示状态自动进行切换，其语法结构如下所示：

```
slideToggle(speed,[callback])
```

该方法的功能是以动画效果切换所选择元素的高度，如果高则减少，如果低则增大。同时，在每次动画完成后，可执行一个用于回调的函数。其包含的参数功能与 slideUp()或 slideDown()一样。仍使用上面的例子，通过 slideToggle 进行变换，其代码如下所示：

```
$(function(){
    //单击事件
    $(".divtitle").click(function(){
        $("img").slideToggle(3000);
    })
})
```

（4）动画。

前面介绍的动画效果都是元素的局部属性发生变化，如高度、宽度、可见性等。在 jQuery 中，也允许用户自定义动画效果，通过使用 animate()方法，可以制作出更复杂、更好的动画效果。

animate()方法给 Web 前端开发者自定义各种复杂、高级的动画提供了极大的方便和空间，其语法格式如下所示：

```
animate(params,[duration],[easing],[callback])
```

其中，参数 params 表示用于制作动画效果的属性值样式和值的集合；可选项[duration]表示三种默认的速度字符"slow""normal""fast"或自定义的数字；可选项[easing]为动画插件使用，用于控制动画的表现效果，通常为"linear"和"swing"字符值；可选项[callback]为动画完成后执行的回调函数，可以通过以下几个例子来由浅至深地理解 animate()方法的使用。

案例 15-11：简单的动画 🌐 🐧 ⓪ 🍎 ℮

可以通过 animate()方法实现 div 块单击变大的效果，具体代码如下所示：

```html
<!doctype html>
<html>
<head>
<meta charset="utf-8">
<meta keywords="JavaScript">
<meta content="简单的动画">
<title>简单的动画</title>
<script type="text/javascript" src="jquery/jquery.js"></script>
<script>
    $(function(){
        //单击事件
        $(".divframe").click(function(){
            $(this).animate({
                width: "20%",
                height: "70px"
            },3000,function(){
                $(this).css({"border":"solid 1px #999"}).html("div 变大了");
            })
        })
    })
</script>
</head>
<body>
<div class="divframe">
    单击变大
</div>
</body>
</html>
```

案例 15-12：移动位置的动画 🌐 🐧 ⓪ 🍎 ℮

通过 animate()方法，不仅可以用动画效果增加元素的长与宽，还能以动画效果移动页面中的元素，即改变其相对位置。需要注意的是，第一个参数 params 在表示动画属性时，需要采用"驼峰命名法"，即如果是"font-size"，必须写成"fontSize"才有效。

在页面中创建两个按钮，单击第一个按钮后，将页面中的 div 元素从当前的位置上，以动画效果向左移动 50 像素；单击第二个按钮后，将页面中的 div 元素以动画效果向右移动 50 像素，具体代码如下所示：

```html
<!doctype html>
<html>
<head>
```

```
<meta charset="utf-8">
<meta keywords="JavaScript">
<meta content="移动位置的动画">
<title>移动位置的动画</title>
<script type="text/javascript" src="jquery/jquery.js"></script>
<style type="text/css">
.divframe {
    border:solid 1px #999;
    text-align:center;
}
.divframe .divlist {
    position:relative;
    border:solid 1px #f00;
    width: 70px;
    margin: auto;
}
</style>
<script>
    $(function(){
        //左移单击事件
        $("#button1").click(function(){
            $(".divlist").animate({
                left:"-=50px"
            },3000);
        })
        //右移单击事件
        $("#button2").click(function(){
            $(".divlist").animate({
                left:"+=50px"
            },3000);
        })
    })
</script>
</head>
<body>
<div class="divtitle">
    <input type="button" id="button1" value="左移" />
    <input type="button" id="button2" value="右移" />

</div>
<div class="divframe">
    <div class="divlist">移动内容</div>
</div>
</body>
</html>
```

扫描看效果

　　要使页面中的元素以动画效果移动，必须首先将该元素的"position"属性值设置为"relative"或"absolute"，否则无法移动该元素的位置。

案例 15-13：队列中的动画

　　队列中的动画是指在元素中执行多个动画效果，即有多个 animate()方法在元素中执行。因此，根据这些方法的执行顺序形成了动画"队列"，产生队列后，动画的效果便按照队列的顺序依次执行。

　　在页面中，单击固定宽高的 div 元素使其以动画的效果将宽和高增大一倍；然后再以动画的效果将宽、高减少一倍，具体代码如下所示：

```
<!doctype html>
<html>
<head>
<meta charset="utf-8">
<meta keywords="JavaScript">
<meta content="队列中的动画">
<title>队列中的动画</title>
<script type="text/javascript" src="jquery/jquery.js"></script>
<style type="text/css">
.divframe {
    width:50px;
    height:50px;
    border:1px solid #999;
}
</style>
<script>
    $(function(){
        //单击事件
        $(".divframe").click(function(){
            $(this).animate({height: "100px"},"slow")
            .animate({width: "100px"},"slow")
            .animate({height: "50px"},"slow")
            .animate({width: "50px"},"slow")
        })
    })
</script>
</head>
<body>
<div class="divframe">
    改变大小
</div>
</body>
</html>
```

通过上面的例子可以很清晰地知道队列中各动画的效果，并可在指定的某队列中插入其他方法，如队列延时方法 delay()。

案例 15-14：动画停止和延时 🎬 🔊 ❶ ✏ ℮

在 jQuery 中，通过 animate()可以实现元素的动画显示，但在显示的过程中，必然要考虑各种客观因素和限制性条件的存在。因此，在执行动画时，可通过 stop()方法停止或 deploy()方法延时某个动画的执行。stop()方法的语法结构如下所示：

```
//stop()方法语法格式
stop([clearQueue],[gotoEnd])
```

该方法的功能是停止所选元素中正在执行的动画，其中可选参数[clearQueue]是一个布尔值，表示是否停止正在执行的动画；另外一个可选参数[gotoEnd]也是一个布尔值，表示是否立即完成正在执行的动画。deploy()方法的具体语法格式如下所示：

```
//delay()方法语法格式
delay(duration,[queueName])
```

该方法的功能是设置一个延时值来推迟后续队列中动画的执行，其中参数 duration 为延时的时间值，单位是毫秒；可选参数[queueName]表示队列名称，即动画队列。

在页面中设置三个按钮，分别为"开始""停止""延时"。单击"开始"按钮后，页面中的图片以向下滑动的效果切换显示状态；单击"停止"按钮后，立刻停止了正在执行的动画效果；单击"延时"按钮后，动画切换显示效果在延时 2000 毫秒后再执行，具体代码如下所示：

```html
<!doctype html>
<html>
<head>
<meta charset="utf-8">
<meta keywords="JavaScript">
<meta content="动画停止和延时">
<title>动画停止和延时</title>
<script type="text/javascript" src="jquery/jquery.js"></script>
<script>
    $(function(){
        //开始单击事件
        $("#button1").click(function(){
            $(".divframe img").slideToggle(3000);
        })
        //停止单击事件
        $("#button2").click(function(){
            $(".divframe img").stop();
        });
        //延时单击事件
        $("#button3").click(function(){
            $(".divframe img").delay(2000).slideToggle(3000);
        });
        $("body").append(reHtml);
    })
function reHtml(){
    var str="<b>返回字符串</b>";
    return str;
}

</script>
</head>
<body>
<div class="divtitle">
    <input type="button" id="button1" value="开始" />
    <input type="button" id="button2" value="停止" />
    <input type="button" id="button3" value="延时" />
</div>
<div class="divframe">
    <img src="images/15-01/img01.jpg" />
</div>
</body>
</html>
```

15.2.6　案例：使用 jQuery 实现图片轮转

（1）功能。

网站中的图片轮转应当有两种展示方式，一种是自动轮转，另一种是手动单击方向图标进行轮转。当单击向右方向按钮时，图片向右滚动，当图片滚动到最后一张时，从第一张图片开始重新滚动。

（2）实现效果。

实现效果如图 15-2 所示。

图 15-2　图片轮转页面

（3）代码。

案例 15-15：使用 jQuery 实现图片轮转

HTML 部分的具体代码如下：

```html
<div class="divframe">
    <div class="scroll">
        <!-- "prev page" link -->
        <a class="prev"></a>
        <div class="box">
            <div class="scroll_list"><ul>
                <li><a href="#"><img class="img1"
                src="images/15-01/img02.jpg" width="1000px" height="400px"></a></li>
                <li><a href="#"><img class="img1"
                src="images/15-01/img03.jpg" width="1000px" height="400px"></a></li>
                <li><a href="#"><img class="img1"
                src="images/15-01/img04.jpg" width="1000px" height="400px"></a></li>
            </ul></div>
        </div>
        <!-- "next page" link -->
        <a class="next"></a> </div>
</div>
```

扫描看效果

CSS 样式代码如下：

```css
ol, ul {
    list-style:none
}
.divframe {
    width: 1000px;
    height: 400px;
```

```css
        margin: auto;
        position: relative;
    }
    .scroll_list ul {
        margin: 0px;
        padding: 0px;
    }
    .scroll {
        margin:0 auto;
        width:938px;
        float:left;
    }
    .scroll_list {
        width:10000em;
        position:absolute;
    }
    .box {
        height:400px;
        float:left;
        width:1000px;
        overflow: hidden;
        position:relative;

        margin-top:10px;
    }
    .box li {
        display:block;
        float:left;
        width:1000px;
        height:400px;
    }
    .box li a img {
        max-width:1000px;
        max-height:400px;
    }
    .box li:hover {
        color:#999;
    }
    a.prev, a.next {
        background:url(images/15-01/input_bg1.png) no-repeat 0 0;
        display:block;
        width:42px;
        height:67px;
        float:left;
        cursor:pointer;
        z-index:50;
    }
    a.prev {
        position: absolute;
        left: 10px;
        top: 170px;
    }
    a.next {
        background-image:url(images/15-01/input_bg2.png);
        position: absolute;
        left: 950px;
        top: 170px;
    }
```

jQuery 代码如下所示:

```
$(function(){
    //自动轮转
    setInterval("$(\".next\").click()", 3000);
    var page= 1;
    //向右滚动
    $(".next").click(function(){ //单击事件
        var v_wrap = $(this).parents(".scroll"); // 根据当前单击的元素获取到父元素
        var v_show = v_wrap.find(".scroll_list"); //找到图片展示的区域
        var v_cont = v_wrap.find(".box"); //找到图片展示区域的外围区域
        var v_width = v_cont.width();
        var len = v_show.find("li").length; //图片个数
        var page_count = Math.ceil(len); //只要不是整数，就往大的方向取最小的整数
        if(!v_show.is(":animated")){

            if(page == page_count){
              v_show.animate({left:'0px'},"slow");
               page =1;
            }else{
               v_show.animate({left:'-='+v_width},"slow");
                page++;
            }
        }
    });
    //向左滚动
    $(".prev").click(function(){ //单击事件
        var v_wrap = $(this).parents(".scroll"); // 根据当前单击的元素获取到父元素
        var v_show = v_wrap.find(".scroll_list"); //找到图片展示的区域
        var v_cont = v_wrap.find(".box"); //找到图片展示区域的外围区域
        var v_width = v_cont.width();
        var len = v_show.find("li").length; //图片个数
        //只要不是整数，就往大的方向取最小的整数
        var page_count = Math.ceil(len);
        if(!v_show.is(":animated")){
          if(page == 1){
            v_show.animate({left:'-='+ v_width*(page_count-1)},"slow");
            page =page_count;
          }else{
            v_show.animate({left:'+='+ v_width},"slow");
            page--;
          }
        }
    });
})
```

15.3 jQuery 中的 DOM 操作

15.3.1 DOM 操作基础

DOM 即 Document Object Model。Document 即文档，当创建一个页面并加载到 Web 浏览器时，

DOM 模型则根据该页面的内容创建了一个文档文件；Object 即对象，是指具有独立特性的一组数据集合，比如把新创建的页面文档称为文档对象，与对象相关联的特征称为对象属性，访问对象的函数称为对象方法；Model 即模型，在页面文档中，通过树状模型展示页面的元素和内容，其展示方式是通过节点（node）实现的。

15.3.2 节点操作

（1）查找节点。

使用 jQuery 在文档树上查找节点十分容易，可通过前面介绍的选择器来完成指定节点的查找，比如想要得到元素节点并输出其文本内容，具体代码如下所示：

```
var html_node=$("ul li:eq(1)");
alert(html_node.text());
```

（2）创建节点。

函数$()用于动态创建页面元素，其语法结构如下所示：

```
$(html)
```

其中参数 html 表示用于动态创建 DOM 元素的 HTML 标记字符串，即如果要在页面中动态创建一个 div 元素，并设置其内容与属性，具体代码如下所示：

```
var div="<div class='newclass'>创建的新的 div 块</div>";
$("body").append(div);
```

（3）插入节点。

从上一节中可知，在页面中动态创建元素需要执行节点的插入或追加操作。而在 jQuery 中，有很多方法可以实现该功能，上述例子用到的 append()方法仅仅是其中一种。按照插入元素的顺序来划分，可以将插入节点分为内部插入和外部插入两种方法。

1）内部插入节点。

内部插入节点的方法如表 15-10 所列。

表 15-10　内部插入节点方法

方法语法	描述	参数说明
append(content)	向所选择的元素内部插入内容	content：追加到目标中的内容
append(function(index,html))	向所选择的元素内部插入 function 函数返回的内容	以函数返回值为追加到目标中的内容
appendTo(content)	把所选择的元素追加到另一个指定的元素集合中	content：被追加的内容
prepend(content)	向每个所选择的元素内部前置内容	content：插入目标元素内容前面的内容
prepend(function(index,html))	向所选择的元素内部前置 function 函数返回的内容	以函数返回值作为插入目标元素内部前面的内容
prependTo(content)	将所选择的元素前置到另一个指定的元素集合中	content：用于选择元素的 jQuery 表达式

下面介绍 append(function(index,html))和 appendTo(content)两种节点插入方法。

append(function(index,html))的功能是将一个 function 函数作为 append 方法的参数，该函数的功能必须返回一个字符串，作为 append 方法插入的内容。其中 index 参数为对象在这个集合中的索引值，html 参数为该对象原有的 html 值。

在页面中，通过一个 function 函数返回一段字符串，并将该字符串插入到指定的 div 标记元素内容中，具体代码如下所示：

```
$(function(){
    $("div").append(reHtml);
})
function reHtml(){
    var str="<b>返回字符串</b>";
    return str;
}
```

appendTo(content)方法用于将一个元素插入另一个指定的元素内容中，即如果要将 span 标记插入 div 标记中，具体代码如下所示：

```
$("span").appendTo($("div"));
```

也就是把 appendTo 方法前半部分的内容插入其后半部分的内容中。

2）外部插入节点。

外部插入节点的方法如表 15-11 所列。

表 15-11　外部插入节点方法

方法语法	描述	参数说明
after(content)	向所选择的元素外部后面插入内容	插入目标元素外部后面的内容
after(function)	向所选择的元素外部后面插入 function 函数返回的内容	以函数返回值作为插入目标外部后面的内容
before(content)	向所选择的元素外部前面插入内容	插入目标元素外部前面的内容
before(function)	向所选择的元素外面前面插入 function 函数返回的内容	以函数返回值作为插入目标外部前面的内容
insertAfter(content)	将所选择的元素插入到另一个指定的元素外部后面	插入目标元素外部后面的内容
insertBefore(content)	将所选择的元素插入到另一个指定的元素外部前面	插入目标元素外部前面的内容

after(function)方法中的 function()参数将返回所要插入元素的内容。在页面中，已经创建有一个 div 元素标记，然后通过 function 函数返回另一个 span 标记，并将该标记插入到页面的 span 标记之后，具体代码如下所示：

```
$(function(){
    $("div").after(reHtml);
})
function reHtml(){
    var str="<span>返回字符串</span>";
    return str;
}
```

（4）删除节点。

在 DOM 操作页面时，删除多余或指定的页面元素是经常会用到的。jQuery 提供了两种可以删除元素的方法，即 remove()和 empty()。严格地说，empty()方法并非真正意义上的删除，使用该方法，仅仅可以清空全部的节点或节点所包含的所有后代元素，并非删除节点与元素。remove()方法的语法结构如下：

```
remove([expr])
```

其中参数 expr 为可选项，如果接受参数，则该参数为筛选元素的 jQuery 表达式，通过该表达式获取指定的元素进行删除。

empty()方法的语法结构如下所示：

```
empty()
```

其功能为清空所选择的页面元素及其所有后代元素。

案例 15-16：删除节点

在页面中，通过 ul 元素展示新闻列表，设置一个按钮，单击该按钮使其删除第二条新闻，并移除 title 属性值为 1 的新闻，具体代码如下所示：

```html
<!doctype html>
<html>
<head>
<meta charset="utf-8">
<meta keywords="JavaScript">
<meta content="删除节点">
<title>删除节点</title>
<script type="text/javascript" src="jquery/jquery.js"></script>
<script>
    $(function(){
        //单击事件
        $("#btn").click(function(){
            $("ul li:eq(1)").remove();
            $("ul li").remove("li[title=1]");
        })
    })
</script>
</head>
<body>
<div class="divframe">
    <ul>
        <li title="1">这是第一条新闻</li>
        <li title="2">这是第二条新闻</li>
        <li title="3">这是第三条新闻</li>
        <li title="4">这是第四条新闻</li>
    </ul>
</div>
<input type="button" value="执行删除操作" id="btn" />
</body>
</html>
```

扫描看效果

（5）复制节点。

在页面中，有时需要将某个元素节点复制到另外一个节点后，在 jQuery 中可通过 clone()方法来实现节点的复制，其语法结构如下所示：

```
clone();
```

其功能为复制匹配的 DOM 元素并且选中复制成功的元素，该方法只是复制元素本身，被复制后的新元素不具有任何元素方法。如果需要在复制时将该元素的全部方法也进行复制，可以使用 clone(true)来实现，其中的参数 true 就代表复制元素的所有事件处理。

案例 15-17：复制节点🌐🅱⓪🅰🄴

在页面中创建一个 div 元素，单击该 div 块，在其右侧复制出一个新的 div 块，具体代码如下所示：

```
<!doctype html>
<html>
<head>
<meta charset="utf-8">
<meta keywords="JavaScript">
<meta content="jQuery 实例">
<title>复制节点</title>
<script type="text/javascript" src="jquery/jquery.js"></script>
<style type="text/css">
.divframe {
    width:100px;
    height:450px;
    border:1px solid #999;
    float:left;
    margin-left:10px;
}
</style>
<script>
    $(function(){
        //单击事件
        $(".divframe").click(function(){
            $(this).clone(true).appendTo("body");
        })
    })
</script>
</head>
<body>
<div class="divframe">
    div 块
</div>
</body>
</html>
```

扫描看效果

由于上面的例子使用 clone(true)方法进行了节点的复制，因此当单击被复制的 div 块时，由于其具有原 div 块的事务处理机制，也会在该块的右侧出现复制的新 div 块；如果使用 clone()方法，那么只有单击原 div 块才可以复制新的 div 块，新复制的 div 块不具有任何处理功能。

（6）替换节点。

在 jQuery 中，如果要替换元素中的节点，可以使用 replaceWith()和 replaceAll()两种方法。replaceWith()方法的语法结构如下所示：

replaceWith(content)

该方法的功能是将所有选择的元素替换为执行的 HTML 或 DOM 元素，其中参数 content 为被所选元素替换的内容。replaceAll()方法的语法结构如下所示：

replaceAll(selector)

该方法的功能是将所有选择的元素替换成指定 selector 的元素，其中参数 selector 为需要被替换的元素。

案例 15-18：替换节点 🔵🔴🟠🟡🟢

在页面中创建两个 span 元素，id 属性值分别为 span1 和 span2，然后通过 jQuery 中的两种替换元素的方法，分别替换元素 span1 和 span2，具体代码如下所示：

```html
<!doctype html>
<html>
<head>
<meta charset="utf-8">
<meta keywords="JavaScript">
<meta content="替换节点">
<title>替换节点</title>
<script type="text/javascript" src="jquery/jquery.js"></script>
<style type="text/css">
.divframe {
    width:100px;
    height:450px;
    border:1px solid #999;
    float:left;
    margin-left:10px;
}
</style>
<script>
    $(function(){
        //单击事件
        $("#btn").click(function(){
            $("#span1").replaceWith("<span>李四</span>");
            $("<span>计科 2 班</span>").replaceAll("#span2");
        })
    })
</script>
</head>
<body>
<div class="divframe">
    <p>姓名：<span id="span1">张三</span></p>
    <p>班级：<span id="span2">计科 1 班</span></p>
    <input type="button" value="单击替换" id="btn" />
</div>
</body>
</html>
```

replaceWith()与 replaceAll()方法都可以实现元素节点的替换，二者最大的区别在于替换字符的顺序，前者是用括号中的字符替换所选择的元素，后者是用字符串替换括号中所选择的元素。同时，一旦完成替换，被替换元素中的全部事件都将消失。

（7）包裹节点。

在 jQuery 中，不仅可以通过方法替换元素节点，还可以根据需求包裹某个指定的节点，对节点的包裹也是 DOM 对象操作中很重要的一项，与包裹节点相关的全部方法如表 15-12 所列。

表 15-12　包裹节点的方法

方法语法	描述	参数说明
wraphtml()	把所有选择的元素用其他字符串代码包裹起来	html 参数为字符串代码，用于生成元素并包裹所选元素

方法语法	描述	参数说明
wrap(elem)	把所有选择的元素用其他 DOM 元素包裹起来	elem 参数用于包裹所选元素的 DOM 元素
wrap(fn)	把所有选择的元素用 function 函数返回的代码包裹起来	fn 参数为包裹结构的一个函数
unwrap()	移除所选元素的父元素或包裹标记	无
wrapAll(html)	把所有选择的元素用单个元素包裹起来	html 参数为字符串代码，用于生成元素并包裹所选元素
wrapAll(elem)	把所有选择的元素用单个 DOM 元素包裹起来	elem 参数用于包裹所选元素的 DOM 元素
wrapInner(html)	把所有选择的元素的子内容（包括文本节点）用字符串代码包裹起来	html 参数为字符串代码，用于生成元素并包裹所选元素
wrapInner(elem)	把所有选择的元素的子内容（包括文本节点）用 DOM 元素包裹起来	elem 参数用于包裹所选元素的 DOM 元素
wrapInner(fn)	把所有选择的元素的子内容（包括文本节点）用函数返回的代码包裹起来	fn 参数为包裹结构的一个函数

在上述的方法当中，wrap(html)与 wrapInner(html)方法较为常用，前者包裹外部元素，后者包裹元素内容的文本字符。

案例 15-19：包裹节点

在页面中放置两个段落 p 元素，并在该元素内分别设置两个 span 元素，通过 wrap()与 wrapInner()两种方法，改变标记中的外部元素与内部文本的字体显示方式，具体代码如下所示：

扫描看效果

```
<!doctype html>
<html>
<head>
<meta charset="utf-8">
<meta keywords="JavaScript">
<meta content="包裹节点">
<title>包裹节点</title>
<script type="text/javascript" src="jquery/jquery.js"></script>
<style type="text/css">
.divframe {
    width:100px;
    height:450px;
    border:1px solid #999;
    float:left;
    margin-left:10px;
}

</style>
<script>
    $(function(){
        //单击事件
        $("#btn").click(function(){
            //所有段落标记字体加粗
            $("p").wrap("<b></b>");
            //所有段落中的 span 标记斜体
            $("span").wrapInner("<i></i>");
        })
    })
</script>
```

```
    </head>
    <body>
    <div class="divframe">
        <p>姓名：<span id="span1">张三</span></p>
        <p>班级：<span id="span2">计科 1 班</span></p>
        <input type="button" value="单击包裹" id="btn" />
    </div>
    </body>
    </html>
```

（8）遍历节点。

在 DOM 元素操作中，有时需要对同一标记的全部元素进行统一操作。在 JavaScript 中，需要先获取元素的总长度，然后用 for 语句循环处理。而在 jQuery 中可以直接使用 each()方法轻松实现元素的遍历，其语法结构如下：

each(callback)

其中参数 callback 是一个 function 函数，该函数还可以接受一个形参 index，此形参为遍历元素的序号（从 0 开始）。如果需要访问元素中的属性，可以借助形参 index，配合 this 关键字来实现元素属性的设置或获取。

案例 15-20：遍历节点 🄖 🅑 🄾 🄿 🅔

在页面中设置几条新闻，通过 each()方法遍历全部的新闻，为其添加上新闻序号，具体代码如下所示：

```
<!doctype html>
<html>
<head>
<meta charset="utf-8">
<meta keywords="JavaScript">
<meta content="遍历节点">
<title>遍历节点</title>
<script type="text/javascript" src="jquery/jquery.js"></script>
<script>
    $(function(){
        //单击事件
        $("#btn").click(function(){
            $("li").each(function(i){
                //为新闻添加序号
                var content=$(this).text();
                $(this).html(i+1+"、"+content);
            })
        })
    })
</script>
</head>
<body>
<div class="divframe">
    <ul>
        <li>这是第一条新闻</li>
        <li>这是第二条新闻</li>
        <li>这是第三条新闻</li>
        <li>这是第四条新闻</li>
```

扫描看效果

```
      </ul>
    </div>
    <input type="button" value="为新闻添加序号" id="btn" />
  </body>
</html>
```

15.3.3 属性操作

在 jQuery 中，可以对元素的属性执行获取、设置、删除操作。通过 attr()方法可以对元素属性执行获取与设置操作，通过 removeAttr()方法则可以执行删除元素属性操作。

（1）获取元素属性。

可通过 attr()方法获取元素的属性，其语法结构如下所示：

```
attr(name)
```

其中，参数 name 表示属性的名称，以元素属性名称为参数来获取元素的属性值。

案例 15-21：获取元素属性 ⓕⓢⓞⓐⓔ

在页面中创建一个<img>元素，通过 attr()方法实现获取元素的 title 和 src 属性值，具体代码如下所示：

```
<!doctype html>
<html>
<head>
<meta charset="utf-8">
<meta keywords="JavaScript">
<meta content="获取元素属性">
<title>获取元素属性</title>
<script type="text/javascript" src="jquery/jquery.js"></script>
<script>
    $(function(){
        //单击事件
        $("#btn").click(function(){
            var con=$("img");
            alert("title="+con.attr("title")+"，src="+con.attr("src"));
        })
    })
</script>
</head>
<body>
<div class="divframe">
    <img title="这是一张图片" src="images/15-01/img01.jpg" alt="" />
</div>
<input type="button" value="获取元素属性" id="btn" />
</body>
</html>
```

（2）设置元素的属性。

在页面中，attr()方法不仅可以用来获取元素的属性值，还可以用来设置元素的属性，其设置元素属性的语法格式如下所示：

```
attr(key,value)
```

其中参数 key 表示属性的名称，value 表示属性的值。如果要设置多个属性，也可通过 attr()方法实现，其语法结构如下所示：

```
attr({key0:value0,key1:value1})
```

案例 15-22：设置元素属性

基于上述例子，在单击按钮后改变 img 元素的 title 与 src 属性，具体代码如下所示：

```html
<!doctype html>
<html>
<head>
<meta charset="utf-8">
<meta keywords="JavaScript">
<meta content="设置元素属性">
<title>设置元素属性</title>
<script type="text/javascript" src="jquery/jquery.js"></script>
<script>
    $(function(){
        //单击事件
        $("#btn").click(function(){
            var con=$("img");
            con.attr({title:"更换后的图片",src:"images/15-01/img02.jpg"});
        })
    })
</script>
</head>
<body>
<div class="divframe">
    <img title="这是一张图片" src="images/15-01/img01.jpg" alt="" />
</div>
<input type="button" value="更换元素内容" id="btn" />
</body>
</html>
```

另外，attr()方法还可以绑定一个 function()函数，通过该函数返回的值作为元素的属性值，其语法结构如下所示：

```
attr(key,function(index))
```

其中，参数 index 为当前元素的索引号，整个函数返回一个字符串作为元素的属性值。

（3）删除元素属性。

jQuery 中通过 attr()方法设置元素的属性后，使用 removeAttr()方法可以将元素的属性删除，其语法结构如下所示：

```
removeAttr(name)
```

其中，参数 name 为元素属性的名称。可通过如下代码删除元素<img>中的 src 属性值。

```
$("img").removeAttr("src");
```

15.3.4 样式操作

在页面中，元素的样式操作包含直接设置样式、增加 CSS 类别、类别切换、删除类别四部分。

（1）直接设置元素样式。

在 jQuery 中可以通过 css()方法直接为某个指定的元素设置样式值，其语法结构如下所示：

```
css(name,value)
```

其中 name 为样式名称，value 为样式的值。比如可以使用下面的代码使 p 元素字体变粗：

```
$("p").css("font-weight","bold");
```

（2）增加 CSS 类别。

通过 addClass()方法可以增加元素类别的名称，其语法结构如下所示：

```
addClass(class)
```

其中，参数 class 为类别的名称。也可以增加多个类别的名称，只需要用空格将其隔开即可，其语法结构如下所示：

```
addClass(class0 class1 …)
```

比如可以使用下面的代码，为 p 元素增加 css 类，具体代码如下所示：

```
$("p").addClass("fontWeight fontSize");
```

使用 addClass()方法仅是追加样式类别，还保存原有的类别，比如原有标记为<p class="cls">，执行代码 $("p").addClass("fontWeight fontSize") 后，其最后的元素类别为<p class="cls fontWeight fontSize">，仍保留原有 CSS 类别。

（3）类别切换。

通过 toggleClass()方法可以切换不同的元素类别，其语法结构如下所示：

```
toggleClass(class)
```

其中参数 class 为类别名称，其功能是当元素中含有名称为 class 的 CSS 类别时，删除该类别名称，否则增加一个该名称的 CSS 类别。

案例 15-23：类别切换

在页面中通过单击 div 块使其 class 类别发生改变，具体代码如下所示：

```
<!doctype html>
<html>
<head>
<meta charset="utf-8">
<meta keywords="JavaScript">
<meta content="类别切换">
<title>类别切换</title>
<script type="text/javascript" src="jquery/jquery.js"></script>
<style type="text/css">
.divframe {
    width:100px;
    height:100px;
    border:1px solid #999;
}
.divred {
    border:1px solid #f00;
}
</style>
<script>
    $(function(){
        //单击事件
        $(".divframe").click(function(){
            $(this).toggleClass("divred");
        })
    })
</script>
</head>
```

扫描看效果

```
<body>
<div class="divframe">
    单击变换边框颜色
</div>
</body>
</html>
```

（4）删除类别。

与增加 CSS 类别的 addClass()方法相对应，removeClass()方法则用于删除类别，其语法结构如下所示：

```
removeClass([class])
```

其中，参数 class 为类别名称，是可选项，当选择该名称时，则删除名称是 class 的类别，有多个类别时用空格隔开；当不选择该名称时，则删除元素中的所有类别。比如要删除 p 元素标记的 cls 类别，具体代码如下所示：

```
$("p").removeClass("cls");
```

如果要删除 cls 和 cls1 的类别，具体代码如下所示：

```
$("p").removeClass("cls cls1");
```

如果要删除 p 元素标记的所有类别，具体代码如下所示：

```
$("p").removeClass();
```

15.3.5 内容操作

在 jQuery 中，操作元素内容的方法包括 html()和 text()，前者与 JavaScript 中的 innerHTML 属性相似，即获取和设置元素的 HTML 内容；而后者类似于 JavaScript 中的 innerText 属性，即获取或设置元素的文本内容。

二者的语法格式和功能区别如表 15-13 所列。

表 15-13　html()与 text()方法的区别

方法语法	描述	参数说明
html()	用于获取元素的 HTML 内容	无
html(value)	用于设置元素的 HTML 内容	参数为元素的 HTML 内容
text()	用于获取元素的文本内容	无
text(value)	用于设置元素的文本内容	参数为元素的文本内容

html()方法仅支持 XHTML 的文档，不能用于 XML 文档；而 text()则既支持 HTML 文档，也支持 XML 文档。

在 jQuery 中，如果要获取元素的值，可以通过 val()方法来实现，其语法结构如下所示：

```
val(value)
```

如果不带参数 value，则是获取元素的值；反之则是将参数 value 的值赋给元素，该方法常用于表单中获取和设置元素对象的值。另外还可以通过 val()方法获取 select 元素的多个选项值，其语法结构如下所示：

```
val().join(",")
```

案例 15-24：内容操作 🔵⚫❶⚫🔴

在页面中创建一个下拉的 select 元素，设置该元素的 change 事件，当按 Ctrl 键选择多项时，通过 p 元素将获取到的值显示在页面中。另外创建一个文本框元素，设置该元素的 change 和 focus 事件，当文本框获得焦点时，清空文本框中的内容；当在文本框中输入字符时，通过刚才的 p 元素显示其输入值，具体代码如下所示：

```html
<!doctype html>
<html>
<head>
<meta charset="utf-8">
<meta keywords="JavaScript">
<meta content="内容操作">
<title>内容操作</title>
<script type="text/javascript" src="jquery/jquery.js"></script>
<script>
    $(function(){
        //列表框值发生改变事件
        $("select").change(function(){
            //获取列表框所选中的全部选项的值

            var strSelect=$("select").val().join(",");
            //显示选中的值
            $("#p1").html(strSelect);
        });
        //文本框值发生改变事件
        $("input").change(function(){
            //获取文本框的值
            var strText=$("input").val();
            //显示选中的值
            $("#p2").html(strText);
        });
        //文本框 focus 事件
        $("input").focus(function(){
            //清空文本框的值
            $("input").val("");
        });
    })
</script>
</head>
<body>
<div class="divframe">
    <select multiple="multiple">
        <option value="1">Item 1</option>
        <option value="2">Item 2</option>
        <option value="3">Item 3</option>
        <option value="4">Item 4</option>
        <option value="5">Item 5</option>
        <option value="6">Item 6</option>
    </select>
    <p id="p1"></p>
</div>
<div>
    <input type="text" />
    <p id="p2"></p>
```

```
        </div>
    </body>
</html>
```

在 val(value)方法中，如果有参数，其参数还可以是数组的形式，即 val(array)，作用是设置元素被选中。例如$(":radio").val(["radio2","radio3"])的意思是：id 号为 radio2 和 radio3 的单选按钮被选中。

15.3.6　案例：使用 jQuery 实现表格排序

（1）功能。

在网站中经常以列表的形式展现网站内容。为了实现更好的用户体验度，使得列表查看更加简单快捷，可通过使用表格排序的方式来优化列表的内容。当单击序号时，列表中的所有列表信息将倒序排列，再次单击序号所有列表信息将正序排列。

（2）实现效果。

列表默认按照序号从小到大进行排序，展示效果如图 15-3 所示。单击序号后面的排序按钮后，列表按照序号从大到小进行排序，展示效果如图 15-4 所示。

序号	内容
1	互联网网站访问量排行第1名：百度
2	互联网网站访问量排行第2名：新浪
3	互联网网站访问量排行第3名：网易
4	互联网网站访问量排行第4名：腾讯
5	互联网网站访问量排行第5名：搜狐
6	互联网网站访问量排行第6名：淘宝
7	互联网网站访问量排行第7名：搜狗
8	互联网网站访问量排行第8名：360安全中心
9	互联网网站访问量排行第9名：京东商城
10	互联网网站访问量排行第10名：优酷网

序号	内容
10	互联网网站访问量排行第10名：优酷网
9	互联网网站访问量排行第9名：京东商城
8	互联网网站访问量排行第8名：360安全中心
7	互联网网站访问量排行第7名：搜狗
6	互联网网站访问量排行第6名：淘宝
5	互联网网站访问量排行第5名：搜狐
4	互联网网站访问量排行第4名：腾讯
3	互联网网站访问量排行第3名：网易
2	互联网网站访问量排行第2名：新浪
1	互联网网站访问量排行第1名：百度

图 15-3　默认展示页面　　　　　　　　　　　图 15-4　倒序展示页面

（3）代码。

案例 15-25：使用 jQuery 实现表格排序

HTML 部分的具体代码如下所示：

```
<div class="divframe">
<table class="MainTable">
    <thead>
        <tr>
            <th class="sort_asc list_sort" id="sortID">序号</th>
            <th>内容</th>
```

扫描看效果

```
            </tr>
        </thead>
        <tbody id="pageContent">
            <tr>
                <td class="list_sort">1</td>
                <td>互联网网站访问量排行第 1 名：百度</td>
            </tr>
            <tr>
                <td class="list_sort">2</td>
                <td>互联网网站访问量排行第 2 名：新浪</td>
            </tr>
                ……此处省略表格 HTML 结构
            <tr>
                <td class="list_sort">9</td>

                <td>互联网网站访问量排行第 9 名：京东商城</td>
            </tr>
            <tr>
                <td class="list_sort">10</td>
                <td>互联网网站访问量排行第 10 名：优酷网</td>
            </tr>
        </tbody>
    </table>
</div>
```

jQuery 部分的具体代码如下所示：

```
$(function(){
    $("#sortID").click(function(){
        var NewContent;
        //当前排序为正序排列
        if($(this).hasClass("sort_asc"))
        {
            //重新排列列表内容
            for(var i=9;i>-1;i--)
            {
                NewContent += "<tr>" + $("#pageContent tr").eq(i).html() + "</tr>";
            }
            //替换原有列表内容
            $("#pageContent").html(NewContent);
            //使排序状态变为倒序
            $("#sortID").removeClass("sort_asc");
            $("#sortID").addClass("sort_desc");
        }
        else{
        //重新排列列表内容
        for(var i=9;i>-1;i--)
        {
            NewContent += "<tr>" + $("#pageContent tr").eq(i).html() + "</tr>";
        }
        //替换原有列表内容
        $("#pageContent").html(NewContent);
        //使排序状态变为正序
        $("#sortID").removeClass("sort_desc");
```

```
            $("#sortID").addClass("sort_asc");
        }
    })
})
```

15.4　jQuery 插件

15.4.1　什么是 jQuery 插件？

（1）定义。

jQuery 插件是以 jQuery 的核心代码为基础，编写出的符合一定规范的应用程序。目前有上百种的各类插件被广泛应用到各种项目中。插件的使用，充分展示了 jQuery 强大的扩展性。

（2）使用方法。

插件使用时，通常仅需要包含该插件的 JavaScript 文件即可，按照如下步骤即可实现插件的调用。

1）在页面中导入包含插件的 JavaScript 文件，并确定它的引用在主 jQuery 库之后，具体代码如下所示：

```
<script type="text/javascript" src="jquery/jquery.js"></script>
<script type="text/javascript" src="jquery/jquery.pl.js"></script>
```

2）在 JavaScript 文件或页面 JavaScript 代码中，使用插件定义的语法进行书写，即可完成该插件的调用。

最新的插件都可以从 jQuery 的官网（https://plugins.iquery.com）中获取。

（3）常用插件。

1）验证插件 validate。

validate 是一款十分优秀的表单验证插件，它被广泛地使用在项目中，并得到广大 Web 前端开发者的认可，该插件具有如下功能：

自带验证规则：其中包含必填、数字、URL 等众多验证规则。

验证信息提示：可以使用默认的提示信息，也可以自定义提示信息，覆盖默认内容。

多种事件触发：不仅在表单提交时触发验证，而且在 keyup 或者 blur 事件中也能触发。

允许自定义验证规则：除使用自带的验证规则外，还可以很方便地自定义验证规则。

2）表单插件 form。

form 插件是专门为页面的表单而设计的，引入该插件后，通过调用 ajaxForm()或 ajaxSubmit()两个方法，可以很容易地实现 AJAX 方式提交数据，并通过方法中的 options 对象设置参数、获取服务器返回的数据。同时，该插件还包含如下重要方法：

formSerialize()：用于格式化表单中有用的数据，并将其自动调整成适合 AJAX 异步请求的 URL 地址格式。

clearForm()：清除表单中所有输入值的内容。

restForm()：重置表单中所有的字段内容，即将表单中的所有字段内容都恢复到页面加载时的默认值。

3）Cookie 插件 cookie。

在 jQuery 中引用 cookie 插件后，可以很方便地定义某个 cookie 对象，并设置 cookie 值。通过设置好的 cookie，可以很便利地保存用户的页面浏览记录，在用户选择保存的情况下，还可以保存用户的登录信息。

4）搜索插件 AutoComplete。

AutoComplete 为自动填充、展示之意。在 jQuery 中引入该插件后，用户在使用文本框搜索信息时可使用插件中的 autocomplete 方法绑定文本框。当在文本框中输入某个字符时，通过该方法中指定的数据 URL 可返回相匹配的数据，自动显示在文本框下，提醒用户进行选择。

5）图片灯箱插件 notesforlightbox。

notesforlightbox 是一个基于 jQuery 基础开发的图片放大浏览插件，它支持绝大部分浏览器，被广泛应用于图片查看项目中。

6）右键菜单插件 contextmenu。

contextmenu 是一款轻量型、功能完善的插件，利用该插件可以在页面的任何位置设置一个触发右键事件的元素。当选中该元素并单击鼠标右键时，通过插件中的 contextMenu 方法，弹出一个设计精美的快捷菜单。

7）图片放大镜插件 jqzoom。

jqzoom 是一款基于 jQuery 库的图片放大插件，在页面中实现放大的方法是：先准备两张一大一小的相同图片，在页面打开时展示小图片，当鼠标在小图片的任意位置移动时，调用插件中的 jqzoom() 方法，绑定另外一张相同的大图片，在指定位置显示与小图片所选区域相同的大图片，从而实现逼真的放大效果。该插件十分适合在展示类的页面中使用。

（4）为什么要使用 jQuery 插件。

虽然使用 jQuery 库可以满足绝大部分的应用需求，但是随着各种应用需求的不断出现，要想不扩大程序库主体大小与通用性，使用 jQuery 中的插件便成了最佳选择。

15.4.2 jQuery UI

（1）简介。

jQuery UI 是一个以 jQuery 为基础的代码库，它的本质源于一个名为 interface 的 jQuery 插件，后来对该插件内部的 API 进行重构，并升级了版本，重新取名为 jQuery UI。jQuery 库注重后台，没有很好的前台界面，而 jQuery UI 很好地弥补了其不足之处。

（2）主要特性。

jQuery UI 侧重于用户界面的体验，根据体验角度的不同，主要分为以下三个部分。

交互：在该部分中，展示一些与鼠标操作相关的插件内容，如拖动、放置、缩放、复选、排序等。

微件：该部分包含一些可视化的细小控件，通过这些小控件，可以极大地优化用户在页面中的体验度，如折叠面板、日历、对话框、进度条、滑动模块等。

效果或动画：该部分包含一些动画效果插件，使得动画不再拘泥于 animate() 方法，可以通过该部分的插件实现一些复杂的动画效果。在该部分中，改进后的动画方法有 show()、hide()、toggle() 等。

jQuery UI 的最新版本可在其官方网站（http://jqueryui.com）下载获得。

（3）交互性插件。

1）拖动插件。

draggable（拖动）插件能使请求的对象拖动，通过这个插件，可以使用 DOM 元素跟随鼠标进行移动，通过设置方法中的 option 选项，可实现各种各样的拖动需求，其语法结构如下所示：

draggable(options)

其中选项 options 接受各种各样的参数值，用于控制拖动时的页面效果，其常用的参数值如表 15-14 所列。

表 15-14　选项 options 可接受的常用参数

参数	说明
helper	表示拖动的对象，默认值为 original，即拖动自身；如果设置为 clone，那么以复制的形式进行拖动
handle	表示触发拖动的对象，常用于一个 DOM 元素
dragPrevention	设置不触发拖动的对象
start	拖动启动时触发的回调函数 function(e,ui)，其中参数 e 表示 event 事件，e.target 表示被拖动的对象；参数 ui 表示与拖动相关的对象
stop	停止拖动时触发的回调函数，参数说明与 start 相同
drag	在拖动过程中触发的回调函数，参数说明与 start 相同
zIndex	设置被拖动时，helper 对象的 z-index 值
axis	设置拖动时的坐标，可设为 x 或 y 值
containment	设置拖动时的区域，可以设为 document、parent 或其他指定的元素和对象
grid	设置拖动时的步长，如 grid:[50,60]，表示 x 坐标每次移动 50px，y 坐标每次移动 60px
opacity	设置对象在拖动过程中的透明度，范围是 0.0～1.0
revert	设置一个布尔值，如果为 true，则表示对象被拖动结束后，又会自动返回原地；如果为 false，则不会返回原地，默认值为 false
scroll	设置一个布尔值，如果为 true，则表示对象在拖动时，容器自动滚动，默认为 true
disable	临时性禁用拖动功能
enable	重新开启对象的拖动功能
destroy	彻底移除对象上的拖动功能

2）放置。

在 jQuery UI 中除使用 draggable 插件拖动对象外，还可以通过 droppable（放置）插件"存放"拖动的对象，即类似网上商城中购物车的效果，其语法结构如下所示：

droppable(options)

选项 options 常用的参数值如表 15-15 所列。

表 15-15　选项 options 可接受的常用参数

参数	说明
accept	可以为字符串或函数，如果是字符串，表示通过字符串获取的元素允许接收；如果是函数，表示只有执行函数后，返回 true 时，才允许接收
activeClass	被接收的对象在拖动时，接收容器的 CSS 样式
hoverClass	被接收的对象在进入接收容器时，容器的 CSS 样式
active	被接收的对象在拖动时调用的函数 function(e,ui)，其中函数 e 表示 event 事件，e.target 表示被拖动的对象；参数 ui 表示与拖动相关的对象

参数	说明
deactive	被接收的对象停止拖动时调用的函数，参数说明与 active 一样
over	被接收的对象拖动到接收容器上方时调用的函数，参数说明与 active 一样
out	被接收的对象拖出接收容器时调用的函数，参数说明与 active 一样
drop	被接收的对象拖动后完全进入接收容器时调用的函数，参数说明与 active 一样

3）排序插件。

在 jQuery UI 中，除了拖动、放置指定元素外，还可以通过 sortable（排序）插件将有序列的标记按照用户的想法任意拖动位置，形成一个新的序列，从而实现拖动排序的功能，其语法格式如下所示：

sortable(options)

其中，选项 options 所调用的参数与插件 draggable 中的 options 参数有很多相似之处。需要说明的是参数 item，该参数用于申请在页面中哪些元素以拖动的方式进行排序。

（4）微型插件。

1）折叠面板插件。

jQuery UI 折叠面板插件可以实现页面中指定区域的折叠效果，也就是单击某块面板中的标题栏就会展开相应的内容，当单击其他面板的标题栏时，已展开的内容会自动关闭。通过这种方式可实现多个面板数据在一个页面中有序展示，其语法格式如下所示：

accordion(options)

其选项 options 常用的参数值如表 15-16 所列。

表 15-16　选项 options 可接受的常用参数

参数	说明
animated	设置折叠时的效果，默认值为 slide，也可以自定义动画。如果设置为 false，表示不设置折叠时的动画效果
active	设置默认展开的主体效果，默认值为 1
autoHeight	内容高度是否设置为自动增高，默认值为 true
event	设置展开选项的事件，默认值为 click，也可以设置双击、鼠标滑过事件
fillSpace	设置内容是否充满父元素的高度，默认值为 false，如果设置为 true，那么 autoHeight 参数设置的值无效
icon	设置小图标，其设置的格式为{"header","主题默认图标类别名","headerSelected","主题选中时图标类别名"}

2）日历。

在 jQuery UI 中可以使用 datepicker（日历）插件来实现网页中的选择日期效果，其语法格式如下所示：

$(".selector").datepicker(options)

其中 selector 表示 DOM 元素，一般指文本框。由于该插件的作用是提供日期选择，因此常与一个文本框绑定，将选择后的日期显示在该文本框中。选项 options 是一个对象，其常用的参数值如表15-17 所列。

表 15-17　选项 options 可接受的常用参数

参数	说明
changeMonth	设置一个布尔值，如果为 true，则可以在标题处出现一个下拉选择框，可以选择月份，默认值为 false
changeYear	设置一个布尔值，如果为 true，则可以在标题处出现一个下拉选择框，可以选择年份，默认值为 false
showButtonPanel	设置一个布尔值，如果为 true，则在日期的下面显示一个面板，其中有两个按钮：一个为"今天"，另一个为"关闭"，默认值为 false，表示不显示
closeText	设置关闭按钮上的文字信息，这项设置的前提是 showButtonPanel 的值必须为 true，否则显示不了效果
dateFormat	设置显示在文本框中的日期格式，可设置为{dateFormat:'yy-mm-dd'}，表示日期的格式为年一月一日
defaultDate	设置一个默认日期值，如{defaultDate:+7}表示弹出日期选择窗口后，默认的日期是当前日期再加上 7 天
showAnim	设置显示弹出或隐藏日期选择窗口的方式。可以设置的方式有"show""slideDown" "fadeIn"；或者为""，表示没有弹出日期选择窗口的方式
showWeek	设置一个布尔值，如果为 true，则可以显示每天对应的星期，默认值为 false
yearRange	设置年份的范围，如{year:'2000:2015'}，表示年份下拉列表框的最小值为 2000 年，最大值为 2015 年，默认值为 c-10:c+10，即当前年份的前后十年

3）选项卡插件。

选项卡（tabs）在网页中十分常见，在 jQuery UI 中，通过在页面中导入 tabs 插件，并调用插件中的 tabs()方法直接针对列表生成对应菜单，可轻松地实现选项卡功能，其语法结构如下所示：

```
tabs(options)
```

其选项 options 常用的参数值如表 15-18 所列。

表 15-18　选项 options 可接受的常用参数

参数	说明
collapsible	是否可折叠选项卡的内容，设置一个布尔值，如果为 true，那么允许用户折叠选项卡的内容，即首次单击展开，再单击关闭，默认值为 false
disabled	设置不可用选项卡，如{disabled:[1,2]}，表示选项卡中第 1 项和第 2 项不可用
event	设置触发切换选项卡的事件，默认值为 click，也可以设置为 mousemove
fx	设置切换选项卡时的一些动画效果
selected	设置被选中选项卡的 Index，如{selected:2}，表示第 2 项选项卡被选中

4）对话框插件。

在 jQuery UI 中，通过 dialog（对话）插件，不仅可以实现传统 JavaScript 语言中 alert()和 confirm()函数的功能，而且界面更加精致、功能更加丰富、操作更加简便，其语法结构如下所示：

```
$(".selector").dialog(options)
```

其中，.selector 表示 DOM 元素，一般指定一个 div 元素，用于显示弹出对话框的内容和设置的按钮；选项 options 是一个对象，其常用的参数值如表 15-19 所列。

表 15-19　选项 options 可接受的常用参数

参数	说明
autoOpen	设置一个布尔值，如果为 false，则不显示对话框，默认值为 true
bgiframe	设置一个布尔值，如果为 true，则表示在 IE6 下，弹出的对话框可以遮盖住页面中类似于<select>标记的下拉列表框，默认值为 false
buttons	设置对话框中的按钮，如{"button",{"OK":function(){$(this).dialog("close");}}}，表示设置了一个文本内容为 "OK" 的按钮，单击该按钮将关闭对话框
closeOnEscape	设置一个布尔值，如果为 false，则表示不适用 Esc 快捷键的方式关闭对话框，默认为 true
draggable	设置一个布尔值，表示是否可以拖动对话框，默认值为 true
hide	设置对话框关闭时的动画效果，可以设置为 slide 等各种动画效果，默认值为 null
modal	设置对话框是否以模式的方式显示，模式指的是页面背景变灰、不允许操作、焦点锁定对话框的效果，默认值为 false
position	设置对话框弹出时在页面中的位置，可以设置为 top、center、bottom、left、right，默认值为 center
show	设置对话框显示时的动画效果，说明与 hide 参数一样
title	设置对话框中主题部分的文字，默认为空

15.4.3　jQuery Mobile

（1）简介。

对于 Web 开发者来说，jQuery 是非常流行的 JavaScript 类库，但是一直以来它都是为 Web 浏览器设计的，并没有特别为移动应用程序设计。jQuery Mobile 则是一个用来填补 jQuery 在移动设备应用上的缺憾的新项目。

它基于 jQuery 框架并使用 HTML 5、CSS3，除了能提供很多基础的移动页面元素开发功能外，框架自身还提供很多可扩展的 API，以便于 Web 前端开发者在移动应用上使用，使用该框架可以节省大量的 JavaScript 代码开发时间以及代码量。

（2）主要特性。

jQuery Mobile 提供了非常友好的 UI 组件集和一个强有力的 AJAX 导航系统，以支持动画页面转换。其策略可以简单总结为：创建一个在常见智能移动端领域内能统一用户界面的顶级 JavaScript 类库。jQuery Mobile 的主要特性有以下几方面。

1）基于 jQuery 构建。它采用与 jQuery 一致的核心和语法，减小了学习曲线。

2）兼容绝大部分手机平台。jQuery Mobile 以 "Write Less,Do More" 作为目标，为所有的主流移动操作系统平台提供了高度统一的 UI 框架，而不必为每个移动设备编写独特的应用程序。它兼容 iOS、Android、Blackberry、Palm WebOS、Nokia/Symbian、Windows Mobile、bada 和 MeeGo 等，只要是能解释标准 HTML 的设备它就能提供最基本的支持。

3）轻量级的库。基于速度考虑，整个库非常轻量级，同时对图片的依赖也降到最小。

4）模块化结构。创建定制版本只包括应用所需的功能，而不需要修改应用的结构。

5）HTML5 标记驱动的配置，快速开发页面，把对 Web 前端开发者的脚本能力需求降到最小化。

6）渐进增强原则，jQuery Mobile 完全采用渐进增强原则：通过一个全功能的标准 HTML 网页和额外的 JavaScript 功能层，提供顶级的在线体验。这意味着即使移动浏览器不支持 JavaScript，基于 jQuery Mobile 的移动应用程序仍能正常使用，而较新的移动平台则能获取更优秀的用户体验。

7）响应设计。通过灵敏的技术设计和工具，使得相同的基础代码库可以在不同屏幕大小中自动缩放。

8）强大的 AJAX 导航系统。使得页面之间跳转变得更加流畅，同时保持按钮、书签和地址栏的简洁。

9）易用性。一些辅助功能，比如 WAI-ARIA，以确保页面可以在一些屏幕阅读器或其他手持设备中正常工作。

10）支持触摸和鼠标操作。让触摸、鼠标、光标用户都能通过简单的 API 来流畅使用。

11）统一的 UI 组件。在触摸体验和主体化方面，jQuery Mobile 加强和统一了本地控制。

12）强大的主题化框架。主题编辑器能很容易地进行高度个性化和品牌化的界面定制。

（3）使用。

jQuery Mobile 的最新版本可在其官网（http://jquerymobile.com）下载获得。

在使用时，需要用到 jQuery Mobile 中的 CSS 样式文件以及 jQuery Mobile 的 JS 文件，引用的具体代码如下所示：

```
<link rel="stylesheet" href="style/jquery.mobile.css">
<script type="text/javascript" src="jquery/jquery.js"></script>
<script type="text/javascript" src="jquery/jquery.mobile.js"></script>
```

（4）页面。

1）jQuery Mobile 页面模板。

案例 15-26：Page Header

jQuery Mobile 页面模板内容具体如下所示：

扫描看效果

```
<!doctype html>
<html>
<head>
<meta charset="utf-8">
<meta keywords="JavaScript">
<meta name="viewport" content="width=device-width,initial-scale=1">
<title>Page Header</title>
<link rel="stylesheet" href="style/jquery.mobile.css">

<script type="text/javascript" src="jquery/jquery.js"></script>
<!--<script src="custom-script-here.js"></script>-->
<script type="text/javascript" src="jquery/jquery.mobile.js"></script>
</head>
<body>
    <div data-role="page">
        <div data-role="header">
            <h1>Page Header</h1>
        </div>
        <div data-role="content">
            <p>Hello jQuery Mobile</p>
        </div>
        <div data-role="footer">
            <h1>Page Footer</h1>
        </div>
    </div>
</body>
```

对于 jQuery Mobile 来说，这是一个推荐的视图配置。

device-width 值表示希望让内容扩展到屏幕的整个宽度。initial-scale 设置了用来查看 Web 页面的初始缩放百分比或缩放因数，值为 1，则显示一个未缩放的文档。

data-role="page"为一个 jQuery Mobile 页面定义了页面容器，只有在构建多页面设置时才会用到该元素。

data-role="header"是页眉（header）或标题栏，该属性是可选的。

data-role="content"是内容主体的包装容器（wrapping container），该属性也是可选的。

data-role="footer"包含页脚栏，该属性同样是可选的。

2）多页面模板。

jQuery Mobile 支持在一个 HTML 文档中嵌入多个页面，该策略可以用来预先获取最前面的多个页面，当载入子页面时，其响应时间会缩短。使用多页面模板的结构如下所示：

```
<!--第一个页面-->
<div data-role="page" id="Home" data-title="Home">
    <div data-role="header">
        <h1>Page Header</h1>
    </div>
    <div data-role="content">
        <p>Hello jQuery Mobile</p>
        <a href="#contact" data-role="button">Contact US</a>
    </div>
</div>
<!--第二个页面-->
<div data-role="page" id="contact" data-title="contact">
    <div data-role="header">
        <h1>Page Header</h1>
    </div>
    <div data-role="content">
        <p>Hello</p>
    </div>
</div>
```

多页面文档中的每一个页面必须包含一个唯一的 id。每个页面可以有一个 page 或 dialog 的 data-role。当链接到一个内部页面时，必须通过页面的 id 来引用，即使用 href="#id"；当链接到一个包含多个页面的页面时，必须为其链接添加 rel="external"。

3）单页面文档与多页面文档对比。

多页面文档在最初载入时会占用较多的带宽，但是只需要向服务器发送一个请求，它的子页面会以相当短的时间载入。而单页面文档尽管占用的带宽较少，但是每访问一个页面就需要向服务器发送一个请求，因此响应时间较长。

在大多数情况下，建议使用单页面模型，然后在后台将常用的页面动态添加到 DOM 中。在希望动态载入的任何链接上添加 data-prefetch 属性即可实现该行为。这种混合方式可以有选择性地选择想要载入和缓存的数据，该方法只建议用于需要频繁访问的页面中。

（5）过渡效果。

jQuery Mobile 拥有一系列关于如何从一页过渡到下一页的效果，默认情况下，框架会为所有的过渡应用"淡入淡出"效果。通过为链接、按钮或表单添加 data-transition 属性，可以设置其他过渡效果。可以使用的过渡效果参数如表 15-20 所列。

表 15-20　过渡效果常用选项

参数	说明
fade	默认，淡入淡出到下一页
flip	从后向前翻动到下一页
flow	抛出当前页面，引用下一页
pop	像弹出窗口一样转到下一页
slide	从右向左滑动到下一页
slidefade	从右向左滑动并淡入到下一页
slideup	从下到上滑动到下一页
slidedown	从上到下滑动到下一页
turn	转向下一页
none	无过渡效果

以上所有过渡效果都支持反向动作，只需要使用值为 reverse 的 data-direction 属性即可。

（6）按钮。

jQuery Mobile 中的按钮可通过三种方法进行创建：一是使用<button>元素，二是使用<input>元素，三是使用 data-role="button"的<a>元素。

jQuery Mobile 中的按钮会自动获取样式，这极大增强了在移动设备上的交互性和可用性。一般在实际应用中，使用 data-role="button"的<a>元素来创建页面之间的链接，而<input>和<button>元素一般用于表单之中。

1）行内按钮。

默认情况下按钮会占据屏幕的全部宽度，如果需要按钮适应其内容，或者需要两个或多个按钮并排显示，可通过添加 data-inline="true"属性来实现。

2）组合按钮。

jQuery Mobile 提供了对按钮进行组合的简单方法。将 data-role="controlgroup" 属性与 data-type="horizontal|vertical"一同使用，以规定水平或垂直的组合按钮。默认情况下，组合按钮是垂直分组的，彼此间没有外边距和空白，并且只有第一个和最后一个按钮拥有圆角。

3）回退按钮。

在 jQuery Mobile 中，回退按钮在默认情况下是禁用的，如果想要在页面中添加回退按钮，可通过以下两种方法实现：一是在页面容器中添加 data-auto-back-btn="true"属性，可以为某个特定页面添加回退按钮；二是在绑定 mobileinit 选项时，通过将 addBackBtn 选项设置为 true，可以在全局启用回退按钮。如果希望创建一个行为与回退按钮类似的按钮，则可以在<a>元素中添加 data-rel="back"属性。

按钮的 data-*属性值如表 15-21 所列。

4）按钮图标。

在 jQuery Mobile 中几乎不需要任何处理就可以将图像设计为按钮，当使用<a>元素来包含图像时，无需任何修改。但是在使用<input>元素时，则需要添加 data-role="none"属性来实现将图像设计为按钮，其实现代码如下所示：

```
<input type="image" src="images/15-01/btn.jpg" data-role="none" />
```

表 15-21　按钮的 data-*属性值表

方法语法	值	参数说明
data-corners	true | false	规定按钮是否有圆角
data-mini	true | false	规定是否为小型按钮
data-shadow	true | false	规定按钮是否有阴影

还可以通过添加 data-icon 属性来设置要显示的图标，并将图标添加到任何按钮，其属性值如图 15-5 所示。

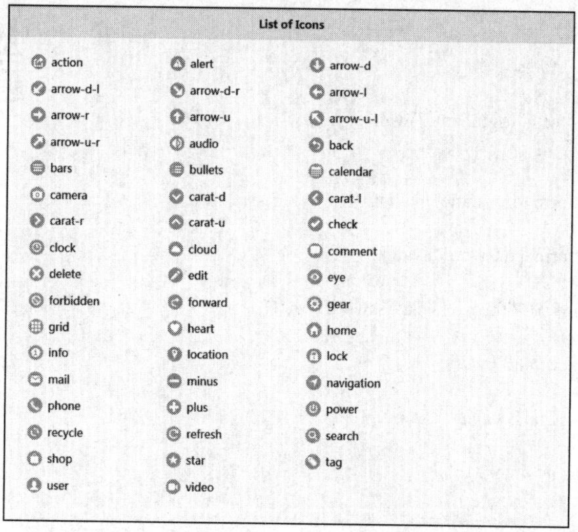

图 15-5　data-icon 可选值及显示图标

当然也可以通过 data-iconpos 属性来对图标进行定位，其参数值 top、right、bottom、left 分别对应显示位置的上、右、下、左显示位置。如果只需显示图标，则将 data-iconpos 设置为 notext 即可。

（7）样式切换。

jQuery Mobile 自带了一些主题，这些主题能够快速地帮助 Web 前端开发者修改页面的 UI，只需在组件上添加 data-theme 属性即可，它的值可以为 a、b、c、d 或 e。此外，jQuery Mobile 还提供了一个强大的 ThemeRoller 组件（http://jquerymobile.com/themeroller），可以自定义主题。

15.5　案例：使用 jQuery 插件实现表单验证

15.5.1　功能

通过使用 jQuery 插件实现表单的正确性验证。

15.5.2　实现效果

通过 jQuery 的选择器直接获得输入值进行验证，实现表单的数据校验。具体效果参考本书 14.4 节的内容。

15.5.3　代码

案例 15-27：使用 jQuery 进行表单验证 ^{⑥ ⑧ ❶ ✎ ℮}

jQuery 部分的具体代码如下所示：

```
function saveform(form)
{
    var check=true;
    //获取提示信息对象
    var info=$("#save_info");
    //得到用户名信息
    var loginname=$("#form_loginname").val();

    //得到姓名信息
    var username=$("#form_username").val();
    //得到密码值
    var password=$("#form_password").val();
    //得到确认密码值
    var confirmpassword=$("#form_checkpassword").val();
    //得到邮箱值
    var email=$("#form_email").val();
    //得到电话
    var usertel=$("#form_tel").val();
    //得到出生日期
    var userdate=$("#form_date").val();
    //清空提示信息
    info.html("");
    //验证用户名
    if(loginname == "")
    {
        info.css("color","#f00");
        info.html("用户名不能为空");
        return false;
    }else{
        if(!checkloginname(loginname)){
            info.css("color","#f00");
            info.html("用户名只能为英文字符、数字");
            return false;
        }
    }
    //验证姓名
    if(username == "")
    {
        info.css("color","#f00");
        info.html("姓名不能为空");
        return false;
    }
    //验证密码
```

```
            var checkpasswordinfo=checkpassword(password,confirmpassword);
            if(checkpasswordinfo != "success")
            {
                info.css("color","#f00");
                info.html(checkpasswordinfo);
                return false;
            }
            //验证邮箱
            if(email != "" && !checkemail(email)){
                info.css("color","#f00");
                info.html("邮箱格式错误，请重新填写");
                return false;
            }
            //验证手机
            if(usertel != "" && !checktel(usertel)){
                info.css("color","#f00");

                info.html("手机格式错误，请重新填写");
                return false;
            }
            //验证出生日期
            if(userdate != "" && !checkdate(userdate)){
                info.css("color","#f00");
                info.html("出生日期格式错误，请重新填写");
                return false;
            }
            info.css("color","#18A70D");
            info.html("验证通过");
            return true;
    }
```

15.6　案例：使用 JQuery Mobile 快速开发手机网站

15.6.1　功能

随着移动设备的飞速发展，基于移动端的网站也如雨后春笋般快速崛起。在前面内容中简单介绍了 jQuery Mobile 的功能、使用方法及主要特性等。本案例使用 jQuery Mobile 快速开发一个手机网站，基本功能是建立一个多页面模型文档，当单击导航上的链接时弹出提示框，显示提示信息。

15.6.2　实现效果

手机网站首页的实现效果如图 15-6 所示，弹出框提示信息页面的实现效果如图 15-7 所示。

图 15-6　手机网站首页　　　　　　图 15-7　弹出框提示信息页面

15.6.3　代码

案例 15-28：jQuery Mobile 演示网站

HTML 部分的具体代码如下所示：

```
<!doctype html>
<html>
<head>
<meta charset="utf-8">
<meta keywords="JavaScript">
<meta name="viewport" content="width=device-width,initial-scale=1">
<title>jQuery Mobile 演示网站</title>
<link rel="stylesheet" href="css/jquery.mobile.css">
<script type="text/javascript" src="jquery/jquery.js"></script>
<script type="text/javascript" src="jquery/jquery.mobile.js"></script>
</head>
<body>
<div data-role="page" id="pageone">
  <div data-role="header" data-theme="a">
    <h1>jQuery Mobile 演示网站</h1>
  </div>
  <nav data-role="navbar">
    <ul>
      <li><a href="#home" data-icon="home">首页</a></li>
      <li><a href="#information" data-rel="dialog" data-icon="grid">新闻</a></li>
      <li><a href="#calendar" data-rel="dialog" data-icon="star">日历</a></li>
    </ul>
  </nav>
  <div data-role="content">
    <p style="text-align:center;color:grey;">这是 jQuery Mobile 的首页</p>
  </div>
  <div data-role="footer" data-position="fixed" data-theme="a">
```

扫描看效果

```
        <h1>Copyright Web 前端开发技术与实践</h1>
    </div>
</div>
<!--弹出对话框-->
<div data-role="page" id="information">
    <div data-role="header">
        <h1>新闻</h1>
    </div>
    <div data-role="content">
        <p>这是新闻列表</p>
    </div>
</div>
<!--弹出对话框-->
<div data-role="page" id="calendar">
    <div data-role="header">
        <h1>日历</h1>
    </div>
    <div data-role="content">

        <p>这是日历</p>
    </div>
</div>
</body>
</html>
```

　　需要注意的是，在页面中弹出框时，jQuery Mobile 不支持本地文件路径访问，必须将开发出来的手机网站发布之后才能查看页面的弹出框效果。

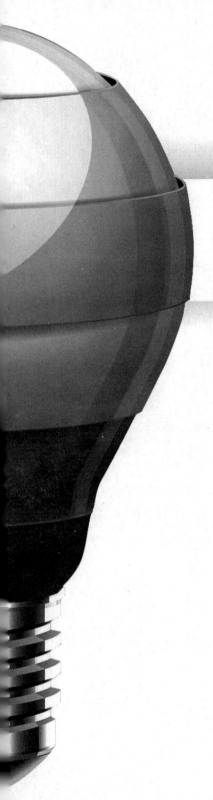

第 16 章

AJAX

Web 前端不仅可以展示静态页面中的固定信息，还可以读取数据库、数据文件等来展示动态信息。AJAX 则是在 Web 前端中用于创建快速动态网页的技术，通过在后台与服务器进行少量数据交换，AJAX 可以使网页实现异步更新，这意味着可以在不重新加载整个网页的情况下，对网页的某部分进行更新。

本章将重点介绍 AJAX 技术在 Web 前端开发中的应用，帮助 Web 前端开发者创建简单的动态网站。

16.1　概述

16.1.1　什么是 AJAX?

AJAX 的全称为 Asynchronous JavaScript and XML（异步 JavaScript 和 XML），从 AJAX 的组合名称可以看出 AJAX 其实并不是一种技术，而是多种技术的组合体，每种技术都有其独特之处，合在一起就成了功能强大的应用模式。AJAX 的出现揭开了无刷新更新页面的新时代，并且逐步代替传统 Web 请求方式和通过隐藏的框架来进行异步提交，是 Web 开发应用的一个里程碑。

16.1.2　为什么使用 AJAX?

AJAX 采用了异步交互的方式，它在用户和服务器之间引入了一个中间媒介，从而改变了同步交互过程中"处理－等待－处理－等待"的模式。用户的浏览器在执行任务时也装载了 AJAX 引擎。该引擎是用 JavaScript 语言编写的，通常位于一个隐藏的框架中，负责转发用户界面和服务器之间的交互。AJAX 引擎允许用户和应用系统之间的交互以异步的方式进行，独立于用户与 Web 服务器之间的交互。可以使用 JavaScript 调用 AJAX 引擎向 Web 服务器发送请求，产生一个 HTTP 的用户请求、数据编辑、页面导航和数据验证等操作，而不需要重新加载整个页面。

16.1.3　AJAX 的优势

（1）基于标准化且被广泛支持的技术。

AJAX 不需要任何浏览器插件就可以被绝大多数主流浏览器支持，用户只需要允许 JavaScript 在浏览器上执行即可。

（2）减轻服务器和带宽负担。

按需取数，可以最大程度地减少冗余请求和响应对服务器造成的负担。可以把一些服务器负担的工作转嫁到客户端，利用客户端闲置的能力来处理，以减轻服务器的负担。可以充分利用带宽资源，节约空间和宽带租用成本。

（3）无需刷新页面，减少用户心理和实际等待时间，提升网页的用户体验。

特别是在读取大量数据时，不会像刷新页面那样出现白屏的情况。AJAX 使用 XMLHttpRequest 对象发送请求并且得到服务器响应，在不重新载入整个页面的情况下，使用 JavaScript 操作 DOM 更新页面。在读取数据的过程中，用户所面对的不是白屏，而是原来的页面内容，只有在数据接收完毕之后才更新相应部分的内容。

（4）可以调用外部数据。

（5）进一步促进页面呈现和数据的分离。

16.1.4　AJAX 的应用场景

（1）表单驱动的交互。

传统的表单提交，在文本框输入内容后单击按钮，后台处理完毕后页面刷新，再回头检查刷新结果是否正确。使用 AJAX，在单击提交按钮后，立刻进行异步处理，并可在页面上快速显示更新后的结果，这样提交不会导致整个页面刷新。

（2）深层次的级联菜单。

深层次的级联菜单（树）的遍历是一项非常复杂的任务，使用 JavaScript 来控制显示逻辑，使用 AJAX 延迟加载更深层次的数据可以有效减轻服务器的负担。

为了避免每次对菜单的操作引起的页面重载，不采用每次调用后台的方式，而是一次性将级联菜单的所有数据全部读取出来并写入数组，然后根据用户的操作用 JavaScript 来控制它的子集项目的呈现，这样虽然解决了向服务器频繁发送请求的问题，但是如果用户不对菜单进行操作或者只对菜单中的一部分进行操作，那么读取的数据中的这一部分就会成为冗余数据而浪费用户的资源，特别是在菜单结构复杂、数据量大的情况下，这种弊端就更加突出。

使用 AJAX 可以有效地对这种应用场景进行优化。在初始化页面时只需要读出一级菜单的所有数据并显示，在用户操作一级菜单其中一项时，通过 AJAX 向后台请求当前一级菜单所属的二级子菜单的所有数据，如果再继续请求已经呈现的二级菜单中的一项时，再向后台请求所操作二级菜单项对应的所属三级子菜单的所有数据，依此类推……用什么数据就取什么数据、用多少数据就取多少数据，这样就不会有数据的冗余和浪费，减少了数据下载总量，而且更新页面时不用重载全部内容，只更新需要的部分即可，相对于后台处理并重载的方式缩短了用户等待时间，也把对资源的浪费降到最低。

（3）用户间的交互响应。

在多人参与的交流讨论的场景下，最不愿发生的事情就是让用户一遍又一遍刷新页面以便知道是否有新的讨论出现，新的回复应该以最快的速度显示出来。而把用户从不断的刷新中解脱出来，使用 AJAX 是最好的选择。

（4）类似投票等场景。

对于投票等类似的场景中，如果提交过程需要达到 40s，很多用户就会直接忽略过去而不参与，使用 AJAX 可以把时间控制在很短的时间内，减少了因时间等待而造成的损失。

（5）过滤场景。

对数据使用过滤器，或对数据进行按照时间、名称排序，开启、关闭过滤器等一些具备很高要求的数据交互操作时，都可以使用 AJAX。通过 AJAX 可以进行查询、筛选、排序参数的传递，并实现网页局部内容的更新，提升网页的用户体验。

（6）文本输入场景。

在文本框等输入表单中给予输入提示或者自动完成，可以有效地改善用户体验，尤其是那些自动完成的数据可能来自于服务器端的场合，使用 AJAX 是很好的选择。

16.2　基础知识

16.2.1　XML

XML（Extensible Markup Language，可扩展标记语言）是标准通用标记语言的子集，是一种用于标记电子文件使其具有结构性的标记语言。XML 是一种元标记语言，即定义了用于定义其他特定领域有关语义的、结构化的标记语言，这些标记语言将文档分成许多部件并对这些部件加以标识。XML 文档定义方式有文档类型定义（DTD）和 XML Schema。DTD 定义了文档的整体结构以及文档的语法，应用广泛并有丰富工具支持。XML Schema 用于定义管理信息等更强大、更丰富的特征。XML 能够更精确地声明内容，方便跨越多种平台的更有意义的搜索结果。它提供了一种描述结构数据的格式，简化了网络中数据交换和表示，使得代码、数据和表示分离，并作为数据交换的标准格式，常被称为智能数据文档。

在 XML 中，采用的语法如下：

（1）任何起始标签都必须有一个结束标签。

（2）可以采用另一种简化语法，即在一个标签中同时表示起始和结束标签。这种语法是在右尖括号之前紧跟一个"斜线"（/），例如<Web 前端开发与实践 />，XML 解析器会将其翻译成<Web 前端开发与实践></Web 前端开发与实践>。

（3）标签必须按合适的顺序进行嵌套，所有结束标签必须按顺序匹配起始标签。

（4）所有的属性都必须有值。

（5）所有的属性都必须在值的周围加上双引号。

16.2.2 xmlHttpRequest

xmlHttpRequest 可扩展超文本传输请求，即 xmlHttpRequest 对象可以在不向服务器提交整个页面的情况下，实现局部更新网页内容。xmlHttpRequest 对象提供了对 HTTP 协议的完全访问，包括 GET、POST、HEAD 等请求，除此之外它还支持 File 和 FTP 协议。xmlHttpRequest 可以同步或异步返回 Web 服务器的响应，并且能以文本或者一个 DOM 文档形式返回内容。xmlHttpRequest 并不仅限于和 XML 文档一起使用，它可以接收任何形式的文本文档。

16.2.3 工作原理

简单来说，AJAX 的工作原理是通过 xmlHttpRequest 对象来向服务器发出异步请求，相当于在用户和服务器之间加了一个中间层，使用户操作和服务器响应异步化。并不是所有的用户请求都提交给服务器，像一些数据验证和数据处理等工作交给 AJAX 引擎来做，只有确定需要从服务器读取新数据时再由 AJAX 引擎代替浏览器向服务器提交请求。使用 AJAX 可以把以前服务器承担的部分工作转移到客户端，利用客户端闲置的处理能力，从而减轻服务器的带宽负担，达到节约空间及带宽租用成本的目的。

AJAX 的工作原理如图 16-1 所示。

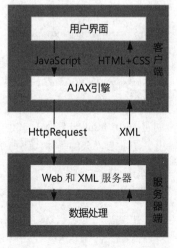

图 16-1 AJAX 的工作原理

16.3　AJAX 实现

16.3.1　案例：使用 AJAX 基于本地 XML 实现学生成绩册

案例 16-01：使用 AJAX 基于本地 XML 实现学生成绩册 ⓒ ⚫ ⓞ ⚫ ⓔ

创建 XML 文件，命名为 data.xml，存放在 medias 目录下，用于记录学生成绩册的数据。XML 文件格式及内容具体如下所示：

```xml
<?xml version="1.0" encoding="utf-8"?>
<root>
<student>
    <id>20050001</id>
    <name>张三</name>
    <sex>男</sex>
    <major>计算机科学与技术</major>
    <grades>
        <web>80</web>
        <os>75</os>
        <network>78</network>
        <database>80</database>
    </grades>
</student>
<student>
    <id>20050002</id>
    <name>王静</name>
    <sex>女</sex>
    <major>计算机科学与技术</major>
    <grades>
        <web>85</web>
        <os>77</os>
        <network>85</network>
        <database>80</database>
    </grades>
</student>
……此处省略其他学生的成绩记录
</root>
```

扫描看效果

创建 16-01.html 的 HTML 文件，并使用 JavaScript 异步读取 XML 文件，输出成绩册，实现成绩册输出。HTML 部分的具体代码如下：

```html
<!DOCTYPE html>
<html>
<head>
<meta charset="utf-8">
<meta keywords="AJAX">
<meta content="使用 AJAX 基于本地 XML 实现学生成绩册" >
<title>使用 AJAX 基于本地 XML 实现学生成绩册</title>
<link rel="stylesheet" type="text/css" href="css/16-01.css">
<script type="text/javascript">
function loadXMLDoc(grade) {
```

```javascript
var xmlhttp;
//声明 xmlHttp 对象
if (window.XMLHttpRequest) {//IE7+，Firefox，Chrome，Opera，Safari 使用
    xmlhttp = new XMLHttpRequest();
}
else {//IE6，IE5 使用
    xmlhttp = new ActiveXObject("Microsoft.XMLHTTP");
}
xmlhttp.onreadystatechange = function () {
if (xmlhttp.readyState == 4 && xmlhttp.status == 200) {
    var xml = xmlhttp.responseXML.documentElement;
    var node = xml.getElementsByTagName('student');
    var str = '';//初始化整个成绩册组合字符串
    for (var i = 0; i < node.length; i++) {
        var id = node[i].getElementsByTagName('id')[0].firstChild.nodeValue;
        var name = node[i].getElementsByTagName('name')[0].firstChild.nodeValue;
        var sex = node[i].getElementsByTagName('sex')[0].firstChild.nodeValue;
        var major = node[i].getElementsByTagName('major')[0].firstChild.nodeValue;
        var grades = node[i].getElementsByTagName('grades');
        var web = grades[0].getElementsByTagName('web')[0].firstChild.nodeValue;
            //获取 Web 前端开发成绩
        var os = grades[0].getElementsByTagName('os')[0].firstChild.nodeValue;
            //获取操作系统成绩
        var network = grades[0].getElementsByTagName('network')[0].firstChild.nodeValue;
            //获取网络成绩
        var database = grades[0].getElementsByTagName('database')[0].firstChild.nodeValue;
            //获取数据库成绩
        if (i % 2 == 0) {
            str += '<div class="gradeContent"><span class="studentID">' + id +
                '</span><span class="studentName">' + name +
                '</span><span class="studentSex">' + sex +
                '</span><span class="studentMajor">' + major +
                '</span><span class="studentLesson">' + web +
                '</span><span class="studentLesson">' + os +
                '</span><span class="studentLesson">' + network +
                '</span><span class="studentLesson">' + database +
                '</span></div>';
        } else {
            str += '<div class="gradeContent gradeContentOdd"> ‘ +
                ‘<span class="studentID">' + id +
                '</span><span class="studentName">' + name +
                '</span><span class="studentSex">' + sex +
                '</span><span class="studentMajor">' + major +
                '</span><span class="studentLesson">' + web +
                '</span><span class="studentLesson">' + os +
                '</span><span class="studentLesson">' + network +
                '</span><span class="studentLesson">' + database +
                '</span></div>';
        }
    }
    //输出内容到名称为 grade 的容器中，grade 是一个参数
    document.getElementById(grade).innerHTML = str;
    }
}
xmlhttp.open("GET", "medias/data.xml", true);//打开 XML 文档
```

```
xmlhttp.send();//发送 XML 文档
}
</script>
</head>
<body>
<div class="center">
    <div><input type="button" onclick="loadXMLDoc('showGrade')" value="AJAX 输出成绩册" /></div>
    <div class="gradeTitle">
        <span class="studentID">学号</span>
        <span class="studentName">姓名</span>
        <span class="studentSex">性别</span>
        <span class="studentMajor">专业</span>
        <span class="studentLesson">Web 前端开发</span>
        <span class="studentLesson">操作系统</span>
        <span class="studentLesson">网络</span>
            <span class="studentLesson">数据库</span>
    </div>
    <div class="gradeContent"></div>
    <div id="showGrade" class="gradeContent">单击按钮后加载成绩册</div>
</div>
</body>
</html>
```

基于本地 XML 实现学生成绩册输出实现前的效果如图 16-2 所示。

图 16-2　基于本地 XML 实现学生成绩册输出实现前的效果

实现后的效果如图 16-3 所示。

图 16-3　基于本地 XML 实现学生成绩册输出实现后的效果

16.3.2 案例：使用 AJAX 读取网易新闻列表

案例 16-02：使用 AJAX 读取网易新闻列表

使用 AJAX 获取网易（http://www.163.com）网站上的新闻内容，并以列表的形式在当前网页中以内容方式输出。

首先获取网易网站新闻列表的地址 http://news.163.com/special/00011K6L/rss_newstop.xml，之后创建 index.php 程序，将网易网站的新闻内容读取并转换为 JSON 数据返回。

index.php 程序部分的具体代码如下所示：

```php
<?php
$url = 'http://news.163.com/special/00011K6L/rss_newstop.xml';
$xmlContent = file_get_contents($url);//获取远程文件内容
$xmlArray = json_decode(json_encode((array) simplexml_load_string($xmlContent)),
true);//将字符串转换为数组
echo json_encode($xmlArray);//格式化为 JSON 数据返回
?>
```

扫描看效果

创建 16-02.html 网页文件，用来异步读取和展示数据，HTML 部分的具体代码如下所示：

```html
<!doctype html>
<html>
<head>
<meta charset="utf-8">
<meta keywords="AJAX">
<meta content="使用 AJAX 读取网易新闻列表">
<title>使用 AJAX 读取网易新闻列表</title>
<link rel="stylesheet" type="text/css" href="css/16-02.css">
<script type="text/javascript">
function loadXMLDoc(grade) {
    var xmlhttp;
    //声明 xmlHttp 对象
    if (window.XMLHttpRequest) {//IE7+，Firefox，Chrome，Opera，Safari 使用
        xmlhttp = new XMLHttpRequest();
    }
    else {//IE6，IE5 使用
        xmlhttp = new ActiveXObject("Microsoft.XMLHTTP");
    }
    xmlhttp.onreadystatechange = function () {
        if (xmlhttp.readyState == 4 && xmlhttp.status == 200) {
        var jsonObj = JSON.parse(xmlhttp.response);
            //将返回的数据格式化为 JSON 对象
        var channelObj = jsonObj['channel'];
            //提取键值为 channel 的对象
        var str = '';
        for (var key in channelObj) {
            var itemObj = channelObj[key];
            if (key == 'item') {
                var i = 0;
                for (var itemkey in itemObj) {
                    var listObj = itemObj[itemkey];
                    var itemTitle = listObj['title'];//新闻标题
                    var itemLink = listObj['link'];//新闻链接
```

```
                    var itemDesc = listObj['description'];//新闻描述
                    var itemPubData = listObj['pubDate'];//发布时间
                    var time = new Date(itemPubData);
                    var pubtime = time.getFullYear() + "-" +
                        (((time.getMonth() + 1).toString().length == 1) ? '0' +
                        (time.getMonth() + 1) : (time.getMonth() + 1)) + "-" +
                        ((time.getDate().toString().length == 1) ? '0' +
                        time.getDate() : time.getDate()) + " " +
                        (time.getHours().toString().length == 1 ? '0' +
                        time.getHours() : time.getHours()) + ":" +
                        (time.getMinutes().toString().length == 1 ? '0' +
                        time.getMinutes() : time.getMinutes());
                    if (i % 2 == 0) {
                        str += '<div class="listContent">'   +
                            '<span class="title"><a href="' +
                            itemLink + '" target="_blank">' +
                            itemTitle + '</a></span><span class="pubtime">' +
                            pubtime + '</span></div>';
                    } else {
                        str += '<div class="listContent listContentOdd">'   +
                            '<span class="title"><a href="' +
                            itemLink + '" target="_blank">' +
                            itemTitle + '</a></span><span class="pubtime">' +
                            pubtime + '</span></div>';
                    }
                    i++;
            }}}
            //输出内容到名称为 grade 的容器中，grade 是一个参数

            document.getElementById(grade).innerHTML = str;
        }}
        xmlhttp.open("GET", "index.php", true);
        //请求服务器端 PHP 程序，将从网易获取的新闻列表处理为 JSON 后返回
        xmlhttp.send();//发送请求
    }
    </script>
    </head>
    <body>
        <div class="center"><div><input type="button" onclick="loadXMLDoc('showNewsList')" value="AJAX 输出
网易新闻" /></div>
            <div class="listTitle"><span class="title">标题</span><span class="pubtime">发布时间</span></div>
            <div id="showNewsList" class="listContent">单击按钮后输出新闻列表</div>
        </div>
    </body>
    </html>
```

单击按钮前显示的效果如图 16-4 所示。

图 16-4　AJAX 获取远程数据单击前的效果图

16.4　使用 jQuery 实现 AJAX

16.4.1　基本方法

（1）load()方法。

1）载入 HTML 文档。

load()方法是 jQuery 中最为简单和常用的 AJAX 方法，能载入远程 HTML 代码并插入 DOM 中。其结构如下所示：

```
load( url [,data ] [,complete ] )
```

load()方法的参数解释如表 16-1 所列。

表 16-1　load()方法参数解释

参数名称	参数选择	参数类型	参数说明
url	必须	String	请求 HTML 的 URL 地址
data	可选	Object	发送至服务器的 key/value 数据
complete	可选	function	请求完成时的回调函数名称

案例 16-03：使用 AJAX 操作载入 HTML 文档

创建 HTML 文档，命名为 16-03-01.html，作为页面 16-03.html 使用 AJAX 要载入的文档。

16-03-01.html 文件的具体代码如下所示：

```html
<!DOCTYPE html>
<html>
<head>
<meta charset="utf-8">
<title>AJAX 载入的页面</title>
</head>
<body>
    <div>
        <ul>
            <li class="title">这是一个 AJAX 载入文档的示例-标题</li>
            <li>内容是一个列表</li>
            <li>读取到此列表</li>
            <li>成功使用 AJAX 方式调用数据</li>
        </ul>
    </div>
</body>
</html>
```

扫描看效果

显示效果如图 16-5 所示。

创建网页 16-03.html，添加按钮，id 属性值为"showAjax"，用来触发 AJAX 事件。当单击按钮时，将 id 属性值为 ajaxContent 中的内容替换为 16-03-01.html 的内容。

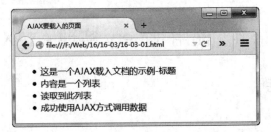

图 16-5　16-03-01.html 显示效果

16-03.html 文件的具体代码如下所示。

```
<!doctype html>
<html>
<head>
<meta charset="utf-8">
<meta keywords="AJAX">
<meta content="使用 AJAX 操作载入 HTML 文档">
<title>使用 AJAX 操作载入 HTML 文档</title>
<script type="text/javascript" src="jquery/jquery-1.11.3.js"></script>
<script type="text/javascript">
    $(function() {
        $("#showAjax").click(function () {
            $("#ajaxContent").load("16-03-01.html");
        });
    })
</script>
</head>
<body>
<div><input type="button" id="showAjax" value="AJAX 载入页面" /></div>
<div id="ajaxContent">单击"AJAX 载入页面"按钮，此处的内容将被替换为文件 16-03-01.html 中的内容</div>
</body>
</html>
```

在 16-03.html 页面单击按钮前显示的效果如图 16-6 所示，单击按钮后显示的效果如图 16-7 所示。

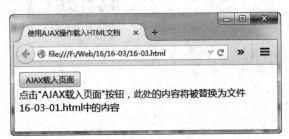
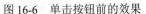

图 16-6　单击按钮前的效果

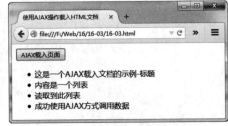

图 16-7　单击按钮后的效果

2）筛选载入的 HTML 文档。

在示例 16-03 中，把 16-03-01.html 中所有的内容都加载到 16-03.html 中 id 属性值为 ajaxContent 的元素中。通过 load()方法的 URL 参数达到从 HTML 文档里筛选内容的目的。

在 16-03.html 中，起作用的 jQuery 代码如下所示：

```
$(function() {
```

```
$("#showAjax").click(function () {
    $("#ajaxContent").load("16-03-01.html .title");
});
})
```

3）传递方式。

load()方法的传递方式根据 data 来自动指定。如果没有参数传递，则采用 GET 方式传递；如果指定了 data 数据，则传递方式会自动转换为 POST 方式。

4）回调参数。

对于必须在加载完成后才能继续的操作，load()方法提供了回调函数。

可选的 complete 参数规定当 load()方法完成后所要允许的回调函数。回调函数可以设置不同的参数：responseTXT，包含调用成功时的结果内容；statusTXT，包含调用的状态；xhr，包含 XMLHttpRequest 对象。

（2）$.get()方法。

$.get()使用 GET 方法进行异步请求。其语法结构具体如下所示：

```
$.get(url[,data][,callback][,type])
```

$.get()方法的参数解释如表 16-2 所列。

表 16-2　$.get()方法参数解释

参数名称	参数选择	参数类型	参数说明
url	必须	String	请求 HTML 的 URL 地址
data	可选	Object	发送至服务器的 key/value 数据，作为 QueryString 附加到请求 URL 中
callback	可选	function	载入成功时回调函数（只有当 Response 的返回状态是 success 才调用该方法）自动将请求结果和状态传递给该方法
type	可选	String	服务器端返回的内容格式，包括 xml、html、script、json、text 和 _default

1）使用参数。确定请求页面的 URL 地址。

2）数据格式。服务器返回的数据格式可以有很多种，但都可以完成同样的任务，下面是集中返回数据格式的对比应用。

①HTML 片段。

服务器端返回的数据格式是 HTML 片段时，不需要处理就可以将 HTML 数据插入到页面中。

②XML 文档。

服务器端返回的数据格式是 XML 文档时，需要对返回的数据进行处理。jQuery 对 DOM 有强大的处理能力，处理 XML 文档与处理 HTML 文档一样，也可以使用常规的 attr()、find()、filter()及其他方法。返回数据格式为 XML 文档的处理过程实现起来比 HTML 片段要稍微复杂些，但 XML 文档的可移植性是其他数据格式无法相比的。

③JSON 文件。

服务器端返回 JSON 文件很大程度上是因为 XML 文档体积大和难以解析，JSON 文件和 XML 文档一样，很方便被重用。JSON 文件非常简洁，并且很容易阅读。服务器端返回的数据格式是 JSON

文件时，需要对返回的数据处理后才可以将数据添加到页面。

④text。

服务器端返回纯文本字符串，不需要处理就可以直接使用。

通过对上述数据格式的优缺点分析可以得知，在不需要与其他应用程序共享数据的时候，使用 HTML 片段来提供返回数据一般来说是最简单的；如果数据需要重用，那么 JSON 文件是比较好的选择，它在性能和文件的大小方面都具备优势；当远程应用程序未知时，使用 XML 文档是最好的，因为 XML 是 Web 服务领域的标准通信数据。具体选用哪种数据格式并没有严格的规定，可以根据开发需要选择合适的数据格式。

案例 16-04：使用 Get()方法进行数据验证 🌐 🕐 🔘 🔗 🄮

创建 HTML 文件，命名为 16-04.html，用于提交用户名和密码。当用户名为 "admin"，密码为 "admin" 时返回 "验证成功"；若不正确，则返回 "验证失败"。

16-04.html 文件的具体代码如下所示：

```
<!doctype html>
<html>
<head>
<meta charset="utf-8">
<meta keywords="AJAX">
<meta content="使用 Get 方法进行数据验证">
<title>使用 Get 方法进行数据验证</title>
<style type="text/css">
body {
        margin: 0;
        padding: 0;
        font-size: 12px;
}
.center {
        margin: 0 auto;
        text-align: center;
        width: 100%;
}
.submitButton {
        margin-top: 20px;
}
.submitButton input {
        margin: 0 5px;
}
.submitInput {
        margin: 20px 0px;
}
.submitInput input {
        width: 150px;
        height: 20px;
        border: 1px solid #ccc;
}
.submitInput div {
        height: 30px;
}
</style>
<script type="text/javascript" src="jquery/jquery-1.11.3.js"></script>
<script type="text/javascript">
```

扫描看效果

```javascript
$(function () {
    //处理返回的数据格式为 HTML 数据
    $('#checkHtml').click(function () {
        var username = $('#username').val();
        var password = $('#password').val();
        $.get('index.php',
        {
            username: username,
            password: password,
            type: 'html'
        },
        function (data) {
            $("#showContent").html('HTML 数据: ' + data);
        })
    });
    //处理返回的数据格式为 XML 数据
    $('#checkXml').click(function () {
        var username = $('#username').val();
        var password = $('#password').val();
        $.get('index.php',
        {
            username: username,
            password: password,
            type: 'xml'
        },
        function (data) {
            var info = $(data).find('result').text();
            var str = '';
            if (info == '验证成功') {
                str += 'XML 数据: <span style="color:green;">' + info + '</span>';
            } else {
                str += 'XML 数据: <span style="color:red;">' + info + '</span>';
            }
            $("#showContent").html(str);
        })
    });
    //处理返回的数据格式为 JSON 数据
    $('#checkJson').click(function () {
        var username = $('#username').val();
        var password = $('#password').val();
        $.get('index.php',
        {
            username: username,
            password: password,
            type: 'json'
        },
        function (data) {
            var dataJSON = JSON.parse(data);//将 JSON 字符串格式化为对象
            var str = '';
            if (dataJSON.result == '1') {
                str += 'JSON 数据: <span style="color:green;">' +
                        dataJSON.info + '</span>';
            } else {
                str += 'JSON 数据: <span style="color:red;">' +
                        dataJSON.info + '</span>';
            }
```

```
                $("#showContent").html(str);
            })
        });
        //处理返回的数据格式为 TXT 数据
        $('#checkText').click(function () {
            var username = $('#username').val();
            var password = $('#password').val();
            $.get('index.php',
                {
                    username: username,
                    password: password,
                    type: 'text'
                },
                function (data) {
                    var str = '';
                    if (data == '验证成功') {
                        str += 'TEXT 数据： <span style="color:green;">验证成功</span>';
                    }
                    if (data == '验证失败') {
                        str += 'TEXT 数据： <span style="color:red;">验证失败</span>';
                    }
                    $("#showContent").html(str);
                })
        });
    })
</script>
</head>
<body>
<div class="center">
    <div class="submitButton"><input type="button" id="checkHtml" value=" 返回 HTML 数据 " /><input
type="button" id="checkXml" value="返回 XML 数据" /><input type="button" id="checkJson" value="返回 JSON 数据"
/><input type="button" id="checkText" value="返回 TEXT 数据" /></div>
    <div class="submitInput">
        <form id="check">
            <div>用户名： <input type="text" maxlength="20" id="username" /></div>
            <div> 密 <span  style="display:inline-block;width:12px;"></span> 码 ： <input  type="password"
maxlength="10" id="password" /></div>
        </form>
    </div>
    <div id="showContent">返回数据显示在这里，用户名为 admin，密码为 admin 返回 "验证成功"，否则返
回 "验证失败" </div>
</div>
</body>
</html>
```

创建 PHP 程序文件，命名为 index.php，实现根据传递返回数据的格式参数不同，返回不同的数
据格式。index.php 文件的具体代码如下所示：

```
<?php
if (isset($_GET['username']) && isset($_GET['password']) && isset($_GET['type'])) {
    $username = $_GET['username'];
    $password = $_GET['password'];
    $info = '';
    if ($username == 'admin' && $password == 'admin') {
        $info.='验证成功';
```

```
    } else {
        $info .= '验证失败';
    }
    switch ($_GET['type']) {
        case 'html':
            if ($info == '验证成功') {
                $result = '<span style="color:green;">'.$info.'</span>';
            } else if ($info == '验证失败') {
                $result = '<span style="color:red;">'.$info.'</span>';
            }
            break;
        case 'xml':
            header('Content-Type: text/xml');
            $result = '';
            $result.='<?xml version="1.0" encoding="utf-8" ?>';
            $result.='<result>';
            if ($info == '验证成功') {
                $result.=$info;
            } else if ($info == '验证失败') {
                $result.=$info;
            }
            $result.='</result>';
            break;
        case 'json':
            if ($info == '验证成功') {
                $array = array('info' => $info, 'result' => '1');
            } else if ($info == '验证失败') {
                $array = array('info' => $info, 'result' => '0');
            }
            $result = json_encode($array);
            break;
        case 'text':
            $result = $info;
            break;
    }
    echo $result;
}
?>
```

页面效果如图 16-8 所示。

图 16-8 $.get()数据提交前的效果

（3）$.post()方法。

$.post()方法与$.get()方法的结构和使用方式都相同，但是在具体使用时有些区别。

1）GET 请求会将参数跟在 URL 后进行传递，POST 请求则是作为 HTTP 消息的实体内容发送给 Web 服务器。在 AJAX 请求中，这种区别对用户不可见。

2）GET 方式对传输的数据大小有限制（通常不能大于 2KB），而使用 POST 方式传递的数据量要比 GET 大（理论上不受限制）。

3）GET 方式请求的数据会被浏览器缓存起来，其他用户可以从浏览器的历史记录中读取到这些数据，例如账号和密码等。在个别情况下，GET 方式会带来严重的安全问题，使用 POST 方式传递数据可以避免这一现象。

4）GET 方式和 POST 方式传递的数据在服务器端获取的方式有所不同。使用 PHP 获取 GET 方式提交的数据可以使用$_GET[]获取，获取 POST 方式提交的数据可以使用$_POST[]获取，使用 GET 方式和 POST 方式提交的数据，都可以使用$_REQUEST[]获取。

案例 16-05：使用 Post()方法进行数据验证 ❻ ❸ ⓞ ◐ ⅇ

实现使用用户名 admin、密码 admin 登录时，返回"验证成功"提示信息；否则返回"验证失败"提示信息。

创建 HTML 文件，命名为 16-05.html，用于创建表单和提交数据及展示演示效果。16-05.html 文件的具体代码如下所示：

```
<!doctype html>
<html>
<head>
<meta charset="utf-8">
<meta keywords="AJAX">
<meta content="使用 Post 方法进行数据验证">
<title>使用 Post 方法进行数据验证</title>
<style type="text/css">
    body {
    margin: 0;
    padding: 0;
    font-size: 12px;
}
.center {
    margin: 0 auto;
    text-align: center;
    width: 100%;
}
.submitButton {
    margin-top: 20px;
}
.submitButton input {
    margin: 0 5px;
}
.submitInput {
    margin: 20px 0px;
}
.submitInput input {
    width: 150px;
    height: 20px;
    border: 1px solid #ccc;
}
.submitInput div {
```

扫描看效果

```
        height: 30px;
    }
</style>
<script type="text/javascript" src="jquery/jquery-1.11.3.js"></script>
<script type="text/javascript">
$(function () {
    //返回 HTML 数据处理
    $('#checkHtml').click(function () {
        var username = $('#username').val();
        var password = $('#password').val();
        $.post('index.php',
            {
                username: username,
                password: password,
                type: 'html'
            },
            function (data) {
                $("#showContent").html(data);
            })
    });
})
</script>
</head>
<body>
<div class="center">
    <div class="submitButton">
        <input type="button" id="checkHtml" value="提交数据" />
    </div>
    <div class="submitInput">
        <form id="check">
            <div>用户名：<input type="text" maxlength="20" id="username" /></div>
            <div>密<span style="display:inline-block;width:12px;"></span>码：
                <input type="password" maxlength="10" id="password" /></div>
        </form>
    </div>
    <div id="showContent">返回数据显示在这里，用户名为 admin，密码为 admin 返回 "验证成功"，否则返
回验证失败</div>
</div>
</body>
</html>
```

创建 PHP 程序文件，命名为 index.php，用于页面进行数据验证，并返回处理结果。index.php 文件的具体代码如下所示：

```
<?php
if (isset($_POST['username']) && isset($_POST['password'])) {
    $username = $_POST['username'];
    $password = $_POST['password'];
    $info = '';
    if ($username == 'admin' && $password == 'admin') {
        $info .= '验证成功';
    } else {
        $info .= '验证失败';
    }
    if ($info == '验证成功') {
        $result = '<span style="color:green;">'.$info.'</span>';
```

```
    } else if ($info == '验证失败') {
        $result = '<span style="color:red;">'.$info.'</span>';
    }
    echo $result;
}
?>
```

使用$.post()提交验证数据，提交前的效果如图 16-9 所示。

图 16-9　$.post()数据提交前的效果

使用$.post()提交数据进行验证，验证成功如图 16-10 所示，验证失败如图 16-11 所示。

（4）$.getScript()方法。

在页面加载时就加载全部 JavaScript 文件是不必要的，理想状态是在需要某个 JavaScript 文件时再进行加载。jQuery 提供了$.getScript()方法实现这一功能，可以直接加载 JavaScript 文件，与加载 HTML 片段一样简单方便，且不需要对 JavaScript 文件进行处理，JavaScript 文件会自动执行。

图 16-10　$.post()提交数据验证成功

图 16-11　$.post()提交数据验证失败

单击按钮加载 JavaScrpit，具体代码如下所示：

```
$("#button").click(function(
    $.getScript('***.js');
))
```

（5）$.getJSON()方法。

$.getJSON()方法用于加载 JSON 文件，与$.getScript()方法的用法相同。

（6）$.ajax()方法。

使用上述的 load()、$.get()、$.post()方法可以完成一些常规的 AJAX 程序，如果还需要编写更复杂的 AJAX 程序，就要用到 jQuery 中的$.ajax()方法。

$.ajax()方法不仅能实现与 load()、$.get()、$.post()方法基本相同的功能，还可以设定 beforeSend（提交前回调函数）、error（请求失败后处理）、success（请求成功后处理）及 complete（请求完成后处理）回调函数。通过这些回调函数，可以给用户更多、更准确的 AJAX 提示信息，还有些参数可以设置 AJAX 请求的超时时间或者页面的最后更改状态等功能。

$.ajax()方法是 jQuery 最底层的 AJAX 实现，即 jQuery 的其他 AJAX 方法都是基于此方法实现的。使用的语法结构如下所示：

```
$.ajax(options)
```

该方法只有一个参数，但这个参数包含了$.ajax()方法所需要的请求设置以及回调函数等信息，参数以 key/value 的形式存在，所有参数都是可选的。其参数解释如表 16-3 所列。

表 16-3　$.ajax()方法参数解释

参数名称	参数类型	参数说明
async	boolean	默认值为 true。默认设置下，所有请求均为异步请求。如果需要发送同步请求，请将此选项设置为 false。注意，同步请求将锁住浏览器，用户其他操作必须等待请求完成才可以执行
beforeSend(XHR)	function	发送请求前可以修改 XMLHttpRequest 对象的函数，如添加自定义 HTTP 头。如果返回 false，可以取消本次 AJAX 请求。XMLHttpRequest 对象是唯一的参数
cache	boolean	默认值为 true，dataType 为 script 和 jsonp 时默认值为 false。设置为 false 将不缓存此页面
complete(XHR,TS)	function	请求完成后回调函数（请求成功或失败之后均调用）。参数：XMLHttpRequest 对象和一个描述请求类型的字符串
contentType	string	默认值为"application/x-www-form-urlencoded"。发送信息至服务器时的内容编码类型。默认值适合大多数情况。如果明确传递了一个 content-type 给$.ajax()，那么它必定会发送给服务器（即使没有数据要发送）
context	object	该对象用于设置 AJAX 相关回调函数的上下文。也就是说，让回调函数中的 this 指向这个对象（如果不设定这个参数，那么 this 就指向调用本次 AJAX 请求时传递的 options 参数）。比如指定一个 DOM 元素作为 context 参数，这样就设置了 success 回调函数的上下文为这个 DOM 元素
data	string	发送到服务器的数据。将自动转换为请求字符串格式。GET 请求将附加在 URL 后。禁止自动转换可以查看 processData 选项。对象必须为 key/value 格式。如果为数组，jQuery 将自动为不同值对应同一个名称。如 {foo:["bar1","bar2"]}转换为'&foo=bar1&foo=bar2'
dataFilter	function	给 AJAX 返回的原始数据进行预处理的函数。提供 data 和 type 两个参数：data 是 AJAX 返回的原始数据，type 是调用 jQuery.ajax 时提供的 dataType 参数。函数返回的值将由 jQuery 进一步处理
dataType	string	预期服务器返回的数据类型。如果不指定，jQuery 将自动根据 HTTP 包 MIME 信息来智能判断，比如 XMLMIME 类型就被识别为 XML。 可用类型如下： xml：返回 XML 文档，可用 jQuery 处理。 html：返回纯文本 HTML 信息；包含的 script 标签会在插入 DOM 时执行。 Script：返回纯文本 JavaScript 代码，不会自动缓存结果。除非设置了"cache"参数。注意：在远程请求时（不在同一个域下），所有 POST 请求都将转为 GET 请求（因为将使用 DOM 的 script 标签来加载）。

续表

参数名称	参数类型	参数说明
dataType	string	json：返回 JSON 数据。 Jsonp：JSONP 格式。使用 JSONP 形式调用函数时，如 "myurl?callback=?"jQuery 将自动替换?为正确的函数名，以执行回调函数。 Text：返回纯文本字符串
error	function	请求失败时调用此函数。 有以下三个参数：XMLHttpRequest 对象、错误信息、（可选）捕获的异常对象。 如果发生了错误，错误信息（第二个参数）除了显示 null 之外，还可能是 timeout、error、notmodified 和 parsererror
global	boolean	是否触发全局 AJAX 事件。默认值：true。设置为 false 将不会触发全局 AJAX 事件，如 ajaxStart 或 ajaxStop 可用于控制不同的 AJAX 事件
ifModified	boolean	仅在服务器数据改变时获取新数据。默认值为 false。使用 HTTP 包 Last-Modified 头信息判断
jsonp	string	在一个 jsonp 请求中重写回调函数的名字。这个值用来替代在"callback=?" 这种 GET 或 POST 请求中 URL 参数里的 "callback" 部分，比如 {jsonp:'onJsonPLoad'}会导致将"onJsonPLoad=?"传给服务器
jsonpCallback	string	为 jsonp 请求指定一个回调函数名。这个值将用来取代 jQuery 自动生成的随机函数名。这主要用来让 jQuery 生成独特的函数名，这样管理请求更容易，也能方便地提供回调函数和错误处理。也可以在让浏览器缓存 GET 请求时，指定这个回调函数名
password	string	用于响应 HTTP 访问认证请求的密码
processData	boolean	默认值为 true。默认情况下，通过 data 选项传递进来的数据，如果是一个对象（技术上讲只要不是字符串），都会处理转化成一个查询字符串，以配合默认内容类型"application/x-www-form-urlencoded"。如果要发送 DOM 树信息或其他不希望转换的信息，请设置为 false
scriptCharset	string	只有当请求时 dataType 为"jsonp"或"script"，并且 type 是"GET"才会用于强制修改 charset。通常只在本地和远程的内容编码不同时使用
success	function	请求成功后的回调函数。参数：由服务器返回并根据 dataType 参数进行处理后的数据；描述状态的字符串
traditional	boolean	如果你想要用传统的方式来序列化数据，那么就设置为 true
timeout	number	设置请求超时时间（毫秒）。此设置将覆盖全局设置
type	string	默认值为 GET。请求方式为 POST 或 GET。注意：其他 HTTP 请求方式，如 PUT 和 DELETE 也可以使用，但仅有部分浏览器支持
url	string	默认值：当前页地址。发送请求的地址
username	string	用于响应 HTTP 访问认证请求的用户名
xhr	function	需要返回一个 XMLHttpRequest 对象。默认在 IE 下是 ActiveXObject，而其他情况下是 XMLHttpRequest。用于重写或者提供一个增强的 XMLHttpRequest 对象

如果需要使用$.ajax()方法来进行 AJAX 开发，就必须了解上述参数。load()、$.get()、$.post()、$.getScript()和$.getJSON()方法都是基于$.ajax()方法构建的，都可以通过使用$.ajax()替代。

使用$.ajax()替代$.getScript()方法，具体代码如下所示：

```
$.ajax({
    type: "GET",
    url:"***.js",
```

```
      datatype: "script"
})
```
使用$.ajax()替代$.getJSON()方法，具体代码如下所示：
```
$.ajax({
    type: "GET",
    url: "***.json",
    datatype: "json",
    success:function(data){
    …  …
    }
})
```

16.4.2　jQuery 中的全局事件

jQuery 简化 AJAX 操作不仅体现在调用 AJAX 方法和处理响应方面，还体现在对调用 AJAX 方法过程中的请求的控制上。通过 jQuery 提供的一些自定义全局函数，能够为各种与 AJAX 相关的事件注册回调函数。如当 AJAX 请求开始时，会触发 ajaxStart()方法的回调函数；当 AJAX 请求结束时，会触发 ajaxStop()方法的回调函数。这些方法都是全局的方法，因此无论创建它们的代码位于何处，只要有 AJAX 请求发生，就会触发它们。

jQuery 中的 AJAX 全局事件中的方法列表，如表 16-4 所列。

表 16-4　jQuery 中 AJAX 全局事件方法

方法名称	参数类型	参数说明
ajaxStart()	function	规定当 AJAX 请求开始时运行的函数
ajaxStop()	function	规定当 AJAX 请求结束时运行的函数
ajaxComplete()	function(event,xhr,options)	规定当 AJAX 请求完成时运行的函数。 额外的参数： event：包含 event 对象； xhr：包含 XMLHttpRequest 对象； options：包含 AJAX 请求中使用的选项
ajaxError()	function(event,xhr,options,exc)	规定当请求失败时运行的函数。 额外的参数： event：包含 event 对象； xhr：包含 XMLHttpRequest 对象； options：包含 AJAX 请求中使用的选项； exc：包含 JavaScript exception
ajaxSend()	function(event,xhr,options)	规定请求即将发送时运行的函数。 额外的参数： event：包含 event 对象； xhr：包含 XMLHttpRequest 对象； options：包含 AJAX 请求中使用的选项
ajaxSuccess()	function(event,xhr,options)	规定当请求成功时运行的函数。 额外的参数： event：包含 event 对象； xhr：包含 XMLHttpRequest 对象； options：包含 AJAX 请求中使用的选项

16.5 案例：实时表单验证

案例 16-06：实时表单验证

在网站注册时，通常为了提高用户体验，会设计进行实时表单内容验证。例如输入欲注册的用户名后，系统会实时访问数据库，验证该用户名是否可用。本案例将设计一个实时验证的表单，验证信息通过 AJAX 和后台系统进行通信。

创建 HTML 文件，命名为 16-06.html，用于实现用户注册和用户登录表单，用户登录成功后显示用户名、邮箱以及用户编号信息。

创建 PHP 程序文件，命名为 index.php，用于实现用户登录验证，验证成功返回用户名、邮箱和编号信息；验证失败返回相应的失败信息。

创建 PHP 程序文件，命名为 register.php，用于实现新用户注册功能，用户成功注册后将用户信息写入数据库，注册失败返回失败信息。

在 MySQL 数据库中创建数据库，数据库名为 user。在 user 数据库中创建数据表，数据表名为 user。数据表 user 包含用户编号、用户名称、用户密码、用户邮箱四个数据字段。

在 MySQL 中创建数据库的操作，具体命令如下所示：

```
CREATE DATABASE 'user' DEFAULT CHARACTER SET utf8 COLLATE utf8_general_ci ;
```

在 MySQL 中创建数据表的操作，具体命令如下所示：

```
CREATE TABLE 'user'.'user' (
    'userid' INT NOT NULL AUTO_INCREMENT COMMENT '用户编号',
    'username' VARCHAR(20) NOT NULL COMMENT '用户名称',
    'password' VARCHAR(20) NOT NULL COMMENT '用户密码',
    'email' VARCHAR(100) NOT NULL COMMENT '用户邮箱',
    PRIMARY KEY ('userid'))
ENGINE = MyISAM
DEFAULT CHARACTER SET = utf8
COLLATE = utf8_general_ci;
```

扫描看效果

16-06.html 文件的具体代码如下所示：

```
<!DOCTYPE html>
<html>
<head>
<meta charset="utf-8">
<meta keywords="AJAX">
<meta content="实时表单验证">
<title>实时表单验证</title>
<style type="text/css">
  body {
        margin: 0;
        padding: 0;

        font-size: 12px;
  }
```

```css
.center {
    margin: 0 auto;
    text-align: center;
    width: 100%;
}
.submitButton {
    margin: 20px;
}
.submitButton input {
    margin: 0 5px;
}
.submitInput {
    margin: 20px 0px;
}
.submitInput input {
    width: 150px;
    height: 20px;
    border: 1px solid #ccc;
}
.submitInput div {
    height: 30px;
}
</style>
```

```html
<script type="text/javascript" src="jquery/jquery-1.11.3.js"></script>
<script type="text/javascript">
$(function () {
    //返回 HTML 数据处理
    $('#login').click(function () {
        var username = $('#username').val();
        var password = $('#password').val();
        var email = $('#email').val();
        if (username == '' || password == '' || email == '') {
            $("#showContent").html('用户名、邮箱、密码不能为空');
            return;
        } else {
            if (!checkNameAndPassword(username) && (username.length >= 1 && username.length <= 20)) {
                $("#showContent").html('用户名由 1-20 位数字和字母组成');
                return;
            }
            if (!checkNameAndPassword(password) && (password.length >= 1 && password.length <= 20)) {
                $("#showContent").html('密码由 1-20 位数字和字母组成');
                return;
            }
            if (!checkMail(email)) {
                $("#showContent").html('请输入正确的邮件地址');
                return;
            }
        }
        $.post('index.php',
        {
            username: username,
            password: password,
            email: email
        },
        function (data) {
            $("#showContent").html(data);
```

```
            })
        });
        $('#register').click(function () {          //单击事件
            var username = $('#username').val();
            var password = $('#password').val();
            var email = $('#email').val();
            if (username == '' || password == '' || email == '') {
                $("#showContent").html('用户名、邮箱、密码不能为空');
                return;
            } else {
                if (!checkNameAndPassword(username) && (username.length >= 1 && username.length <= 20)) {
                    $("#showContent").html('用户名由 1-20 位数字和字母组成');
                    return;
                }
                if (!checkNameAndPassword(password) && (password.length >= 1 && password.length <= 20)) {
                    $("#showContent").html('密码由 1-20 位数字和字母组成');
                    return;
                }
                if (!checkMail(email)) {
                    $("#showContent").html('请输入正确的邮件地址');
                    return;
                }
            }
            $.post('register.php',
            {
                username: username,
                password: password,
                email:email
            },
            function (data) {
                $("#showContent").html(data);
            })
        });
    })
    //密码格式校验
    function checkNameAndPassword(str) {
        var reg = /^[0-9a-zA-Z]*$/g;
        return reg.test(str);
    }
    //电子邮件格式校验
    function checkMail(str) {
        var reg = /(?:[a-z0-9!#$%&'*+/=?^_`{|}~-]+(?:\.[a-z0-9!#$%&'*+/=?^_`{|}~-]+)*|"(?:[\x01-\x08\x0b\x0c\x0e-\
x1f\x21\x23-\x5b\x5d-\x7f]|\\[\x01-\x09\x0b\x0c\x0e-\x7f])*")@(?:(?:[a-z0-9](?:[a-z0-9-]*[a-z0-9])?\.)+[a-z0-9](?:[a-z0-9-
]*[a-z0-9])?|\[(?:(?:25[0-5]|2[0-4][0-9]|[01]?[0-9][0-9]?)\.){3}(?:25[0-5]|2[0-4][0-9]|[01]?[0-9][0-9]?|[a-z0-9-]*[a-z0-9]:(?:[
\x01-\x08\x0b\x0c\x0e-\x1f\x21-\x5a\x53-\x7f]|\\[\x01-\x09\x0b\x0c\x0e-\x7f])+)\])/;
        return true;
    }
</script>
</head>
<body>
<div class="center">
    <div class="submitInput">
        <form id="check">
```

```
                    <div>用户名：<input type="text" maxlength="20" id="username" /></div>
                    <div>密<span style="display:inline-block;width:12px;"></span>码：
                        <input type="password" maxlength="10" id="password" /></div>
                    <div>邮<span style="display:inline-block;width:12px;"></span>箱：
                        <input type="email" id="email" /></div>
                </form>
            </div>
            <div class="submitButton">
                <input type="button" id="login" value="登录" />
                <input type="button" id="register" value="注册" /></div>
            <div id="showContent">验证信息显示在此处</div>
        </div>
        </body>
        </html>
```

index.php 文件的具体代码如下所示：

```php
<?php
header('Content-type: text/html; charset=utf-8');
if (isset($_POST['username']) && isset($_POST['password']) && isset($_POST['email'])) {
    $dbhost = 'localhost';
    $dbname = 'user';
    $dbuser = 'root';
    $dbpwd = '';
    $dbport = 3306;
    $username = $_POST['username'];
    $password = $_POST['password'];
    $email = $_POST['email'];
    if ($username == '' || $password == '' || $email == '') {
        $info = '用户名、密码、邮箱不能为空';
    } else {
        if (!checkNameAndPassword($username)) {
            $info = '用户名格式错误';
        } else if (!checkNameAndPassword($password)) {
            $info = '密码格式错误';
        } else if (!checkMail($email)) {
            $info = '邮件格式错误';
        } else {
            $connect = mysqli_connect($dbhost, $dbuser, $dbpwd, $dbname, $dbport);
            $sql = 'select count(*) as num from user where username=\''.$username.'\' and password=
\''.$password.'\' and email=\''. $email.'\'';
            $userid = 'select userid from user where username=\''.$username.'\' and password=\''.$password.'\' and
email=\''.$email.'\'';
            $dbresult = mysqli_query($connect, $sql);
            $array = mysqli_fetch_array($dbresult);
            if ($array['num'] > 0) {
                $idResult = mysqli_query($connect, $userid);
                $idArray = mysqli_fetch_array($idResult);
                $id = $idArray['userid'];
                $info = '用户编号：'.$id.'；用户名：'.$username.'；用户邮箱：'.$email;
            } else {
                $info = '暂无用户信息';
            }
            mysqli_close();
        }
```

```php
        }
        $result = '<span>'.$info.'</span>';
        echo $result;
    }
    function checkNameAndPassword($str) {
        if (preg_match("/[0-9a-zA-Z]{1,20}/", $str)) {
            return TRUE;
        }else{
            return FALSE;
        }
    }
    function checkMail($str) {
        $reg  = '/^(?!(?:(?:\x22?(?:(?:\x22?\x5C[\x00-\x7E]\x22?)|(?:\x22?[^\x5C\x22]\x22?)){255,})|(?!(?:(?:\x22?\x5C[\x00-\x7E]
\x22?)|(?:\x22?[^\x5C\x22]\x22?)){65,}@)(?:(?:[\x21\x23-\x27\x2A\x2B\x2D-\x39\x3D\x3F\x5E-\x7E]+)|(?:\x22(?:[\x
01-\x08\x0B\x0C\x0E-\x1F\x21\x23-\x5B\x5D-\x7F]|(?:\x5C[\x00-\x7F]))*\x22))(?:\.(?:(?:[\x21\x23-\x27\x2A\x2B\x2D\x
2F-\x39\x3D\x3F\x5E-\x7E]+)|(?:\x22(?:[\x01-\x08\x0B\x0C\x0E-\x1F\x21\x23-\x5B\x5D-\x7F]|(?:\x5C[\x00-\x7F]))*\x2
2)))*@(?:(?:(?!.*[^.]{64,})(?:(?:(?:xn--)?[a-z0-9]+(?:-[a-z0-9]+)*\.){1,126}){1,}(?:(?:[a-z][a-z0-9]*)|(?:(?:xn--)[a-z0-9]+))(
?:-[a-z0-9]+)*)|(?:\[(?:(?:IPv6:(?:(?:[a-f0-9]{1,4}(?::[a-f0-9]{1,4}){7})|(?:(?!(?:.*[a-f0-9][:\]]){7,})(?:[a-f0-9]{1,4}(?::[a-f0-
9]{1,4}){0,5})?::(?:[a-f0-9]{1,4}(?::[a-f0-9]{1,4}){0,5})?)))|(?:(?:IPv6:(?:(?:[a-f0-9]{1,4}(?::[a-f0-9]{1,4}){5}:)|(?:(?!(?:.*
[a-f0-9]:){5,})(?:[a-f0-9]{1,4}(?::[a-f0-9]{1,4}){0,3})?::(?:[a-f0-9]{1,4}(?::[a-f0-9]{1,4}){0,3}:)?)))?(?:(?:25[0-5])|(?:2[0-4
][0-9])|(?:1[0-9]{2})|(?:[1-9]?[0-9]))(?:\.(?:(?:25[0-5])|(?:2[0-4][0-9])|(?:1[0-9]{2})|(?:[1-9]?[0-9]))){3}))\]))$/iD';
        if (preg_match($reg, $str)) {
            return TRUE;
        } else {
            return FALSE;
        }
    }
?>
```

register.php 文件的具体代码如下所示：

```php
<?php
header('Content-type: text/html; charset=utf-8');
if (isset($_POST['username']) && isset($_POST['password']) && isset($_POST['email'])) {
    $dbhost = 'localhost';
    $dbname = 'user';
    $dbuser = 'root';
    $dbpwd = '';
    $dbport = 3306;
    $username = $_POST['username'];
    $password = $_POST['password'];
    $email = $_POST['email'];
    if ($username == '' || $password == '' || $email == '') {
        $info = '用户名、密码、邮箱不能为空';
    } else {
        if (!checkNameAndPassword($username)) {
            $info = '用户名格式错误';
        } else if (!checkNameAndPassword($password)) {
            $info = '密码格式错误';
        } else if (!checkMail($email)) {
            $info = '邮件格式错误';
        } else {
            $connect = mysqli_connect($dbhost, $dbuser, $dbpwd, $dbname, $dbport);
            $sql = 'select count(*) as num from user where username=\"'.$username.'\' or email=\"'.$email.'\"';
            $dbresult = mysqli_query($connect, $sql);
            $array = mysqli_fetch_array($dbresult);
```

```php
                    if ($array['num'] > 0) {
                        $info = '用户名、或邮箱已经存在';
                    } else {
                        $insertsql = 'insert into user(username,password,email) values (\''.$username.'\', \''.$password.'\',
\''.$email.'\')';
                        $idResult = mysqli_query($connect, $insertsql);
                        $info = '用户注册成功';
                    }
                mysqli_close($connect);
                }
            }
            $result = '<span>'.$info.'</span>';
            echo $result;
        }
        function checkNameAndPassword($str) {
            if (preg_match("/[0-9a-zA-Z]{1,20}/", $str)) {
                return TRUE;
            }else{
                return FALSE;
            }
        }
        function checkMail($str) {
            $reg = '/^(?!(?:(?:\x22?\x5C[\x00-\x7E]\x22?)|(?:\x22?[^\x5C\x22]\x22?)){255,})(?!(?:(?:\x22?\x5C[\x00-\x7E]
\x22?)|(?:\x22?[^\x5C\x22]\x22?)){65,}@)(?:(?:[\x21\x23-\x27\x2A\x2B\x2D\x2F-\x39\x3D\x3F\x5E-\x7E]+)|(?:\x22(?:[\x
01-\x08\x0B\x0C\x0E-\x1F\x21\x23-\x5B\x5D-\x7F]|(?:\x5C[\x00-\x7F]))*\x22))(?:\.(?:(?:[\x21\x23-\x27\x2A\x2B\x2D\x
2F-\x39\x3D\x3F\x5E-\x7E]+)|(?:\x22(?:[\x01-\x08\x0B\x0C\x0E-\x1F\x21\x23-\x5B\x5D-\x7F]|(?:\x5C[\x00-\x7F]))*\x2
2)))*@(?:(?:(?!.*[^.]{64,})(?:(?:(?:xn--)?[a-z0-9]+(?:-[a-z0-9]+)*\.){1,126}){1,}(?:(?:[a-z][a-z0-9]*)|(?:(?:xn--)[a-z0-9]+)(
?:-[a-z0-9]+)*)|(?:\[(?:(?:IPv6:(?:(?:[a-f0-9]{1,4}(?::[a-f0-9]{1,4}){7})|(?:(?!(?:.*[a-f0-9][:\]]){7,})(?:[a-f0-9]{1,4}(?::[a-f0-
9]{1,4}){0,5})?::(?:[a-f0-9]{1,4}(?::[a-f0-9]{1,4}){0,5})?)))|(?:(?:IPv6:(?:(?:[a-f0-9]{1,4}(?::[a-f0-9]{1,4}){5}:)|(?:(?!(?:.*
[a-f0-9]:){5,})(?:[a-f0-9]{1,4}(?::[a-f0-9]{1,4}){0,3})?::(?:[a-f0-9]{1,4}(?::[a-f0-9]{1,4}){0,3}:)?)))?(?:(?:25[0-5])|(?:2[0-4
][0-9])|(?:1[0-9]{2})|(?:[1-9]?[0-9]))(?:\.(?:(?:25[0-5])|(?:2[0-4][0-9])|(?:1[0-9]{2})|(?:[1-9]?[0-9]))){3}))\]))$/iD';
            if (preg_match($reg, $str)) {
                return TRUE;
            } else {
                return FALSE;
            }
        }
    }
    ?>
```

用户注册与登录页面 16-06.html 的显示效果如图 16-12 所示。

图 16-12　用户登录注册页面

注册成功后，提示用户注册操作成功，显示效果如图 16-13 所示。

若注册时填写的用户名或邮箱信息已经被其他用户使用，在注册时提示用户名或邮箱信息已经存在，显示效果如图 16-14 所示。

图 16-13　用户注册成功

图 16-14　用户名/邮箱已经存在

用户注册时，如果填写的邮箱格式不正确，在注册时提示邮箱格式错误，显示效果如图 16-15 所示。

用户登录成功后，系统提示用户编号、用户名、邮箱信息，显示效果如图 16-16 所示。

图 16-15　邮箱格式错误

图 16-16　用户登录成功

用户登录时，如果填写的用户名格式不正确，系统提示用户名格式错误信息，显示效果如图 16-17 所示。

用户登录时，如果输入的用户名不存在，系统提示该用户信息不存在，显示效果如图 16-18 所示。

注意：该案例需配合后端程序和数据库实现，需读者自行在本地运行，书稿案例网站上不能显示图 16-14、图 16-16 所示效果。

图 16-17　用户名格式错误

图 16-18　用户不存在

第 17 章

AngularJS

　　jQuery、AngularJS 等 JavaSccipt 类库的应用极大简化了 Web 前端
程序开发。jQuery 使 Web 开发人员能够方便地操纵网页内容、遍历 DOM、
执行 AJAX 调用和运行公用程序，在简单网站开发中好评如潮。
AngularJS 则凭借双向数据绑定、MVC 模式、模板、服务器通信等特
性在 Web 应用开发中大放异彩。

　　本章将系统讲解 AngularJS 的概念和应用。

17.1 AngularJS 概述

17.1.1 AngularJS 简介

AngularJS 是一个开发动态 Web 应用的 JavaScript 类库，它使用 HTML 作为模板语言，通过扩展的 HTML 语法使应用组件更加清晰和简洁。AngularJS 的创新之处在于，通过数据绑定和依赖注入减少了大量代码，而这些全都是在浏览器端通过 JavaScript 实现的，能够和任何服务端技术完美结合。

HTML 是一门很好的静态文档声明式语言，但并不能构建动态的 Web 应用。开发者往往通过以下手段来构建 Web 应用：

（1）类库：一些在开发 Web 应用时非常有用的函数集合，例如 jQuery 等。

（2）框架：一种 Web 应用的特殊实现，开发者的代码只需要填充一些具体信息。框架起主导作用并决定何时调用开发者的代码，例如 knockout、ember 等。

AngularJS 另辟蹊径，尝试去扩展 HTML 结构来克服 HTML 在构建 Web 应用上的不足。AngularJS 通过指令（directive）扩展 HTML 语法。例如：

（1）通过 {{}} 进行数据绑定。

（2）使用 DOM 控制结构来迭代或隐藏 DOM 片段。

（3）支持表单和表单验证。

（4）将一组 HTML 做成可重用的组件。

相关网址：

AngularJS 官方下载地址：https://angularjs.org/

AngularJS 中文网：http://www.angularjs.net.cn/

17.1.2 AngularJS 特性

AngularJS 为克服 HTML 在构建应用上的不足而设计，有着诸多特性，其中最为核心的是 MVC、模块化、自动化双向数据绑定、依赖注入。

（1）MVC。

MVC 是一种代码结构组织方式，由以下三部分组成。

模型（Model）：是应用程序中处理数据逻辑的部分，通常负责在数据库中存取数据。

视图（View）：用户看到并进行交互操作的界面。

控制器（Controller）：应用程序中处理用户交互的部分，通常负责从视图读取数据，控制用户输入并向模型发送数据。

这种开发模式能够合理组织代码，降低代码间耦合度，方便后期维护。在 AngularJS 应用中，视图就是 DOM，控制器就是 JavaScript，模型数据存储在对象的属性中。

（2）模块化。

使用 AngularJS 构建应用时采用模块化方式组织代码，将整个应用划分为若干个模块，每个模块都有特定的职责。采用模块化的组织方式可以最大程度实现代码复用，使开发像搭积木一样进行。

AngularJS 中的模块主要分官方提供模块和自定义模块两种。

1）官方提供的模块有 ng、ngRoute、ngAnimate、ngTouch 等。

2）用户自定义的模块通过 angular.module('模块名',[ ])创建。

（3）自动化双向数据绑定。

在传统 JS 框架中，页面的 HTML 代码与数据混合在一起。AngularJS 则在视图和模型之间建立映射关系，实现数据的自动同步：

方向一：Model->View，{{Model 数据}}或<XXX ng-xxx="Model 数据">，Model 改变时 View 跟着改变。

方向二：View->Model，<表单控件 ng-model="Model 数据名">，View 改变时 Model 跟着改变。

（4）依赖注入。

依赖注入（Dependency Injection，DI）是一种设计模式，一个或更多的依赖（或服务）被注入（或者通过引用传递）到一个独立的对象（或客户端）中，然后成为该客户端状态的一部分。该模式分离了客户端依赖本身行为的创建，并遵循依赖反转和单一职责原则，这使得程序变得松耦合，可扩展性更强。

17.1.3　AngularJS 框架

AngularJS 框架主要由以下三个部分组成。

（1）ng-app 指令，在 HTML 中定义 AngularJS 应用程序。

（2）ng-model 指令，把元素值（例如输入域的值）绑定到应用程序。

（3）ng-bind 指令，把应用程序数据绑定到 HTML 视图。

17.2　AngularJS 基本概念

AngularJS 的基本概念如表 17-1 所列。

表 17-1　AngularJS 概念总览

概念	说明
模板（Template）	带有 Angular 扩展标记的 HTML
指令（Directive）	用于通过自定义属性和元素扩展 HTML 的行为
模型（Model）	用于显示给用户并且与用户互动的数据
作用域（Scope）	用来存储模型（Model）的语境（context）。模型放在这个语境中才能被控制器、指令和表达式等访问到
表达式（Expression）	模板中可以通过它来访问作用域（Scope）中的变量和函数
编译器（Compiler）	用来编译模板（Template），并对其中包含的指令（Directive）和表达式（Expression）进行实例化
过滤器（Filter）	负责格式化表达式（Expression）的值，以便呈现给用户
视图（View）	用户看到的内容（即 DOM）
数据绑定（Data Binding）	自动同步模型中的数据和视图表现
控制器（Controller）	视图背后的业务逻辑

概念	说明
依赖注入（Dependency Injection）	负责创建和自动装载对象或函数
注入器（Injector）	用来实现依赖注入（Injection）的容器
模块（Module）	用来配置注入器
服务（Service）	独立于视图的、可复用的业务逻辑

17.3　AngularJS 应用

17.3.1　AngularJS 初始化

AngularJS 通过<script>标签添加到 HTML 页面进行初始化，主要有以下两种初始化方式：

（1）自动初始化。

AngularJS 在以下两种情况下自动初始化：

1）DOMContentLoaded 事件触发时。

2）angular.js 脚本执行时，document.readyState 被设置为 complete。

初始化时，Angular 首先找到表示应用开始位置的 ng-app 指令，然后执行以下过程：

1）加载 ng-app 指令所指的模块。

2）创建应用所需的注入器（injector）。

3）以 ng-app 所在的节点为根节点，遍历并编译 DOM 树。

案例 17-01：AngularJS 自动初始化

扫描看效果

```
<!doctype html>
<html ng-app="">
<head>
<meta charset="utf-8">
<meta name="viewport" content="width=device-width, initial-scale=1.0">
<title>AngularJS 自动初始化</title>
</head>
<body>
<div>
    <label>输入内容：<input type="text" ng-model="name"></label>
</div>
<div>获取输入：<span ng-bind="name"></span></div>
<script type="text/javascript" src="script/angular.min.js"></script>
</body>
</html>
```

本例通过 ng-model 指令将输入域值绑定到应用程序变量 name，然后 ng-bind 指令将应用程序变量 name 值绑定到 html 元素。AngularJS 初始化后，在输入框中输入内容，内容将自动显示在页面上，效果如图 17-1 所示。

（2）手动初始化。

如果希望在初始化阶段拥有更多的控制权，如在应用中使用脚本加载器或者在 Angular 编译页面之前执行其它操作，可以使用手动初始化方法。

图 17-1　自动初始化效果

案例 17-02：AngularJS 手动初始化

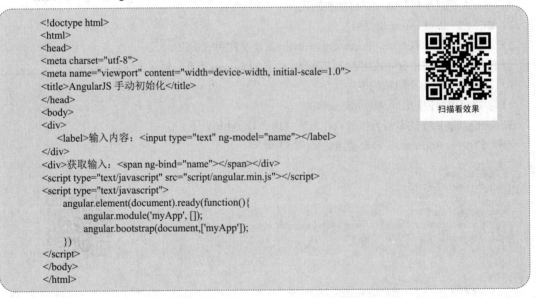

```
<!doctype html>
<html>
<head>
<meta charset="utf-8">
<meta name="viewport" content="width=device-width, initial-scale=1.0">
<title>AngularJS 手动初始化</title>
</head>
<body>
<div>
    <label>输入内容：<input type="text" ng-model="name"></label>
</div>
<div>获取输入：<span ng-bind="name"></span></div>
<script type="text/javascript" src="script/angular.min.js"></script>
<script type="text/javascript">
    angular.element(document).ready(function(){
        angular.module('myApp', []);
        angular.bootstrap(document,['myApp']);
    })
</script>
</body>
</html>
```

扫描看效果

与自动初始化不同，手动初始化不使用 ng-app 指令，而是通过应用程序完成初始化。代码运行顺序如下：

1）在 HTML 页面以及所有 JS 脚本加载完毕后，Angular 找到文档根节点。

2）调用 angular.module()创建名称为 myApp 的模块。

3）调用 api/angular.bootstrap 加载 myApp 模块，并将文档元素编译成一个可执行双向绑定的应用。

AngularJS 初始化后，在输入域输入内容，内容将自动显示在页面上。运行效果与示例 17-01 自动初始化相同。

17.3.2　指令

（1）指令的含义。

指令是附加在 HTML 元素上的自定义标记（如属性、元素、CSS 类）。它告诉 AngularJS 的 HTML 编译器（$compile）在元素上附加某些指定的行为，如操作 DOM、改变 DOM 元素及其各级子节点。

AngularJS 有一整套内置指令，如 ngBind、ngModel 和 ngView，同时支持用户自定义指令。当 Angular 启动器引导应用程序时，HTML 编译器遍历整个 DOM，以匹配 DOM 元素里的指令。AngularJS 常用的内置指令如表 17-2 所列。

表 17-2　AngularJS 常用指令

指令	描述
ng-app	定义应用程序的根元素
ng-bind	绑定 HTML 元素到应用程序数据
ng-click	定义元素被单击时的行为
ng-controller	为应用程序定义控制器对象
ng-disabled	绑定应用程序数据到 HTML 的 disabled 属性
ng-init	为应用程序定义初始值
ng-model	绑定应用程序数据到 HTML 元素
ng-repeat	为控制器中的每个数据定义一个模板
ng-show	显示或隐藏 HTML 元素

注意：AngularJS 的"编译"意味着把监听事件绑定在 HTML 元素上，使其可以交互。

（2）指令匹配。

Angular 的 HTML 编译器通过规范化的元素属性匹配要调用的指令。

Angular 把一个元素的标签和属性名字进行规范化，来决定哪个元素匹配哪个指令。通常用区分大小写的规范化命名方式（如 ngModel）来识别指令。然而 HTML 是区分大小的，所以在 DOM 中使用的指令只能用小写的方式命名，除此之外，还会使用破折号隔开（比如：ng-model）。

规范化的过程如下：

1）从元素或属性的名字前面去掉"x-"和"data-"。

2）从":"、"-"或"_"分隔的形式转换成小驼峰命名法（camelCase）。

例如，通过如下代码，程序从 input 元素的 ng-model 属性匹配了 ngModel 指令。

```
<input ng-model="foo">
```

17.3.3　模板

Angular 模板是一个声明式的视图，指定信息从模型、控制器变成用户在浏览器上可以看见的视图。它引导 Angular 为一个只包含 HTML、CSS 及 Angular 标记和属性的静态 DOM 加上一些行为和格式转换器，最终变成一个动态的 DOM。

Angular 中的指令（Directive）、表达式（Expressions）、过滤器（Filter）和表单控件（Form Control）元素属性可直接在模板中使用。

17.3.4　表达式

AngularJS 表达式写在双大括号内"{{expression}}"，把数据绑定到 HTML。AngularJS 表达式可以包含文字、运算符和变量。案例 17-03 展示了数字、对象和数组在 AngularJS 表达式中的应用。

案例 17-03：AngularJS 表达式

```
<!doctype html>
<html ng-app>
<head>
<meta charset="utf-8">
<meta name="viewport" content="width=device-width, initial-scale=1.0">
<title>AngularJS 表达式</title>
</head>
<body>
<div ng-init="price=2.5;amount=3; name={brand:'康师傅',goods:'方便面'}; type=['副食','饮料']">
    <p>品类：{{type[0]}}</p>
    <p>单项消费（元）：{{price * amount}}</p>
    <p>商品名称：{{name.brand + name.goods}}</p>
</div>
<script type="text/javascript" src="script/angular.min.js"></script>
</body>
</html>
```

效果如图 17-2 所示。

图 17-2　AngularJS 表达式效果

17.3.5　作用域

作用域是一个存储应用数据模型的对象，其层级结构对应 DOM 树结构，为表达式提供了一个执行上下文、同时可以监听表达式的变化并传播事件。

AngularJS 应用由 View（视图）、Model（模型）、Controller（控制器）组成。作用域是应用在视图和控制器之间的纽带。作用域中的属性方法可以在视图和控制器中使用。

案例 17-04：AngularJS 作用域

```
<!doctype html>
<html>
<head>
<meta charset="UTF-8">
<meta name="viewport" content="width=device-width, initial-scale=1.0">
<title>AngularJS 作用域</title>
</head>
<body>
<div ng-app="demoApp" ng-controller="demoCtrl">
    <div>
        <label>技术：<input type="text" ng-model="name" ></label>
    </div>
    <div>内容输出：<span>{{show}}</span></div>
    <input type="button" ng-click="showTech()" value="确定">
</div>
<script type="text/javascript" src="script/angular.min.js"></script>
<script type="text/javascript">
    var app = angular.module('demoApp', []);
    app.controller('demoCtrl', function ($scope) {
        $scope.name = "Web 前端开发";
        $scope.showTech = function () {
            $scope.show = "我要学" + $scope.name + "!";
        }
    });
</script>
</body>
</html>
```

扫描看效果

本例中，单击"确定"按钮，页面显示"我要学 Web 前端开发！"。修改文本框内容，再次单击"确定"按钮，页面显示内容将变化为修改后的内容。

本例包含内容如下：

（1）控制器：demoCtrl 引用$scope 对象并注册了两个属性和一个方法。

（2）$scope 对象：持有本例所需数据模型，包括 name 属性、show 属性和 showTech()方法。

（3）视图：拥有一个输入框、一个按钮以及一个利用双向数据绑定来显示数据的内容块。

从控制器发起的角度看，本示例有如下两个流程。

（1）控制器向作用域中写属性：input 因 ng-model 指令实现了双向数据绑定，给作用域 name 属性赋值后，input 发现 name 属性值已变更，进而在视图中显示出改变后的值，即"Web 前端开发"。

（2）控制器向作用域中写方法："确定"按钮因 ng-click 指令绑定了 showTech()方法，因此点击"确定"按钮时调用作用域中的 showTech()方法，该方法读取作用域中的 name 属性，并加前缀"我要学"然后赋值给作用域中创建的 show 属性。

从视图角度来看，本示例分三部分内容。

（1）input 文本框中的渲染逻辑：ng-model 指令对作用域和视图元素进行双向数据绑定，一方面根据 ng-model 中的 name 去作用域取值，如果存在则在输入框中显示；另一方面接受用户输入，并将用户输入的字符串传递给 name，作用域中该属性的值实时更新为用户输入的值。

（2）input 按钮中的逻辑：接受用户单击，调用作用域中的 showTech()方法。

（3）{{show}}的渲染逻辑：在用户未单击按钮时不显示内容；在取值阶段，当"确定"按钮被单击后，表达式向$scope 中取已存在的 show 属性；在计算阶段，在当前作用域下计算 show 表达式，然后渲染视图，显示"我要学 Web 前端开发！"。

效果如图 17-3 所示。

图 17-3　AngularJS 作用域效果

17.3.6　控制器

AngularJS 控制器是控制 AngularJS 应用程序数据的 JavaScript 对象，通过 ng-controller 指令定义，就像 JavaScript 中的构造函数一样，是用来增强 Angular 作用域（scope）的。

案例 17-04 中，ng-app 指令定义了 AngularJS 应用程序 demoApp，ng-controller 指令定义了控制器 demoCtrl。控制器 demoCtrl 是一个 JavaScript 函数，其作用域对象$scope 用来保存 AngularJS Model 的对象，在作用域中创建了属性 name、属性 show 和方法 showTech()。ng-model 指令在 input 文本框和 name 属性间建立数据绑定。{{show}}表达式将 show 属性绑定到页面视图。ng-click 指令将 showTech 方法绑定到页面视图，当用户单击 input 按钮时，show 属性被赋值并显示到页面视图。

17.3.7　过滤器

在视图模板（templates）、控制器（controllers）或者服务（services）中，过滤器通过管道字符（|）添加到表达式和指令中，格式化表达式中的值。

（1）AngularJS 内置的过滤器（表 17-3）。

表 17-3　AngularJS 内置的过滤器

过滤器	描述
currency	格式化数字为货币格式
filter	从数组项中选择一个子集
lowercase	格式化字符串为小写
orderBy	根据某个表达式排列数组
uppercase	格式化字符串为大写

过滤器的使用如案例 17-05 所示。

案例 17-05：AngularJS 内置过滤器 ⊙ ❸ ⓪ ⊘ ⓔ

```html
<!doctype html>
<html>
<head>
<title>AngularJS 内置过滤器</title>
<meta charset="utf-8">
<meta name="viewport" content="width=device-width, initial-scale=1.0">
</head>
<body>
<div ng-app="demoApp" ng-controller="demoCtrl">
    <div>
        <label>输入英文：<input type="text" ng-model="name" ></label>
    </div>
    <div>大写转小写：<span>{{name| lowercase}}</span></div>
    <div>小写转大写：<span>{{name| uppercase}}</span></div>
    <div>
        <label>输入数字：<input type="text" ng-model="number" ></label>
    </div>
    <div>转换货币格式：<span>{{number| currency}}</span></div>
    <div>
        <label>输入过滤：<input type="text" ng-model="test" ></label>
    </div>
    <ul>
        <li ng-repeat="x in list| filter:test | orderBy:'country'">
            {{ x.name + ', ' + x.country}}
        </li>
    </ul>
</div>
<script type="text/javascript" src="script/angular.min.js"></script>
<script type="text/javascript">
    var app = angular.module('demoApp', []);
    app.controller('demoCtrl', function ($scope) {
        $scope.name = 'AngularJS';
        $scope.number = '30';
        $scope.list = [
            {'name': 'LinHai', 'country': 'China'},
            {'name': 'Jim Green', 'country': 'America'},
            {'name': 'Isaac Newton', 'country': 'UnitedKingdom'}
        ];
    });
</script>
</body>
</html>
```

效果如图 17-4 所示。

（2）自定义过滤器。

创建自定义过滤器过程很简单，仅仅需要在模块中注册一个新的过滤器方法即可。这个方法将返回一个以输入值为第一个参数的新过滤方法，过滤器中的参数都会作为附加参数传递给它。以下案例使用过滤器将字符串中的第一个 "_" 替换为 "-"。

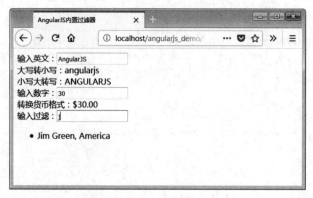

图 17-4　AngularJS 内置过滤器效果

案例 17-06：AngularJS 自定义过滤器

```
<!doctype html>
<html>
<head>
<meta charset="utf-8">
<meta name="viewport" content="width=device-width, initial-scale=1.0">
<title>AngularJS 自定义过滤器</title>
</head>
<body>
<div ng-app="demoApp" ng-controller="demoCtrl">
    <div><label>输入带 "_" 文本：<input type="text" ng-model="name" ></label></div>
    <div>过滤器替换 "_"：<span>{{name| strChange}}</span></div>
</div>
<script type="text/javascript" src="script/angular.min.js"></script>
<script type="text/javascript">
    var app = angular.module('demoApp', []);
    app.controller('demoCtrl', function ($scope) {
        $scope.name = 'ng_app';
    });
    app.filter('strChange', function () {
        return function (text) {
            return text.replace('_', '-');
        }
    })
</script>
</body>
</html>
```

扫描看效果

效果如图 17-5 所示。

17.3.8　表单

AngularJS 表单是输入控件（input、select、textarea 等）的集合。

在视图中通过基本的数据绑定形式可以访问到表单和控件的内部状态，因此可以在应用中通过 ng-model 指令在表单数据模型和表单视图间建立双向数据绑定，记录表单状态，在数据改变时实时更新状态。

图 17-5　AngularJS 自定义过滤器效果

案例 17-07：AngularJS 表单绑定与状态控制

```html
<!doctype html>
<html>
<head>
<meta charset="utf-8">
<meta name="viewport" content="width=device-width, initial-scale=1.0">
<title>AngularJS 表单绑定与状态控制</title>
</head>
<body>
<div ng-app="demoApp" ng-controller="demoCtrl">
    <div>
        <label>手机号：<input type="text" ng-model="phone" ></label>
    </div>
    <div>输入值：<span>{{phone}}</span></div>

    <div>存储状态：<span>{{phoneSaved}}</span></div>
    <button ng-click="reset()" >重置</button>
    <button ng-click="save(phone)" ng-disabled="isUnchanged(phone)">保存</button>
</div>
<script type="text/javascript" src="script/angular.min.js"></script>
<script type="text/javascript">
    var app = angular.module('demoApp', []);
    app.controller('demoCtrl', function ($scope) {
        $scope.phoneSaved = '';
        $scope.save = function (phone) {
            $scope.phoneSaved = angular.copy(phone);
        };
        $scope.reset = function () {
            $scope.phone = angular.copy($scope.phoneSaved);
        };
        $scope.isUnchanged = function (phone) {
            return angular.equals(phone, $scope.phoneSaved);
        }
    });
</script>
</body>
</html>
```

扫描看效果

本例中 phone 属性值默认为空，通过 ng-model 指令绑定到表单文本框，phoneSaved 属性默认为空，"保存"按钮不可用；在"表单"文本框中输入内容，单击"保存"按钮后，phoneSaved 值更新并在视图中显示；修改表单文本框的输入内容，phone 属性值更新并在视图中显示；单击"重置"按钮，phone 属性值重置为 phoneSaved 保存值。效果如图 17-6 所示。

图 17-6　AngularJS 表单绑定与状态控制效果

17.3.9　模块

大部分应用都有一个主方法来实例化、组织、启动应用。AngularJS 应用没有主方法，而是使用模块来声明应用应该如何启动。

AngularJS 通过 angular.module()方法创建模块，模块中可添加控制器、指令、过滤器等。

案例 17-04 是一个简单的模块应用：在页面视图中，ng-app 指令绑定应用 demoApp，通过 angular.module()声明应用模块；ng-controller 绑定控制器，app.controller()函数定义控制器及其属性和方法。

17.3.10　路由

AngularJS 路由允许通过不同的 URL 访问不同的内容，可以实现多视图的单页 Web 应用（Single Page web Application，SPA）。

通常 URL 形式为 http://domain/first/page，但在单页 Web 应用中 AngularJS 通过 "#" + "标记"实现，如下所示：

```
http://domain/#/first
http://domain/#/second
http://domain/#/third
```

当单击以上任何一个链接时，向服务端发送的请求都是一样的（http://domain/），#号后的内容被浏览器忽略，#号后内容的功能在客户端实现。AngularJS 路由通过 "#" + "标记"区分不同的逻辑页面，并将不同的页面绑定到对应的控制器上，如图 17-7 所示。

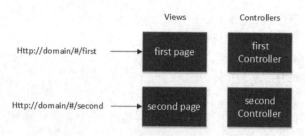

图 17-7　单页面 Web 应用

上图应用每个 URL 都有对应的视图和控制器，如案例 17-08 所示。

案例 17-08：AngularJS 路由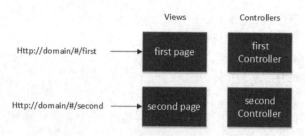

```html
<!doctype html>
<html>
<head>
<meta charset="utf-8">
<meta name="viewport" content="width=device-width, initial-scale=1.0">
<title>AngularJS 路由</title>
</head>
<body>
<div ng-app="demoApp">
    <ul>
        <li><a href="#/">首页</a></li>
        <li><a href="#/jiadian">家电</a></li>
        <li><a href="#/shouji">手机</a></li>
        <li><a href="#/tushu">图书</a></li>
    </ul>
    <div ng-view></div>
</div>
<script type="text/javascript" src="script/angular.min.js"></script>
<script type="text/javascript" src="script/angular-route.min.js"></script>
<script type="text/javascript">
    var app = angular.module('demoApp', ['ngRoute']);
    app.config(['$routeProvider', function ($routeProvider) {
        $routeProvider
        .when('/', {template: '首页'})
        .when('/jiadian', {template: '家电商品页'})
        .when('/shouji', {template: '品牌手机页'})
        .when('/tushu', {template: '分类图书页'})
        .otherwise({redirectTo: '/'})
    }]);
</script>
</body>
</html>
```

本例载入了实现路由的 JavaScript 文件 angular-route.min.js，包含了 ngRoute 模块作为主应用模块的依赖模块：

`angular.module('demoApp', ['ngRoute'])`

使用 ngView 指令，div 中的 HTML 内容随路由变化而变化：

`<div ng-view></div>`

配置了定义路由规则的$routeProvider：

```
app.config(['$routeProvider', function ($routeProvider) {
    $routeProvider
    .when('/', {template: '首页'})
    .when('/jiadian', {template: '家电商品页'})
    .when('/shouji', {template: '品牌手机页'})
    .when('/tushu', {template: '分类图书页'})
    .otherwise({redirectTo: '/'})
}]);
```

效果如图 17-8 所示。

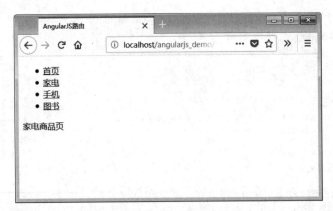

图 17-8　AngularJS 路由效果

AngularJS 模块的 config 方法用于配置路由规则，通过 configAPI，把$routeProvider 注入到配置函数并使用$routeProvider.when API 来定义路由规则。

$routeProvider.when　API 提供了 when(path,object)和 otherwise(object)两个方法来定义所有路由，when 方法包含两个参数：URL（或者 URL 正则规则）、路由配置对象。

路由配置对象规则如下：

```
$routeProvider.when(url, {
    template: string,
    templateUrl: string,
    controller: string, function 或 array,
    controllerAs: string,
    redirectTo: string, function,
    resolve: object<key, function>
});
```

参数说明：

（1）template：可在 ng-view 中插入简单 HTML 内容。

（2）templateUrl：可在 ng-view 中插入 HTML 模板文件，以下代码为从服务器端获取 views/jiadian.html。

```
$routeProvider.when('/jiadian, {
    templateUrl: 'views/jiadian.html',
});
```

（3）controller：function、string 或数组类型，在当前模板上执行 controller 函数，生成 scope。

（4）controllerAs：string 类型，为 controller 指定别名。

（5）redirectTo：重定向的地址。

（6）resolve：指定当前 controller 所依赖的其他模块。

案例 17-09：AngularJS 路由配置对象

```html
<!doctype html>
<html>
<head>
<title>AngularJS 路由配置对象</title>
<meta charset="UTF-8">
<meta name="viewport" content="width=device-width, initial-scale=1.0">
</head>
<body>
<div ng-app="demoApp">
    <ul>
        <li><a href="#/">首页</a></li>
        <li><a href="#/jiadian">家电</a></li>
        <li><a href="#/shouji">手机</a></li>
        <li><a href="#/tushu">图书</a></li>
    </ul>
    <div ng-view></div>
</div>
<script type="text/javascript" src="script/angular.min.js"></script>
<script type="text/javascript" src="script/angular-route.min.js"></script>
<script type="text/javascript">
    var app = angular.module('demoApp', ['ngRoute']);
    app.controller('jiadian', function ($scope) {
        $scope.num = 3;
        $scope.price = 2000;
    });
    app.controller('shouji', function ($scope) {
        $scope.num = 1;
        $scope.price = 1346;
    });
    app.controller('tushu', function ($scope) {
        $scope.num = 2;
        $scope.price = 88;
    });
    app.config(['$routeProvider', function ($routeProvider) {
        $routeProvider
        .when('/', {template: '首页'})
        .when('/jiadian', {
            templateUrl: 'view/jiadian.html',
            controller: 'jiadian'
        })
        .when('/shouji', {
            templateUrl: 'view/shouji.html',
            controller: 'shouji'
        })
        .when('/tushu', {
            templateUrl: 'view/tushu.html',
            controller: 'tushu'
        })
        .otherwise({redirectTo: '/'})
    }]);
</script>
</body>
<html>
```

本例中路由配置对象使用 templateUrl 向 ng-view 中插入 HTML 模板，HTML 模板中使用了控制器和表达式，单击链接调用不同的模板链接，控制器显示相应的内容，效果如图 17-9 所示。

图 17-9　AngularJS 路由配置对象效果

17.3.11　服务

AngularJS 中的服务是一个函数或对象，可以在 AngularJS 应用中使用。

（1）常用的 AngularJS 内建服务。

1）$location 服务。

$location 服务是一个对象，作为参数传递到 controller 中，使用时需在 controller 中定义：

```
var app = angular.module('demoApp', []);
app.controller('showLocation', function($scope, $location){
    $scope.strLocation = JSON.stringify($location);
    $scope.port = $location.port();
})
```

实现效果：页面视图输出$location 内容。

2）$http 服务。

$http 是 AngularJS 中最常用的服务，该服务向服务器发送请求，响应服务器返回的数据。

```
app.controller('httpService', function($scope, $http){
    $http.get('view/httppage.html').then(function(response){
        $scope.data = response.data;
    })
})
```

实现效果：页面视图显示请求内容。

3）$timeout 服务和$interval 服务。

AngularJS 中$timeout 服务对应 JavaScript 中的 window.setTimeout 函数，$interval 服务对应 JavaScript 中的 window.setInterval 函数，应用格式如下：

```
app.controller('timeoutService', function($scope, $timeout){
    $scope.time1=new Date();
    $timeout(function(){
        $scope.time2=new Date();
    }, 2000)
})
app.controller('intervalService', function($scope, $interval){
```

```
        $interval(function(){
            $scope.intervalStr = new Date().toLocaleTimeString();
        }, 1000);
})
```

实现效果：time1 和 time2 时间相差 2s；intervalStr 时间会持续更新。

（2）自定义服务。

自定义服务通过 service 方法创建服务对象，对象内可以定义方法，方法调用与内置服务相同。

以下代码创建了 myService 服务对象，并添加了 checkLength()方法用于字符串长度校验。

```
app.service('myservice', function(){
    this.checkLength = function(str, min, max){
        return str.length >= min && str.length <= max;
    }
})
```

服务调用：

```
app.controller('cusService', function($scope, myService){
    $scope.check = function(str){
        $scope.showCheck = myservice.checkLength(str, 1, 6) ? '验证通过' : '字符长度不超过 6';
    }
})
```

实现效果：单击"确定"按钮，调用 myService 自定义服务对输入内容进行验证，并显示验证信息。

以上案例的具体代码见示例 17-10。

案例 17-10：AngularJS 服务

```
<!doctype html>
<html>
<head>
<meta charset="utf-8">
<meta name="viewport" content="width=device-width, initial-scale=1.0">
<title>AngularJS 服务</title>
</head>
<body ng-app="demoApp">
<div ng-controller="showLocation">
    <div>$location 服务：{{strLocation}}</div>
    <div>$location 字段：{{port}}</div>
</div>
<div ng-controller="httpService">http 请求响应：{{data}}</div>
<div ng-controller="timeoutService">
    <div>加载时间：{{time1}}</div>
    <div>settimeout：{{time2}}</div>
</div>
<div ng-controller="intervalService">
    <div>setinterval：{{intervalStr}}</div>
</div>
<div ng-controller="cusService">
    <div>输入校验：<input type="text" ng-model="str"></div>
    <div>校验结果：{{showCheck}}</div>
    <input type="button" ng-click="check(str)" value="确定">
</div>
<script type="text/javascript" src="script/angular.min.js"></script>
<script type="text/javascript">
    var app = angular.module('demoApp', []);
    app.controller('showLocation', function($scope, $location){
```

扫描看效果

```
        $scope.strLocation = JSON.stringify($location);
        $scope.port = $location.port();
    })
    app.controller('httpService', function($scope, $http){
        $http.get('view/httppage.html').then(function(response){
            $scope.data = response.data;
        })
    })
    app.controller('timeoutService', function($scope, $timeout){
        $scope.time1 = new Date().toLocaleTimeString();
        $timeout(function(){
            $scope.time2 = new Date().toLocaleTimeString();
        }, 4000);
    })
    app.controller('intervalService', function($scope, $interval){
        $interval(function(){
            $scope.intervalStr = new Date().toLocaleTimeString();
        }, 1000);
    })
    app.service('myservice', function(){
        this.checkLength = function(str, min, max){
            return str.length >= min && str.length <= max;
        }
    })
    app.controller('cusService', function($scope, myservice){
        $scope.check = function(str){
            $scope.showCheck = myservice.checkLength(str, 1, 6) ? '验证通过' : '字符长度不超过 6';
        }
    })
</script>
</body>
</html>
```

效果如图 17-10 所示。

图 17-10　AngularJS 服务效果

17.4 案例：使用 AngularJS 实现即时搜索

本例综合应用 AngularJS 指令、表达式、作用域、过滤器、服务等知识点实现预警信息即时搜索，效果如图 17-11 所示。

序号	设备名称	监控类别	设备类型	设备型号	预警原因	开始时间	恢复时间
1	A2-1-Cluster3-ESXi01	服务器	云计算与虚拟化	VMware ESXi 5.5	SNMP可用率-SNMP可用率小于等于50%	2017-8-17 4:5:0	2017-12-29 19:30:0
2	A6-6-Cluster2-ESXi06	服务器	云计算与虚拟化	VMware ESXi 6.0	SNMP可用率-SNMP可用率小于等于70%	2017-10-18 21:20:0	2017-10-18 22:55:0
3	A6-4-Cluster2-ESXi04	服务器	云计算与虚拟化	VMware ESXi 6.0	SNMP可用率-SNMP可用率小于等于70%	2017-10-18 21:20:0	2017-10-18 22:55:0
4	A6-5-Cluster2-ESXi05	服务器	云计算与虚拟化	VMware ESXi 6.0	SNMP可用率-SNMP可用率小于等于70%	2017-10-18 21:20:0	2017-10-18 22:55:0
5	A6-3-Cluster2-ESXi03	服务器	云计算与虚拟化	VMware ESXi 6.0	SNMP可用率-SNMP可用率小于等于70%	2017-10-18 21:20:0	2017-10-18 22:55:0
6	A6-2-Cluster2-ESXi02	服务器	云计算与虚拟化	VMware ESXi 6.0	SNMP可用率-SNMP可用率小于等于70%	2017-10-18 21:20:0	2017-10-18 22:55:0
7	A3-2-Cluster1-ESXi02	服务器	云计算与虚拟化	VMware ESXi 6.0	SNMP可用率-SNMP可用率小于等于70%	2017-10-18 21:20:0	2017-10-20 9:55:0
8	A3-3-Cluster1-ESXi03	服务器	云计算与虚拟化	VMware ESXi 6.0	SNMP可用率-SNMP可用率小于等于70%	2017-10-18 21:20:0	2017-10-20 9:55:0
9	A6-7-Cluster2-ESXi07	服务器	云计算与虚拟化	VMware ESXi 6.0	SNMP可用率-SNMP可用率小于等于70%	2017-10-18 21:25:0	2017-12-29 19:30:0
10	A6-1-Cluster2-ESXi01	服务器	云计算与虚拟化	VMware ESXi 6.0	SNMP可用率-SNMP可用率小于等于70%	2017-10-18 21:25:0	2017-10-18 22:55:0
11	A6-8-Cluster2-ESXi08	服务器	云计算与虚拟化	VMware ESXi 6.0	SNMP可用率-SNMP可用率小于等于70%	2017-10-18 23:0:0	2017-10-18 23:30:0
12	A3-4-Cluster1-ESXi04	服务器	云计算与虚拟化	VMware ESXi 6.0	SNMP可用率-SNMP可用率小于等于60%	2017-10-19 12:20:0	2017-10-20 9:55:0
13	A2-2-Cluster3-ESXi02	服务器	云计算与虚拟化	VMware ESXi 5.5	SNMP可用率-SNMP可用率小于等于70%	2017-10-20 9:55:0	2017-10-20 10:0:0
14	A2-3-Cluster3-ESXi03	服务器	云计算与虚拟化	VMware ESXi 5.5	SNMP可用率-SNMP可用率小于等于70%	2017-10-20 9:55:0	2017-10-20 10:0:0
15	A2-4-Cluster3-ESXi04	服务器	云计算与虚拟化	VMware ESXi 5.5	SNMP可用率-SNMP可用率小于等于70%	2017-10-20 9:55:0	2017-10-20 10:0:0
16	A3-1-Cluster1-ESXi01	服务器	云计算与虚拟化	VMware ESXi 6.0	SNMP可用率-SNMP可用率小于等于70%	2017-10-20 9:55:0	2017-10-20 10:5:0
17	F7-1-Cluster1-ESXi01	服务器	云计算与虚拟化	VMware ESXi 5.5	SNMP可用率-SNMP可用率小于等于70%	2017-10-20 9:55:0	2017-10-20 10:0:0
18	F7-2-Cluster1-ESXi02	服务器	云计算与虚拟化	VMware ESXi 5.5	SNMP可用率-SNMP可用率小于等于70%	2017-10-20 9:55:0	2017-10-20 10:0:0
19	F7-3-Cluster1-ESXi03	服务器	云计算与虚拟化	VMware ESXi 5.5	SNMP可用率-SNMP可用率小于等于70%	2017-10-20 9:55:0	2017-10-20 10:0:0
20	F8-5-Cluster2-ESXi05	服务器	云计算与虚拟化	VMware ESXi 5.5	SNMP可用率-SNMP可用率小于等于70%	2017-10-20 9:55:0	2017-10-20 10:0:0
21	F8-6-Cluster2-ESXi06	服务器	云计算与虚拟化	VMware ESXi 5.5	SNMP可用率-SNMP可用率小于等于70%	2017-10-20 9:55:0	2017-10-20 10:0:0
22	F8-7-Cluster2-ESXi07	服务器	云计算与虚拟化	VMware ESXi 5.5	SNMP可用率-SNMP可用率小于等于70%	2017-10-20 9:55:0	2017-10-20 10:0:0
23	F8-8-Cluster2-ESXi08	服务器	云计算与虚拟化	VMware ESXi 5.5	SNMP可用率-SNMP可用率小于等于70%	2017-10-20 9:55:0	2017-10-20 10:0:0
24	F7-4-Cluster1-ESXi04	服务器	云计算与虚拟化	VMware ESXi 5.5	SNMP可用率-SNMP可用率小于等于70%	2017-10-20 9:55:0	2017-10-20 10:0:0

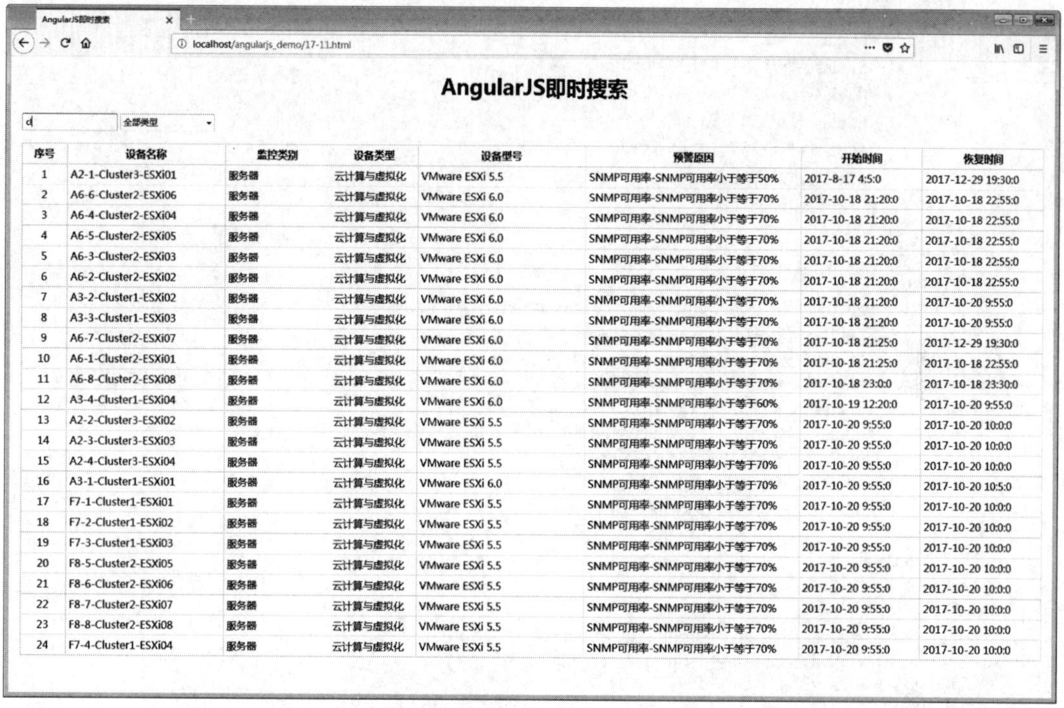

图 17-11　AngularJS 即时搜索效果

案例 17-11：AngularJS 即时搜索

具体实现过程如下：

（1）页面视图。

```
<!doctype html>
<html>
<head>
<title>AngularJS 即时搜索</title>
<meta charset="UTF-8">
<meta name="viewport" content="width=device-width, initial-scale=1.0">
<link href="css/style.css" rel="stylesheet">
</head>
<body ng-app="liveSearch">
<div ng-controller="mySearch" class="mySearch">
    <h1 class="tc">AngularJS 即时搜索</h1>
```

扫描看效果

```html
    <div class="search">
        <input type="text" ng-model="searchValue" class="searchValue" placeholder="请输入设备名称">
        <select class="deviceType" ng-change="changeType(curType)" ng-model="curType">
            <option ng-repeat="y in typeConf" value="{{y}}">{{y}}</option>
        </select>
    </div>
    <table class="warnInfo">
        <thead>
            <tr>
                <th class="w60">序号</th>
                <th class="w235">设备名称</th>
                <th class="w155">监控类别</th>
                <th class="w125">设备类型</th>
                <th class="w250">设备型号</th>
                <th class="w325">预警原因</th>
                <th>开始时间</th>
                <th>恢复时间</th>
            </tr>
        </thead>
        <tbody>
            <tr ng-repeat=" x in list| filter:searchValue | orderBy:'warnStart'">
                <td class="tc w60">{{$index + 1}}</td>
                <td class="w235">{{x.deviceName}}</td>
                <td class="w155">{{x.deviceType}}</td>
                <td class="w125">{{x.deviceClass}}</td>
                <td class="w250">{{x.deviceMode}}</td>
                <td class="w325">{{x.warnContent}}</td>
                <td>{{timeFormat(x.warnStart)}}</td>
                <td>{{timeFormat(x.warnRestore)}}</td>
            </tr>
        </tbody>
    </table>
</div>
<script type="text/javascript" src="script/angular.min.js"></script>
<script type="text/javascript" src="script/livesearch.js"></script>
</body>
</html>
```

页面视图绑定 liveSearch 应用、mySearch 控制器，文本框绑定 searchValue 属性，下拉菜单绑定 curType 属性，切换下拉菜单更新列表数据；列表绑定预警信息，遍历输出序号、设备名称、监控类别、设备类型、设备型号、预警内容、开始时间、恢复时间。

遍历输出预警信息时，使用 filter 过滤器、orderBy 过滤器匹配输入设备名称，按预警开始时间排序。

（2）程序结构。

```javascript
var app = angular.module('liveSearch', []);
/**
 *  内容筛选服务
 * @param {type} param1
 * @param {type} param2
 */
app.service('myService', function () {
    this.getList = function (data, type) {
        var arr = [];
```

```
        …
        return arr;
    }
})
app.controller('mySearch', function ($scope, $http, myService) {
    /**
     * 获取告警信息
     */
    $http.get('data/warn.json').then(function (response) {
        $scope.data = response.data;
    })
    /**
     * 时间戳格式化
     * @param {type} timeNum
     * @returns {unresolved}
     */
    $scope.timeFormat = function (timeNum) {
        …
    }
    $scope.typeConf = ['全部类型', '服务器', '网络通信设备', '网络安全与管理设备', '环境监控'];
    $scope.curType = $scope.typeConf[0];
    $scope.changeType = function (curType) {
        $scope.list = myservice.getList($scope.data, curType);
    }
})
```

创建 liveSearch 模块，自定义 myService 服务对象及 getList 方法，创建 mySearch 控制器，并在控制器中调用 getList 方法。

（3）类型筛选。

创建自定义 myService 服务对象，getList 方法根据 data 和 type 参数过滤并返回预警信息，返回值更新 list 属性。由于 list 属性与页面视图建立双向数据绑定，当 list 属性更新时，页面视图信息自动变化。

```
this.getList = function (data, type) {
    var arr = [];
    if (type == '全部类型') {
        arr = data;
    } else {
        var i = 0;
        for (k in data) {
            if (data[k]['deviceType'] == type) {
                arr[i] = data[k];
                i++;
            }
        }
    }
    return arr;
}
```

第 18 章

文件

对于每个应用程序来说，文件总是不可缺少的一部分，在 HTML5 出现之前，Web 没有处理文件的机制，仅有的文件选项就是下载或上传服务器或用户计算机上已有的文件。在 HTML5 出现之前，Web 上没有文件的创建、复制，更没有所谓的文件处理。

令人欣喜的是，HTML5 增加了文件 API，这样 Web 应用就可以创建、读取、操作用户本地文件系统中的沙盒部分并向其中写入数据。

18.1 文件存储

HTML5 规范从一开始就考虑到了 Web 应用程序构建和操作的各个方面，从设计到基本的数据结构，当然，文件操作也不可能遗漏在外。HTML5 规范将文件 API 整合了进来。

文件 API 可以同步或异步工作。开发同步部分，是为了在 Web Workers API 上工作，这一点与其他 API 类似；而异步部分针对的是普通 Web 应用程序。这些特征意味着必须注意处理过程中的每个方面，检测处理成功还是失败，日后在此之上可能会采用更简单的 API。

文件 API 不是新 API，而是经过改良和扩展的旧 API，其至少包含以下三个规范。

（1）读取和处理。通过文件 API，应用程序可以与本地文件交互并处理它们的内容，主要包括 File/Blob、FileList、FileReader 等。

（2）目录和文件系统。专为每个应用程序创建的小文件系统提供了处理工具，主要包括 DirectoryReader、FileEntry/DirectoryEntry、LocalFileSystem 等。

（3）创建和写入。用来在应用程序创建或下载的文件中写入内容，主要包括 BlobBuilder、FileWriter 等。

目前浏览器对文件 API 的支持情况如表 18-1 所列。

表 18-1　文件 API 的浏览器支持情况

API	Chrome	Firefox	Opera	IE
File API	13+	28+	25+	×
FileReader API	6+	4+	12+	10+
FileSystem&FileWriter API	13+	×	×	×
BlobBuilder API	17+	6+	×	10+

18.2　处理用户文件

在 Web 应用程序中处理本地文件有一定危险性。在允许应用程序访问用户的本地文件之前，浏览器必须考虑相关的安全措施。出于安全考虑，文件 API 只提供了两个加载方法：<input>标签和拖放操作。

拖放 API 可以将文件从桌面应用程序拖到网页的放置空间，file 类型的<input>标签有类似的特征。这个标签和拖放 API 都通过 files 属性传递文件。同以前的做法一样，只要查看这个属性的值，就可以得到选中或拖放进来的每个文件。

18.2.1　读取文件

要从用户的计算机上读取文件，必须使用 FileReader 接口。FileReader 拥有四个方法，其中三个用来读取文件，另一个用来中断读取。表 18-2 中列出了这些方法及参数。需要注意的是，无论读取成功或失败，方法都不会返回读取结果，而是将这一结果存储在 result 属性中。

表 18-2　FileReader 对象方法

方法名	描述	参数
abort	用于中断文件的读取	null
readAsArrayBuffer	用文件的数据生成一个数组缓冲区（ArrayBuffer）	Blob
readAsDataURL	生成 Base64 编码的数据 URL，用来表示文件数据	Blob
readAsText	以文本方式处理内容的时候可以使用此方法	Blob, [encoding]

文件加载成功后，会在 FileReader 对象上触发一个 load 事件。返回的内容默认以 UTF-8 编码方式解码，也可以用 encoding 属性指定编码方式。这个方法视图可将每个字节或多个字节序列解释成文本字符。

FileReader 的使用非常简单，以下案例是使用 FileReader 操作文件的详细讲解。

案例 18-01：读取文件

扫描看效果

```
<!doctype html>
<html>
<head>
<meta charset="utf-8">
<meta keywords="文件操作">
<meta content="读取文件">
<title>读取文件</title>
<style type="text/css">
#formbox{
    float:left;
    padding:20px;
    border:1px solid #999;
}
#databox{
    float:left;
    width:500px;
    margin-left:20px;
    padding:20px;
    border:1px solid #999;
    word-wrap: break-word;
}
.directory{
    color:#00f;
    font-weight:bold;
    cursor:pointer;
}
</style>
<script type="text/javascript">
//初始化函数
function initiate(){
    //声明对象
    databox=document.getElementById('databox');
    var myfiles=document.getElementById('myfiles');
    //为 change 事件添加侦听
    myfiles.addEventListener('change',process,false);
}
//事件处理过程
function process(e){
```

```
            var files=e.target.files;
            var file=files[0];
            var reader=new FileReader();
            reader.onload=show;
            reader.readAsText(file);
        }
        //显示文件内容
        function show(e){
            var result=e.target.result;
            databox.innerHTML=result;
        }
        //在浏览器加载完成后注册 initiate 方法
        window.addEventListener('load',initiate,false);
    </script>
    </head>
    <body>
    <section id="formbox">
        <form name="form">
            <p>文件:<br><input type="file" name="myfiles" id="myfiles"></p>
        </form>
    </section>
    <section id="databox">没有选择文件</section>
    </body>
    </html>
```

在以上示例代码中，用户可以在<input>的输入域中选择要处理的文件。为了检查用户的选择，用 initiate()函数给<input>元素的 change 事件添加一个侦听器，并指定由 process()函数处理该事件。

<input>元素（以及拖放 API）发送的 files 属性是一个数组，其中包含选中的所有文件。如果<input>元素没有 multiple 属性，就不会选择多个文件，数组的第一个元素就是唯一的文件。在 process()函数开始的地方，去除 files 属性的内容，放入 files 变量中，然后用 var file=files[0]代码获取该数组的第一个元素。

处理文件必须做的第一件事就是用构造函数 FileReader()得到一个 FileReader 对象。在以上案例代码的 process()函数中，对象命名为 reader。接下来，必须在 reader 上注册 onload 事件处理程序，检测要读取的文件是否已经加载就绪并且可以处理。最后用 readAsText()方法读取文件，以文本方式获取文件的内容。

readAsText()方法读取完文件之后，触发 load 事件，调用 show()函数。这个函数从 reader 对象的 result 属性得到文件的内容，并在页面上显示出来。

readAsText()方法不仅能够读取文本文件，而且可以读取任何内容，并将内容解读成文本，包括二进制内容的文件（例如图片文件等）。但是如果选择的是非文本文件，就会在页面上看到乱码字符。

18.2.2 读取文件属性

在实际应用程序中，文件名、文件大小及文件类型等信息都是必需的，这些信息可以让用户了解所处理文件的情况，甚至可以控制用户的输入。<input>标签发送的文件对象提供了多个可以用来获得文件信息的属性，具体属性如下所示。

（1）name：该属性返回文件的全名（文件名和扩展名）。

（2）size：该属性返回文件的大小，以字节为单位。

（3）type：该属性返回文件的类型，以 MIME 类型表示。

修改案例 18-01，进行文件属性的读取操作，使用 readAsDataURL()方法读取文件。该方法以数据 URL 格式返回文件内容，返回的内容可以作为<img>标签的源，在页面上显示选中的图片。

案例 18-02：读取文件属性 🌀 🌑 🈚 🄌 🄯 🄴

具体代码如下所示：

```
<!doctype html>
<html>
<head>
<meta charset="utf-8">
<meta keywords="文件操作">
<meta content="读取文件属性">
<title>读取文件属性</title>
<style type="text/css">
#formbox{
    float:left;
    padding:20px;
    border:1px solid #999;
}
#databox{
    float:left;
    width:500px;
    margin-left:20px;
    padding:20px;
    border:1px solid #999;
word-wrap: break-word;
}
.directory{
    color:#00f;

    font-weight:bold;
    cursor:pointer;
}
</style>
<script type="text/javascript">
//初始化函数

function initiate(){
    databox=document.getElementById('databox');
    var myfiles=document.getElementById('myfiles');
    myfiles.addEventListener('change',process,false);
}
function process(e){
    var files=e.target.files;
    databox.innerHTML='';
    var file=files[0];
        //判断文件是否是图片
    if(!file.type.match(/image.*/i)){
        alert('请插入一个图片');
    }
//显示文件属性
```

```
        else{
            databox.innerHTML+='文件名：'+file.name+'<br>';
            databox.innerHTML+='大小：'+file.size+' bytes<br>';
            databox.innerHTML+='类型：'+file.type+'<br>';
            var reader=new FileReader();
            reader.onload=show;
            reader.readAsDataURL(file);
        }
    }
    //显示图片
    function show(e){
        var result=e.target.result;
        databox.innerHTML+='<img src="'+result+'">';
    }
    //在浏览器加载完成后注册 initiate 方法
    window.addEventListener('load',initiate,false);
    </script>
    </head>
    <body>
    <section id="formbox">
    <form name="form">
        <p>文件:<br><input type="file" name="myfiles" id="myfiles"></p>
    </form>
    </section>
    <section id="databox">没有选择文件</section>
    </body>
    </html>
```

　　如果想处理特定类型的文件，要做的第一件事就是检查文件的 type 属性。在以上案例代码的 process()函数中，利用 match()方法进行检测。如果文件不是图片，则用 alert()方法显示错误消息；否则，在页面上显示文件的名称和大小，并展示该图片。

　　除了用 readAsDataURL()读取文件之外，案例 18-02 与案例 18-01 实现的过程完全一样。首先创建 FileReader 对象；然后注册 onload 事件处理程序，加载文件；当加载过程完成后，show()函数用 result 属性的内容作为<img>标签的源，在页面上显示图片。

18.2.3　文件分割

　　除了文件外，API 还能处理另一个源类型——Blob。Blob 代表原始数据的对象。创建 Blob 对象的目的是克服 JavaScript 在处理二进制数据上的限制。Blob 通常由文件生成，但并不是必需的，不用将整个文件加载到内存就能处理数据，这种做法为一小片一小片地处理二进制信息提供了可能性。

　　Blob 有多个作用，但主要是为了提供更好地处理原始数据或大型文件的小片段的方法。API 提供了 slice()方法实现文件的切割分片。

　　slice(start, length, type)：该方法返回一个 Blob 或文件生成的新 Blob 对象。第一个属性代表起点，第二个属性指定新 Blob 的长度，最后一个属性是一个可选参数，指定数据的类型。

案例 18-03：处理 blob

```
<!doctype html>
<html>
<head>
<meta charset="utf-8">
<meta keywords="文件操作">
<meta content="处理 blob">
<title>处理 blob</title>
<style type="text/css">
#formbox{
    float:left;
    padding:20px;
    border:1px solid #999;
}
#databox{
    float:left;
    width:500px;
    margin-left:20px;
    padding:20px;
    border:1px solid #999;
    word-wrap: break-word;
}
.directory{
    color:#00f;
    font-weight:bold;
    cursor:pointer;
}
</style>
<script type="text/javascript">
//初始化函数
function initiate(){
    databox=document.getElementById('databox');
    var myfiles=document.getElementById('myfiles');
    myfiles.addEventListener('change',process,false);
}
//定义过程函数
function process(e){
    var files=e.target.files;                //声明文件列表对象
    databox.innerHTML='';
    var file=files[0];
    var reader=new FileReader();             //声明 FileReader 对象
    reader.onload=function(e){ show(e, file);};
    var blob=file.slice(0,1000);             //通过 slice()方法声明 blob 对象
    reader.readAsDataURL(blob);              //读取文件内容
}
//显示文件内容
function show(e, file){
    var result=e.target.result;
    databox.innerHTML='文件名：'+file.name+'<br>';
    databox.innerHTML+='类型：'+file.type+'<br>';
    databox.innerHTML+='大小：'+file.size+' bytes<br>';
    databox.innerHTML+='Blob 大小：'+result.length+' bytes<br>';
    databox.innerHTML+='Blob：'+result+'<br>';
}
//在浏览器加载完成后注册 initiate 方法
```

```
window.addEventListener('load',initiate,false);
</script>
</head>
<body>
<div id="formbox">
<form name="form">
        <p>文件:<br><input type="file" name="myfiles" id="myfiles"></p>
</form>
</div>
<div id="databox">没有选择文件</div>
</body>
</html>
```

以上代码中所做的操作和前面的示例一样，但这次没有读取整个文件，而是用 slice() 方法创建了一个 Blob。这个 Blob 长 1000 字节，从文件的第 0 字节开始。如果加载的文件小于 1000 字节，则这个 Blob 就会与文件一样长（从起点到文件末尾）。

为了显示从这个过程获取的信息，用匿名函数注册一个 onload 事件处理程序，在处理程序中发送到 file 对象的引用。show() 函数接收这个引用，然后在页面上显示文件的各个属性值。

使用 Blob 的好处不胜枚举。例如，可以创建一个循环，将一个文件生成多个 Blob，然后一段一段逐一处理这些信息，创建异步上传程序或者图片处理应用程序等。

18.2.4 处理事件

将文件加载进内存需要的时间长短取决于文件的大小。对小文件来说，加载过程十分迅速；对大文件来说，可能需要几分钟才能加载完成。为了实时掌握文件加载情况，同时也为了让用户清楚地知道事件处理进程，除了前边已经提过的 load 事件，File API 还提供了几个特殊事件，用来告知处理过程的情况。表 18-3 中归纳了 FileReader 的事件模型。

表 18-3　FileReader 对象事件

事件	描述
onloadstart	读取开始时触发
onprogress	在读取文件或 Blob 的时候，周期性地触发这个事件
onabort	当处理中断时触发
onerror	当读取出错时触发
onload	文件读取成功完成时触发
onloadend	读取完成触发，无论成功或失败

案例 18-04：用事件来控制流程

```
<!doctype html>
<html>
<head>
<meta charset="utf-8">
<meta keywords="文件操作">
<meta content="用事件来控制流程">
<title>用事件来控制流程</title>
```

扫描看效果

```css
<style type="text/css">
#formbox{
    float:left;
    padding:20px;
    border:1px solid #999;
}
#databox{
    float:left;
    width:500px;
    margin-left:20px;
    padding:20px;
    border:1px solid #999;
    word-wrap: break-word;
}
.directory{
    color:#00f;
    font-weight:bold;
    cursor:pointer;
}
</style>
<script type="text/javascript">
//初始化函数
function initiate(){
    databox=document.getElementById('databox');
    var myfiles=document.getElementById('myfiles');
    myfiles.addEventListener('change',process,false);
}
//定义过程函数
function process(e){

    var files=e.target.files;
    databox.innerHTML='';
    var file=files[0];
    var reader=new FileReader();
    reader.onloadstart=start;
    reader.onprogress=status;
    reader.onloadend=function(){ show(file);};
    reader.readAsArrayBuffer(file);               //设置多文件上传

}
//初始化函数，将进度条的范围定义为 0%～100%
function start(e){
    databox.innerHTML='<progress value="0" max="100">0%</progress>';
}
//状态计算方法
function status(e){
    var per=parseInt(e.loaded/e.total*100);        //计算当前进度并取整数
    databox.innerHTML='<progress value="'+per+'" max="100">'+per+'%</progress>';
}
//显示文件属性
function show(file){
    var result=e.target.result;
    databox.innerHTML+='文件名：'+file.name+'<br>';
    databox.innerHTML+='类型：'+file.type+'<br>';
    databox.innerHTML+='大小：'+file.size+' bytes<br>';
}
//在浏览器加载完成后注册 initiate 方法
```

```
window.addEventListener('load',initiate,false);
</script>
</head>
<body>
<div id="formbox">
<form name="form">
    <p>文件:<br><input type="file" name="myfiles" id="myfiles"></p>
</form>
</div>
<div id="databox">没有选择文件</div>
</body>
</html>
```

以上案例代码中创建了一个应用程序，这个应用程序在加载文件的同时，通过进度条显示操作的进度。FileReader 对象上注册了三个事件处理程序来控制读取过程，新建了两个函数来响应这些事件：start()和 status()。

start()函数：将进度条初始化为 0%，并在页面上显示进度条。进度条可以使用任何值或范围，但这里使用百分比比较容易理解。

status()函数：根据 progress 事件返回 loaded 属性和 total 属性计算百分比。每次触发 progress 事件时，都会在页面上重新绘制进度条。

18.3　文件操作

主要的"文件 API"负责从用户的计算机上加载和处理文件，但所处理的是硬盘上已经存在的文件，并没有照顾到新建文件或新建目录的需求。"目录和文件系统"负责处理这个问题。这个 API 在硬盘上保留一块特定空间（特殊的存储空间），Web 应用程序在这个空间里可以创建和处理文件及目录，就像桌面应用程序一样。这个特殊空间是唯一的，只有创建它的应用程序才能访问。

18.3.1　本地磁盘操作

应用程序保留的空间就像一个沙盒，是一块有根目录和配置的小硬盘，要使用这个硬盘，必须为应用程序初始化一个 FileSystem。

"目录和文件系统"包含两个不同的版本，分别为异步 API 和同步 API。

异步 API：对于一般的应用来说非常有用，可以防止阻塞。

同步 API：特别为 Web Workers 设计。

本章将介绍异步版本的 API。

考虑到安全性，API 接口设计时做了一些限制，具体如下：

（1）存储配额限制（quota limitations）。

（2）同源限制，如只能读写同域内的 cookie 和 localStorage。

（3）文件类型限制，限制可执行文件的创建或者重命名为可执行文件。

首先需要通过请求一个 LocalFileSystem 对象来得到 HTML5 文件系统的访问，使用 window. requestFileSystem 全局方法的具体代码如下所示：

```
window.requestFileSystem(type, size, successCallback, opt_errorCallback)
```

在使用 window.requestFileSystem 时需要注意以下几个方面。

（1）Google Chrome 和 Opera 是目前仅有的实现了这部分 API 的浏览器。

（2）因为该实现还属于实验性质，所以必须用特定方法 webkitRequestFileSystem() 替代 requestFileSystem() 方法。换用这个方法后，才能在浏览器里测试上面的代码及后面的示例，且参数 type 只能选用 TEMPORARY，否则会显示 QUOTA_EXCEEDED_ERROR 错误。

（3）需要将 HTML 文件发布至 Web 站点下，通过浏览器访问才能查看到效果。

表 18-4 列出了 requestFileSystem 的方法。

表 18-4　requestFileSystem 方法

方法	参数
requestFileSystem	type, size, success function, error function

如果是首次调用 requestFileSystem()，系统会为应用创建新的存储空间。注意，这是沙箱文件系统，也就是说，一个应用无法访问另一个应用的文件。这也意味着无法在用户硬盘上的任意文件夹（例如"我的图片""我的文档"等）中读/写这个空间中的文件。

requestFileSystem() 方法用两个参数指定需要的生命周期类型和文件系统的大小。

type 值包括两种类型：一个是持久性的（PERSISTENT）文件系统，非常适合长期保存用户数据，浏览器不会删除，除非用户特意要求；另一个是临时性的（TEMPORARY）文件系统，非常适合 Web 应用缓存数据，但是在浏览器删除文件系统后仍然可以操作。

size 用来指定字节大小，一般指定有效的最大访问存储。

第三个参数是一个回调函数（callback），成功地提供了一个文件系统后触发。它的主要参数是一个 FileSystem 对象。

第四个参数是一个可选的 callback 函数，用来在出错或请求被拒绝时调用。其参数是一个 FileError 对象，虽然这个对象是可选的，但是在实际应用中建议捕捉这些错误，以方便进行调试。

一个文件系统被严格限制只能访问一个应用的数据，而不能访问另外一个应用保存的数据，同时对于其它的文件独立。这样能够保证文件 API 无法访问不相干的系统文件资源。

requestFileSystem() 方法返回的文件系统对象有两个属性，分别为 root 与 name。

（1）root：该属性的值是对文件系统根目录的引用。它是一个 DirectoryEntry 对象，因此拥有这类对象具有的方法。使用该属性可以引用存储空间、处理文件和目录。

（2）name：该属性返回文件系统的相关信息，例如浏览器分配的名称及情况。

案例 18-05：设置自己的文件系统 🌐 ⬤ ① ✐ ℮

```
<meta charset="utf-8">
<meta keywords="文件操作">
<meta content="设置自己的文件系统">
<title>设置自己的文件系统</title>
<style type="text/css">
```

扫描看效果

```
#formbox{
    float:left;
    padding:20px;
    border:1px solid #999;
}
#databox{
    float:left;
    width:500px;
    margin-left:20px;
    padding:20px;
    border:1px solid #999;
    word-wrap: break-word;
}
.directory{
    color:#00f;
    font-weight:bold;
    cursor:pointer;
}

</style>
<script type="text/javascript">
//初始化函数
function initiate(){
    databox=document.getElementById('databox');
    var button=document.getElementById('fbutton');
    button.addEventListener('click',create,false);          //单击事件添加侦听
//文件系统请求标识，成功后向浏览器申请临时的 5M 空间，返回函数为 createhd，失败时的返回函数为
showerror
    window.webkitRequestFileSystem(window.TEMPORARY, 5*1024*1024, createhd, showerror);
}
//回调函数
function createhd(fs){
    hd=fs.root;
}
//创建目录方法
function create(){
    var name=document.getElementById('myentry').value;
    if(name!=''){
        hd.getFile(name, {create:true, exclusive:false}, show, showerror);
    }
}
//在浏览器中显示文件信息
function show(entry){
    document.getElementById('myentry').value='';
    databox.innerHTML='目录创建成功！<br>';
    databox.innerHTML+='名称：'+entry.name+'<br>';
    databox.innerHTML+='路径：'+entry.fullPath+'<br>';
    databox.innerHTML+='FileSystem：'+entry.filesystem.name+'<br>';
}
//返回错误信息
function showerror(e){
    alert('错误：'+e.name);
}
//在浏览器加载完成后注册 initiate 方法
window.addEventListener('load',initiate,false);
</script>
```

第18章

文件

```
</head>
<body>
<div id="formbox">
<form name="form">
    <p>文件:<br><input type="text" name="myentry" id="myentry"></p>
    <p><input type="button" name="fbutton" id="fbutton" value="提交"></p>
</form>
</div>
<div id="databox">没有可用的对象</div>
</body>
</html>
```

上述案例代码创建或打开文件系统时，createhd()函数会接收一个 FileSystem 对象，并用这个对象的 root 属性将文件系统的引用保存在 hd 变量内。

18.3.2 创建文件

在以上案例代码中，其余的函数负责新建文件并在页面上显示输入的数据。在表单上单击"提交"按钮将调用 create()函数，将<input>元素中输入的文本赋值给变量 name，并调用 getFile()方法用这个名称创建一个文件。

getFile()方法是 File API 的 DirectoryEntry 接口的一部分。这个接口提供了四种方法用来创建、处理文件及目录，具体如表 18-5 所列。

表 18-5 DirectoryEntry 对象方法

方法	参数
getFile	path,options,success function,error function
getDirectory	path,options,success function,error function
createReader	null
removeRecursively	null

上述 DirectoryEntry 对象的四种方法的具体说明如下。

（1）getFile：该方法的作用为创建或打开文件。path 参数必须包含文件的名称以及文件所在的路径名称（从文件系统的根目录算起）。在设置这个方法的 options 选项时可以使用两个标签：create 和 exclusive。两个标签都只接受布尔值。create 标签指定是否创建文件；当 exclusive 标签为 true 时，如果新建一个已经存在的文件，getFile()方法会返回错误。同时这个方法也接受两个回调函数，分别针对成功和失败两种情况。

（2）getDirectory：该方法与前一个方法基本相同，区别只是它处理的是目录。

（3）createReader：该方法返回一个 DirectoryReader 对象，可以用来读取指定目录中的项。

（4）removeRecursively：这是一个特殊方法，用来删除指定目录及目录中的全部内容。

在案例 18-05 中，getFile()方法使用 name 变量的值创建或得到文件。如果文件不存在，则创建文件（create:true）；否则获取文件（exclusive:false）。create()函数还在执行 getFile()前检查 name 变量的值。

getFile()方法使用两个函数 show()和 showerror()来响应操作的成功和失败。show()接收到一个

Entry 对象，并在页面上显示它的属性值。这类对象有多个方法和属性，我们将在下面介绍 name、fullPath 和 filesystem 三个属性。

18.3.3 创建目录

getDirectory()方法（针对目录）和 getFile()方法（针对文件）的用法完全相同。只需要将 getFile() 换成 getDirectory()即可，具体代码如下所示：

```
function create(){
    var name=document.getElementById('myentry').value;
    if(name!=''){
        hd.getDirectory(name, {create:true, exclusive:false}, show, showerror);
    }
}
```

这两个方法都属于 DirectoryEntry 对象 root，在代码中，该对象由 hd 变量表示，所以必须用这个变量来调用这两个方法，才能在应用程序的文件系统中创建文件和目录。

18.3.4 列出文件

如前所述，createReader()方法可以得到指定路径中的项（文件和目录）列表。这个方法返回的 DirectoryReader 对象的 readEntries()方法可以读取指定目录中的项。DirectoryReader 对象的方法如表 18-6 所列。

表 18-6 DirectoryReader 对象方法

方法	参数
readEntries	success function,error function

该方法从选中目录中读取下一块项。每次调用这个方法时，success 函数返回的对象包含项列表，如果没有找到项目，则返回 null。

readEntries()方法按块读取项列表。因此无法保证一次调用就可以返回全部项，必须反复多次调用这个方法，直到返回的对象为空为止。

在编写接下来的代码之前，还有一件事情需要考虑。createReader()方法返回代表指定目录的 DirectoryReader 对象。要获得需要的文件，首先必须获得要读取目录的 Entry 对象。

这段代码代替不了 Windows 的文件浏览器，但提供了在浏览器中构建文件系统所需要了解的全部信息。

initiate()函数的功能与以前的代码相同：初始化或创建文件系统，如果成功，则调用 createhd() 函数。除了声明指向文件系统的 hd 变量外，createhd()函数还用空字符串（代表根）初始化 path 变量，并调用 show()函数，在应用程序加载的时候就在页面上显示文件列表。

path 变量在应用程序的其他地方保存用户当前的工作路径。例如，在案例 18-05 的代码中可以看到如何通过 create()函数使用这个变量的值。每次从表单发送新名称时，都会在名称前加上路径，在当前目录中创建文件。

案例 18-06：列出文件 🌐 🅱 🅾 🅰 e

具体代码如下所示：

```
<!doctype html>
<html>
<head>
<meta charset="utf-8">
<meta keywords="文件操作">
<meta content="列出文件">
<title>列出文件</title>
<style type="text/css">
#formbox{
    float:left;
    padding:20px;
    border:1px solid #999;
}
#databox{
    float:left;
    width:500px;
    margin-left:20px;
    padding:20px;
    border:1px solid #999;
    word-wrap: break-word;
}
.directory{
    color:#00f;
    font-weight:bold;
    cursor:pointer;
}
</style>
<script type="text/javascript">
//初始化并创建文件系统
function initiate(){
    databox=document.getElementById('databox');
    var button=document.getElementById('fbutton');
    button.addEventListener('click',create,false);
    window.webkitRequestFileSystem(window.TEMPORARY, 5*1024*1024, createhd, showerror);
}

//显示文件系统中根目录的内容
function createhd(fs){
    hd=fs.root;
    path='';
    show();
}
//返回错误信息
function showerror(e){
    alert('错误：'+e.name);
}
//创建目录方法
function create(){
    var name=document.getElementById('myentry').value;
    if(name!=''){
        name=path+name;
        hd.getFile(name, {create:true, exclusive:false}, show, showerror);
    }
}
```

```
//在浏览器中输出信息的方法
function show(entry){
    document.getElementById('myentry').value='';
    databox.innerHTML='';
    hd.getDirectory(path,null,readdir,showerror);
}
//读取目录下所有内容的方法
function readdir(dir){
    var reader=dir.createReader();
    var read=function(){

        reader.readEntries(function(files){
            if(files.length){
                list(files);
                read();
            }
        },showerror);
    }
    read();
}
//显示资源列表的方法
function list(files){
    for(var i=0;i<files.length;i++){
        if(files[i].isFile){
            databox.innerHTML+=files[i].name+'<br>';
        }else if(files[i].isDirectory){
            databox.innerHTML+='<span onclick="changedir(\''+
                    files[i].name+'\')" class="directory">'+
                    files[i].name+'</span><br>';
        }
    }
}
//切换路径
function changedir(newpath){
    path=path+newpath+'/';
    show();
}
//在浏览器加载完成后注册 initiate 方法
window.addEventListener('load',initiate,false);
</script>
</head>
<body>
<div id="formbox">
<form name="form">
    <p>文件:<br><input type="text" name="myentry" id="myentry" required></p>
    <p><input type="button" name="fbutton" id="fbutton" value="提交"></p>
</form>
</div>
<div id="databox">没有可用的对象</div>
</body>
</html>
```

要显示项列表，首先必须打开要读取的目录。在 show()函数中使用 getDirectory()方法，会根据

path 变量的值打开当前目录，并在目录打开成功时将目录的引用发送给 readdir()函数。该函数将引用保存在 dir 变量内，从当前目录新建一个 DirectoryReader 对象，并用 readEntries()方法获取项列表。

readdir()用匿名函数组织内容并保持内容在同一作用域内。首先，createReader()从 dir 变量代表的目录创建一个 DirectoryReader 对象。然后动态地创建一个新函数 read()，通过 readEntries()方法读取项。readEntries()方法按块读取项，这意味着必须多次调用这个方法，以确保获取目录中的全部项，read()函数的作用就在于此。其处理过程如下：在 readdir()函数末尾第一次调用 read()函数。在 read()函数内调用 readEntries()方法。这个方法用另一个匿名函数作为操作成功时的回调函数，获取 files 对象并检查对象的内容，如果这个对象不为空，则调用 list()函数，在页面上显示已经读取的内容，然后再次执行 read()函数，读取下一块项，这个函数反复调用自己，直到不再返回项为止。

list()函数负责在页面上显示项（文件和目录）列表。它接收 files 对象，用 Entry 接口的另外两个重要属性（isFile 和 isDirectory）来检查每个项的特征。这两个属性包含布尔值，分别代表项是文件或者目录。在检查完项的情况之后，用 name 属性在页面上显示文件的信息。

文件或目录在页面上的显示方式不同。如果是目录，则通过<span>元素显示，元素带有一个 onclick 事件处理程序，在单击元素时，会调用 changedir()函数。这个函数的作用是设置新的当前路径，它获取目录的名称，将目录添加到路径中，并调用 show()函数在页面上更新项列表。利用这个功能，只要单击鼠标可以打开目录、查看其中的内容，就像文件浏览器一样。

这个示例没有考虑回退操作，如要执行回退操作，必须使用 Entry 接口提供的另外一个方法，如表 18-7 所列。

表 18-7　Entry 对象方法

方法	参数
getParent	success function,error function

该方法返回的是 Entry 对象，代表选中项所在的目录。得到这个 Entry 对象后，就可以读取它的属性，获得选中项上级项的全部信息。

getParent()方法的工作机制很简单：假设有一个目录树 pictures/myvactions，用户正在列出 myvacations 的内容，要返回 pictures，可以在 HTML 文档中提供一个链接，给链接注册一个 onclick 事件处理程序，在单击的时候调用函数，将当前路径移动到新的位置。这个事件处理程序调用函数的具体代码如下所示：

```
function goback(){
    hd.getDirectory(path,null,function(dir){
        dir.getParent(function(parent){
            path=parent.fullPath;
            show();
            },showerror);
    },showerror)
}
```

将以上代码添加到案例 18-06 的<script>标签内的尾部，并在 HTML 文档中创建一个链接以调用这个函数，具体代码如下所示。

```
<p><input type="button" onClick="goback()" value="返回上一级"></p>
```

以上代码中的 goback()函数将 path 变量的值改为当前目录的父目录。这里做的第一件事就是用

getDirectory()方法获得当前目录的引用。如果这个方法成功，则执行匿名函数。在匿名函数中，用getParent()方法寻找 dir 所引用目录（当前目录）的父目录。如果方法执行成功，则调用另一个匿名函数，接收双亲对象，将当前路径的值设置为父对象的 fullPath 属性。最后调用 show()函数在页面上更新信息，显示新路径中的项。

18.3.5　处理文件

如前所述，Entry 接口提供了一套获得信息和操作文件的属性、方法。多数可用属性在前面的案例中都已经得到应用。利用 isFile 和 isDirectory 属性检查项的情况，并用 name、fullPath、filesystem 的值在页面上显示信息。前面代码中的 getParent()方法也属于这个接口，但是对于执行常规的文件和目录操作来说，还有几个常见的方法。使用这些方法可以移动、复制或删除项，就像桌面应用程序一样，具体的对象方法如表 18-8 所列。

表 18-8　Entry 对象方法

方法	参数
moveTo	parent, new name, success function, error function
copyTo	parent, new name, success function, error function
remove	null

上表中方法的具体说明如下。

moveTo 方法：在文件系统中将指定项移动到另外一个位置。如果提供了 new name 属性，则将项的名称改为这个属性的值。

copyTo 方法：在文件系统的另外一个位置创建项的副本。如果提供了 new name 属性，则将新项的名称改为这个属性的值。

remove 方法：删除指定文件或空目录（要删除有内容的目录，必须使用前面提到过的 removeRecursively()方法）。

18.3.6　移动

moveTo()方法要求代表文件的 Entry 对象和代表文件移动到目标目录的另一个对象。所以首先必须用 getFile()创建文件引用，然后用 getDirectory()获得目标目录的引用，最后在这些信息上应用moveTo()方法。

案例 18-07：移动文件

具体代码如下所示：

```
<!doctype html>
<html>
<head>
<meta charset="utf-8">
<meta keywords="文件操作">
<meta content="移动文件">
<title>移动文件</title>
<style type="text/css">
#formbox{
```

扫描看效果

```
        float:left;
        padding:20px;
        border:1px solid #999;
    }
    #databox{
        float:left;
        width:500px;
        margin-left:20px;
        padding:20px;
        border:1px solid #999;
        word-wrap: break-word;
    }
    .directory{
        color:#00f;
        font-weight:bold;
        cursor:pointer;
    }
    </style>
    <script type="text/javascript">
    //初始化函数
    function initiate(){
        databox=document.getElementById('databox');
        var button=document.getElementById('fbutton');
        button.addEventListener('click',modify,false);
        window.webkitRequestFileSystem(window.TEMPORARY, 5*1024*1024, createhd, showerror);
    }
    //显示文件系统的根目录的内容
    function createhd(fs){
        hd=fs.root;
        path='';
        show();
    }
    //显示错误信息的方法
    function showerror(e){
        alert('错误：'+e.name);
    }
    //移动文件方法
    function modify(){
        var origin=document.getElementById('origin').value;
        var destination=document.getElementById('destination').value;
        hd.getFile(origin, null, function(file){
            hd.getDirectory(destination, null, function(dir){
                file.moveTo(dir, null, success, showerror);
                },showerror);
            }, showerror);
    }
    //在浏览器中输出原文件目录与目的文件目录
    function success(){
        document.getElementById('origin').value='';
        document.getElementById('destination').value='';
        show();
    }
    //在浏览器中输出信息的方法
    function show(entry){
        databox.innerHTML='';
        hd.getDirectory(path,null,readdir,showerror);
```

```
}
//读取目录下所有内容的方法
function readdir(dir){
    var reader=dir.createReader();
    var read=function(){
        reader.readEntries(function(files){
            if(files.length){
                list(files);
                read();
            }
        },showerror);
    }
    read();
}
//显示资源列表的方法
function list(files){
    for(var i=0;i<files.length;i++){
        if(files[i].isFile){
            databox.innerHTML+=files[i].name+'<br>';
        }else if(files[i].isDirectory){
            databox.innerHTML+='<span onclick="changedir(\"+
                files[i].name+'\')" class="directory">'+
                files[i].name+'</span><br>';
        }
    }
}
//切换路径
function changedir(newpath){
    path=path+newpath+'/';
    show();
}
//返回上一级目录
function goback(){
    hd.getDirectory(path,null,function(dir){
        dir.getParent(function(parent){
            path=parent.fullPath;
            show();
            },showerror);
    },showerror)
}
//在浏览器加载完成后注册 initiate 方法
window.addEventListener('load',initiate,false);
</script>
</head>
<body>
<div id="formbox">
<form name="form">
    <p>源地址：<br><input type="text" name="origin" id="origin" required></p>
    <p>目标地址：<br><input type="text" name="destination" id="destination" required></p>
    <p><input type="button" name="fbutton" id="fbutton" value="提交"></p>
    <p><input type="button" onClick="goback()" value="返回上一级"></p>
</form>
</div>
<div id="databox">没有可用的对象</div>
</body>
</html>
```

这里使用了前面的函数来创建或打开文件系统，在页面上显示项列表。以上案例代码中唯一的新函数是 modify()，这个函数接受表单的源域和目标域中输入的值，先打开源文件，打开成功后再打开目标目录。如果两个操作都成功，则在 file 对象上应用 moveTo()方法，将文件移动到 dir 代表的目录。移动成功时调用 success()函数，清除表单域的内容，再次运行 show()函数，在页面上更新项列表。

18.3.7　复制

moveTo()方法和 copyTo()方法唯一的区别就是后者保留原始文件。要使用 copyTo()方法，只需要修改案例 18-07 代码中方法的名称。modify()函数修改完后具体代码如下所示：

```
function modify(){
    var origin=document.getElementById('origin').value;
    var destination=document.getElementById('destination').value;
    hd.getFile(origin, null, function(file){
        hd.getDirectory(destination, null, function(dir){
            file.copyTo(dir, null, success, showerror);
            },showerror);
        }, showerror);
}
```

18.3.8　删除

删除文件或目录相对于移动或复制文件更为简单，需要完成的操作就是获得将要删除的文档或目录的 Entry 对象，然后在这个对象上应用 remove()方法。具体代码如下所示：

```
function remove(){
    var origin=document.getElementById('origin').value;
    var origin=path+origin;
    hd.getFile(origin, null, function(entry){
        entry.remove(success,showerror)
        }, showerror);
}
```

以上代码中只使用了表单上 origin 域的值，配合 path 变量的值，构成要删除文件的路径。这里用 getFile()方法创建文件的 Entry 对象，然后在这个对象上应用 remove()方法删除文件。

如果要删除的是目录而不是文件，则必须使用 getDirectory()方法创建目录的 Entry 对象，然后 remove()方法的用法不变。但对目录来说，有一种情况必须考虑：如果目录不为空，则 remove()方法会返回错误。如果要删除目录及其内容，必须使用另一个方法 removeRecursively()。具体代码如下所示：

```
function removeDirectory(){
    var destination=document.getElementById('destination').value;
    hd.getDirectory(destination, null, function(entry){
        entry.removeRecursively(success,showerror)
    }, showerror);
}
```

以上代码中的函数用 destination 域的值代表要删除的目录。removeRecursively()方法只要执行一次就可以删除目录和目录下的内容，删除成功时会调用 success()函数。

18.4 文件内容操作

除了核心的文件 API 和刚刚介绍过的文件 API 扩展外，还有另外一个重要的扩展——"创建和写入"，这个规范声明了向文件中写入和添加内容的接口。它与 API 的其他部分配合，结合其他部分的方法，与其他部分共享对象，实现向文件写入内容的目标。

18.4.1 写入内容

要向文件写入内容，必须创建 FileWriter 对象。该对象是由 FileEntry 接口的 createWriter()方法返回的。该接口是 Entry 接口的扩展，提供了操作文件的两个方法，如表 18-9 所列。

表 18-9　FileEntry 对象方法

方法	参数
createWriter	success function,error function
file	success function,error function

上表中方法的具体说明如下。

createWriter 方法：返回与选中项关联的 FileWriter 对象。

file 方法：用来读取文件内容。创建与选中项关联的 File 对象，此方法与<input>元素或拖放操作返回的对象类似。

createWriter()方法返回的 FileWriter 对象有自己的方法、属性、事件，负责执行向文件添加内容的操作，具体方法如表 18-10 所列，属性如表 18-11 所我，事件如表 18-12 所列。

表 18-10　FileWriter 对象方法

方法	描述	参数
write	负责向文件写入数据。数据内容由 data 属性以 Blob 格式提供	data
seek	设置添加内容的位置。offset 属性的值必须以字节声明	offset
truncate	根据 size 属性的值（单位：字节）修改文件的长度	size

表 18-11　FileWriter 对象属性

属性	描述
position	返回下一个写入位置。新文件的写入位置是 0；如果已经向文件写入一些内容，或者调用过 seek()方法，则这个属性的返回值非 0
length	返回文件的长度

表 18-12　FileWriter 对象事件

事件	描述
writestart	当写入过程开始时触发
progress	在写入过程中定期触发来报告进度

续表

事件	描述
write	数据完全写入后触发
abort	当写入过程中止时触发
error	当发生错误时触发
writeend	当写入过程结束时触发

还需要创建另外一个 Blob 对象，用来准备添加到文件的内容，具体代码如下所示：

```
var blob = new Blob(["Hello World!"],{type:"text/plain; charset=UTF-8"});
```

构造函数 Blob()接受两个参数，第一个为数据序列，包含了将要添加到 Blob 对象中的数据。数组元素可以是任意多个的 ArrayBuffer、ArrayBufferView (typed array)、Blob 或者 DOMString 对象；第二个参数是一个包含了两个属性的对象，其属性如下：

type 属性：设置该 Blob 对象的 type 属性，为 MIME 类型。

endings 属性：该参数已废弃，对应于 BlobBuilder.append()方法的 endings 参数，决定 append()的数据格式（即数据中的\n 如何被转换）。该参数值可以是 transparent 或者 native，值为 transparent 时，表示不变；值为 native 时，表示按操作系统转换。

案例 18-08：写入内容 🌐 🅱 ⓞ 🅖 🅔

具体代码如下所示：

```html
<!doctype html>
<html>
<head>
<meta charset="utf-8">
<meta keywords="文件操作">
<meta content="写入内容">
<title>写入内容</title>
<style type="text/css">
#formbox{
    float:left;
    padding:20px;
    border:1px solid #999;
}
#databox{
    float:left;
    width:500px;
    margin-left:20px;
    padding:20px;
    border:1px solid #999;
    word-wrap: break-word;
}
.directory{
    color:#00f;
    font-weight:bold;
    cursor:pointer;
}
</style>
<script type="text/javascript">
//初始化函数
function initiate(){
```

扫描看效果

```
        databox=document.getElementById('databox');
        var button=document.getElementById('fbutton');
        button.addEventListener('click',writefile,false);
        window.webkitRequestFileSystem(window.TEMPORARY, 5*1024*1024, createhd, showerror);
    }
    //显示文件系统的根目录的内容
    function createhd(fs){
        hd=fs.root;
        path='';
        show();
    }
    //显示错误信息的方法
    function showerror(e){
        alert('错误：'+e.name);
    }
    //打开或创建文件方法
    function writefile(){
        var name=document.getElementById('myentry').value;
        hd.getFile(name, {create:true, exclusive:false}, function(entry){
            entry.createWriter(writecontent, showerror);
        },showerror);
    }
    //写入文件内容
    function writecontent(fileWriter){
        var text=document.getElementById('mytext').value;
        fileWriter.onwriteend=success;
        var blob=new Blob([text],{type:"text/plain; charset=UTF-8"});
        fileWriter.write(blob);
    }
    function show(entry){
        databox.innerHTML='';
        hd.getDirectory(path,null,readdir,showerror);
    }
    function readdir(dir){
        var reader=dir.createReader();
        var read=function(){

            reader.readEntries(function(files){
                if(files.length){
                    list(files);
                    read();
                }
            },showerror);
        }
        read();
    }
    function list(files){
        for(var i=0;i<files.length;i++){
            if(files[i].isFile){
                databox.innerHTML+=files[i].name+'<br>';
            }
        }
    }
    //在浏览器中显示文件内容
    function success(){
        document.getElementById('myentry').value='';
```

```
    document.getElementById('mytext').value='';
    databox.innerHTML='完成';
}
//在浏览器加载完成后注册 initiate 方法
window.addEventListener('load',initiate,false);
</script>
</head>
<body>
<div id="formbox">
<form name="form">
    <p>文件:<br><input type="text" name="myentry" id="myentry" required></p>
    <p>内容：<br><textarea name="mytext" id="mytext" required></textarea></p>
    <p><input type="button" name="fbutton" id="fbutton" value="提交"></p>
</form>
</div>
<div id="databox">没有可用的对象</div>
</body>
</html>
```

以上代码中，当单击"提交"按钮时，表单域中的信息由 writefile()函数和 writecontent()函数处理。writefile()函数接受 myentry 的值，用 getFile()打开或创建文件。返回的 Entry 对象供 createWriter()使用，以创建 FileWriter 对象。如果操作成功，则调用 writecontent()函数。

writecontent()函数接受 FileWriter 对象，用 mytext 域的值把内容写入文本，但必须先将文本转换成 Blob 才能写入文件。因此要用 Blob()构造函数创建内容为 text 的 Blob 对象。目前信息的格式准备就绪，可以用 write()写入文件。

以上所有过程都是异步的，这意味着所有操作状态都要通过事件进行反馈。writecontent()函数只侦听 writeend 事件，用事件处理程序 onwriteend，在操作成功的时候调用 success()函数并在页面上写下字符串"完成"。通过监视 FileWriter 对象触发的各个事件，可以控制整个过程或者检查错误。

18.4.2 追加内容

因为没有指定在哪个位置插入内容，所以前面的代码从文件开始处写入 Blob，而要选择在现有文件特定位置或末尾追加内容，必须使用 seek()方法。

以下代码函数改进了前面的 writecontent()函数，加入 seek()方法将写入位置移动到文件末尾。这样 write()方法写入的内容就不会覆盖文件现有的内容。

为了计算文件末尾的位置，使用了 length 属性。其余代码与案例 18-08 中的代码完全相同，具体代码如下所示：

```
function writecontent(fileWriter){
    var text=document.getElementById('mytext').value;
    fileWriter.seek(fileWriter.length);
    fileWriter.onwriteend=success;
    var blob=new Blob([text],{type:"text/plain; charset=UTF-8"});
    fileWriter.write(blob);
}
```

18.4.3 读取内容

读取过程使用本章开始处讨论的核心文件 API 规范的技术，使用 FileReader()构造函数和

readAsText()等方法读取并获得文件的内容。

案例 18-09：从文件系统读取文件 🅖 🅦 🅘 🅟 🅔

具体代码如下所示：

```
<!doctype html>
<html>
<head>
<meta charset="utf-8">
<meta keywords="文件操作">
<meta content="从文件系统读取文件">
<title>从文件系统读取文件</title>
<style type="text/css">
#formbox{
    float:left;
    padding:20px;
    border:1px solid #999;
}
#databox{
    float:left;
    width:500px;
    margin-left:20px;
    padding:20px;
    border:1px solid #999;
    word-wrap: break-word;
}
.directory{
    color:#00f;
    font-weight:bold;
    cursor:pointer;
}
</style>
<script type="text/javascript">

//初始化函数
function initiate(){
    databox=document.getElementById('databox');
    var button=document.getElementById('fbutton');
    button.addEventListener('click',readfile,false);
    window.webkitRequestFileSystem(window.TEMPORARY, 5*1024*1024, createhd, showerror);
}
//显示文件系统的根目录的内容
function createhd(fs){
    hd=fs.root;
    path=";
    show();
}
//显示错误信息的方法
function showerror(e){
    alert('错误：'+e.name);
}
//生成读取文件的方法
function readfile(){
    var name=document.getElementById('myentry').value;
    hd.getFile(name, null,{create:false}, function(entry){
```

```
                entry.file(readcontent, showerror);
        },showerror);
    }
//读取文件的属性与内容的方法
function readcontent(file){
        databox.innerHTML='名称：'+file.name+'<br>';
        databox.innerHTML='类型：'+file.type+'<br>';
        databox.innerHTML='大小：'+file.size+'<br>';
        var reader=new FileReader();
        reader.onload=success;
        reader.readAsText(file);
    }
function show(entry){
        databox.innerHTML='';
        hd.getDirectory(path,null,readdir,showerror);
    }
function readdir(dir){
        var reader=dir.createReader();
        var read=function(){
            reader.readEntries(function(files){
                if(files.length){
                    list(files);
                        read();
                }
            },showerror);
        }
        read();
    }

function list(files){
        for(var i=0;i<files.length;i++){
            if(files[i].isFile){
                databox.innerHTML+=files[i].name+'<br>';
            }
        }
    }

//在浏览器中输出文件内容
function success(e){
        var result=e.target.result;
        document.getElementById('myentry').value='';
        databox.innerHTML='内容：'+result;
    }
//在浏览器加载完成后注册 initiate 方法
window.addEventListener('load',initiate,false);
</script>
</head>
<body>
<div id="formbox">
<form name="form">
    <p>文件:<br><input type="text" name="myentry" id="myentry" required></p>
    <p><input type="button" name="fbutton" id="fbutton" value="提交"></p>
</form>
</div>
```

```
    <div id="databox">没有可用的对象</div>
    </body>
    </html>
```

FileReader 接口提供的读取文件内容方法（如 readAsText()等）接受 Blob 或 File 对象作为属性。File 对象代表要读取的文件，由<input>元素或拖放操作生成。如前所述，FileEntry 提供了使用 file()方法创建这类对象的选项。

单击"提交"按钮时，readfile()函数接受 myentry 域的值，用该域的值作为文件名，使用 getFile()打开文件。在该方法成功时，返回的 Entry 对象由 entry 变量标识，用于在 file()方法中生成 File 对象。

由于 File 对象与<input>元素或拖放操作生成的对象属于同一类对象，因此以前使用的属性都可以使用，在读取过程开始之前就可以显示文件的基本信息。readcontent()函数在页面上显示这些属性的值以及读取的文件内容。

读取过程：用 FileReader()构造函数创建 FileReader 对象，注册 onload 事件处理程序，在过程结束时调用 success()函数，并用 readAsText()方法读取文件内容。

success()函数没有像以前那样输出一个字符串，而是在页面上显示文件的内容，所以这里接受 FileReader 对象的 result 属性的值并在 databox 中输出该值。

18.5 案例：用户本地资源管理

（1）简介。

本案例创建应用程序，使用文件 API 的多项技术，以实现对用户本地资源的增加、修改、查看、删除等管理操作。

（2）方案。

该方案通过表单形式可将用户选择的文件保存至本地，也能够使用用户自定义添加文件，并以列表的方式可视化地展示本地资源信息，同时在信息列表中即可实现对用户本地资源的查看、修改和删除等管理操作。

（3）实现代码。

案例 18-10：用户本地资源管理 🌐 🕹 🕐 🎬 🄴

本案例的实现代码包含三部分，即 HTML 部分、CSS 部分和 JavaScript 部分，其中 HTML 部分和 CSS 部分代码将在以下内容中进行集中展示，JavaScript 部分在后边的（4）～（10）部分内容中进行分块展示。HTML 部分的文件名为 18-10.html，CSS 部分的文件名为 18-10.css，JavaScript 部分的文件名为 18-10.js。

为了使代码看起来简洁，本案例没有结合本书其他章节的内容，没有使用 CSS 对 HTML 部分进行过多美化。同时，使用了原生的 JavaScript 来实现相应的交互操作，并通过代码注释的方法，使代码通俗易懂。这也使得案例中的操作并不够友好，但本案例的目的只在于介绍基本知识的应用方法和实现原理。

HTML 部分的具体代码如下所示：

```html
<!doctype html>
<html>
<head>
<meta charset="utf-8">
<meta keywords="文件操作">
<meta content="用户本地资源管理">
<title>用户本地资源管理</title>
<link rel="stylesheet" type="text/css" href="css/10_01.css">
<script type="text/javascript" src="js/18_01.js"></script>
<script type="text/javascript" src="js/18_02.js"></script>
<script type="text/javascript" src="js/18_03.js"></script>
<script type="text/javascript" src="js/18_04.js"></script>
<script type="text/javascript" src="js/18_05.js"></script>
<script type="text/javascript" src="js/18_06.js"></script>
</head>
<body>
<!--资源信息列表框-->
<div class="databox" id="listbox">
<div>资源空间总大小 50MB</div><br>
<h3>资源列表</h3>
<input type="button" value="添加目录" onClick="btnshow('formbox1')"><input type="button" value="新建文件" onClick="btnshow('formbox2')">
<ul class="list">
    <li><span>名称</span><span class="span1">操作</span></li>
</ul>
<ul id="databox" class="list">
    没有可用的对象
</ul>

<input type="button" value="返回上一级" onClick="goback()">
</div>
<!--添加目录的表单-->
<div id="formbox1" class="formbox hide">
<h3>添加目录</h3>
    <form name="form">
        <p>名称:<br><input type="text" name="dirName" id="dirName" required></p>
        <p><input type="button" onClick="addDir()" value="提交"></p>
    </form>
</div>
<!--新建文件的表单-->
<div id="formbox2" class="formbox hide">
<h3>新建文件</h3>
    <form name="form">
        <p>文件:<br><input type="text" name="fileName" id="fileName"></p>
        <p>内容：<br><textarea name="filetext" id="filetext" required></textarea></p>
        <p><input type="button"   onClick="createfile()" value="提交"></p>
    </form>
</div>
<!--修改文件的表单-->
<div id="formbox3" class="formbox hide">
<h3>修改文件</h3>
    <form name="form">
        <p>文件:<label id="nFileName"></label></p>
        <p>内容：<br><textarea name="filetext" id="filecontent" required></textarea></p>
        <p><input type="button"   onClick="savefile()" value="提交"></p>
```

```
        </form>
    </div>
    <!--资源属性信息框-->
    <div id="formbox4" class="formbox hide">
    <h3>资源属性信息</h3>
        <div id="contentbox">
        没有可用的对象
        </div>
    </div>
    </body>
    </html>
```

CSS 部分的具体代码如下所示：

```
.formbox{
    float:left;
    margin-left:20px;
    margin-bottom:20px;
    padding:20px;
    border:1px solid #999;
}
.databox{
    float:left;
    width:500px;
    margin-left:20px;

    margin-bottom:20px;
    padding:20px;
    border:1px solid #999;
    word-wrap: break-word;
}
.directory{color:#00f;font-weight:bold;cursor:pointer;}
.box{width:500px;margin:0 auto;}
.hide{display:none;}
//去掉列表前的标识，li 会继承
ol,ul {list-style:none;}
.span1{width:110px;float:right;}
li{border-bottom:1px solid #999;line-height:20px;}
.list label{color:#00F;margin-right:5px;text-align:left;float:right;cursor:pointer;}
```

（4）查看本地资源信息列表。

通过浏览器访问本案例的首页，即可查看本地资源信息列表。通过调用 DirectoryReader 接口，将本地文件系统根目录中项的名称逐一列出，并对所有项进行文件和目录的甄别，使用户单击目录项名之后，可以进入目录项查看其内部的资源信息。

代码实现包含了初始化、按钮事件响应以及列表操作项响应三方面。

1）初始化代码如下所示：

```
//初始化函数
function initiate(){
    //声明全局变量
    databox=document.getElementById('databox');
    contentbox=document.getElementById('contentbox');
    //申请 50MB 大小的临时空间
```

```
        window.webkitRequestFileSystem(window.TEMPORARY, 50*1024*1024, createhd, showerror);
    }
    //显示文件系统的根目录的内容
    function createhd(fs){
        hd=fs.root;
        path='';
        show();
    }
    //显示错误信息的方法
    function showerror(e){
        alert('错误：'+e.name);
    }
    //在浏览器加载完成后注册 initiate 方法
    window.addEventListener('load',initiate,false);
```

（2）按钮事件响应代码如下所示：

```
    //单击按钮显示表单的方法
    function btnshow(self){
        var elems = document.getElementsByClassName('formbox');
        for(var i=0;i<elems.length;i++)
        {
            elems[i].setAttribute('class','formbox hide')
        }
        document.getElementById(self).setAttribute('class','formbox');
    }
    //在浏览器中输出信息的方法
    function show(entry){
        databox.innerHTML='';
        hd.getDirectory(path,null,readdir,showerror);
    }
    //读取目录下所有内容的方法
    function readdir(dir){
        var reader=dir.createReader();
        var read=function(){
            reader.readEntries(function(files){
                if(files.length){
                    list(files);
                    read();
                }
            },showerror);
        }
        read();
    }
    //显示资源列表的方法
    function list(files){
        for(var i=0;i<files.length;i++){
            if(files[i].isFile){
                databox.innerHTML+='<li>'+
                    files[i].name+'<label onclick="delfile(\"'+
                    files[i].name+'\')">删除</label><label onclick="editfile(\"'+
                    files[i].name+'\')">修改</label><label onclick="seefile(\"'+
                    files[i].name+'\')">查看</label></li>';
            }else if(files[i].isDirectory){
                databox.innerHTML+='<li><span onclick="changedir(\"'+
                    files[i].name+'\')" class="directory">/'+
                    files[i].name+'</span>'+'<label onclick="deldir(\"'+
                    files[i].name+'\')">删除</label></li>';
```

```
            }
        }
    }
    //切换目录的方法
    function changedir(newpath){
        path=path+newpath+'/';
        show();
    }
    //返回上一级目录的方法
    function goback(){
        hd.getDirectory(path,null,function(dir){
            dir.getParent(function(parent){
                path=parent.fullPath;
                show();
            },showerror);
        },showerror)
```

3）列表操作项响应代码如下所示：

```
    //删除文件的方法
    function delfile(name){
        if(name!=''){
            name=path+name;
            hd.getFile(name, null, function(entry){
                entry.remove(show,showerror)
            }, showerror);
        }
    }
    //删除目录及其内容的方法
    function deldir(name){
        if(name!=''){
            name=path+name;
            hd.getDirectory(name, null, function(entry){
                entry.removeRecursively(show,showerror)
            }, showerror);
        }
    }
```

（5）查看文件属性及内容。

单击资源列表中的"查看"按钮，即可看到对应文件的属性信息及内容信息。通过调用 FileReader 接口，能够对指定文件读取相应的属性和内容，具体代码如下所示：

```
    //查看文件的信息
    function seefile(name){
        if(name!=''){
            name=path+name;
            hd.getFile(name, {create:false}, function(entry){
                entry.file(readcontent2, showerror);
            },showerror);
        }
    }
    //读取文件的属性和内容
    function readcontent2(file){
        contentbox.innerHTML='名称：'+file.name+'<br>';
        contentbox.innerHTML+='类型：'+file.type+'<br>';
        contentbox.innerHTML+='大小：'+file.size+' bytes<br>';
        var reader=new FileReader();
        reader.onload=success2;
```

```
        reader.readAsText(file);
    }
//在浏览器中输出文件内容
function success2(e){
        var result=e.target.result;
        contentbox.innerHTML+='内容：'+result;
        btnshow('formbox4');
```

（6）添加目录。

单击资源列表中的"添加目录"按钮，即可显示添加目录的表单，在表单中填写相应的目录名称。单击"提交"按钮后，即可完成新目录的创建。如果要添加的目录已存在，则会跳过创建并结束；如果存在与新目录名称相同的文件，则会弹出一个自定义的提示信息，此时通过重新命名即可完成添加。实现方法是调用 DirectoryEntry 接口，在当前目录下创建指定的新目录，具体代码如下所示：

```
//添加目录
function addDir(){
        var name=document.getElementById('dirName').value;
        if(name!=''){
            name=path+name;
            hd.getDirectory(name, {create:true, exclusive:false}, show, function(){ alert('存在相同名称的文件，请重新命名');});
        }
        document.getElementById('dirName').value='';
    }
```

（7）新建文件及内容。

单击资源列表中的"新建文件"按钮，即可显示新建文件的表单，在表单中填写相应的文件名称和文件内容。单击"提交"按钮后，即可完成新文件的添加。如果要添加的文件已存在，则会将添加的内容追加至原文件末尾。实现方法是调用 DirectoryEntry 接口，在当前目录下创建指定的文件和内容，具体代码如下所示：

```
//创建文件
function createfile(){
        var name=document.getElementById('fileName').value;
        if(name!=''){
            name=path+name;
            hd.getFile(name, {create:true, exclusive:false}, function(entry){
                entry.createWriter(writecontent1, showerror);
            },showerror);
        }
    }
//写入文件内容
function writecontent1(fileWriter){
        var text=document.getElementById('filetext').value;
        fileWriter.seek(fileWriter.length);
        fileWriter.onwriteend=show;
        var blob=new Blob([text],{type:"text/plain; charset=UTF-8"});
        fileWriter.write(blob);
    }
```

（8）修改文件内容。

单击资源列表中的"修改"按钮，即可显示修改文件的表单，表单中会显示文件名称和内容，在内容框中修改文件内容信息。单击"提交"按钮后，即可完成文件内容的修改。实现方法是调用 FileReader 接口，读取指定文件的属性和内容进行展示，并通过 DirectoryEntry 接口，重新写入指定

572

的文件大小和内容。

1）显示文件属性和内容的具体代码如下所示：

```
//显示要修改的文件内容
function editfile(name){
    if(name!=''){
        name=path+name;
        hd.getFile(name, {create:false}, function(entry){
            entry.file(readcontent, showerror);
        },showerror);
    }
}
//读取文件内容
function readcontent(file){
    document.getElementById('nFileName').innerHTML=file.name;
    var reader=new FileReader();
    reader.onload=success;
    reader.readAsText(file);
}
//在浏览器中输出文件内容
function success(e){
    var result=e.target.result;
    document.getElementById('filecontent').value=result;
    btnshow('formbox3');
}
```

2）保存修改后的文件内容的具体代码如下所示：

```
//保存修改后的文件
function savefile(){
    name = document.getElementById('nFileName').innerHTML;
    if(name!=''){
        name=path+name;
        hd.getFile(name, null, function(entry){
            entry.createWriter(writecontent2, showerror);
        },showerror);
        hd.getFile(name, null, function(entry){
            entry.createWriter(writecontent3, showerror);
        },showerror);
    }
}
//修改文件的大小
function writecontent2(fileWriter){
    var text=document.getElementById('filecontent').value;
    fileWriter.truncate(text.length);
}
//重新写入文件的内容
function writecontent3(fileWriter){
    var text=document.getElementById('filecontent').value;
    fileWriter.onwriteend=show;
    var blob=new Blob([text],{type:"text/plain; charset=UTF-8"});
    fileWriter.write(blob);
}
```

（9）删除文件。

单击资源列表中相应文件的"删除"按钮，即可完成文件的删除。实现方法是调用 Entry 接口，将指定文件从本地文件系统中删除，具体代码如下所示：

```
//删除文件的方法
```

```
function delfile(name){
    if(name!=''){
        name=path+name;
        hd.getFile(name, null, function(entry){
            entry.remove(show,showerror)
        }, showerror);
    }
}
```

（10）删除目录及文件。

单击资源列表中相应目录的"删除"按钮，即可完成目录及其内容的删除。实现方法是调用 Entry 接口，将指定目录及其内容从本地文件系统中删除，具体代码实现如下所示：

```
//删除目录及其内容的方法
function deldir(name){
    if(name!=''){
        name=path+name;
        hd.getDirectory(name, null, function(entry){
            entry.removeRecursively(show,showerror)
        }, showerror);
    }
}
```

第 19 章

绘图

  HTML5 新增了画布元素（Canvas），并提供了编程接口（Canvas API）。利用 JavaScript 编写绘画脚本来操作 Canvas API，可以在页面中绘制任意想要的、漂亮的图形，制作出更加丰富多彩、赏心悦目的网页。

  本章将通过具体的案例讲解 Canvas 元素，帮助 Web 前端开发者更好地了解和使用 Canvas 元素。

19.1 Canvas 基础知识

19.1.1 Canvas

（1）基本原理。

Canvas 元素在页面上提供一块像画布一样无色透明的区域，可通过 JavaScript 脚本绘制图形。

在 HTML 页面上定义 Canvas 元素除了可以指定 id、style、class、hidden 等通用属性之外，还可以指定以下两个属性。

height：设置画布组件的高度。

width：设置画布组件的宽度。

在画布上绘制图形必须经过以下三个步骤。

1）获取 Canvas 对应的 DOM 对象，得到一个 Canvas 对象。

2）调用 Canvas 对象的 getContext()方法，得到 CanvasRenderingContext2D 对象（可绘制图形）。

3）调用 CanvasRenderingContext2D 对象方法绘图。绘图方法有很多种，如常用的填充矩形区域的方法 fillRect()、绘制矩形边框的方法 strokeRect()等。

案例 19-01：第一个 Canvas 图形

在画布上绘制一个蓝色矩形的代码如下所示：

```html
<!doctype html>
<html>
<head>
<meta charset="utf-8">
<meta keywords="Canvas" >
<meta content="第一个 Canvas 图形" >
<title>第一个 Canvas 图形</title>
</head>
<body>
    <canvas id="demo" width="300" height="200" style="border:1px solid #cccccc;"></canvas>
    <script type="text/javascript">
        //获取 canvas 元素对应的 DOM 对象
        var canvas = document.getElementById("demo");
        //获取在 canvas 上绘图的 canvasRenderingContext2D 对象
        var ctx = canvas.getContext("2d");
        //设置填充颜色
        ctx.fillStyle = '#007acc';
        //绘制矩形
        ctx.fillRect(50, 50, 200, 100);
    </script>
</body>
</html>
```

扫描看效果

注意：本章代码统一采用 DOM ID 为 demo 的 Canvas 画布元素，canvasRenderingContext2D 对象实例为 ctx。

效果如图 19-1 所示。

（2）Canvas API。

通过 Canvas 绘图的步骤可以看出，Canvas API 通过调用 Canvas 对象的 getContext()方法获得图形对象。调用传入参数 2d，返回的 CanvasRenderingContext2D 对象就是 Canvas API 对象实例，叫作 2D 渲染上下文。可以调用 CanvasRenderingContext2D 的方法和属性绘制各种各样的图形。

CanvasRenderingContext2D 是一种基于屏幕的标准绘图平台，与其他 2D 平台类似，它采用平面笛卡尔坐标系统（如图 19-2 所示）。要准确绘制图形的位置，就一定要理解这个坐标系统。

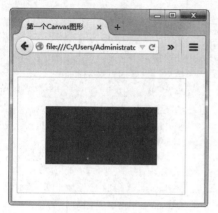

图 19-1　第一个 Canvas 图形　　　　图 19-2　笛卡尔坐标系统

左上角为原点(0,0)。向右移动，x 坐标值会增加；向下移动，y 坐标值会增加。坐标系统的 1 个单位通常相当于屏幕的 1 个像素，所以位置(20,30)是相对于坐标原点右侧 20 像素、下方 30 像素的位置。

在一些高分辨率的显示器中，坐标系统的 1 个单位可能相当于 2 个像素。

19.1.2　绘图方法

CanvasRenderingContext2D 提供图形和路径的绘制方法，可以绘制圆形、矩形、曲线等图形；提供字符串填充、位图绘制的方法，支持文字和图片的使用；提供旋转、缩放和平移坐标系统的变换方法，让图形灵活多变。绘图方法详见表 19-1。

表 19-1　CanvasRenderingContext2D 绘图方法

方法	简要说明
void arc(float x, float y, float radius, float startAngel, endAngle, boolen counterclockwise)	向 Canvas 的当前路径上添加一段弧
void arcTo(float x1, float y1, float x2, float y2, float radius)	向 Canvas 的当前路径上添加一段弧，与前一个方法相比，只是定义弧的方式不同
void beginPath()	开始定义路径
void closePath()	关闭前面定义的路径
void bezierCurveTo(float cpX1, float cpY1, float cpX2, float cp Y2, float x, float y)	向 Canvas 的当前路径上添加一段贝塞尔曲线
void clearRect(float x, float y, float width, float height)	擦除指定区域上绘制的图形

方法	简要说明
void clip()	从画布上裁切一块出来
Canvas Gradient createLinearGradient(float xStart, float yStart, float xEnd, float yEnd)	创建一个线性渐变
CanvasPatterm careatePattern(image image, string style)	创建一个图形平铺
Canvas Gradient createLinearGradient(float xStart, float yStart, float radiusStart, float xEnd, float yEnd, float radiusEnd)	创建一个圆形渐变
void drawImage(Image image, float x, float y) void drawImage(Image image, float x, float y, float width, float height) void drawImage(Image image, integer sx, integer xy, integer sw, integer sh, float dx, float dy, float dw, float dh)	绘制位图
void fill()	填充 Canvas 的当前路径
void fillRect(float x, float y, float width, float height)	填充一个矩形区域
void fillText(String text, float x, float y [, float maxWidth])	填充字符串
void lineTo(float x, float y)	把 Canvas 的当前路径从当前结束点连接到 x、y 的对应点
void moveTo(float x, float y)	把 Canvas 的当前路径结束点移动到 x、y 的对应点
void quadraticCurveTo(float cpX, float cpY, float x, float y)	向 Canvas 当前路径上添加一段二次曲线
void rect(float x, float y, float width, float height)	向 Canvas 当前路径上添加一个矩形
void stroke()	沿着 Canvas 当前路径绘制边框
void strokeRect(float x, float y, float width, float height)	绘制一个矩形边框
void strokeText(string text, float x, float y, float width [,float maxWidth])	绘制字符串边框
void save()	保存当前绘图状态
void restore()	恢复之前保存的绘图状态
void rotate(float angle)	旋转坐标系统
void scale(float sx, float sy)	缩放坐标系统
void translate(float dy, float dy)	平移坐标系统

19.1.3　绘图属性

　　CanvasRenderingContext2D 提供了控制填充、阴影、叠加等风格的属性，这些属性可以直接修改，方便开发者绘制风格不同的图形。CanvasRenderingContext2D 属性的功能用法如表 19-2 所列。

表 19-2　CanvasRenderingContext2D 属性

属性名	简要说明
fillStyle	设置填充路径时所用的填充风格，该属性支持三种类型的值： 符合颜色格式的字符串值，表明使用纯色填充； CanvasGradient，表明使用渐变填充； CanvasPattern，表明填充绘图的模式
strokeStyle	设置绘制路径时所用的填充风格，该属性支持三种类型的值： 符合颜色格式的字符串值，表明使用纯色填充； CanvasGradient，表明使用渐变填充； CanvasPattern，表明填充路径的模式

属性名	简要说明
Font	设置绘制字符串时所用的字体
globalAlpha	设置全局透明度
globalCompositeOperation	设置全局叠加效果
lineCap	设置线段端点的绘图形状。该属性支持如下三个值： butt，默认的属性值，该属性值指定不绘制端点，在线条结尾处直接结束 round，该属性值指定绘制圆形端点。在线条结尾处绘制一个直径为线条宽度的半圆； square，该属性值指定绘制正方形端点。在线条结尾处绘制半个边长为线条宽度的正方形。这种形状的端点与 butt 形状端点相似，但线条略长
lineJoin	设置线条连接点的风格。该属性支持如下三个值： meter，默认属性值，线条连接点形如箭头； round，线条连接点形如圆角； bevel，线条连接点形如平角
miterLimit	把 lineJoin 树形设置为 meter 风格时，该属性控制锐角箭头的长度
linewidth	设置笔触线条宽度
shadowBlur	设置阴影的模糊程度
shadowColor	设置阴影的颜色
shadowOffsetX	设置阴影在 X 方向上的偏移
shadowOffsetY	设置阴影在 Y 方向上的偏移
textAlign	设置绘制字符串的水平对齐方式，该属性支持 start、end、left、right、center 等属性值
textBaseAlign	设置绘制字符串的垂直对齐方式，该属性支持 top、hanging、middle、alphabetic、idecgraphic、bottom 等属性值

19.2　图形绘制

19.2.1　矩形

由表 19-1 可知，CanvasRenderingContext2D 提供了 fillRect()和 strokeRect()两个绘制矩形的方法。

（1）fillRect(float x, float y, float width, float height)：用于填充一个矩形区域，前两个参数 x、y 定义该矩形区域的起点坐标，决定了矩形的位置；width 定义矩形区域的宽度，是(x,y)向右的距离；height 定义矩形区域的高度，是(x,y)向下的距离。

（2）strokeRect(float x, float y, float width, float height)：用于绘制一个矩形边框，也就是用线条绘制出矩形的轮廓参数，功能和上一个方法相同。值得注意的是，假设线条宽度为 lineWidth，strokeRect 方法绘制的矩形实际大小是 width+lineWidth，height+lineWidth。

案例 19-02：绘制简单矩形 🄖 🄰 🄞 🄭 🄔

用这两个方法绘制几个简单的矩形，代码如下所示：

```
<!doctype html>
<html>
<head>
<meta charset="utf-8" >
<meta keywords="Canvas" >
```

扫描看效果

```
<meta content="绘制简单矩形" >
<title>绘制简单矩形</title>
</head>
<body>
    <canvas id="demo" width="400" height="180" style="border:1px solid #cccccc;"></canvas>
    <script type="text/javascript">
        //获取 canvas 元素对应的 DOM 对象

        var canvas = document.getElementById("demo");
        //获取在 canvas 上绘图的 canvasRenderingContext2D 对象
        var ctx = canvas.getContext("2d");
        //设置填充颜色
        ctx.fillStyle = '#007acc';
        //绘制矩形
        ctx.fillRect(20, 20, 100, 60);
        //改变填充颜色
        ctx.fillStyle = '#dbeaf9';
        //绘制矩形
        ctx.fillRect(30, 30, 100, 60);
        //设置线条颜色
        ctx.strokeStyle = '#007acc';
        //设置线条宽度
        ctx.lineWidth = 10;
        //绘制矩形边框
        ctx.strokeRect(150, 20, 100, 60);
        //设置线条连接点风格，绘制矩形
        ctx.lineJoin = "round";
        ctx.strokeRect(180, 40, 100, 60);
        //设置线条连接点风格，绘制矩形
        ctx.lineJoin = "bevel";
        ctx.strokeRect(210, 60, 100, 60);
    </script>
</body>
</html>
```

以上代码先后填充了两个不同颜色的矩形区域，绘制了三个不同线条连接点风格的矩形。效果如图 19-3 所示。

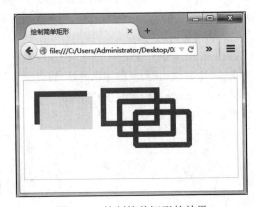

图 19-3　绘制简单矩形的效果

19.2.2 线条

绘制线条与绘制矩形有一些区别。线条在 Canvas 绘图中被称为路径。在 Canvas 上使用路径的步骤如下。

（1）定义路径，调用 CanvasRenderingContext2D 对象的 beginPath()方法。

（2）定义子路径，可以使用的方法有 arc()、arcTo()、bezierCurveTo()、lineTo()、moveTo()、quadraticCurveTo()、rect()。

（3）关闭路径，调用 CanvasRenderingContext2D 对象的 closePath()方法。

（4）填充路径或绘制路径，调用 CanvasRenderingContext2D 对象的 fill()方法或 stroke()方法。

CanvasRenderingContext2D 绘制线条的方法介绍如下。

（1）moveTo (float x, float y)：把 Canvas 的当前路径结束点移动到 x、y 对应的点。

（2）lineTo (float x, float y)：把 Canvas 的当前路径从当前结束点连接到 x、y 对应的点。

案例 19-03：绘制简单线条 ◉ ◉ ◉ ◉ ◉

绘制一个简单线条，代码如下所示：

```
<!doctype html>
<html>
<head>
<meta charset="utf-8" >
<meta keywords="Canvas" >
<meta content="绘制简单线条" >
<title>绘制简单线条</title>
</head>
<body>
    <canvas id="demo" width="300" height="200" style="border:1px solid #cccccc;"></canvas>
    <script type="text/javascript">
        //获取 canvas 元素对应的 DOM 对象
        var canvas = document.getElementById("demo");
        //获取在 canvas 上绘图的 canvasRenderingContext2D 对象
        var ctx = canvas.getContext("2d");
        //设置填充颜色
        ctx.strokeStyle = '#007acc';
        ctx.beginPath(); //开始定义路径
        ctx.moveTo(10, 10); //把 Canvas 的当前点移动到位置(x,y)
        ctx.lineTo(290, 190);//把 Canvas 的当前路径从当前位置连接到(x,y)的对应点
        ctx.closePath(); //关闭路径
        //绘制线条路径
        ctx.stroke();
    </script>
</body>
</html>
```

效果如图 19-4 所示。

19.2.3 多边形

由表 19-1 可知，CanvasRenderingContext2D 只提供了绘制矩形的方法，要使用路径才能绘制复

杂的几何图形。

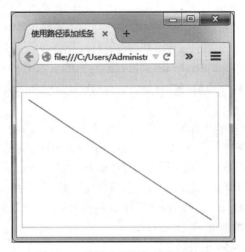

图 19-4　使用路径添加线条的效果

正多边形中心点为(dx,dy)，外圆半径为 size，边数为 n，相邻两定点与中心点形成的角的弧度为 2Math.PI/n。

案例 19-04：绘制多边形

```
<!doctype html>
<html>
<head>
<meta charset="utf-8" >
<meta keywords="Canvas" >
<meta content="绘制多边形" >
<title>绘制多边形</title>
</head>
<body>
    <canvas id="demo" width="300" height="200" style="border:1px solid #cccccc;"></canvas>
    <script type="text/javascript">
        /**
        *该方法负责绘制多边形。
        *n：控制绘制 N 边形。
        *dx、dy：控制 N 边形的位置。
        *size：控制 N 边形的大小
        */
        function createPolygon(context, n, dx, dy, size) {
            //开始创建路径
            context.beginPath();
            var dig = Math.PI / n * 2;
            for (var i = 0; i < n ; i++) {
                var x = Math.cos(i * dig);
                var y = Math.sin(i * dig);
                context.lineTo(x * size + dx, y * size + dy);
            }
            context.closePath();
        }
```

```
                //获取 canvas 元素对应的 DOM 对象
                var canvas = document.getElementById('demo');
                //获取在 canvas 上绘图的 CanvasRenderingContext2D 对象
                var ctx = canvas.getContext('2d');
                //绘制三边形
                createPolygon(ctx, 3, 80, 80, 50);
                ctx.fillStyle = "#dbeaf9";
                ctx.fill();
                //绘制五边形
                createPolygon(ctx, 5, 200, 80, 50);
                ctx.strokeStyle = "#007acc";
                ctx.stroke();
        </script>
    </body>
    </html>
```

效果如图 19-5 所示。

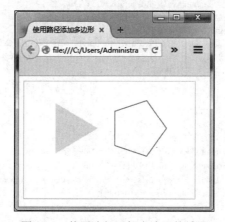

图 19-5　使用路径添加多边形的效果

19.2.4　圆角矩形

通过 CanvasRenderingContext2D 绘制矩形时，设置 lineJoin = "round"即可以向画布添加圆角矩形，但矩形的圆角不可控制。下面使用路径添加圆角可控的圆角矩形。

CanvasRenderingContext2D 绘制圆角矩形用到的方法除了前面用到的 moveTo()和 lineTo()，还用到了 arcTo()方法，用法如下：arcTo(float x1, float y1, float x2, float y2, float radius)可向 Canvas 的当前路径上添加一段圆弧。arcTo()方法确定一段圆弧的方式是：假设从当前点到 P1(x1,y1)绘制一条线段，再从 P1(x1,y1)到 P2(x2,y2)绘制一条线段，arcTo()则绘制一段同时与上面两条线段相切且半径为 radius 的圆弧。

设矩形圆角半径为 r，宽 width，高 height，圆角矩形相对于坐标原点的位置为(offsetX,offsetY)，则从上边开始，起点位置(offsetX + r, offsetY)；四条边连线终点位置(offsetX + width - r, offsetY)、(offsetX + width, offsetY + height - r)、(offsetX + r, offsetY + height)、(offsetX, offsetY + r)；四段圆弧终

点分别为(offsetX + width, offsetY + r)、(offsetX + width - r, offsetY + height)、(offsetX, offsetY + height - r)、(offsetX + r, offsetY)。

案例 19-05：绘制圆角矩形 🌐 🅱 ⓪ 🅜 ℮

```html
<!doctype html>
<html>
<head>
<meta charset="utf-8" />
<meta keywords="Canvas" />
<meta content="绘制圆角矩形" />
<title>绘制圆角矩形</title>
</head>
<body>
    <canvas id="demo" width="200" height="200" style="border:1px solid #cccccc;"></canvas>
    <script type="text/javascript">
        //获取 canvas 元素对应的 DOM 对象
        var canvas = document.getElementById("demo");
        //获取在 canvas 上绘图的 canvasRenderingContext2D 对象
        var ctx = canvas.getContext("2d");
        getRroundedRectangle(ctx,10, 100, 100, 20, 20);
        function getRroundedRectangle(context,r, width, height, offsetX, offsetY) {
            //设置线条颜色
            context.strokeStyle = '#007acc';
            //设置线条宽度
            context.lineWidth = 1;
            context.beginPath();//开始路径
            context.moveTo(offsetX + r, offsetY);
            context.lineTo(offsetX + width - r, offsetY);
            context.arcTo(offsetX + width, offsetY, offsetX + width, offsetY + r, r);
            context.lineTo(offsetX + width, offsetY + height - r);
            context.arcTo(offsetX + width, offsetY + height, offsetX + width - r, offsetY + height, r);
            context.lineTo(offsetX + r, offsetY + height);
            context.arcTo(offsetX, offsetY + height, offsetX, offsetY + height - r, r);
            context.lineTo(offsetX, offsetY + r);
            context.arcTo(offsetX, offsetY, offsetX + r, offsetY, r);
            context.closePath();//结束路径
            context.fillStyle = '#007acc';
            context.fill();
        }
    </script>
</body>
</html>
```

以上代码通过路径，使用 moveTo()、lineTo()和 arcTo()方法在画布上填充了圆角矩形。调用 getRoundedRectangle()函数，修改圆角半径 r、宽 width、高 height、圆角矩形相对于坐标原点的位置 (offsetX,offsetY)，可绘制不同大小、不同弧度圆角的圆角矩形。效果如图 19-6 所示。

19.2.5 圆形

绘制圆形同样需要在 Canvas 上启用路径，通过路径绘制图形。

CanvasRenderingContext2D 绘制圆形的方法如下：arc(float x, float y, float radius, float startAngel, float endAngel, boolen anticlockwise)用于向当前路径添加一段圆弧。圆心坐标为(x,y)，半径为 radius，开始角度为 startAngel，结束角度为 endAngel。startAngel 和 endAngel 以弧度为单位，anticlockwise 表示是否为逆时针方向。

图 19-6　使用路径圆角矩形的效果

案例 19-06：使用 arc()方法绘制圆形

```
<!doctype html>
<html>
<head>
<meta charset="utf-8" >
<meta keywords="Canvas" >
<meta content="使用 arc()方法绘制圆形" >
<title>使用 arc()方法绘制圆形</title>
<body>
    <canvas id="demo" width="300" height="300" style="border:1px solid #cccccc;"></canvas>
    <script type="text/javascript">
        //获取 canvas 元素对应的 DOM 对象
        var canvas = document.getElementById("demo");
        //获取在 canvas 上绘图的 canvasRenderingContext2D 对象
        var ctx = canvas.getContext("2d");
        //设置线条颜色
        ctx.strokeStyle = '#007acc;
        //设置线条宽度
        ctx.lineWidth = 1;
        ctx.beginPath();
        ctx.arc(150, 150, 130, 0, Math.PI * 2, true);
        ctx.closePath();
        ctx.stroke();
        //设置填充颜色
        ctx.fillStyle = '#007acc;
        ctx.beginPath();
        ctx.arc(150, 150, 110, 0, Math.PI * 2, true);
        ctx.closePath();
        ctx.fill();
    </script>
</body>
</html>
```

以上代码用绘制和填充两种方式向画布添加了两个圆形。效果如图 19-7 所示。

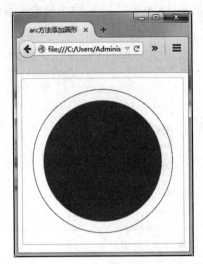

图 19-7　使用 arc()方法绘制圆形的效果

19.2.6　曲线

通过对圆角矩形和圆形绘制的学习可知，可以使用 arc()和 arcTo()方法绘制弧线，但这些弧线只是一条具有相同半径的曲线。CanvasRenderingContext2D 提供了 bezierCurveTo()和 quadraticCurveTo()两个方法，可以向 Canvas 的当前路径上添加复杂的曲线。

两个方法的区别与联系：bezierCurveTo()和 quadraticCurveTo()都是贝塞尔曲线，bezierCurveTo()是一种三次贝塞尔曲线，quadraticCurveTo()是一种二次贝塞尔曲线。这两种贝塞尔曲线都是通过控制点将一条直线变成曲线。二次贝塞尔曲线只有一个控制点，这意味着线条中只有一次弯曲；而三次贝塞尔曲线有两个控制点，这意味着一条线中会有两次弯曲。

从图 19-8 可知，确定一条三次曲线需要四个点：开始点、第一个控制点、第二个控制点和结束点。

从图 19-9 可知，确定一条二次曲线需要三个点：开始点、控制点和结束点。

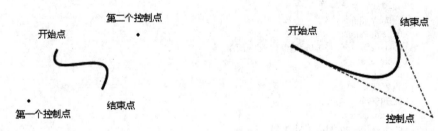

图 19-8　三次贝塞尔曲线示意图　　　　　图 19-9　二次贝塞尔曲线示意图

两个方法的功能和属性用法介绍如下。

（1）bezierCurveTo(float cpX1, float cpY1, float cpX2, float cpY2, float x, float y)：向 Canvas 的当

前路径添加一段贝塞尔曲线。贝塞尔曲线起点为当前点，终点为(x,y)，第一个控制点坐标为(cpX1,cpY1)，第二个控制点坐标为(cpX2,cpY2)。经过第一个控制点和起点间的线段与贝塞尔曲线在起点相切，经过第二个控制点与终点间的线段与贝塞尔曲线在终点相切。

（2）quadraticCurveTo(float cpX, float cpY, float x, float y)：向 Canvas 当前路径添加一段二次曲线。

案例 19-07：使用 bezierCurveTo ()方法绘制花朵形状

```html
<!doctype html>
<html>
<head>
<meta charset="utf-8" >
<meta keywords="Canvas" >
<meta content="使用 bezierCurveTo ()方法绘制花朵形状" >
<title>使用 bezierCurveTo ()方法绘制花朵形状</title>
</head>
<body>
    <canvas id="demo" width="300" height="150" style="border:1px solid #cccccc;"></canvas>
    <script type="text/javascript">
        /**
        *该方法负责绘制花朵。
        *n：控制绘制 N 片花瓣。
        *dx、dy：控制花朵的位置。
        *size：控制花朵的大小
        *length：控制花瓣长度
        */
        function createFlower(context, n, dx, dy, size, length) {
            //开始创建路径
            context.beginPath();
            context.moveTo(dx, dy + size);
            var dig = 2 * Math.PI / n;
            for (var i = 1; i < n + 1 ; i++) {
                //计算控制点坐标
                var ctrlX1 = Math.sin((i - 1) * dig) * length + dx;
                var ctrlY1 = Math.cos((i - 1) * dig) * length + dy;
                var ctrlX2 = Math.sin(i * dig) * length + dx;
                var ctrlY2 = Math.cos(i * dig) * length + dy;
                //计算结束点的坐标
                var x = Math.sin(i * dig) * size + dx;
                var y = Math.cos(i * dig) * size + dy;
                //绘制三次曲线
                context.bezierCurveTo(ctrlX1, ctrlY1, ctrlX2, ctrlY2, x, y);
            }
            context.closePath();
        }
        //获取 canvas 元素对应的 DOM 对象
        var canvas = document.getElementById('demo');
        //获取在 canvas 上绘图的 CanvasRenderingContext2D 对象
        var ctx = canvas.getContext('2d');
        //绘制 4 花瓣
        createFlower(ctx, 4, 80, 65, 20, 80);
        ctx.fillStyle = "#dbeaf9";
        ctx.fill();
        //绘制 5 花瓣
        createFlower(ctx, 6, 200, 65, 20, 80);
```

```
            ctx.strokeStyle = "#007acc";
            ctx.stroke();
        </script>
    </body>
</html>
```

本例在一条路径中连续定义首尾相连的三次贝塞尔曲线，每段三次贝塞尔曲线的起点和终点都落在圆心为(dx,dy)、半径为 size 的圆弧上，而每段圆弧的两个控制点落在圆心为(dx,dy)、半径为 length 的圆弧上，于是形成了一个花朵一样的图形。其中起点、终点和控制点采用正弦和余弦函数计算。

效果如图 19-10 所示。

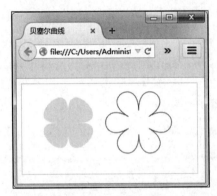

图 19-10　贝塞尔曲线效果

19.2.7　文字

Canvas 不仅能绘制图形，还能显示文本。不过与创建文本相比，使用 Canvas 绘制文本通常并不是好方法，原因如下所述。

Canvas 中的文本是以图像形式绘制的，这意味着它无法像 HTML 文档中的普通文字那样可以用鼠标指针选取。绘制文字之后将无法编辑，除非先擦除文字，再重新绘制。

CanvasRenderingContext2D 提供的绘制文字的方法如下。

（1）void fillText(string text, float x, float y [,float maxWidth])：用于填充字符串。该方法接受四个参数；第一个参数 text 表示要绘制的文字；第二个参数 x 表示绘制文字的起点横坐标；第三个参数 y 表示绘制文字的起点纵坐标；第四个参数 maxWidth 为可选参数，表示显示文字时的最大宽度，可以防止文字溢出。

（2）void strokeText(string text, float x, float y [, float maxWidth]))：用于绘制字符串边框。方法参数部分解释与 fillText 方法相同。

CanvasRenderingContext2D 提供了设置绘制文字字体和对齐方式的属性，具体用法如下。

- font：设置文字字体。
- textAlign：设置绘制字符串的水平对齐方式，属性值可以取 start、end、left、right、center。默认值为 start。

- textBaseAlign：设置文字垂直对齐方式，属性值可以取 top、hanging、middle、alphabetic、ideographic、bottom。默认值为 alphabetic。

下面通过案例理解文字的绘制。

（1）绘制文字。

案例 19-08：绘制文字 🅒 🅑 🅞 🅩 🅔

该示例在画布中用填充和绘制字符串边框的方式绘制字符串，代码如下所示：

```
<!doctype html>
<html>
<head>
<meta charset="utf-8" >
<meta keywords="Canvas" >
<meta content="绘制文字" >
<title>绘制文字</title>
</head>
<body>
    <canvas id="demo" width="400" height="100" style="border:1px solid #cccccc;"></canvas>
    <script type="text/javascript">
        //获取 canvas 元素对应的 DOM 对象
        var canvas = document.getElementById('demo');
        //获取在 canvas 上绘图的 CanvasRenderingContext2D 对象
        var ctx = canvas.getContext('2d');
        ctx.fillStyle = "#2b579a";
        ctx.strokeStyle = "#2b579a";
        ctx.font = "bold 20px 微软雅黑";
        ctx.textAlign = "left";
        ctx.textBaseline = "top";
        ctx.fillText("Web 前端技术与实践", 30, 10);
        ctx.fillText("Web 前端技术与实践", 220, 10,100);
        ctx.strokeText("Web 前端技术与实践", 30, 40);
    </script>
</body>
</html>
```

效果如图 19-11 所示。

图 19-11　绘制文字的效果

从图 19-11 可知，fillText()方法的字体效果为实心字体，strokeText()方法的字体效果为空心字体。maxWidth 的设置会将过长的字符串横向压缩到 maxWidth 宽度。

（2）textAlign 属性效果。

案例 19-09：文字 textAlign 属性

通过本案例具体了解 textAlign 取不同属性值的绘制效果。

1）textAlign 取值为 left、start 时，查看绘制效果异同，具体代码如下：

```
ctx.textAlign = "left";
ctx.fillText("Web 前端技术与实践", 80, 10);
ctx.textAlign = "start";
ctx.fillText("Web 前端技术与实践", 80, 40);
```

扫描看效果

2）textAlign 取值为 right、end 时，查看绘制效果异同，具体代码如下：

```
ctx.textAlign = "right";
ctx.fillText("Web 前端技术与实践", 80, 70);
ctx.textAlign = "end";
ctx.fillText("Web 前端技术与实践", 80, 100);
```

3）textAlign 取值为 center，绘制文字，具体代码如下：

```
ctx.textAlign = "center";
ctx.fillText("Web 前端技术与实践", 80, 130);
```

效果如图 19-12 所示。

图 19-12　文字 textAlign 属性的效果

从图 19-12 可知，textAlign 取值中，left 与 start 效果相同，right 与 end 效果相同。textAlign 对水平对齐方式的控制实际上是把文字本身横向绘制到指定位置(x,y)。其中 left 表示文字本身左边，right 表示文字本身右边，start 表示文字本身首部，end 表示文字本身尾部，center 表示文字本身横向中间处。如果 fillText 绘制文字的起始位置为(x,y)，textAlign 取 left 或 start，文字将在点(x,y)，从左边或首部开始向右绘制，这是最常见的文字绘制方式；textAlign 取 right 或 end，文字结尾处在点(x,y)，从右边或尾部开始向左绘制，当 x 为 0 时，文字可能因绘制到画布以外而看不到；textAlign 取 center，文字将在点(x,y)，从横向中间位置向左右两个方向绘制。

（3）textBaseAlign 属性效果。

案例 19-10：文字 textBaseAlign 属性

通过本案例具体了解 textBaseAlign 取不同属性值的绘制效果。

1）绘制 5 行 textBaseAlign 取 top 的文字，以其他 5 种取值的效果对比，代码如下所示：

```
ctx.textBaseline = "top";
ctx.fillText("Web 前端技术与实践", 10, 10);
ctx.textBaseline = "top";
ctx.fillText("Web 前端技术与实践", 10, 40);
ctx.textBaseline = "top";
ctx.fillText("Web 前端技术与实践", 10, 70);
ctx.textBaseline = "top";
ctx.fillText("Web 前端技术与实践", 10, 100);
ctx.textBaseline = "top";
ctx.fillText("Web 前端技术与实践", 10, 130);
```

扫描看效果

2）textBaseAlign 取 hanging，对比效果，代码如下所示：

```
ctx.textBaseline = "hanging";
ctx.fillText("Web 前端技术与实践 hanging ", 200, 10);
```

3）textBaseAlign 取 middle，对比效果，代码如下所示：

```
ctx.textBaseline = "middle";
ctx.fillText("Web 前端技术与实践 middle", 200, 40);
```

4）textBaseAlign 取 alphabetic，对比效果，代码如下所示：

```
ctx.textBaseline = "alphabetic";
ctx.fillText("Web 前端技术与实践 alphabetic", 200, 70);
```

5）textBaseAlign 取 ideographic，对比效果，代码如下所示：

```
ctx.textBaseline = "ideographic";
ctx.fillText("Web 前端技术与实践 ideographic", 200, 100);
```

6）textBaseAlign 取 bottom，对比效果，代码如下所示：

```
ctx.textBaseline = "bottom";
        ctx.fillText("Web 前端技术与实践 bottom", 200, 130);
```

7）追加程序，比较 alphabetic、ideographic、bottom 效果的差异，代码如下所示：

```
//alphabetic 与 ideographic 效果对比
ctx.textBaseline = "alphabetic";
ctx.fillText("字符串 alphabetic", 10, 170);
ctx.textBaseline = "ideographic";
ctx.fillText("字符串 ideographic", 200, 170);
//alphabetic 与 bottom 效果对比
ctx.textBaseline = "alphabetic";
ctx.fillText("字符串 alphabetic", 10, 200);
ctx.textBaseline = "bottom";
ctx.fillText("字符串 bottom", 200, 200);
```

效果如图 19-13 所示。

图 19-13　文字 textBaseAlign 属性的效果

由图 19-13 可知，textBaseAlign 取 hanging 和 top 时效果相同；textBaseAlign 取 middle 时文字较 top 向上偏移 0.5 倍行高；textBaseAlign 取 alphabetic 或 ideographic 时效果相同，较 top 向上偏移约 1 倍行高。

由此可知，设绘制文字起点坐标为(x,y)，textBaseAlign 在控制文字垂直布局时，在 y 水平线上将文字从垂直方向指定水平绘制出来。其中 top 表示文字顶部，bottom 表示文字底部，middle 表示文字 0.5 倍行高的水平线。

19.2.8　图像

（1）绘制图像。

在 HTML5 中，Canvas 不仅可以用来绘制图形，还可以读取磁盘或网络中的图像文件，然后使用 Canvas API 将图像绘制在画布中。

绘制图像时，需使用 drawImage 方法。CanvasRenderingContext2D 为绘制位图提供了以下三种用法。

1）void drawImage(image image, float x, float y)：直接绘制，用于把 image 绘制到(x,y)处，不会对图片作任何缩放处理，绘制出来的图片保持原来的大小。该方法使用三个参数，第一个参数 image 是一个 image 对象，第二、第三个参数是绘制时该图像在画布中的起始坐标。

2）void drawImage(image image, float x, float y, float width, float height)：绘制并指定大小，按照指定大小（width、height）把 image 绘制到(x,y)处。该方法的五个参数中，前三个的用法与第一种方法相同，width 表示绘制位图的宽度，height 表示绘制位图的高度。

3）void drawImage(image image, integer sx, integer sy, integer sw, integer sh, float dx, float dy, float dw, float dh)：从画布中已经画好的图像上复制全部或局部到画布的另一位置。该方法的九个参数中，image 仍然代表被复制的图像文件；sx、sy 表示源图像被复制区域在画布上的起始横坐标和起始纵坐标；sw、sh 表示被复制区域的宽度和高度；dx、dy 表示复制后目标图像在画布中的起始横坐标和起始纵坐标，dw、dh 表示复制后的目标图像宽度和高度。

案例 19-11：绘制位图

绘制图像时首先使用不带参数的 new 方法创建 Image 对象，然后设定该 Image 对象的 src 属性为需要绘制的图像文件的路径，具体代码如下所示：

```
image = new Image();
image.src = "html5.png"; //设置图像路径
```

然后就可以使用 drawImage 方法绘制该图像文件。

需要指出的是，为 Image 的 src 属性赋值后，Image 会装载指定图片，但这种装载是异步的。如果图片数据太大或者图片来自网络，且网络传输速度较慢，Image 对象装载图片就需要一定的时间开销。为了保证图片装载完成后才去绘制图片，可用如下代码来控制图片绘制：

```
var image = new Image();
image.src = "demo.png";
//图片大小 126px * 126 px
image.onload = function(){
//在该函数里绘制图片
}
```

接下来通过示例来理解上述添加位图的三种用法。

①用法一：直接绘制，代码如下所示：

```
ctx.drawImage(image, 0, 0);
```

②用法二：绘制并指定大小，代码如下所示：

```
ctx.drawImage(image, 126, 0, 100, 100);
```

③用法三：以画布(23,21)点为起点，复制宽 80、高 90 的区域，到(0,126)点，绘制宽 40、高 45 的图形。代码如下所示：

```
ctx.drawImage(image, 23, 21, 80, 90, 0, 126, 40, 45);
```

效果如图 19-14 所示。

图 19-14　绘制位图的效果

（2）图像平铺。

图像平铺就是用图像将画布填满，是绘制图像的一个重要功能。实现平铺有两种方法，其中一种就是使用前面所介绍的 drawImage()方法。

案例 19-12：drawImage 平铺

使用 drawImage()实现平铺效果代码如下所示：

```html
<!doctype html>
<html>
<head>
<meta charset="utf-8" >
<meta keywords="Canvas" >
<meta content="drawImage 平铺" >
<title>drawImage 平铺</title>
</head>
<body>
    <canvas id="demo" width="400" height="200" style="border:1px solid #cccccc;"></canvas>
    <script type="text/javascript">
        //获取 canvas 元素对应的 DOM 对象
        var canvas = document.getElementById("demo");
        //获取在 canvas 上绘图的 canvasRenderingContext2D 对象
        var ctx = canvas.getContext("2d");
        var image = new Image();
        image.src = 'images/html5.png';
        image.onload = function () {
            drawImage(canvas, ctx, image);

        }
        //平铺绘制图像
        function drawImage(canvas, context, image) {
            var scale = 1;//图像缩放比例
            var w = image.width * scale;//图像缩放后宽度
            var h = image.height * scale;//图像缩放后高度
            var numX = canvas.width / w; //横向平铺个数
            var numY = canvas.height / h;//纵向平铺个数
            for (var i = 0; i < numX; i++) {
                for (var j = 0; j < numY; j++) {

                    context.drawImage(image, i * w, j * h, w, h);
                }
            }
        }
    </script>
</body>
</html>
```

效果如图 19-15 所示。但该方法需要使用变量用循环处理，方法较复杂。

另一种实现平铺效果的方法是使用 CanvasRenderingContext2D 的 createPattern 方法。该方法的定义如下所示。

context.createPattern(image,type)方法使用两个参数，image 参数为要平铺的对象；type 参数值必须是下列字符串之一：no-repeat（不平铺）、repeat-x（横向平铺）、repeat-y（纵向平铺）、repeat（全方向平铺）。

创建了 image 对象并指定图像文件后，使用 createPattern 方法创建填充样式，然后将样式赋值给 CanvasRenderingContext2D 对象的 fillStyle 属性，最后填充画布，就可以实现重复填充效果。

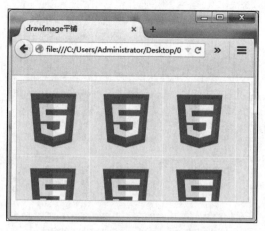

图 19-15　drawImage 平铺的效果

案例 19-13：createPattern 平铺

```
<!doctype html>
<html>
<head>
<meta charset="utf-8" >
<meta keywords="Canvas" >
<meta content="createPattern 平铺" >
<title>createPattern 平铺</title>
</head>
<body>
    <canvas id="demo" width="400" height="200" style="border:1px solid #cccccc;"></canvas>
    <script type="text/javascript">
        //获取 canvas 元素对应的 DOM 对象
        var canvas = document.getElementById("demo");
        //获取在 canvas 上绘图的 canvasRenderingContext2D 对象
        var ctx = canvas.getContext("2d");
        var image = new Image();
        image.src = 'images/html5.png';
        image.onload = function () {
            var pattern = ctx.createPattern(image, 'repeat');//获取平铺对象
            ctx.fillStyle = pattern;//画布填充样式
            ctx.fillRect(0,0,400,200);
        }

    </script>
</body>
</html>
```

效果如图 19-16 所示。

两种平铺效果相同，但 createPattern 更接近于 CSS 网页背景图片平铺，更为简便。

（3）图像裁剪。

使用 Canvas 绘制图像时，经常只需要保留图像的一部分，使用 Canvas API 自带的图像裁剪功能即可实现。Canvas API 的图像裁剪功能是在画布内使用路径，只在路径区域内绘制图像。

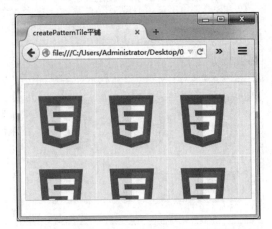

图 19-16　createPatternTile 平铺的效果

使用 CanvasRenderingContext2D 的 clip()方法实现 Canvas 元素的图像裁剪功能。该方法是用路径对 Canvas 画布设置一个裁切区域。因此，必须先创建好路径，路径创建完成后，调用 clip 方法设置裁剪区域。

通过 clip()方法实现图像裁剪的步骤如下：

1）将需要从图像上裁剪的区域定义成 Canvas 上的路径。

2）调用 CanvasRenderingContext2D 的 clip()方法把路径裁剪下来。

3）绘制图像，只有被 clip()方法裁剪的路径覆盖的部分才会被显示出来。

以下案例调用 create5StartClip 函数。在函数中，创建一个圆形路径，然后使用 clip()方法设置裁剪区域。具体流程为先装载图像，然后调用 drawImg 函数，在该函数中调用 create5StartClip 创建路径，设置裁剪区域；然后绘制经过裁剪后的图像；最终可以绘制出一个圆形范围内的图像。

案例 19-14：图像裁剪

```
<!doctype html>
<html>
<head>
<meta charset="utf-8" >
<meta keywords="Canvas" >
<meta content="图像裁剪" >
<title>图像裁剪</title>
</head>
<body>
    <canvas id="demo" width="400" height="200" style="border:1px solid #cccccc;"></canvas>
    <script type="text/javascript">
        //获取 canvas 元素对应的 DOM 对象
        var canvas = document.getElementById("demo");
        //获取在 canvas 上绘图的 canvasRenderingContext2D 对象
        var ctx = canvas.getContext("2d");
        var image = new Image();
        image.src = 'images/html5.png';
        var num = 0;
        var item = Math.PI / 6;
        image.onload = function () {
```

扫描看效果

```
                    ctx.beginPath();
                    ctx.arc(200, 100, 60, 0, 2*Math.PI, false);
                    ctx.lineTo(200, 100);
                    ctx.closePath();
                    ctx.clip();
                    ctx.drawImage(image, 137, 37);
                }
        </script>
    </body>
    </html>
```

效果如图 19-17 所示。

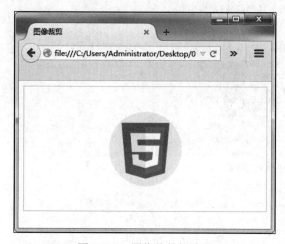

图 19-17 图像裁剪的效果

（4）像素处理。

Canvas 还有一个令人赞叹的技术是像素处理技术。使用 Canvas API 能够获取图像中的每一个像素，然后得到该像素的 RGBA 值。使用图形上下文对象的 getImageData 方法可获取图像中的像素，该方法的定义如下。

1）var imageData = context.getImageData(sx,sy,sw,sh)：该方法的四个参数中，sx 和 sy 分别表示获取区域的起点横坐标和起点纵坐标，sw 和 sh 分别表示所获取区域的宽度和高度。

imageData 变量是一个 CanvasPixelArray 对象，具有 height、width、data 等属性。data 属性是一个保存像素数据的数组，内容类似于 "[r1, g1, b1, a1, r2, g2, b2, a2, r3, g3, b3, a3, …]"。其中，r1, g1, b1, a1 分别为第一个像素的红色值、绿色值、蓝色值，透明度值；r2, g2, b2, a2 分别为第二个像素的红色值、绿色值、蓝色值，透明度值，依次类推。data.length 为所有像素的数量。

2）context.putImageData(imageData, dx, dy[, dirtyX, dirty, dirtyWidth, dirtyHeight])：该方法使用七个参数，imageData 为前面所述的像素数组；dx、dy 分别表示重绘图像的起点横坐标和起点纵坐标；dirtyX、dirty、dirtyWidth、dirtyHeight 为可选参数，给出一个矩形的起点横坐标、起点纵坐标、宽度与高度，如果加上这四个参数，则只绘制像素数组中这个矩形范围内的图像。

案例 19-15：用 Canvas API 改变图像透明度

```
<!doctype html>
<html>
<head>
<meta charset="utf-8" >
<meta keywords="Canvas" >
<meta content="用 Canvas API 改变图像透明度" >
<title>用 Canvas API 改变图像透明度</title>
</head>
<body>
    <canvas id="demo" width="400" height="200" style="border:1px solid #cccccc;"></canvas>
    <script type="text/javascript">
        //获取 canvas 元素对应的 DOM 对象
        var canvas = document.getElementById("demo");
        //获取在 canvas 上绘图的 canvasRenderingContext2D 对象
        var ctx = canvas.getContext("2d");
        var image = new Image();
        image.src = 'images/html5.png';
        image.onload = function () {
            ctx.drawImage(image, 137, 37);
            //获取绘制图像数据
            var imageData = ctx.getImageData(137, 37, image.width, image.height);
            console.log(imageData.data);//原图像数据
            for (var i = 0, length = imageData.data.length; i < length; i += 4) {
                imageData.data[i + 3] = imageData.data[i + 3] * 0.5;
            }

            console.log(imageData.data);//修改透明度后图像数据
            //重置图像数据
            ctx.putImageData(imageData, 137, 37);
        }
    </script>
</body>
</html>
```

注意： 本示例需发布至 Web 服务器才可正常运行。

在该案例中，得到像素数组后，将该数组中每个像素的透明度乘以 0.5；然后保存像素数组；最后使用图形上下文对象的 putImageData 方法将反显操作后的图像重新绘制在画布上。效果如图 19-18 所示。

图 19-18　修改图像透明度的效果

（5）位图输出。

当程序通过 CanvasRenderingContext2D 在 Canvas 上绘图完成后，通常需要将该图形或图像输出保存到文件中，这时可以调用 Canvas 提供的 toDataURL()方法输出位图。

CanvasRenderingContext2D 输出位图的原理实际上是把当前的绘画状态输出到 DataURL 地址所指向路径的过程。DataURL 是目前大多数浏览器能够识别的一种 Base64 位编码的 URL。DataURL 格式是一种保存二进制文件的 URL 编码方式，既可以把图片转化为 DataURL 格式的字符串，也可以把 DataURL 格式的字符串恢复成原来的文件。

大部分浏览器已经支持把 DataURL 格式的字符串恢复成原来的图片。

toDataURL 方法的用法如下：toDataURL(string type)把 Canvas 对应的位图编码成 DataURL 格式的字符串。其中参数 type 是一个形如 image/png 格式的 MIME 字符串。

案例 19-16：图像输出 ⚫⚫❶⚫ⓔ

把 Canvas 图片输出为 DataURL 字符串的具体方法如下：

1）页面中添加图片元素，路径为空。

```
<img id="autoImage" src="" style="display:block;border:1px solid #cccccc;"/>
```

2）生成图像输出路径，并复制给以上图片元素。

```
//获取 canvas 元素对应的 DOM 对象
var canvas = document.getElementById("demo");
...
//绘制图像
document.getElementById("autoImage").src= canvas.toDataURL("image/png");
```

上面代码调用了 Canvas 的 toDataURL()方法把图片输出成 DataURL 字符串，并使用 img 元素显示输出结果。效果如图 19-19 所示。

图 19-19　位图输出的效果

本案例需发布至 Web 服务器才可正常运行。

19.3 图形变换与控制

19.3.1 坐标变换

为了让 Web 前端开发者在 Canvas 上更方便地绘制各种图形，CanvasRenderingContext2D 提供了坐标变换支持。通过使用坐标变换，Web 前端开发者无须繁琐地计算每个点的坐标，只需对坐标系统进行整体变换即可。

CanvasRenderingContext2D 支持的坐标变换操作有平移、缩放和旋转三种，对应的方法分别为 translate()、scale()和 rotate()。使用方法和属性介绍如下。

（1）translate(float dx, float dy)：用作平移坐标系统。该方法相当于把原来位于(0,0)的坐标原点平移到(dx,dy)点。在平移后的坐标系统绘制图形时，所有坐标点的 X 坐标都相当于增加了 dx，所有坐标点的 Y 坐标都相当于增加了 dy。

（2）scale(float sx, float sy)：缩放坐标系统。该方法控制坐标系统在水平方向缩放 sx，在垂直方向缩放 sy。在缩放后的坐标系统绘制图形时，所有坐标点的 X 坐标都相当于乘以 sx，所有坐标点的 Y 坐标都相当于乘以 sy。

（3）rotate(float angle)：旋转坐标系统。该方法控制旋转的 angle 弧度。在旋转后的坐标系统上绘制图形时，所有坐标点的 X、Y 坐标都相当于旋转了 angle 弧度之后的坐标。默认旋转方向为顺时针。

需要说明的是，每一种坐标变换操作都会影响方法执行后绘制的所有元素，因为它们都是直接在 CanvasRenderingContext2D 上操作的，而不是只针对所绘制的图形。与修改 fillStyle 等属性的效果一样，新的颜色会影响后来绘制的所有元素。

CanvasRenderingContext2D 提供了如下两个方法来保存、恢复绘图状态：

（1）save()：保存当前的绘图状态。

（2）restore()：恢复之前保存的绘图状态。

需要说明的是，save()方法保存的状态不仅包括当前坐标系统的状态，也包括 CanvasRendering-Context2D 所设置的填充风格、线条风格、阴影风格等各种绘图状态，但 save()方法不会保存当前 Canvas 上绘制的图形。

接下来通过具体示例理解和应用坐标变换。

（1）平移。

案例 19-17：平移

以下案例在 Canvas 中先绘制一个圆形，使用 translate(m,n)平移坐标系后再重新绘制一个，代码如下所示：

```
<!doctype html>
<html>
<head>
<meta charset="utf-8" >
<meta keywords="Canvas" >
```

扫描看效果

```
<meta content="平移" >
<title>平移</title>
</head>
<body>
    <canvas id="demo" width="400" height="200" style="border:1px solid #cccccc;"></canvas>
    <script type="text/javascript">
        //获取 canvas 元素对应的 DOM 对象
        var canvas = document.getElementById("demo");
        //获取在 canvas 上绘图的 canvasRenderingContext2D 对象
        var ctx = canvas.getContext("2d");
        ctx.strokeStyle = "#007acc";
        drawRound();//绘制圆形边框
        ctx.translate(20, 20);
        drawRound();//绘制圆形边框
        function drawRound() {
            ctx.beginPath();
            ctx.arc(60, 60, 60, 0, 2 * Math.PI, false);
            ctx.closePath();
            ctx.stroke();
        }
    </script>
</body>
</html>
```

效果如图 19-20 所示。

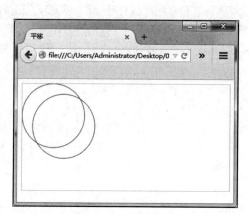

图 19-20　平移的效果

（2）缩放。

案例 19-18：缩放

以下案例在 Canvas 中先绘制一个圆形，再通过 scale(0.5,0.5)缩小坐标系后重新绘制，代码如下所示：

```
<!doctype html>
<html>
<head>
<meta charset="utf-8" >
<meta keywords="Canvas" >
<meta content="缩放" >
```

扫描看效果

```
<title>缩放</title>
</head>
<body>
    <canvas id="demo" width="400" height="200" style="border:1px solid #cccccc;"></canvas>
    <script type="text/javascript">
        //获取 canvas 元素对应的 DOM 对象
        var canvas = document.getElementById("demo");
        //获取在 canvas 上绘图的 canvasRenderingContext2D 对象
        var ctx = canvas.getContext("2d");
        ctx.strokeStyle = "#007acc";
        drawRound();//绘制圆形边框
        ctx.scale(0.5, 0.5);
        drawRound();//绘制圆形边框
        function drawRound() {
            ctx.beginPath();
            ctx.arc(60, 60, 60, 0, 2 * Math.PI, false);
            ctx.closePath();
            ctx.stroke();
        }
    </script>
</body>
</html>
```

效果如图 19-21 所示。

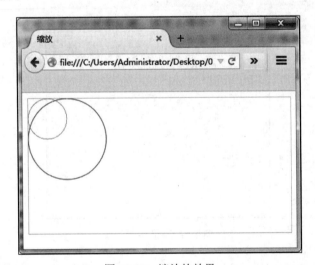

图 19-21　缩放的效果

由上图可以看出，缩放坐标系后绘制的圆形尺寸以坐标原点为中心缩小到原来的 0.5 倍。单独使用 scale 会使得所有绘图内容变大或变小，也会使一些对象被放在不恰当的位置上。

（3）旋转。

案例 19-19：旋转

以下案例在 Canvas 中先绘制一个圆形，通过 rotate(Math.PI/4)方法旋转 45 度后，再重新绘制圆形。

1）绘制圆形路径函数，为了方便观察，绘制出圆心到原点的线条。

```
function drawRound() {
    ctx.beginPath();
    ctx.arc(60, 60, 60, 0, 2 * Math.PI, false);
    //原点与圆心连线
    ctx.moveTo(0, 0);
    ctx.lineTo(60,60);
    ctx.closePath();
    ctx.stroke();
}
```

扫描看效果

2）首次绘制图形，再使用 rotate(Math.PI/4)方法旋转 45 度，重新绘制。

```
drawRound();
//绘制圆形边框
ctx.rotate(2*Math.PI/360*45);
//旋转 45 度
drawRound();
//绘制圆形边框
```

效果如图 19-22 所示。

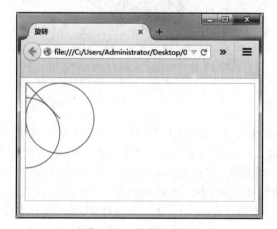

图 19-22　旋转的效果

由上图可以看出，新绘制的圆形顺时针旋转了 45°，而且一半在画布之外。可见 rotate 方法控制坐标变换的方向是顺时针的。

（4）坐标变换综合使用。

案例 19-20：坐标变换综合使用

以下案例循环绘制 30 个正方形，每次绘制前进行移动、放大和旋转变换。

1）开始循环变换绘制前将坐标系统移动到(30,200)处，以免变换后从原点循环绘制的正方形跑到画布外。

```
ctx.translate(30, 200);
```

2）循环进行坐标变换，绘制正方形。

```
for (var i = 0; i < 30; i++) {
    ctx.translate(50, 50);
    ctx.scale(0.93, 0.93);
    ctx.rotate(-Math.PI / 10);
    ctx.fillRect(0, 0, 75, 75);
}
```

扫描看效果

效果如图 19-23 所示。

图 19-23   坐标变换综合应用的效果

19.3.2   矩阵变换

矩阵变换使用 CanvasRenderingContext2D 提供的一个更通用的坐标变换方法 transform()。

前边介绍的 translate()、scale()和 rotate()三个坐标变换方法都可以通过 transform()方法来实现，transform()方法是所有变换的基础。通过 transform()方法进行坐标变换可以实现更加复杂的变换。

矩阵变换方法的具体使用方法如下：transform(m11, m12, m21, m22, dx, dy)是一个基于矩阵的变换方法，其中前 4 个参数组成变换矩阵；dx 和 dy 负责对坐标系统进行平移。

对于 transform()而言，(m11, m12, m21, m22)将会组成变换矩阵，变换前每个点坐标(x, y)与矩阵相乘后得到变换后该点的坐标。按矩阵相乘的算法：

$$\{x, y\} * \begin{bmatrix} m11 & m12 \\ m21 & m22 \end{bmatrix} = \{x*m11 + y*m21, x * m12 + y * m22\}$$

上面公式算出来的坐标还要加上 dx 和 dy 两个横向和纵向的偏移。因此对于点(x, y)，在经过 transform()方法变换后的坐标系统上，该点的坐标实际上是（x*m11+y*m21+dx, x*m12+y*m22+dy）。矩阵每一个数字都对应着一种特定的变形，具体意义如下所示：

$$\begin{bmatrix} x \ 轴缩放 & x \ 轴倾斜 \\ y \ 轴倾斜 & y \ 轴缩放 \end{bmatrix}$$

单位矩阵的默认值：

$$\begin{Bmatrix} 1 & 0 \\ 0 & 1 \end{Bmatrix}$$

通常设置 m11 和 m22 为相等非零值，m12 和 m21 为 0，缩放坐标系统；m11 和 m22 取 1，m12 和 m21 为 0，改变 dx 和 dy 可平移画布坐标原点。

掌握了矩阵变换的理论之后，可以使用矩阵变换实现自定义变换，如 CanvasRenderingContext2D 未提供的"倾斜"变换方法。借助 transform()方法定义"倾斜"变换，Y 坐标无须变换，只要将 X 坐标横向移动 tan(angle) * Y 即可，也就是 m21= tan(angle)。

案例 19-21：倾斜 📷 e

```
<!doctype html>
<html>
<head>
<meta charset="utf-8" >
<meta keywords="Canvas" >
<meta content="倾斜" >
<title>倾斜</title>
</head>
<body>
<canvas id="demo" width="400" height="200" style="border:1px solid #cccccc;"></canvas>
<script type="text/javascript">
 function draw(){
    //获取 Canvas 元素对应的 DOM 对象
         var canvas = document.getElementById("demo");
         //获取在 Canvas 上绘图的 canvasRenderingContext2D 对象
         var ctx = canvas.getContext("2d");
         var image = new Image();
         image.src = 'images/html5.png';
         image.onload = function () {
          ctx.drawImage(image, 137, 37);
          ctx.transform(1, 0, Math.tan(2 * Math.PI / 360 * 30), 1, 0, 0);//倾斜 30 度
         ctx.drawImage(image, 137, 37);
        }
    }
    draw();
</script>
</body>
</html>
```

扫描看效果

效果如图 19-24 所示。

19.3.3 设置阴影

阴影是图形展示中不可或缺的效果，经常在 Web 和图形设计中使用。

在画布中创建阴影效果是相对较简单的，它可以通过以下 4 个全局属性进行控制。

- shadowBlur：设置阴影的模糊度。该属性值是一个浮点数，数值越大，阴影的模糊程度就越大。
- shadowColor：设置阴影的颜色。
- shadowOffsetX：设置阴影 X 方向的偏移。
- shadowOffsetY：设置阴影 Y 方向的偏移。

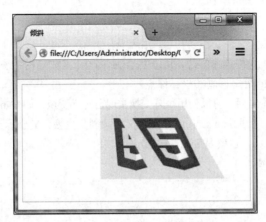

图 19-24　倾斜的效果

默认情况下，CanvasRenderingContext2D 不绘制阴影效果，因为 shadowBlur、shadowOffsetX 和 shadowOffsetY 都设置为 0，而 shadowColor 则设置为透明黑色。创建阴影效果的方法是将 shadowColor 修改为不透明值，同时将 shadowBlur、shadowOffsetX 或 shadowOffsetY 都设置为非零值。

案例 19-22：阴影

扫描看效果

```
ctx.shadowblur = 20;
ctx.shadowColor = "rgb(0,0,0)";
ctx.fillText("Web 前端技术与实践", 30, 10);
```

案例中设置阴影的模糊度为 20，将颜色设置为完全不透明的黑色。阴影偏移值在 x 轴和 y 轴方向仍然保持默认值 0。需要特别指出的是，即使使用了不透明的黑色，但由于采用了模糊效果，这个阴影在边界上仍然部分存在不透明效果。

修改 shadowBlur、shadowOffsetX 或 shadowOffsetY 属性，可以创建不同的阴影效果。

```
ctx.shadowBlur = 20;
ctx.shadowOffsetX = 10;
ctx.shadowOffsetY = 10;
ctx.shadowColor = "rgba(100,100,100,0.5) ";
//透明灰色阴影
ctx.fillText("Web 前端技术与实践", 30, 50);
```

将模糊度改为 0，创建新的阴影效果，而稍微向右下偏移，就得到一个不同的阴影效果。将 shadowColor 设置为透明浅灰色，就能够实现更炫的效果。

画布阴影支持所有图形，所以完全可以在绘制圆形或其他图形时创建阴影效果。甚至可以将颜色修改为任意奇特的值。

```
ctx.shadowColor = "rgb(255,0,0)";
ctx.beginPath();
ctx.arc(400, 100, 50, 0, Math.PI*2, false);
ctx.closePath();
ctx.fill();
```

这段代码可得到一个圆形，其后面有一个浅蓝色阴影效果。

效果如图 19-25 所示。

图 19-25　阴影的效果

通过组合使用各种模糊和颜色值，能够实现一些与阴影完全无关的效果。例如，使用模糊黄色阴影在一个对象周围创建出光照效果，如太阳或发光体。

19.3.4　叠加风格

CanvasRenderingContext2D 绘图时，后面绘制的图形会默认完全覆盖前面绘制的图形。而在某些特殊情况下，还需要其他叠加风格，此时可以通过修改 CanvasRenderingContext2D 的 globalComposite-Operation 属性来实现。

各属性值介绍如下：

（1）source-over：新绘制的图形将会显示在顶层，覆盖以前绘制的图形。该值为默认值。

（2）destination-over：新绘制的图形将放在原图形后面。

（3）source-in：新绘制的图形与原图形做 in 运算，只显示新图形与原图形重叠的部分，新图形与原图形的其他部分都变成透明。

（4）source-out：新绘制的图形与原图形做 out 运算，只显示新图形与原图形不重叠的部分，新图形与原图形的其他部分都变成透明。

（5）destination-out：新绘制的图形与原图形做 out 运算，只显示原图形与新图形不重叠的部分，新图形与原图形的其他部分都变成透明。

（6）source-atop：只绘制新图形与原图形重叠部分和原图形未被覆盖部分。新图形的其他部分变为透明。

（7）destination-atop：只绘制原图形与新图形重叠部分和新图形未重叠部分。原图形的其他部分变为透明，不绘制新图形的其他部分。

（8）ligher：新图形和原图形都绘制。重叠部分绘制两种颜色相加的颜色。

（9）xor：绘制新图形与原图形不重叠的部分，重叠部分变成透明的。

（10）copy：只绘制新图形，原图形变成透明的。

案例 19-23：叠加

```html
<!doctype html>
<html>
<head>
<meta charset="utf-8" >
<meta keywords="Canvas" >
<meta content="叠加" >
<title>叠加</title>
</head>
<body>
    <canvas id="demo" width="300" height="180" style="border:1px solid #cccccc;"></canvas>
    <script type="text/javascript">
        //获取 canvas 元素对应的 DOM 对象
        var canvas = document.getElementById("demo");
        //获取在 canvas 上绘图的 canvasRenderingContext2D 对象
        var ctx = canvas.getContext("2d");
        overlay("destination-over");
        function overlay(type) {
            //设置填充颜色
            ctx.fillStyle = '#007acc';
            //绘制矩形
            ctx.fillRect(20, 20, 150, 90);
            ctx.globalCompositeOperation = type;
            //改变填充颜色
            ctx.fillStyle = '#dbeaf9';
            //绘制矩形
            ctx.fillRect(30, 30, 150, 90);
        }
    </script>
</body>
</html>
```

扫描看效果

19.3.5　填充风格

CanvasRenderingContext2D 的 fillStyle 属性可以使用纯色填充，除此之外，CanvasRendering-Context2D 还支持渐变填充和位图填充。

渐变填充指的是填充颜色从一个颜色平滑过渡到另一个颜色，HTML5 使用 CanvasGradient 来代表渐变填充；位图填充指的是平铺多张位图，使之铺满整个图形，HTML5 使用 CanvasPattern 代表位图填充。

（1）线性渐变。

线性渐变的具体使用方法：createLinearGradient(float xStart, float yStart, float xEnd, float yEnd)中的四个参数分别表示渐变开始横坐标、渐变开始纵坐标、渐变结束横坐标、渐变结束纵坐标。

线性渐变步骤如下：

1）调用 CanvasRenderingContext2D 的 createLinearGradient(float xStart, float yStart, float xEnd, float yEnd)方法创建一个线性渐变，该方法返回一个 CanvasGradient 对象。

2）调用 CanvasGradient 对象的 addColorStop(float offset, string color)方法向线性渐变中添加颜色。

其中 offset 参数控制添加颜色的点，该参数是一个 0~1 之间的小数，0 表示把颜色添加在起始点，1 表示把颜色添加在结束点；而 color 控制添加的颜色值。

3）将 CanvasGradient 对象赋值给 CanvasRenderingContext2D 的 fillStyle 或 strokeStyle 属性。

案例 19-24：线性渐变 ⊙ ❸ ❶ ❷ ❷

以下案例使用 CanvasGradient 创建渐变区域，并填充了两个矩形以便观察。具体代码如下所示：

```
<!doctype html>
<html>
<head>
<meta charset="utf-8" >
<meta keywords="Canvas" >
<meta content="线性渐变" >
<title>线性渐变</title>
</head>
<body>
    <canvas id="demo" width="300" height="180" style="border:1px solid #cccccc;"></canvas>
    <script type="text/javascript">
        //获取 canvas 元素对应的 DOM 对象
        var canvas = document.getElementById("demo");
        //获取在 canvas 上绘图的 canvasRenderingContext2D 对象
        var ctx = canvas.getContext("2d");
        //创建渐变
        var lg = ctx.createLinearGradient(20, 20, 170, 110);
        //向线性渐变添加颜色
        lg.addColorStop(0.2, "#9b2e93");
        lg.addColorStop(0.4, "#2e9b76");
        lg.addColorStop(0.6, "#2e9b4b");
        lg.addColorStop(0.8, "#719b2e");
        //设置填充颜色
        ctx.fillStyle = lg;
        //绘制矩形
        ctx.fillRect(20, 20, 150, 90);
        ctx.fillRect(170, 110, 50, 50);
    </script>
</body>
</html>
```

扫描看效果

效果如图 19-26 所示。

由图可见，在线性渐变区域内为图形颜色渐变，区域外的图形填充颜色则为渐变边缘色，即纯色。

（2）圆形渐变。

CanvasRenderingContext2D 实现圆形渐变使用 createRadialGradient()方法：createRadialGradient (float xStart, float yStart, float radiusStart, float xEnd, float yEnd, float radiusEnd)。其中 xStart 和 yStart 控制渐变开始的圆圈圆心；radiusStart 控制开始圆圈的半径；xEnd 和 yEnd 控制渐变结束的圆圈圆心；radiusEnd 控制结束圆圈的半径。

使用 createRadialGradient()创建圆形渐变的步骤与使用 createLinearGradient()创建线性渐变的步骤相似。

案例 19-25：圆形渐变 ⊙ ❸ ❶ ❷ ❷

1）创建圆形渐变，添加颜色，并把渐变对象复制给填充样式。

```
//创建圆形渐变并添加颜色
var lg = ctx.createRadialGradient(250, 130, 0, 250, 130, 50);
lg.addColorStop(0.2, "#9b2e93");
lg.addColorStop(0.4, "#2e9b76");
lg.addColorStop(0.6, "#2e9b4b");
lg.addColorStop(0.8, "#719b2e");
```

扫描看效果

2）填充圆形。

```
//设置填充颜色
ctx.fillStyle = lg;
//绘制渐变圆形
ctx.beginPath();
ctx.arc(250, 130, 50, 0, 2 * Math.PI, false);
ctx.closePath();
ctx.fill();
```

3）在以上圆形渐变区域外添加正方形。

```
ctx.fillRect(0, 0, 100, 100);
```

效果如图 19-27 所示。

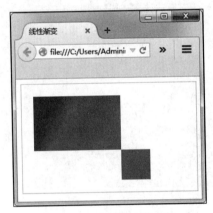

图 19-26　线性渐变的效果

图 19-27　圆形渐变的效果

由图可见，与线性渐变一样，圆形渐变的渐变区域外的图形填充色也为边界纯色。可以在画布中创建多个圆形渐变。

（3）位图填充。

Canvas 提供了 CanvasPattern 对象用于实现位图填充，位图填充方式有填充背景和填充边框两种，填充背景已经在前面使用 createPattern()方法实现图像平铺时应用，下面介绍 createPattern()填充边框的实现。

案例 19-26：位图填充

```
<!doctype html>
<html>
<head>
<meta charset="utf-8" >
<meta keywords="Canvas" >
<meta content="位图填充" >
<title>位图填充</title>
</head>
<body>
    <canvas id="demo" width="300" height="180" style="border:1px solid #cccccc;"></canvas>
    <script type="text/javascript">
        //获取 Canvas 元素对应的 DOM 对象
        var canvas = document.getElementById("demo");
        //获取在 Canvas 上绘图的 canvasRenderingContext2D 对象
        var ctx = canvas.getContext("2d");
        var image = new Image();
        image.src = "images/html5.png";
        image.onload = function () {
            //创建位图填充
            imgPattern = ctx.createPattern(image, "repeat");
            ctx.strokeStyle = imgPattern;
            ctx.lineWidth=20;
            //绘制渐变圆形
            ctx.beginPath();
            ctx.arc(150, 90, 50, 0, 2 * Math.PI, false);
            ctx.closePath();
            ctx.stroke();
        }
    </script>
</body>
</html>
```

扫描看效果

CanvasPattern 对象既可赋值给 strokeStyle 属性作为几何形状的边框，也可以赋值给 fillStyle 属性作为集合形状的填充。

效果如图 19-28 所示。

图 19-28　位图填充的效果

19.4 案例：用 Canvas 绘制统计报表

本例将综合使用文本、矩形、圆以及渐变、叠加等效果绘制"某网站用户访问来源分布饼状图"。预期实现效果如图 19-29 所示。

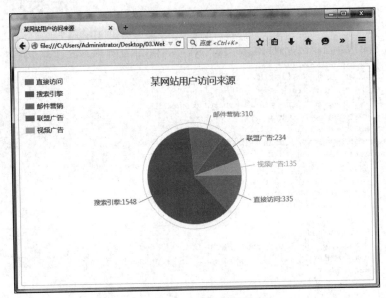

图 19-29 案例效果图

案例 19-27：某网站用户访问来源

具体实现过程如下。

（1）页面 DOM。

```
<div style="width:750px; height:440px;margin:0 auto;">
    <canvas id="demo" width="750" height="440" style
        ="border:1px solid #cccccc;"></canvas>
</div>
<script src="pie.js" type="text/javascript"></script>
```

扫描看效果

（2）绘图代码主体结构。

该部分实现标题、图例、扇区、扇区文字描述等案例细节图形的绘制。

```
//源数据
function drawPie(data) {
    //获取 Canvas 元素对应的 DOM 对象
    var canvas = document.getElementById("demo");
    //获取在 Canvas 上绘图的 canvasRenderingContext2D 对象
    var ctx = canvas.getContext("2d");
    //绘制标题
    this.drawTitle = function () {}
```

```
        //绘制图例
        this.drawLegent = function () {}
        //绘制饼状图扇区
        this.drawSection = function (){}
        //扇区描述
        this.sectionDescribe = function (){}
        //绘制外环
        this.drawWrapCircle = function (){}
        //各项数值求和
        this.valueSum = function (){}
    }
```

（3）绘制标题。

画布宽为 width，在点(width/2, 15)处从中间向两边绘制标题文字，竖直对齐方式为上对齐。

```
    //绘制标题
    this.drawTitle = function () {
        var width = canvas.width;
        var height = canvas.height;
        ctx.fillStyle = "#008ACD";
        ctx.font = "20px 微软雅黑";
        ctx.textAlign = "center";
        ctx.textBaseline = "top";
        ctx.fillText("某网站用户访问来源", width / 2, 15);
    }
```

（4）绘制图例。

循环数据源，每类图例由矩形和描述文字两部分组成，首行距左 15 像素，距上 15 像素，描述文字距左 40 像素。

```
    //绘制图例
    this.drawLegent = function () {
        ctx.font = "14px 微软雅黑";
        ctx.textAlign = "left";
        ctx.textBaseline = "top";
        for (var key in data) {
            var item = data[key];
            //矩形图例
            ctx.fillStyle = item.color;
            ctx.fillRect(15, 15 + 25 * key,20,12);
            //图例说明
            ctx.fillStyle = "#666";
            ctx.fillText(item.cname, 40, 15+25*key);
        }
    }
```

（5）绘制扇区。

根据各项数值计算出该项在饼状图中所占扇区的弧度 section，循环计算中 section 累加为当前扇区结束弧度。每一个扇区是圆弧起点、圆弧终点和圆心确定的闭合路径区域，采用填充方式绘制各扇区。

```
//绘制饼状图扇区
this.drawSection = function () {
    var obj = this;
    //圆心坐标
    var centerX = canvas.width / 2, centerY = canvas.height / 2;
    var r = 100;//半径
    var descR = 130;
    var total = this.valueSum();
    var sectionSum = 0;
    for (var key in data) {
        //单项弧度
        var section = 2 * Math.PI * data[key].value / total;
        sectionSum += section;
        ctx.fillStyle = data[key].color;
        //定义路径
        ctx.beginPath();
        ctx.arc(centerX, centerY, r, sectionSum - section, sectionSum, false);//扇区圆弧
        ctx.lineTo(centerX, centerY);//扇区
        ctx.closePath();
        ctx.fill();
        //增加扇区描述
        obj.sectionDescribe(data[key], sectionSum, section, centerX, centerY, descR);
    }
    this.drawWrapCircle();//绘制扇区外环
}
```

（6）绘制扇区描述。

每个扇区描述由一条指示线和描述文字组成。指示线一端是与扇区同心(centerX, centerY)、半径为 descR 的圆上的点 A，另一端是扇区圆心。A 由扇区半弧度角与 descR 确定。

扇区描述文字以 A(middleX，middleY)点纵坐标为参考，竖直居中对齐，水平方向对齐方式根据 centerX 与 middleX 相对大小而定。

```
//扇区描述
this.sectionDescribe = function (item, sectionSum, section, centerX, centerY, descR) {
    var middleX = centerX + descR * Math.cos(sectionSum - section / 2);
    var middleY = centerY + descR * Math.sin(sectionSum - section / 2);
    ctx.strokeStyle = item.color;
    ctx.beginPath();
    ctx.moveTo(centerX, centerY);
    ctx.lineTo(middleX, middleY);
    ctx.closePath();
    ctx.stroke();
    var valueX = 0;
    if (middleX > centerX) {
        ctx.textAlign = "left";
        valueX = middleX + 5;
    } else if (middleX == centerX) {

        ctx.textAlign = "center";
        valueX = middleX;
    } else {
        ctx.textAlign = "right";
        valueX = middleX - 5;
```

```
        }
        ctx.textBaseline = "middle";
        ctx.fillText(item.cname + ':' + item.value, valueX, middleY);
    }
```

（7）绘制扇区外环。

扇区外环是圆心为(centerX,centerY)、半径为110像素、宽1像素的灰色圆形边框。

```
//绘制外环
this.drawWrapCircle = function () {
    var R = 110;
    //圆心坐标
    var centerX = canvas.width / 2, centerY = canvas.height / 2;
    ctx.strokeStyle = "#D3D3D3";
    ctx.lineWidth = 1;
    ctx.beginPath();
    ctx.arc(centerX, centerY, R, 0, 2*Math.PI, false);
    ctx.closePath();
    ctx.stroke();
}
```

第20章

本地存储

在传统 Web 时代，浏览器充当的仅仅是一个界面呈现工具：浏览器负责向远程服务器发送请求，并读取服务器响应的 HTML 文档，负责解析、呈现 HTML 文档；只有浏览器保持在线状态才可正常使用，如果浏览器处于离线状态，浏览器无法向服务器发送请求，也无法把数据提交给服务器。

HTML5 提供了 Web Storage 的本地存储支持，本地存储支持把用户提交的数据存储在本地，当浏览器离线时进行记录并存储数据，当处于联网状态时，程序可以把存储在本地的数据集中提交给远程服务器，从而实现离线的 Web 应用。

本章将结合本地存储的具体案例讲解本地存储的基本概念与具体使用方法，帮助 Web 前端开发者更好地使用本地存储功能。

20.1　基础知识

20.1.1　本地存储简介

本地存储是指客户端本地存储数据，即用户端浏览器存储数据。从 HTML4 中已经存在的 Cookie 存储机制到 HTML5 的 Web Storage 存储机制和本地数据库，目前本地存储技术主要由 Web Storage、本地数据库和 Cookie 组成。本地存储技术让永久数据管理这一完全由服务器端执行的工作也能够在客户端得以实现，从而大大减轻了服务器端的负担。

20.1.2　本地存储类型

本地存储类型主要分为三种：Cookie、Web Storage 以及本地数据库，那么如何查看本地存储呢？以 Firefox 浏览器为例，打开浏览器调试界面，在"存储"选项卡中就可以跟踪各类型本地存储的变化，如图 20-1 所示。

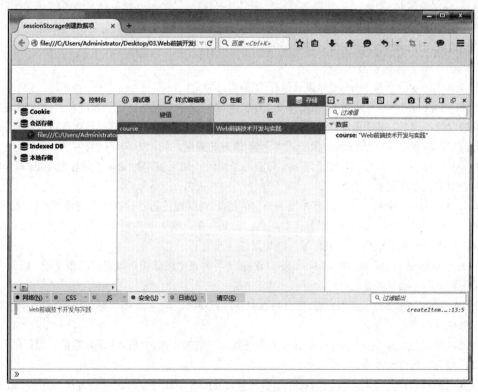

图 20-1　Firefox 浏览器的"存储"选项卡

由图可见，浏览器调试界面分上下两部分，上部为本地存储界面，下部为控制台。本地存储界面左侧为本地存储类型菜单，中间为存储数据项列表，右侧为数据项解析结果。控制台显示调试日志，也可以编写程序，在调试日志中显示。

（1）Cookie。

Cookie 是 HTML4 中已经存在的本地存储机制，多用于网站辨识用户身份、进行 session 跟踪，以 key-value 形式存储在用户本地终端上，Cookie 大小不能超过 4KB，且随 HTTP 请求一起被发送。

（2）Web Storage。

由于 Cookie 存储机制存在很多缺点，HTML5 中不再使用 Cookie 进行数据存储，而是使用改良了 Cookie 存储机制后的 Web Storage。Web Storage 是 HTML5 新推出的本地存储机制，其作用是把网站中有用的信息存储到本地，然后根据实际需要从本地读取信息，主要分为 Session Storage 和 Local Storage 两种类型，其功能和用法基本上是相同的，只是保存数据的生存期限不同。

W3C 组织为 Storage 制定的接口定义如下所示：

```
interface Storage {
    readonly attribute unsigned long length;
    DOMString? key(unsigned long index);
    getter DOMString? getItem(DOMString key);
    setter void setItem(DOMString key, DOMString value);
    deleter void removeItem(DOMString key);
    void clear();
};
```

在创建 Storage 对象时会有一个相应的键/值（key/value）对列表可供访问，列表中的每一个键/值对称为数据项。key 可以是任何字符串，value 是简单的字符串。

Storage 对象的属性和方法具体如下：

1）length：返回当前 Storage 对象里保存的键/值对数量。

2）key(index)：该方法返回 Storage 中第 index 个键（key）的名称。键的顺序是由浏览器定义的，只要键的数量不改变，键的顺序也是不变的（添加或删除键会改变键的顺序，而仅仅改变已存在键的值不会改变键的顺序）。如果 index 大于或等于键/值对的数量，则该方法返回值为空。

3）getItem(key)：该方法返回指定 key 对应的当前值。如果指定的 key 在当前 Storage 对象的键/值对列表中不存在，则返回值为空。

4）setItem(key,value)：该方法首先检测指定的键/值对的键是否已存在于当前键/值对列表。如果不存在，就把该键/值对添加到对象键/值对列表；如果存在，则进一步判断旧值与新值是否相等，如果不等，则用新值更新旧值，如果相等，则不做任何改变。

5）removeItem(key)：该方法从 Storage 对象键/值对列表中删除指定键对应的数据项。key 对应的数据项不存在时不做任何改变。

6）clear()：当前 Storage 对象键/值对列表中有数据项时，清空键/值对列表。对于空的键值对列表，不做任何改变。

需要说明的是，setItem()和 removeItem()方法执行失败时不做任何改变，对数据存储区的改变要么成功，要么不做任何改变。

从定义的接口规范来看，接口数量并不多，只有 length 是属性，其余都是方法。其中 setItem 和 getItem 互为一对 setter 和 getter 方法。

（3）本地数据库。

本地数据库是 HTML5 提供的浏览器端数据库，可以在客户端存储大量结构化数据并直接通过

JavaScript API 高效检索，主要有 Web SQL 与 IndexedDB（Indexed Database）两种类型。

Web SQL 是一种运行于浏览器的关系数据库。可以通过 SQL 语句执行数据的插入或检索等操作。虽然 Web SQL 比 IndexedDB 更早开始进行标准的制定与浏览器的实现，不过由于它的标准和实现十分依赖于 SQLite 这一 SQL 语言的变体，因此遭到了很多质疑，该标准的制定现已中止，不过在 Chrome、Safari 及 Opera 等浏览器中仍可使用。

IndexedDB 是一种索引数据库，是一个不断发展的标准，用于在浏览器中存储大量结构化的数据，并提供索引以保证高效率的查询。IndexedDB 在用户的计算机上存储索引信息。

IndexedDB 不同于关系型数据库所拥有的数据表、记录，其数据库中的信息以对象（记录）的形式存储在对象库（表）中。对象库没有特定的结构，只能找到其中对象的名称和索引。每个对象的结构可以不相同，但至少有一个属性声明为索引，以便在对象库中能够索引到。

20.2　Cookie

20.2.1　Cookie 概述

（1）Cookie 的含义。

Cookie 由服务器端生成，发送给浏览器。浏览器将 Cookie 的 key/value 保存到某个目录下的文本文件内，下次进行 HTTP 请求时连同该 Cookie 一起发送给服务器（Cookie 的使用需要浏览器支持，要求浏览器设置为启用 Cookie）。

Cookie 的名称和值可以由服务器端定义，这样服务器可以知道该用户是否为合法用户。服务器可以设置、读取 Cookie 中的信息，这样可以维持浏览器与服务器的会话状态。

Cookie 在生成时就会被指定一个 Expire 值，也就是 Cookie 的生存周期，在这个周期内无论是否关闭浏览器 Cookie 都有效，超出周期 Cookie 就会被立即清除。如果将 Cookie 的生存周期设置为"0"或负值，关闭浏览器就会马上清除 Cookie。

（2）Cookie 数据存储位置与格式。

Cookie 存储在浏览器目录的文本文件中，不同浏览器的存储位置也不相同，且不通用。Cookie 是以键值对的形式保存的，即 key=value 的格式，每个 Cookie 之间一般以 ";" 分隔。

（3）Cookie 的安全风险。

就应用程序而言，Cookie 是用户输入的另一种形式。由于 Cookie 保存在浏览器客户端上，因而很容易被他人非法获取和利用，所以应避免在 Cookie 中保存私密信息，如用户名、密码、信用卡号等。Cookie 以纯文本形式在浏览器和服务器之间传递，任何人都可能通过截取网络通信而得到传输的 Cookie 内容。

20.2.2　数据操作

以下示例中，服务器端程序使用 PHP 语言实现。

（1）创建 Cookie。

PHP 创建 Cookie 的方法具体如下。

setcookie(name,value,expire,path,domain,secure)：该方法有 6 个参数，name 规定 Cookie 的名称，是必需参数；value 规定 Cookie 的值，是必需参数；expire 规定 Cookie 有效期，不设置过期时间时，表示当浏览器关闭后 Cookie 清除，是可选参数；path 规定 Cookie 的服务器路径，是可选参数；domain 规定 Cookie 的域名，是可选参数；secure 规定是否通过安全的 HTTPS 连接来传输 Cookie，是可选参数。

1）PHP 创建简单 Cookie。

```
setcookie('username', 'sdsd');
```

2）PHP 创建一个 5 分钟后过期的 Cookie。

```
setcookie('cookietest', '5 分钟有效', time() + 5 * 60);
exit();
```

在浏览器中访问该网页，打开浏览器调试界面，在存储界面下的 Cookie 存储列表中可以找到 username 及 cookietest 项，5 分钟后再次刷新该页面，cookietest 项消失，而关闭浏览器之后 username 项才消失。

3）JavaScript 创建简单 Cookie，其使用的方法为 document.cookie="name=value";。

```
document.cookie="user=demo";
```

4）JavaScript 创建一个 5 分钟过期的 Cookie。

```
/*设置 cookie*/
function addCookie(name, value, expireHours) {
    var cookieString = name + "=" + escape(value);
    //判断是否设置过期时间
    if (expireHours) {
        var date = new Date();
        date.setTime(date.getTime() + expireHours * 3600 * 1000);
        cookieString = cookieString + ";  expire=" + date.toGMTString();
    }
    document.cookie = cookieString;
}
```

控制台执行③中代码，存储界面下 Cookie 存储列表中出现 user 项，最后访问时间是当前时间，过期时间为"会话结束"；当控制台执行如下代码后，存储界面下的 Cookie 存储列表中出现 user1 项，最后访问时间为当前时间，过期时间为当前时间 5 分钟后。

```
addCookie('user1','demo',5/60);
```

（2）数据修改。

修改 Cookie 数据的方法与创建 Cookie 的方法相同。

1）PHP 使用 setcookie()，当 Cookie 名称已存在，且新值与旧值不同时，更新 Cookie。

```
setcookie('username', 'change');
exit();
```

重载页面，执行上述代码，Cookie 中的 username 值变为 change。

2）JavaScript 修改 cookie。

```
document.cookie="user=demo1";
```

控制台执行②中代码，Cookie 列表中的 user 值变为 demo1。

（3）Cookie 读取。

1）PHP 通过$HTTP_COOKIE_VARS["user"]或$_COOKIE["user"] 来读取名为 user 的 Cookie 的值。

```
//读取并输出 cookie
echo $_COOKIE['username'];
```

```
echo '<br/>';
echo $_COOKIE['cookietest'];
exit();
```

重载页面，执行以上程序，页面输出 username 和 cookietest 的 Cookie 值。

2）JavaScript 读取 Cookie。

```
//获取指定名称的 Cookie 值
function getCookie(name) {
    var arr = document.cookie.match(new RegExp("(^| )" + name + "=([^;]*)(;|$)"));
    if (arr != null)
    return unescape(arr[2]);
    return null;
}
```

当控制台执行 alert(getCookie('user'))的代码后，输出 user1 的值 demo。

（4）清除 Cookie。

用户可通过把过期日期更改为过去的时间点来删除 Cookie。

1）PHP 清除 Cookie。

```
//清除 cookie
setcookie('cookietest', '5 分钟有效', time());
echo $_COOKIE['cookietest'];
```

重载页面后，执行上述代码，输出 cookietest 的值为空。

2）JavaScript 清除 Cookie。

```
//删除 cookies
function delCookie(name) {
    var exp = new Date();
    exp.setTime(exp.getTime());
    var cval = getCookie(name);
    if (cval != null){
    document.cookie = name + "=" + cval + ";expires=" + exp.toGMTString();
    }
}
```

在控制台中执行以下代码，控制台将会依次输出 user 的 Cookie 值和 null。

```
alert(getCookie('user'));
delCookie('user');
alert(getCookie('user'));
```

20.2.3 案例：在网站中自动记录用户状态

（1）简介。

本例实现学生成绩列表登录页，合法账号为 2015181018，密码为 2015181018；服务器端使用 Cookie 记录用户登录状态信息，勾选"2 小时免登录"登录成功后关闭浏览器，在当前时间两小时内再次访问，将直接显示登录后的界面，否则下次访问时需要输入账号和密码。

（2）实现代码。

在网站中自动记录用户登录状态，具体实现方法如下。

浏览器访问 20-01.php 页，服务器端程序读取 userID 的 Cookie 值，如 userID 的 Cookie 值存在且

有效，则返回登录成功信息；否则显示登录表单。核心程序如下所示。

案例 20-01：网站中自动记录用户状态

1）实现自动登录的 20-01.php 的页面代码如下所示：

```php
<?php
if (isset($_COOKIE['userID']) && $_COOKIE['userID'] == md5('2015181018')) {
    //输出登录成功信息
} else {
    //输出登录表单;
}
?>
```

扫描看效果

2）单击"确定"按钮触发程序代码如下所示：

```javascript
//登录
function coimmit() {
    var username = $('#stuID').val();
    var password = $('#password').val();
    var nextAuto = $('#nextAuto').prop('checked') ? 1 : 0;
    var flag = true;
    if (username == '') {
        showInfo('账号不能为空！','stuID');
        flag = false;
    }
    if (flag) {
        if (password == '') {
            showInfo('密码不能为空！', 'password');
            flag = false;
        }
    }
    if (flag) {
        $.post('logincheck.php',
        {
            username: username,
            password: password,
            nextAuto: nextAuto,
        },function (data) {
            data = JSON.parse(data);
            switch (data.checkID) {
            case 1:
                if('userID' in data){
                    addCookie('userID', data.userID);
                }
                $('body').html('<div class="center">' +
                    '<div class="addItem">' +
                    '<span class="descibe"> </span><span>' +
                    '<input type="button" onclick="logOut()" value="退出" />' +
                    '</span>' +
                    '<span style="margin-left:5px;">登录成功!</span>' +
                    '</div>' +
                    '</div>');
                break;

            case -1:
                showInfo('密码不能为空！');
```

```
                    break;
            case -2:
                showInfo('密码不能为空！');
                break;
        }
    })
    }
}
```

3）处理登录请求程序，具体如下所示：

```
$username = isset($_POST['username']) ? $_POST['username'] : '';
$password = isset($_POST['password']) ? $_POST['password'] : '';
$nextAuto = isset($_POST['nextAuto']) ? $_POST['nextAuto'] : 0;
if ($username != '2015181018') {
    echo json_encode(array(
        'checkID'=> -1
    ));
    exit();
}
if ($password != '2015181018') {
    echo json_encode(array(
        'checkID'=> -2
    ));
    exit();
}
if($nextAuto==1){
    echo json_encode(array(
        'checkID'=>1,
        'userID'=>md5('2015181018')
    ));
} else {
    echo json_encode(array(
        'checkID'=>1
    ));
}
```

4）在登录成功界面上单击"退出"按钮，执行以下代码：

```
//退出
function logOut() {
    delCookie('userID');
    window.location.href = 20-01.php';
}
```

登录成功时返回登录检测结果 checkID=1 和 userID 的 Cookie 值，浏览器端记录该 Cookie。

20.3　Web Storage

20.3.1　sessionStorage

（1）数据存储的实现。

sessionStorage 是 Storage 对象的一个实例，浏览器中会话级别的 Web Storage 对应 Window 对象的 SessionStorage 属性。

W3C 组织为 sessionStorage 制定的接口定义如下所示：

```
[NoInterfaceObject]
interface WindowSessionStorage {
    readonly attribute Storage sessionStorage;
};
Window implements WindowSessionStorage;
```

数据存储 API 测试体验环境简单，只要一个 HTML 文件就可以进行。

案例 20-02：sessionStorage 示例演示程序 ⓒ ⓑ ⓞ ⓒ ⓔ

```
<!doctype html>
<html>
<head>
<meta charset="utf-8">
<meta keywords="sessionStorage">
<meta content="sessionStorage 示例演示程序">
<title>sessionStorage 示例演示程序</title>
</head>
<body>

</body>
<script type="text/javascript">
    //存储简单数据
    function saveSimpleString() {
        sessionStorage.setItem("course", "Web 前端技术开发与实践");
    }
    //存储结构化数据
    function saveStructuredData() {
        var studentInfo = [
        { "courseNum": "0", "name": "学号" },
        { "courseNum": "1", "name": "姓名" },
        { "courseNum": "2", "name": "性别" },
        { "courseNum": "3", "name": "专业" },
        { "courseNum": "4", "name": "Web 前端开发" },
        { "courseNum": "5", "name": "操作系统" },
        { "courseNum": "6", "name": "网络" },
        { "courseNum": "7", "name": "数据库" }
        ]
        sessionStorage.setItem("studentInfo", JSON.stringify(studentInfo));
    }
</script>
</html>
```

扫描看效果

（2）创建数据项。

sessionStorage 和 localStorage 都将数据存储为项，采用键/值组合的格式，每个值在存储前都要转化为字符串，sessionStorage 继承 Storage 对象。

sessionStorage 使用 setItem()方法创建数据项，具体如下：

1）创建数据项，存储简单字符串"course：Web 前端技术开发与实践"。

```
//存储简单数据
function saveSimpleString() {
```

```
        sessionStorage.setItem("course", "Web 前端技术开发与实践");
    }
```

浏览器中打开该页面,在控制台执行 saveSimpleString()函数,即可看到存储的 course 项。

2)创建数据项,存储结构化数据。使用 JSON.stringify()方法将复杂的 JSON 数据对象转换为字符串,再用 setItem()方法保存到本地。

```
//存储结构化数据
function saveStructuredData() {
    var studentInfo = [
        { "courseNum": "0", "name": "学号" },
        { "courseNum": "1", "name": "姓名" },
        { "courseNum": "2", "name": "性别" },
        { "courseNum": "3", "name": "专业" },
        { "courseNum": "4", "name": "Web 前端开发" },
        { "courseNum": "5", "name": "操作系统" },
        { "courseNum": "6", "name": "网络" },
        { "courseNum": "7", "name": "数据库" }
    ]
    sessionStorage.setItem("studentInfo", JSON.stringify(studentInfo));
}
```

通过浏览器访问该页面,在控制台执行 saveStructuredData()函数,可看到 studentInfo 项。选中该项,可以看到数据项的数据和解析的值解析值是由八个对象组成的数组。

(3)读取数据。

读取 sessionStorage 数据使用 getItem()方法、key()方法和 length 属性,使用方法及效果演示如下所示。

1)使用 length 属性获取当前数据项数目。

```
alert(sessionStorage.length);
```

前面添加两项数据后,在控制台执行上述代码,页面弹出提示信息"2"。

2)使用 key()方法输出指定编号数据项的键名称。

```
alert(sessionStorage.key(0));
alert(sessionStorage.key(1));
```

控制台执行上述代码,依次输出已添加的两个数据项的键:course 和 studentInfo。

3)使用 getItem()方法输出数据项的值。

```
alert(sessionStorage.getItem("course"));
alert(sessionStorage.getItem("studentInfo"));
```

控制台执行上述代码,依次输出已添加的两个数据项的值:

```
前端技术开发与实践
[{"courseNum":"0","name":"学号"},{"courseNum":"1","name":"姓名"},
{"courseNum":"2","name":"性别"},{"courseNum":"3","name":"专业"},
{"courseNum":"4","name":"Web 前端开发"},{"courseNum":"5","name":"操作系统"},
{"courseNum":"6","name":"网络"},{"courseNum":"7","name":"数据库"}]
```

(4)删除数据。

采用 removeItem()方法和 clear()方法删除 sessionStorage,具体如下所示。

1)调用 removeItem()方法删除一个数据项,并输出 sessionStorage 数据项的数目和第一项内容。

```
sessionStorage.removeItem("course");
alert(sessionStorage.length);
alert(sessionStorage.key(0));
```

控制台执行上述代码，键名为 course 的数据项被移除，输出 sessionStorage 中数据项数目减为 1，第一项的键名称变为 studentInfo。

2）调用 clear()方法清空 sessionStorage 数据项列表，并输出结果，当控制台执行后，输出结果为 0，代码如下所示。

```
sessionStorage.clear();
alert(sessionStorage.length);
```

20.3.2 localStorage

（1）数据存储的实现。

localStorage 是 Storage 对象的一个实例，对应 Windows 对象的 localStorage 属性。

W3C 组织为 localStorage 制定的接口定义如下所示：

```
[NoInterfaceObject]
interface WindowLocalStorage {
    readonly attribute Storage localStorage;
};
Window implements WindowLocalStorage;
```

案例 20-03：localStorage 示例演示程序

```html
<!doctype html>
<html>
<head>
<meta charset="utf-8">
<meta keywords="localStorage">
<meta content="localStorage 示例演示程序">
<title>localStorage 示例演示程序</title>
</head>
<body>

</body>
<script type="text/javascript">
    //存储简单数据
    function saveSimpleString() {
        localStorage.setItem("course", "Web 前端技术开发与实践");
    }
    //存储结构化数据
    function saveStructuredData() {
        var studentInfo = [
        { "courseNum": "0", "name": "学号" },
        { "courseNum": "1", "name": "姓名" },
        { "courseNum": "2", "name": "性别" },
        { "courseNum": "3", "name": "专业" },
        { "courseNum": "4", "name": "Web 前端开发" },
        { "courseNum": "5", "name": "操作系统" },
        { "courseNum": "6", "name": "网络" },
        { "courseNum": "7", "name": "数据库" }
        ]
        localStorage.setItem("studentInfo", JSON.stringify(studentInfo));
    }
</script>
</html>
```

（2）创建数据项。

使用 setItem()方法创建 localStorage 数据项。

1）创建数据项，存储简单字符串"course：Web 前端技术开发与实践"。

```
//存储简单数据
function saveSimpleString() {
    localStorage.setItem("course", "Web 前端技术开发与实践");
}
```

浏览器中打开该页面，在控制台执行 saveSimpleString()函数，即可看到存储的 course 项。

2）创建数据项，存储结构化数据。使用 JSON.stringify()方法将复杂的 JSON 数据对象转换为字符串，再用 setItem()方法保存到本地。

```
//存储结构化数据
function saveStructuredData() {
    var studentInfo = [
    { "courseNum": "0", "name": "学号" },
    { "courseNum": "1", "name": "姓名" },
    { "courseNum": "2", "name": "性别" },
    { "courseNum": "3", "name": "专业" },
    { "courseNum": "4", "name": "Web 前端开发" },
    { "courseNum": "5", "name": "操作系统" },
    { "courseNum": "6", "name": "网络" },
    { "courseNum": "7", "name": "数据库" }
    ]
    localStorage.setItem("studentInfo", JSON.stringify(studentInfo));
}
```

浏览器中打开该页面，在控制台执行 saveStructuredData()函数，可看到 studentInfo 项。选中该项，可以看到数据项的数据和解析值，解析值是由八个对象组成的数组。

（3）读取数据。

与读取 localStorage 数据项有关的方法属性有 getItem()方法、key()方法和 length 属性，具体如下所示。

1）使用 length 属性获取当前数据项数目。

```
alert(localStorage.length);
```

前面添加两项数据后，在控制台执行上述代码，页面弹出提示"2"。

2）使用 key()方法输出指定编号数据项的键名称。

```
alert(localStorage.key(0));
alert(localStorage.key(1));
```

控制台执行上述代码，依次输出已添加的两个数据项的键：course 和 studentInfo。

3）使用 getItem()方法输出数据项的值。

```
alert(localStorage.getItem("course"));
alert(localStorage.getItem("studentInfo"));
```

控制台执行上述代码，依次输出已添加的两个数据项的值：

```
前端技术开发与实践
[{"courseNum":"0","name":"学号"},{"courseNum":"1","name":"姓名"},
{"courseNum":"2","name":"性别"},{"courseNum":"3","name":"专业"},
{"courseNum":"4","name":"Web 前端开发"},{"courseNum":"5","name":"操作系统"},
{"courseNum":"6","name":"网络"},{"courseNum":"7","name":"数据库"}]
```

（4）删除数据。

删除 localStorage 数据项采用 removeItem()方法和 clear()方法，具体如下所示。

1）调用 removeItem()方法删除一个数据项，并输出 sessionStorage 数据项的数目和第一项内容。

```
localStorage.removeItem("course");
alert(localStorage.length);
alert(localStorage.key(0));
```

控制台执行上述代码，键名为 course 的数据项被移除，输出 localStorage 中数据项数目减为 1，第一项的键名称变为 studentInfo。

2）调用 clear()方法清空 localStorage 数据项列表，并输出相应的内容。当控制台执行如下代码后，输出的结果为 0。

```
localStorage.clear();
alert(localStorage.length);
```

20.3.3　对比分析

（1）区别。

sessionStorage 是将数据保存在会话中，在会话期间内有效，浏览器关闭后，数据消失；localStorage 是将数据存储在磁盘中，除非用户或程序进行主动清除，否则仅仅关闭浏览器数据是不会消失的。

（2）联系。

sessionStorage 和 localStorage 都是 Storage 对象的实例，使用相同的 API，数据操作方式基本相同，都是以键/值对存储数据。

20.4　本地数据库

20.4.1　存储原理

（1）数据库。

数据库本身很简单，因为每个数据库都与一台计算机、一个网站或一个应用程序关联，所以不需要考虑用户关联或其他形式的访问限制，只需要指定名称和版本，数据库就处于就绪状态。

IndexedDB 仅具有在同一个源中执行的程序所共享的空间。在一个源所拥有的空间中可以创建多个数据库，而在一个数据库中又可以创建多个对象存储（ObjectStore）。

（2）对象与对象库。

关系数据库中的记录在 IndexedDB 中称为对象。对象带有属性，用来存储键值和标识值。属性的个数与对象的结构无关。对象的唯一要求是至少包含一个声明为索引的属性。

对象库，又叫对象存储，对应关系数据库中的数据表，没有固定的结构，可以保存任意类型的 JavaScript 对象。在创建对象库的时候只需要声明库的名称以及一个或多个索引，以便找到对象库中的对象。

IndexedDB 提供的操作对象库的方法如下所示。

1）createObjectStore(name, keyPath, autoIncrement)：用于指定属性名称和配置集合来新建一个对象库。name 属性是必需的；keyPath 属性用来声明每个对象的公共索引；autoIncrement 属性是个布尔值，用来指定对象库是否拥有一个键生成器。

2）objectStore(name)：要访问对象库中的对象，必须启动一个事务，并为这个事务打开对象库，该方法打开指定的对象库。

3）deleteObjectStore(name)：该方法删除指定的对象库。

只有在创建数据库或者将数据库升级到新版本的时候，才能使用 createObjectStore()方法、deleteObjectStore()方法以及负责数据库配置的其他方法。

IndexedDB 操作对象的方法如下所示。

1）add(object)：该方法接受键/值对或包含多个键/值对的对象。用得到的信息向选中的对象库添加对象。如果对象中已经存在与索引相同的对象，则 add()方法返回错误。

2）put(object)：该方法与前一个方法类似，在对象库中已经存在与索引相同的对象时，覆盖索引相同的对象。

3）get(key)：该方法可以从对象库中获取指定对象，key 属性是要获取的对象索引值。

4）delete(key)：要在选中的对象库中删除某个对象，用该对象的索引值作为属性调用该方法。

（3）索引。

要在对象库中寻找对象，需要将这些对象的某些属性设置为索引。简便的做法是在 createObjectStore()方法中声明 keyPath 属性。声明为 keyPath 的属性就成为对象库中存储的每个对象的公共索引。设置 keyPath 时，要确保每个对象中都有这个属性。

可以为保存的 JavaScript 对象的任意属性创建索引，且可以同时创建多个索引。通过索引的创建，能够对相应的属性进行指定范围的高速检索。

通过调用 createIndex 方法来创建索引，且对任意的属性都能够创建索引。如果需要对多个属性创建索引，则将依照属性个数来创建索引。

（4）事务。

在浏览器上工作的数据库系统必须面对一些其他平台上没有的特殊情况。例如：浏览器有可能发生故障，可能会突然关闭，处理过程可能被用户停止，或者在同一窗口中打开另一个网站。在很多情况下，直接操作数据库都会造成异常甚至数据库损坏，为了防止这种情况，每个操作都必须通过事务来执行。

IndexedDB 在进行数据库的版本更改等处理时，将在内部自动地创建事务。在创建事务的方法已经结束或开始了新的事务时，该事务的方法将自动被提交。而如果在提交之前就发生了错误，将自动执行回滚操作。通过在程序调用事务的 abort 方法可以显式地执行回滚操作。

类似于关系数据库中事务的工作原理，IndexedDB 事务提供了数据库写入操作的一个原子集合，这个集合要么完全提交，要么完全不提交。除此之外 IndexedDB 事务还拥有数据库操作的一个中止和提交工具。

20.4.2　数据操作

IndexedDB 使用异步 API，并不是这条指令执行完毕，就可以使用 request.result 来获取 IndexedDB 对象，就像使用 AJAX 一样，语句执行完并不代表已经获取到了对象，所以一般在其回调函数中处理。

案例 20-04：IndexedDB 示例演示程序

```
<!doctype html>
<html>
<head>
<meta charset="utf-8">
<meta keywords="IndexedDB">
<meta content="IndexedDB 示例演示程序">
<title>IndexedDB 示例演示程序</title>
</head>
<body>

</body>
<script type="text/javascript">
    var obj = this;
    //连接/创建数据库
    var request = indexedDB.open('myDatabase',1);
    //连接数据库成功
    request.onupgradeneeded = function (event) {
        //使之可以通过全局变量 db 引用
        var db = event.target.result;
        //创建对象存储
        var store = db.createObjectStore('course', {
            keyPath: '_id',
            autoIncrement:true
        })
    };
    //连接数据库失败
    request.onerror = function (event) {
        alert('连接数据库失败！');
    }
</script>
</html>
```

（1）创建对象存储。

利用 IndexedDB 属性和 open()方法可打开指定名称的数据库，如果数据库不存在，就用指定名称新建一个数据库。连接成功后获取数据库实例 db=e.target.result；用数据库实例的 createObjectStore 方法可以创建 object store。具体如下所示：

```
/*
 * 创建/打开数据库，并创建对象存储
 * @param {type} name  数据库名称
 * @param {type} version  版本信息
 * @param {type} storeName
 * @returns {undefined}
 */
function openDB(name, version, arrStoreName) {
    var version = version || 1;
    var request = window.indexedDB.open(name, version);
    request.onerror = function (e) {
        console.log(e.currentTarget.error.message);
    };
    request.onsuccess = function (e) {
        db = e.target.result;
        console.log('DB version changed to ' + version);
```

```
    };
    request.onupgradeneeded = function (e) {
        db = e.target.result;
        for (var i = 0; i < arrStoreName.length; i++) {
            var storeName = arrStoreName[i];
            if (!db.objectStoreNames.contains(storeName)) {
                var store = db.createObjectStore(storeName, {keyPath: "id"});
                store.createIndex('nameIndex', 'name', {unique: false});
            }
        }
        console.log('DB version changed to ' + version);
    };
}
```

可以在控制台中调用上述函数：

```
openDB('studentScore',1,['scoreList']);
```

创建名为studentScore，版本信息为1，对象存储名称为scoreList的数据库。控制台输出"DB version changed to 1"。

（2）关闭与删除数据库。

用 close()方法关闭指定数据库连接，用 indexedDB.deleteDatabase()删除指定数据库，具体如下所示：

```
/**
 * 关闭数据库
 * @param {type} db
 * @returns {undefined}
 */
function closeDB(db) {
    db.close();
}
/**
 * 删除数据库
 * @param {string} name
 * @returns {undefined}
 */
function deleteDB(name) {
    indexedDB.deleteDatabase(name);
}
```

（3）数据写入。

在对新数据库做任何事情之前，需要开始一个事务。事务中需要指定该事务跨越哪些 object store。调用数据库实例的 transaction 方法打开事务，通过事务获取对象存储实例，再调用对象存储实例的 add 方法添加数据。具体如下所示：

```
/*
 * 添加数据
 * @param {type} db 数据库实例
 * @param {type} storeName  对象存储名称
 * @returns {undefined}
 */
function addData(db, storeName, data) {
    var transaction = db.transaction(storeName, 'readwrite');
    //读写方式打开事务
    var store = transaction.objectStore(storeName);
    //获取对象存储
    for (var i = 0; i < data.length; i++) {
        var request = store.add(data[i]);
```

```
        //调用 add 方法添加数据
        request.onsuccess = function (event) {
            console.log('addData success! key', event.target.result);
        }
    }
}
```

控制台执行以下代码，当操作完成之后，日志提示"addData success! key 20150001""addData success! key 20050002"，信息添加成功。

```
var score = [
{id: 20150001, name: "张三", sex: "男", major: "计算机科学与技术", grades: {web: 80, os: 75, network: 78, database: 80 }},
{id: 20050002, name: "王静", sex: "女", major: "计算机科学与技术", grades: { web: 80, os: 75, network: 78, database: 80 }}
];
openDB('studentScore',1,['scoreList']);
setTimeout(function(){
    addData(db,'scoreList',score);
    closeDB(db);
},100);
```

（4）数据读取。

通过游标遍历存储对象，输出对象到控制台日志。调用数据库实例的 transaction 方法打开事务，通过事务获取对象存储实例，再调用对象存储实例的 openCursor 方法打开游标，cursor.continue()会使游标下移，直到没有数据时返回 undefined。具体如下所示：

```
/*
 * 游标遍历对象存储
 * @param {type} db 数据库实例
 * @param {type} storeName 对象存储名称
 * @returns {undefined}
 */
function fetchStoreByCursor(db, storeName) {
    var transaction = db.transaction(storeName);
    var store = transaction.objectStore(storeName);
    var request = store.openCursor();
    request.onsuccess = function (e) {
        var cursor = e.target.result;
        if (cursor) {
            var currentStudent = cursor.value;
            console.log(currentStudent);
            cursor.continue();
        }
    };
}
/**
 * 查找数据
 * @param {type} db 数据库实例
 * @param {type} storeName 对象存储名称
 * @param {type} key 键值
 * @returns {undefined}
 */
function getDataByKey(db, storeName, key) {
    var transaction = db.transaction(storeName, 'readwrite');
    var store = transaction.objectStore(storeName);
    var request = store.get(key);
    request.onsuccess = function (e) {
        var student = e.target.result;
```

```
            console.log(student);
        };
}
```

控制台执行以下程序，当执行完成之后，控制台日志显示 scoreList 中的两个数据对象。

```
openDB('studentScore',1,['scoreList']);
setTimeout(function(){
    fetchStoreByCursor(db,'scoreList');
    closeDB(db);
},100);
```

（5）数据修改。

调用数据库实例的 transaction 方法打开事务，通过事务获取对象存储实例，再调用对象存储实例的 get 方法读取数据，修改处理后，调用 put 方法返回对象存储。具体如下所示：

```
/**
 * 数据修改
 * @param {type} db
 * @param {type} storeName
 * @param {type} value 键值
 * @returns {undefined}
 */
function updateDataByKey(db, storeName, key, value) {
    var transaction = db.transaction(storeName, 'readwrite');
    var store = transaction.objectStore(storeName);
    var request = store.get(key);
    request.onsuccess = function (e) {
        var student = e.target.result;
        student = value;
        store.put(student);
    };
}
```

控制台执行以下程序，更新并读取展示修改后信息。

```
openDB('studentScore',1,['scoreList']);
setTimeout(function(){
updateDataByKey(db,'scoreList',20150001,{
                    id: 20150001,
                    name: "张三三",
                    sex: "男",
                    major: "计算机科学与技术",
                    grades: {
                        web: 80,
                        os: 75,
                        network: 78,
                        database: 80
                    }
                });
getDataByKey(db,'scoreList',20150001);
},100);
```

操作完成后，控制台日志显示更新后的信息 "Object { id: 20050001, name: "张三三", sex: "男", major: "计算机科学与技术", grades: Object }"，其中 name 改为"张三三"。

（6）数据删除。

通过键值删除数据对象。调用数据库实例的 transaction 方法打开事务，通过事务获取对象存储实例，再调用对象存储实例的 delete 方法根据 key 删除对象。具体如下所示：

```
/**
```

```
 * 根据键值删除记录
 * @param {type} db
 * @param {type} storeName
 * @param {type} key 键值
 * @returns {undefined}
 */
function deleteDataByKey(db, storeName, key) {
    var transaction = db.transaction(storeName, 'readwrite');
    var store = transaction.objectStore(storeName);
    store.delete(key);
}
```

控制台执行以下程序，当执行完上述代码之后，显示其执行后的结果。

```
openDB('studentScore',1,['scoreList']);
setTimeout(function(){
getDataByKey(db,'scoreList',20150001);
deleteDataByKey(db,'scoreList',20150001);
getDataByKey(db,'scoreList',20150001);
},100);
```

执行删除操作前读取对象，删除操作后再次读取。控制台日志先后输出"Object { id: 20150001, name: "张三三", sex: "男", major: "计算机科学与技术", grades: Object }"和"undefined"。

（7）数据检索。

1）通过键值检索对象。

调用数据库实例的 transaction 方法打开事务，通过事务获取对象存储实例，再调用对象存储实例的 get 方法读取数据。具体如下所示：

```
/*
 * 查找数据
 * @param {type} db 数据库实例
 * @param {type} storeName 对象存储名称
 * @param {type} value 键值
 * @returns {undefined}
 */
function getDataByKey(db, storeName, value) {
    var transaction = db.transaction(storeName, 'readwrite');
    var store = transaction.objectStore(storeName);
    var request = store.get(value);
    request.onsuccess = function (e) {
        var student = e.target.result;
        console.log(student);
    };
}
```

控制台调用以下程序，并显示其数据检索的结果内容。

```
openDB('studentScore',1,['scoreList']);
setTimeout(function(){
getDataByKey(db,'scoreList',20050002);
},100);
```

操作完成后，日志提示"Object { id: 20050002, name: "王静", sex: "女", major: "计算机科学与技术", grades: Object }"。

2）通过索引检索对象。

调用数据库实例的 transaction 方法打开事务，通过事务获取对象存储实例，再调用对象存储实例的 index 方法读取索引对象，最后通过索引对象的 get 方法读取数据。具体如下所示：

```
/**
 * 按索引读取数据
 * @param {type} db 数据库实例
 * @param {type} storeName 存储对象名称
 * @returns {undefined}
 */
function getDataByIndex(db, storeName, indexName) {
    var transaction = db.transaction(storeName);
    var store = transaction.objectStore(storeName);
    var index = store.index("nameIndex");
    index.get(indexName).onsuccess = function (e) {
        var student = e.target.result;
        console.log(student);
    };
}
```

控制台执行以下程序，并显示其执行的结果内容。

```
openDB('studentScore',1,['scoreList']);
setTimeout(function(){
  getDataByIndex(db,'scoreList','王静');
  closeDB(db);
},100);
```

操作完成后，控制台日志显示通过索引读取的结果"Object { id: 20050002, name: "王静", sex: "女", major: "计算机科学与技术", grades: Object }"。

20.5 案例：使用本地存储减少服务器数据库请求

本例通过本地数据存储的方式实现学生成绩本地录入、列表展示、删除重添加功能，数据操作完成后，集中提交保存到数据库，从而降低对数据库服务器的频繁读写请求，达到降低服务器的压力、提高服务器的性能的目的。

案例 20-05：使用本地数据提升服务器性能 ⓒⓢⓞⓥ

（1）页面中单击"添加"按钮，触发 onclick 事件执行 addStoreItem()函数。

```
function addStoreItem() {
    var actionObj = new addDataObj();
    //获取数据
    var dataItem = actionObj.getDomData();
    actionObj.saveToIndexedDB(dataItem);
}
```

扫描看效果

（2）本地数据操作对象 addDataObj()，核心代码如下所示：

```
function addDataObj() {
/*
 * 获取学生成绩数据
 * @returns {Boolean|dataItem}
 */
this.getDomData = function(){}
```

```
/*
 * 添加存储到 localStorage
 * @param {type} dataItem
 * @returns {Boolean}
 */
this.saveToIndexedDB = function (dataItem){}
/**
 * 刷新列表
 * @returns {undefined}
 */
this.showList = function (){}
}
```

（3）从页面读取学生成绩信息，做非空校验。

```
/*
 * 获取学生成绩数据
 * @returns {Boolean|dataItem}
 */
this.getDomData = function () {
    var id = $('#stuID').val();
    var name = $('#stuName').val();

    var sex = $('input[type=radio]:checked').val();
    var major = $('#major').val();
    var webScore = $('#webScore').val();
    var osScore = $('#osScore').val();
    var netScore = $('#netScore').val();
    var dbScore = $('#dbScore').val();
    if (id == '') {
        showInfo('学号不能为空！ ', 'stuID');
        return false;
    }
    if (name == '') {
        showInfo('姓名不能为空！ ', 'stuName');
        return false;
    }
    if (major == '') {
        showInfo('分数不能为空！ ', 'major');
        return false;
    }
    if (webScore == '') {
        showInfo('分数不能为空！ ', 'webScore');
        return false;
    }
    if (osScore == '') {
        showInfo('分数不能为空！ ', 'osScore');
        return false;
    }
    if (netScore == '') {
        showInfo('分数不能为空！ ', 'netScore');
        return false;
    }
    if (dbScore == '') {
        showInfo('分数不能为空！ ', 'dbScore');
```

```
                return false;
            }
        return dataItem = {
                id: id,
                name: name,
                sex: sex,
                major: major,
                webScore: webScore,
                osScore: osScore,
                netScore: netScore,
                dbScore: dbScore
            }
    }
```

（4）将页面读取到的成绩记录保存到本地。

```
/*
 * 添加存储到 localStorage
 * @param {type} dataItem

 * @returns {Boolean}
 */
this.saveToLocal = function (dataItem) {
//检查学号是否重复
    if (localStorage.length > 0) {
        if (localStorage.getItem(dataItem.id)) {
            showInfo('学生成绩不能重复添加！', '');
            return false;
        } else {
            localStorage.setItem(dataItem.id, JSON.stringify(dataItem));
            //刷新输出到列表
            this.showList();
        }
    } else {
        localStorage.setItem(dataItem.id, JSON.stringify(dataItem));
        //数显输出到列表
        this.showList();
    }
}
```

（5）读取本地学生成绩数据展示到列表。

```
/*
 * 刷新列表
 * @returns {undefined}
 */
this.showList = function () {
    if (localStorage.length > 0) {
        var str = '';
        var i = 0;
        for (var key in localStorage) {
            if (localStorage.hasOwnProperty(key)) {
                console.log(key);
                var dataItem = JSON.parse(localStorage.getItem(key));
                var addClass = '';
```

```
                if (i % 2 != 0) {
                    addClass = '';
                } else {
                    addClass = 'gradeContentOdd';
                }
                str += '<div class="gradeContent ' +
                addClass + '"><span class="studentID">' +
                dataItem.id + '</span><span class="studentName">' +
                dataItem.name + '</span><span class="studentSex">' +
                (dataItem.sex == 1 ? "男" : "女") +
                '</span><span class="studentMajor">' +
                dataItem.major +
                '</span><span class="studentLesson">' +
                dataItem.webScore +
                '</span><span class="studentLesson">' +
                dataItem.osScore +
                '</span><span class="studentLesson">' +
                dataItem.netScore +
                '</span><span class="studentLesson">' +
                dataItem.dbScore +
                '</span><span class="studentSex" style="cursor:pointer;" onclick="delItem(this)" key="' +
                dataItem.id +'">删除</span></div>';
            i++;
        }
    }
    $('#showGrade').html(str);
    } else {
        $('#showGrade').text('暂无成绩信息，请手动录入！');
    }
}
```

（6）删除列表中的数据项，并更新本地存储。具体如下所示：

```
/*
 * 删除数据记录
 * @param {type} self
 * @returns {undefined}
 */
function delItem(self){
    var key = $(self).attr('key');
    localStorage.removeItem(key);
    var actionObj = new addDataObj();
    actionObj.showList();
}
```

（7）提交本地数据保存到数据库。

使用 JavaScript 处理程序，具体如下所示：

```
/*
 * 提交保存到数据库
 * @returns {undefined}
 */
function commit() {
    var dataSave = [];
    for (var key in localStorage) {
```

```
                if (localStorage.hasOwnProperty(key)) {
                    dataSave.push(JSON.parse(localStorage.getItem(key)));
                }
            }
            if (dataSave.length > 0) {
                $.post('savescore.php?action=update', {
                    data: dataSave
                }, function (data) {
                    switch (data) {
                        case '1':
                            var actionObj = new addDataObj();
                            actionObj.showList();
                            showInfo('保存成功！', '');
                            break;
                        case '-1':
                            showInfo('保存失败！', '');
                            break;
                    }
                })
            }
        }
```

使用 PHP 处理程序，具体如下所示：

```php
<?php
/*
* 更新数据
*/
function insertData() {
    $data = isset($_POST['data']) ? $_POST['data'] : array();
    $insertData = true;
    $deleteData = true;
    $connect = mysqli_connect($this->dbinfo['host'], $this->dbinfo['user'], $this->dbinfo['password'], $this->dbinfo['db'], $this->dbinfo['port']);
    mysqli_query($connect, "set names utf8");
    //获取数据库记录
    $arrAssoc = $this->db_fetch_row('select UserID as userID from scoreList');
    $arrID = array();
    $arrNewID = array();
    //提交的数据项 ID
    foreach ($arrAssoc as $key => $item) {
        $arrID[] = $item['userID'];
    }
    $sqlAdd = '';
    $idTodelete = array();
    foreach ($data as $key => $item) {
        $arrNewID[] = $item['id'];
        if (!in_array($item['id'], $arrID)) {
            //插入
            if ($sqlAdd == '') {
                $sqlAdd.='';
            } else {
                $sqlAdd.=',';
            }
            $sqlAdd .='(' . $item['id'] . ', "' . $item['name'] . '", ' . $item['sex'] . ', "' . $item['major'] . '", ' . $item['webScore'] . ', ' . $item['osScore'] . ', ' . $item['netScore'] . ', ' . $item['dbScore'] . ')';
```

```php
        } else {
            //待更新条目
            $sqlUpdate = 'update scoreList set Name="' . $item['name'] . '", Sex=' . $item['sex'] . ', Major="' .
$item['major'] . '", WebScore=' . $item['webScore'] . ',  OsScore=' . $item['osScore'] . ', NetScore=' . $item['netScore'] . ',
DBScore=' . $item['dbScore'] . ' where UserID=' . $item['id'];

            mysqli_query($connect, $sqlUpdate);
        }
    }
    $arrIDToDelete = array_diff($arrID, $arrNewID);
    //数据库中要删除的账号
    $arrIDToInsert = array_diff($arrNewID, $arrID);
    //插入操作
    if (count($arrIDToInsert) > 0) {
        $sqlInsert = 'insert into scoreList (UserID, Name, Sex, Major, WebScore, OsScore, NetScore, DBScore)
values ' . $sqlAdd . ';';
        $insertData = $connect->query($sqlInsert);
    }
    //删除操作
    if (count($arrIDToDelete) > 0) {
        $sqlDelete = 'delete from scoreList where UserID in (' . implode(',', $arrIDToDelete) . ');';
        $deleteData = mysqli_query($connect, $sqlDelete);
    }
    if ($insertData && $deleteData) {
        echo 1;
    } else {
        echo -1;
    };
}
?>
```

第 21 章
地理定位

　　假如知道了用户的位置信息，Web 应用可以为用户指引方向、提出建议、显示周围区域的人员等，这将大大改善用户的 Web 体验。在传统的 Web 时代，想要提供这样的地理定位服务，总是需要添加很多的设备和应用，实现起来十分复杂。

　　HTML5 提供了 Geolocation API 的地理定位支持，Web 应用可以很容易地在页面中得到浏览者的位置信息。我们将在本章学习 HTML5 Geolocation API 位置信息的来源、获取途径、地理定位隐私保护等内容，学习之后我们将深入探讨 HTML5 地理定位的实际应用。

21.1 常见地理定位方式

21.1.1 IP 定位

IP 定位是过去很长一段时间获取用户位置信息的常用方式，但是基于 IP 地址的地理定位返回的位置信息通常并不准确。IP 定位的实现原理是：自动查找用户的 IP 地址，然后检索其注册的物理地址。如果用户的 IP 地址是 ISP（互联网服务提供商）提供的，则其位置往往就由服务提供商的物理地址决定，因此其定位信息可能距用户位置还有很长一段距离。

IP 定位优点是任何地方都可用、在服务器端处理，其缺点也很明显：不准确（经常出错，一般只能精确到城市级别）、运算代价高（在服务器端处理）。

21.1.2 GPS 定位

GPS（Global Positioning System，全球定位系统）通过收集运行在地球周围的多个 GPS 卫星信号实现地理定位。通过 GPS 定位可以获得详细的位置数据，包括高度、速度和朝向信息等，但其依赖于 GPS 且响应时间可能会比较长，无法快速得到定位信息，此外 GPS 还很耗电。

21.1.3 Wi-Fi 定位

Wi-Fi 定位通常是指使用一个或多个 Wi-Fi 接入点完成三角定位，其通过计算用户当前位置与已知的多个 Wi-Fi 接入点的距离，实现地理定位。Wi-Fi 定位比较准确、可在室内使用、可以简单快捷定位，但是仅适合于静态定位（用户位置保持不变），并且在郊区、偏远地区这些无线接入点较少的地区定位效果不是很好。

21.1.4 手机基站定位

基于手机基站的地理定位是通过用户到电信运营商基站的三角距离确定的，基站越多定位就越准确，这种定位方法可能很准确（依据电信运行商基站数量而定），在室内也能使用，而且相较 GPS 要快速得多。缺点也很明显：如果你的位置很偏避，附近只有一个基站，则定位的精度就会出现很大的偏差。

21.2 使用 HTML5 实现地理定位

HTML5 的 Geolocation API 能够很好地解决地理定位问题，它能快速定位用户的位置信息，W3C 定义了地理位置应用编程接口的标准规范，该规范定义了获取相关设备所提供的地理位置信息的编程接口，这些位置信息的常见来源包括全球定位系统（GPS），以及通过诸如 IP 地址、RFID、Wi-Fi、蓝牙的 MAC 地址和 GSM/CDMA 手机 ID 的网络信号所作的推断。

21.2.1　浏览器支持性检查

Geolocation 是 HTML5 规范的一部分，目前所有的主流浏览器都支持使用 Geolocation API 实现地理定位，W3C 组织为 Geolocation 制定的接口定义如下所示：

```
[NoInterfaceObject]
interface Geolocation {
    void getCurrentPosition(PositionCallback successCallback,
                            optional PositionErrorCallback errorCallback,
                            optional PositionOptions options);
    long watchPosition(PositionCallback successCallback,
                            optional PositionErrorCallback errorCallback,
                            optional PositionOptions options);
    void clearWatch(long watchId);
};
callback PositionCallback = void (Position position);
callback PositionErrorCallback = void (PositionError positionError);
```

开发人员在使用 Geolocation API 之前，需要先检查浏览器是否支持所需的定位功能，这样在浏览器不支持时，可以提示用户升级浏览器或者安装插件等，保障良好的用户体验。可以通过下面的代码检查浏览器支持情况：

```
function checkLocation() {
    if (navigator.geolocation) {
        //浏览器支持 geolocation
        alert("浏览器支持地理定位!");
    } else {
        //浏览器不支持 geolocation
        alert("浏览器不支持地理定位，请升级浏览器!");
    }
}
```

在浏览器中访问该页面，执行 checkLocation()函数，如果浏览器支持 HTML5 的地理定位，将弹出框显示"浏览器支持地理定位"；否则将提示"浏览器不支持地理定位，请升级浏览器!"。

checkLocation 函数测试了浏览器对定位的支持情况，其通常是在页面加载时调用。如果浏览器支持地理定位，则 navigator.geolocation 调用将返回该对象；否则触发错误提示。

21.2.2　位置请求

Geolocation 目前只有两种类型的位置请求：单次定位请求和重复位置更新请求。

（1）单次定位请求。

单次定位请求只请求用户地理位置信息一次，使用 getCurrentPosition 方法可以得到用户地理位置信息，其调用方法为：

```
navigator.geolocation.getCurrentPosition(onSuccess, onError, options);
```

1）onSuccess 为浏览器成功获得地理定位信息时调用的函数。因为获取定位信息可能需要较长的时间，为防止在检索位置时浏览器被锁定，或者被暂停（需等待用户同意后才能获得地理位置信息），可在这个函数中进行相应的处理，所以这个函数参数十分重要，它是得到定位信息并进行处理的地方。

2）onError 是出错处理函数，为可选参数。位置请求可能会因为一些因素而失败，需要为此进行容错处理并进行提示，下文将详细介绍出错处理方式。

3）options 是可选参数，用来调整 HTML5 Geolocation 服务的数据收集方式，其具体声明方式将在本小节的后面进行详细介绍。

浏览器获取地理位置成功时调用的函数代码如下所示：

```
//成功时
function onSuccess(position) {
    //获取成功时的处理

}
```

在获取地理位置信息成功时，执行的回调函数中用到了参数 position，它代表一个 position 对象，通过访问 position 对象的属性即可得到地理位置信息，position 主要具有如下属性：

1）latitude：当前地理位置的纬度。

2）longitude：当前地理位置的经度。

3）altitude：当前地理位置的海拔高度，未获取到时为 null。

4）accuracy：获取到的纬度/经度的精度，以 m 为单位。

5）altitudeAccuracy：获取到的海拔高度精度，以 m 为单位，未获取到时为 null。

6）heading：设备的前进方向，用面朝正北方向的顺时针旋转角度表示，未获取到时为 null。

7）speed：设备的前进速度，以 m/s 为单位，未获取到时为 null。

8）timestamp：获取地理位置时的时间。

案例 21-01：展示 position 属性信息

```
<!doctype html>
<html>
<head>
<meta charset="utf-8">
<meta content="展示 position 属性信息">
<title>展示 position 属性信息</title>
</head>
<body>
</body>
<script type="text/javascript">
    function getLocation() {
        if (navigator.geolocation) {
            //浏览器支持 geolocation
            navigator.geolocation.getCurrentPosition(onSuccess);
        } else {
            //浏览器不支持 geolocation
            alert("浏览器不支持地理定位，请升级浏览器!");
        }
    }
    //成功时
    function onSuccess(position) {
        //返回用户位置
        //经度
        var longitude = position.coords.longitude;
        //纬度
        var latitude = position.coords.latitude;
        var str = "经度：" + longitude + ",<br>纬度：" + latitude + ",<br>海拔高度：" + position.coords.altitude +
",<br>纬度/经度的精度：" + position.coords.accuracy + ",<br>海拔高度的精度：" + position.coords.altitudeAccuracy +
",<br>前进方向：" + position.coords.heading + ",<br>速度：" + position.coords.speed + ",<br>获取时间：" +
position.timestamp;
        document.write(str);
```

```
        }
        getLocation();
    </script>
    </html>
```

position 主要包含坐标（coords 属性）和一个获取位置信息的时间戳，在实际应用中并不一定需要时间戳，重要的位置数据都包含在了 coords 属性中。

（2）重复位置更新请求。

使用 watchPosition 方法可以持续获取用户的当前地理位置信息，它会定期自动获取，该方法定义如下所示：

```
navigator.geolocation.watchPosition(onSuccess, onError, options);
```

该方法的三个参数均与 getCurrentPosition 方法的参数说明和使用方法相同。只要用户位置发生变化，Geolocation 服务就会调用 onSuccess 函数，它的效果就像是程序在监视用户的位置，并在其发生变化时及时通知用户一样。

该方法返回一个数字，这个数字的使用方法与 JavaScript 脚本中的 setInterval 方法的返回参数使用方法类似，可被 clearWatch 方法使用，停止当前地理位置信息的不断更新。

（3）停止获取位置信息。

使用 clearWatch 方法可以停止当前用户的地理位置信息监视，其使用方法如下所示：

```
navigator.geolocation.clearWatch(watchID);
```

该方法的参数为调用 watchPosition 方法监视地理位置信息时返回的参数，比如使用下面的持续获取用户的当前地理位置信息方法：

```
var watchID = navigator.geolocation.watchPosition(onSuccess, onError, options);
```

则可以使用 navigator.geolocation.clearWatch(watchID)停止获取位置信息。

（4）处理地理定位错误信息。

因为位置计算服务很可能出错，所以对于 HTML5 Geolocation 应用程序来说错误处理非常重要。HTML5 Geolocation API 定义了所有需要处理的错误情况的错误编号。错误编号设置在错误对象中，错误对象通过 code 参数传递给错误处理程序，错误编号主要有：

1）PERMISSION_DENIED（错误编号 1）：用户选择拒绝浏览器获取其位置。

2）POSITION_UNAVAILABLE（错误编号 2）：尝试获取用户位置数据失败。

3）TIMEOUT（错误编号 3）：尝试确定用户位置超时。

在这些情况下，可以让用户知道程序运行出现了问题，从而在获取失败或请求超时的时候可以重试。处理地理定位错误信息代码如下：

```
function onError(error) {
    switch (error.code) {
        case error.PERMISSION_DENIED:
            alert("用户拒绝对获取地理位置的请求");
            break;
        case error.POSITION_UNAVAILABLE:
            alert("尝试获取用户位置数据失败");
            break;
        case error.TIMEOUT:
            alert("请求用户地理位置超时");
            break;
```

```
    }
}
```

访问 error 对象的 code 参数可以得到错误编号，从而进行相应的提示。

（5）指定请求选项。

请求选项 options 是可选参数，用来调整 HTML5 Geolocation 服务的数据收集方式，其声明方式如下所示：

```
var options = {
    enableHighAccuracy: true,
    timeout:10000
}
```

options 主要由 enableHighAccuracy、timeout 和 maximumAge 三个可选参数组成，将这三个参数传递给 HTML5 Geolocation 服务以调整数据收集方式，这三个参数可以使用 JSON 对象传递，这样便于添加到 HTML5 Geolocation 请求应用中。

enableHighAccuracy：布尔值，如果选择启用，则将通知浏览器启用 HTML5 Geolocation 服务的高精确度模式，默认值为 false。启用该参数之后，可能会导致机器花费更多的时间和资源来确定位置，所以请谨慎使用。

timeout：数值，单位为 ms，告诉浏览器计算当前位置所允许的最长时间，如果在限制时间内未完成定位，就会调用错误处理程序，默认值为 Infinity，即无限制一直执行。

maximumAge：数值，单位为 ms，表示浏览器重新计算位置的时间间隔，默认值为 0，这意味着浏览器每次请求时必须立即重新计算位置。

在这里我们需要注意的是，千万不要混淆 timeout 和 maximumAge 的概念。timeout 是指计算位置数据所用的时间，而 maximumAge 涉及计算位置数据的频率，任何超过 timeout 的单次计算时间，都会触发错误函数，但是如果浏览器没有在 maximumAge 设定的时间内更新数据，它就必须重新获取。

21.2.3　隐私保护

访问使用 HTML5 Geolocation API 的页面时，会触发隐私保护机制，浏览器会弹出提示框询问是否允许网站获取你的位置。执行 HTML5 Geolocation 代码时会触发这一机制，如果仅仅是添加了 HTML5 Geolocation 代码而未执行，则不会触发隐私保护机制。

除了询问用户是否允许共享其位置之外，Firefox 等浏览器还可以让用户选择是否记住该网站的位置服务权限，以便下次访问的时候不再弹提示框，类似于记住密码。需要特别注意的是，如果想要使用 HTML5 Geolocation 的地理定位服务，必须将开发的页面通过 Web 服务器发布出来，并且发布之后必须选择 https 协议，才能获取到用户的地理位置信息。

21.3　案例：使用百度地图展示当前位置

（1）简介。

本例通过 HTML5 Geolocation API 接口获取用户地理位置信息，并通过百度地图将其当前位置展示出来。

（2）实现代码。

浏览器访问该页面，询问用户是否授权获取地理位置，用户同意后，页面将加载百度地图，展示用户当前地理位置。

案例 21-02：使用百度地图展示当前位置 🜨 🜨 🄾 🜨 ℮

```
<!doctype html>
<html>
<head>
<meta charset="utf-8">
<meta content="使用百度地图展示当前位置">
<meta name="viewport" content="initial-scale=1.0, user-scalable=no">
<title>使用百度地图展示当前位置</title>
<script type="text/javascript" src="https://api.map.baidu.com/api?v=2.0&ak=申请的 AK&s=1"></script>
<style type="text/css">
    body, html, #allmap { width: 100%; height: 100%; overflow: hidden; margin: 0;}
</style>
</head>
<body>
<div id="allmap"></div>
</body>
<script type="text/javascript">
    function getLocation() {
        var options = {
            timeOut: 10000
        }
        if (navigator.geolocation) {
            //浏览器支持 geolocation
            navigator.geolocation.getCurrentPosition(onSuccess, onError, options);
        } else {
            //浏览器不支持 geolocation
            alert("浏览器不支持地理定位，请升级浏览器!");
        }
    }
    //成功时调用函数
    function onSuccess(position) {
        //经度
        var longitude = position.coords.longitude;
        //纬度
        var latitude = position.coords.latitude;
        //加载百度地图
        var map = new BMap.Map("allmap");
        var point = new BMap.Point(longitude, latitude);
        map.centerAndZoom(point, 15);
        //创建定位图标
        var pt = new BMap.Point(longitude, latitude);
        var myIcon = new BMap.Icon("point.png", new BMap.Size(22, 33));
        var marker2 = new BMap.Marker(pt, { icon: myIcon });   // 创建标注
        map.addOverlay(marker2);                    // 将标注添加到地图中
        map.enableScrollWheelZoom(true);         //开启鼠标滚轮缩放
    }
    function onError(error) {
        switch (error.code) {
            case error.PERMISSION_DENIED:
                alert("用户拒绝对获取地理位置的请求");
```

```
                        break;
            case error.POSITION_UNAVAILABLE:
                alert("尝试获取用户位置数据失败");
                break;
            case error.TIMEOUT:
                alert("请求用户地理位置超时");
                break;
        }
    }
    getLocation();
</script>
</html>
```

调用百度地图 API 时使用 https 协议进行调用，申请百度地图之后即可得到 ak 参数。

21.4 案例：使用百度地图展示运动轨迹

（1）简介。

本例使用 HTML5 Geolocation API 监视用户地理位置信息，通过获取用户地理位置信息，从而得到其运动轨迹。

（2）实现代码。

页面使用前面讲解过的 jQuery Mobile 构建，初次加载时展示其当前位置信息，单击"开始"按钮，浏览器开始监视用户地理位置信息，并实时更新至百度地图中，绘制成运动轨迹；单击"结束"按钮即停止监视，不再绘制运动轨迹。

案例 21-03：使用百度地图展示运动轨迹 ⓒ ⓑ ⓘ ⓡ ⓔ

```
<!doctype html>
<html>
<head>
<meta charset="utf-8">
<meta name="viewport" content="width=device-width,initial-scale=1">
<title>使用百度地图展示运动轨迹</title>
<link rel="stylesheet" href="css/jquery.mobile.css">

<script type="text/javascript" src="https://api.map.baidu.com/api?v=2.0&ak=申请的 AK&s=1"></script>
<script type="text/javascript" src="jquery/jquery.js"></script>
<script type="text/javascript" src="jquery/jquery.mobile.js"></script>
<style type="text/css">
    #allmap { width: 100%; height: 400px; overflow: hidden; margin: 0;}
</style>
</head>
<body>
    <div data-role="page">
        <div data-role="header" data-theme="a">
            <h1>使用百度地图展示运动轨迹</h1>
        </div>
        <input type="button" value="开始" onclick="watchLocation()">
        <input type="button" value="结束" onclick="endLocation()">
        <div data-role="content" id="allmap">
```

扫描看效果

```
            </div>
        </div>
</body>
<script type="text/javascript">
        //地理位置获取参数
        var options = {
                timeOut: 10000
        }
        var watchID;
        var map;
        var points = [];//原始点信息数组
        var bPoints = [];//百度化坐标数组。用于更新显示范围
        //得到当前位置
        function getLocation() {
                if (navigator.geolocation) {
                        //浏览器支持 geolocation，得到当前位置
                        watchID = navigator.geolocation.getCurrentPosition(getSuccess, onError, options);
                } else {
                        //浏览器不支持 geolocation
                        alert("浏览器不支持地理定位，请升级浏览器!");
                }
        }
        //得到当前位置信息，触发函数
        function getSuccess(position) {
                //经度
                var longitude = position.coords.longitude;
                //纬度
                var latitude = position.coords.latitude;
                // 百度地图 API 功能
                map = new BMap.Map("allmap");
                var point = new BMap.Point(longitude, latitude);
                map.centerAndZoom(point, 15);
                map.enableScrollWheelZoom(true);          //开启鼠标滚轮缩放
        }
        //监视位置信息
        function watchLocation() {
                if (navigator.geolocation) {
                        //浏览器支持 geolocation，监视位置
                        watchID = navigator.geolocation.watchPosition(onSuccess, onError, options);
                } else {
                        //浏览器不支持 geolocation
                        alert("浏览器不支持地理定位，请升级浏览器!");
                }
        }
        //监视位置信息，触发函数
        function onSuccess(position) {
                //经度
                var longitude = position.coords.longitude;
                //纬度
                var latitude = position.coords.latitude;
                //增加点到百度地图
                var makerPoints = [];
                var newLinePoints = [];
                var len;
                var point = { "lng": longitude, "lat": latitude, "status": 1, "id": getRandom(1000) }
```

```
            makerPoints.push(point);
            addMarker(makerPoints);        //增加对应该的轨迹点
            points.push(point);
            bPoints.push(new BMap.Point(longitude, latitude));
            len = points.length;
            newLinePoints = points.slice(len - 2, len);//画线。

            addLine(newLinePoints);//增加轨迹线
            setZoom(bPoints);
        }
        //获取随机数
        function getRandom(n) {
            return Math.floor(Math.random() * n + 1)
        }
        //在轨迹点上创建图标，显示轨迹点信息。points,数组。
        function addMarker(points) {
            var pointsLen = points.length;
            if (pointsLen == 0) {
                return;
            }
            var myIcon = new BMap.Icon("trach.png", new BMap.Size(5, 5), {
                offset: new BMap.Size(5, 5)
            });
            //创建标注对象并添加到地图
            for (var i = 0; i < pointsLen; i++) {
                var point = new BMap.Point(points[i].lng, points[i].lat);
                var marker = new BMap.Marker(point, { icon: myIcon });
                map.addOverlay(marker);
            }
        }

        //添加线
        function addLine(points) {

            var linePoints = [], pointsLen = points.length, i, polyline;
            if (pointsLen == 0) {
                return;
            }
            //创建标注对象并添加到地图
            for (i = 0; i < pointsLen; i++) {
                linePoints.push(new BMap.Point(points[i].lng, points[i].lat));
            }
            polyline = new BMap.Polyline(linePoints, { strokeColor: "red", strokeWeight: 2, strokeOpacity: 0.5 });
//创建折线
            map.addOverlay(polyline);        //增加折线
        }
        //根据点信息实时更新地图显示范围
        function setZoom(bPoints) {
            var view = map.getViewport(eval(bPoints));
            var mapZoom = view.zoom;
            var centerPoint = view.center;
            map.centerAndZoom(centerPoint, mapZoom);
        }
        function onError(error) {
            switch (error.code) {
                case error.PERMISSION_DENIED:
                    alert("用户拒绝对获取地理位置的请求");
```

```
                    break;
                case error.POSITION_UNAVAILABLE:
                    alert("尝试获取用户位置数据失败");
                    break;
                case error.TIMEOUT:
                    alert("请求用户地理位置超时");
                    break;
            }
        }
        //结束运动轨迹追踪
        function endLocation() {
            navigator.geolocation.clearWatch(watchID);
        }
        //初始化加载当前位置
        getLocation();
    </script>
</html>
```

两个案例的代码页面均需通过 Web 服务器以 HTTPS 协议发布出来，因此百度地图引用也需使用 HTTPS 协议进行调用，如何使用 Web 服务器发布网站，在后续章节中进行讲解。

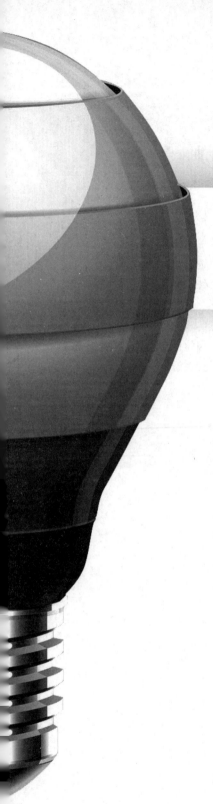

第22章

Web 测试

　　随着 Web 及其应用程序的普及，各类基于 Web 的应用程序以其方便、快速、易操作等特点，成为软件开发的趋势。同时，随着需求量与应用领域的不断扩大，对 Web 应用软件的正确性、有效性和安全性等方面都提出了越来越高的要求，如何对 Web 应用程序进行有效并系统的测试逐渐成为人们研究的重要课题。

　　本章介绍 Web 测试的基本内容、目的、方法和常见的测试软件，帮助 Web 开发者通过测试提升 Web 性能和安全性。

22.1　概述

Web 以其广泛性、交互性和易用性等特点风靡全球，网页数量呈指数级增长。如何吸引尽可能多的用户长时间地关注是网站追求的主要目标，也是衡量一个网站是否成功的主要指标。通过 Web 测试可以优化 Web 前端性能，提高 Web 前端的可用性与安全性。因此，Web 测试是 Web 应用开发过程中的重要环节。

Web 具有分布、异构、并发和平台无关的特性，因此 Web 测试要比普通程序的测试更为复杂，需要进行多方位、多角度的测试。

22.1.1　什么是 Web 测试？

Web 测试属于软件测试的范畴，是针对 Web 服务特征进行的软件测试工作。由于 Web 应用与用户直接相关，通常需要承受长时间的大量操作，因此需要对 Web 项目开展全面测试，保障 Web 项目功能和性能的可靠性。

Web 测试的难点在于 Internet 和 Web 媒体的不可预见性，例如：测试人员无法判断用户的网络接入状况、浏览器、操作系统、计算机类型、配置信息、所处的国家和地区、语言、个人文化、宗教信仰等，这样就使得 Web 测试变得更加困难。

22.1.2　测试内容

通常 Web 测试可以分为以下六部分内容：

（1）功能测试。

功能测试是对 Web 具体功能进行测试，主要包括链接测试、表单测试、数据验证测试、Cookies 测试、Web 支持系统测试、特定功能流程测试等。

（2）性能测试。

性能测试是对 Web 在高并发、高压力下服务情况的测试，主要包括连接速度测试、负载测试、压力测试等。

（3）用户界面测试。

用户界面测试主要是对 Web 的 UI 测试，确保用户访问的 UI 能够正常传递 Web 信息，主要包括导航测试、图形测试、动画测试、内容测试、交互测试等。

（4）兼容性测试。

兼容性测试主要是针对 Web 访问者的不可预见性而进行的测试，从而确保任意用户在任何地方通过多终端均能够正常访问 Web，主要包括操作系统兼容性测试、浏览器兼容性测试、分辨率兼容性测试、以太网接入环境兼容性测试、多智能终端兼容性测试、多语言支持测试等。

（5）安全测试。

安全测试主要对 Web 安全性和表单安全性进行测试，从而保障 Web 能够稳定地提供服务，主要包括传输安全、表单安全、日志安全、脚本安全、业务接口安全等方面的测试。

（6）接口测试。

Web 通常会有许多对外部服务的调用。例如位置服务的 Web 会有对 Google、百度等地图的调用，电子商务网站会有对信用卡、支付网关的调用等。Web 对外部数据接口调用要进行全面测试，以保障业务可用性和安全性。

22.1.3　测试目的

Web 应用因其复杂的结构特点和不可预见的媒介特征，导致故障原因与分布较为复杂，要发现、分析、排除故障通常需要进行多方面的测试。

Web 测试不但需要检查和验证 Web 应用是否按照设计的要求运行，还要测试 Web 应用在不同终端的显示是否正常、可用、安全等。

Web 测试目的主要有以下几个方面：

（1）验证 Web 需求和功能是否得到完整实现，在正常和非正常情况下的功能显示状态。

（2）发现 Web 的缺陷、错误，进而较为准确地推测出 Web 应用潜在的缺陷数，获取 Web 应用的质量信息。

（3）根据当前发现的问题进行分析，为下一步开发提供支持。

（4）发现影响用户使用的错误，预防用户访问或使用时可能出现的问题。

（5）通过测试结果数据、测试问题记录等数据，了解并分析 Web 应用存在的问题，提高 Web 开发效率。

（6）验证 Web 是否可以发布并使用。

22.2　用户界面测试

用户界面测试（User interface testing），简称 UI 测试，测试用户界面的功能模块的布局是否合理、整体风格是否一致、各个控件的放置位置是否符合客户使用习惯，更重要的是要符合用户操作便捷、导航简单易懂、界面文字正确、命名统一规范、页面美观大方、图文排版整洁等基本要求。

界面是软件与用户交互的最直接的层，界面的好坏决定用户对软件的第一印象。界面测试的目标在于确保用户界面向用户提供了适当的访问和浏览测试对象功能的操作。界面测试主要包括导航测试、图形测试、内容测试和整体界面测试。

22.2.1　导航测试

对 Web 应用系统导航易用性判断，包括导航是否直观、Web 系统的主要部分是否可通过主页存取、Web 系统是否需要站点地图、搜索引擎或其他的导航帮助等。

Web 应用系统导航设计要尽可能准确，页面结构、导航、菜单、链接的风格要一致。

22.2.2　图形测试

在 Web 应用系统中，适当的图片和动画既能起到宣传的作用，又能起到美化页面的作用。一个 Web 应用系统的图形可以包括图片、动画、边框、颜色、字体、背景、按钮等。图形测试的内容有以下五个方面：

（1）确保图形有明确的用途，图片或动画不能胡乱地堆在一起。Web 应用系统的图片尺寸要尽量小，并且要能清楚地说明某件事情，一般都链接到某个具体的页面。

（2）验证所有页面字体的风格是否一致。

（3）背景颜色应该与字体颜色和前景颜色相搭配。

（4）图片大小和质量是很重要的因素，一般采用 JPG、PNG 压缩。

（5）需要验证的文字与图片的混排是否正确。例如：说明文字指向右边的图片，应该确保该图片出现在右边。

22.2.3　内容测试

内容测试用来检验 Web 应用系统所提供信息的正确性、准确性和相关性。

22.2.4　整体界面测试

整体界面是指整个 Web 应用系统的页面结构设计，是给用户的一个整体感。例如：当用户浏览 Web 应用系统时是否感到舒适，是否凭直觉就知道要找的信息在什么地方、整个 Web 应用系统的设计风格是否一致等。

对整体界面的测试过程，其实就是一个对最终用户进行调查的过程。一般 Web 应用系统采取在主页上做调查问卷的形式，来得到最终用户的反馈信息。

对所有的用户界面测试来说，都需要有外部人员（与 Web 应用系统开发没有联系或联系很少的人员）的参与，最好是最终用户的参与。

22.3　兼容性测试

兼容性测试是指被测项目在不同的应用软件间、不同的操作系统平台、不同网络环境中能否很好地运行测试。Web 兼容性测试主要分为平台兼容性测试、浏览器兼容性测试、分辨率兼容性测试等。

22.3.1　平台兼容性测试

（1）基本原理。

市场上操作系统类型很多，最常见的有 Windows、UNIX、Mac、Linux 等。Web 开发者需要保障的是 Web 应用能够在所有用户的不同运行环境中都是完整的，因此需要在不同平台不同浏览器下进行测试。

（2）测试目的。

平台兼容性测试的主要目的是被测项目能否在不同的操作系统平台上正常运行，包括同一操作系统平台的不同浏览器版本上正常运行。

（3）案例：使用 BrowserShots 完成平台兼容性测试。

1）简介。

BrowserShots 是一款免费在线测试工具，能够模拟不同操作系统平台下不同浏览器对被测网页的访问，并提供网页访问截图，为开发者提供了一个方便的途径来测试网站在不同浏览器下的兼容性，如图 22-1 所示。

图 22-1　BrowserShots 界面

BorwserShots 的官方网站为 http://browsershots.org。

2）使用 BrowserShots 进行平台兼容性测试。

在需要提交的表单框内输入需要测试的网址，如 http://www.hactcm.edu.cn，同时选择 Linux、Windows、Mac 下的 FireFox 38.0 浏览器进行测试，提交的网址会被加入到一个任务队列，BrowserShots 使用一群分布式的计算机在浏览器里打开网站，然后将访问截图提供给开发者浏览以查找网页在不同平台下的兼容性错误，如图 22-2 所示。

图 22-2　BrowserShots 测试结果

22.3.2　浏览器兼容性测试

（1）基本原理。

浏览器是 Web 客户端最核心的构件，不同厂商的浏览器对 HTML 标签（如表格间距、框架处理）、CSS 样式表（如编写规范）、JavaScript（网页元素名称、方法名称等）、ActiveX 控件、浏览器插件 plug-ins 和安全性等有着不同程度的支持。

（2）测试目的。

浏览器兼容性测试主要是在不同的浏览器环境下对 Web 应用的显示做测试，保证用户不管采用何种浏览器，都能够正确地访问 Web 应用。

（3）案例：使用 Microsoft Expression Web SuperPreview 进行浏览器兼容性测试

本案例以 Microsoft Expression Web SuperPreview 在 Windows 7 上的安装与使用为例进行说明，Microsoft Expression Web SuperPreview 可通过官方网站（http://www.microsoft.com）获得试用版本。

1）简介。

SuperPreview 是一个用来观察网页在不同浏览器中的显示效果，并帮助检测发生显示异常的原因的工具软件，如图 22-3 所示。

图 22-3　Microsoft Expression Web SuperPreview 界面

2）下载安装。

双击下载好的安装程序，开始安装，并接受 Microsoft 软件许可协议，选择软件安装位置后进行安装，如图 22-4 所示。

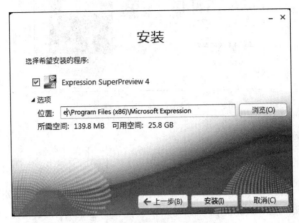

图 22-4　选择软件安装位置

3）使用 Microsoft Expression Web SuperPreview 进行浏览器兼容性测试

同时选择 IE8 和 IE7 对网站 http://www.hactcm.edu.cn 进行测试，在窗口中并排显示两个不同的测试结果，如图 22-5 所示。

图 22-5　SuperPreview 测试结果

22.3.3　分辨率兼容性测试

（1）基本原理。

由于用户终端设备的不同，用户环境的分辨率也不相同，而分辨率对 Web 页面的展示效果影响很大，不同大小的分辨率会使页面排版、字体样式等的显示显著不同。

（2）测试目的。

测试目的为分辨率是否会影响 Web 应用的正常显示，并为页面的优化提供依据与建议，最终提升 Web 应用的整体表现，提高用户体验满意度。

（3）案例：使用 TestSize 进行分辨率测试。

1）简介。

TestSize 是免费的在线测试工作，可以模拟不同分辨率来查看 Web 的显示效果。

2）使用 TestSize 进行网页分辨率测试。

打开 TestSize 网站，在表单内输入需要测试的 Web 应用的 URL 地址，选择需要测试的分辨率，或者可以根据需求手动输入分辨率值，TestSize 会根据设定的分辨率标准进行测试，如图 22-6 所示。

图 22-6　使用 TestSize 测试网页分辨率

TestSize 的官方网站为 http://testsize.com。

22.4　功能测试

功能测试就是结合规格说明的要求，保证功能上正确无误，其内容包括 HTML 语法检查、链接检查、表格测试、发送请求以及接受服务回传信息的处理等。

根据测试要求的难易程度的不同，功能测试又可分为简单功能测试、任务特征测试、边界测试、强制错误情况测试、探测性测试等，以确保不同层次上的网站或网络应用程序运行的质量。简单功能测试主要做一些链接可达性的检查工作；任务特征测试是根据任务的交互性、不确定性等不同特征，进行有针对性的测试；边界测试是在输入数据域的边界抽取数据进行测试；强制错误情况测试是根据设计时的规格说明，人为输入明显错误的数据，然后观测系统的运行情况，主要测试系统的容错性；探测性测试就是边设计边执行测试，试探性地前进几步并及时调整。

网站功能测试相对于其他类型测试需要的测试环境要素相对较少，所占用的测试资源也相对较少，只要需求文档明确定义各项功能即可，本书仅介绍链接测试的内容。

（1）基本原理。

链接是 Web 应用系统的一个主要特征，它是在页面之间切换和指导用户访问其他地址页面的主要手段。链接测试可分为以下三个方面：

1）测试所有链接是否按指示的那样确实链接到了该链接的页面。

2）测试链接目标的页面是否存在。

3）保证 Web 应用系统上不存在孤立页面，所谓孤立页面是指没有任何链接指向该页面。

链接测试必须在集成测试阶段完成，即在整个 Web 应用系统的所有页面开发完成之后进行链接测试。

链接测试要注意以下几点：

1）链接有站内站外之分。在测试环境中，有时站外链接总是不能访问的，因此要区分哪些链接失败是 Bug，哪些是测试环境的限制。

2）表单链接是一种特殊的链接，要确认它传输的参数是否正确。

3）有些链接是客户端程序生成或者控制的，甚至是动态的。这类链接的测试最好在测试客户端程序时进行。

保证 Web 应用系统的完整性和可靠性，必须对它所有页面的链接情况用穷举法来测试。如果手工测试工作量大且枯燥，需要考虑采用自动化测试工具完成测试工作。

（2）测试目的。

对网站进行链接测试，可保证页面链接正常连接到指示文件，提高页面的安全性和加载效率，优化页面搜索性能，提高网站搜索指数。

（3）案例：使用 Xenu'S Link Sleuth 进行链接测试。

本案例以 Xenu'S Link Sleuth 1.3 在 Windows 7 上的安装与使用为例进行说明，Xenu'S Link Sleuth 可通过官方网站（https://xenus-link-sleuth.en.softonic.com）下载获得。

1）简介。

Xenu'S Link Sleuth 是一款检查网站死链接的软件。通过打开一个本地网页文件或输入任何网址来进行链接测试，可以检测到网页中的普通链接、图片、框架、插件、背景、样式表、脚本和 Java 程序中的链接，为网站的优化及修改提供帮助，如图 22-7 所示。

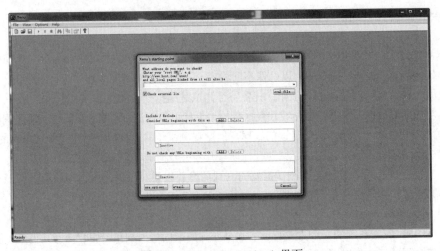

图 22-7　Xenu's Link Sleuth 界面

2）使用 Xenu'S Link Sleuth 进行网站链接测试。

打开 Xenu'S Link Sleuth，单击菜单项 File→Check URL...，在弹出的对话框框中添加需要测试的 URL 地址，如图 22-8 所示。

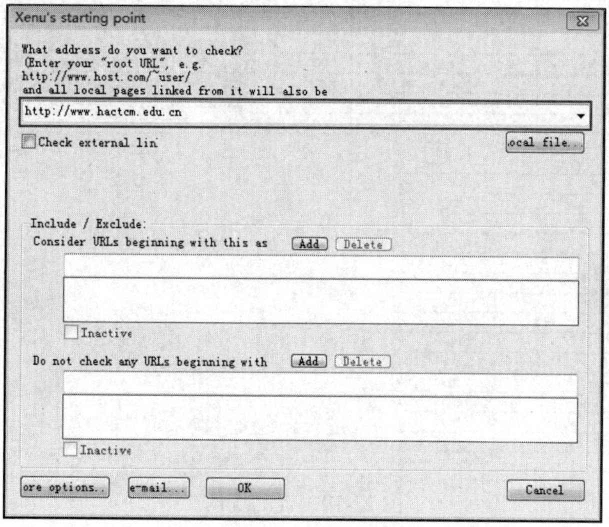

图 22-8　输入测试 URL

单击 OK 按钮后，将开始检测每个网页的状态、类型、网页大小、网页内的链接、网页所在服务器、网页获取失败描述等信息，如图 22-9 所示。

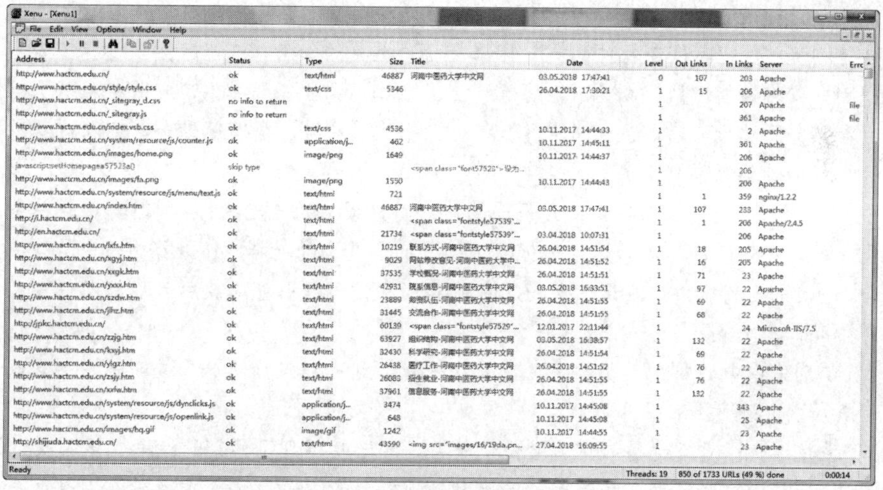

图 22-9　测试结果

检测完成后会生成测试报告，并统计出检测结果，帮助用户快速发现网站链接错误，提高网站开发效率，如图 22-10 所示。

Statistics for managers

Correct internal URLs, by MIME type:

MIME type	count	% count	Σ size	Σ size (KB)	% size	min size	max size	∅ size	∅ size (KB)	∅ time
text/html	9564 URLs	63.22%	143531136 Bytes	(140167 KB)	21.67%	42 Bytes	726124 Bytes	15007 Bytes	(14 KB)	0.157
text/css	36 URLs	0.24%	122186 Bytes	(119 KB)	0.02%	762 Bytes	10736 Bytes	3394 Bytes	(3 KB)	
application/javascript	21 URLs	0.14%	243999 Bytes	(238 KB)	0.04%	462 Bytes	48890 Bytes	11619 Bytes	(11 KB)	
image/png	200 URLs	1.32%	17129686 Bytes	(16728 KB)	2.59%	197 Bytes	1281445 Bytes	85648 Bytes	(83 KB)	
image/gif	64 URLs	0.42%	165609 Bytes	(161 KB)	0.02%	68 Bytes	63119 Bytes	2587 Bytes	(2 KB)	
image/jpeg	5239 URLs	34.63%	500490732 Bytes	(488760 KB)	75.57%	354 Bytes	10164427 Bytes	95531 Bytes	(93 KB)	
application/x-shockwave-flash	1 URLs	0.01%	29646 Bytes	(28 KB)	0.00%	29646 Bytes	29646 Bytes	29646 Bytes	(28 KB)	
image/bmp	2 URLs	0.01%	336292 Bytes	(328 KB)	0.05%	156265 Bytes	180027 Bytes	168146 Bytes	(164 KB)	
application/msword	1 URLs	0.01%	198144 Bytes	(193 KB)	0.03%	198144 Bytes	198144 Bytes	198144 Bytes	(193 KB)	
Total	15128 URLs	100.00%	662247430 Bytes	(646726 KB)	100.00%					

All pages, by result type:

ok	16236 URLs	88.95%
no info to return	3 URLs	0.02%
skip type	20 URLs	0.11%
no connection	989 URLs	5.42%
forbidden request	2 URLs	0.01%
not found	93 URLs	0.51%
no such host	53 URLs	0.29%
no object data	3 URLs	0.02%
timeout	557 URLs	3.05%
mail host ok	147 URLs	0.81%
cancelled / timeout	145 URLs	0.79%
SSL certificate common name incorrect	2 URLs	0.01%
error response received from gateway	1 URLs	0.01%
Certificate Authority unfamiliar	1 URLs	0.01%
Total	18252 URLs	100.00%

图 22-10　检测统计

22.5　性能测试

性能测试是通过自动化的测试工具模拟多种正常、峰值以及异常负载条件来对系统的各项性能指标进行测试。性能测试在软件的质量保证中起着重要的作用，包括的测试内容丰富多样。中国软件评测中心将性能测试概括为三个方面：应用在客户端性能的测试、应用在网络上性能的测试和应用在服务器端性能的测试。通常情况下，三个方面有效、合理地结合，可以达到对系统性能全面的分析和瓶颈的预测。

性能测试的目的是验证软件系统是否能够达到用户提出的性能指标，同时发现软件系统中存在的性能瓶颈，优化软件，最后达到优化系统的目的，其目的包括以下几个方面。

（1）评估系统的能力：测试中得到的负荷和响应时间数据可以被用于验证所计划的模型的能力，并帮助作出决策。

（2）识别体系中的弱点：受控的负荷可以被增加到一个极端的水平并突破它，从而修复体系的瓶颈或薄弱的地方。

（3）系统调优：重复运行测试，验证调整系统的活动得到了预期的结果，从而改进性能。

（4）检测软件中的问题：长时间的测试执行可导致程序发生由于内存泄露引起的失败，揭示程序中隐含的问题或冲突。

（5）验证稳定性（resilience）、可靠性（reliability）：在一个生产负荷下执行一定时间的测试，从而评估系统稳定性和可靠性是否满足要求。

22.5.1 连接速度测试

（1）基本原理。

一个网页会包含图片、CSS、JS 等各种各样的因素，用户在打开网页时经常会遇到卡、顿等现象，排除本地网络不稳定的情况，多数是由 JavaScript 和图片等因素导致的。

用户连接到 Web 应用系统的速度与网络速度相关，如果 Web 系统响应时间太长，用户会厌烦等待而离开。有些页面有超时的限制，如果响应速度太慢，用户可能还没来得及浏览内容，就需要重新登录了。连接速度太慢还可能引起数据丢失，使用户得不到真实的页面。

为了能够准确评估网站在不同网络环境的访问速度，这就需要对网站的访问速度做一个准确的测试，帮助开发者分析自己的网站在世界各地和国内各个地区的访问情况，找出网页加载速度缓慢的原因，更好地优化网站。

（2）测试目的。

通过网站速度测试，掌握不同网络环境访问网站的速度效果，根据网站速度测试服务提供的网页加载过程分析数据，找出导致网页无法成功加载或加载慢的最终原因，调整网站服务器网络环境、修改和完善程序代码，以达到提高网站访问速度的目的。

（3）案例：使用 Chrome 的 Network 工具进行网页连接速度测试。

1）简介。

Chrome 的 Network 工具对于分析网站请求的网络情况、查看某一请求的请求头、响应头和响应内容很有用，特别是对于网站开发人员在分析 AJAX 类请求的时候，能起到很好的帮助作用。

2）使用 Chrome Network 工具进行网页连接速度测试。

打开 Chrome 浏览器，单击鼠标右键选择"检查"命令或按 Ctrl+Shift+I 组合键，页面会出现调试工具的窗口，单击窗口中的 Network，在浏览器地址栏中输入需要测试的网址开始测试，如图 22-11 所示。

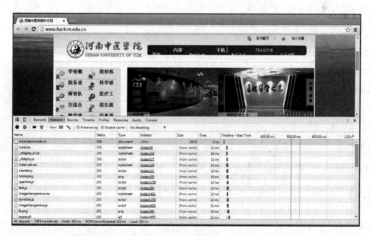

图 22-11　使用 Chrome 浏览器打开测试网页

浏览器会列出与网页组成有关的所有资源名称、请求该资源方法、资源类型、针对该请求服务器返回的状态码、资源从请求开始到接收最后一个字节所经历的时间。

同时浏览器会呈现出每个资源在不同阶段的连接时间，包括起始时间、响应时间、截止时间、文件总加载时间、网络延迟时间等。

Timeline 工具里面使用四种颜色来表示不同类别的事件。

1）蓝色线表示网络和 HTML 解析时间。

2）紫色线表示 DomContentLoaded 事件，即该时间点页面中的 DOM 建立完成，发生了 DomContentLoaded 事件。

3）红色线表示 load 事件，即该时间点页面加载完了所有的资源，发生了 Load 事件。将鼠标放到单个文件的时间轴上，会弹出时间加载每个阶段的详细信息，如图 22-12 所示。

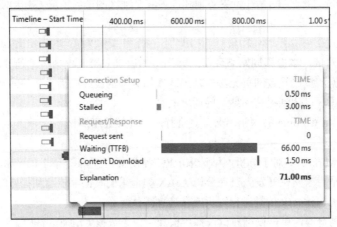

图 22-12   单个资源请求详细信息

4）绿色线表示网页渲染和绘制时间。

加载中每个阶段的过程及含义如下。

1）Stalled：请求处于阻塞状态。

2）Proxy negotiation：与代理服务器的连接通信阶段。

3）DNS Lookup：DNS 查找阶段。

4）Initial Connection / connecting：建立连接的过程，包含 TCP 握手/重试。

5）SSL：完成 SSL 握手阶段。

6）Request sent：发送请求。

7）Waiting（TTFB）：发出请求后等待服务端响应的时间，响应时间为第一个字节发送过来的时间。

8）Content Download：接收响应数据的时间。

（4）案例：使用 Pingdom Tools 分析网站访问性能。

1）简介。

Pingdom 是免费在线网站速度检测工具，能够帮助用户找出影响网站速度的原因，并给出改善网页性能的可行性方案。

利用 Pingdom Tools 网页测速工具，可以把网页载入时间转为图表，清楚了解每一个网页元件成为拖慢网页开启速度的原因。Pingdom Tools 会提供每个项目的评分及改善建议，帮助网站管理者进行分析。

Pingdom 的官方网站为 http://tools.pingdom.com。

2）使用 Pingdom Tools 分析进行网站整体访问性能测试。

打开 Pingdom Tools 界面，如图 22-13 所示。在表单中输入需要测试的网站 URL，单击 Test Now 按钮开始测试，测试结果如图 22-14 所示。Pingdom 默认对于测试结果是对外开放的，若网站涉及到隐私，且网站需要能够在国外被访问，可根据需要在 Settings 中进行更详细的测试设置，如图 22-15 所示。

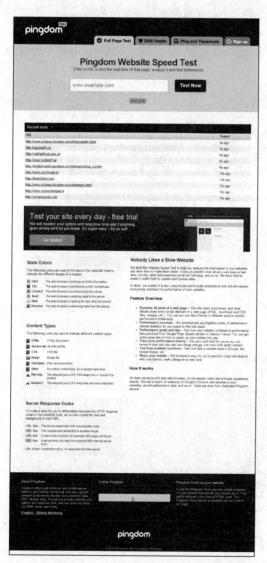

图 22-13　PingDom Tools 界面

图 22-14　测试结果展示

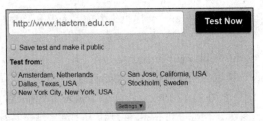

图 22-15　测试的高级设置

　　测试结果总览中展示 Pingdom Tools 对网站的整体测试结果，包括测试评分、请求个数、网页加载时间、网页大小等信息。测试结果总览下方有四个选项卡，分别展示网站不同测试结果信息，具体内容如下。

　　Waterfall 展示网页具体信息，包括请求资源名称、地址、资源大小，请求过程等，单击单个资源，则展示这个资源的详细检测信息，如图 22-16 所示。

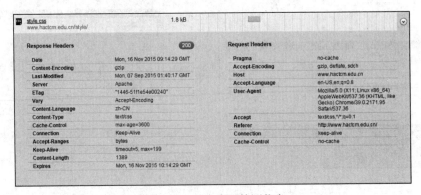

图 22-16　单个资源检测信息

　　Performance Grage 依照不同的检测类型对网站进行评分，单击某一检测类型，则展示该检测类型的详细检测信息及提示，如图 22-17 所示。

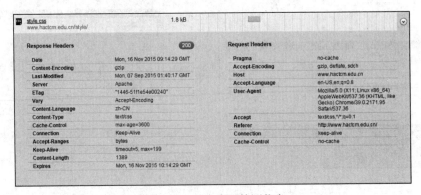

图 22-17　页面性能测试

Page Analysis 展示服务器请求响应代码、载入时间分析、页面分析等详细数据，帮助开发者更好地优化网站，如图 22-18 所示。

History 展示 Pingdom Tools 对此网站的历史检测记录，包括页面加载时间、页面大小、实际请求大小、页面检测分数等信息，通过检测波动，能够帮助开发人员更好地了解网页检测变化，如图 22-19 所示。

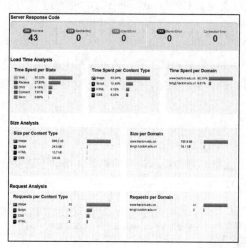

图 22-18　页面分析

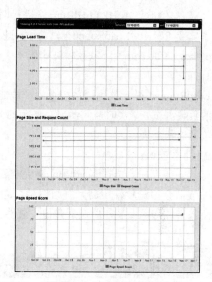

图 22-19　网站历史检测

22.5.2　压力测试

（1）基本原理。

压力测试是确定系统稳定性的测试方法，模拟巨大的工作负荷来测试应用程序在峰值情况下的执行操作。例如模拟实际软硬件环境，在超出用户常规负荷下，长时间运行测试工具来测试被测系统的可靠性、响应时间，目的是在极限负载下识别程序的弱点。

一个有效的压力测试需要遵循一些核心的基本原则，这些原则可以时刻提醒测试人员压力测试是否还有更多的极端可能。

1）重复：最明显且最容易理解的压力原则就是测试的重复。换句话说，重复测试就是一遍又一遍地执行某个操作或功能。功能测试验证一个操作能否正常执行，而压力测试则确定一个操作能否在长时间内每次执行时都正常。

2）并发：并发是同时执行多个操作的行为。

3）量级：压力测试另一个重要原则就是要给每个操作增加超常规的负载量。也就是说，压力测试可以重复执行一个操作，但是在操作自身过程中也要尽量给程序增加负担，增加操作的量级。一般来说，单独的高强度操作重复自身可能发现不了代码错误，但与其他压力测试方法（如并发和量级）结合在一起时，可以增加发现错误的机会。

4）随机：任何压力测试都应该具有随机性。例如随机组合前面三种压力测试原则，然后变化出无数种测试形式，就能够在每次测试运行时应用许多不同的代码路径来进行压力测试。一个压力测试结合的原则越多，测试执行的时间越长，就可以遍历越多的代码路径，发现的错误也会越多。

（2）测试目的。

通过压力测试，判断当前应用环境情况下系统的负载能力，为应用范围扩大，用户量上升后，服务器扩容、升级等提供必要的技术支撑以及服务器规划等。

（3）案例：使用 HP LoadRunner 进行网站压力测试。

本案例以 HP LoadRunner 11 为例进行讲解和说明，HP LoadRunner 11 可通过官方网站（http://www8.hp.com）下载获得试用版本。

1）简介。

LoadRunner 是一款预测系统行为和性能的工业标准级负载测试工具。通过模拟上千万用户进行真实的负载测试、量实时监测器以及精确的分析来得到最真实的数据，并且支持自动重复测试，以确保数值稳定和准确。

2）下载安装。

运行安装程序，选择 LoadRunner 完整程序安装，如图 22-20 所示。

安装前会检测软件所需系统组件是否完整，若不完整，则会提示缺少的组件并帮助下载安装，直到所需组件均已安装，确定后弹出安装界面，如图 22-21 所示。

图 22-20　启动安装程序

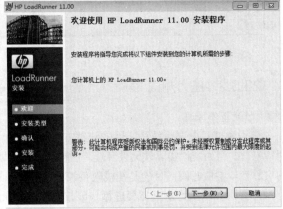

图 22-21　程序安装

单击"下一步"按钮开始安装，安装时同意软件许可协议，在客户信息界面填写个人信息，如图 22-22 所示。

完成后选择软件安装位置，开始安装，安装完成后，软件会提示 10 天的试用信息，如图 22-23 所示。

3）使用 HP LoadRunner 进行网站压力测试。

图 22-22　填写用户信息

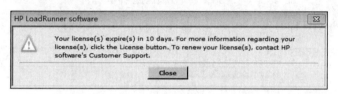

图 22-23　软件试用信息提示

使用 LoadRunner 进行压力测试可分为以下 4 个步骤：

（1）运行软件。打开 LoadRunner 软件，界面区域分别为 Create/Edit Scripts 创建或编辑脚本、Run Load Tests 运行负载测试、Analyze Test Results 分析测试结果，如图 22-24 所示。

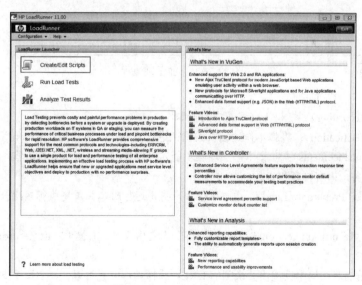

图 22-24　LoadRunner 界面

（2）单击 Create/Edit Scripts 按钮，进入录制脚本界面，单击 图标，开始创建脚本，如图 22-25 所示。

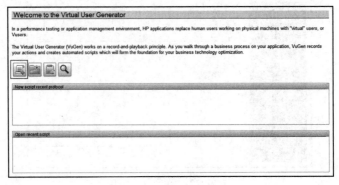

图 22-25　开始创建脚本

（3）选择 Web（HTTP/HTML），进入页面录制流程，如图 22-26 所示。

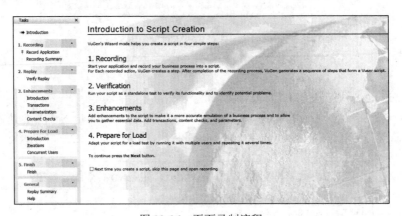

图 22-26　页面录制流程

LoadRunner 对于界面录制流程的介绍如下。

1）录制（Recording）：将业务流程录制到脚本。

2）验证（Verification）：将脚本作为独立的测试进行运行，以验证其功能并标识潜在问题。

3）增强（Enhancements）：向脚本添加增强功能，可以更准确地模拟业务流程，同时可以收集基本数据，添加事务、内容检查和参数。

4）设置负载（Prepare for Load）：通过多个用户身份运行脚本并重复执行多次来调整脚本，使其适用于负载测试。

（4）单击"Record Application（录制应用程序）"之后，单击右侧"Start Recording（开始录制）"按钮，如图 22-27 所示。

（5）在弹出的对话框中设置需要录制的 URL，选择脚本放置位置，一个登录脚本的录制是要经历 3 个过程的：登录时的操作为 vuser_init，登录后的操作是 Action，注销关闭登录为 vuser_end。本案例测试的网站没有登录部分，所以直接录制 Action，如图 22-28 所示。设置完成后，单击 OK 按钮，开始录制，如图 22-29 所示。

图 22-27　开始录制

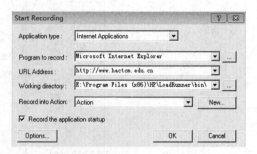

图 22-28　设置脚本录制前准备

图 22-29　开始录制脚本

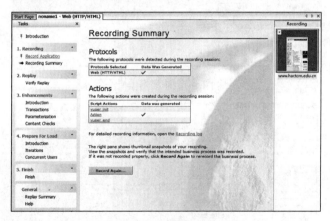

图 22-30　形成测试脚本

（6）录制完成后，单击"结束"按钮，软件自动形成脚本，如图 22-30 所示。单击工具栏中的 Script，可以看到录制的脚本，并对脚本进行修改，如图 22-31 所示。

（7）单击 Verify Replay，对修改后的脚本进行测试。测试成功后会提示成功信息，如图 22-32 至图 22-34 所示。

图 22-31　录制的脚本文件

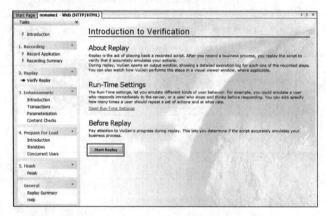

图 22-32　选择验证脚本

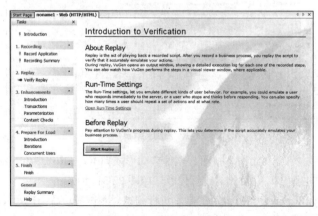

图 22-33　系统验证脚本

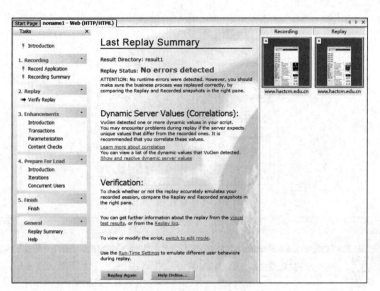

图 22-34　验证结果

（8）设置进行压力测试的用户数后，对网站进行压力测试，单击 Concurrent Users，选择 Create Controller Scenario，如图 22-35 所示。

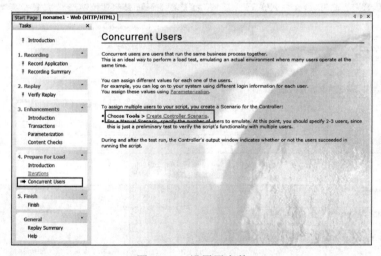

图 22-35　设置用户数

（9）可以选择设置好的场景进行压力测试，也可以根据提示手动创建场景进行测试。使用手动创建场景进行测试时，需要设置并发的用户数，如图 22-36 所示。

（10）设置完成后，单击 OK 按钮，软件弹出 Design 界面显示测试的基本信息，如图 22-37 所示。软件的 Session Group 区域显示每一次对被测试网站的虚拟测试用户数及脚本路径；Service Level Agreement 区域是对数据阈值进行监控；Scenario Schedule 是运行脚本的虚拟运行状态及运行规则，可以对规则进行修改，如图 22-38 所示。

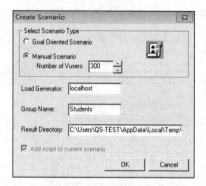

图 22-36　设置用户数

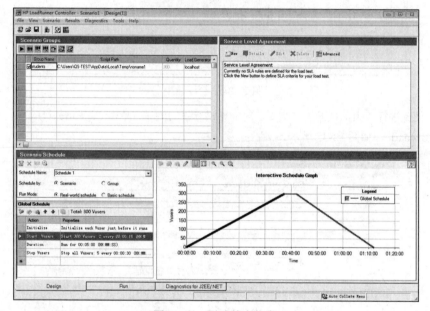

图 22-37　测试基本信息

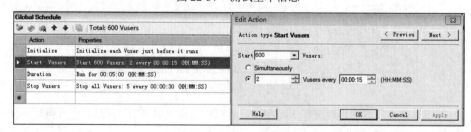

图 22-38　修改测试规则

（11）切换到 Run 界面，单击"Start Scenario（场景用户状态）"，软件开始进行压力测试。在 Scenario Group 界面中列出了所有运行脚本的虚拟用户的实时状态，通过 Scenario Group 可以了解当前各个虚拟用户的不同状态；在"Scenario Status（场景运行状态）"界面中列出了当前场景的状态，通过 Scenario Status 可以了解当前负载的用户数、消耗时间、每秒单击量、事务通过/失败的个数，以及软件运行时错误的个数；在"Available Graphs（计数器管理）"界面中，左边列出了所有能够监控的计数器名称，右边是对应计数器的图表，如图 22-39 所示。

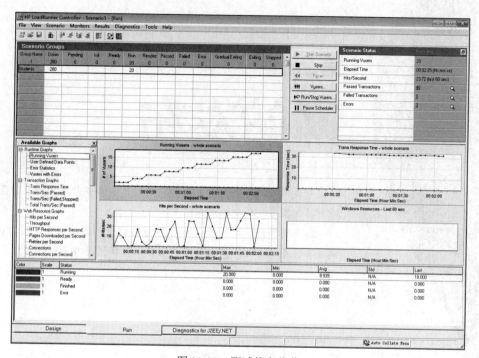

图 22-39　测试状态总览

第 23 章

网站发布

完成网站制作并经过充分测试后，下一步就是将网站上传至互联网上提供服务，展现给用户使用。

本章将围绕域名注册、Web 服务器构建、网站上传、网站备案、域名解析五个方面，并配以多个实训来讲解网站发布的全流程。

23.1　概述

当网站制作完成并测试通过后，即可发布至互联网上，供广大网民浏览访问。网站发布通常包括几个过程，分别是域名注册、Web 服务器构建、网站上传、网站备案、域名解析等。目前国内比较知名的网站建设服务商主要有阿里云、腾讯云、新网等，这些服务商均可提供比较全面的网站发布服务。

23.2　域名注册

23.2.1　什么是域名注册?

域名就是一个网络服务器，在全球都不会有重名的域名，具有唯一性。如果从技术的角度上来看，域名还可以解决地址问题，成为企业或者个人在建立网站的第一步。

域名注册要先申请才能够完成整个过程，必须由申请人提交申请后，再由管理机构对其进行审查。在新的经济环境下，域名所具有的商业意义已远远大于其技术意义，成为企业参与市场竞争的重要手段。它不仅代表了企业在网络上的独有的位置，也是企业的产品、服务范围、形象、商誉等的综合体现，是企业无形资产的一部分。

域名的注册遵循先申请先注册为原则，管理认证机构对申请企业提出的域名是否违反了第三方的权利不进行任何实质性审查。每一个域名注册都是独一无二、不可重复的，域名是一种相对有限的资源。

23.2.2　如何注册域名?

域名注册步骤大致如下。

（1）准备申请资料：com 域名无需提供身份证、营业执照等资料；cn 域名已开放个人申请注册，申请需要提供身份证或企业营业执照。

（2）确定域名注册服务商：推荐阿里云，由于.com、.cn 域名等不同后缀均属于不同注册管理机构所管理，如要注册不同后缀域名则需要从注册管理机构寻找经过其授权的顶级域名注册服务机构。如 com 域名的管理机构为 ICANN，cn 域名的管理机构为 CNNIC（中国互联网络信息中心）。

（3）查询域名：在域名注册服务商网站查询欲注册域名，如果没有被其他人注册过，则表示该域名可以进行注册。

（4）正式申请：按照域名注册商网站引导信息，完成域名注册，并缴纳年费。

（5）申请成功：正式注册成功后，即可开始进入 DNS 解析管理、设置解析记录等操作。

23.2.3　实训：通过阿里云进行域名注册

本案例以阿里云万网为例，进行域名注册的讲解和说明。访问阿里云万网首页 https://wanwang.aliyun.com。

（1）查询域名。

在万网首页输入需要查询的域名，如图 23-1 所示。

图 23-1　查询域名

（2）选购域名。

在查询结果列表页挑选未被注册的域名，加入清单，如图 23-2 所示。

图 23-2　选购域名

（3）进行结算。

在订单确认页面完善订单信息后，立即购买，如图 23-3 所示。

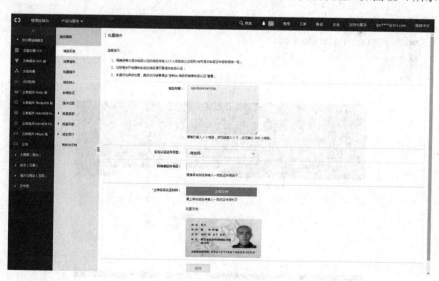

图 23-3　进行结算

（4）实名认证。

订单支付成功后，即完成域名注册。根据监管要求，域名注册成功后需完成实名认证，否则域名会处于 Serverhold 状态，无法正常使用。在域名列表页可进行实名认证，如图 23-4 所示。

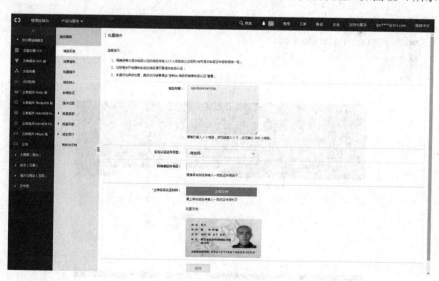

图 23-4　实名认证

23.3　Web 服务器构建

23.3.1　什么是 Web 服务器？

简单来说，Web 服务器是在运行在物理服务器上的一个程序，等待客户端（主要是浏览器，比如 Chrome、Firefox 等）发送请求并进行回应。当 Web 服务器收到请求后，会生成相应的响应并将其返回至客户端。Web 服务器通过 HTTP 协议与客户端通信，因此也被称为 HTTP 服务器。

Web 服务器的工作原理并不复杂，一般可分成如下 4 个步骤。

（1）建立连接：客户机通过 TCP/IP 协议建立到服务器的 TCP 连接。

（2）请求过程：客户端向服务器发送 HTTP 协议请求包，请求服务器里的资源文档。

（3）应答过程：服务器向客户机发送 HTTP 协议应答包，如果请求的资源包含有动态语言的内容，那么服务器会调用动态语言的解释引擎负责处理"动态内容"，并将处理得到的数据返回给客户端。由客户端解释 HTML 文档，在客户端屏幕上渲染图形结果。

（4）关闭连接：客户机与服务器断开。

23.3.2　如何构建 Web 服务器？

Web 服务器构建过程大致如下：

（1）开通网站空间，用于存放网站文件和资料，推荐购买阿里云的云服务器 ECS。

（2）部署 Web 服务器，用于创建站点，推荐 Windows Server 下的 IIS 软件部署 Web 服务器。

23.3.3　实训：使用阿里云构建 Web 服务器

本案例以阿里云的云服务器 ECS 为例，介绍服务器购买和 IIS 配置。访问阿里云的云服务器 ECS 首页（https://www.aliyun.com/product/ecs）。

（1）选择类别。

在云服务器 ECS 首页，选择要购买的服务器类别，如图 23-5 所示。

图 23-5　选择服务器类别

（2）选择配置。

在云服务器 ECS 基础配置页面，根据需要进行配置，如图 23-6 所示。

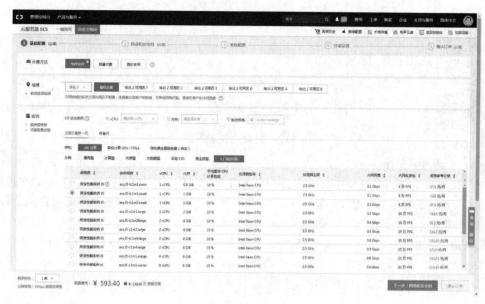

图 23-6　选择配置

（3）进行结算。

在云服务器 ECS 确认订单页面，进行订单确认并支付，如图 23-7 所示。

图 23-7　进行结算

（4）远程连接服务器。

在云服务器 ECS 控制台实例页面，进行服务器的远程连接操作，如图 23-8 所示。

图 23-8　远程连接服务器

（5）安装并配置 IIS。

IIS（Internet Information Services，互联网信息服务）是微软公司提供的基于 Windows 的互联网基本服务，是一个 Web 服务组件，包括 Web 服务器、FTP 服务器、NNTP 服务器和 SMTP 服务器，分别用于网页浏览、文件传输、新闻服务和邮件发送。

以 Windows Server 2012 R2 为例，简单介绍安装与配置 IIS 的简略步骤。依次打开 "服务器管理器" → "管理" → "添加角色和功能"，并选择 "服务器角色中" → "Web 服务器（IIS）"，按步骤安装即可。如图 23-9 至图 23-11 所示。

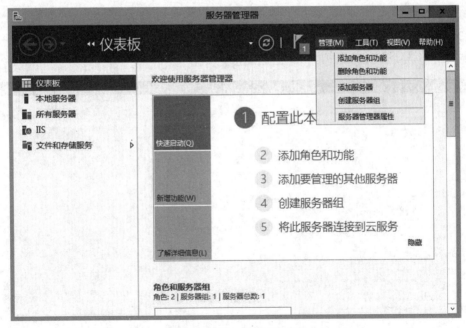

图 23-9　添加角色和功能

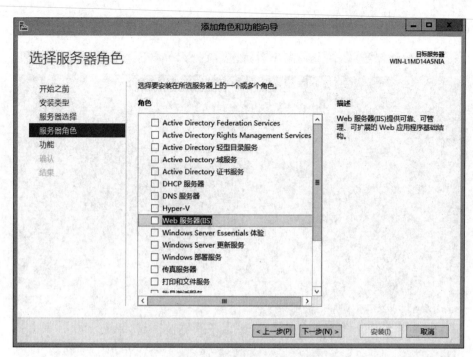

图 23-10　Web 服务器（IIS）

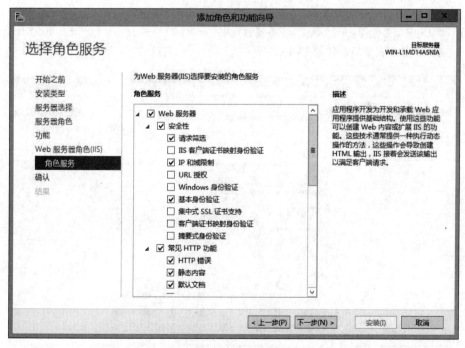

图 23-11　角色服务

（6）IIS 安装完成后访问 http://127.0.0.1，可以访问到 IIS 的默认页面，如图 23-12 所示。

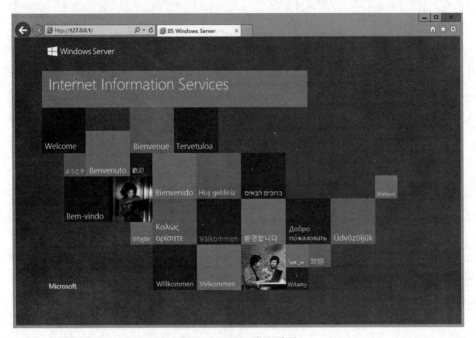

图 23-12　IIS 默认页面

（7）在 IIS 中部署网站，依次单击"服务器管理器"→"工具"→"Internet Information Services(IIS)管理器"，打开网站配置窗口，如图 23-13 所示。

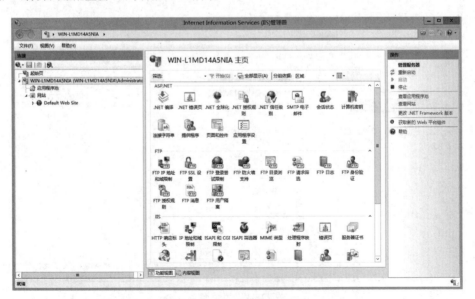

图 23-13　IIS 配置网站窗口

（8）删除默认网站后，添加新站点。首先右击"应用程序池"，创建一个新的应用程序池，供新创建的网站使用，如图 23-14 所示。

图 23-14　添加应用程序池

（9）右击"网站"，弹出"添加网站"对话框，填写网站名称、物理路径、IP 地址、主机名等，如图 23-15 所示。

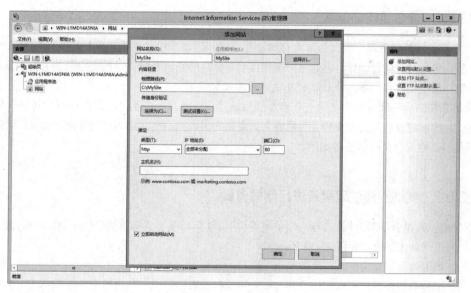

图 23-15　添加网站

（10）在浏览器输入 http://127.0.0.1，发现创建的网站已经可以访问了，网站由默认站点变成了新建的站点，如图 23-16 所示。

图 23-16　可以访问创建的网站

23.4　网站上传

Web 服务器部署完毕后，为了让互联网用户可以访问到开发的网站，需要将网页文件上传到 Web 服务器所在的主机。上传网页文件通常通过 FTP 方式，推荐免费开源的 FTP 软件 FileZilla Client 进行网页上传发布。

文件上传时最好打包成 zip 格式文件，这样可避免网站文件中包含太多小文件而造成文件传输时计算资源浪费，提高上传速度。文件上传之后，将网页放置到站点根目录下即可。

23.5　网站备案

23.5.1　什么是网站备案?

网站备案是指向主管机关报告事由存案以备查考。通俗来讲，就是把网站所有者的个人或单位真实资料，包括身份证复印件、企业组织机构代码证、网站登记表等资料提交给网站主机服务商，主机服务商再提交给网站备案的审核登记机关进行审查和备案。

网站备案的目的就是防止在网上从事非法网站经营活动，打击不良互联网信息的传播，如果网站不备案，网站将会被查处和关停。网站域名如果指向国内网站空间必须要进行网站备案，网站域名指向国外网站空间，是不需要备案的。

23.5.2　实训：通过阿里云进行网站备案

本案例以阿里云备案为例，进行网站备案的说明。访问阿里云备案首页（https://beian.aliyun.com）。

（1）进入备案系统，如图 23-17 所示。

（2）填写信息提交初审，需等待 1 个工作日，如图 23-18 所示。

（3）上传备案资料，需将证件原件、核验单原件清晰拍照或彩色扫描上传，如图 23-19 所示。

图 23-17　进入备案系统

图 23-18　填写信息并提交初审

（4）提交管局审核，需等待约 20 个工作日。

（5）待管局审核通过后，即备案成功，会得到一个网站备案号。

图 23-19　上传备案资料

23.6　域名解析

23.6.1　什么是域名解析?

域名解析是将域名指向网站空间的 IP 地址，通过域名可以方便地访问到网站。IP 地址是网络上标识站点的数字地址，为方便记忆，采用域名来代替 IP 地址表示站点地址。域名解析就是域名到 IP 地址的检索过程。域名的解析工作由 DNS 服务器完成。在阿里云平台只需要按照提示进行简单解析设置，即可实现域名解析。

在设置域名解析前，需要准备注册通过且实名认证后的域名，具体包括：

（1）拥有一个域名。

（2）已经准备好服务器空间，并已上传网站内容至服务器。

（3）已完成网站备案。

（4）从服务器提供商处获取主机 IP 地址，解析设置中需要使用。

23.6.2 实训：在阿里云上配置域名解析

本案例以阿里云万网为例，参照以下步骤，在云解析 DNS 控制台添加域名并设置域名解析。

（1）登录到云解析 DNS 控制台。

（2）选择需要配置解析的域名，单击其操作列下的解析设置，如图 23-20 所示。

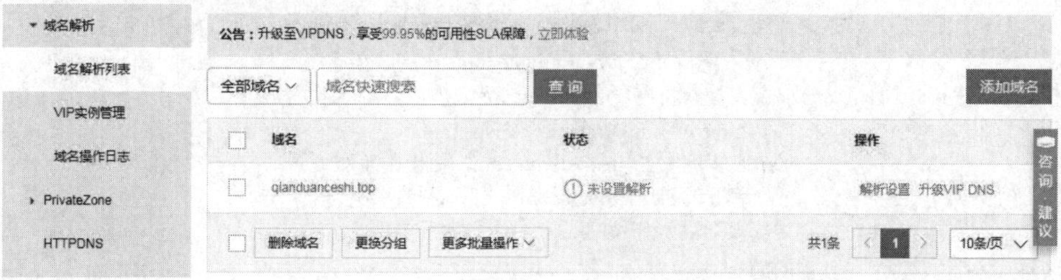

图 23-20 选择域名

（3）在解析设置页面，可以单击"添加解析"，然后添加需要的解析记录。如图 23-21 所示。

图 23-21 添加解析

解析参数说明如表 23-1 所列。

表 23-1 参数说明

参数	说明
记录类型	支持的记录类型包括： A：将域名指向一个 IPv4 地址； CNAME：将域名指向另外一个域名； AAAA：将域名指向一个 IPv6 地址； NS：为子域名指定 DNS 服务器； MX：将域名指向邮件服务器地址；

参数	说明
记录类型	SRV：用于记录提供特定服务的服务器； TXT：为记录添加说明，可用于创建 SPF 记录； CAA：CA 证书颁发机构授权校验； 显性 URL：将域名 302 重定向到另外一个地址，并且显示真实目标地址； 隐形 URL：将域名 302 重定向到另外一个地址，但是隐藏真实目标地址
主机记录	域名前缀：与域名共同组成解析对象。假设域名为 aliyun.com，则常见用法如下： 　www：解析域名 www.aliyun.com； 　@：直接解析主域名 aliyun.com； 　*：泛解析，解析所有子域名； 　mail：解析域名 mail.aliyun.com，用于邮箱服务器； 　m：解析域名 m.aliyun.com，用于手机网站； 　二级域名：例如填写 abc，用于解析 abc.aliyun.com
解析线路	使用的解析线路
记录值	根据记录类型设置解析结果
TTL 值	解析结果在递归 DNS 中的保存时长

（4）完成域名解析设置后，等待生效即可。

参考文献

[1]   党建. Web 开发技术丛书：Web 前端开发最佳实践. 北京：机械工业出版社，2015.

[2]   陆凌牛. HTML 5 与 CSS 3 权威指南. 北京：机械工业出版社，2011.

[3]   Peter Lubbers 等. HTML5 程序设计. 2 版. 柳靖，李杰，刘淼，译. 北京：人民邮电出版社，2012.

[4]   Peter Lubbers，Brian Albers，Frank Salim. HTML5 高级程序设计. 李杰，柳靖，刘淼，译. 北京：人民邮电出版社，2011.

[5]   Jonathan Chaffer，Karl Swedberg. jQuery 基础教程. 3 版. 李松峰，译. 北京：人民邮电出版社，2012.

[6]   李东博. HTML5+CSS3 从入门到精通. 北京：清华大学出版社，2013.

[7]   Bear Bibeault，Yehuda katz. 图灵程序设计丛书：jQuery 实战. 2 版. 三生石上，译. 北京：人民邮电出版社，2012.

[8]   Michael Morrison. 深入浅出 JavaScript（中文版）. 南京：东南大学出版社，2010.

[9]   Elizabeth Castro，Bruce Hyslop. HTML5 与 CSS3 基础教程. 7 版. 望以文，译. 北京：人民邮电出版社，2013.

[10]   井上诚一郎，土江拓郎，滨边将太. 图灵程序设计丛书：JavaScript 编程全解. 李松峰，曹力，译. 北京：人民邮电出版社，2013.

[11]   David Geary. HTML5 Canvas 核心技术：图形、动画与游戏开发. 爱飞翔，译. 北京：机械工业出版社，2013.

[12]   Michael Bowers，Dionysios Synodinos，Victor Sumner. HTML5 与 CSS3 设计模式. 曾少宁，译. 北京：人民邮电出版社，2013.

[13]   廖伟华. 图解 CSS3 核心技术与案例实战. 傅鑫，等译. 北京：机械工业出版社，2014.

[14]   Paco Hope，Ben Waltber. Web 安全测试. 北京：清华大学出版社，2010.

[15]   周敏著. 超实用的 jQuery 代码段. 北京：电子工业出版社，2014.

[16]   施迎等. Web 开发典藏大系：Web 性能测试实战详解. 赵望野，徐飞，何鹏飞，译. 北京：清华大学出版社，2013.

[17]   江荣波. AngularJS 入门与进阶. 北京：清华大学出版社，2017.

[18]   AriLerner. 图灵设计丛书：AngularJS 权威教程. 赵望舒，徐飞，何鹏飞，译. 北京：人民邮电出版社，2014.

[19]   Eric Freeman，Elisabeth Robson. Head First HTML5 Programming（中文版）. 林琪，张伶，等译. 北京：中国电力出版社，2012.